国家科学技术学术著作出版基金资助出版

环境微生物电化学

周顺桂　余林鹏　袁　勇　编著

科学出版社

北　京

内 容 简 介

本书由国家科学技术学术著作出版基金与福建农林大学研究生教材出版基金资助出版。本书共 12 章，编写过程中力求内容具有前沿性、系统性和科学性，反映国内外最新的研究动态，全面总结环境微生物电化学的基本原理与应用现状。全书主要内容包括电化学理论基础、电活性微生物的理论基础、环境中的电活性物质、电活性微生物表征技术、微生物电化学系统、微生物电化学与碳循环、微生物电化学与氮循环、微生物电化学与铁循环、微生物电化学与硫循环、微生物电化学与重金属转化、微生物电化学与有机污染物降解等。

本书图文并茂，深入浅出，通俗易懂，可作为高等院校微生物学、化学、化工、环境科学、材料学等专业的教学参考书，也可以作为环境工程、微生物电化学等相关领域科研工作者的参考资料。

图书在版编目（CIP）数据

环境微生物电化学/周顺桂，余林鹏，袁勇编著. —北京：科学出版社，2024.10

ISBN 978-7-03-076895-7

Ⅰ.①环… Ⅱ.①周… ②余… ③袁… Ⅲ.①环境微生物学–电化学 Ⅳ.①X172

中国国家版本馆 CIP 数据核字(2023)第 215475 号

责任编辑：李秀伟　田明霞　尚　册 / 责任校对：刘　芳
责任印制：赵　博 / 封面设计：无极书装

科学出版社 出版
北京东黄城根北街 16 号
邮政编码：100717
http://www.sciencep.com
涿州市般润文化传播有限公司印刷
科学出版社发行　　各地新华书店经销
*
2024 年 10 月第　一　版　　开本：787×1092 1/16
2025 年 1 月第二次印刷　　印张：28 1/4
字数：670 000
定价：280.00 元
(如有印装质量问题，我社负责调换)

前　言

Life is nothing but an electron looking for a place to rest
Albert Szent-Györgyi (Nobel Prize, 1937)

　　诺贝尔奖得主生理学家 Albert Szent-Györgyi 曾说："生命只不过是电子寻找休憩之地的过程"。所有的生命细胞都依赖氧化还原反应来产生能量，即电子从供体释放（氧化），经电子传递链被受体接受（还原），这一系列电子传递过程最终产生细胞通用能量 ATP。我们人类同样依赖这一过程：细胞对所摄入的食物进行氧化并产生电子，这些电子最终被吸入的氧气所接受。只不过，这一系列反应发生在细胞内部。

　　然而，在原始的地球环境中，起初并不存在氧气，电子受体主要依赖铁锰氧化物等矿物，这类固态电子受体不能进入细胞内。因此，"聪明"的微生物，便早早地"进化"出"呼吸"岩石的独特能力。这一能力，被称为微生物胞外电子传递（microbial extracellular electron transfer），也称胞外呼吸（extracellular respiration）。从进化序列来看，胞外呼吸菌（也称电活性菌）的出现应该远远早于传统的"电子传递过程全部发生在胞内"的微生物。只不过，由于人们对"细胞膜不导电"现象习以为常，反而对胞外呼吸菌——电子穿透细胞膜"自由出/入"的能力感到"独特"。

　　胞外呼吸菌的发现，可以追溯至两个难以解释的环境现象：一是美国纽约州奥奈达湖（Oneida Lake）沉积物中氧化锰的"无缘无故"还原消失；二是美国东部波托马克河（Potomac River）厌氧底泥中乙酸的"神秘"氧化消失。20 世纪 80 年代，两位美国微生物学家 Kenneth H. Nealson 与 Derek R. Lovley，分别在上述两个沉积物中，几乎同时分离到两株胞外呼吸菌（即希瓦氏菌属的 *Shewanella oneidensis* MR-1 和地杆菌属的 *Geobacter metallireducens* GS-15）。非常有趣的是，之后 30 余年里，希瓦氏菌属与地杆菌属作为胞外呼吸微生物的两个模式菌属，各自吸引了一大批微生物学者，掀起了微生物胞外呼吸研究的热潮，成就了一个个"新现象-新方法-新机制-新效应-新应用"的研究佳话。

　　微生物胞外呼吸理论的出现，催生了环境微生物电化学（environmental microbioelectrochemistry）。作为近年来备受瞩目的一门新兴学科，环境微生物电化学融合交叉了微生物学、电化学、环境工程学、土壤学、材料学等众多学科，愈发地在地球环境科学、生物能源与污染修复等众多领域大放异彩。我团队于 2005 年开始涉足这一方向。我当时被微生物燃料电池（microbial fuel cell，MFC）处理污水同时产电的现象所吸引，带领团队义无反顾地、狂热地投入到这一方向，而且时时被"阶段性成绩"所激励，如利用污水微生物发电点亮 LED 灯牌（或唱响音乐卡），发明了盘管式微生物电池堆和插入式土壤微生物电化学修复新装置等。后来，受土壤天然导电网络（Bacteria may be wiring up the soil，*Nature*，2007）与微生物地质电池（biogeobattery）观点的启发，加上本人土壤学出身的背景，我又带领团队将胞外呼吸理论引入土壤学领域，开启了土壤微生物电化学研究新方向，其间从广东省生态环境与土壤研究所转战至福建农林大学，从当初的"青涩激昂"至今日的"渐知天命"。时至今日，已算钻研二十年有余。当然也有收获，如团队分离获得了几十株胞外呼吸菌新种，建立了首个胞外呼吸菌种资源库，发表系列论文启发了同行。以"土壤微生物电化学"为题，本人获得了首届国家优秀青年科学基金（2012）与国家杰出青年科学基金（2019）资助。

编写此书的初心，是想将环境微生物电化学这一极具蓬勃生命力的新方向，尽量系统地介绍给大家，做个"抛砖引玉"的工作。于是，本人在 2016 年编著《微生物胞外呼吸原理与应用》的基础上，决定再次组织队伍，继续以微生物胞外电子传递为核心，从现象到机制、从原理到应用，较全面地介绍微生物电化学理论基础知识与技术体系，融合最新研究成果和动态进展，注重内容科学性、启发性的统一。

本书共有 12 章，主要内容包括环境微生物电化学的研究起源、基本概念、研究范畴和研究现状；电化学的基本知识点和理论；电活性微生物的主要类型和电子传递机理；环境中电活性物质的性质和来源解析；国内外电活性微生物研究的常用方法和表征技术；微生物电化学系统的基本原理、主要类型和应用现状；微生物电化学与碳氮铁硫循环；微生物电化学与重金属转化；微生物电化学与有机污染物降解等。

《环境微生物电化学》由国家科学技术学术著作出版基金与福建农林大学研究生教材出版基金资助出版，编写历经数年，我团队的众多同事与硕、博士研究生都付出了辛勤劳动。由福建农林大学余林鹏、叶文媛、符力、叶捷、陈曼、黄玲艳、陈姗姗、蔡茜茜，与广东工业大学袁勇教授通力合作完成初稿，周顺桂、余林鹏和袁勇最终统稿。

正是微生物从环境中获取能量途径的多样性，才构成了微生物世界的多样性！胞外呼吸从最早的希瓦氏菌与地杆菌，逐步发展至致病性李斯特菌；从最初的革兰氏阴性菌，逐步发展至革兰氏阳性菌乃至古菌与真菌；从早期的沉积物环境，逐步发展至厌氧土壤、堆肥环境乃至人类肠道。考虑至火星表面的氧化铁覆盖特征，未来的电活性微生物研究，也许会在广阔宇宙的生命探寻中有一席之地。

周顺桂

2024 年端午于福州

目　　录

第一章 绪 论

环境微生物电化学（environmental microbioelectrochemistry）是近年来由微生物学、电化学、环境工程学、土壤学、材料学等多个学科体系交叉形成的一门新兴学科；是应用电化学、微生物学等基础学科的方法和基本原理，在分子、亚细胞、细胞、宏观环境等水平，以微生物与环境之间电子交换/传输过程为核心和微生物电化学环境效应及其应用为主要研究内容的前沿交叉领域；该新型研究领域的形成和发展，极大地推动了地球科学、微生物学、土壤学和环境科学等学科的发展。

第一节 环境微生物电化学概论

一、环境微生物电化学的起源

（一）环境中的生物电现象

生命的本质是电子寻找栖息地的过程。电子转移是一切生命活动的基础，这在一些生物体［如电鳗（*Electrophorus electricus*）］中表现得尤为明显。生物电现象最早在 18 世纪末期被发现。1780 年 11 月，意大利生物解剖学家伽伐尼教授（1737～1798）在厨房做一道传统的波诺利亚名菜——烩蛙腿。当他用铜钩将剥光皮的青蛙钩住挂到铁架子上时，发现蛙腿抽搐了几下，这使他十分惊奇。随后他开展了一系列的蛙腿放电实验，当他两手拿着不同的金属触碰青蛙的大腿时，青蛙的肌肉立刻抽搐了一下，仿佛受到了电的刺激；而用同一种金属触碰蛙腿时，则无此种反应（图 1-1）。1791 年伽伐尼发表了一篇论文《论在肌肉运动中的电力》，错误地解释说：出现抽搐现象的原因是动物躯体内产生了一种电，他称之为"生物电"，之所以产生电流，是因为肌肉中某种化学液体在起作用，而金属只起了导体的作用。

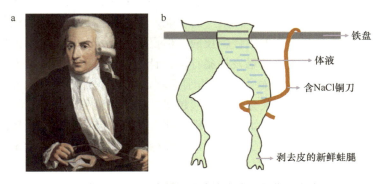

图 1-1　伽伐尼（a）和青蛙腿肌肉中产生的伽伐尼电流（b）
Figure 1-1　Luigi Galvani (a) and the Galvani current produced by frog leg muscles (b)

受青蛙电现象的启发，1800 年伏打（Volta，1745～1827）成功制作了世界第一例电池"伏打电堆"，即串联的电池堆。他用导线连接一块金属银和一块金属锌，同时将其浸泡在盐水中，发现导线上有电流产生。于是，他将很多银片与锌片之间夹上盐水浸湿的纸片或绒布，堆叠在一起，用手触摸堆体的底端和顶端，会感觉到强烈的电刺激，由此促成了原电池的发明。生物电现象不仅发生于死的青蛙腿，也普遍存在于各种活的生物体。电鳗是一种典型的具有天然生物放电功能的生物，也是鱼类中放电能力最强的淡水鱼。它的输出电压为 300～800 V，平均 600 V，被称为水中的"高压线""发电王"。类似地，电鲶（*Malapterurus electricus*）和电鳐（Torpediniformes）也是能放高压电的鱼类。电鲶的发电能力稍逊于电鳗，输出电压可达 400～450 V。电鳐是软骨鱼纲电鳐目的扁体鱼，它的输出电压一般为 75～80 V，最高可达 200 V。上述几种动物的放电主要是用来防御保护和捕食，也可通过放电来侦测、感知环境，放电强度和时间可完全自由调控。

信号在动物和人类神经系统内的传递，依靠的本质是电。人类自身令人惊叹的生物电现象及其特征规律，已经在医学方面形成了十分成熟的诊断应用技术，如心电图、脑电图等。在动物神经元细胞膜表面存在各种运输离子的载体蛋白，这些载体蛋白转运作用产生的离子浓度差，驱使细胞膜内侧和外侧产生了 70～90 mV 的电位差，称为静息电位（或极化）。静息电位是一切生物电的基础，它主要由细胞内的钾离子外排产生，几乎所有的动物细胞都会产生外正内负的静息电位。例如，红细胞的静息电位是–10 mV，骨骼肌细胞约为–90 mV，神经细胞为–70 mV。当细胞受刺激兴奋时，一些离子通道载体蛋白开启，正离子重新流入细胞内，细胞发生去极化，由此产生的电位剧变过程，称为动作电位。因此，动物神经系统产生的动作电位可将信号快速传递给机体的其他组织。随着"动物电"现象的研究发展，1996 年科学家提出了生理学的分支学科——电生理学（electrophysiology）。

植物尽管没有像动物那样发达的神经元细胞和神经系统，但也具有类似于动物细胞的静息电位。植物细胞的静息电位略低于动物细胞。电现象也普遍存在于植物界。典型的为人所熟知的具有生物电现象的植物包括捕蝇草（*Dionaea muscipula*）和含羞草（*Mimosa pudica*）。捕蝇草最引人注目的是其结构别致、色彩鲜艳诱人的叶片，功能特化为捕虫夹。然而，这种靓丽外表的叶片，隐藏着冷酷凶险的一面，它能以极大的力度和 0.1 s 的时间捕捉触碰叶片表面的动物，如昆虫、小型蛙类。令人不可思议的是，捕蝇草叶片表面的数根刚毛，赋予叶片"计数"的功能，因而被称为会数数的植物。当只有一根刚毛被触碰时，捕蝇草不会做出任何反应，但已经开始了计数，30 s 内如果有同一根或另一根刚毛被触碰，就会立即触发捕猎行动，计数功能继续；反之，计数重新开始。当捕获到的猎物挣扎过程中触碰到更多的刚毛时，它的捕虫夹会分泌大量的酶类和酸液，猎物挣扎得越剧烈，捕虫夹分泌的酸液越多。将动物消化、分解、吸收后，最终重新打开捕虫夹，释放出残骸，开始新的捕猎活动。捕蝇草进化出如此精巧的计数和运动能力，使其能够区分环境扰动产生的假象，提高捕获效率，有效节约能量投入，从而可在条件恶劣的沼泽中生存。

捕蝇草的这种高级猎食行为，与动物的神经系统有着异曲同工之妙，本质也是生物电调控的运动过程，即静息电位向动作电位的转变。这种动作电位如同扳机，迅速传递扩散到整个捕虫夹叶片组织。收到信号的叶片内表面细胞会排出水分，而外表面细胞获得水分，在内外侧"液压差"的作用下，叶片突然内卷闭合，实现捕虫功能。同样地，含羞草叶片的运动现象也是由电传导控制的。含羞草叶片细胞在受到外界刺激时，发生闭合和下垂，是由于外界刺激产生的电信号传递到叶片其他组织，引起水分分布的变化。目前已有专门的学科——植物电生理学，研究植物电信号的产生、传递机理及电信号在调节植物生长状态、激素分泌等过程中的作用，相关研究成果受到《自然》(*Nature*)等期刊的关注。

除了高等生物体外，单个细胞的微生物也会产生明显的生物电现象。1987年，Derek Lovley 首次从淡水沉积物中分离获取了一株能够以胞外固态物质为电子受体的微生物——金属还原地杆菌(*Geobacter metallireducens*)GS-15。1988年，Ken Nealson 从纽约奥奈达(Oneida)湖的沉积物中分离获取了另一株具有相似能力的微生物——奥奈达希瓦氏菌(*Shewanella oneidensis*)MR-1。这两株菌的共同特点是电子输出至胞外(即胞外呼吸)。它与胞内呼吸最显著的区别是：胞外呼吸菌氧化电子供体产生的电子可以"穿过"非导电性的细胞膜/壁传递至胞外受体，从而影响碳氮循环、温室气体排放、污染物降解与转化等关键生物地球化学过程。基于胞外电子传递理论，利用电化学与微生物学等的基本原理和实验方法，研究微生物胞外电子(电荷)在自然生态系统中的分布、传输、转移、转化及其效应的化学本质，由此形成了一个新学科方向——环境微生物电化学。

(二) 学科定义

环境微生物电化学是一门研究微生物与环境氧化还原活性物质之间的电子交换过程、环境功能及生物电子学(bioelectronics)应用的学科。作为环境电化学的延伸与拓展，环境微生物电化学将电活性微生物与胞外环境(如腐殖质、氧化铁等)引入研究体系，弥补了传统环境电化学局限于非生物体系的缺陷，其主要研究范畴是电子(电荷)经生物的介导作用，在自然生态系统中的分布、传输、转移、转化的化学本质及其效应。它利用环境微生物学、环境电化学、分子生物学、电分析化学等多学科的基本原理和实验方法，研究电活性微生物与胞外环境(如土壤氧化铁、腐殖质以及其他环境微生物种群)之间的电子交换过程、电子转移机制、生态环境效应及其调控技术与工程应用。目前环境微生物电化学的研究尚处于起步阶段，其基本理论、研究手段、作用机理、研究体系等各方面都有待进一步发展和完善。

(三) 学科发展历程

1911年英国科学家 Potter 首次报道微生物的电现象。他利用酵母菌和大肠杆菌构建了世界首例微生物燃料电池，证实它们能够氧化有机碳并还原电化学池中的氧化还原活性物质，将电子间接传递给电极。但其创新性发现一直未被重视，直到20世纪80年代，一株代表性的电活性微生物金属还原地杆菌被分离，电活性微生物才逐渐引起人们的广泛关注和研究，由此开创了环境微生物电化学的第一个里程碑(图1-2)。金属还原地杆菌作为电活性微生物的典型代表，能够利用胞外金属、矿物或电极的异化还原来获取能量。

1999 年，研究证实电活性微生物腐败希瓦氏菌（*Shewanella putrefaciens*）可不依赖电子介体直接将电子传递给电极，即"电子直接输出"。2004 年首次发现电活性微生物膜可从电极表面摄取电子还原硝酸盐，即"电子直接输入"。2005 年，科学家创新性地发现微生物具有导电菌毛。2010 年，有人证实了微生物细胞之间存在直接种间电子传递（direct interspecies electron transfer，DIET）的现象。随着对电活性微生物的深入认识，2012 年，Liu 等率先发现 DIET 介导甲烷的产生。与此相反，2015 年研究证实 DIET 在微生物的甲烷厌氧氧化过程中发挥重要作用（McGlynn et al.，2015；Wegener et al.，2015）。对微生物的电化学行为及电响应的深入研究，催生了环境微生物电化学的萌芽。环境微生物电化学是近年来从微生物学延伸出来的一个新概念，是用来描述微生物与环境中的电子供体或受体之间胞外电子传递（extracellular electron transfer，EET）规律及其环境效应的分支学科，具有这种功能的微生物通常被称为电活性微生物（electroactive microorganism，EAM）。短短数年时间，环境微生物电化学从一个新生的概念快速发展成为独立学科，其研究内容已延伸至自然土壤体系，成为生物电化学、土壤微生物学等交叉领域的前沿学科。微生物学界已经将以电活性菌株的认识、发掘、调控和应用为一体的研究界定为电化学与微生物学的交叉方向——环境微生物电化学。

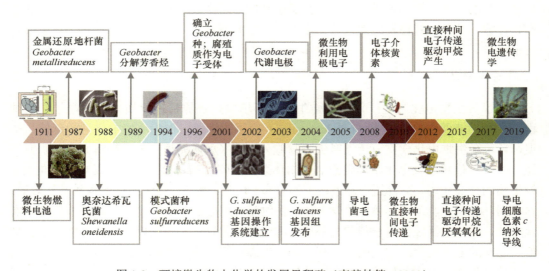

图 1-2　环境微生物电化学的发展里程碑（李芳柏等，2020）
Figure 1-2　Development milestones of environmental microbioelectrochemistry

总体来说，环境微生物电化学将利用电化学方法深入研究天然或人工体系中微生物驱动电子产生和传递的过程及其相关化学表现。微生物胞外电子产生与传递机制是环境微生物电化学最本质的科学问题。虽然环境微生物电化学仅仅处于初始阶段，其体系和基本理论有待发展，但是在新技术发展日新月异的环境下，环境微生物电化学有望在今后 10 年取得长足发展，并成为环境科学中一个新的基础学科分支。环境微生物电化学有望成为破译生物与环境的相互作用机制的突破口，并为解析陆地表层系统变化提供重要理论基础。

二、环境微生物电化学的理论基础

（一）微生物胞外电子转移

环境微生物电化学的核心理论是微生物胞外电子传递。微生物可将胞内呼吸产生的电子转移至细胞外底物（如铁锰氧化物矿物、腐殖质、电极、电子受体微生物等），或者微生物从胞外固态底物（如还原态矿物、腐殖质、电极、电子供体微生物）吸入电子用于自身合成代谢和获取能量，这个过程统称为胞外电子传递。微生物进行胞外电子传递的原因可能有以下三种：①自然生态中微生物所处的环境物质大多数是固体，在缺少胞内呼吸的电子受体时必须进行胞外呼吸以维持存活；②尽管一些底物是可溶的，但由于分子体积较大而不易转运到细胞内，只能在胞外被利用；③底物代谢转化产生了有毒的物质，需在细胞外进行氧化还原作用。因此，胞外电子传递的微生物学意义在于保证了在常规电子受体或有机物电子供体缺少条件下微生物的存活。

根据电子传递的方向，胞外电子传递可分为胞外电子输出、胞外电子输入两大类。进行胞外电子输出的微生物称为胞外呼吸菌或产电微生物或电子输出微生物（electron-donating microorganism），进行胞外电子输入的微生物称为电子接受微生物（electron-accepting microorganism）或电营养微生物，两者统称为电活性微生物（electroactive microorganism，EAM）。环境中物质循环和能量传输的核心其实就是电子转移反应，环境微生物电化学有望成为开启环境物质循环和能量传输过程研究大门的一把"钥匙"，为破译环境物质的化学-物理-生物相互作用机制提供突破口。微生物胞外电子产生与传递机制是环境微生物电化学最本质的科学问题。

1. 微生物胞外电子输出

人们尽管很久以前就已知微生物能利用多种厌氧呼吸策略获取能量，但直到 20 世纪末才认识到微生物可将呼吸产生的电子转移至细胞外固态受体（如矿物），或从胞外底物获取电子用于合成代谢和储存能量。Gralnick 等（2006）最早在国际顶尖期刊 *PNAS* 上明确地提出"胞外呼吸"（extracellular respiration）的概念，他们研究了 *Shewanella oneidensis* MR-1 对二甲基亚砜（DMSO）的还原机制，发现该菌含有 DMSO 还原酶并定位于细胞外膜，而缺失负责转运外膜蛋白的 II 型分泌系统的突变株无法还原 DMSO。因此，DMSO 还原也是一种类似于异化铁还原的胞外呼吸过程。除 DMSO 外，一些可溶性底物（如硝酸根、铬离子）也可以在细胞外膜被还原，故属于胞外呼吸范畴。微生物胞外呼吸理论的出现，改变了微生物-土壤矿物互作局限于表面吸附-解吸过程的传统认识，从胞外电子交换的层面拓展了作用的深度与广度，丰富了人们对微生物与外界微环境互作的认识，为理解土壤 C/N/Fe 循环、温室气体排放、污染物降解等关键生物地球化学过程提供了全新的科学视角。

胞外呼吸作为一种新型的代谢途径，它与传统胞内呼吸的主要区别在于电子传递途径的不同（图 1-3）。对于胞内呼吸如有氧呼吸来说，O_2 等电子受体进入细胞内，并接受膜内侧电子载体的电子而被还原成水。在整个过程中，电子未被运输到细胞膜外。相反，在胞外呼吸过程中，厌氧呼吸产生的电子需要跨膜迁移到细胞膜外，最终到达位于细胞膜外侧的电子受体底物而完成呼吸过程。胞外呼吸本质也是微生物获取能量的一种方式，是传统细胞呼吸链延伸至细胞膜外的结果。

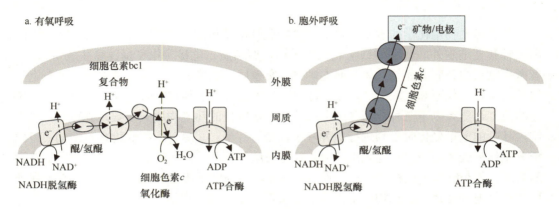

图1-3　有氧呼吸与胞外呼吸过程中电子传递的比较

Figure 1-3　Comparison of electron transfer in aerobic respiration (a) and extracellular respiration (b)

　　常见的胞外呼吸电子受体/电子供体包括铁/锰氧化物、腐殖质、电极、微生物细胞等。故按照电子受体/电子供体的种类，可将胞外呼吸分为金属矿物呼吸、腐殖质呼吸、电极呼吸、微生物直接种间电子传递等方式（图1-4）。这些呼吸类型的相同点是：微生物胞外电子传递链中的蛋白或电子载体在与底物相互作用过程中，将电子释放到胞外环境或伙伴细菌。这种蛋白可以是细菌外膜蛋白、附属结构表面蛋白或其他连接细菌与底物的蛋白。胞外电子传递链上电子迁移所释放的能量最终驱动氧化磷酸化，合成ATP。胞外呼吸的发现极大地丰富了人们对微生物呼吸多样性的认识。

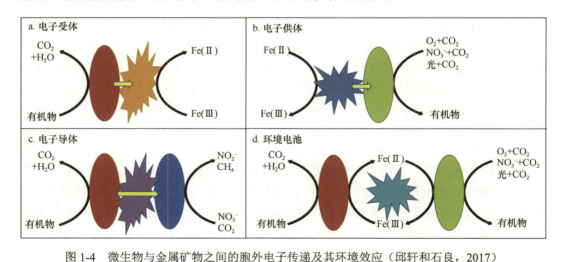

图1-4　微生物与金属矿物之间的胞外电子传递及其环境效应（邱轩和石良，2017）

Figure 1-4　Extracellular electron transfer between microorganisms and metal minerals and their environmental effects

1）金属矿物呼吸

铁和锰氧化物是土壤体系储量丰富、分布广泛的金属氧化物矿物。在每千克土壤与沉积物中 $Fe(III)$ 含量可达几至数百克，它一般以水铁矿、针铁矿、纤铁矿与赤铁矿等固态形式存在。长期以来，自然条件下的三价铁还原被误认为是纯化学反应。直到 20 世纪 80 年代，人们才开始认识到，三价铁还原是由特定微生物驱动的酶促反应。金属矿物呼吸，又称异化金属还原，是指微生物以难溶性的金属氧化物或胞外的金属离子为末端电子受体，通过氧化电子供体（即有机物）偶联 $Fe(III)$、$Mn(IV)$ 等金属还原，并从这一过程贮存生命活动的能量。

金属矿物呼吸属于典型的胞外呼吸。它与硫酸盐呼吸、有氧呼吸等传统的胞内呼吸存在显著差异，其电子受体一般以难溶性铁氧化物形式存在于胞外，无法像 SO_4^{2-}、O_2 等可溶性受体一样进入胞内，因此氧化有机物产生的电子必须设法穿过非导电的细胞膜/壁，传递至胞外受体。大量研究证据表明，铁等金属矿物呼吸是地球上最古老的微生物呼吸形式，普遍存在于土壤、沉积物和地层中，是土壤环境中 $Fe(III)$ 还原的主要途径。而金属还原菌是 $Fe(III)$ 还原的主要动力。

金属矿物呼吸具有重要的生态环境意义，直接驱动或显著影响 C/N/S 等重要元素循环、土壤潜育化过程、污染物原位降解/转化及温室气体排放等关键土壤生物地球化学过程。例如，Roden 和 Wetzel（1996）率先对铁呼吸在河流沉积物有机碳代谢的贡献进行了定量化的区分，他们发现在湿地植物生长条件下，铁呼吸直接导致了土壤 65% 的有机碳矿化，而产甲烷作用的贡献只占 22%，硫酸盐呼吸的贡献低于 10%（Roden and Wetzel，1996）。随后大量研究证实，$Fe(III)$ 矿物是厌氧环境微生物呼吸的控制性电子受体类型，显著影响着水圈温室气体 CO_2 与 CH_4 的排放。

2）腐殖质呼吸

腐殖质（humic substance）是一类广泛存在于土壤、沉积物和水生环境中的有机化合物。它是由微生物分解动植物等生物质产生的胶体物质，包括胡敏素、胡敏酸和富里酸。过去普遍认为腐殖质极难被微生物自然降解（在厌氧环境中的平均滞留时间为 250～1900 年），不能参与微生物的代谢过程。近年来的研究表明，腐殖质不仅可在厌氧环境中充当有机物矿化的电子受体，还可充当铁呼吸的氧化还原介体（电子穿梭体）。1996 年，Lovley 最先提出腐殖质呼吸的概念，他们发现金属还原地杆菌（*Geobacter metallireducens*）能以纯化的腐殖质为电子受体，将电子供体乙酸完全氧化为 CO_2，菌体在电子传递过程中获得代谢能量（Lovley et al.，1996）。随后电子自旋共振谱（ESRS）研究表明，腐殖质中广泛存在的醌类基团是真正的电子接受基团。基于此，腐殖质充当微生物胞外呼吸过程中的电子受体，被称为腐殖质呼吸（humus respiration）。腐殖质呼吸不仅与碳、氮、磷等元素的自然循环过程相偶联，还显著影响 $Fe(III)$ 等重金属与有机污染物的转化与归宿。因此，腐殖质呼吸在环境污染物降解等方面表现出了巨大的应用潜力。

3）电极呼吸

电极呼吸是指电活性微生物以电极为电子受体或电子供体的呼吸类型。其基本原理是电活性微生物分解胞内有机物后产生的电子跨膜传递至固体电极，并建立跨膜离子梯度而获得生长的能量；或者从固体电极表面吸收电子后传递至胞内的电子受体（如 CO_2、延胡索酸，形成新的化合物）。前者将有机物化学能转化为电能，故又称为产电呼吸，后者则将电能转化为有机物化学能。以电极呼吸为核心基础，目前已发展出各种形式的生物电化学系统（bioelectrochemical system，BES），如微生物燃料电池（microbial fuel cell，MFC）、微生物电解池（microbial electrolysis cell，MEC）、微生物电合成系统（microbial electrosynthesis system，MES）等。基于产电呼吸的 MFC 是一种新型的微生物发电装置（图 1-5）。它利用阳极微生物氧化有机物产生电子，经阳极收集后，通过外电路传递至阴极并参与阴极的还原反应。MFC 具有直接产电、库仑效率较高、无需电子介体、运行维持简单等优点，故在废水有机物处理、产电、原位生物电化学修复、生物电化学传感器等领域具有广阔的应用前景。

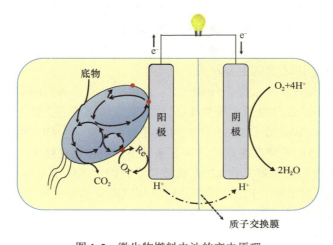

图 1-5　微生物燃料电池的产电原理

Figure 1-5　Electrogenic principle of microbial fuel cells

目前对 *Geobacter sulfurreducens* 和 *Shewanella oneidensis* 等模式电活性微生物的电极呼吸机制研究表明，电活性菌与电极之间的电子传递途径主要有三种：外膜蛋白直接接触电子传递、电子穿梭体介导的间接电子传递、微生物纳米导线介导的远距离电子传递。电活性微生物可根据所处环境的不同而采用一种或多种途径进行胞外电子传递。

4）微生物直接种间电子传递

一些微生物可以直接将胞内呼吸产生的电子传递至与之接触或电学连接的伙伴细菌，即微生物直接种间电子传递（DIET）。基于胞外电子传递的 DIET 被认为是一种新型微生物互营方式，从而受到极大关注。在 DIET 过程中，一种微生物呼吸产生的电子输出到胞外的另一种微生物后，被后者直接吸收利用，两种微生物之间不是依赖氢气、中间代谢产物等电子介体的介导进行互营生长，而是可以通过直接的电子进行互营代谢（图 1-6）。目前，越来越多的共培养微生物被证实具有 DIET 方式的电子交换活性，因此 DIET 是一种广泛存在于自然界的微生物互营合作方式，其科学本质是两种微生物通过胞外电子传递所形成的紧密代谢而耦合。

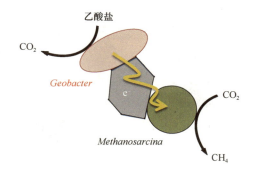

图 1-6 导电矿物介导微生物直接种间电子传递

Figure 1-6 Microbial direct interspecies electron transfer mediated by conductive minerals

DIET 这一创新性发现打破了传统互营理论认识的局限性，为理解微生物相互作用提供了全新视角。DIET 可通过微生物外膜细胞色素蛋白、导电菌毛、导电性环境固体（如活性炭）等多种途径实现。与传统的氢气或甲酸介导的互营方式相比，DIET 的优点是：不受电子介体（如氢气）溶解度小或扩散速率低的限制，是一种能量经济、电子传递高效的互营机制。例如，理论上磁铁矿介导的 DIET 比种间氢介导的电子转移快约 10^6 倍。大量研究表明，DIET 是厌氧环境中微生物进行胞外电子传递的普遍策略。这对于理解污染有机物降解、各元素生物地球化学循环、甲烷排放等过程具有重要意义。

2. 微生物胞外电子输入

1）吸收电极电子

自 2004 年发现金属还原地杆菌（*Geobacter metallireducens*）具有吸收固体电极的电子以来，越来越多的微生物被证实具有将电极电子传递至细胞内的功能。通常把吸收细胞外电子并传入细胞内的微生物统称为电营养微生物（electrotroph）。电营养微生物一般为电能自养微生物（electroautotroph），它吸收胞外电子后，产生的还原力可进行 CO_2 的固定和还原，贮存有机物化学能来维持生长。利用这一特性，将电营养微生物引入微生物电化学系统的阴极室，合成增值化学品（包括甲酸、CH_4、乙醇等），即微生物电合成（microbial electrosynthesis）（图 1-7）。此外，这些电极电子也会被微生物用来还原一些氧化态底物，如 NO_3^-、Fe^{3+}、O_2 等。在这些过程中电营养微生物起到了催化剂的作用，可看作是一种生物催化剂（biocatalyst），因而电营养微生物为生物燃料的合成提供了全新的策略。

2）吸收还原态底物电子

厌氧环境通常存在大量的还原态有机物、金属离子或固体矿物（如还原态醌类、还原态腐殖质、黄铁矿、Fe^{2+} 等）。虽然这些物质不能自由跨越细胞膜进入细胞内，但仍可参与微生物的代谢活动。这是因为电营养微生物的细胞外膜通常有多种多样的氧化还原活性蛋白（如细胞色素 *c*、亚铁氧化蛋白）。当环境中的还原态物质与电营养微生物接触时，会被其外膜功能蛋白氧化。该反应产生的电子随后通过特定的电子传递链进入细胞内，最终为微生物提供代谢所需的能量和还原力。例如，亚铁氧化菌［Fe(Ⅱ)-oxidizing bacteria］可通过氧化胞外的 Fe^{2+} 来获取能量进行硝酸盐还原和自养生长，即自养的

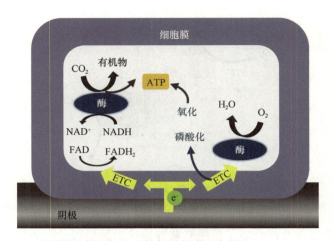

图 1-7　微生物吸收阴极电子的能量代谢示意图（Liu et al.，2014）
Figure 1-7　A diagram of microbial energy metabolism from cathodic electron uptake

NRFeOx［autotrophic nitrate-reducing Fe(Ⅱ)-oxidation］。电营养微生物的这种代谢能力也会对温室气体的排放产生重要影响。此外，腐殖质氧化菌（humus-oxidizing bacteria）可利用胞外还原态腐殖质作为电子供体进行反硝化脱氮反应。当这些还原态底物被电营养微生物转化成氧化态后，重新被产电微生物还原利用，即在两种微生物之间构成氧化还原循环，从而极大地促进了元素的生物地球化学循环及矿物转化过程。

　　3）吸收光电子

　　电活性微生物不仅能吸收电极电子、还原态底物电子，而且能从固体（光催化电极或矿物）表面摄取光电子。电活性微生物与光催化剂（如 CdS）、光三者的交互作用，可以有效驱动微生物-半导体矿物杂化体（biohybrid）或微生物-半导体杂化电极的光电能自养（photoelectroautotrophy）、光铁自养（photoferroautotrophy）、光电营养反硝化（photoelectrotrophic denitrification）等过程。这种具有吸收光电子功能的微生物称为光电营养微生物（photoelectrotroph）。例如，微生物与纳米 CdS 组成的光电营养杂化体已被用来合成甲烷、乙酸等物质，其太阳能转化效率可比传统的非生物光电转化效率高数倍。同时，光电子与电活性微生物之间的协同作用具有加速重金属还原转化的潜力，有望为重金属污染修复提供高效、快捷的手段。目前，微生物的光电化学过程研究处于起始阶段，其电子传递和吸收机制等内容仍是当前研究的核心问题。

（二）环境物质氧化还原过程

　　目前，环境微生物电化学的研究热点已从最初的实验反应器中的微生物与电极相互作用，快速扩展至自然生态系统中的氧化还原过程，包括微生物介导的污染物氧化还原转化、微生物与生态系统的相互作用、电活性微生物驱动的元素生物地球化学循环等。在自然环境中，电活性微生物分布广泛、种类繁多，其胞外电子传递通常以碳、氮、铁、硫、砷等元素的氧化还原转化作为前提条件或必然结果，两者同步发生，具有密切的耦合关系。自然生态系统中的电活性微生物是碳、氮、硫等元素生物地球化学循环的重要引擎。

在地球大气层出现氧之前，微生物主要利用其他元素的氧化还原循环来维持代谢活动。尽管十多亿年后蓝藻等光合生物导致地球大气氧的产生，但这些氧化还原循环仍广泛发生于不同生态位中。胞外电子传递与微生物的能量代谢和多种元素的氧化还原循环紧密偶联。从能量角度来看，光合生物利用光能将电子从水分子转移至二氧化碳，实现能量的储存；而胞外电子传递为胞外呼吸微生物捕获、储存和释放能量提供了新途径。从物质角度来看，胞外电子传递耦合的环境物质氧化还原过程可产生多种环境功能及效应，是环境微生物电化学的重要理论基础。以铁循环为例，以 Fe(II) 作为电子供体和 Fe(III) 作为电子受体的微生物代谢，不仅驱动了铁自身的循环和形态转化，也促进了其他元素（如碳）的氧化还原循环。微生物介导的铁循环被认为是厌氧环境中的控制性电子转移途径，直接驱动了碳、氮、硫等关键元素的生物地球化学循环过程，这主要表现在三方面。①Fe(III) 作为电子受体，偶联有机碳的矿化。在淡水湿地、海洋沉积物、森林土壤等众多生境中，研究者均证实了 Fe(III) 还原对于有机碳厌氧矿化的重要性。据估计，Fe(III) 呼吸直接导致 44%～80% 的有机碳矿化，其贡献超过硝酸盐/硫酸盐呼吸/产甲烷作用等方式的总和。②Fe(II) 作为电子供体，加速污染物脱毒转化。Fe(II) 本身具有还原活性，而且一旦与铁氧化物（针铁矿、赤铁矿等）或天然有机配体结合，形成吸附态亚铁或有机络合态铁，其还原反应活性就会呈数量级增长，从而影响甚至支配环境中可还原性污染物［如有机氯、硝基苯类、Cr(IV) 等］的行为与归宿。③Fe(III)/Fe(II) 作为电子穿梭体，加速生物地球化学循环过程。电子穿梭体是一类通过反复改变自身氧化/还原状态而加速电子转移的物质，在氧化还原反应体系中可起到类似催化剂的作用，即像氧化/还原"开关"一样从供体中得到电子，然后将其加速传递至受体，再次成为氧化状态，本身在反应中不被消耗，因而极低浓度即可大幅度提高反应速率。因此，研究微生物胞外电子转移耦合的环境物质氧化还原转化/降解过程及机制已成为环境微生物电化学的重要组成部分。

第二节 环境微生物电化学的研究范畴

一、研究对象

环境微生物电化学作为一门新型环境或微生物分支学科，其研究范围宽广，涉及微生物学、电化学、环境工程学、土壤学、材料学等多个领域。研究范畴从微观分子体系逐渐扩展到宏观体系，研究对象包括功能基因、电子传递蛋白、细胞、生物膜等多个尺度。

（一）电活性微生物

电活性微生物（铁还原菌、腐殖质还原菌、产电菌）的分离、筛选和鉴定是环境微生物电化学研究的关键和基础。自 1987 年 Lovley 首次发现铁还原菌以来，已有数百株电活性微生物被发现，但主要局限于地杆菌属（*Geobacter*）和希瓦氏菌属（*Shewanella*），菌株主要是在厌氧沉积环境中被发现的。研究土壤中电活性微生物的种类、分布、生长及对污染物的转化行为等，是环境微生物电化学的重要组成部分。另外，如何快速分离和培养土壤中的电活性微生物并准确测定其电化学特征，也是本学科研究面临的首要问题。

近年来，我国学者创建了基于微生物燃料电池（MFC）的胞外呼吸菌高通量筛选方法，分离获得胞外呼吸菌 1000 余株，经鉴定发现其分属于 50 属 128 种。以此为基础，建立了我国第一个胞外呼吸菌种资源库，为研究土壤胞外呼吸菌功能基因组、代谢网络提供了宝贵资源平台。同时，率先研究了中国红细菌属（*Sinorhodobacter*）、陶厄氏菌属（*Thauera*）、棒杆菌属（*Corynebacterium*）、固氮螺菌属（*Azospirillum*）、铁还原泉杆菌属（*Fontibacter*）等 9 个菌的 Fe(III)/腐殖质呼吸或脱氯呼吸（dechlororespiration）新功能，为南方土壤胞外呼吸菌多样性提供了直接证据，也为自然界中胞外呼吸菌的普遍存在性提供了佐证。这些结果将胞外呼吸菌研究范围从变形菌门拓展至厚壁菌门、从厌氧沉积环境拓展至兼性厌氧土壤环境。

（二）环境中的电活性物质

除了电活性微生物外，环境中还存在丰富而多样的电活性物质，如天然有机小分子、微生物分泌的高氧化还原活性的电子穿梭体、腐殖质、铁氧化物、导电矿物、生物炭等。电活性物质如何介导微生物的胞外电子传递，已成为环境微生物电化学研究的重要问题。同时，电活性物质的种类、活性及含量能够直接影响土壤电活性微生物群落组成及结构，并对土壤微生物过程产生明显的调控作用。

目前已有越来越多的学者对电活性物质的种类、丰度、氧化还原能力及电活性物质与电活性微生物的相互作用等内容进行了报道。例如，Ren 等（2019）研究了光照条件下半导体矿物对土壤微生物群落的影响，发现半导体矿物区域比矿物周边区域聚集了更多的电活性微生物；并且半导体矿物区域微生物群落产生了比周边群落更显著的光电流活性（$6.1\pm0.4\ \mu A/cm^2$），其作用机理可能是光照条件下半导体矿物介导微生物的胞外电子传递至氧，而黑暗条件下则进行矿物的生物还原转化（图 1-8），该结果表明半导体矿物丰度与电活性微生物群落结构具有正相关关系。

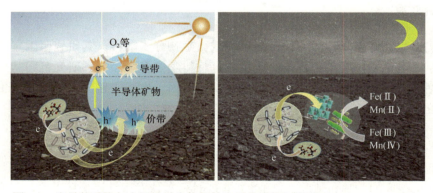

图 1-8　半导体矿物与电活性微生物间的电子传递机制假说（Ren et al.，2019）

Figure 1-8　Possible mechanisms for electron transfer between semiconductive minerals and electroactive microorganisms

二、研究内容

（一）胞外电子传递机制

以胞外呼吸微生物为对象，阐明其与环境物质之间的电子传递途径和分子机制，是环境微生物电化学发展的关键和核心内容。尽管人们已经从各种环境中分离了大量的胞外呼吸菌，但是目前对大多数胞外呼吸菌的电子跨膜传递机制的认识和研究仍十分有限。研究胞外呼吸菌的电子跨膜传递机制，对于提高其电子传递效率、增强其应用潜力及扩展其应用领域具有重要意义。为了理解胞外呼吸菌的电子跨膜传递机制，首先需要对胞外呼吸菌的生理代谢、电子跨膜传递组分结构及其相互作用进行探索。目前，大部分对胞外呼吸菌电子跨膜传递机制的研究主要集中在 *G. sulfurreducens* 和 *S. oneidensis* MR-1 等几种主要模式菌上。这些研究大多偏向于阐明胞外呼吸电子的跨膜输出机制，而对胞外电子跨膜输入机制的研究和认识则明显滞后。

（二）环境效应和应用

电活性微生物广泛存在于各种自然环境下，如海洋沉积物、湖泊底泥、天然水体、市政污水、稻田、湿地等。电活性微生物的发现改变了人们对生物膜及其与微界面环境相互作用的传统认识，为理解自然环境的生物地球化学过程提供了全新的科学基础。研究表明，电活性微生物的胞外电子传递与各种土壤过程均有密切的关系，产生多种环境效应如有机碳加速矿化、有机污染物降解、温室气体减排、重金属脱毒等。目前已经证实电活性微生物可以参与多种环境行为，如生物电化学厌氧氨氧化（bioelectrochemical anammox，E-anammox，即厌氧氨氧化耦合电极还原）、铁氨氧化（ferric ammonium oxidation，Feammox）、铁依赖性反硝化（iron-dependent denitrification）、生物光电营养固碳/氮（photoelectrophic carbon/nitrogen fixation）、生物光电营养反硝化（photoelectrophic denitrification）等。深入研究和解析胞外电子传递的环境效应，有利于全面认识地球生物化学过程及其规律。基于胞外电子传递的污染物降解方式主要有两种：一种是污染物作为胞外呼吸的电子供体而被氧化降解，大部分可生物降解有机物均可通过这个途径去除；另一种是污染物作电子受体被还原，如卤代有机化合物、硝基苯等。如何利用这种独特的微生物电子传递方式，并深入了解其驱动的反应过程和规律，促进环境生态的可持续健康发展，是本学科探讨的重要问题。

三、研究手段

环境微生物电化学的研究手段既包括微生物学、电化学、环境化学等传统学科的成熟方法，如 DNA 高通量测序、扫描电子显微镜、紫外/可见光谱等，也包括各种新型的分析测试技术，如微生物电化学系统、扫描电化学显微镜、原位电化学光谱技术等。如何建立方便快捷的模型体系及测试方法、定量表征多组分多界面环境体系中电子转移的微观过程，是环境微生物电化学研究的重点和难点。

微生物电化学系统与经典电化学技术（如循环伏安法、计时电流法、电化学阻抗谱）

的结合，是目前研究广泛采用的方法。通常采用透射电镜/扫描电镜、激光共聚焦显微镜等来了解电活性微生物的形貌和导电附属结构特征。为了揭示电活性微生物的关键功能基因或电子传递蛋白，可采用基因敲除、蛋白质电泳、蛋白质杂交等分子生物学技术。针对研究对象（单个细胞、整体生物膜等）的不同，目前也不断涌现出各种精湛而有效的分析技术，如单细胞微阵列电极、电化学原子力显微镜、荧光原位杂交-纳米次级离子质谱（FISH-nanoSIMS）、电化学石英微晶天平等。原位电化学光谱技术（如电化学拉曼和红外光谱等）则为活体的原位监测提供了有效手段，可实时监测生物膜的胞外电子传递组分变化。

传统的微生物胞外呼吸活性依赖微生物培养试验（如异化铁还原、生物产电或腐殖质还原）来表征，耗时费力（至少半个月）且需要专门的厌氧设备。基于胞外呼吸菌的独特性质（如活体细胞色素 c 的类过氧化物酶活性、原位形成量子点效应），我国学者设计了一系列高通量、在线的生物电化学方法，即通过高通量微孔板式比色法，实现了胞外呼吸菌的快速检测（Zhou et al.，2015）。该方法可在数分钟内表征细菌的胞外呼吸活性，将此方法与免疫磁分离技术（immuno-magnetic separation，IMS）相结合，发展出了一种集细菌分离-微生物胞外呼吸活性表征于一体的新方法，新方法可用于检测实际环境样品中优势胞外呼吸菌（如 *Shewanella* 或 *Geobacter*）的丰度，精度可达 5×10^3 CFU/mL。

四、应用前景

电活性微生物与自然环境介质或电极之间的电子转移为土壤生物修复、污水处理、可持续电能生产/资源回收、增值化学品合成等环境与能源及化工领域的应用打开了一片广阔的空间，并提供了全新的手段和途径。这些应用均以电活性微生物细胞与电子供体或电子受体相互作用为中心，以微生物代谢偶联胞外电子传递为主要特征，尤其是各种电活性微生物与电极间的相互作用极大地扩展了电活性微生物的应用范围和应用前景。

（一）可持续污水处理和发电

可持续污水处理是一个有巨大吸引力的新概念，旨在解决能源短缺、资源消耗和环境污染等多重挑战。可持续污水处理应该具备中性能量运行、经济投资与输出平衡、处理性能稳定、出水质量高、占地面积小等特点。微生物燃料电池的出现为可持续污水处理提供了光明的应用前景。在微生物燃料电池中，微生物催化的底物降解和胞外电子传递实现了污水处理和电能生产的同步进行。

据估计，污水储存的能量是污水处理厂所需能耗的 9.3 倍或更高。传统的污水处理工艺电能消耗较高，如用活性污泥法处理城市生活污水需要消耗 $0.3 \sim 0.6$ (kW·h)/kg COD 的能量。而用微生物燃料电池处理污水的能耗需求则低一个数量级，仅 $0.024 \sim 0.076$ (kW·h)/kg COD。同时，微生物燃料电池能够高效提取污水中的能量（达 0.1 (kW·h)/kg COD），实现污水处理的能量供需平衡或净能量产出。由于厌氧和有氧环境的共存，微生物燃料电池比厌氧消化具有更高的污染物去除效率 [化学需氧量（COD）去除率达 90%]，尤其是难降解有机污染物，其出水 COD 可低于 20 mg/L。此外，微生物燃料电池处理污水还具有较低的碳排放量和污泥产量等优点。其与传统污水处理技术（如厌氧消化）的集成或组合将进一步提升污水处理性能。

（二）污染物降解

微生物胞外呼吸过程中，有机物氧化降解可与各种不溶性矿物、电极或其他微生物建立电化学偶联反应，这为土壤、沉积物、地下水等污染环境提供了新型的生物修复技术。在淹水条件下，沉积物中的氧很快被消耗，此时具有较高丰度的铁氧化物演变为微生物胞外呼吸和有机污染物降解的典型电子受体。故厌氧条件下铁呼吸驱动的有机物降解在有机污染物自然修复过程发挥了关键作用。基于该原理，在污染土壤中施加一定量的铁氧化物和铁还原菌，可达到提升有机污染物降解效率的目的。类似地，将电极置于污染沉积物，构建沉积物生物燃料电池（图1-9），有望为强化厌氧沉积物中的有机污染物降解提供技术支撑。

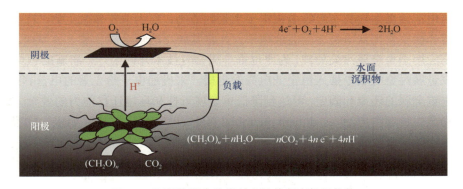

图 1-9　沉积物微生物燃料电池修复有机污染物

Figure 1-9　Sediment microbial fuel cells for remediating organic contaminants

（三）增值化学品合成

微生物的胞外电子传递可驱动各种底物（如 CO_2、H^+ 等）的氧化还原转化，这为合成增值化学品（如甲烷）提供了潜在的新策略，包括微生物电合成（microbial electrosynthesis）、电产甲烷（electromethanogenesis）、电发酵（electrofermentation）等。微生物电合成是以电活性微生物为催化剂、电极为电子供体的电化学还原固碳反应。微生物吸收电极电子后将电子转移至受体底物中，从而可将电能转化成有机物化学能。太阳能驱动的微生物电合成是一种人工形式的光合作用，其底物 CO_2 和水最终被转化为有机物和氧分子。相比于传统的基于生物质的产物合成策略，太阳能驱动的微生物电合成具有光能捕获率高、无须占地面积、无土壤质量退化、可直接生产目标产物、环境友好、可持续性高等优点。电发酵与微生物电合成的原理相同，它是主要以有机物为起始底物、电极为还原力的生物电催化合成过程，如将乙酸电发酵还原成乙醇或丁醇等电燃料（electrofuel）。微生物电合成和电发酵在未来商业化合成领域表现出十分诱人的应用前景。

（四）重金属污染修复

微生物胞外呼吸耦合铁等重金属还原是广泛存在于各种厌氧环境的生物地球化学过程，很多具有铁呼吸功能的微生物同样能以其他重金属离子为电子受体进行胞外呼吸。土壤 U(VI)的还原一直被认为是非生物的纯化学反应，胞外呼吸微生物 U(VI)还原功能的发现不仅改变了传统的土壤学观点，而且为土壤 U(VI)的原位生物修复增添了强有力的手段。U(VI)还原的胞外呼吸微生物在自然土壤环境中具有较高的多样性，如地杆菌属（*Geobacter*）、脱硫弧菌属（*Desulfovibrio*）、厌氧黏细菌属（*Anaeromyxobacter*）等。在电子供体缺乏的土壤中，通过投加一定量的电子供体（如乙酸），能够促进这些微生物对 U(VI)的还原沉淀，起到原位修复 U(VI)等放射性核素污染场地的作用。胞外呼吸微生物也能采用类似的机制进行其他重金属离子如 Cr(VI)、Hg(II)、Cu(II)等的还原脱毒。通过添加电子穿梭体强化胞外呼吸微生物与重金属离子间的胞外电子传递，可进一步提升其对重金属污染的修复速率和效果。

一些电活性微生物具有吸收电极电子生长的能力，称为电营养微生物。目前已证实很多电营养微生物可从电极表面获取电子，并将其转移给重金属。基于该原理，将电营养微生物应用于重金属污染处理，为原位重金属修复技术开辟了一个崭新的领域。例如，通过在重金属污染土壤中插入恒定低电势的电极，来投递电子给土著的电营养微生物，以此促进重金属的还原和固定，可达到降低重金属毒性和环境迁移能力的效果。类似地，在沉积物微生物燃料电池（sediment microbial fuel cell，SMFC）中，阴极生物膜中的电营养微生物能够吸收阴极的电子并催化还原阴极区域的重金属离子，如 Cr^{6+}、Hg^{2+}、Ag^+等。与传统物理或化学修复技术相比，电营养微生物驱动的重金属修复既降低了修复过程所需的能耗，又避免了投加化学药剂产生的二次污染问题。故电营养微生物在重金属污染的原位修复领域展示出巨大的应用潜力。

（五）生物电化学传感器

生物传感器（biosensor）是利用生物学元件感应被分析物质，并通过与转导器相互作用而输出信号的装置。常见的生物学感应元件有很多种，如酶、DNA、抗体/抗原、微生物、动植物细胞等。利用微生物作为感应元件的生物传感器因具有底物检测种类多样、遗传操作易控、pH 和温度条件宽广、细胞繁殖速率高等优点而逐渐被青睐。目前，微生物传感器的信号转导方法包括电流法、电势法、测热法、电导率法、比色法、发光法、荧光法等。生物电化学系统的出现，为微生物传感器提供了一种新型的生物电化学传感器。

基于环境微生物电化学的传感器原理是通过电活性微生物催化的胞外电子传递来实现对环境信号的感应。与传统微生物传感器相比，微生物电化学型传感器的主要优点是依靠电活性微生物生产的电能自我驱动，并且电信号可指示微生物的代谢速率。此外，这种生物电化学传感器无需单独的信号转导器。微生物电化学型传感器可被用来测定废水的生物需氧量（BOD）、pH、重金属离子（如 Mn^{2+}、Fe^{2+}、Cd^{2+}、Cu^{2+}）含量、微生物金属腐蚀速率、毒性物质含量等（图 1-10）。其具有快捷、准确的特点，测量反应时间短（可达 5 min），测定误差可小于 5%。因此，微生物电化学型传感器有望替代复杂、耗时、异位的常规分析方法（如高效液相色谱），实现原位在线监测水质的目标物质成分。

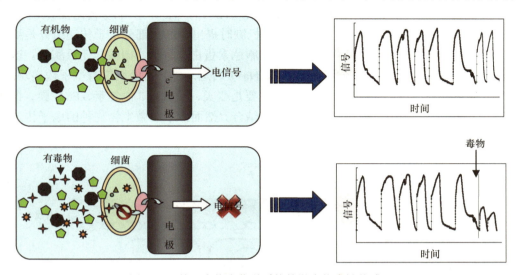

图 1-10　基于生物电化学系统的微生物毒性传感器

Figure 1-10　Microbial toxicity sensors based on bioelectrochemical systems

第三节　环境微生物电化学的研究现状

一、基础理论研究现状

由于电活性微生物的细胞膜/壁不具有导电性和胞外固体穿透性，其将胞内电子供体的电子传递至胞外电子受体（或胞外电子反向传入）的过程及机制一直是当前研究的重点和难点。目前已经分离获得的电活性微生物至少有 1000 株。为了适应不同的土壤生长条件，不同电活性微生物已进化出差异明显的电子传递链。但当前对胞外电子传递（extracellular electron transfer，EET）机制的研究仅局限于少数模式微生物（如 *G. sulfurreducens*、*S. oneidensis* MR-1），对大部分电活性微生物胞外电子传递机制仍缺乏足够认识。另外，如何提高电活性微生物的 EET 效率（包括动力学速率），也是当前该领域研究和关注的热点问题。

（一）胞外电子传递机制研究

深入研究不同种属的电活性微生物电子传递机制，不仅有利于丰富对胞外呼吸及微生物代谢多样性的认识，而且可为进一步优化其胞外电子传递性能提供基础。不同电活性微生物的胞外电子传递机制，既有较多的相似点，又表现出明显的物种特异性。电活性微生物胞外电子传递的相同点主要表现在：①胞外电子输出或输入细胞过程中，大部分是基于氧化还原电势梯度从低电势的电子供体迁移至高电势的电子受体，并伴随跨膜离子的迁移及能量的储存（ATP 合成）。②在微生物吸收胞外电子的胞外电子传递过程中，一些微生物以耗能的方式将一部分电子逆着氧化还原电势梯度（向更负的电势方向迁移）传入细胞，用于胞内还原力（NADH 等）的合成（图 1-11）。这种逆氧化还原电势梯度的胞外电子传递过程最早由 Ishii 等（2015）在研究嗜酸氧化亚铁硫杆菌（*Acidithiobacillus ferrooxidans*）的电子吸收机制时提出。③大部分电子传递组分是细胞膜上或周质空间的氧化还原活性蛋白，如细胞色素蛋白、氢酶、硝酸盐还原酶等。这些电子传递组分有的同时具有跨膜离子（H^+、Na^+）转运功能，有的则仅有电子传递功能。④电子传递组分中负责储存电子的辅因子主要是醌类、核黄素、血红素、Fe-S 族、铜离子等，其游离于细胞膜上或与电子传递组分结合。然而，不同微生物物种的电子传递组分种类及含量具有高度的多样性。

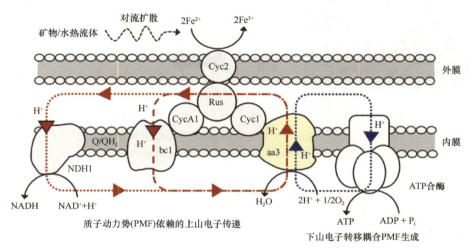

图 1-11　嗜酸氧化亚铁硫杆菌（*Acidithiobacillus ferrooxidans*）胞外电子吸收机制（Ishii et al.，2015）

Figure 1-11　The Extracellular electron uptake mechanism of *Acidithiobacillus ferrooxidans*

　　目前已对 *Shewanella oneidensis*、*Geobacter sulfurreducens*、*Acidithiobacillus ferrooxidans*、铜绿假单胞菌（*Pseudomonas aeruginosa*）、杨氏梭菌（*Clostridium ljungdahlii*）、大肠杆菌（*Escherichia coli*）、铁乙酸盐栖热泉菌（*Thermincola ferriacetica*）、谷氨酸棒状杆菌（*Corynebacterium glutamicum*）等电活性微生物的胞外电子传递机制有了初步的认识。其主要电子传递组分见表 1-1。可以看出，不同电活性微生物的电子传递链组成各不相同，极大地增加了环境微生物电化学研究的复杂性。

表 1-1　电活性微生物的电子传递组分

Table 1-1　The electron transfer components in electroactive microorganisms

名称	微生物	电子传递通道	参考文献
产乙酸菌	*Moorella thermoacetica*	具膜细胞色素、氢化酶以及电子分流复合物（Hyd 及 Nfn）	Huang et al.，2012；Köpke et al.，2010；Kracke et al.，2015；Müller et al.，2008；Poehlein et al.，2012；Schuchmann and Muller，2014；Wang et al.，2013
	Acetobacterium woodii	Hyd 以及膜结合 Rnf 复合物	
	Clostridium ljungdahlii	Hyd、Nfn 以及膜结合 Rnf 复合物	

续表

名称	微生物	电子传递通道	参考文献
产甲烷菌	*Methanococcucs maripaludis*	电子分流以及传输系统，氢化酶以及甲酸盐脱氢酶	Costa et al.，2010；Deutzmann et al.，2015；Schlegel et al.，2012；Thauer et al.，2010；Wang et al.，2011；Yan and Ferry，2018
	Methanosarcina acetivorans	与膜相关的细胞色素 c，带异二硫化物氧化还原酶的 Rnf 复合物以及氢化酶	
异化金属还原菌	*Shewanella oneidensis*	多血红素细胞色素 c（CymA、MtrA、MtrC、OmcA）以及外膜蛋白（MtrB）	Reguera et al.，2006；Shi et al.，2012,2007；Strycharz et al.，2011
	Geobacter sulfurreducens	外膜多血红素细胞色素 c（OmcE 及 OmcA）、单亚铁血红素细胞色素 c 以及导电菌毛	
硫酸盐还原菌	*Desulfovibrio* sp.	细胞色素 c、鞭毛附属物以及氢化酶	Croese et al.，2011

采用基因敲除（Liu et al.，2018a）、常规电化学分析、转录组学（Aklujkar et al.，2013）、微阵列分析（Strycharz et al.，2011）、比较基因组学（Aklujkar et al.，2009）、蛋白质组学（Cai et al.，2018）、免疫金标记（Stephen et al.，2014；Aracic et al.，2014）等技术手段，一些研究对 *G. sulfurreducens* 的电子传递链组分进行了深入的探索。*G. sulfurreducens* 的胞外电子传递链具有较多分支途径，其胞外电子传递基本过程是：有机物氧化产生的电子首先由 NADH 脱氢酶传递给醌池，再由醌池传递至 MacA 蛋白，后者将电子释放给周质空间的细胞色素蛋白 PpcA 等，然后周质空间的色素蛋白扩散至外膜将电子转移至 OmcS、OmcB、OmcZ 等，最终经 OmcS、OmcZ 或导电菌毛传递给胞外受体（如阳极、铁氧化物），其实际的电子跨膜途径可能根据电子受体种类的不同而发生改变。

在 *S. oneidensis* 电子传递链中，42 个可能的细胞色素 c 蛋白、周质空间蛋白 CymA 以及数个外膜结合的 Mtr/Omc 蛋白复合物等负责将甲基萘醌池（menaquinone pool）的电子传递至细菌外膜，即所谓的 Mtr 电子传递链（Coursolle and Gralnick，2012）。在电子输出时，*S. oneidensis* MR-1 呼吸电子依次从 NADH（胞内电子载体）流向甲基萘醌池、CymA[内膜 c 型四血红素基团色素蛋白（c-Cyts）]、MtrA（周质空间 c-Cyts）和外膜跨膜蛋白 MtrB，最终经外膜 MtrC 和 OmcA 传递给胞外电子受体如电极（Yang et al.，2015）。而在电子输入时，*S. oneidensis* 利用逆向的 Mtr 电子传递途径进行胞外电子的吸收和传递（Tefft and TerAvest，2019；Ross et al.，2011；Sydow et al.，2014）。

（二）胞外电子传递动力学研究

研究微生物电子转移反应的限制性因素、提升微生物与胞外固体间的电子传递速率是当前环境微生物电化学研究的重要课题，对基础理论、相关技术的发展和应用具有十分重要的意义。因此，如何提高电子传递性能（即速率或效率），是环境微生物电化学应用的关键和核心。当前对环境微生物电子传递动力学的研究趋势，可归纳为三种：①环境电活性物质促进电活性微生物与固体界面的电子转移动力学；②电活性微生物的基因工程改造；③电活性微生物与胞外固体间的相互作用及电子传递速率。

1. 环境电活性物质强化胞外电子传递研究

除了微生物与胞外电子受体或其他微生物细胞进行直接接触方式的 EET 外，自然环境广泛存在的各种氧化还原活性物质和导电材料也能介导并增强电活性微生物的 EET。通常将这类氧化还原活性物质称为电子穿梭体。电子穿梭体介导的 EET 导致胞外呼吸微生物间接的相互作用和共存，在加速污染物生物电化学降解、提高产电性能等方面表现出巨大的应用价值。按照是否由微生物分泌产生，电子穿梭体可分为内源性电子穿梭体（如氢气、核黄素、吩嗪类、溶解性蛋白）和天然存在的外源性电子穿梭体（如醌类物质）。最常见的外源性电子穿梭体包括腐殖质、铁离子、硫化物等。

腐殖质具有较高的氧化还原活性、化学稳定性及耐生物降解性，是一种理想的天然电子穿梭体。腐殖质既可介导胞外电子输出，也可介导电子输入。大量研究表明，添加腐殖质或醌类物质可介导并增强微生物对氯化有机污染物（如氯酚等）的还原脱氯反应。Zhang 和 Katayama（2012）报道了胡敏素固体对五氯酚微生物还原脱氯的影响，发现其可通过介导微生物 EET 来增强五氯酚脱氯为苯酚的反应。Doong 等（2014）研究了 *G. sulfurreducens* 对四氯化碳的还原脱氯，当添加泛醌等醌类物质及水铁矿后，四氯化碳脱氯的假一级动力学常数增加了 2～5 倍。导电矿物或半导体材料对 EET 效率的影响研究主要集中于阐明含铁矿物或碳质材料对微生物直接种间电子传递（DIET）的影响和机制。当前 DIET 研究常用的导电材料主要有石墨颗粒、活性炭、石墨烯、生物炭、磁铁矿、碳布、碳纳米管等。2012 年，Kato 等首次证实磁铁矿利用其导电性能够有效介导 *G. sulfurreducens* 氧化乙酸产生的电子传递至 *Thiobacillus denitrificans*，后者吸收电子进行反硝化及异化硝酸盐还原为氨（Kato et al., 2012）。Liu 等（2012）报道了 *G. metallireducens* 和 *G. sulfurreducens* 共培养体系，活性炭介导的 DIET 促进了前者的乙醇氧化和后者的延胡索酸还原；*G. metallireducens* 和 *Methanosarcina barkeri* 共培养体系添加活性炭后产甲烷量显著提升，同时基因敲除实验显示活性炭可代替菌毛来介导 DIET。Rotaru 等（2014）发现 *G. metallireducens* 可通过其导电菌毛与产甲烷古菌 *M. barkeri* 进行 DIET 互营产甲烷，颗粒活性炭可弥补菌毛缺陷型 *G. metallireducens* 的 DIET 功能。自然环境中存在着各种丰富的导电矿物（如铁氧化物）或半导体矿物，其在介导微生物 DIET 过程中的普遍性可能已经远超过了人们的预料。在厌氧消化体系加入这类导电材料，产甲烷速率明显加快，其作用机制在于导电材料介导有机物氧化产生的电子从胞外呼吸菌传递至产甲烷古菌，从而加快了后者的 CO_2 还原反应。例如，Ye 等（2018）在厌氧污泥体系添加 20 g/L 的导电赤泥后，其甲烷产量比未添加体系增加了 35.5%。

2. 基因工程改造强化胞外电子传递

电活性微生物的胞外电子传递是以跨膜的电子传递链为纽带，将微生物胞内代谢与胞外氧化还原反应耦合的一个复杂过程，它同时涉及微生物细胞内催化和细胞外催化两个反应步骤。高效的微生物电子传递反应动力学，既需要电活性微生物有较强的代谢能力，同时也要其有快速的在细胞与土壤介质间转移产生电子的能力。故电活性微生物是环境微生物电化学催化反应的关键组分，它直接决定了底物代谢/产物合成、EET 途径、能量转换、电极生物膜形成等多方面。随着对电活性微生物遗传背景的深入了解以及各种基因编辑工具的不断开发，采用合成生物学或基因工程策略设计和改造电活性微生物的电子传递链从而提高其 EET 能力，已成为研究热点。

目前遗传改造研究中涉及的电活性微生物主要有硫还原地杆菌（*G. sulfurreducens*）、奥奈达希瓦氏菌（*S. oneidensis*）、大肠杆菌（*E. coli*）、铜绿假单胞菌（*P. aeruginosa*）、永达尔梭菌（*Clostridium ljungdahlii*）等。例如，Li 等（2018）利用合成生物学方法将 *S. oneidensis* 胞内电子载体（NAD⁺ 和 NADH）的产量增加了 2.1 倍，使 *S. oneidensis* 在 MFC 中的产电功率密度提升了 4.4 倍（图 1-12）。

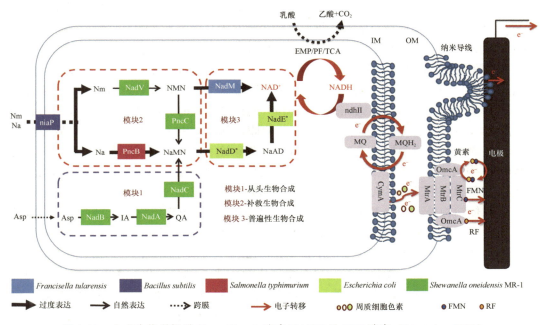

图 1-12　合成生物学提升 *S. oneidensis* 胞内 NADH 及 EET 速率（Li et al.，2018）
Figure 1-12　Enhanced EET rate and NADH production in *S. oneidensis* by synthetic biology

基于类似方法，在 *C. ljungdahlii* 中异源表达甲酸脱氢酶基因，可将其胞内 NADH 浓度和 MFC 电压输出分别提高 4.3 倍、3.8 倍（Han et al.，2016）。Yong 等（2013）将 *Pseudomonas aeruginosa* 的孔蛋白（OprF）基因转入宿主 *E. coli* 中表达，后者细胞膜的渗透性得到显著增强，其产电的电流密度提升了 3 倍。Leang 等（2013）将 *G. sulfurreducens* 的 *GSU1240* 基因敲除后，其表多糖、导电菌毛产量及电极生物膜量增加，最终 *G. sulfurreducens* 生物膜的导电性提高了 6 倍，而菌-电极界面电子转移阻抗降低了 60%。因此，从底物运输、代谢途径调控、电子传递组分修饰等角度进行合成生物学改造，均可提升胞外呼吸菌的 EET 性能。

3. 固态电子受体强化胞外电子传递研究

环境微生物电化学系统被认为是一种新型的污染处理和能源回收装置，在该系统中，电极作为一种典型的固态电子受体，常被用来研究微生物的电化学活性及电子传递速率。电极既是电活性微生物附着的载体，也是接受或供给胞外电子进而影响胞外呼吸微生物代谢行为的关键成分。电极载体结构和表面化学对微生物电催化及 EET 动力学过程有直接影响。目前环境微生物电化学系统的产电性能与传统的化学燃料电池相比至少低 1~2 个数量级；同时，环境微生物电化学系统电合成的效率也明显低于传统的发酵合成法。这些不足已成为限制环境微生物电化学系统大规模应用的主要瓶颈。传统电极材料（如石墨板、碳布）的比表面积和生物膜负载量较为有限。利用天然生物质、人工纳米材料制作的三维多孔结构电极，可显著提高电极面积和微生物附着量，进而提高微生物的 EET 效率。这类三维多孔结构电极的制备方法主要有自组装、模板辅助组装、自下而上生长法、生物质炭化法等。目前报道合成的三维多孔结构电极材料包括多壁碳纳米管（MWCNT）/还原石墨烯氧化物、碳纳米管海绵、还原石墨烯氧化物海绵、石墨烯泡沫、碳纳米管修饰网状玻璃碳（CNT-RVC）等，其孔径大小为几微米到几百微米不等。

He 等（2012）通过冰隔离诱导组装方式将真空剥离石墨烯嵌入壳多糖微孔，得到了壳多糖/石墨烯复合材料三维阳极，其应用于环境微生物电化学系统的产电功率密度比传统碳布阳极提高了 78 倍。Yong 等（2014）通过自组装的方法原位构建了还原石墨烯氧化物与 *S. oneidensis* 的三维杂合物电极生物膜，其胞外电子输出能力和电子吸收能力分别比普通电极生物膜提高了 25 倍和 74 倍。Zou 等（2016）利用还原石墨烯氧化物与 MWCNT 构建了三维多孔结构电极，其产电功率密度比碳布阳极增加了 6 倍。这些研究表明，制备和应用三维多孔电极材料是提高胞外呼吸菌 EET 性能的有效途径。

除载体结构外，载体表面理化性质对生物膜形成和 EET 过程均有显著影响。载体表面电荷、氧化还原基团、导电性、表面亲水性等理化性质差异必然引起生物膜-载体相互作用及 EET 动力学的变化。因此，载体表面修饰也是强化微生物 EET 能力的常用策略。当前表面修饰功能化方法主要有物理化学处理（如引入表面氨基）、氧化还原活性分子（中性红、核黄素等）修饰、表面传导聚合物修饰、纳米金属氧化物修饰等。例如，Zou 等（2019）将核黄素通过电聚合方式修饰到碳布表面，发现 *S. oneidensis* 的产电功率密度（707 mW/m^2）比未修饰碳布阳极提高 4.3 倍；并且 *S. oneidensis* 催化阴极延胡索酸还原的电流密度（0.78 A/m^2）也提升了 3.7 倍。

二、应用研究现状

过去 20 年，基于胞外电子传递的微生物电化学技术（microbial electrochemical technology，MET）取得了令人瞩目的发展。MET 依靠电活性微生物优异的催化作用，在环境生物修复、污水处理等领域均表现出巨大的应用潜力。

（一）生物电化学修复

生物修复是依赖自然存在的微生物，将有机或无机污染物转化为低毒或无毒产物的过程。修复污染物包括石油等碳氢化合物、氯化溶剂、农药杀虫剂、重金属等。由于受到电子供体、电子受体、营养物等因素限制，自然条件下的环境自我修复过程较为缓慢。常用的生物修复技术通常需要连续投加外源化学药剂，如氢气、可发酵有机物、氧等。

然而，这种传统的生物修复技术仍面临着修复动态不可控、底物供给和传输不易操作等难题。生物电化学修复作为一种新型修复技术，利用无损耗电极材料持续提供或接受电活性微生物的电子，实现污染物的氧化降解和还原转化。与传统修复技术相比，生物电化学修复的主要优点在于其电子"投入或输出"方式简单，氧化降解和还原转化可同步进行，污染物选择性高，以及电子传输速率实时反映修复效果等，其修复对象主要有沉积物和地下水，既可修复无机污染物（硝酸盐、硫化物、重金属等），也可处理难降解性或持久性有机污染物。Abbas 等（2019）利用碳毡电极构建了沉积物微生物燃料电池（SMFC），用于海洋底泥重金属修复，该系统对 Hg(Ⅱ)、Zn(Ⅱ)和 Ag(Ⅰ)的去除效率分别高达 95.0%、86.7%、83.7%，并且产生了 77.8 mW/m^2 的电能。Nguyen 等（2016）研究了生物阴极对模拟沉积物体系中硝酸盐的还原去除效果，发现硝酸盐去除速率随着电极掩埋程度（即沙土/合成污水比率）的增加而降低，在–0.7 V 电位和 100%电极掩埋程度条件下，硝酸盐还原速率可达 322.6 mg N/(m^2·d)。由于缺少微生物呼吸的电子受体，地下水中的有机污染物通常停留时间较长。利用 MFC 和 MEC 技术可有效催化降解地下水中的持久性有机污染物，包括多环芳烃（如菲、萘）（Zhang et al.，2010；Yan and Reible，2015）、单环芳香化合物（酚类、硝基苯等）（Friman et al.，2013；Rakoczy et al.，2013）。例如，Chang 等（2017）采用管式焦炭阳极 MFC 处理地下水监测井中的苯，发现其在 120 天时催化苯的降解率达 95%，同时产生了较小的输出功率密度（38 mW/m^2）。Kirmizakis 等（2019）利用活性炭为吸附剂和阳极的生物电化学系统（BES）处理煤气厂污染区地下水，证实其对各种碳氢化合物的总去除效率（99%）明显优于传统活性炭对照组。目前研究采用的生物电化学系统材料及构造仍缺少统一的标准，且运行条件不同，故很难对不同种类生物电化学系统的修复性能和应用潜力进行直接比较或评估。此外，生物电化学系统距离商业化应用仍有较长的路程。今后仍需开发高效、多功能、适用范围广的修复系统。

（二）污水处理

电活性微生物催化水体污染物氧化/还原降解或转化的应用潜力已被广泛关注和报道。利用环境微生物电化学技术处理污水不仅可获得较好的水质效果，而且可以同时产生电能或增值化学品。利用 MFC 生物阳极氧化去除有机污染物是当前污水处理应用研究的主要目标，结合 MFC 的阴极反应，可进一步还原去除硝酸盐、重金属、氯化有机物等其他污染物（图 1-13）。因此，MFC 对开发新一代低能耗、多功能的污水处理技术具有重要意义。目前已有大量研究探讨了 MFC 去除污水 COD 性能的影响因素，包括微生物种类、污水类型、水力停留时间、反应器结构、电极材料、电子受体、阴极催化剂、温度、pH 等。表 1-2 列举了一些 MFC 研究中污水 COD 的去除率和产电情况。大部分 MFC 污水处理研究采用的是分批式处理，反应器体积一般不超过 1 L，常用昂贵金属 Pt 作为阴极催化剂，最高产电功率仅数十瓦每立方米。MFC 反应器规模小，难以满足实际污水的处理需求，并且缺少统一的 MFC 污水处理技术标准，这些都极大地限制了 MFC 污水处理技术的推广和应用。

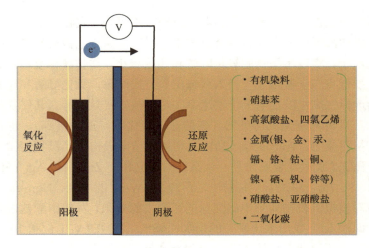

图 1-13   MFC 阴极处理废水（Jain and He，2018）

Figure 1-13   Wastewater treatment by the MFC cathodes

表 1-2   不同 MFC 对污水 COD 的去除效果及产电性能

Table 1-2   The COD removal and electricity production performance of different MFCs

污水类型	电压/mV（电阻/Ω）	体积功率密度/（W/m³）	回收能源/［W/(h·L)］	库仑效率/%	COD 去除率/%	参考文献
生活废水	670（1000）	6.3	—	<3	85	Park et al.，2017
乳品废水	470（1000）	3.5	—	41	84.7	Marassi et al.，2022
人类尿液	692（1.5～100）	22.3	—	—	92	Gajda et al.，2020
养猪废水	357（1000）	—	—	8	27	Min et al.，2005
合成废水	670（500）	4.38	—	—	>97	Liu et al.，2017
橄榄油厂废水+生活废水	380（1000）	5.17	1.0±0.14	29	60	Sciarria et al.，2015
红酒废渣	340（1000）	3.1	0.45±0.1	9	27	Sciarria et al.，2013
白酒废水	420（1000）	8.2	1.3±0.3	15	90	Sciarria et al.，2013
二级沼泽水	500（1000）	2.3～3.4	0.093	60	4.4	Fradler et al.，2014
二级沼泽水	530（1000）	13.3	0.369±0.03	21	21.7	Schievano et al.，2016
一级沼泽水	520（1000）	12.1	0.271±0.02	19	17.6	Schievano et al.，2016

MFC 污水处理应用研究的一个新趋势是与传统污水处理技术的结合。一些研究已成功将 MFC 与厌氧消化、膜生物反应器（membrane bio-reactor，MBR）、人工湿地、升流式厌氧污泥床(upflow anaerobic sludge blanket，UASB)等设施耦合或集成，在提升出水水质、降低能耗、回收能量与资源等具有更大的优势。例如，Ge 等（2013）将中空纤维膜反应器集成到管式 MFC 内部后，污水 COD 去除效率达 90%，出水浊度低于 1 NTU。Liu 等（2019）报道了垂直流人工湿地与 MFC 耦合系统对污水的处理效果，发现其对 COD 和总氮的去除效率分别为 97%、70%。此外，膜材料（如反渗透膜）整合于 MES 内部得到的微生物脱盐电池能够高效进行海水脱盐。MFC 对污水中硫酸根、磷酸根等常见离子没有明显的去除效果，通过微生物脱盐电池及其产生的电能可实现离子的自动去除。目前 MFC 污水处理应用仍面临着漏水、膜阻塞、电极成垢、内阻大、

产能低、构造成本高、规模化困难等问题。尽管 MFC 在实验室小规模水平试验取得了良好的污水处理效果，但中试规模或实际大规模应用水平的污水处理性能研究仍十分匮乏。

（三）微生物电化学传感器

电活性微生物的产电过程与其胞内代谢活性密切相关，而其代谢活性则容易受到水环境中电子供体底物、毒性物质（Cu^{2+}、Cd^{2+}等）、pH 等因素的影响。因此，电活性微生物的产电活性大小间接反映相关的环境因子水平。基于该原理，选择适当的电活性微生物建立新型电化学传感器，可实现厌氧环境或生物处理过程有机物或毒物浓度的在线监测。目前，已经发展了基于胞外电子传递的多种类型微生物电化学传感器，包括 BOD 传感器、毒性传感器、pH 传感器等。2016 年，Li 等建立了一种混合菌生物电化学传感器，其产电电流密度的抑制比率与传感器内明矾絮凝剂浓度呈现良好的线性关系（$R^2 > 0.98$）。2019 年，Sun 等利用微生物电化学传感器监测厌氧消化过程的乙酸盐浓度（图 1-14），发现在响应时间 2～5 h 内，乙酸盐浓度（1～160 mmol/L）与电流密度也具有极强的线性关系（$R^2 \geqslant 0.99$），基于此，微生物电化学传感器可应用于生物处理过程乙酸盐的原位测定。

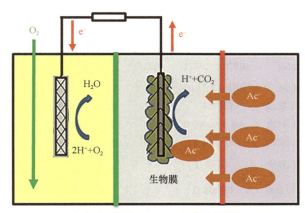

图 1-14　微生物燃料电池传感器监测厌氧清化过程的乙酸盐浓度（Sun et al.，2019）
Figure 1-14　Microbial fuel cell biosensor for monitoring acetate during anaerobic digestion

表 1-3 列出了一些生物阳极型电化学传感器对各种有机物的检测限和响应特性。生物阳极型电化学传感器的主要缺点是只能适用于富含有机质的厌氧环境、对环境中低浓度毒物的灵敏度有限。Jiang 等（2017a）提出过渡态 MES 的改进方法，可使微生物电化学传感器生物阳极对有机质、重金属离子的灵敏度增加 20%～247%。除了生物阳极型传感器外，微生物电化学传感器的阴极反应也被用来制作生物阴极型传感器。例如，Liu 等（2018b）采用纳米 $CoMn_2O_4$ 作为 MES 阴极催化剂，建立了自产电能驱动的阴极室 H_2O_2 浓度传感器。该传感器对 H_2O_2 的线性检测范围为 1～1000 mmol/L，稳定性、选择性和灵敏度高，响应时间仅 5 s。Jiang 等（2017b）构建了氧还原生物阴极 MES 传感器，并比较了生物阴极和生物阳极对甲醛的响应灵敏度，发现生物阴极的灵敏度[7.4～

67.5 mA/(%·cm^2)]明显高于生物阳极[3.4~5.5 mA/(%·cm^2)]，而且前者对甲醛的检测限（0.0005%）也优于后者（0.0025%）。这说明生物阴极可能比生物阳极更适合低浓度的毒性物质检测。

表 1-3　微生物电化学传感器检测环境有机物的特性（Jiang et al.，2018）

Table 1-3　The properties of microbial electrochemical sensors for organic matter detection

类型	反应器	接种物	控制模式	信号处理	线性范围	响应时间/min	参考文献
BOD	双室	污泥悬浮液	ER[c] 10 Ω	CY[f]	80~150 mg/L	—	Kim et al.，2003a
	双室	活性污泥	ER 10 Ω	电流	20~100 mg/L	60	Chang et al.，2004
	双室	淀粉加工	ER 10 Ω	CY	2.6~206 mg/L	30~600	Kim et al.，2003b
	双室	MFC 流出液	ER 5000 Ω	电流	5~235 mg/L	—	Hsieh et al.，2015
	MEA[a]	厌氧污泥	ER 500 Ω	电流	100~650 mg/L	79~420	Ayyaru and Dharmalingam，2014
	MEA	厌氧污泥	ER 1000 Ω	电压	5~120 mg/L	132	Yang et al.，2013
	沉浸式	生活废水	ER 1000 Ω	电流	—	30~600	Peixoto et al.，2011
	沉浸式	初沉池	ER 1000 Ω	电流	10~250 mg/L	10~40	Zhang and Angelidaki，2011
	单室	混合污泥	电压 0.2~0.8 V	CY	32~1280 mg/L	1200	Modin and Wilén，2012
	单室	MFC 流出液	EMS[d]	波段	—	69~1008	Pasternak et al.，2017
VFA[g]	双室	厌氧污泥	ER 10~10000 Ω	电流	20~490 mg/L	1.1	Xiao et al.，2020
	双室	厌氧污泥	ER 1000 Ω	CV 峰	—	1~2	Kaur et al.，2013
	TC[b]	初沉池	ER 10~1000 Ω	电流	1~10 mmol/L、30~200 mmol/L	300	Jin et al.，2016
	双室	初沉池	电压 0.3~1.0 V	电流	5~100 mmol/L	60~240	Jin et al.，2017
乙酸	单室	二级生物膜	CP[e] 0.4 V	电流	0.5~2 mmol/L	—	Kretzschmar et al.，2017
	双室	海洋沉积物	ER 5~1000 Ω	电流	5~80 μmol/L	<60	Cheng et al.，2014
	双室	海洋沉积物	CP −0.1 V	CY	10~170 μmol/L	<10	Quek et al.，2015a
	双室	海洋沉积物	ER 10 Ω	CY	33~150 μmol/L、150~450 μmol/L		Quek et al.，2015b
	双室	MFC 流出液	ER 330 Ω	电压	0.25~0.75 mmol/L、1~10 mmol/L	5~25	Jiang et al.，2017c
	MEA	厌氧污泥	ER 1~30 kΩ	电流	—	37~57	Chouler et al.，2017
	单室	二级生物膜	CP 0.4 V	CV 峰	500~5000 μmol/L	—	Kretzschmar et al.，2016
	单室	二级生物膜	CP 0.4 V	电流	500~4000 μmol/L	—	Kretzschmar et al.，2017
	单室	*Geobacter* spp.	CP 0.5 V	电流	79~1600 μmol/L	0.54~2	Atci et al.，2016
COD	双室	海洋沉积物	CP 0.45 V	电流	6.4~64 mg/L	—	Quek et al.，2015c
	MEA	厌氧污泥	ER 50~500 Ω	CY	100~500 mg/L	31~825	Lorenzo et al.，2009
	MEA	活性污泥	ER 47 Ω	ANN[h]	5~200 mg/L	—	Feng et al.，2013
	MEA	活性污泥	ER 470 Ω	ANN	25~200 mg/L	—	Feng et al.，2013

注：a, 膜电极组装；b, 三腔反应器；c, 外电阻；d, 能量管理系统；e, 相对于标准氢电极电位的恒定阳极电位；f, 库仑产量；g, 挥发性脂肪酸；h, 人工神经网络；—, 数据未知

三、未来发展趋势及展望

由于现代科学技术的进步和世界人口的不断增长，当前环境科学的研究更趋向于重视保护环境资源，以适应人口增长与耕地日益减少的矛盾。在研究内容上，除继续深入

进行环境、物理、化学、生物等基础研究外，还要侧重于研究环境中物质的循环和能量交换。环境中物质的循环和能量交换的核心其实就是电子转移反应，而环境微生物电化学将为在复杂环境条件下研究各种电子转移反应提供理论依据和技术支撑。环境微生物电化学研究体系和方法的建立，将是研究的基础与关键。在不断完善和提升环境微生物电化学知识体系的基础上，环境微生物电化学有望成为开启许多环境关键科学问题的钥匙。当前，环境微生物电化学仍处于起步阶段，我们认为环境微生物电化学最需关注的问题主要包括以下几方面。

（1）环境电活性微生物（胞外呼吸微生物）的认识、发掘和在环境中的分布机制。

（2）环境电活性微生物与固相之间的电子传递机制及其引起的物理和化学反应（离子传输和转移、氧化还原反应）。

（3）微生物与微生物间的电子传递及其引起的物理和化学反应。

（4）厘米尺度上关注环境微生物电化学过程及相关的物理和化学表现。

（5）区域尺度上关注地表过程及其微生物电化学机制。

综上所述，研究并调控环境微生物电化学的动力学过程及规律是今后该学科的重点课题。鉴于当今世界对可再生能源需求的不断增长和土壤污染问题的日益突出，环境微生物电化学技术必将具有非常大的发展和应用潜力。未来环境微生物电化学研究仍需要综合利用各种原位电化学方法、系统微生物学、分子生物学等技术，深入挖掘微生物胞外电子传递机制，从而为基于电活性微生物的土壤修复菌剂的应用奠定基础；依靠不断发展的基因工程技术，采用合成生物学策略，对电活性微生物进行全面的定向改造，从而增强其胞外电子传递及生物修复能力。此外，开发高效、稳定的电活性微生物载体材料，并进行有效的界面化学调控，对于提高微生物电子传递反应动力学、推动环境微生物电化学技术的应用至关重要。

参 考 文 献

李芳柏, 徐仁扣, 谭文峰, 等. 2020. 新时代土壤化学前沿进展与展望. 土壤学报, 57(5): 1088-1104.

邱轩, 石良. 2017. 微生物和含铁矿物之间的电子交换. 化学学报, 75: 583-593.

Abbas S Z, Rafatullah M, Khan M A, et al. 2019. Bioremediation and electricity generation by using open and closed sediment microbial fuel cells. Front Microbiol, 9: 3348.

Aklujkar M, Coppi M V, Leang C, et al. 2013. Proteins involved in electron transfer to Fe(III) and Mn(IV) oxides by *Geobacter sulfurreducens* and *Geobacter uraniireducens*. Microbiology, 159(Pt 3): 515-535.

Aklujkar M, Krushkal J, DiBartolo G, et al. 2009. The genome sequence of *Geobacter metallireducens*: features of metabolism, physiology and regulation common and dissimilar to *Geobacter sulfurreducens*. BMC Microbiol, 9(1): 109.

Aracic S, Semenec L, Franks A E. 2014. Investigating microbial activities of electrode-associated microorganisms in real-time. Front Microbiol, 5: 663.

Atci E, Babauta J T, Sultana S T, et al. 2016. Microbiosensor for the detection of acetate in electrode-respiring biofilms. Biosens Bioelectron, 81: 517-523.

Ayyaru S, Dharmalingam S. 2014. Enhanced response of microbial fuel cell using sulfonated poly ether ether ketone membrane as a biochemical oxygen demand sensor. Anal Chim Acta, 818: 15-22.

Borch T, Kretzschmar R, Kappler A, et al. 2010. Biogeochemical redox processes and their impact on contaminant dynamics. Environ Sci Technol, 44(1): 15-23.

Cai X X, Huang L Y, Yang G Q, et al. 2018. Transcriptomic, proteomic, and bioelectrochemical characterization of an exoelectrogen *Geobacter soli* grown with different electron acceptors. Front Microbiol, 9: 1075.

Chang I S, Jang J K, Gil G C, et al. 2004. Continuous determination of biochemical oxygen demand using microbial fuel cell type biosensor. Biosens Bioelectron, 19(6): 607-613.

Chang S H, Wu C H, Wang R C, et al. 2017. Electricity production and benzene removal from groundwater using low-cost mini tubular microbial fuel cells in a monitoring well. J Environ Manage, 193: 551-557.

Cheng L, Quek S B, Cord-Ruwisch R. 2014. Hexacyanoferrate-adapted biofilm enables the development of a microbial fuel cell biosensor to detect trace levels of assimilable organic carbon (AOC) in oxygenated seawater. Biotechnol Bioeng, 111(12): 2412-2420.

Chouler J, Bentley I, Vaz F, et al. 2017. Exploring the use of cost-effective membrane materials for microbial fuel cell based sensors. Electrochim Acta, 231: 319-326.

Costa K C, Wong P M, Wang T S, et al. 2010. Protein complexing in a methanogen suggests electron bifurcation and electron delivery from formate to heterodisulfide reductase. Proc Natl Acad Sci USA, 107(24): 11050-11055.

Coursolle D, Gralnick J A. 2012. Reconstruction of extracellular respiratory pathways for iron (III) reduction in *Shewanella oneidensis* strain MR-1. Front Microbiol, 3: 56.

Croese E, Pereira M A, Euverink G J W, et al. 2011. Analysis of the microbial community of the biocathode of a hydrogen-producing microbial electrolysis cell. Appl Microbiol Biotechnol, 92(5): 1083-1093.

Deutzmann J S, Sahin M, Spormann A M. 2015. Extracellular enzymes facilitate electron uptake in biocorrosion and bioelectrosynthesis. mBio, 6(2): e00496-e00415.

Ding C M, Liu H, Zhu Y, et al. 2012. Control of bacterial extracellular electron transfer by a solid-state mediator of polyaniline nanowire arrays. Energy Environ Sci, 5(9): 8517-8522.

Doong R A, Lee C C, Lien C M. 2014. Enhanced dechlorination of carbon tetrachloride by *Geobacter sulfurreducens* in the presence of naturally occurring quinines and ferrihydrite. Chemosphere, 97: 54-63.

Feng Y H, Harper W F. 2013. Biosensing with microbial fuel cells and artificial neural networks: laboratory and field investigations. J Environ Manage, 130: 369-374.

Feng Y H, Kayode O, Harper W F. 2013. Using microbial fuel cell output metrics and nonlinear modeling techniques for smart biosensing. Sci Total Environ, 449: 223-228.

Fradler K R, Kim J R, Shipley G, et al. 2014. Operation of a bioelectrochemical system as a polishing stage for the effluent from a two-stage biohydrogen and biomethane production process. Biochem Eng J, 85: 125-131.

Friman H, Schechter A, Nitzan Y, et al. 2013. Phenol degradation in bio-electrochemical cells. Int Biodeter Biodegr, 84: 155-160.

Gajda I, Obata O, Salar-Garcia M J, et al. 2020. Long-term bio-power of ceramic microbial fuel cells in individual and stacked configurations. Bioelectrochemistry, 133: 107459.

Ge Z, Ping Q Y, He Z. 2013. Hollow-fiber membrane bioelectrochemical reactor for domestic wastewater treatment. J Chem Technol Biotechnol, 88(8): 1584-1590.

Gralnick J A, Vali H, Lies D P, et al. 2006. Extracellular respiration of dimethyl sulfoxide by *Shewanella oneidensis* strain MR-1. Proc Natl Acad Sci USA, 103(12): 4669-4674.

Ha P T, Lindemann S R, Shi L, et al.2017. Syntrophic anaerobic photosynthesis via direct interspecies electron transfer. Nat Commun, 8: 13924.

Han S, Gao X Y, Ying H J, et al. 2016. NADH gene manipulation for advancing bioelectricity in *Clostridium ljungdahlii* microbial fuel cell. RSC Green Chem, 18(8): 2473-2478.

He Z M, Liu J, Qiao Y, et al. 2012. Architecture engineering of hierarchically porous chitosan/vacuum-stripped graphene scaffold as bioanode for high performance microbial fuel cell. Nano Lett, 12(9): 4738-4741.

Hsieh M C, Cheng C Y, Liu M H, et al. 2015. Effects of operating parameters on measurements of biochemical oxygen demand using a mediatorless microbial fuel cell biosensor. Sensors, 16(1): 35.

Huang H Y, Wang S N, Moll J, et al. 2012. Electron bifurcation involved in the energy metabolism of the acetogenic bacterium *Moorella thermoacetica* growing on glucose or H_2 plus CO_2. J Bacteriol, 194(14): 3689-3699.

Ishii T, Kawaichi S, Nakagawa H, et al. 2015. From chemolithoautotrophs to electrolithoautotrophs CO_2 fixation by Fe(II)-oxidizing bacteria coupled with direct uptake of electrons from solid electron sources. Front Microbiol, 6: 994.

Jain A, He Z. 2018. Cathode-enhanced wastewater treatment in bioelectrochemical systems. NPJ Clean Water, 1: 23.

Jiang Y, Liang P, Liu P P, et al. 2017a. Enhancement of the sensitivity of a microbial fuel cell sensor by transient-state operation. Environ Sci: Water Res Technol, 3(3): 472-479.

Jiang Y, Liang P, Liu P P, et al. 2017b. A novel microbial fuel cell sensor with biocathode sensing element. Biosens Bioelectron, 94: 344-350.

Jiang Y, Liang P, Liu P P, et al. 2017c. A cathode-shared microbial fuel cell sensor array for water alert system. Int J Hydrogen Energy, 42(7): 4342-4348.

Jiang Y, Yang X, Liang P, et al. 2018. Microbial fuel cell sensors for water quality early warning systems: Fundamentals, signal resolution, optimization and future challenges. Renew Sust Energ Rev, 81: 292-305.

Jin X D, Angelidaki I, Zhang Y F. 2016. Microbial electrochemical monitoring of volatile fatty acids during anaerobic digestion. Environ Sci Technol, 50(8): 4422-4429.

Jin X D, Li X H, Zhao N N, et al. 2017. Bio-electrolytic sensor for rapid monitoring of volatile fatty acids in anaerobic digestion process. Water Res, 111: 74-80.

Kato S, Hashimoto K, Watanabe K. 2012. Microbial interspecies electron transfer via electric currents through conductive minerals. Proc Natl Acad Sci USA, 109(25): 10042-10046.

Kaur A, Kim J R, Michie I, et al. 2013. Microbial fuel cell type biosensor for specific volatile fatty acids using acclimated bacterial communities. Biosens Bioelectron, 47: 50-55.

Kim B H, Chang I S, Gil G C, et al. 2003b. Novel BOD (biological oxygen demand) sensor using mediator-less microbial fuel cell. Biotechnol Lett, 25(7): 541-545.

Kim M, Youn S M, Shin S H, et al. 2003a. Practical field application of a novel BOD monitoring system. J Environ Monit, 5(4): 640-643.

Kirmizakis P, Doherty R, Mendonça C A, et al. 2019. Enhancement of gasworks groundwater remediation by coupling a bio-electrochemical and activated carbon system. Environ Sci Pollut Res, 26(10): 9981-9991.

Köpke M, Held C, Hujer S, et al. 2010. *Clostridium ljungdahlii* represents a microbial production platform based on syngas. Proc Natl Acad Sci USA, 107(29): 13087-13092.

Kracke F, Vassilev I, Krömer J O. 2015. Microbial electron transport and energy conservation- the foundation for optimizing bioelectrochemical systems. Front Microbiol, 6: 575.

Kretzschmar J, Koch C, Liebetrau J, et al. 2017. Electroactive biofilms as sensor for volatile fatty acids: cross sensitivity, response dynamics, latency and stability. Sens Actuators B-Chem, 241: 466-472.

Kretzschmar J, Rosa L F M, Zosel J, et al. 2016. A microbial biosensor platform for inline quantification of acetate in anaerobic digestion: potential and challenges. Chem Eng Technol, 39(4): 637-642.

Kutschera U, Briggs W. 2009. From Charles Darwin's botanical country-house studies to modern plant biology. Plant Biol, 11(6): 785-795.

Leang C, Malvankar N S, Franks A E, et al. 2013. Engineering *Geobacter sulfurreducens* to produce a highly cohesive conductive matrix with enhanced capacity for current production. Energy Environ Sci, 6(6): 1901-1908.

Li F, Li Y X, Cao Y X, et al. 2018. Modular engineering to increase intracellular $NAD(H/^+)$ promotes rate of extracellular electron transfer of *Shewanella oneidensis*. Nat Commun, 9: 3637.

Li T, Wang X, Zhou L A, et al. 2016. Bioelectrochemical sensor using living biofilm to in situ evaluate flocculant toxicity. ACS Sens, 1(11): 1374-1379.

Liu F H, Rotaru A E, Shrestha P M, et al. 2012. Promoting direct interspecies electron transfer with activated carbon. Energy Environ Sci, 5(10): 8982-8989.

Liu J, Wang X, Wang Z, et al. 2017. Integrating microbial fuel cells with anaerobic acidification and forward osmosis membrane for enhancing bio-electricity and water recovery from low-strength wastewater. Water Res, 110: 74-82.

Liu Q, Zhou B X, Zhang S C, et al. 2019. Embedding microbial fuel cells into the vertical flow constructed wetland enhanced Denitrogenation and water purification. Pol J Environ Stud, 28(3): 1799-1804.

Liu W F, Zhou Z H, Yin L, et al. 2018b. A novel self-powered bioelectrochemical sensor based on CoMn₂O₄ nanoparticle modified cathode for sensitive and rapid detection of hydrogen peroxide. Sens Actuators B-Chem, 271: 247-255.

Liu X, Zhuo S Y, Rensing C, et al. 2018a. Syntrophic growth with direct interspecies electron transfer between pili-free *Geobacter* species. ISME J, 12(9): 2142-2151.

Liu X W, Li W W, Yu H Q. 2014. Cathodic catalysts in bioelectrochemical systems for energy recovery from wastewater. Chem Soc Rev, 43(22): 7718-7745.

Lorenzo M D, Curtis T P, Head I M, et al. 2009. A single-chamber microbial fuel cell as a biosensor for wastewaters. Water Res, 43(13): 3145-3154.

Lovley D R, Coates J D, Blunt-Harris E L, et al. 1996. Humic substances as electron acceptors for microbial respiration. Nature, 382(6590): 445-448.

Marassi R J, López M, Queiroz L G, et al. 2022. Efficient dairy wastewater treatment and power production using graphite cylinders electrodes as a biofilter in microbial fuel cell. Biochem Eng J, 178: 108283.

McGlynn S E, Chadwick G L, Kempes C P, et al. 2015. Single cell activity reveals direct electron transfer in methanotrophic consortia. Nature, 526(7574): 531-535.

Min B, Kim J, Oh S, et al. 2005. Electricity generation from swine wastewater using microbial fuel cells. Water Res, 39(20): 4961-4968.

Modin O, Wilén B M. 2012. A novel bioelectrochemical BOD sensor operating with voltage input. Water Res, 46(18): 6113-6120.

Müller V, Imkamp F, Biegel E, et al. 2008. Discovery of a ferredoxin: NAD⁺- oxidoreductase (rnf) in *Acetobacterium woodii*. Ann NY Acad Sci, 1125(1): 137-146.

Nguyen V K, Park Y H, Yu J, et al. 2016. Bioelectrochemical dentrification on biocathode buried in simulated aquifer saturated with nitrate-contaminated groundwater. Environ Sci Pollut Res, 23(15): 15443-15451.

Ogawa N, Oku H, Hashimoto K, et al. 2005. Microrobotic visual control of motile cells using high-speed tracking system. IEEE T Robot, 21(4): 704-712.

Park Y, Park S, Nguyen V K, et al. 2017. Complete nitrogen removal by simultaneous nitrificationand denitrification in flat-panel air-cathode microbial fuel cells treating domestic wastewater. Chem Eng J, 316: 673-679.

Pasternak G, Greenman J, Ieropoulos I. 2017. Self-powered, autonomous biological oxygen demand biosensor for online water quality monitoring. Sens Actuators B-Chem, 244: 815-822.

Peixoto L, Min B, Martins G, et al. 2011. In situ microbial fuel cell-based biosensor for organic carbon. Bioelectrochemistry, 81(2): 99-103.

Poehlein A, Schmidt S, Kaster A K, et al. 2012. An ancient pathway combining carbon dioxide fixation with the generation and utilization of a sodium ion gradient for ATP synthesis. PLoS One, 7(3): e33439.

Quek S B, Cheng L, Cord-Ruwisch R. 2015a. Detection of low concentration of assimilable organic carbon in seawater prior to reverse osmosis membrane using microbial electrolysis cell biosensor. Desalin Water Treat, 55(11): 2885-2890.

Quek S B, Cheng L, Cord-Ruwisch R. 2015b. Microbial fuel cell biosensor for rapid assessment of assimilable organic carbon under marine conditions. Water Res, 77: 64-71.

Quek S B, Cheng L, Cord-Ruwisch R. 2015c. In-line deoxygenation for organic carbon detections in seawater using a marine microbial fuel cell-biosensor. Bioresour Technol, 182: 34-40.

Rakoczy J, Feisthauer S, Wasmund K, et al. 2013. Benzene and sulfide removal from groundwater treated in a microbial fuel cell. Biotechnol Bioeng, 110(12): 3104-3113.

Reguera G, Nevin K P, Nicoll J S, et al. 2006. Biofilm and nanowire production leads to increased current in *Geobacter sulfurreducens* fuel cells. Appl Environ Microbiol, 72(11): 7345-7348.

Ren G P, Yan Y C, Nie Y, et al. 2019. Natural extracellular electron transfer between semiconducting minerals and electroactive bacterial communities occurred on the rock varnish. Front Microbiol, 10: 293.

Roden E E, Wetzel R G. 1996. Organic carbon oxidation and suppression of methane production by microbial Fe(III) oxide reduction in vegetated and unvegetated freshwater wetland sediments. Limnol Oceanogr, 41(8): 1733-1748.

Ross D E, Flynn J M, Baron D B, et al. 2011. Towards electrosynthesis in *Shewanella*: energetic of reversing the Mtr pathway for reductive metabolism. PLoS One, 6(2): e16649.

Rotaru A E, Shrestha P M, Liu F H, et al. 2014. Direct interspecies electron transfer between *Geobacter metallireducens* and *Methanosarcina barkeri*. Appl Environ Microbiol, 80(15): 4599-4605.

Schievano A, Sciarria T P, Gao Y C, et al. 2016. Dark fermentation, anaerobic digestion and microbial fuel cells: an integrated system to valorize swine manure and rice bran. Waste Manag, 56: 519-529.

Schlegel K, Welte C, Deppenmeier U, et al. 2012. Electron transport during aceticlastic methanogenesis by *Methanosarcina acetivorans* involves a sodium-translocating Rnf complex. FEBS J, 279(24): 4444-4452.

Schuchmann K, Müller V. 2014. Autotrophy at the thermodynamic limit of life: a model for energy conservation in acetogenic bacteria. Nat Rev Microbiol, 12(12): 809-821.

Sciarria T P, Merlino G, Scaglia B, et al. 2015. Electricity generation using white and red wine lees in air cathode microbial fuel cells. J Power Sources, 274: 393-399.

Sciarria T P, Tenca A, D'Epifanio A, et al. 2013. Using olive mill wastewater to improve performance in producing electricity from domestic wastewater by using single-chamber microbial fuel cell. Bioresour Technol, 147: 246-253.

Shi L, Rosso K M, Zachara J M, et al. 2012. Mtr extracellular electron-transfer pathways in Fe(III)-reducing or Fe(II)-oxidizing bacteria: a genomic perspective. Biochem Soc Trans, 40(6): 1261-1267.

Shi L, Squier T C, Zachara J M, et al. 2007. Respiration of metal(hydr)oxides by *Shewanella* and *Geobacter*: a key role for multihaem c-type cytochromes. Mol Microbiol, 65(1): 12-20.

Stephen C S, LaBelle E V, Brantley S L, et al. 2014. Abundance of the multiheme c-type cytochrome OmcB increases in outer biofilm layers of electrode-grown *Geobacter sulfurreducens*. PLoS One, 9(8): e104336.

Strycharz S M, Glaven R H, Coppi M V, et al. 2011. Gene expression and deletion analysis of mechanisms for electron transfer from electrodes to *Geobacter sulfurreducens*. Bioelectrochemistry, 80(2): 142-150.

Sun H, Angelidaki I, Wu S B, et al. 2019. The potential of bioelectrochemical sensor for monitoring of acetate during anaerobic digestion: focusing on novel reactor design. Front Microbiol, 9: 3357.

Sydow A, Krieg T, Mayer F, et al. 2014. Electroactive bacteria—molecular mechanisms and genetic tools. Appl Microbiol Biotechnol, 98(20): 8481-8495.

Tefft N M, TerAvest M A. 2019. Reversing an extracellular electron transfer pathway for electrode-driven acetoin reduction. ACS Synth Biol, 8(7): 1590-1600.

Thauer R K, Kaster A K, Goenrich M, et al. 2010. Hydrogenases from methanogenic archaea, nickel, a novel cofactor, and H_2 storage. Annu Rev Biochem, 79: 507-536.

Wang M Y, Tomb J F, Ferry J G. 2011. Electron transport in acetate-grown *Methanosarcina acetivorans*. BMC Microbiol, 11: 165.

Wang S N, Huang H Y, Kahnt J, et al. 2013. A reversible electron-bifurcating ferredoxin- and NAD-dependent [FeFe]-hydrogenase (HydABC) in *Moorella thermoacetica*. J Bacteriol, 195(6): 1267-1275.

Wegener G, Krukenberg V, Riedel D, et al. 2015. Intercellular wiring enables electron transfer between methanotrophic archaea and bacteria. Nature, 526(7574): 587-590.

Xiao N, Wu R, Huang J J, et al. 2020. Development of a xurographically fabricated miniaturized low-cost, high-performance microbial fuel cell and its application for sensing biological oxygen demand. Sensor Actuators B-Chem, 304: 127432.

Yan F, Reible D. 2015. Electro-bioremediation of contaminated sediment by electrode enhanced capping. J Environ Manage, 155: 154-161.

Yan Z, Ferry J G. 2018. Electron bifurcation and confurcation in methanogenesis and reverse methanogenesis.

Front Microbiol, 9: 1322.

Yang G X, Sun Y M, Kong X Y, et al. 2013. Factors affecting the performance of a single-chamber microbial fuel cell-type biological oxygen demand sensor. Water Sci Technol, 68(9): 1914-1919.

Yang Y, Ding Y Z, Hu Y D, et al. 2015. Enhancing bidirectional electron transfer of *Shewanella oneidensis* by a synthetic flavin pathway. ACS Synth Biol, 4(7): 815-823.

Ye J, Hu A, Ren G, et al. 2018. Red mud enhances methanogenesis with the simultaneous improvement of hydrolysis-acidification and electrical conductivity. Bioresour Technol, 247: 131-137.

Yong Y C, Yu Y Y, Yang Y, et al. 2013. Enhancement of extracellular electron transfer and bioelectricity output by synthetic porin. Biotechnol Bioeng, 110(2): 408-416.

Yong Y C, Yu Y Y, Zhang X, et al. 2014. Highly active bidirectional electron transfer by a self-assembled electroactive reduced-graphene-oxide-hybridized biofilm. Angew Chem Int Ed, 53(17): 4480-4483.

Zhang C F, Katayama A. 2012. Humin as an electron mediator for microbial reductive dehalogenation. Environ Sci Technol, 46(12): 6575-6583.

Zhang T, Gannon S M, Nevin K P, et al. 2010. Stimulating the anaerobic degradation of aromatic hydrocarbons in contaminated sediments by providing an electrode as the electron acceptor. Environ Microbiol, 12(4): 1011-1020.

Zhang Y, Angelidaki I. 2011. Submersible microbial fuel cell sensor for monitoring microbial activity and BOD in groundwater: focusing on impact of anodic biofilm on sensor applicability. Biotechnol Bioeng, 108(10): 2339-2347.

Zhou L, Qiao Y, Li C M. 2018. Boosting microbial electrocatalytic kinetics for high power density insights into synthetic biology and advanced nanoscience. Electrochem Energy Rev, 1(4): 567-598.

Zhou S G, Wen J L, Chen J H, et al. 2015. Rapid measurement of microbial extracellular respiration ability using a high-throughput colorimetric assay. Environ Sci Technol Lett, 2(2): 26-30.

Zou L, Qiao Y, Wu X S, et al. 2016. Tailoring hierarchically porous graphene architecture by carbon nanotube to accelerate extracellular electron transfer of anodic biofilm in microbial fuel cells. J Power Sources, 328: 143-150.

Zou L, Wu X, Huang Y H, et al. 2019. Promoting *Shewanella* bidirectional extracellular electron transfer for bioelectrocatalysis by electropolymerized riboflavin interface on carbon electrode. Front Microbiol, 9: 3293.

第二章　电化学理论基础

早在 18 世纪末，意大利生物解剖学家伽伐尼偶然以铜钩碰到置于铁盘上的青蛙，发现蛙腿肌肉产生抽搐的"动物电"现象，从此，人类开启了电化学研究的大门。伽伐尼认为青蛙抽搐现象的产生是生物本身体内的自发微电流所致。他认为"脑"是分泌"电液"的器官，神经则是连接"电液"和肌肉的导体。伽伐尼对"动物电"现象的研究开启了 19 世纪电流生理学发展新局面。

受伽伐尼发现的"动物电"现象启发，意大利物理学家伏打在 18 世纪末不断重复伽伐尼的实验，发现只要两种不同的金属相互接触，中间以湿布、硬纸等隔开，不管是否有蛙腿，都能产生电流。因此，他认为青蛙的肌肉与神经不存在电，伽伐尼发现的"动物电"现象可能是两种不同的金属相互接触而产生的，与金属是否接触活的或死的动物无关。1800 年，他将锌片和铜片叠起，中间夹着浸泡过 H_2SO_4 溶液的毛呢制成了世界上第一个电池——"伏打电堆"（郑德土，1992）。为了纪念伏打一生的伟大贡献，科学界将他的姓氏简化成 Volt（伏特）作为电压单位。

"伏打电堆"出现后，科学界对电流通过导体的现象展开了两方面的研究：一是从物理学方面研究得出欧姆定律（Ohm's law，1826 年）；二是从化学角度研究电流与化学反应的关系得出法拉第电解定律（Faraday's law of electrolysis，1833 年）。法拉第电解定律的发现为电化学奠定了定量基础。此外，法拉第还为电化学学科创造了一系列沿用至今的术语，如电解（electrolysis）、电解质（electrolyte）、电极（electrode）、阴极（cathode）、阳极（anode）、离子（ion）、阴离子（anion）、阳离子（cation）等。

19 世纪电极过程热力学的发展与 20 世纪 30 年代溶液电化学的研究开启了电化学发展史的辉煌时期。19 世纪 70 年代，亥姆霍兹（Helmholtz）提出了双电层概念。此外，他与吉布斯的工作明确了电池"电动势"的热力学含义。1889 年能斯特（Nernst）提出了能斯特方程，阐明了参与电极反应的物质浓度与电极电势的关系，对电化学热力学做出了重大贡献。1905 年塔费尔（Tafel）提出描述电流密度和氢过电位之间的半对数经验方程，即塔费尔方程。1923 年德拜和休克尔提出了强电解质离子互吸理论（Debye-Huckel 理论），极大地促进了电化学在理论探讨和实验方法方面的发展。1924年，捷克斯洛伐克化学家海罗夫斯基（Heyrovsky）创立了极谱技术，他因此获得 1959 年的诺贝尔化学奖。

在 20 世纪上半叶，电化学的发展比较缓慢。科学家主要集中在电解质溶液理论和原电池热力学方面进行研究，并且大部分电化学家试图用化学热力学的方法来处理一切电化学问题，认为电流通过电极时，电极反应本身总是可逆的，在任何情况下都能用能斯特方程来计算与解释。20 世纪 40 年代，苏联的弗鲁姆金（A. H. Frumkin）学派从化学动力学角度展开大量研究，发现了电极和溶液净化会极大地影响电极反应动力学数据的重现性，从实验技术层面打开了新局面。同时，这些电化学家在析氢过程动力学和双电层结构研究方面取得了重大进展。随后，鲍克里斯（Bockris）、帕森斯（Parsons）、康韦（Conway）等在电化学领域也做出了奠基性工作。同时期的格来亨（Grahame）则采用滴汞电极系统进行了两类导体界面的研究。这些都极大地推动了电化学理论的发展，以电极反应速率及其影响因素作为主要研究对象的电极过程动力学开始成为电化学研究的重点，并成为现代电化学的主体部分。

20 世纪下半叶，电化学在理论、实验和应用领域都有显著的发展，尤其在界面电化学，如界面结构、界面电子传递和表面电化学等方面得到了迅速发展。其间，电化学发展了稳态和暂态测试方法，这为研究电界面结构和快速的界面电荷传递反应打下了技术基础。然而，由于欠缺分子和原子水平的微观实验事实，电化学理论仍旧停留在宏观、唯象和经典统计处理的水平上。20 世纪 70 年代以来，电化学原位（*in situ*）表面光谱技术，如紫外可见反射光谱、拉曼光谱、红外反射光谱、二次谐波、和频光谱等电化学原位波谱技术，以及非原位（*ex situ*）的表面和界面表征技术，尤其是许多高真空谱学技术，为界面电化学在分子水平上的研究打开了技术之窗。20 世纪 80 年代出现的扫描微探针技术迅速成为电化学原位与非原位表面和界面研究的显微技术。值得一提的是，此间发展起来的电化学原位扫描隧道显微镜（STM）和原子力显微镜（AFM）技术给界面电化学研究提供了宝贵的原子水平实验事实。此间，在实验方面发现了具有重要意义的表面光谱效应，如金属、半导体电极的电反射效应，金属电极表面红外光谱旋律，表面分子振动光谱的电化学 Stark 效应，表面增强拉曼散射效应，表面增强红外吸收效应等。总而言之，在 20 世纪下半叶，各种实验技术的迅速发展促进了电化学在分子和原子水平的研究，为电化学在理论和应用上取得突破性进展奠定了基础。

20 世纪下半叶也是电化学应用技术取得突破性进展的一个时期。1958 年，燃料电池作为辅助电源在美国阿波罗（Apollo）宇宙飞船上使用。20 世纪 80～90 年代，MH-Ni 电池、锂离子二次电池和导电聚合物电池等新型电池的出现为信息技术的发展奠定了一定的技术基础。其间，燃料电池已慢慢从实验室研究进入商品化应用的前夕，其中的磷酸燃料电池（PAFC）、熔融碳酸盐燃料电池（MCFC）、固体氧化物燃料电池（SOFC）和聚合物电解质燃料电池（PEFC）等是被筛选出的几种最有商业化潜力的燃料电池。此外，二氧化钌作为电催化氧化电极在电解工业中的应用为氯碱工业的发展打开了一扇全新的大门。表面功能电沉积给古老的电镀工业开创了新的局面。此外，电化学技术如钝化、表面处理、涂层、缓蚀剂、阴极和阳极保护等在金属防腐蚀领域也得到了广泛应用。20 世纪下半叶，电化学在理论、实验和应用领域均有飞跃性的发展。20 世纪 50 年代以来，Marcus 建立了电子传递的微观理论，其中"固/液"界面的电子传递理论是重要组成部分。1992 年，Marcus 因电子传递理论获得诺贝尔化学奖（林仲华，2002）。

第一节　基本定义和研究内容

一、电化学的基本定义

电化学（electrochemistry）作为物理化学的分支，是研究电与化学变化之间的关系及电能与化学能之间的相互转化及其转化规律的学科（谢德明等，2013）。主要包括两方面的关系（图 2-1）：①体系内化学能直接转化成电能，实现此变化的装置称为原电池（primary cell）；②体系内在外加电压作用下发生化学变化将电能转化成化学能，这种装置称为电解池（electrolytic cell）。电和化学反应相互作用可通过电池来完成，也可以通过高压静电放电来实现，二者统称电化学。

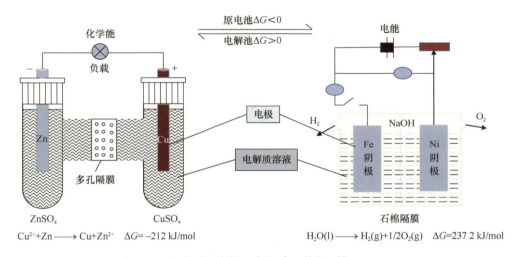

图 2-1　电化学研究的两个体系（谢德明等，2013）

Figure 2-1　Two systems for electrochemical research

二、电化学的研究内容

电化学的研究内容一般包括三个方面（谢德明等，2013）：①第一类导体即电子导体，如金属或半导体等；②第二类导体即离子导体，如电解质溶液；③两类导体的界面性质以及界面上所发生的一切变化。因此电化学也被定义为：研究两类导体相界面上所发生的各种效应的科学。由此可见，电化学的研究内容应包括两个方面（图 2-2）：①电极研究，即电极学，包括电极界面即"电子导体/离子导体"界面和电化学界面即"离子导体/离子导体"界面的平衡性质和非平衡性质；②电解质研究，即电解质学（或离子学），包括电解质的导电性质、离子的传输特性、参与反应离子的平衡性质等。这两方面的研究都涉及物质结构研究、电化学热力学和电化学动力学。电化学热力学主要针对系统中没有电流通过时系统的性质，主要处理和解决电化学反应的方向和倾向问题；电化学动力学主要针对系统中有电流通过时系统的性质，主要处理和解决电化学反应的速率和机制问题（谢德明等，2013）。

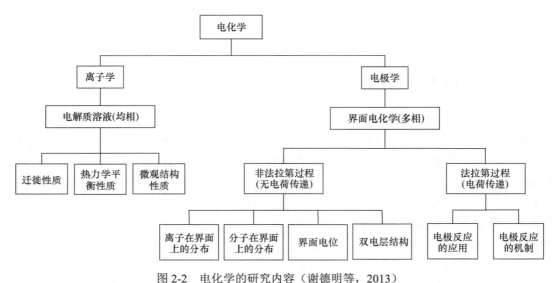

图 2-2　电化学的研究内容（谢德明等，2013）
Figure 2-2　Research contents of electrochemistry

第二节　电化学的基本元素

一、电解质溶液

（一）两类导体

一般把导电的物质称为导体，不同的物质因结构不同，导电能力也有所不同。根据导电的性质不同，导体可分为两类：第一类导体和第二类导体。

由电子的移动来传递电荷的物质，称为第一类导体，也称电子导体，如金属、石墨、炭、合金及一些金属氧化物等。这类导体的原子最外层价电子容易挣脱原子核束缚，成为自由电子，当金属两端加上电压后，这些自由电子在电场的作用下会按一定的方向有序运动，形成直流电流，从而实现电的传输。电子导体内部电子的运动只引起导体产生焦耳热，导体本身不会发生其他物理化学变化。当温度升高时，电子导体的内阻增大，这是由于温度的升高，加剧了原子核的振动，从而加大了电子运动所受的阻力。

凡是依靠离子的移动来传递电荷的物质都称为第二类导体，也称离子导体，如电解质溶液和熔融状态的电解质等。这类物质以正、负离子组成的离子型结构晶体如大多数的盐类与一些固态碱居多，也包括不能明显分成阴离子和阳离子，而是在分子的一端带正电、另一端带负电的极性分子如酸类等。当第二类导体处于熔融状态或者溶于水中形成溶液后，以正、负离子的形式存在，并不断作无序的热运动，当插入通电的电极后，在电场的作用下，正、负离子将作定向运动。正离子向阴极移动，得到电子发生还原反应，负离子向阳极运动失去电子发生氧化反应。在化学电池中，大多数电池都采用电解质水溶液作为电解液，只有少数高温电池如钠硫电池等采用熔融状态的电解质作为电解液。第二类导体的电阻一般随着温度的升高而减小，这是由于溶液的黏度随着温度的升高而降低，离子运动的速度也随温度的升高而加快，因此此类导体的电阻随温度升高而减小。

（二）电解质溶液的电导、电导率

当电流通过电化学体系时，电流通过导线、电极、电解液以及隔离层等会受到一定的阻力，这一特性称为电阻，常用 R 表示。电阻的大小可表示物质的导电能力。研究电解质在熔融状态或水溶液中的导电机制，对任何电化学体系都是重要的。因为无论是电解池，还是原电池，人们都希望两个电极之间的电解质溶液具有较高的导电能力，即较小的电阻（常称为内阻），以减少电流流过时内阻引起的能量损失。对于原电池来说，较小的内阻可以保证电池工作时有较高的负荷电压；对电解池来说，较小的内阻，可以使外电源加在两极上的槽电压减小，以节省能源。为了研究电解质的导电原因及其规律，我们必须研究电解质及其在水溶液中的行为。

可用欧姆定律表示电流 I 与施于第一类导体两端的电压 V 和导体的电阻 R 三者的关系：

$$I = V/R \tag{2-1}$$

在一定温度下，电阻 R 与第一类导体的几何因素之间的关系为

$$R = \rho \ell / S \tag{2-2}$$

式中，ℓ 为导体长度；S 为导体截面积；ρ 为电阻率，单位为 $\Omega \cdot cm$。

与第一类导体一样，在电场的作用下，电解质溶液中的离子由无序的随机运动变为定向运动，从而形成电流。电解质溶液的导电能力一般用电导（conductance）与电导率来表示。

$$G = 1/R \tag{2-3}$$

由于

$$\kappa = 1/\rho \tag{2-4}$$

故有

$$G = \kappa S / \ell \tag{2-5}$$

式中，G 为电导，单位为 S（西门子）；κ 为电导率，定义为边长 1 cm 的立方体溶液的电导，单位为 S/cm。人们可以利用电导率 κ 来研究溶液性质对溶液导电能力的影响，κ 是排除了导体几何因素影响的参数，其数值与电解质溶液的种类、温度、浓度有关。若溶液中含有 n 种电解质，则该溶液的电导率为 n 种电解质的电导率之和，表示为

$$\kappa(溶液) = \sum_{i=1}^{n} \kappa_i \tag{2-6}$$

尽管电导率 κ 排除了几何结构对导体导电能力的影响，但依然与溶液浓度和单位体积的质点数有关。若要知道不同种类的电解质溶液在相同温度下的导电能力或是同一种电解质溶液在不同温度下的导电能力，需在质点数一定的情况下进行比较，因此引入摩尔电导率 Λ_m，表示在单位距离的两平行电极间所放 1 mol 电解质的电导。设 c 为电解质溶液的浓度，则 Λ_m 可用公式表示为

$$\Lambda_m = \kappa / c \tag{2-7}$$

电解质溶液导电通过溶液中离子的定向运动来实现，因此，若电解质溶液的几何因

素固定，即离子在电场作用下的迁移路程与通过的溶液截面积一定，则溶液导电能力与离子的运动速度有关。离子运动速度越大，传递电量越快，电解质溶液的导电能力越强。此外，溶液导电能力与离子的浓度呈正比关系。因此，凡是影响离子运动速度和离子浓度的因素，都会影响溶液的导电能力。

对电解质溶液而言，影响离子运动速度的主要因素有离子本身的特性，如水化离子半径和离子价数等。水化离子半径越大，离子运动所受的阻力越大，离子的运动速度越小；离子价数越高，受外电场作用越大，离子运动速度越大。因此，不同离子在同一电场作用下会出现不同的运动速度。此外，溶液的总浓度、溶剂的黏度和温度也会影响离子运动的速度。在电解质溶液中，离子浓度越大，离子间的距离越小，相互作用越强，导致离子运动所受的阻力增大；当溶液的黏度增大时，离子运动的阻力有所增大，使得离子运动速度减小；温度升高，可加大离子运动速度。电解质的浓度和电离度是影响电解质离子浓度的主要因素。同一种电解质，其浓度越大，电离后离子的浓度也越大；其电离度越大，则在同样的电解质浓度下，所电离的离子浓度越大。

（三）离子的电迁移及电迁移率

离子的电迁移（electromigration）是指在溶液中正、负离子在电场的作用下分别作定向运动的现象。正、负离子运动方向相反，但导电方向一致。因此，正、负离子需共同承担电量传输的任务。然而，正、负离子的导电能力却有所不同。人们一般用离子的迁移数即正（负）离子的迁移电量 i_+（i_-）占通过电解质溶液的总电量 i 的百分比来表示其导电能力，可用 t_+（t_-）表示：

$$t_+ = i_+ / i \qquad (2\text{-}8)$$

$$t_- = i_- / i \qquad (2\text{-}9)$$

离子的迁移速率（v）除了与离子本身的特性（如离子半径、离子价数等）和溶剂性质、温度、离子浓度等有关外，还与施加于两电极的电压（V）及电极两端的距离（ℓ）有关，三者之间关系可以用式（2-10）来表示：

$$v = \mu_+ \, dV / d\ell \qquad (2\text{-}10)$$

式中，$dV/d\ell$ 为电位梯度。μ_+ 为离子电迁移率（ionic mobility），又称离子淌度[$m^2/(s\cdot V)$]，是离子在 $E=1$ V/m 时的运动速率，包含了除电位梯度以外的影响离子迁移速率的因素。

在强电解质溶液中，随着溶液浓度的减小，离子间的相互作用减弱，离子的运动速率增大。当溶液浓度趋于 0 时，离子淌度 $\mu \to \mu^\infty$。μ^∞ 称为离子的极限电迁移率（limiting mobility），也称为无限稀释电迁移率（mobility at infinite dilution）。

当温度和外电场一定、电解质溶液中只含有一种正离子和一种负离子时，离子的迁移数可表示为

$$t_+ = Q_+ / (Q_+ + Q_-) = v_+ / (v_+ + v_-) = \mu_+ / (\mu_+ + \mu_-) \qquad (2\text{-}11)$$

$$t_- = Q_- / (Q_+ + Q_-) = v_- / (v_+ + v_-) = \mu_- / (\mu_+ + \mu_-) \qquad (2\text{-}12)$$

由此可见，$t_- + t_+ = 1$。

式中，Q_+ 和 Q_- 分别为正、负离子电量，v_+ 和 v_- 分别为正、负离子的迁移速率，μ_+ 和 μ_- 分别为正、负离子的淌度。

从表 2-1 可看出，离子半径小的 Li^+ 电迁移率反而比其他离子半径大的离子要小。这是由于 Li^+ 的离子半径小，使得其对极性水分子的作用力较强，周围形成一定厚度的水分子层，加大了 Li^+ 的迁移阻力，因此，Li^+ 在水溶液中的电迁移率最小。从表 2-1 还发现，H^+、OH^- 的电迁移率远远大于其他离子。这是因为 H^+、OH^- 的导电机制与其他离子有很大区别。H^+ 具有裸露的氢原子核，容易吸引电子，尤其容易吸引化合物中的孤对电子，因此 H^+ 容易吸引水分子中 O 的孤对电子而形成三角锥形的 H_3O^+，并被三个水分子包围，形成 $H_3O^+\cdot 3H_2O$。在水溶液中，$H_3O^+\cdot 3H_2O$ 的形成为质子的定向传递奠定了基础。H^+ 在溶液中的传递可以看作是链式传递，根据现代质子跳跃理论，质子从一个水分子传递给具有一定方向的相邻的其他水分子，通过隧道效应进行跳跃做定向传递，就如同 H^+ 在高速率迁移。迁移实际上只是水分子的转向，所需能量不多，促使质子迁移速度快。OH^- 的迁移机制与 H_3O^+ 相似，如图 2-3 所示。

表 2-1　25℃时部分离子的极限电迁移率（谢德明等，2013）
Table 2-1　Limiting mobility of some ions at 25℃

正离子	K^+	Na^+	Li^+	H^+	Ag^+	Tl^+	Ca^{2+}	Ba^{2+}	Sr^{2+}	Mg^{2+}	La^{3+}
$\mu_+^\infty \times 10^8$ /[m²/(s·V)]	7.62	5.20	3.88	36.20	6.42	7.44	6.16	5.59	6.14	5.50	7.21
负离子	Cl^-	Br^-	I^-	HCO_2^-	OH^-	$C_2H_3O_2^-$	$C_3H_5O_4^-$	ClO_4^-	SO_4^{2-}	NO_3^-	
$\mu_-^\infty \times 10^8$ /[m²/(s·V)]	7.91	8.21	7.96	4.61	20.50	4.24	4.11	7.05	8.27	7.40	

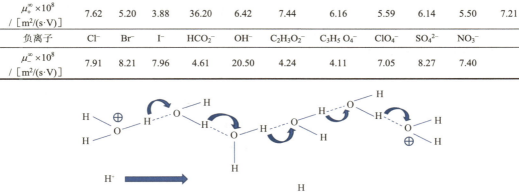
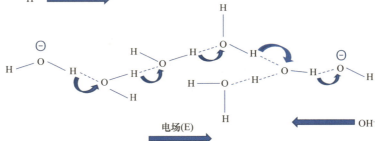

图 2-3　H^+ 和 OH^- 的链式传递模式（谢德明等，2013）
Figure 2-3　The chain transfer mode of H^+ and OH^-

（四）电化学中的活度

与无限稀释溶液和理想溶液不同，真实的电解质溶液存在各种粒子间的相互作用。因此，真实溶液中溶剂性质不遵循拉乌尔定律（Raoult law），溶质性质也不遵循亨利定律（Henry law），其各组分的化学位采用真实溶液的化学位来表示。

在物理化学中，理想溶液中组分 i 的化学位等温式为

$$\mu_i = \mu_i^\theta + RT \ln y_i \tag{2-13}$$

式中，y_i 为 i 组分的摩尔分数；μ_i^θ 为 i 组分的标准化学位；μ_i 为 i 组分的化学位；R 为摩尔气体常数；T 为热力学温度。

而真实溶液的性质与理想溶液存在一定的偏差，这种偏差通过引入浓度项——活度来校正，可表示为

$$\mu_i = \mu_i^\theta + RT \ln a_i \tag{2-14}$$

式中，a_i 为 i 组分的活度，表示溶液的有效浓度。活度与浓度的比值能反映粒子间相互作用导致的真实溶液与理想溶液的偏差，称为活度系数，用 γ 表示，由定义可知：

$$\gamma_i = a_i / y_i \tag{2-15}$$

当活度等于 1 时规定为溶液的标准状态。固态物质、液态物质和溶剂的标准状态为它们的纯物质状态，即纯物质状态的活度为 1。至于溶液中的溶质，选用单位浓度中不存在粒子间相互作用的理想状态作为溶质的标准状态。这种理想状态表现出无限稀释溶液的特性，活度系数为 1，同时表现出活度为 1 的特性。

在电解质溶液中，由于同时存在正、负离子，无法测定单独离子的活度和活度系数，因此引入平均活度和平均活度系数的概念。

假设强电解质 MA 的电离反应为

$$\mathrm{MA} \longrightarrow \nu_+ \mathrm{M}^+ + \nu_- \mathrm{A}^- \tag{2-16}$$

式中，ν_+、ν_- 分别为 M^+ 与 A^- 的化学计量数。强电解质 MA 的化学位为

$$\mu = \nu_+ \mu_+ + \nu_- \mu_- \tag{2-17}$$

式中，μ_+、μ_- 分别为正、负离子的化学位。将正、负离子化学等温式（2-14）代入式（2-17）可得

$$\begin{aligned}\mu &= \nu_+ \left(\mu_+^\theta + RT \ln a_+ \right) + \nu_- \left(\mu_-^\theta + RT \ln a_- \right) \\ &= \nu_+ \mu_+^\theta + \nu_- \mu_-^\theta + \nu_+ RT \ln a_+ + \nu_- RT \ln a_-\end{aligned} \tag{2-18}$$

式中，a_+、a_- 分别为正、负离子的活度。由于 $\mu^\theta = \nu_+ \mu_+^\theta + \nu_- \mu_-^\theta$，因此

$$\mu = \mu^\theta + RT \ln a_+^{\nu_+} a_-^{\nu_-} \tag{2-19}$$

当溶液采用质量摩尔浓度标度时，则 $a_+ = \gamma_+ m_+$ 和 $a_- = \gamma_- m_-$。
因此，

$$\mu = \mu^\theta + RT \ln \left(\gamma_+^{\nu_+} \gamma_-^{\nu_-} \right) \left(m_+^{\nu_+} m_-^{\nu_-} \right) \tag{2-20}$$

设 $\nu = \nu_+ + \nu_-$，强电解质的离子平均活度（mean activity of ion）$a_\pm$、离子平均活度系数（mean activity coefficient of ion）$\gamma_\pm$ 和离子平均质量摩尔浓度（mean molality of ion）$m_\pm$ 分别定义为

$$a_{\pm} = \left(a_+^{v_+} a_-^{v_-}\right)^{1/v} \tag{2-21}$$

$$\gamma_{\pm} = \left(\gamma_+^{v_+} \gamma_-^{v_-}\right)^{1/v} \tag{2-22}$$

$$m_{\pm} = \left(m_+^{v_+} m_-^{v_-}\right)^{1/v} \tag{2-23}$$

因此，公式（2-20）可简化为

$$\mu = \mu^{\theta} + RT \ln a_{\pm}^v \tag{2-24}$$

由此可得
$$a = a_+^{v_+} a_-^{v_-} = a_{\pm}^v = \left(\gamma_{\pm} m_{\pm}\right)^v \tag{2-25}$$

由实验可测得电解质的活度 a，因此可以求得电解质中的离子平均活度 $a_{\pm}$ 和平均活度系数 $\gamma_{\pm}$。从而采用 $\gamma_{\pm}$ 近似估算离子的活度，表示为

$$a_+ = \gamma_{\pm} m_+ \tag{2-26}$$

$$a_- = \gamma_{\pm} m_- \tag{2-27}$$

二、电化学体系

原电池是电极上自发进行电化学反应将化学能转化成电能供给外电路电流的电化学池。如图 2-4 所示，氢气在电极上释放电子形成水合质子，电子通过外电路流到另一个电极，电极周边的氯气得到电子形成氯离子，持续不断地将化学能转化成电能。

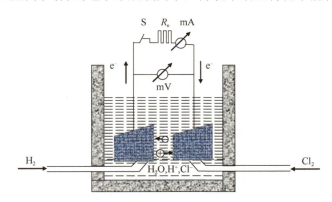

图 2-4　H_2-Cl_2 原电池（Hamann et al.，2010）

Figure 2-4　H_2-Cl_2 primary cell

mV. 电位计；mA. 电流计；R_e. 外电阻；S. 电路开关

阳极：
$$2H_2O + H_2 \longrightarrow 2H_3O^+ + 2e^-$$

阴极：
$$Cl_2 + 2e^- \longrightarrow 2Cl^-$$

电解池与原电池类似，也是由两个电子导体插入电解质溶液组成的电化学体系，但电解池需要借助外电源供应的电能，与电极接触的电解质在电极上发生氧化还原反应，将电能转化为化学能。如图 2-5 所示，作为化工领域常用的氯碱电解池，在外加电源的作用下，将食盐水电解成 Cl_2、H_2、$NaOH$ 等三种常用的化工原料。

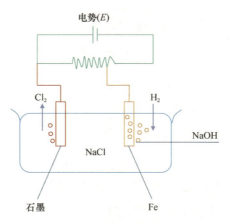

图 2-5　NaCl 电解池（李荻，2008）
Figure 2-5　NaCl electrolytic cell

阳极：$\qquad$ $2Cl^- \longrightarrow Cl_2 \uparrow + 2e^-$

阴极：$\qquad$ $2H^+ + 2e^- \longrightarrow H_2 \uparrow$

阴极溶液中：$\qquad$ $OH^- + Na^+ \Longrightarrow NaOH$

第三节　电极/溶液界面的结构与性质

各类电极反应都发生在电极/溶液的界面上，因而界面的结构和性质对电极反应有很大影响。界面电场由电极/溶液相间存在的双电层引起，双电层中符号相反的两个电荷层之间的距离非常小，使得周边存在巨大的场强。例如，双电层电位差（即电极电位）为 1 V，而界面两个电荷层的间距为 10^{-8} cm 时，其场强可达 10^8 V/cm。众所周知，电极反应是发生相间电荷转移的得失电子反应。在巨大的界面电场下，电极反应速率发生极大变化，在其他场合难以发生的某些化学反应也能在界面电场作用下发生反应。并且，电极电位可以人为连续地进行改变，因而可以通过控制电极电位来有效、连续地改变电极反应速率。这也是电极反应区别于其他化学反应的优点之一。

电解质溶液的组成和浓度，电极材料的物理、化学性质及其表面状态均能影响电极/溶液界面的结构和性质，从而作用于电极反应性质和速率。例如，在同一电极电位下，同一种溶液中，析氢反应（$2H^+ + 2e^- \longrightarrow H_2$）在铂电极上的速率比在汞电极上的速率大 10^7 倍以上。因此，要深入了解电极过程的动力学规律，就必须了解电极/溶液界面的结构和性质。对界面有了深入的研究，才能达到有效控制电极反应性质和反应速率的目的。

一、理想极化电极

在电化学中，所谓"电极/溶液界面"是指两相间与任何一相基体性质都不同的相间过渡界面层。电化学所研究的界面结构主要是指在这一过渡区域中剩余电荷和电位的分布以及它们与电极电位的关系；界面性质则主要指界面层的物理化学特性，尤其是电性质。

由于界面结构与界面性质之间有着密切的内在联系，因而研究界面结构的基本方法是测定某些重要的、反映界面性质的参数（如界面张力、微分电容、电极表面剩余电荷密度等）及其与电极电位的函数关系。把这些实验测定结果与根据理论模型推算出来的数值相比较，如果理论值与实验结果比较一致，则该结构模型就有一定的正确性。但是，不论测定哪种界面参数，都必须选择一个适合于进行界面研究的电极体系。

当直流电通过一个电极时，可能导致以下两种情况发生。

（1）参与电极反应而被消耗掉。由于要维持一定的反应速率，就需要电路中有电流源源不断地通过电极，以补充电极反应所消耗的电量。所以，这部分电流相当于通过一个负载电阻而被消耗。

（2）参与建立或改变双电层。此时的电路形成短暂的充电电流，用于保证一定数量的电量从而形成一定电极电位的双电层结构。

因此，一个电极体系可以等效为图 2-6a 所示的电路。

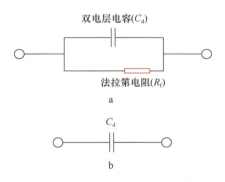

图 2-6　电极体系的等效电路（a）和理想极化电极的等效电路（b）

Figure 2-6　Equivalent circuit of electrode system (a) and equivalent circuit of ideal polarization electrode (b)

为了研究界面的结构和性质，假设界面上不发生电极反应，外电源输入的全部电流都用于建立或改变界面结构和电极电位，即可等效为图 2-6b 中的电路。这种不发生任何电极反应的电极体系称为理想极化电极。

绝对的理想极化电极是不存在的。只有在一定的电极电位范围内，某些真实的电极体系才可以满足理想极化电极的条件。例如，由纯净的汞及去除氧和其他氧化性或还原性杂质的高纯度氯化钾溶液所组成的电极体系中，只有在电极电位比+0.1 V更正时才能发生汞的氧化溶解反应，即 $2Hg \longrightarrow Hg_2^{2+} + 2e^-$，在电极电位比–1.6 V更负时能发生钾的还原反应，即 $K^+ + e^- \longrightarrow K$。因此，该电极在+0.1～–1.6 V的电位范围内，没有任何电极反应发生，可作为理想极化电极使用。

二、电毛细现象

电极与溶液相接触的界面形成界面张力，其大小除了与界面层的物质组成有关外，还与电极电位有关。界面张力随电极电位变化的现象称为电毛细现象，可用电毛细曲线来表示界面张力与电极电位的关系。

　　液态金属电极的电毛细曲线可采取毛细管静电计来测定，其装置如图 2-7 所示，图中研究电极是充满毛细管 k 的汞液体。由于界面张力的作用，汞与溶液的接触面形成弯月面。假设毛细管壁被溶液完全润湿，则界面张力 σ 与汞柱高度 h 成正比，即可以由汞柱高度 h 计算界面张力 σ。图中 1 为甘汞电极，用作参比电极。实验中，通过外电源 3 向汞电极充电来改变其电极电位。通过调节贮汞瓶的位置来维持汞弯月面位置的恒定。由此可在不同电极电位下测得汞柱高度 h，并由 h 计算出界面张力 σ。对于理想极化电极，界面的化学组成不发生变化，测得的界面张力变化即为电极电位变化所致。因此，可以根据实验结果绘制出 σ-φ 曲线。由于汞/溶液界面存在着双电层，即界面的同一侧带有相同符号的剩余电荷，并且同性电荷相互排斥，力图使界面扩大，此力与使界面缩小的界面张力作用相反。因此，带电界面的界面张力比不带电时要小。电极表面电荷密度越大，界面张力就越小，如图 2-8 所示。

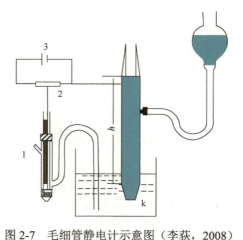

图 2-7　毛细管静电计示意图（李荻，2008）

Figure 2-7　Schematic diagram of capillary electrometer

1. 甘汞电极；2. 电阻；3. 外电源；k. 毛细管；h. 汞柱高度

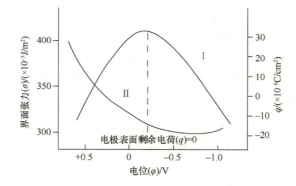

图 2-8　汞电极上的电毛细曲线（Ⅰ）和表面剩余电荷密度-电位曲线（Ⅱ）（李荻，2008）

Figure 2-8　Electrocapillary curves on mercury electrodes（Ⅰ）and surface residual charge density - potential curve（Ⅱ）

第四节 电化学热力学基础

一、可逆性

一般来说，热力学只适用于严格的平衡体系。所谓的平衡是指一个过程可以从平衡位置向两个相反的任一方向移动，即具有可逆性（reversibility）。在电化学中，需要区分如下三种不同的可逆性。

（一）化学可逆性（chemical reversibility）

在如图 2-9 所示的 $Pt/H_2/H^+$, $Cl^-/AgCl/Ag$ 电化学池中，当所有物质都处于标准状态时，实验测得两电极之间的电势差为 0.222 V。铂丝为电池的阴极，当连接两个电极后，则发生如下的反应：

$$H_2 + 2AgCl \longrightarrow 2Ag + 2H^+ + 2Cl^-$$

当加入外接电源时，可抵消电化学池的电势；同时，电池中电流方向发生变化，新电池则发生如下反应：

$$2Ag + 2H^+ + 2Cl^- \longrightarrow H_2 + 2AgCl$$

如上所述，改变电池电流方向只改变了电池反应的方向，没有新的反应发生，该电池则称为"化学可逆的"（chemically reversible）电池。

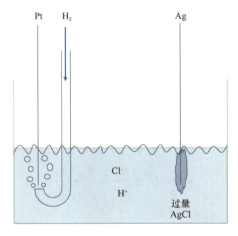

图 2-9 $Pt/H_2/H^+$, $Cl^-/AgCl/Ag$ 电化学池（Bard et al.，1980）
Figure 2-9 $Pt/H_2/H^+$, $Cl^-/AgCl/Ag$ electrochemical cell

（二）热力学可逆性（thermodynamic reversibility）

热力学可逆性是指外加一个无限小的反向驱动力时，可以使一个反应反向进行的性质。要发生反向过程，体系必须在任何时间都只能感受到一个无限小的驱动力。本质而言，此反应过程总是处于平衡状态。因此，一个体系中两个状态之间的可逆途径是一系列连续的平衡态。

实际反应中，化学不可逆电池不可能具有热力学意义的可逆行为。一个化学可逆的电池不一定以趋于热力学可逆性的方式工作。

（三）实际可逆性（practical reversibility）

在实际中，反应是以一定的速率进行的，不具有严格的热力学可逆性。然而，实际的反应过程可能在要求的精度内，依然满足热力学公式的适用条件，人们可以称此为实际可逆过程。

一个过程是否可逆与体系测量时间范畴、所观察的过程驱动力变化的速率和体系重新建立平衡的速度有关。若作用于体系的扰动足够小，或该体系重新平衡的速率足够大，则热力学关系仍可适用。若实验条件有所变化，那么给定体系在一个实验中是可逆的，而在另外一个实验中则可能是不可逆的。

二、平衡电极电位

平衡电极电位，也称作可逆电极的电位或平衡电位。任何一个平衡电位都是相对一定的电极反应而言的。例如，金属锌与含锌离子的溶液所组成的电极 $\mathrm{Zn}|\mathrm{Zn^{2+}}\left(a_{\mathrm{Zn^{2+}}}\right)$ 是一个可逆电极。它的平衡电位是与下列确定的电极反应相联系的。也可以说该平衡电位就是下列反应的平衡电位，即

$$\mathrm{Zn^{2+}} + 2\mathrm{e^-} \Longleftrightarrow \mathrm{Zn}$$

通常以符号 φ_{Ψ} 表示目标电极的平衡电位。设目标电极与标准氢电极组成原电池：

$$\mathrm{Zn}\left|\mathrm{Zn^{2+}}\left(a_{\mathrm{Zn^{2+}}}\right)\mathrm{H^+}\left(a_{\mathrm{H^+}}=1\right)\right|\mathrm{H_2}\left(p_{\mathrm{H_2}}=101\,325\mathrm{Pa}\right),\mathrm{Pt}$$

阳极反应：
$$\mathrm{Zn} \Longleftrightarrow \mathrm{Zn^{2+}} + 2\mathrm{e^-}$$

阴极反应：
$$2\mathrm{H^+} + 2\mathrm{e^-} \Longleftrightarrow \mathrm{H_2}$$

电池反应：
$$\mathrm{Zn} + 2\mathrm{H^+} \Longleftrightarrow \mathrm{Zn^{2+}} + \mathrm{H_2}$$

该电池为可逆电池，即电池在平衡条件 $I \to 0$ 下工作时，该电池的电动势为

$$E = E^{\theta} - \frac{RT}{2F}\ln\frac{a_{\mathrm{Zn^{2+}}}p_{\mathrm{H_2}}}{a_{\mathrm{Zn}}a_{\mathrm{H^+}}^2} \tag{2-28}$$

在消除了液界电位后，应有

$$E = \varphi_+ - \varphi_- \tag{2-29}$$

$$E^{\theta} = \varphi_+^{\theta} - \varphi_-^{\theta} \tag{2-30}$$

因此，式（2-28）为

$$\begin{aligned}
E &= \left(\varphi_{\mathrm{H_2/H^+}}^{\theta} - \varphi_{\mathrm{Zn/Zn^{2+}}}^{\theta}\right) - \left(\frac{RT}{2F}\ln\frac{p_{\mathrm{H_2}}}{a_{\mathrm{H^+}}^2} + \frac{RT}{2F}\ln\frac{a_{\mathrm{Zn^{2+}}}}{a_{\mathrm{Zn}}}\right) \\
&= \left(\varphi_{\mathrm{H_2/H^+}}^{\theta} + \frac{RT}{2F}\ln\frac{a_{\mathrm{H^+}}^2}{p_{\mathrm{H_2}}}\right) - \left(\varphi_{\mathrm{Zn/Zn^{2+}}}^{\theta} + \frac{RT}{2F}\ln\frac{a_{\mathrm{Zn^{2+}}}}{a_{\mathrm{Zn}}}\right)
\end{aligned}$$

规定标准氢电极 $\varphi_{H_2/H^+}^{\theta} = 0$，根据相对电位的定义，锌电极的氢标电位 $\varphi_{Zn/Zn^{2+}}^{\theta}$ 为所测得的电动势 E 的负值，即

$$\varphi_{Zn/Zn^{2+}} = -E = \varphi_{Zn/Zn^{2+}}^{\theta} + \frac{RT}{2F}\ln\frac{a_{Zn^{2+}}}{a_{Zn}} \qquad (2\text{-}31)$$

由式（2-31）可知，知道标准状态下的锌电极电位 $\varphi_{Zn/Zn^{2+}}^{\theta}$，就能根据参加电极反应的各物质的活度计算锌电极的平衡电位。

若将式（2-31）写成通式，即

$$\varphi_{\text{平}} = \varphi^{\theta} + \frac{RT}{nF}\ln\frac{a_{\text{氧化态}}}{a_{\text{还原态}}} \qquad (2\text{-}32)$$

式中，φ^{θ} 是标准状态下的平衡电位，叫作该电极的标准电极电位，对一定的电极体系，φ^{θ} 是一个常数，可通过查表得到；R 为摩尔气体常数 [8.3143 J/(K·mol)]；T 为热力学温度（K）；F 为法拉第常数；n 为电极反应中得失电子数；$a_{\text{氧化态}}$ 表示电极反应中，氧化态的各物质浓度幂次方的乘积；$a_{\text{还原态}}$ 表示电极反应中，还原态的各物质浓度幂次方的乘积。式（2-32）为著名的能斯特（Nernst）方程，是热力学上计算各种可逆电极电位的方程。

三、不可逆电极及其电位

不可逆电极是指在实际的电化学体系中，不满足可逆电极条件的一类电极。在生产过程中，零件在电镀溶液中所形成的电极 $Fe\left|Zn^{2+}\right.$、$Fe\left|CrO_4^{2-}\right.$、$Cu\left|Ag^+\right.$ 等都属于不可逆电极。

在此以纯锌放入稀盐酸的过程为例来说明不可逆电极的电位及其影响因素。起初，溶液中只有氢离子，没有锌离子，正向反应是锌的氧化溶解，即 $Zn \longrightarrow Zn^{2+} + 2e^-$，逆向反应为氢离子的还原，即 $H^+ + e^- \longrightarrow H$。随着锌的溶解，体系里开始发生锌离子的还原反应 $Zn^{2+} + 2e^- \longrightarrow Zn$，同时发生氢原子的氧化反应 $H \longrightarrow H^+ + e^-$。因此，如图 2-10 所示，体系里同时发生 4 个反应。

然而，在总的电极反应中，锌的溶解速度和沉积速度不同，氢的氧化速度和还原速度也不一致。因此，整个体系的物质交换处于不平衡状态，反应的最终结果是锌溶解和氢气析出，可见此反应为不可逆反应。该体系建立的电极电位为不可逆电位或不平衡电位。不可逆电位不满足能斯特公式计算的条件，只能靠实验测定所得。

不可逆电位可以是稳定的，也可以是不稳定的。当电荷在界面上的交换速度相等时，形成稳定的双电层，使电极电位达到稳定状态，此时形成的稳定不可逆电位称为稳定电位。同一种金属在电化学体系中，不同条件下电极反应类型和反应速率不同，所形成的电极电位也不同，如表 2-2 所示。稳定电位有很强的实用价值，如用稳定电位可更准确地判断不同金属接触时的腐蚀倾向，如铝和锌接触时，铝的平衡电位（$\varphi_{Al}^{\theta} = -1.67V$）

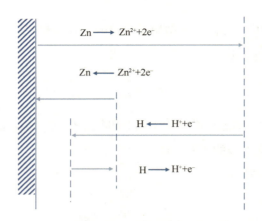

图 2-10　锌-稀盐酸体系反应示意图
Figure 2-10　Reaction diagram for Zn-HCl system

表 2-2　不同电解质中金属的电极电位（25℃，单位：V）（李荻，2008）
Table 2-2　Electrode potential of metals in different electrolytes (25℃, unit: V)

金属	φ（3% NaCl 溶液中）		φ（3% NaCl 溶液中+0.1% H_2O_2 溶液中）		φ^{θ}
	开始	稳定	开始	稳定	
Al	−0.63	0.63	−0.52	−0.52	−1.67
Zn	−0.83	−0.83	−0.77	−0.77	−0.76
Cr	−0.02	+0.23	+0.40	+0.60	−0.74
Ni	−0.13	−0.02	+0.20	+0.05	−0.25
Fe	−0.23	−0.50	−0.25	−0.50	−0.441

比锌（$\varphi^{\theta}_{Zn} = -0.76V$）低，似乎铝更容易被腐蚀。实际情况则是在 3%NaCl 溶液中，锌更容易被腐蚀。从表 2-2 所测的稳定电位可知，锌的稳定电位（$\varphi_{Zn} = -0.83V$）比铝（$\varphi_{Al} = -0.63V$）低，结果与实际接触腐蚀规律保持一致。

第五节　电极过程动力学

本节研究的电化学动力学（electrochemical kinetics）主要是指在电极表面发生的过程动力学，即电极过程动力学。电极过程是指电极上的电化学过程、电极表面附近薄液层的传质及化学过程，既包括阴极过程，又包括阳极过程。

一、分解电压与极化

在 H_2SO_4 溶液中插入两个铂电极，组成如图 2-11a 所示的电解水的电解池，测得如图 2-11b 所示的电流-电压曲线。外加电压由小逐渐增大的过程中，通过的电流也由小逐渐增大，当外加电压增大到某一数值后，电流随电压直线上升，同时可观测到两电极表面有连续的气泡放出，说明整个体系已经发生了电解反应。在两电极上的反应可表示如下。

阴极反应：　　　　　　　　　$4H^+ + 4e^- \longrightarrow 2H_2 \uparrow$

阳极反应： $$2H_2O \longrightarrow O_2\uparrow + 4H^+ + 4e^-$$

电池反应： $$2H_2O \longrightarrow O_2\uparrow + 2H_2\uparrow$$

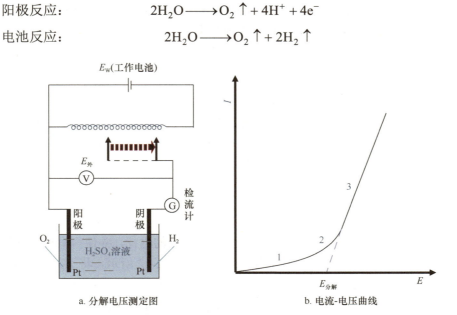

a. 分解电压测定图　　　　　　b. 电流-电压曲线

图 2-11　分解电压的测定装置（a）及测量结果（b）（谢德明等，2013）

Figure 2-11　The device (a) and results (b) for decomposition voltage measurement

电解产物 H_2 和 O_2 又构成原电池$(-)Pt|H_2(p)|H+(H_2O)|O_2(p)|Pt(+)$

　　电解时在两电极上显著析出电解产物所需的最低外加电压称为分解电压（decomposition voltage）。如图 2-11b 所示，分解电压可用 E-I 曲线求得，将 2 至 3 段直线外延至 I=0 处，得 $E_{分解}$。理论分解电压也称为可逆分解电压，与可逆电池电动势相等。实际分解电压要高于理论分解电压，这是由于：①导线、接触点以及电解质溶液都有一定的电阻；②实际电解时，电极过程是不可逆的，电极电势偏离平衡电极电势。电极电势是电极发生可逆电极反应时所具有的电势，此时电极上没有外电流通过，称为可逆电势（reversible potential，φ_r），或平衡电极电势（$\varphi_{平}$）。当有电流通过电极时，电极发生不可逆电极反应。此时，电极电势就会偏离平衡电极电势（图 2-12），这种现象称为

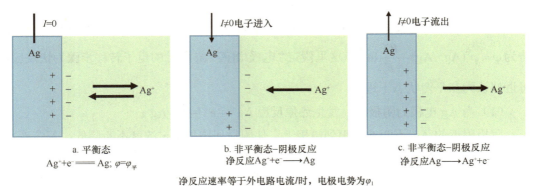

a. 平衡态　　　　　　b. 非平衡态-阴极反应　　　　　c. 非平衡态-阴极反应
$Ag^++e^- \Longrightarrow Ag$; $\varphi=\varphi_{平}$　　净反应$Ag^++e^- \longrightarrow Ag$　　净反应$Ag \longrightarrow Ag^++e^-$

净反应速率等于外电路电流I时，电极电势为φ_1

图 2-12　平衡态与非平衡态（极化态）的差异

Figure 2-12　Difference between equilibrium state and non-equilibrium state (polarization state)

电极的极化 (polarization)。偏差的大小即为超电势 (overpotential，或过电势) η。影响超电势的因素很多，如电极材料、电极表面状态、电流密度、温度、电解质的性质与浓度、溶液中的杂质等。所以，超电势的重现性往往不好。η 为某一电流下，极化电位 φ_1 与平衡电极电势 $\varphi_平$ 的差值，即

$$\eta = \varphi_1 - \varphi_平 \tag{2-33}$$

按照极化产生的原因，可简单分为三类：电化学极化 (electrochemical polarization)、浓差极化和电阻极化。与之相对应的超电势则称为电化学超电势 (或活化超电势，activation overpotential)、扩散超电势 (diffusion overpotential) 和电阻超电势。

1. 电化学极化

电化学极化是由于电化学反应本身迟缓引起的极化。具体来讲，电极过程常有若干步骤，若其中某一步速率很小，则会阻碍整个电极反应的进行，并使得电极上聚集了与可逆情况不同数量的电荷，导致反应迟缓的现象。如图 2-12 所示，将 Ag 插入 Ag^+ 溶液中，$Ag|Ag^+$ (a)，发生电极反应 $Ag^+ + e^- \longrightarrow Ag$。反应过程中，离子扩散速度快，反应速率小，而阴极、阳极表面附近 Ag^+ 的浓度不变，从而出现电化学极化现象。

电流通过"电极/溶液"界面后发生的电化学极化现象包括阴极极化和阳极极化。如图 2-12b 所示，由电源输入金属阴极的电子来不及消耗，即溶液中 Ag^+ 不能马上与电极上的电子结合生成 Ag，造成电极上电子过多积累，使得电极电势变为负值，这种现象称为阴极极化。如图 2-12c 所示，金属电极电子大量流失，但 Ag^+ 仍留在金属阳极上，电极上积累过多正电荷，使电极电势变正的现象称为阳极极化。

2. 浓差极化

浓差极化是电极反应造成电极与溶液之间的界面区域溶液的浓度和离电极较远、浓度均匀的本体溶液浓度发生了差别所致 (图 2-13)。由此可知，产生浓差极化是由于作用物或产物的扩散速率小，导致表面浓度与本体浓度不一致。以银电极为例，其电极电势为 $\varphi = \varphi^\theta(Ag^+/Ag) - \dfrac{RT}{F}\ln\dfrac{1}{a}$。$\varphi^\theta$ 表示相应电极反应中的物质浓度为 1 个单位 (严格说是活度为 1) 时的电极电位，称为标准电极电位。若不考虑活度与浓度的区别，电极电势为 $\varphi = \varphi^\theta(Ag^+/Ag) - \dfrac{RT}{F}\ln\dfrac{1}{c}$。这里假定"电极/溶液"界面上的电子转移步骤为快反应，可近似认为在平衡状态下进行。

(1) 当 Ag 电极为阴极时，发生还原反应 $Ag^+ + e^- \longrightarrow Ag$。

阴极附近的 Ag^+ 不断地沉积到电极上，使阴极周围的 Ag^+ 浓度不断降低，若溶液本体中的 Ag^+ 扩散到阴极附近进行补充的速度赶不上 Ag^+ 沉积的速度，则在阴极附近 Ag^+ 的浓度 c_s 必然低于溶液本体 Ag^+ 的浓度 c_0，即 $c_s < c_0$。此时电极的实际电势为

$$\varphi_1 = \varphi^\theta(Ag^+/Ag) - \dfrac{RT}{F}\ln\dfrac{1}{c_s} \tag{2-34}$$

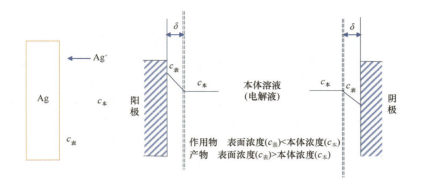

图 2-13　浓差极化产生原因

Figure 2-13　Causes for concentration polarization

所以，$\varphi_{\mathrm{I}} < \varphi_{\mathrm{r}}$，超电势 $\eta = \varphi_{\mathrm{I}} - \varphi_{\mathrm{r}} = \dfrac{RT}{F}\ln\dfrac{c_s}{c_0} < 0$，阴极极化使得阴极电极电势偏负。

（2）当 Ag 电极为阳极时，发生氧化反应 $\mathrm{Ag} \longrightarrow \mathrm{Ag}^+ + e^-$。

电极上的 Ag 不断失去电子生成 Ag^+，使得阳极周围的 Ag^+ 浓度不断增加，若阳极附近 Ag^+ 扩散到溶液本体的速度赶不上 Ag^+ 生成的速度，则在阳极附近 Ag^+ 的浓度 c_s 必然高于溶液本体 Ag^+ 的浓度 c_0，即 $c_s > c_0$。此时，$\varphi_{\mathrm{I}} > \varphi_{\mathrm{r}}$，超电势 $\eta = \varphi_{\mathrm{I}} - \varphi_{\mathrm{r}} = \dfrac{RT}{F}\ln\dfrac{c_s}{c_0} > 0$，阳极极化的结果是阳极电极电势偏正。

综上所述，
$$\eta_{\text{浓差}} = \left|\varphi_{\text{可逆}} - \varphi_{\text{不可逆}}\right| = \frac{RT}{zF}\left|\ln\frac{c_s}{c_0}\right| \tag{2-35}$$

由此可见，$\eta_{\text{浓差}}$ 的大小取决于扩散层两侧的浓度差大小。总而言之，浓差极化是由扩散缓慢造成的，可以采取加大扩散速度的方法来降低扩散超电势，如提高溶液温度或加强搅拌等。但采取搅拌的方法只能减轻浓差极化现象，无法完全消除，扩散层的极限厚度约为 1 μm。

3. 电阻极化

当电流通过电极时，在电极表面或电极与溶液的界面上往往形成一薄层的高电阻氧化膜或其他物质膜，从而产生表面电阻电位差，这个电位差称为电阻超电势。可以证明阴极极化时，$\eta_{\text{电阻}} < 0$；阳极极化时，$\eta_{\text{电阻}} > 0$。

综上所述，当仅考虑电化学极化、浓差极化与电阻极化时，阴极电势总是向负移，而阳极电势总是往正移。故阴极超电势为负值，$\eta_{\mathrm{c}} < 0$；阳极超电势为正值，$\eta_{\mathrm{a}} > 0$。为使超电势为正值，规定阳极超电势（anode overpotential）η_{a} 和阴极超电势（cathode overpotential）η_{c} 分别为

$$\eta_{\mathrm{c}} = \varphi_{\mathrm{r}} - \varphi_{\mathrm{ir}} > 0 \tag{2-36}$$

$$\eta_{\mathrm{a}} = \varphi_{\mathrm{ir}} - \varphi_{\mathrm{r}} > 0 \tag{2-37}$$

通常，金属与其离子构成的电极，或金属与其难溶盐构成的电极，电化学超电势很小，超电势主要是扩散超电势。而对于气体电极，其超电势主要来源于电化学超电势。

超电势或电极电势与电流（或电流密度）之间的关系曲线称为极化曲线（polarization curve）。极化曲线的形状和变化规律反映了电化学过程的动力学特征。一般而言，随着电流的增大，电极电位离其平衡电极电位越来越远。如图 2-14a 所示，阴极电极电位随电流的增大向负的方向变化。阳极极化曲线的变化情况如图 2-14b 所示，随着电流的增大，电极电位越来越向正的方向移动。阴阳两极的极化曲线沿着相反的方向变化的结果，使得原电池与电解池两极间电位差的变化趋势大不相同。原电池、电解池的 I-φ 曲线都可以看成是图 2-14 所描述的两个单电极极化曲线叠加而成。

在电解池中，通过的电流增大时，两极间电位差增加的值比 IR 的增加大得多。这是因为电解池中阳极电位总是比阴极电位高，在图 2-15 下部，阳极极化曲线位于阴极

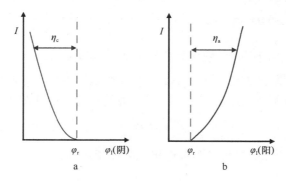

图 2-14　单电极极化曲线

Figure 2-14　Single electrode polarization curve

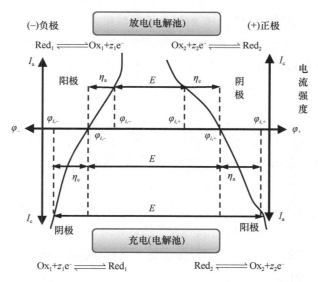

图 2-15　电解时和电池工作时的净电流与电极电位关系示意图（不考虑电解池内阻影响）（谢德明等，2013）

Figure 2-15　Schematic diagram of the relationship between net current and electrode potential during electrolysis and battery operation (not consider the internal resistance of the electrolysis cell)

极化曲线的右方，考虑到两条极化曲线的变化趋向，随着电流的增大，电解池两极间电位差会逐渐变大，也就是说，电解时的电流越大，所消耗的能量越多。在自发电池中刚好相反。这时阳极电位比阴极电位低，如图 2-15 上部所示，阳极极化曲线位于阴极极化曲线的左方。一般情况下自发电池两极间电位差随着电流的增大而减小。

二、电极/溶液界面间的传质过程

电极反应通常发生在电极/电解质界面。电极本身既是传递电子的介质，又是电化学反应的基体，既可充当催化剂，有时也参加反应。电极反应的特殊性在于电极表面上存在双电层，且电极表面电场的强度和方向可以在一定范围内自由地、连续地改变。在电极表面存在随意控制电极表面的"催化活性"与反应条件的可能，因而可以在一定范围内通过改变电极反应的活化能和反应速率来控制反应。由此看来，电极反应在某种程度上类似于异相催化反应，但它有其自身的特点，主要体现在如下几个方面：①反应在两相界面上发生，反应速率与界面面积及界面特性有关。②反应速率在很大程度上受电极表面附近液层中反应物或产物传质过程的影响。③多数电极反应与新相（如气体、晶体）的生成过程密切相关。④界面电场对电极反应速率有很大影响，界面电位只要改变 0.1 V，反应速率就可增加 10 倍左右。⑤反应速率容易控制，只要改变电极电位就可以使通过电极的电流维持在任何数值上，也可以方便地使正在激烈进行的反应立即停止，甚至可使电极反应立即反方向进行。这些在其他化学反应中都是无法实现的。⑥电极反应一般在常温常压下进行。⑦电极反应所用氧化剂或还原剂为电子，环境污染小。

电极反应是发生在电极/溶液界面间的有电子参与的一种界面反应，因此电极的反应速率可用单位表面积、单位时间内发生反应的电子的量来表示，即电极的反应速率可以用通过电极的电流密度来表示。设电极反应为

$$v_A A + v_B B + \cdots + ze^- \rightleftharpoons -v_P P - v_Q Q - \cdots \qquad (2\text{-}38)$$

式中，v_A、v_B、v_P、v_Q 等为 A、B、P、Q 等各种粒子的反应数，还原反应的粒子反应数用正号表示，氧化反应的粒子反应数用负号表示；电子的反应数常用 z 表示（恒为正值）。若 i 粒子在电极上的反应速率 r 为 $r = -\dfrac{1}{s} \times \dfrac{dn}{dt}$ [单位：mol/(cm^2·s)]，则相应的电流密度 i 为

$$i = -\frac{1}{s} \times \frac{dQ}{dt} = -\frac{1}{s} \times \frac{zF dn}{v_i dt} = -\frac{zF}{v_i} \times \frac{dn}{s dt} \qquad (2\text{-}39)$$

$$i = \frac{zF}{v_i} r \qquad (2\text{-}40)$$

式中，$F = 96\,500$ C/mol，n 为摩尔数，s 为电极面积，Q 为电量，t 为时间。

电极过程是一个极其复杂的过程，它由下列步骤串联组成（图 2-16）：①反应粒子向电极表面的传递——液相传质步骤。②反应粒子在电极表面的吸附或在界面附近发生前置化学反应——前置表面转化步骤。③反应物质在电极上得失电子生成产物——电化学步骤。④产物在电极表面发生可能的后续化学反应或自电极表面的脱附——

后置表面转化步骤。⑤产物形成新相，如生成气泡或固相沉积层——新相形成步骤；或产物粒子自电极表面向液相中扩散或向电极内层扩散——扩散传质步骤。

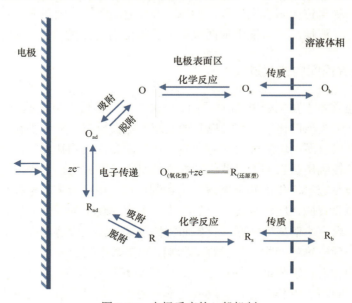

图 2-16　电极反应的一般机制

Figure 2-16　General mechanism of electrode reaction

　　某些电极反应可能更复杂。例如，反应历程中包括平行进行（并联）的分步反应或某些反应产物对电极反应有"自催化"作用。

　　在电极过程的一系列步骤中，最重要的有（图 2-17）（谢德明等，2013）：①反应物向电极表面转移——扩散；②在电极表面发生氧化还原反应，进行电子转移，形成产物——电极反应；③产物向溶液本体扩散——扩散。

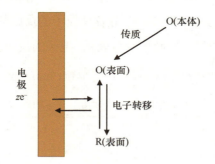

图 2-17　电极反应机制

Figure 2-17　Electrode reaction mechanism

　　若反应过程中扩散步骤慢，则产生浓差极化；若电极反应速率小，则产生电化学极化。

　　如前所述，一个电极过程可能包含若干不同的步骤。当电极反应处于稳态时，每个串联步骤的速度是相同的，但这些反应步骤发生的难易程度是不同的。

　　研究电极过程动力学通常需要明确下列三个方面的情况：①弄清整个电极反应的历

程，即所研究的电极反应包括哪些步骤以及它们的组合顺序。②在组成电极反应的各个步骤中，找出决定整个电极反应速率的控制步骤。若反应处在"混合区"，则存在不止一个控制步骤。③测定控制步骤的动力学参数（也就是整个电极反应的动力学参数）及其他步骤的热力学平衡常数。

这三方面研究的关键往往在于识别控制步骤和找到影响这一步骤进行速度的有效方法，以消除或减少由于这一步骤进行缓慢而带来的各种限制。

三、电化学步骤的动力学

（一）电极电势的改变对电极反应的影响

计算结果表明，改变 0.6 V 电极电势，可以改变 10^5 倍电极反应速率，对于一个活化能为 40 kJ/mol 的反应来说，需要升高 800 K 的温度才能实现此效果。由此可见改变电极电势对电极反应速率有极大的影响。

首先，改变电极电势可以影响电化学步骤活化能。假设某金属电极与金属的盐溶液相接触时发生的电极反应为

$$M^{z+} + ze^- \rightleftharpoons M \qquad (2\text{-}41)$$

这一反应可以看作是溶液中的 M^{z+} 转移到晶格上及晶格上的 M 转移到溶液中。假设：①电化学步骤的电子交换发生在双电层紧密层的边界处，电子通过隧道效应从电极传递到溶液中的离子上；②溶液中离子浓度很大，且电极电势离零电荷电势较远。由此可知，改变电极电势时 $\Delta\psi_1 \approx 0$，也即紧密层中的电势变化 $\Delta(\varphi - \psi_1) \approx \Delta\varphi$。那么 M^{z+} 在两相间转移时活化能的变化及电极电势对活化能的影响可用图 2-18 表示。若电极电势改变 $\Delta\varphi$，则紧密层中的电势变化如图 2-18 中的曲线 3 所示，由此引起附加的 M^{z+} 的势能变化如曲线 4 所示——电极上 M^{z+} 的势能提高了 $zF\Delta\varphi$。将曲线 1 与曲线 4 相加得到曲线 2，它表示改变电极电势后 M^{z+} 在两相间转移时势能的变化情况。

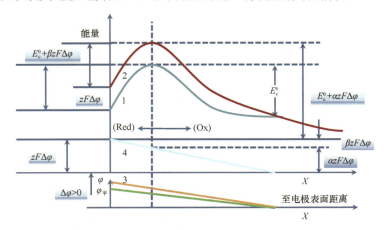

图 2-18　改变电极电势对电极反应活化能的影响（谢德明等，2013）
Figure 2-18　The effects of electrode potential variation on activation energy of electrode reaction

对于氧化反应来说，电位变正时，金属晶格中的原子具有更高的能量，容易离开金属表面进入溶液。也就是说，电位变正可使氧化反应的活化能下降，氧化反应加快。相反由于阴极反应的活化能增大了，阴极反应将受到阻化。从曲线 4 上不难看出，电极电势改变了 $\Delta\varphi$ 后阳极反应和阴极反应的活化能分别变成

$$E_a = E_a^\theta - \beta z F \Delta\varphi_{电极} \tag{2-42a}$$

$$E_c = E_c^\theta + \alpha z F \Delta\varphi_{电极} \tag{2-42b}$$

式中，E_a 和 E_c 分别表示氧化反应和还原反应的活化能，同时分别表示平衡电位下氧化反应和还原反应的活化能；α（$0 < \alpha < 1$）和 β 为电子转移系数，分别表示电位变化对还原反应和氧化反应活化能影响的程度。

从图 2-18 还可看到，$\alpha z F \Delta\varphi + \beta z F \Delta\varphi = z F \Delta\varphi$，因此 $\alpha + \beta = 1$。也就是说，由电位变化引起的电极能量的变化为 $z F \Delta\varphi$，其中部分用于改变还原反应的活化能，部分用于改变氧化反应的活化能。α 和 β 可由实验求得。有时粗略地取 $\alpha = \beta = 0.5$（参见表 2-3）。

表 2-3　电子转移系数的实验值
Table 2-3　Experimental value of electron transfer coefficient

电极	电极反应	α	电极	电极反应	α
Pt	$Fe^{3+} + e^- \longrightarrow Fe^{2+}$	0.58	Hg	$2H^+ + 2e^- \longrightarrow H_2$	0.50
Pt	$Ce^{4+} + e^- \longrightarrow Ce^{3+}$	0.75	Ni	$2H^+ + 2e^- \longrightarrow H_2$	0.58
Hg	$Ti^{4+} + e^- \longrightarrow Ti^{3+}$	0.42	Ag	$Ag^+ + e^- \longrightarrow Ag$	0.55

若电极表面负电荷（e^-）增加，电极电势下降，则有利于还原反应，相当于还原反应活化能降低，氧化反应活化能升高。式（2-42）亦成立，此时由于 $\Delta\varphi_{电极} < 0$，E_c 降低，而 E_a 升高。

实际的电极过程一般并不只涉及某一种荷电粒子的转移，不能认为这种粒子所带有的电荷在全部转移过程中保持不变。经证明，不论反应的细节如何，改变电极电势后还原反应和氧化反应的活化能都可由式（2-42）描述。

（二）电化学步骤的基本动力学参数

对于电极反应式（2-41），根据反应动力学基本理论，平衡电极电势处，单位电极表面上的阳极反应速率 v_a^θ 和阴极反应速率 v_c^θ 分别为

$$v_a^\theta = k_a c_R \exp\left(-\frac{E_a^\theta}{RT}\right) = K_a^\theta c_R \tag{2-43a}$$

$$v_c^\theta = k_c c_O \exp\left(-\frac{E_c^\theta}{RT}\right) = K_c^\theta c_O \tag{2-43b}$$

式中，k_a、k_c 为前因子；c_R、c_O 分别为还原态与氧化态的浓度；E_a^θ、E_c^θ 分别为阳极和阴极反应的活化能；K_a^θ、K_c^θ 为反应速率常数；R 为气体常数；T 为温度。

相应的阳极电流密度 i_a、阴极电流密度 i_c（二者均为正值）分别为

$$i_a = zFK_a^{\theta}c_R \quad\quad\quad（2\text{-}44\text{a}）$$

$$i_c = zFK_c^{\theta}c_O \quad\quad\quad（2\text{-}44\text{b}）$$

当 $\varphi = \varphi_\Psi$ 时，也就是可逆电极处于平衡状态时，$i_a^{\theta} = i_c^{\theta} = i^{\theta}$。

若电极电势改变 $\Delta\varphi = \varphi - \varphi_\Psi = \eta$，则氧化反应和还原反应电流密度表达式为

$$i_a = zFk_a c_R \exp\left(-\frac{E_a^{\theta} - \beta zF\Delta\varphi}{RT}\right) = i^{\theta}\exp\left(\frac{\beta zF}{RT}\Delta\varphi\right) \quad\quad（2\text{-}45\text{a}）$$

$$i_c = zFk_c c_O \exp\left(-\frac{E_c^{\theta} + \alpha zF\Delta\varphi}{RT}\right) = i^{\theta}\exp\left(-\frac{\alpha zF}{RT}\Delta\varphi\right) \quad\quad（2\text{-}45\text{b}）$$

对阳极反应而言：

$$\eta_a = \varphi - \varphi_\Psi, \Delta\varphi = -\frac{RT}{\beta zF}\ln i^{\theta} + \frac{RT}{\beta zF}\ln i_a = \frac{RT}{\beta zF}\ln\frac{i_a}{i^{\theta}} \quad\quad（2\text{-}46\text{a}）$$

对阴极反应而言：

$$\eta_c = \varphi_\Psi - \varphi, -\Delta\varphi = -\frac{RT}{\alpha zF}\ln i^{\theta} + \frac{RT}{\alpha zF}\ln i_c = \frac{RT}{\alpha zF}\ln\frac{i_c}{i^{\theta}} \quad\quad（2\text{-}46\text{b}）$$

由式（2-46）可知，φ、η 与 i_a、i_c 存在"半对数关系"。在半对数坐标中可得到图 2-19 所示结果。

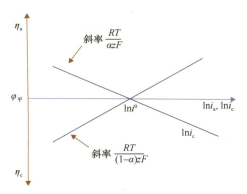

图 2-19　超电势对 i_a 和 i_c 的影响

Figure 2-19　The effect of overpotential on i_a and i_c

若将式（2-46）改写成指数形式，则有

$$i_a = i^{\theta}\exp\left(\frac{\beta zF}{RT}\eta_a\right) \quad\quad\quad（2\text{-}47\text{a}）$$

$$i_c = i^{\theta}\exp\left(\frac{\alpha zF}{RT}\eta_c\right) \quad\quad\quad（2\text{-}47\text{b}）$$

由式（2-47）可知，由电子转移系数 α 和平衡电势 φ_Ψ 下的"交流电流密度"（i^{θ}）可求任一电势下的绝对电流密度。

（三）影响电极反应速率的因素

1. 电极电势

由前面关于电极电势对电化学反应速率的影响可知，电极电势是影响电极反应速率最主要的因素之一。超电势增大时，相应的电流密度增大，当 η 较小时，η-i 呈直线关系；当 η 较大时，η-$\lg i$ 呈直线关系。

2. 电极因素

电极材料对电子转移控制的电极反应速率有很大的影响。例如，在金属电极上，氢离子还原成氢气的反应速率，在不同的电极上相差很大。不同金属上氢离子还原成氢气的反应速率不同的原因在于各种金属对析氢反应的催化性能不同。铂、钯等贵金属对析氢反应来说是很有效的催化剂，而汞、铅等金属对该反应几乎没有催化性能。

电极影响电极反应速率的另一个原因是电极的面积。由于电极反应是在电极/溶液界面上进行的，反应速率正比于电极面积。在化学电源中，增加电极实际面积的一种办法是把电极做成海绵状的多孔电极，这种电极的极限电流密度比平面电极大得多。关于多孔电极的电化学理论是较为复杂的。由于孔中电阻、传质等因素的影响，多孔电极的表面在电化学性质上是不均匀的。但一般认为，在多孔电极中扩散控制是重要的。

3. 溶液因素

能在电极上发生电极反应的物质，在电化学中称为电活性物质。影响电极反应速率的主要溶液因素是电活性物质的浓度。在扩散控制下，极限电流正比于电活性物质的本体浓度；在电子转移控制时，电极反应的速率和电活性物质的表面浓度成正比。此外，溶液的其他因素，如 pH、溶氧量、支持电解质浓度、溶剂种类（非水溶剂）等，也都对电极反应有影响。

4. 传质因素

传质因素包括传质形式及传质强度等。采用对流传质（如搅拌等）可明显增加传质速率，从而增大极限电流密度。

5. 外部因素

外部因素包括温度、压力等。温度除了影响平衡电极电势之外，还主要影响反应速率常数。与一般化学反应相似，温度每增加 10℃，反应速率常数增加 2~4 倍。对于一些有气体参与的电极反应，压力影响气体在溶液中的溶解度，也影响产物气体在电极上的释放。

第六节　双电层与电动力学效应

一、双电层模型

在电极/溶液界面存在着两种相间相互作用：一种是电极与溶液两相中的剩余电荷所

引起的静电作用；另一种是电极和溶液中各种粒子（离子、溶质分子、溶剂分子等）之间的短程作用，如特性吸附、偶极子定向排列等，它只在零点几纳米的距离内发生。这些相互作用决定着界面的结构和性质。随着电化学理论和实验技术的发展，界面结构模型也不断发展。本小节主要介绍迄今为止被人们普遍接受的基本观点和有代表性的界面结构模型。

　　静电作用是一种长程性质的相互作用，它使符号相反的剩余电荷相互靠近，趋向于紧贴着电极表面排列，形成图 2-20 所示的紧密双电层结构，简称紧密层。将此紧密双电层结构的电极一侧定义为金属表面，溶液一侧定义为过剩离子的电荷中心所在的平面，双电层之间的距离则为离子直径 a 的一半，这种最简单的模型即为 Helmholtz 双电层模型。由图 2-20 可看出，Helmholtz 双电层类似于两平板间距为 $a/2$ 的双层平板电容器。

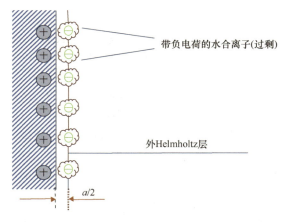

图 2-20　宽度为 $a/2$ 的 Helmholtz 双电层（a：溶液中溶剂化离子的直径）（Hamann et al.，2010）
Figure 2-20　Helmholtz double layer with $a/2$ width (a: Diameter of solvated ions in solution)

　　Helmholtz 双电层的空间电荷密度 ρ 与电势 φ 之间的一维关系可用泊松（Poisson）方程表示

$$\frac{\mathrm{d}^2\varphi}{\mathrm{d}x^2} = -\frac{\rho}{\varepsilon_r \varepsilon_0} \tag{2-48}$$

式中，x 的方向垂直于电极表面，ε_r 为相对介电常数，ε_0 为真空介电常数。进一步将离子作为点电荷来近似处理，即可假设电极与 Helmholtz 平面之间的电荷密度为 0，由此可得

$$\frac{\mathrm{d}^2\varphi}{\mathrm{d}x^2} = 0 \tag{2-49}$$

　　由积分式（2-49）可得 $\dfrac{\mathrm{d}\varphi}{\mathrm{d}x} = C$(常数)。如图 2-21 所示，在 $0 \leqslant x \leqslant a/2$ 之间的区域再一次积分得到：

$$\varphi = \frac{\varphi_M - 2(\varphi_M - \varphi_S)x}{a} \tag{2-50}$$

式中，φ_M 为金属电极电势，φ_S 为电解质溶液在外 Helmholtz 层的电势。

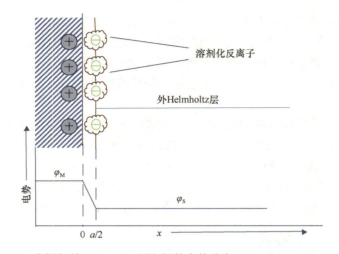

图 2-21　电极与外 Helmholtz 层之间的电势分布（Hamann et al.，2010）
Figure 2-21　Potential distribution between electrode and outer Helmholtz surface
φ_M. 金属电势；φ_S. 电解质溶液在外 Helmholtz 层的电势

可是，电极和溶液两相中的荷电粒子都不是静止不动的，而是处于不停的热运动之中。热运动促使荷电粒子倾向于均匀分布，从而使剩余电荷不可能完全紧贴着电极表面分布，而具有一定的分散性，形成所谓分散层。Helmholtz 模型并不能解释热运动造成的离子离开紧密层的情况。Gouy-Chapman 模型考虑了热运动对电极周边的离子的影响，却没有考虑到电极附近有一层内 Helmholtz 层。实际上，在静电作用和粒子热运动的矛盾作用下，电极/溶液界面的双电层将由紧密层和分散层两部分组成，如图 2-22 所示。因此，Stern 于 1924 年提出 Stern 双电层静电模型，指出双电层是由 Helmholtz 双电层模型和扩散双电层模型组合形成的。Stern 定义的两种平面为"内"和"外"Helmholtz 平面，

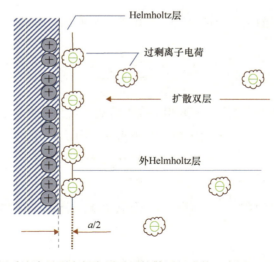

图 2-22　电极/电解质溶液界面由紧密层以及扩散层组成的双电层（Hamann et al.，2010）
Figure 2-22　The electric double layer composed of a compact layer and a diffusion layer at the electrode/electrolyte solution interface

用 a 来表示最大的溶剂化离子的直径，其中心构成外 Helmholtz 层。Helmholtz 平面的位置随着电极表面的离子种类的变化而变化，有些离子会失去其溶剂化层到达靠近电极表面层，有些离子却只能到达其溶剂化层。

二、GCS 分散层模型的推导

由于 Stern 模型采用与 Gouy-Chapman 相同的数学方法来处理分散层中剩余电荷和电位的分布从而推导出相应的双电层方程式，因此，该模型又被称为 Gouy-Chapman-Stern 模型或 GCS 分散层模型。

下面以 1-1 价型电解质溶液为例来推导双电层方程式。

（1）从粒子在界面电场中服从玻尔兹曼分布出发，假设离子与电极之间除了静电作用外没有其他相互作用；双电层的厚度比电极曲率半径小得多，因而可将电极视为平面电极处理，即认为双电层中电位只是 x 方向的一维函数。这样，按照玻尔兹曼分布律，在距电极表面 x 处的液层中，离子的浓度分布为

$$C_+ = c\exp\left(-\frac{\varphi F}{RT}\right) \tag{2-51}$$

$$C_- = c\exp\left(\frac{\varphi F}{RT}\right) \tag{2-52}$$

式中，C_+、C_- 分别为正、负离子在电位为 φ 的液层中的浓度；φ 为距离电极表面 x 处的电位；c 为远离电极表面（$\varphi=0$）处的正、负离子浓度，也即电解质溶液的本体浓度。

因此，在距电极表面 x 处的液层中，剩余电荷的空间电荷密度（ρ）为

$$\rho = FC_+ - FC_- = cF\left[\exp\left(-\frac{\varphi F}{RT}\right) - \exp\left(\frac{\varphi F}{RT}\right)\right] \tag{2-53}$$

（2）忽略离子的体积，假定溶液中离子电荷是连续分布的。因此，可应用静电学中的泊松（Poisson）方程，把剩余电荷的分布与双电层溶液一侧的电位分布联系起来。当电位为 x 的一维函数时，泊松方程如式（2-48）所示。将式（2-53）代入式（2-48）得

$$\frac{\mathrm{d}^2\varphi}{\mathrm{d}x^2} = -\frac{cF}{\varepsilon_r\varepsilon_0}\left[\exp\left(-\frac{\varphi F}{RT}\right) - \exp\left(\frac{\varphi F}{RT}\right)\right] \tag{2-54}$$

由于 $\dfrac{\mathrm{d}^2\varphi}{\mathrm{d}x^2} = \dfrac{1}{2}\dfrac{\mathrm{d}}{\mathrm{d}\varphi}\left(\dfrac{\mathrm{d}\varphi}{\mathrm{d}x}\right)^2$，式（2-54）可写成

$$\mathrm{d}\left(\frac{\mathrm{d}\varphi}{\mathrm{d}x}\right)^2 = -\frac{2cF}{\varepsilon_r\varepsilon_0}\left[\exp\left(-\frac{\varphi F}{RT}\right) - \exp\left(\frac{\varphi F}{RT}\right)\right]\mathrm{d}\varphi \tag{2-55}$$

对式（2-55）进行从 $x=a/2$ 到 $x=\infty$ 积分，并根据 GCS 分散层模型的物理图像，可知：当 $x=a/2$ 时，$\varphi=\varphi_s$；当 $x=\infty$ 时，$\varphi=0$，$\dfrac{\mathrm{d}\varphi}{\mathrm{d}x}=0$。故积分结果为

$$\left(\frac{\mathrm{d}\varphi}{\mathrm{d}x}\right)^2_{x=\frac{a}{2}} = \frac{2cRT}{\varepsilon_r\varepsilon_0}\left[\exp\left(-\frac{\varphi_s F}{RT}\right) + \exp\left(\frac{\varphi_s F}{RT}\right) - 2\right]$$

$$= \frac{2cRT}{\varepsilon_r\varepsilon_0}\left[\exp\left(\frac{\varphi_s F}{2RT}\right) - \exp\left(\frac{\varphi_s F}{2RT}\right)\right]^2 = \frac{8cRT}{\varepsilon_r\varepsilon_0}\sinh^2\left(\frac{\varphi_s F}{2RT}\right)$$

(2-56)

按照绝对电位符号的规定：当电极表面剩余电荷密度 q 为正值时，$\varphi > 0$。随距离 x 的增加，φ 值将逐渐减小，即 $\frac{\mathrm{d}\varphi}{\mathrm{d}x} < 0$。所以 $\left(\frac{\mathrm{d}\varphi}{\mathrm{d}x}\right)^2$ 开方后应为负值。这样，由式（2-56）可得

$$\left(\frac{\mathrm{d}\varphi}{\mathrm{d}x}\right)_{x=\frac{a}{2}} = -\sqrt{\frac{2cRT}{\varepsilon_r\varepsilon_0}\left[\exp\left(\frac{\varphi_s F}{2RT}\right) - \exp\left(-\frac{\varphi_s F}{2RT}\right)\right]} = -\sqrt{\frac{8cRT}{\varepsilon_r\varepsilon_0}}\sinh\left(\frac{\varphi_s F}{2RT}\right) \quad (2\text{-}57)$$

（3）将双电层溶液一侧的电位分布与电极表面剩余电荷密度联系起来，以便更明确地描述分散层结构的特点。

应用静电学的高斯（Gauss's）定律，电极表面剩余电荷密度 q 与电极表面（$x=0$）电位梯度的关系为

$$q = -\varepsilon_r\varepsilon_0\left(\frac{\mathrm{d}\varphi}{\mathrm{d}x}\right)_{x=0} \quad (2\text{-}58)$$

由图 2-23 可知，由于荷电离子具有一定体积，溶液中剩余电荷靠近电极表面的最小距离为 $a/2$。在 $x=a/2$ 处，$\varphi=\varphi_s$。由于从 $x=0$ 到 $x=a/2$ 的区域内不存在剩余电荷，φ 与 x 为线性关系，即

$$\left(\frac{\mathrm{d}\varphi}{\mathrm{d}x}\right)_{x=0} = \left(\frac{\mathrm{d}\varphi}{\mathrm{d}x}\right)_{x=\frac{a}{2}} \quad (2\text{-}59)$$

因此，

$$q = -\varepsilon_r\varepsilon_0\left(\frac{\mathrm{d}\varphi}{\mathrm{d}x}\right)x = a/2 \quad (2\text{-}60)$$

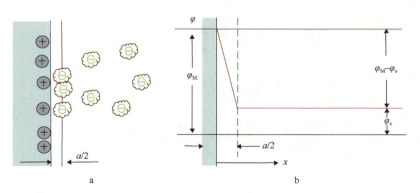

图 2-23　金属/溶液界面剩余电荷（a）与电位分布（b）（Hamann et al.，2010）

Figure 2-23　Residual charge (a) and potential distribution (b) at metal/solution interface

把式（2-57）代入式（2-60），可得

$$q = \sqrt{2cRT\varepsilon_r\varepsilon_0}\left[\exp\left(\frac{\varphi_s F}{2RT}\right) - \exp\left(-\frac{\varphi_s F}{2RT}\right)\right] = \sqrt{8cRT\varepsilon_r\varepsilon_0}\,\sinh\left(\frac{\varphi_s F}{2RT}\right) \quad (2\text{-}61a)$$

对于 z-z 价型电解质，则为

$$q = \sqrt{8cRT\varepsilon_r\varepsilon_0}\,\sinh\left(\frac{|z|\varphi_s F}{2RT}\right) \quad (2\text{-}61b)$$

式（2-61）即为 GCS 模型的双电层方程式，表明了分散层电位差的数值 φ_s 和电极表面剩余电荷密度 q、溶液浓度 c 之间的关系。通过式（2-61）可以讨论分散层的结构特征和影响双电层结构分散性的主要因素。

三、双电层电容

在一个电极体系中，界面剩余电荷的变化会引起界面双电层电位差的改变，因而电极/溶液界面具有储存电荷的能力，即具有电容的特性。由此可知，理想极化电极上没有电极反应发生，可以等效成一个电容性元件。如果把理想极化电极作为平行板电容器处理，也就是说把电极/溶液界面的两个剩余电荷层比拟成电容器的两个平行板，那么，由物理学可知，该电容器的电容为一常数，即

$$C = \frac{\varepsilon_0\varepsilon_r}{l} \quad (2\text{-}62)$$

式中，ε_0 为真空中的介电常数；ε_r 为实物相的相对介电常数；l 为电容器两平行板之间的距离，常用单位为 cm；C 为电容，常用单位为 $\mu F/cm^2$。

但实验表明，界面双电层的电容并不完全像平行板电容器那样是恒定值，而是随着电极电位的变化而变化的。因此，应该用微分形式来定义界面双电层的电容，称为微分电容，即

$$C_d = \frac{dq}{d\varphi} \quad (2\text{-}63)$$

式中，C_d 为微分电容，表示引起电极电位微小变化时所需引入电极表面的电量，也是界面上电极电位发生微小变化时所具备的储存电荷能力的表征。

根据微分电容的定义和李普曼方程，很容易从电毛细曲线求得微分电容值，由于 $q = -\dfrac{\partial\sigma}{\partial\varphi}$，因此

$$C_d = \frac{\partial^2\sigma}{\partial\varphi^2} \quad (2\text{-}64)$$

可以根据电毛细曲线确定零电荷电位 φ_0，利用式（2-63）求得任一电极电位下的电极表面剩余电荷密度 q，即

$$q = \int_0^q dq = \int_{\varphi_0}^\varphi C_d d\varphi \quad (2\text{-}65)$$

因此，可以计算从零电荷电位 φ_0 到某一电位 φ 之间的积分电容 C_i，即

$$C_i = \frac{q}{\varphi - \varphi_0} = \frac{1}{\varphi - \varphi_0} \int_{\varphi_0}^{\varphi} C_d \mathrm{d}\varphi \qquad (2\text{-}66)$$

从式（2-66）可看出微分电容与积分电容之间的联系。

双电层的微分电容可以采用多种快速测定的方法来测量，如载波扫描法、恒电流方波法和恒电位方波法等（刘永辉，1987）。其中，最常用的是交流电桥法和交流阻抗法（查全性，2002）。

第七节　电子转移理论模型

一、电子转移理论模型的提出

电化学理论发展到一定阶段后，需要一个微观的理论去描述分子结构和环境对电子转移过程的影响，进一步从微观角度探索动力学如何受反应物质、溶剂、电极材料和电极吸附层的性质及结构等因素的影响。在过去的几十年中，微观理论也在不断发展，旨在用实验论证理论预测的结果，使人们更清晰地理解在动力学上引起反应或快或慢的基本结构和环境因素。在此基础上，希望有更加坚实的理论与实践基础来服务于有科学和技术应用价值的高端新体系。Marcus（1956, 1968）、Hush（1958, 1968）、Levich（1966）、Dogonadze（1971）等在此领域做出了杰出的贡献。已有很多全面的综述（Hush, 1999; Kuznetsov, 1989; Schmickler and Santos, 2010）论述了在均相溶液和生物体系中与电子转移反应相关的领域的详细处理（Marcus and Sutin, 1985; Sutin, 1982）。在本节中所采用的方法主要是基于 Marcus 模型，其在电化学研究中已有广泛的应用，并已被证明通过最少量的计算，便能进行关于反应物质结构对动力学影响的有效预测。Marcus 因此贡献而获得 1992 年度诺贝尔化学奖。首先，需要区分在电极上进行的是内层（inner-sphere）还是外层（outer-sphere）电子转移反应。"外层"表示在两个粒子之间的反应，在活化配合物中两者保持各自初始的配合层，即电子从一个初始键体系转移到另外一个体系（Taube, 2012）。相反，"内层"反应发生在一个活化配合物中，发生反应的离子共享一个配合剂，也就是说在一个初始键体系中进行电子转移（Taube, 2012）。外层电子转移反应与内层过程相比，可用相对普遍的方式进行处理。因此，外层电子转移反应的理论得到了更加深入的发展。在内层电子转移过程中，化学特性和相互作用显得格外重要，如在燃料电池等实际应用中，会涉及更复杂的内层反应。内层电子转移反应的理论需要考虑特性吸附的影响以及在异相催化反应中的诸多重要因素等（Somorjai, 1994）。

二、Marcus 微观模型

在外层反应过程中，一个电子从电极转移到物质 O，形成产物 R。这种异相过程与采用恰当的还原剂 R'，将 O 还原成 R 的均相反应极其相似。

$$O + R' \longrightarrow O' + R \qquad (2\text{-}67)$$

我们会发现，电子转移反应，无论均相反应还是异相反应，都是反应物之间的无辐射电子重排。因此，在电子转移理论和激发态分子的无辐射去活化的处理之间存在很多共同之处（Fischer and Van Duyne，1977）。由于转移是无辐射的，电子必须从一个初始态转移到具有同等能量的接收态。此种对等能电子转移（isoenergetic electron transfer）的需求是具有广泛影响的基本观点。

对于大多数电子转移的微观理论，第二个重要观点是假设在实际转移过程中反应物和产物的构型不发生变化。这种思想本质上是基于弗兰克-康登原理（Franck-Condon principle）。该原理认为，在电子过渡的时间范围内，核动量和位置不发生变化。这样，反应物 O 和产物 R 在转移的时刻有相同的核构型。

标准活化能 $\Delta G_f^{\neq}$ 与反应物结构参数之间的函数表达式为

$$k_f = K_{P,O} v_n \kappa_{el} \exp\left(-\Delta G_f^{\neq} / RT\right) \qquad (2\text{-}68)$$

式中，k_f 为表观电子转移速率常数；$\Delta G_f^{\neq}$ 为 O 还原的活化能；$K_{P,O}$ 为前置平衡常数（precursor equilibrium constant），代表在电极上反应位置的反应物浓度与本体溶液浓度之比；v_n 为核频率因子（nuclear frequency factor，s^{-1}），代表粒子翻越能垒的频率；κ_{el} 为电子传输系数（electronic transmission coefficient）。若一个反应的反应物很靠近电极，反应物和电极之间有很强的耦合作用，此时 κ_{el} 通常设为 1。目前已有估算各种因子的方法，但它们的值有较大的不确定性。

实际上，式（2-68）既适用于在电极上的异相还原反应，也适用于均相溶液中将一个反应物 O 还原为 R 的电子转移反应。对于一个异相电子转移反应，前置态可以认为是一个反应物移动到电子转移可能发生的电极表面附近。即 $K_{P,O} = C_{O,surf} / C_O^*$，式中，$C_{O,surf}$ 是表面浓度，单位为 mol/cm^2。因此 $K_{P,O}$ 的单位是 cm，k_f 的单位是 cm/s。对于一个在 O 和 R' 之间发生的均相电子转移，前置态可被认为是一个反应单元，OR' 两者距离很近以致允许一个电子发生转移。所以 $K_{P,O} = [OR']/[O][R']$，如果浓度采用常规的单位，则 $K_{P,O}$ 单位为 L/mol。因此，表观电子转移速率常数 k_f 的单位则为 L/mol。

对于上述的任一情况，认为反应发生在一个多维表面上，该表面定义为体系相对于反应物、产物和溶剂的核坐标的标准自由能。核坐标的变化来源于 O 和 R 的振动和转动，以及溶剂分子位置和方向的波动。通过反应坐标 q 测量其反应进程。假设：①反应物 O 集中分布在距电极的某个固定的位置或者在一个双分子均相反应中，反应物之间的距离是固定的；②O 和 R 的标准自由能 G_O^{θ} 和 G_R^{θ} 与反应坐标是平方的关系，如下式所示（Kochanski，2012）：

$$G_O^{\theta}(q) = (k/2)(q - q_O)^2 \qquad (2\text{-}69)$$

$$G_R^{\theta}(q) = (k/2)(q - q_R)^2 + \Delta G^{\theta} \qquad (2\text{-}70)$$

式中，q_O 和 q_R 为相对于 O 和 R 的平衡原子构型的坐标值；k 为正比常数（例如，对于键长变化的一个力常数）。对所考虑的情况，ΔG^θ 既是一个均相电子转移的反应自由能，也是一个电极反应的自由能。

假设反应物是一个双原子分子 A-B，产物是 A-B⁻。在一级近似的情况下，核坐标可以是 A-B（q_O）和 A-B⁻（q_R）键长，自由能的方程代表在常规谐振子近似范畴内键的伸缩能量。当溶剂分子也对活化自由能有贡献时，此图像则是简化的一种描述。在下面的讨论中，假定溶剂偶极子对活化自由能的贡献呈平方关系。

图 2-24 适用于 O 和 R 在电极上发生的异相反应或如式（2-67）所示的均相反应。在异相反应中，曲线 O 是电势 E 对应的 Fermi 能级上粒子 O 与电极上电子的能量总和。这样，$\Delta G^\theta = F(E - E^\theta)$。对于均相反应，曲线 O 是 O 和反应物伴生物 R' 的能量总和，曲线 R 是 R 和 O' 的能量总和，ΔG^θ 是反应的标准自由能。图的上方是伴随着电子转移可能发生的结构变化的通用表示法。周围 6 个点的空间变化代表电活性物质键长的变化或外围溶剂层的重构。

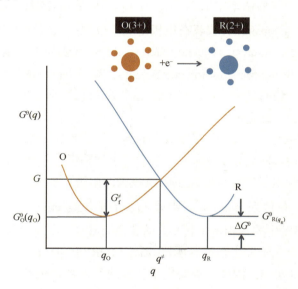

图 2-24　标准自由能 G^θ 与反应坐标 q 的函数关系，以 $[Ru(NH_3)_6]^{3+} + e^- \longrightarrow [Ru(NH_3)_6]^{2+}$ 的单电子转移反应为例（Bard et al.，1980）

Figure 2-24　Standard free energy, G^θ, as a function of reaction coordinate, q, for one electron transfer reaction, such as $[Ru(NH_3)_6]^{3+} + e^- \longrightarrow [Ru(NH_3)_6]^{2+}$

图 2-24 显示了基于式（2-69）和式（2-70）的自由能曲线。图的上部所显示的分子代表反应物的稳定构型，如 $[Ru(NH_3)_6]^{3+}$ 和 $[Ru(NH_3)_6]^{2+}$ 分别作为 O 和 R，它也提供了还原过程中核构型的图像变化。过渡态在 O 和 R 具有相同构型的位置，在反应坐标上用 $q^{\neq}$ 表示。为了与弗兰克-康登原理一致，电子转移仅在该位置发生。

过渡态的自由能可由下式给出：

$$G_{\mathrm{O}}^{\theta}\left(q^{\neq}\right)=\left(k/2\right)\left(q^{\neq}-q_{\mathrm{O}}^{\,2}\right) \tag{2-71}$$

$$G_{\mathrm{R}}^{\theta}\left(q^{\neq}\right)=\left(k/2\right)\left(q^{\neq}-q_{\mathrm{O}}^{\,2}\right)+\Delta G^{\theta} \tag{2-72}$$

由于 $G_{\mathrm{O}}^{\theta}\left(q^{\neq}\right)=G_{\mathrm{R}}^{\theta}\left(q^{\neq}\right)$，由式（2-71）和式（2-72）得到 $q^{\neq}$ 的值：

$$q^{\neq}=\frac{\left(q_{\mathrm{R}}-q_{\mathrm{O}}\right)}{2}+\frac{\Delta G^{\theta}}{k\left(q_{\mathrm{R}}-q_{\mathrm{O}}\right)} \tag{2-73}$$

O 还原的活化自由能可表示为

$$\Delta G_{\mathrm{f}}^{\neq}=G_{\mathrm{O}}^{\theta}\left(q^{\neq}\right)-G_{\mathrm{O}}^{\theta}\left(q_{\mathrm{O}}\right)=G_{\mathrm{O}}^{\theta}\left(q^{\neq}\right) \tag{2-74}$$

正如所定义的 $G_{\mathrm{O}}^{q}\left(q_{\mathrm{O}}\right)=0$，将式（2-73）代入式（2-71）可得

$$\Delta G_{\mathrm{f}}^{\neq}=\frac{k\left(q_{\mathrm{R}}-q_{\mathrm{O}}\right)^{2}}{8}\left[1+\frac{2\Delta G^{\theta}}{k\left(q_{\mathrm{R}}-q_{\mathrm{O}}\right)^{2}}\right]^{2} \tag{2-75}$$

定义 $\lambda=\left(k/2\right)\left(q_{\mathrm{R}}-q_{\mathrm{O}}\right)^{2}$，则有

$$G_{\mathrm{f}}^{\neq}=\frac{\lambda}{4}\left(1+\frac{\Delta G^{\theta}}{\lambda}\right)^{2} \tag{2-76a}$$

或者对于一个电极反应，则有

$$\Delta G_{\mathrm{f}}^{\neq}=\frac{\lambda}{4}\left[1+\frac{F\left(E-E^{\theta}\right)}{\lambda}\right]^{2} \tag{2-76b}$$

　　一般来讲，电极反应涉及将反应物和产物从介质中的平均环境带到电子转移发生的特定环境的能量变化，其中包括离子对的能量和反应物及产物到达反应位置所需的静电功（electrostatic work）。这些影响通常会通过引入静电功项 w_{O} 和 w_{R} 来处理，它们是对 ΔG^{θ} 或 $F\left(E-E^{\theta}\right)$ 的调整。为了简便起见，它们在上述公式中被省略。若包括静电功，表达式则为

$$\Delta G_{\mathrm{f}}^{\neq}=\frac{\lambda}{4}\left(1+\frac{\Delta G^{\theta}-w_{\mathrm{O}}+w_{\mathrm{R}}}{\lambda}\right)^{2} \tag{2-77a}$$

$$\Delta G_{\mathrm{f}}^{\neq}=\frac{\lambda}{4}\left[1+\frac{F\left(E-E^{\theta}\right)-w_{\mathrm{O}}+w_{\mathrm{R}}}{\lambda}\right]^{2} \tag{2-77b}$$

　　关键参数是重组能（reorganization energy）λ，它代表将反应物和溶剂的核构型转变为产物核构型所需要的能量。通常它被分为内重组能 λ_{I} 和外重组能 λ_{O} 两个部分。

$$\lambda=\lambda_{\mathrm{I}}+\lambda_{\mathrm{O}} \tag{2-78}$$

式中，λ_{I} 代表物质 O 重组的贡献；λ_{O} 为溶剂重组的贡献。

　　在某种程度上反应物的常规模式在所需要的失真范围内保持谐振，原理上讲，人们

可通过反应物的常规振动模式总和计算 λ_i，即

$$\lambda_i = \sum_j \frac{1}{2} k_j \left(q_{O,j} - q_{R,j} \right)^2 \qquad (2\text{-}79)$$

式中，k_j 为常规模式力常数；q 为常规模式坐标的位移。

典型的 λ_O 是通过假设溶剂是一个介电连续区、反应物是一个半径为 a_O 的球形而计算的。对于一个电极反应

$$\lambda_O = \frac{e^2}{8\pi\varepsilon_0} \left(\frac{1}{a_O} - \frac{1}{R} \right) \left(\frac{1}{\varepsilon_{OP}} - \frac{1}{\varepsilon_S} \right) \qquad (2\text{-}80a)$$

式中，ε_{OP} 和 ε_S 分别为光学和静电介电常数；R 为分子的中心到电极的距离的 2 倍，即 $2x_0$，它是反应物和它在电极上的镜像电荷之间的距离。对于一个均相电子转移反应，则有

$$\lambda_O = \frac{e^2}{4\pi\varepsilon_0} \left(\frac{1}{2a_1} + \frac{1}{2a_2} - \frac{1}{d} \right) \left(\frac{1}{\varepsilon_{OP}} - \frac{1}{\varepsilon_S} \right) \qquad (2\text{-}80b)$$

式中，e 为电子转移量；a_1 和 a_2 为反应物的半径。若在式（2-67）中，则为 O 和 R 的半径，$d = a_1 + a_2$。λ 的值一般为 $0.5 \sim 1$ eV。

参 考 文 献

李荻. 2008. 电化学原理. 3 版. 北京: 北京航空航天大学出版社.

林仲华. 2002. 21 世纪电化学的若干发展趋势. 电化学, 8(1): 1-4.

刘永辉. 1987. 电化学测试技术. 北京: 北京航空学院出版社.

谢德明, 童少平, 曹江林. 2013. 应用电化学基础. 北京: 化学工业出版社.

查全性. 2002. 电极过程动力学导论. 3 版. 北京: 科学出版社.

郑德土. 1992. 伏打电池的改进. 物理教学, (8): 37.

Bard A J, Faulkner L R, Leddy J, et al. 1980. Electrochemical methods: Fundamentals and applications. Vol. 2. New York: Wiley.

Dogonadze R R. 1971. Theory of molecular electrode kinetics. *In*: Hush N S, Barradas R G. Reactions of molecules at electrodes. New York: Wiley.

Fischer S F, Van Duyne R P. 1977. On the theory of electron transfer reactions. The naphthalene⁻·/TCNQ system. Chem Phys, 26(1): 9-16.

Hamann C H, Hamnett A, Vielstich W. 2010. 电化学(原著第二版). 陈艳霞, 夏兴华, 蔡俊译. 北京: 化学工业出版社.

Hush N S. 1958. Adiabatic rate processes at electrodes. I. Energy-charge relationships. J Chem Phys, 28(5): 962-972.

Hush N S. 1968. Homogeneous and heterogeneous optical and thermal electron transfer. Electrochim Acta, 13(5): 1005-1023.

Hush N S. 1999. Electron transfer in retrospect and prospect. 1. Adiabatic electrode processes. J Electroanal Chem, 470(2): 170-195.

Kochanski E. 2012. Photoprocesses in transition metal complexes, biosystems and other molecules: Experiment and theory. Dordrecht: Springer Science+Business Media.

Kuznetsov A M. 1989. Recent advances in the theory of charge transfer. *In*: Bockris J O, White R E, Conway

B E. Modern aspects of electrochemistry. New York: Springer: 95-176.

Levich V G. 1966. Present state of the theory of oxidation-reduction in solution (bulk and electrode reactions). Adv Electrochem Electrochem Eng, 4: 249-371.

Marcus R A. 1956. On the theory of oxidation-reduction reactions involving electron transfer. I. J Chem Phys, 24: 966-978.

Marcus R A. 1968. Electron transfer at electrodes and in solution: Comparison of theory and experiment. Electrochim Acta, 13(5): 995-1004.

Marcus R A, Sutin N. 1985. Electron transfers in chemistry and biology. Biochim Biophys Acta Rev Bioenerg, 811(3): 265-322.

Schmickler W, Santos E. 2010. Interfacial electrochemistry. Second edition. New York: Springer.

Somorjai G A. 1994. Introduction to surface chemistry and catalysis. New York: Wiley.

Sutin N. 1982. Nuclear, electronic, and frequency factors in electron transfer reactions. Acc Chem Res, 15(9): 275-282.

Taube H. 2012. Electron transfer reactions of complex ions in solution. Amsterdam: Elsevier.

第三章　电活性微生物的理论基础

早在 20 世纪初，人们就发现微生物可以产电，现在已经发现各种各样的微生物具有与电极交换电子的能力（Bond and Lovley，2003；Rabaey and Verstraete，2005；Logan，2009；Nevin et al.，2010；Rabaey and Rozendal，2010）。此外，有些微生物还具有惊人的电学特性。例如，地杆菌属（*Geobacter*）的生物膜具有可与导电聚合物相媲美的导电性，并可作为超级电容器或晶体管（Malvankar et al.，2011）使用。有些生物体的菌毛能够通过金属般的导电性进行长距离的电子传输，这是以前在生物材料中没有观察到的现象（Malvankar et al.，2011）。而微生物细胞膜的物理化学性质决定其既不具有导电性，也不具备矿物渗透性。因此，电活性微生物需要进化出特定的胞外电子传递机制同胞外电活性物质交换电子。微生物胞外电子传递与常见的用于有氧呼吸的微生物细胞电子传递链有着诸多本质区别。正是由于其完全不同于传统的微生物细胞电子传递链，微生物胞外电子传递在过去数十年一直是地质微生物学和生物地球化学学科研究的重点和热点。目前，关于电活性微生物的研究已经发展成一门新兴学科——电微生物学（electromicrobiology），其研究领域聚焦于微生物与固态物质之间相互作用的工程学应用以及电活性微生物的微生物学机制。

第一节　电活性微生物

一、电活性微生物的分类

电微生物学的许多最新研究进展都来自对微生物燃料电池（microbial fuel cell，MFC，一种从有机物中获取电能的装置，其中微生物是氧化有机物的催化剂）的研究，这种装置最初是为从有机物中获取电能而设计的（Rabaey and Verstraete，2005；Logan，2009）。我们可以概括地认为电活性微生物是一类具有产电能力的微生物，即微生物能将电子直接传递给胞外的电极（电子从微生物流向电极）（图 3-1）。目前，MFC 只适用于小生境，例如，从水生沉积物中收集有机物，为电子监测设备提供动力（Nevin et al.，2011）。相反，研究发现微生物也可以直接从电极获取电子，即电子从电极流向微生物细胞，这种现象也被称为反向电子流动，相对于产电的电活性微生物，此时的电活性微生物是耗电的，即直接消耗电极电子（图 3-1），其潜在的应用也已迅速涌现（Cameron Thrash and Coates，2008；Rabaey and Rozendal，2010）。例如，微生物吸收电极电子可以耦合多种污染物生物转化，包括放射性和有毒金属（Gregory and Lovley，2005）、氯化有机物（Thrash et al.，2007；Strycharz et al.，2008，2010）和硝酸盐（Gregory et al.，2004）等。

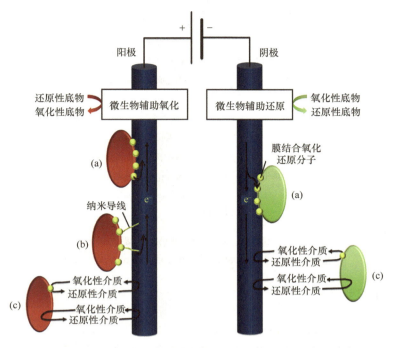

图 3-1　微生物通过胞外电子传递与电极进行底物氧化（阳极）或还原（阴极）反应（Koch and Harnisch，2016）

Figure 3-1　Microorganisms can interact with electrodes to perform substrate oxidation (anodic) or substrate reduction (cathodic) reactions by means of extracellular electron transfer

　　微生物还能通过吸收电极电子催化氢气和甲烷的生成（Cheng et al.，2009；Lovley，2011b），也可以将有机化合物还原成更理想的有机商品或者调控发酵的方向（Hongo and Iwahara，1979；Emde and Schink，1990；Park and Zeikus，1999）。此外，研究表明，微生物吸收电子能将二氧化碳直接转化为燃料或其他有机商品（Nevin et al.，2010，2011）。随着研究的不断深入，电活性微生物的范畴得到不断扩展，现在我们将具有输出或吸收胞外电子能力的微生物统称为电活性微生物（electroactive microorganism，EAM）。电活性微生物的独特性质体现在可以通过胞外电子传递（extracellular electron transfer，EET）与胞外电活性物质（不仅仅局限于电极，还包括铁氧化矿物、腐殖质等环境中存在的电活性物质）发生相互作用，进行底物氧化反应或底物还原反应。环境中存在大量的电活性物质（详见第四章），这些电活性物质也可被看作自然界中存在的天然的"电极"。传递电子到胞外电活性物质上的电活性微生物被称为产电微生物（exoelectrogen），此时胞外电活性物质为电子受体，根据电子受体不同又可对产电微生物的种类进行进一步划分（图 3-2）。从电活性物质接受电子的电活性微生物被称为电营养微生物（electrotroph），此时胞外电活性物质为电子供体（图 3-2）。

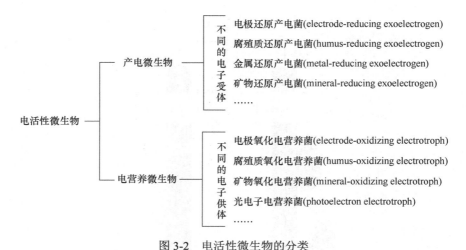

图 3-2 电活性微生物的分类

Figure 3-2 Classification of electroactive microorganisms

二、电子传递的概念

电子是一种神奇的带电粒子，其质量很小。电子可以共享，也可以转移。形象地说，电子就像是一种万能的黏合剂，正是它把不同的原子键合成各种各样的分子（它还能把不同的分子也聚合在一起），从而形成了地球上的万物，而它的离合也驱动了万物的变迁。电子转移反应是一类最基本的反应，普遍存在于化学、物理学、生命科学及材料科学等领域的各个过程，如无机化学中金属配合物中的金属-配体电荷转移、金属与金属间的电子转移；有机化学中化合物分子内或分子间的电子转移；生命科学中有关动植物的呼吸、绿色植物的光合作用以及蛋白质的氧化-还原过程中的电子转移。

电子传递（electron transfer）是指电子从一个分子转移到另一个分子或从分子的一个部位转移到分子的另一个部位。前者属于分子间电子转移，后者属于分子内电子转移。一些类型的原子容易失去电子（如 Na^+）或共享电子，而另一些类型的原子则容易接受电子（如 Cl^-）。失去电子的原子带正电，获得电子的原子带负电。电子供体（electron donor）是指在电子传递中供给电子的物质和被氧化的物质。活体的氧化还原主要是以脱氢或脱电子反应来进行的，而脱氢反应伴有 H^+ 的生成，也可看作是脱电子反应，两者都能从还原剂向氧化剂方向进行电子转移。电子受体（electron acceptor）是指在电子传递中接受电子的物质和被还原的物质。氢受体也被认为是能接受电子和 H^+ 的，因氢受体与电子受体具有相同的意义，所以可认为是电子受体的同义词。脱氢反应中的 NAD^+、呼吸过程的分子态氧在各种反应中都是电子受体。

自 20 世纪中叶以来，电子转移过程一直受到国内外学术界的广泛关注，并且越来越受到人们的重视，是当代化学研究的前沿课题之一。从事与电子转移有关的研究工作的科学家曾 3 次获诺贝尔化学奖（1983 年授予 H. Taube，表彰他对无机化学体系氧化还原反应机制的开创性贡献；1988 年授予 H. Michel、J. Deisenhofer 及 R. Huber，表彰他们在细菌光合作用中一系列光致电子转移机制研究方面的贡献；1992 年授予 R.A. Marcus，表彰其在电子转移理论方面所作出的首创性成就），其中最为著名的是 Marcus

的"电子转移理论"。瑞典皇家科学院三次将诺贝尔化学奖授予从事与电子转移有关的工作的科学家，其意义十分重大。这不仅表彰和肯定了 Marcus 等科学家的突出贡献，而且更加激发了人们研究电子转移过程的兴趣，促使人们从更深层次上和更广泛的领域内研究和认识这一重要的化学过程，推动了电子转移理论的进一步发展。

近年来，电子转移理论应用于新的合成方法、化学发光、太阳能捕获以及生物有机化学等领域，已经取得了令人瞩目的成果。特别是目前电子转移过程的理论研究进一步渗入生命科学和材料科学等领域，功能性电子转移问题已日益成为学术界关注的焦点。电子转移过程也是一个基本的生物过程，当电子从分子体系的一个部位转移到另一个部位，或者从一个分子体系转移到另一个分子体系时，常常伴随着能量的转移、化合价的改变和分子构象的变化，进而引起分子性能或材料功能的改变。

三、电子传递与微生物产能代谢

活细胞内充盈着各种生命活动：由原材料开始组装成各种类型的大分子；产生并排泄废物；遗传指令从细胞核传递到细胞质；囊泡沿分泌途径移动；离子被泵送穿过细胞膜；等等。为了维持如此高水平的活动，细胞必须获得并消耗能量。对生物体中发生的各种类型的能量转换的研究称为生物能量学。热力学是研究宇宙中伴随事件的能量变化的学科，热力学有助于我们预测反应的发生方向以及是否需要输入能量才能使反应发生，然而热力学测量无法确定一个特定过程的速度或用来执行这一过程的细胞机制。

（一）代谢概述

代谢是发生在细胞内的生物化学反应的集合，包括分子转化的巨大多样性。这些反应中的大多数可以被归类为包含一系列化学反应的代谢途径，代谢途径可分为两大类——分解代谢和合成代谢，其中每个反应都由特定的酶催化。构成代谢途径的酶通常局限于细胞的特定区域，如线粒体或细胞质。越来越多的证据表明，代谢途径中的酶经常在物理上相互联系，这一特征使得一种酶的产物可以作为底物直接传递到反应序列中另一种酶的活性位点。在这个过程中，每一步形成的化合物都是代谢中间体（或代谢物），最终导致最终产物的形成。最终产物是在细胞中具有特殊作用的分子，如可以合成多肽的氨基酸，或者可以消耗能量的糖。一个细胞的代谢途径在不同的点上是相互联系的，因此一个途径产生的化合物可以根据细胞当时的需求向多个方向穿梭。

分解代谢导致复杂分子的分解，形成更简单的产物。分解代谢有两种功能：一是为合成其他分子提供原料，二是为细胞的许多活动提供所需的化学能。分解代谢释放的能量暂时以两种形式存储：高能磷酸盐（主要是 ATP）和高能电子（主要是 NADPH）。合成代谢导致从更简单的原料合成更复杂的化合物。合成代谢是需要能量的，主要是利用分解代谢释放的化学能。图 3-3 显示了主要的合成代谢和分解代谢通路及二者相互联系的方式。值得注意的是，本部分描述的化学反应和代谢途径几乎存在于每一个活细胞中，从最简单的细菌到最复杂的植物或动物。很明显，这些途径在生物进化的早期就出现了，并在整个进化过程中一直保持着。

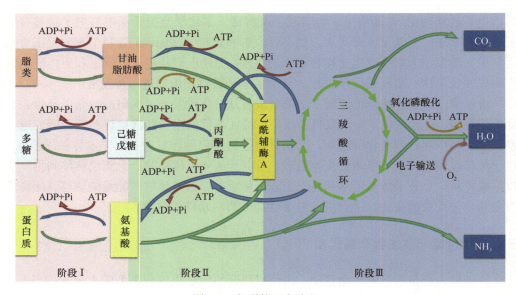

图 3-3　代谢的三个阶段

Figure 3-3　Three stages of metabolism

分解代谢途径（绿色箭头向下）会聚形成共同的代谢物，并在第三阶段导致 ATP 合成。合成代谢途径（蓝色箭头向上）从第三阶段的一些前体开始，利用 ATP 合成多种细胞物质。核酸的代谢途径更为复杂，这里没有显示

（二）氧化还原反应

　　分解代谢和合成代谢都包括电子从一个反应物转移到另一个反应物的关键反应。涉及反应物电子状态变化的反应称为氧化还原反应。在氧化还原反应中，被氧化的物质，也就是失去电子的物质，叫作还原剂，而得到电子的物质，叫作氧化剂。金属的氧化或还原，如铁或铜，涉及电子的完全得或失。大多数有机化合物却不会发生同样的情况，因为细胞代谢过程中有机底物的氧化和还原涉及碳原子，这些碳原子与其他原子共价结合。当一对电子由两个不同的原子共用时，电子被极化键的两个原子中的一个吸引得更强。在碳氢键（C—H）中，碳原子对电子的引力最强，因此可以说碳原子处于还原态。相反，如果一个碳原子与一个电负性更强的原子成键，如碳氧键（C—O）或碳氮键（C—N），则电子从碳原子中抽离，因此碳原子处于氧化状态。由于碳有 4 个可以与其他原子共用的外层电子，所以它能以各种氧化态存在。这可以通过一系列单碳分子中的碳原子来说明（图 3-4），从甲烷（CH_4）中的完全还原态到二氧化碳（CO_2）中的完全氧化态。一个有机分子的相对氧化状态可以粗略地通过计算每个碳原子所连接的氢原子、氧原子和氮原子的数量来确定，即有机分子中碳原子的氧化态提供了分子自由能含量的测量方法。

（三）能量的获取与利用

　　我们用作炉子和汽车燃料的化合物是高度还原的有机化合物，如天然气（CH_4）和石油衍生物。当这些分子在氧气存在下燃烧时，能量就会释放出来，将碳转化为更多的氧化态，如二氧化碳和一氧化碳气体。化合物的还原程度也是衡量其在细胞内进行化学反应能力的一个指标。从"燃料"分子中分离出的氢原子越多，最终产生的 ATP 就越多。

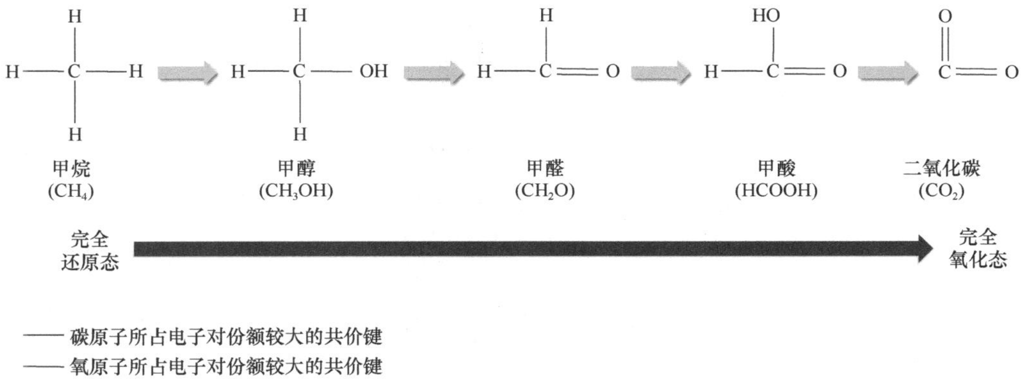

图 3-4　碳原子的氧化态取决于与之成键的其他原子

Figure 3-4　The oxidation state of a carbon atom depends on the other atoms to which it is bonded

每个碳原子最多可以与其他原子形成 4 个键。这一系列简单的单碳分子说明了碳原子存在的各种氧化态。在其最大还原状态下，碳与 4 个氢成键形成甲烷；在最氧化的状态下，碳原子与两个氧结合形成二氧化碳

碳水化合物富含化学能，因为它们含有这样的单元串 H — C — OH。脂肪每单位质量含有更多的能量，因为它们含有更多的更加还原的单元串。接下来，我们将集中讨论碳水化合物。

作为淀粉和糖原的唯一组成部分，葡萄糖是动物和植物能量代谢的关键分子，葡萄糖完全氧化释放的自由能非常大：

$$C_6H_{12}O_6 + 6O_2 \longrightarrow 6CO_2 + 6H_2O \qquad \Delta G^{\theta'} = -686 \text{ kcal/mol}$$

相比之下，将 ADP 转化为 ATP 所需的自由能相对较小：

$$ADP + Pi \longrightarrow ATP + H_2O \qquad \Delta G^{\theta'} = +7.3 \text{ kcal/mol}$$

从这些数字可以明显看出，葡萄糖分子完全氧化为 CO_2 和 H_2O 可以释放足够的能量产生大量 ATP。在大多数细胞中，每氧化一分子葡萄糖可形成 36 分子 ATP。要产生这么多 ATP，葡萄糖分子要经过许多步骤才能最终分解。在这些步骤中，反应物和生成物之间的自由能差相对较大，可以与 ATP 形成的反应相耦合。

葡萄糖的分解代谢基本上分为两个阶段，它们在所有需氧生物中几乎是相同的。第一个阶段是糖酵解，发生在细胞质的可溶性阶段，并导致丙酮酸的形成。第二阶段是三羧酸（或 TCA）循环，它发生在真核细胞的线粒体和原核细胞的细胞质内，最终导致碳原子氧化成二氧化碳。葡萄糖的大部分化学能以高能电子的形式储存，在糖酵解和 TCA 循环过程中，底物分子被氧化，高能量电子被转移。这些电子的能量最终被用来合成 ATP。糖酵解是葡萄糖氧化的第一个阶段，在没有氧气参与的情况下发生。这可能是早期厌氧生物获取能量的途径，并且至今仍是厌氧生物利用的主要合成代谢途径。

糖酵解始于葡萄糖与磷酸基的连接（步骤 1，图 3-5），以消耗一个 ATP 分子为代价。在这个阶段使用 ATP 可以被认为是一种能量投资——进入葡萄糖氧化的成本。磷酸化使葡萄糖激活，使其能够参与随后的反应，其中磷酸基移动和转移到其他受体。将葡萄糖-6-磷酸转化为果糖-6-磷酸，然后以第二分子 ATP 为代价转化为果糖-1,6-二磷酸（步骤 2、

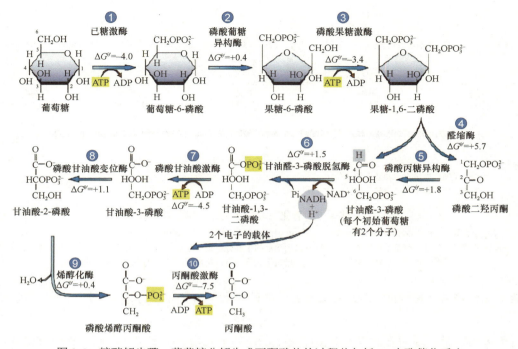

图 3-5　糖酵解步骤：葡萄糖分解生成丙酮酸盐的过程共包括 10 步酶催化反应

Figure 3-5　The steps of glycolysis: The process of glucose decomposition to generate pyruvate consists of ten steps of the enzymatically catalyzed reaction

$\Delta G^{\theta'}$ 单位为 kcal/mol

3)。六碳的二磷酸盐被分成两个三碳单磷酸盐（步骤 4、5），这为第一次放能反应奠定了基础，可以耦合 ATP 的形成。ATP 的形成有两种基本不同的方式，都可以通过糖酵解的一个化学反应来说明：甘油醛-3-磷酸转化为甘油酸-3-磷酸（步骤 6、7）。总的反应是醛氧化成羧酸（图 3-5），它由两种不同的酶催化，分为两个步骤（图 3-5）。第一步需要一种叫作烟酰胺腺嘌呤二核苷酸（NAD）的非蛋白辅酶来催化反应。NAD 通过接受和提供电子在能量代谢中起着关键作用。第一个反应是氧化还原，其中两个电子和一个质子（相当于氢负离子：H^-）从甘油醛-3-磷酸（变为氧化态）转移到 NAD^+（变为还原态）。辅酶的还原形式是 NADH。催化上述反应的酶是甘油醛-3-磷酸脱氢酶。NAD^+ 是由维生素烟酸衍生而来的，作为一种与脱氢酶结合松散的辅酶，作用于能够接受氢负离子（包括电子和质子）的脱氢酶。在反应中形成的 NADH 随后从酶中释放出来，以交换一个新的 NAD^+ 分子。在整个反应的第二步（步骤 7，图 3-5），磷酸基从甘油酸-1,3-二磷酸转移到 ADP 形成 ATP 分子，该反应由磷酸甘油酸激酶催化。这种 ATP 形成的直接途径称为底物水平磷酸化，因为它是通过磷酸基从底物（在本例中为甘油酸-1,3-二磷酸）转移到 ADP 而发生的。糖酵解的剩余反应（步骤 8～10），包括第二次底物水平磷酸化（步骤 10，图 3-5）。

　　糖酵解的一个重要特点是，它可以在没有氧气的情况下产生有限数量的 ATP 分子。因此，糖酵解可以被认为是 ATP 产生的厌氧途径，说明糖酵解可以在没有分子氧的情况下进行。糖酵解反应的净方程式如下：

$$\text{葡萄糖} + 2ADP + 2Pi + 2NAD^+ \longrightarrow 2\text{丙酮酸} + 2ATP + 2NADH + 2H^+ + 2H_2O$$

丙酮酸是糖酵解的最终产物，是一种关键的化合物，因为它处于厌氧和好氧通路的交界点。在缺乏分子氧的情况下，丙酮酸进行发酵；当有氧气时，丙酮酸通过有氧呼吸进一步分解代谢。

$$\text{丙酮酸} + HS\text{-}CoA + NAD^+ \longrightarrow \text{乙酰}CoA + CO_2 + NADH + H^+$$

我们已经看到糖酵解能够为细胞提供少量的 ATP。然而，糖酵解反应发生的速度很快，因此细胞能够利用这一途径产生大量 ATP。事实上，许多细胞，包括酵母细胞、肿瘤细胞和肌肉细胞，都严重依赖糖酵解作为 ATP 形成的一种方式。然而，这些细胞必须面对这样一个问题：甘油醛-3-磷酸氧化的产物之一是 NADH，NADH 的形成是以牺牲其中一种反应物 NAD^+ 为代价的，NAD^+ 在细胞中供应不足，并且是糖酵解这一重要途径中必需的反应物，它必须由 NADH 再生，否则，甘油醛-3-磷酸的氧化就不能再发生，糖酵解的任何后续反应也不能再发生。然而，细胞可以通过发酵使电子从 NADH 转移到丙酮酸，或由丙酮酸衍生的化合物而再生 NAD^+。和糖酵解一样，发酵也发生在细胞质中。发酵的产物因细胞或有机体的不同而不同（图 3-6）。虽然发酵是许多生物体代谢的必要辅助手段，也是某些厌氧菌代谢能量的唯一来源，但与葡萄糖完全氧化为二氧化碳和水相比，仅通过糖酵解获得的能量是微不足道的。无论如何，每个通

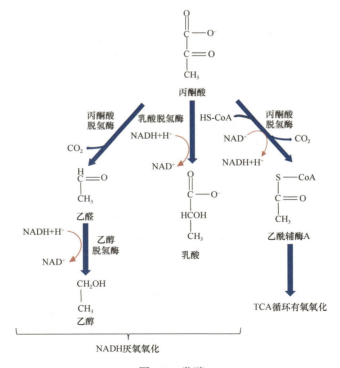

图 3-6　发酵

Figure 3-6　Fermentation

大多数细胞依赖分子氧进行有氧呼吸，如果氧气供应减少，如正在剧烈收缩的骨骼肌细胞或生活在厌氧条件下的酵母细胞，这些细胞能够通过发酵再生 NAD^+。肌肉细胞通过产生乳酸来完成发酵，而酵母细胞通过产生乙醇来完成发酵。丙酮酸的有氧氧化则通过 TCA 循环进行

过糖酵解和发酵氧化的葡萄糖最终只生成两个 ATP 分子，超过 90%的能量依然保留在发酵产品中。

在地球生命的早期阶段，氧气还没有出现，糖酵解和发酵可能是原始原核细胞从糖中提取能量的主要代谢途径。随着蓝藻的出现，大气中的氧气急剧增加，使有氧代谢策略的进化成为可能，从而使糖酵解产物完全氧化，获得更多的 ATP。丙酮酸的有氧氧化则通过 TCA 循环进行。在真核生物中，利用氧气作为能量提取的手段发生在一个特殊的细胞器——线粒体中。大量的数据表明线粒体是从一种古老的需氧细菌进化而来的，这种细菌居住在厌氧宿主细胞的细胞质中。线粒体的膜将细胞器分为两个水腔，一个位于线粒体内部，称为基质（matrix），另一个位于线粒体内外膜之间，称为膜间腔（intermembrane space）。

在 O_2 存在下，好氧生物能够从糖酵解产生的丙酮酸和 NADH 中提取大量额外的能量，足以合成 30 多个额外的 ATP 分子。这种能量从线粒体中提取。我们将从丙酮酸盐开始，并在稍后的讨论中回过头来考虑 NADH 的命运。每一个丙酮酸分子通过糖酵解被运输到线粒体内膜并进入基质，在基质中脱羧形成一个双碳乙酰基（—CH_3COO^-），乙酰基转移到辅酶 A（CoA）形成乙酰辅酶 A。乙酰辅酶 A 一旦形成，就进入三羧酸循环（TCA 循环）的通路中，在这个循环中底物被氧化并保存能量（图 3-7）。

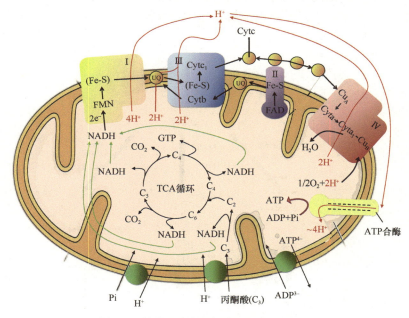

图 3-7　线粒体有氧呼吸的主要代谢过程

Figure 3-7　Summary of the major processes during aerobic respiration in a mitochondrion

TCA 循环的第一步是二碳的乙酰基与四碳的草酰乙酸缩合形成六碳的柠檬酸盐分子，在循环过程中，柠檬酸盐分子的链长减小，一次减少一个碳，再生成四碳草酰乙酸分子，可以与另一个乙酰辅酶 A 缩合。在 TCA 循环中被移除的两个碳（和乙酰基带来的碳不一样）完全被氧化成二氧化碳。在 TCA 循环中，发生了 4 种反应，其中一对电子从底物转移到接受电子的辅酶（图 3-7）。三个反应将 NAD^+ 还原为 NADH，一个反应将 FAD 还原为 $FADH_2$。TCA 循环反应的净方程如下：

$$乙酰CoA + 3H_2O + FAD + 3NAD^+ + GDP + Pi \longrightarrow$$

$$2CO_2 + FADH_2 + 3NADH + 3H^+ + GTP + HS\text{-}CoA$$

现在已经通过糖酵解和 TCA 循环解释了 NADH 和 $FADH_2$ 的形成，我们可以分析利用这些还原辅酶来生产 ATP 的步骤。整个过程可以分为两个步骤，总结如下。

步骤 1：高能电子被传递出去。$FADH_2$ 和 NADH 是组成电子传递链的一系列电子载体中的第一个，位于线粒体内膜。在能量释放反应中，电子沿着电子传递链传递。这些反应与电子载体中需要能量的构象变化相耦合，电子载体使质子向外穿过线粒体内膜。因此，在电子传递过程中所释放的能量是以质子的电化学梯度的形式存储的。

步骤 2：质子通过细胞膜上的 ATP 合酶回流到基质，这个过程提供了使 ADP 磷酸化所需的能量并产生 ATP。

每一对通过电子传递链的 NADH 传递到氧的电子，释放出足够的能量来驱动大约三个 ATP 分子的形成，$FADH_2$ 提供的每一对电子都释放出足够的能量来形成大约两个 ATP 分子。如果将一个葡萄糖分子通过糖酵解和 TCA 循环完全分解代谢而形成的 ATP 全部加起来，净收益约为 36 个 ATP。

产能代谢中底物降解释放出的电子，通过呼吸链即电子传递链最终传递给外源电子受体 O_2 或氧化型化合物，从而生成 H_2O 或还原性产物并释放能量的过程，称为呼吸或呼吸作用（respiration）。呼吸又可根据在呼吸链末端接受电子的是氧还是氧以外的氧化型物质，将其分为有氧呼吸和无氧呼吸两种类型。以分子氧作为最终电子受体的称为有氧呼吸（aerobic respiration），而以氧以外的外源氧化型化合物（NH_4^+、NO_2^-、SO_4^{2-}、$S_2O_3^{2-}$、CO_2 等）作为最终电子受体的称为厌氧呼吸或无氧呼吸（anaerobic respiration）。

对生物体来说，呼吸作用具有非常重要的生理意义，这主要表现在两个方面。第一，呼吸作用能为生物体的生命活动提供能量。呼吸作用释放出来的能量，一部分转变为热能而散失，另一部分储存在 ATP 中，当 ATP 在酶的作用下分解时，就把储存的能量释放出来用于各项生命活动，如细胞分裂、矿质元素的吸收等；第二，呼吸过程能为体内其他化合物的合成提供原料。在呼吸过程中所产生的一些中间产物，可以作为合成体内一些重要化合物的原料。例如，葡萄糖分解时的中间产物丙酮酸是合成氨基酸的原料。

四、电活性微生物的产能代谢特性

呼吸作用的本质是底物在细胞内氧化并释放能量的过程。底物氧化产生的电子沿呼吸链，经一系列电子载体传递到末端电子受体（如氧气）并偶联 H^+ 转运到质膜外，形成跨膜质子动力合成 ATP。呼吸链理论一直是生物化学领域的热点研究问题。经典呼吸链（respiration chain，RC）也叫电子传递链（electron transport chain，ETC），由一系列位于细胞膜上、氧化还原电势从低到高排列的电子（或氢）传递体（或载体）组成。因为电子受体只能接受较其电势更负的载体传递的电子，所以末端电子受体的氧化还原电势决定了电子传递链的组成。

Albert Szent-GyÖrgyi 认为"生命不过是个寻找栖息地的电子"，而电活性微生物的胞外电子传递（extracellular electron transfer，EET）则是一个全新的十分重要的电子寻找栖息地的过程。电活性微生物最大的特点是可以跨膜与胞外进行直接的电子交换，这就注定了电活性微生物的电子传递链与经典的呼吸链之间有本质的区别。作为与传统呼吸相对应的一种新型的微生物能量代谢形式，我们称这个过程为胞外呼吸（extracellular respiration），即厌氧条件下，微生物在胞内彻底氧化有机物释放电子，产生的电子经胞内呼吸链传递到胞外电子受体使其还原并产生能量维持微生物自身生长的过程。

电活性微生物胞外呼吸与传统胞内厌氧呼吸存在两点显著差异：①电子最终必须传递至胞外，与 NO_3^-、SO_4^{2-} 等可溶性电子受体不同，胞外呼吸的电子受体为固体（如铁/锰氧化物、石墨电极）或大分子有机物（如腐殖质），无法进入细胞，因此氧化过程产生的电子必须设法"穿过"非导电的细胞壁，传递至胞外受体；②电子传递途径不同，与常规电子传递链相比，胞外呼吸产生的电子必须经过周质组分的传递到达细胞外膜，然后通过外膜上的多血红素细胞色素 c（multihaem Cytc）、纳米导线（nanowire）或电子穿梭体（electron shuttle）等传递到胞外，因而传递难度也显著加大。

第二节　产电微生物

一、典型产电微生物

微生物已被广泛发现能够与固体表面（直接 EET）或可溶性介质（间接 EET）交换电子，但只有少数被深入研究。事实上，在不同物种中发现的电子传递机制可能存在显著差异（表 3-1）。革兰氏阳性菌（G^+）与革兰氏阴性菌（G^-）细胞壁存在较大差异，G^+ 细胞壁厚度为 20～80 nm，单层，肽聚糖含量 40%～90%，肽聚糖层数 15～50，交联度高于 75%；G^- 细胞壁为双层，外壁层厚度为 8～10 nm，只含有脂多糖，内壁层厚度为 1～3 nm，肽聚糖含量 5%～10%，肽聚糖层数 1～3，交联度低于 25%。这种细胞壁的差异性也决定了 G^+ 与 G^- 在进行胞外电子传递时发展出了不同的途径和策略（图 3-8）。

表 3-1　代表性产电微生物在生物电化学系统中电子传递特点及反应（Kracke et al.，2015）
Table 3-1　Electron transport characteristics and behavior in bioelectrochemical systems of some typical exoelectrogens

微生物	革兰氏染色反应	电子传递链及能量守恒反应中的关键部分	生物电化学系统		主要参考文献
			阳极室	阴极室	
奥奈达希瓦氏菌 *S. oneidensis*	−	Mtr 通路：由细胞色素（c 型）、可溶性电子载体和膜结合 NADH 氢化酶制造质子梯度；ATP 通过 H^+-ATP 酶消耗	多种研究，模式微生物；直接及自调控电子传递	通过薄生物膜直接利用电子还原延胡索酸盐和琥珀酸盐	Coursolle and Gralnick, 2010; Ross et al., 2011
硫还原地杆菌 *G. sulfurreducens*	−	分支外膜细胞色素（OMC）系统：由细胞色素（c 型）、可溶性电子载体和膜结合 NADH 氢化酶制造质子梯度；ATP 通过 H^+-ATP 酶消耗	多种研究，模式微生物；通过生物膜直接电子传递产生相对较高的电流密度	通过薄生物膜直接利用电子还原延胡索酸盐和琥珀酸盐	Bond and Lovley, 2003; Gregory et al., 2004
铁乙酸盐栖热泉菌 *T. ferriacetica*	+	推测的电子传递链基于与周质和细胞表面相关的多血红素细胞色素 c；ATP 通过 H^+-ATP 酶消耗	最先证明了革兰氏阳性微生物直接接触可以产生阳极电流	未报道	Marshall and May, 2009; Parameswaran et al., 2013

续表

微生物	革兰氏染色反应	电子传递链及能量守恒反应中的关键部分	生物电化学系统		主要参考文献
			阳极室	阴极室	
卵形孢子菌 *Sporomusa ovata*	−	通过细胞色素（b、c 型）和醌类制造 H⁺梯度； ATP 通过 H⁺-ATP 酶消耗	未报道	直接利用来自电极的电子将 CO₂ 还原为乙酸盐和 2-羟基丁酸盐	Nevin et al.，2010
热醋穆尔氏菌 *Moorella thermoacetica*	−	通过细胞色素（b、c 型）、醌类或 Ech 复合物制造 H⁺梯度； ATP 通过 H⁺-ATP 酶消耗	未报道	在高库仑效率（＞80%）下，直接利用来自电极的电子将 CO₂ 还原为乙酸盐	Nevin et al.，2011
伍氏醋酸杆菌 *Acetobacterium woodii*	+	电子分叉还原铁氧化还原蛋白通过膜结合 Rnf 复合物（铁氧化还原蛋白：NAD⁺氧化还原酶）和膜结合类咕啉（无细胞色素，无醌类）制造 Na⁺梯度； ATP 通过 Na⁺-ATP 酶消耗	未报道	*A. woodii* 被证明不能直接从阴极接受电子；而其在以二氧化碳和微生物及/或电化学产乙酸的阴极混合培养中被确定为优势菌种	Nevin et al.，2011
永达尔梭菌 *C. ljungdahlii*	+	电子分叉还原铁氧化还原蛋白通过膜结合 Rnf 复合物（铁氧化还原蛋白：NAD⁺氧化还原酶）（无细胞色素，无醌类）制造 H⁺梯度； ATP 通过 H⁺-ATP 酶消耗	无报道（但其近亲菌株 *C. acetobutylicum* 被证明能够在产电条件下氧化乙酸盐）	直接利用电极电子将 CO₂ 还原为乙酸盐	Logan，2009；Nevin et al.，2011
大肠杆菌 *E. coli*	−	通过膜结合细胞色素（a、b、d、o 型）、脱氢酶、吩嗪、核黄素（膜结合）制造 H⁺梯度； ATP 通过 H⁺-ATP 酶消耗	*E. coli* 在长时间适应环境后能够不借助介质或在改性电极上产电	无报道	Zhang et al.，2006，2007
铜绿假单胞菌 *P. aeruginosa*	−	通过膜结合细胞色素（a、b、c、o 型）、吩嗪、核黄素（膜结合）制造 H⁺梯度； ATP 通过 H⁺-ATP 酶消耗	由自身分泌的吩嗪调节产电	无报道	Rabaey and Verstraete，2005
谷氨酸棒状杆菌 *C. glutamicum*	+	通过膜结合细胞色素（a、b、c、d 型）、吩嗪、核黄素（膜结合）和脱氢酶制造 H⁺梯度； ATP 通过 H⁺-ATP 酶消耗	无报道	在阴极系统中借助介质提高乳酸产量	Sasaki et al.，2014

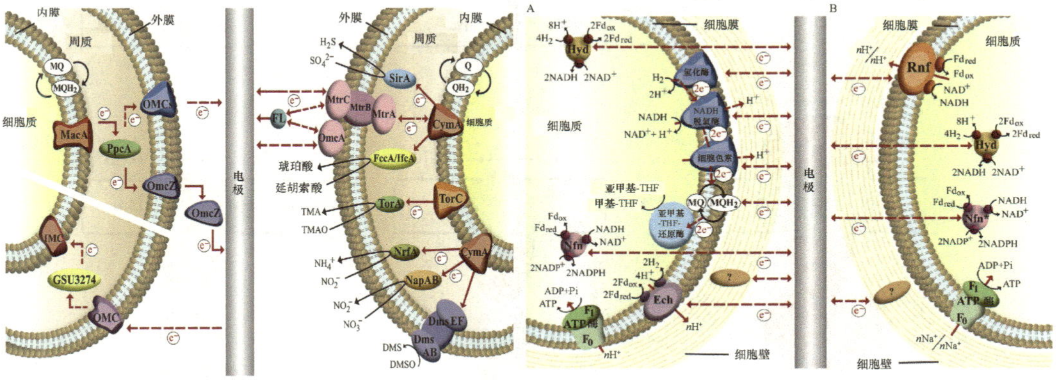

图 3-8　两种革兰氏阴性菌（左）*Geobacter sulfurreducens* 和 *Shewanella oneidensis* 及三种革兰氏阳性菌（右）*Moorella thermoacetica*、*Clostridium ljungdahlii* 和 *Acetobacterium woodii* 的 EET 及其与生物电化学系统中电极的相互作用原理

Figure 3-8　Schematic image of the proposed EET of two Gram-negative (left), *Geobacter sulfurreducens* and *Shewanella oneidensis* and three Gram-positive bacteria (right) *Moorella thermoacetica*，*Clostridium ljungdahlii* and *Acetobacterium woodii* and their interactions with an electrode in a bioelectrochemical system

二、输出胞外电子机制

（一）外膜蛋白介导的电子传递

在微生物细胞质内，电子供体首先被氧化，产生电子和还原力[H]等，电子经质膜上的电子载体，以及一系列电子传递体的传递，最终传给电子受体；产生的还原力[H]运到质膜外，并在 ATP 合酶的作用下，与 ADP 和磷酸共同反应，合成 ATP。质膜上的电子载体可同时传递氢质子和电子，并偶联能量的产生；而周质和外膜上的电子载体只具有电子传递的能力，不伴随 ATP 的产生。已有的研究发现，胞外呼吸质膜部分的电子传递可能只利用部分常规电子载体，如醌和 NADH 脱氢酶等。为了完成胞外电子传递，微生物必须把传递链延伸到外膜，依靠周质中进化出的胞外电子传导通道，协助电子的传递（图 3-9）。微生物的胞外电子传导通道是由氧化还原蛋白和结构蛋白组成的，需要特别强调的是，构成这类导电通道的蛋白质具有进化的多样性，即并非所有蛋白质的功能都能通过基因手段识别。生物化学和电化学等方法，是鉴别和表征这些蛋白质功能和分子机制的关键所在。

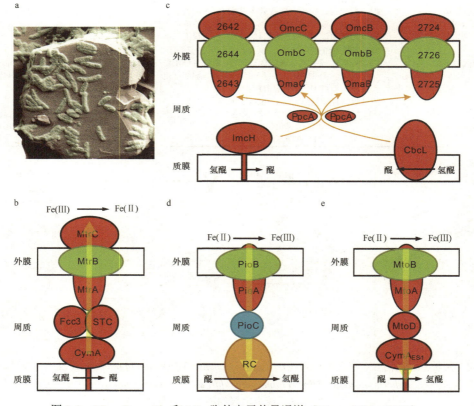

图 3-9   Mtr、Pcc、Pio 和 Mto 胞外电子传导通道（Qiu and Shi，2017）

Figure 3-9   Extracellular electron transfer pathways of Mtr, Pcc, Pio and Mto

a. *S. oneidensis* MR-1 与含铁矿物相互作用；b. *S. oneidensis* MR-1 的金属还原（Mtr）通道；c. *G. sulfurreducens* 的孔蛋白-细胞色素（Pcc）通道；d. *R. palustris* TIE-1 的光合铁氧化（Pio）通道；e. *S. lithotrophicus* ES-1 的金属氧化（Mto）通道

1. *S. oneidensis* MR-1 的金属还原（Mtr）通道

S. oneidensis MR-1 是最早被发现能利用含 Fe(III) 以及含锰[Mn(III,IV)]矿物作为末端电子受体的微生物之一（Myers and Nealson，1988）（图 3-9a）。基因敲除结果表明 6 个含有多血红素的细胞色素 *c*（Cytc），即 CymA、Fcc3（也称为 FccA）、MtrA、MtrC、OmcA 和 STC（small tetraheme cytochrome），以及孔状外膜蛋白 MtrB 都直接涉及 *S. oneidensis* MR-1 胞外还原含 Fe(III) 矿物的过程（Beliaev and Saffarini，1998；Beliaev et al.，2001；Coursolle and Gralnick，2010；Myers and Myers，2000）。蛋白质纯化和表征结果表明 CymA 氧化细胞质膜上的氢醌，并将该过程释放的电子转运给周质空间中的 Fcc3 和 STC，Fcc3 和 STC 再将电子传导给位于细胞外膜的 MtrA（Alves et al.，2015；Firer-Sherwood et al.，2011；McMillan et al.，2013）。MtrA、MtrB 和 MtrC 形成跨外膜的蛋白质复合体，这个复合体将电子从周质蛋白传导到细胞表面（Hartshorne et al.，2009；Richardson et al.，2012；White et al.，2013）。在细胞表面，MtrC 和 OmcA 可以相互接触，并通过其暴露在蛋白质表面的血红素将电子直接传导给含 Fe(III) 矿物（Lower et al.，2007，2001；Shi et al.，2008）（图 3-9b）。

Fcc3、STC、MtrC 和 OmcA 的分子结构都已十分清楚（Edwards et al.，2014，2015；Leys et al.，2002）。其中，STC 的分子结构显示它的 4 个血红素都在蛋白质分子的表面，这种结构在最大程度上保证了 STC 和 CymA 及 MtrA 的电子交流（Leys et al.，2002）。虽然 MtrC、OmcA 以及它们的同源蛋白在蛋白质序列上只表现很低的相似性，但它们的分子结构却有很高的相似性（Clarke et al.，2011；Edwards et al.，2012，2014，2015）。最重要的是，它们的血红素均排列成独特的扭曲的"十字架"形，其中"十字架"的长链由血红素 5、4、3、1、6、8、9、10 组成，而短链则由血红素 2、1、6、7 组成，并且，血红素 5 和 10 均暴露在蛋白质分子表面（Edwards et al.，2014）。

动态分子模拟结果表明，计算获得的 MtrF（即 MtrC 的同源物）自由能在其血红素长链是近均衡的，这就使得电子能以相似的速率从血红素 5 传导到血红素 10 以及从血红素 10 传导到血红素 5，即 MtrF、MtrC、OmcA 和 UndA 的电子传导是双向性的（Breuer et al.，2012）。量子力学和动态分子力学模拟也显示，在 MtrF 血红素长链上单电子传导的最大速率为 $10^4 \sim 10^5 \ s^{-1}$（Breuer et al.，2014）。这些通过模拟手段预测得到的结果均与实测的结果一致（White et al.，2013）。另外，模拟工作也从机理上揭示了电子能被 MtrF 快速传导的原因，即在血红素长链热力学不利于电子传导的地方，血红素对呈叠状排布，增强了电子耦合作用，达到了快速传递电子的目的。由于它们拥有同样的分子结构，这一设计原则也见于 MtrC、OmcA 和 UndA（Breuer et al.，2014）。

值得注意的是，MtrC 和 OmcA 也是早前称为"纳米导线"胞外结构的一部分（Carlson et al.，2012）。最新的研究表明，纳米导线是含有 MtrC 和 OmcA 的外膜及周质的延伸体，能将邻近细胞连接在一起（Carlson et al.，2012；Pirbadian et al.，2014）。延伸体上的 MtrC 和 OmcA 可能通过多步跳跃机制（multistep hopping mechanism）将电子传导给矿物以及其他 *S. oneidensis* MR-1 细胞（El-Naggar et al.，2008；Pirbadian and El-Naggar，2012；Pirbadian et al.，2014）。

在厌氧条件下，*S. oneidensis* MR-1 向胞外释放黄素，以促进电子由细胞向含 Fe(III) 矿物和电极的传导（Coursolle et al.，2010；Kotloski and Gralnick，2013；Marsili et al.，2008）。化学还原的黄素可以将电子直接转运给含 Fe(III)矿物（Shi et al.，2012b，2013）。此外，敲除控制向胞外释放黄素的基因 *bfe* 后，*S. oneidensis* MR-1 还原水铁矿的能力受到严重抑制（Kotloski and Gralnick，2013）。因此推测黄素有可能充当溶液中的电子穿梭体，通过扩散作用将电子从 MtrC 和 OmcA 传导到矿物表面（Marsili et al.，2008；von Canstein et al.，2008）。通过与 MtrC 和 OmcA 结合，黄素也可能作为它们的辅助因子来促进电子由 MtrC 和 OmcA 向含铁矿物的传导。事实上，MtrC、OmcA 和与之相关的 Cytc 均具有暴露在蛋白质分子表面的血红素（如血红素 5 和 10），这类血红素能够将电子直接从 MtrC 和 OmcA 传导到矿物表面（Breuer et al.，2014）。另外，在厌氧条件下，MtrC 和 OmcA 与黄素结合，形成 Cytc-黄素复合体，这样能提高氧化还原电势，从而提高电子传导的效率（Edwards et al.，2015；Okamoto et al.，2013，2014）。最后，黄素独自还原含 Fe(III)矿物的速率比 MtrABC 复合体，或者 MtrABC 复合体加黄素要小许多（Shi et al.，2012，2013；White et al.，2013）。这些结果均表明黄素通过充当 MtrC 和 OmcA 的辅助因子来提升其电子传导速率。

综上所述，CymA、Fcc3、MtrA、MtrB、MtrC、OmcA 和 STC 构成一个氧化细胞质膜上的氢醌，然后跨越整个细胞外膜，将氧化过程中释放的电子转运到矿物表面的通道（图 3-9b）。虽然 *S. oneidensis* MR-1 的电子跨越外膜的机理还未完全确定，但它的 Mtr 通道仍然是目前研究得最为透彻的微生物胞外电子传导机制。值得注意的是，Mtr 同源物存在于所有已测序的金属还原希瓦氏菌以及其他一些金属还原和铁氧化菌中，如 *Rhodoferax ferrireducens*、*R. palustris* TIE-1 和 *S. lithotrophicus* ES-1（Emerson et al.，2013；Hartshorne et al.，2009；Jiao and Newman，2007）。

2. *G. sulfurreducens* 的孔蛋白-细胞色素（Pcc）通道

含多个血红素的 Cytc 也在 *G. sulfurreducens* DL-1 和 *G. sulfurreducens* PCA 介导的胞外还原含 Fe(III)矿物过程中起重要作用。已经证实的 Cytc 包括细胞膜上推测为氢醌氧化酶的 ImcH 和 CbcL（Levar et al.，2014；Zacharoff et al.，2016），周质中的 PpcA 和 PpcD（Morgado et al.，2010），外膜上的 OmaB、OmaC、OmcB 和 OmcC。OmcB 和 OmcC 与孔状外膜蛋白 OmbB 和 OmbC 结合形成跨外膜的孔蛋白-Cytc 复合体（Leang et al.，2003；Liu et al.，2015；Qian et al.，2007）。这些 Cytc 和孔状蛋白可能将细胞膜氢醌的电子传导到细胞表面（图 3-9c）。另外，*G. sulfurreducens* DL-1 和 *G. sulfurreducens* PCA 的周质内都含有三个额外的 PpcA 和 PpcD 的同源物，以及两个额外的跨外膜孔蛋白-细胞色素复合体同源物（Cologgi et al.，2011；Shi et al.，2014）。因此，这些菌株具有多重平行的电子传导通道，这对其还原含 Fe(III)矿物非常重要（Liu et al.，2015）（图 3-9c）。除了含 Fe(III)矿物外，这些胞外电子传导通道还参与 *G. sulfurreducens* PCA 同其他种类细菌之间的直接电子交换（Ha et al.，2017）。

虽然 *S. oneidensis* MR-1 的 MtrA、MtrB 和 MtrC 蛋白，以及 *G. sulfurreducens* 的孔蛋白-细胞色素均为跨外膜复合体，但二者没有同源性，表明它们通过独立进化获得相似的功能（Shi et al.，2014）。在所有已测序的地杆菌以及另外 6 种细菌，包括 *Anaeromyxobacter dehalogenans* 2CP-1、*Candidatus* Kuenenia stuttgartiensis、*Denitrovitbrio acetiphilus* DSM12809、*Desulfurispirillum indicum* S5、*Ignavibacterium album* JCM16511 和 *Thermovibrio ammonificans* HB-1 中均能检测到孔蛋白-细胞色素的同源物，表明在这些细菌中，孔蛋白-细胞色素参与了胞外还原含 Fe(III)、硒［Se(IV)/Se(VI)］矿物过程（Shi et al.，2014）。因此可以认为 MtrABC 和孔蛋白-细胞色素代表一个微生物将电子传导至细胞外膜的设计原则。

3. *R. palustris* TIE-1 的光合铁氧化（Pio）通道

光合铁氧化菌 *R. palustris* TIE-1 以光为能量来源，以 Fe(II) 为电子来源，固定 CO_2（Jiao et al.，2005）。其基因组中有一个 *pio* 基因簇，包括 *pioA*（*mtrA* 的同源基因）、*pioB*（*mtrB* 的同源基因）和 *pioC*（一个编码高电势铁-硫蛋白的基因）。敲除 *pioA*、*pioB*、*pioC* 或者全部 *pio* 基因簇都会减弱 *R. palustris* TIE-1 氧化 Fe(II)、生长和其接受来自电极电子的能力（Bose et al.，2014；Jiao and Newman，2007）。据此有学者推断 PioA 和 PioB 可以氧化胞外 Fe(II)，随后将释放的电子跨外膜转运给可能位于周质的 PioC。随后，PioC 可能接力将电子转运给位于细胞膜的光反应中心（Bird et al.，2011）（图 3-9d）。与这种假说一致的是，在体外条件下，PioC 能将电子传导到光反应中心，并且这一电子传导过程对光具有依赖性（Bird et al.，2014）。

4. *S. lithotrophicus* ES-1 的金属氧化（Mto）通道

在 pH 约为中性时，*S. lithotrophicus* ES-1 从氧化 Fe(II) 过程中获得能量，实现自养生长。*S. lithotrophicus* ES-1 的基因组上有一个 *mto* 基因簇，包含 *cymA*、*mtoA*（*mtrA* 的同源基因）、*motB*（*mtrB* 的同源基因）和 *motD*（编码一种单血红素 Cytc 的基因）（Liu et al.，2012；Shi et al.，2012a）。MtoA 可以直接氧化 Fe(II) 以及含 Fe(II) 矿物。MtoD 是一种周质 Cytc，有可能再将电子从外膜的 MtoA 传导到细胞膜上的 CymA$_{ES-1}$（Beckwith et al.，2015；Liu et al.，2013）。虽然缺乏其他证据，但是上述结果也表明 *S. lithotrophicus* ES-1 的 MtoA、MtoB、MtoD 和 CymA$_{ES-1}$ 可能形成一条通道，将胞外 Fe(II) 的氧化过程，以及细胞膜上醌还原成氢醌的过程偶联起来（Beckwith et al.，2015；Shi et al.，2012a）（图 3-9e）。

5. 其他通道

虽然有学者提出其他胞外电子传导通道，但均没有上述通道研究得透彻（Ilbert and Bonnefoy，2013；Singer et al.，2011；Wegener et al.，2015）。例如，从一株嗜热革兰氏阳性铁还原菌 *Thermincola potens* JR 的表面检测到含多个血红素 Cytc 的几种蛋白，酶解这些表面蛋白后，*T. potens* JR 还原含 Fe(III) 矿物的能力减弱了。鉴于以上结果，学者认为存在一个至少包含 4 种 Cytc（TherJR_0333、TherJR_1117、TherJR_1122 和 TherJR_2595）的电子传导通道，将电子跨越整个细胞膜，传导给含 Fe(III) 矿物（Carlson et al.，2012）。类似地，学者从嗜酸氧化亚铁硫杆菌（*A. ferrooxidans*）上分离得到一个由多于 14 个异种蛋白构成的复合体，这个复合体包括氧化 Fe(II)的外膜 Cytc Cyc2、还原 O_2 的细胞膜蛋白 CoxAB，以及周质蛋白 Cys1、Cyc42 和 RcY。它们共同发挥作用，将胞外 Fe(II) 的氧化过程与胞内的 O_2 和 NAD 的还原过程偶联起来（Castelle et al.，2008）。

（二）微生物纳米导线介导的电子传递

微生物也进化出了特殊的机制来传导电子到远离细胞表面的矿物。例如，地杆菌 *G. sulfurreducens* PCA 形成胞外纳米导线实现了细胞与矿物之间的电子传导（Reguera et al.，2005）。*G. sulfurreducens* PCA 还能通过纳米导线以及与之相伴的一种多血红素 Cytc（OmcS）接受来自 *G. metallireducens* GS-15 的电子（Summers et al.，2010）。地杆菌的纳米导线实质是锚定在细胞外膜上的菌毛（Reguera et al.，2005）。*G. sulfurreducens* PCA 的导电菌毛由菌毛蛋白 PilA 组成（Cologgi et al.，2011）。和其他细菌IVa 型菌毛蛋白类似，*G. sulfurreducens* PCA 的 PilA（Gsu PilA）的成熟过程也经历了专属信号肽酶对 PilA 多肽前体的识别和修饰，以及典型IVa 菌毛装置的组装（Reguera et al.，2005）。然而，Gsu PilA 多肽的结构和氨基酸组成却与其他菌毛蛋白不同。最重要的是，Gsu PilA 多肽比 *Neisseria gonorrhoeae* 和 *Pseudomonas aeruginosa* 等菌的非导电 PilA 多肽短很多，并且在其非保守区具有多达 5 个芳香族氨基酸（Feliciano et al.，2012；Malvankar et al.，2015；Reardon and Mueller，2013）。用丙氨酸替代 Gsu PilA 中的芳香族氨基酸后，该纳米导线不再导电，同时地杆菌还原含 Fe(III)矿物以及产生电流的过程也受到抑制（Vargas et al.，2013）。另外，地杆菌纳米导线的导电性与其芳香族氨基酸的数量成正比，即芳香族氨基酸的数量越多，导电性越强（Tan et al.，2017）。以上研究结果均表明，PilA 中的芳香族氨基酸对地杆菌纳米导线的导电性非常重要。

地杆菌纳米导线的导电性可以用多种方法测定，测定的导电性随温度或 pH 的降低而升高（Adhikari et al.，2016；Malvankar et al.，2011，2014，2015）。这种依赖温度或 pH 的导电特性与一些导电多聚物相同（Lee et al.，2006）。因此，有学者认为地杆菌纳米导线通过类金属型电子传导机制（metallic-like electron transfer mechanism）传导电子（Malvankar et al.，2011）。Malvankar 等（2011，2014）进一步假设，这种电子传导机制可能来源于 Gsu PilA 紧密堆叠的芳香族氨基酸形成的芳香化合物-芳香化合物作用链。虽然地杆菌纳米导线的分子结构还没有获得实验解析，但几种结构模型均显示芳香族氨基酸可能在纳米导线的表面形成紧密堆叠（约3.2 Å）的芳香化合物-芳香化合物分子链（Malvankar et al.，2015；Xiao et al.，2016）。同时，同步辐射和 X 射线衍射摇摆曲线测试表明地杆菌纳米导线具有 3.2 Å 的芳香族氨基酸分子间距。如果突变掉这些芳香族氨基酸，间距将不复存在。另外，降低 pH 能增加 3.2 Å 间距，进而促进电子的离域作用，增加地杆菌纳米导线的导电性。事实上，间距的增加与地杆菌纳米导线导电性的增加正相关（Malvankar et al.，2011，2015），以上研究成果均支持地杆菌纳米导线的类金属型电子传导机制。

然而，另外一些结构模型预测地杆菌纳米导线上的芳香族氨基酸分子间距为 3.5～8.5 Å，这个距离对于类金属型电子传导机制而言过大（Feliciano et al.，2015；Reardon and Mueller，2013）。其中一个模型以及其相关的测试表明电子可能通过多步跳跃机制在地杆菌纳米导线上的芳香族氨基酸之间传导（Feliciano et al.，2015；Lampa-Pastirk et al.，

2016）。由于缺乏对地杆菌纳米导线原子分辨率结构的实验测定，其芳香族氨基酸在纳米导线上的间距仍未确定。因此，地杆菌纳米导线的导电机制也未有定论。另外，一部分学者认为生物膜中的地杆菌细胞之间不是由纳米导线，而是由含多个血红素的 Cytc 传导电子的（Snider et al.，2012；Strycharz-Glaven et al.，2011；Yates et al.，2015）。最新结果显示，虽然在厚度＜10 μm 的地杆菌生物膜中 Cytc 能有效传导电子，但在厚度＞10 μm 的生物膜中就需要纳米导线来长距离传导电子了（Steidl et al.，2016）。

（三）电子穿梭体介导的电子传递

电子穿梭体（electron shuttle，ES）也称氧化还原介体（redox mediator，RM），是能充当电子载体、可逆地参与氧化还原反应的一类物质（Van der Zee and Cervantes，2009；Watanabe et al.，2009）。厌氧条件下微生物将电子传递给胞外电子受体的现象非常普遍，胞外电子穿梭体（extracellular electron shuttle，EES）是介导胞外电子传递过程的重要介质之一。ES 介导微生物胞外电子传递的基本过程为：氧化态电子穿梭体（ES_{ox}）接受电子变成还原态电子穿梭体（ES_{red}），ES_{red} 传递电子给胞外电子受体，自身再次氧化成 ES_{ox}，从而循环往复（详见第四章）。

第三节　电营养微生物

一、典型电营养微生物

大部分电营养微生物的研究是在微生物电合成系统（microbial electrosynthesis system，MES）中开展的。MES 由阳极室和阴极室组成（图 3-10），两个极室被质子交换膜或离子交换膜分隔开，阳极发生简单的水氧化或微生物催化氧化有机物产生电子的反应，关键的生物电合成反应发生在阴极，依靠外电路电能降低电子传递的壁垒，阴极室中的微生物接受阴极传来的电子，将二氧化碳或其他氧化态物质还原成胞外有机物、还原态无机物或自身生命活动所需的有机物。

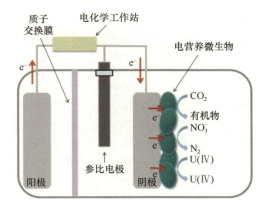

图 3-10　微生物电合成系统（Lovley，2011a）
Figure 3-10　Microbial electrosynthesis system

在合成化学制品方面研究较多的电营养微生物为 *Clostridum* 属和 *Sporomusa* 属（Giddings et al.，2015；Nevin et al.，2011），它们将 CO_2 合成乙酸、丁酸、乙醇等分泌到胞外，同时获得微生物自身所需的能量。*Sporomusa ovata* DSM 2662 是目前已知的 MES 中以纯菌形式合成乙酸效果最好的微生物，合成速率可达 282 mmol/(L·d·m²)，电能转化为乙酸的效率超过 80%，比光能或化能自养型微生物的能量转化效率高（Huarong et al.，2013）。在环境修复方面研究最多的电营养微生物是 *Geobacter* 属及 *Shewanella* 属（Gregory and Lovley，2005），它们可吸收胞外电子将 U(VI)、硝酸盐等污染物还原为 U(IV)、亚硝酸盐、N_2 等生物毒性小的物质（Gregory et al.，2004；Gregory and Lovley 2005；Yang et al.，2017）。此外，电营养微生物还能吸收胞外电子来合成自身生长所需的有机物。例如 *Acidithiobacillus ferrooxidans* 是首株被证明能利用阴极电子合成自身生长所用的胞内有机物的电营养微生物（Ishii et al.，2015）。

目前已报道的可吸收电子的电营养微生物按首字母排序总结于表 3-2，从中可看出该类电营养微生物广泛分布于多个菌属，它们的电能利用率较高，如 *Pseudomonas alcaliphila* MBR 在利用阴极电子将硝酸盐还原为亚硝酸盐时，电子回收效率可达 93.5%±3.04%（Su et al.，2012）。

表 3-2　代表性的电营养微生物
Table 3-2　Representative electrotrophs

微生物	底物转化	电子回收效率/%	参考文献
Acidithiobacillus ferrooxidans	CO_2 ⟶ 胞内有机物	NA	Ishii et al.，2015
Alcaligenes faecalis ATCC 8750	硝酸盐 ⟶ 亚硝酸盐	NA	Xin et al.，2015
	亚硝酸盐 ⟶ NO/N_2O/N_2	NA	
Anaeromyxobacter dehalogenans 2CP-1	2-氯苯酚 ⟶ 苯酚	NA	Strycharz et al.，2010
Azospira suillum	ClO_4^- ⟶ Cl^-	NA	Thrash et al.，2007
Clostridium aceticum	CO_2 ⟶ 乙酸、2-羟丁酸	NA	Nevin et al.，2011
Clostridium ljungdahlii	CO_2 ⟶ 乙酸、甲酸、2-羟丁酸	89（乙酸）	Bajracharya et al.，2015；Giddings et al.，2015
	CO_2 ⟶ 乙醇		
Dechloromonas agitate VDY	ClO_4^- ⟶ Cl^-	NA	Thrash et al.，2007
Geobacter metallireducens GS-15	硝酸盐 ⟶ 亚硝酸盐	NA	Gregory et al.，2004
Geobacter soli GSS01	硝酸盐 ⟶ 亚硝酸盐	NA	Yang et al.，2017
Geobacter sulfurreducens PCA	延胡索酸 ⟶ 琥珀酸	NA	Gregory and Lovley，2005；Strycharz et al.，2011
	U(VI) ⟶ U(IV)		
Mariprofundus ferrooxydans PV-1	CO_2 ⟶ 胞内有机物	NA	Summers et al.，2015
Methanobacterium-like archaeon IM1	CO_2 ⟶ CH_4	80	Beese-Vasbender et al.，2015
Methanobacterium palustre	CO_2 ⟶ CH_4	NA	Cheng et al.，2009
Methanococcus maripaludis MM901	CO_2 ⟶ CH_4	NA	Lohner et al.，2014
Moorella thermoacetica	CO_2 ⟶ 乙酸	79±15	Nevin et al.，2011
Moorella thermoautotrophica DSM1974	CO_2 ⟶ 乙酸	72±4	Faraghiparapari and Zengler，2016
Nitrosomonas europaea ATCC 19718	CO_2 ⟶ 胞内有机质	NA	Khunjar et al.，2012
Pseudomonas alcaliphila MBR	硝酸盐 ⟶ 亚硝酸盐	93.5±3.04	Su et al.，2012
Ralstonia eutropha LH74D	CO_2 ⟶ 异丁醇、3-甲基-1-丁醇	NA	Li et al.，2012

续表

微生物	底物转化	电子回收效率/%	参考文献
Rhodopseudomonas palustris TIE-1	$CO_2 \longrightarrow$ 胞内有机质	NA	Bose et al.，2014
Shewanella oneidensis MR-1	富马酸 $\longrightarrow$ 琥珀酸	NA	Ross et al.，2011
Sporomusa ovata	$CO_2 \longrightarrow$ 乙酸、2-羟丁酸	89±12（乙酸）	Giddings et al.，2015；Huarong et al.，2013；Zhang et al.，2012
Sporomusa silvacetica	$CO_2 \longrightarrow$ 乙酸、2-羟丁酸	NA	Nevin et al.，2011
Sporomusa sphaeroides	$CO_2 \longrightarrow$ 乙酸、2-羟丁酸	NA	Nevin et al.，2011
Thiobacillus denitrificans DSM 12475	硝酸盐 $\longrightarrow$ 亚硝酸盐/ N_2O	72	Yu et al.，2015a

注："NA"表示无数据。

二、电营养微生物吸收胞外电子机制

Geobacter 属和 *Shewanella* 属的几株模式菌株 *G. metallireducens* GS-15、*G. sulfurreducens* PCA、*G. soli* GSS01 及 *S. oneidensis* MR-1 既可输出电子也可吸收胞外电子，具有双向电子传递的能力（Gregory et al.，2004；Gregory and Lovley，2005；Strycharz et al.，2010；Yang et al.，2017）。2011 年，Strycharz 等发现 *G. sulfurreducens* 在输出与吸收电子时，基因表达图谱有所不同（Strycharz et al.，2011）。敲除 *G. sulfurreducens* 的 *omcZ* 和 *pilA* 这两种在输出电子过程中至关重要的基因，对其吸收胞外电子过程没有影响，说明这两个方向的电子传递路径不是简单的原路反向移动（Richter et al.，2009；Strycharz et al.，2011），也表明相较于 EAM 输出电子的研究，吸收胞外电子机制研究是一个崭新的领域。目前已知的吸收胞外电子机制主要有两大类：一是基于膜结合蛋白的直接吸收电子机制，二是基于电子穿梭体的间接吸收电子机制。

（一）基于膜结合蛋白的直接吸收电子机制

研究吸收胞外电子的机制大多以 *Geobacter* 属和 *Shewanella* 属为对象，原因是这两个属的微生物已完成全基因组测序，并且在输出电子方面有一定的机制研究基础。直接吸收电子指的是不需要依赖任何电子穿梭体，由附着在电极上的电营养微生物依靠细胞外膜或周质上的蛋白直接吸收来自电极的电子（Tremblay et al.，2017）。

Strycharz 等（2011）研究证明，*G. sulfurreducens* PCA 菌株在吸收电子的条件下，编码 PccH 蛋白的基因转录丰度高，敲除该基因后严重抑制了其吸收胞外电子的功能。Santos 等（2015）通过薄膜热解石墨电极获得了 *G. sulfurreducens* 的 PccH 蛋白，并采用循环伏安法研究了 PccH 蛋白的热力学和动力学特性，进一步证明 PccH 蛋白在吸收胞外电子时起关键的作用。Ross 等（2011）用敲除相关蛋白基因的方式为 *S. oneidensis* MR-1 的吸收胞外电子机制给出了直接的证据，他们发现敲除 *S. oneidensis* MR-1 中 FccA、MtrA、MtrB 和 CymA 蛋白的基因后，从电极到微生物的电子传递过程受到抑制，表明 Mtr 路径在吸收胞外电子时起关键作用，并推断 *S. oneidensis* MR-1 吸收电子时的传递路径为：电极 → MtrC → MtrB → MtrA → CymA → 内膜中的甲萘醌循环 → 周质中的 FccA（图 3-11a）。

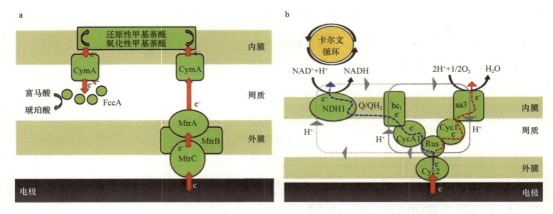

图 3-11　基于膜蛋白结合的直接电子吸收机制（Ross et al.，2011；Ishii et al.，2015）

Figure 3-11　The direct electron uptake mechanism based on membrane-bound proteins

a. *Shewanella oneidensis* MR-1 的电子吸收途径；b. 电子从电极到 *Acidithiobacillus ferrooxidans* 的转移机制

Ishii 等（2015）结合电化学方法及化学标记法探明了嗜酸氧化亚铁硫杆菌（*Acidithiobacillus ferrooxidans*）碳同化过程的电子传递路径（图 3-11b）。以 Fe^{2+} 为电子供体时，电子从 *A. ferrooxidans* 外膜到内膜的传递分为"吸能"和"放能"两条路线。该研究首先对电流稳定的 MES 中电极上的微生物进行原位深紫外（254 nm）灭菌，结果电流受到抑制，表明电流主要以附着在电极上的 *A. ferrooxidans* 为电子受体。为确定 *A. ferrooxidans* 吸收电子时起关键作用的蛋白，Ishii 等对 *A. ferrooxidans* 进行 CO 处理。CO 与铁络合使血红蛋白失活，此时电流受到抑制；当用配有单色仪（频带宽度为 10 nm）的 1000 W 氙气灯照射时血红蛋白恢复原来的功能，此时电流得到恢复。随后对 *A. ferrooxidans* 进行漫透射紫外可见光谱分析，得知其中的 aa3 复合蛋白是 *A. ferrooxidans* 产生电流的关键蛋白，位于"放能"路径的末端，是外源电子传递到胞内还原 O_2 产生 ATP 及为"吸能"路线提供质子动力势的关键蛋白。此外，在反应器中加入 1%（*V/V*）的细胞色素 bc_1 复合物抑制剂抗霉素 A 时电流受到抑制，不加抗霉素 A 则电流无明显变化。由此推测细胞色素 bc_1 复合物将电子传递到 NDH1 蛋白进而将 NAD^+ 还原为 NADH，而这一过程及还原 O_2 产生的质子动力势最终启动卡尔文循环进行固碳。

已知的 EAM 直接输出电子机制中，除了基于膜蛋白，还有基于被称为"纳米导线"的Ⅳ型菌毛的方式（Richter et al.，2009）。然而在目前的电营养微生物吸收胞外电子机制研究中尚未发现通过"纳米导线"吸收电子的方式。

（二）基于电子穿梭体的间接吸收电子机制

间接吸收电子机制（图 3-12），即电营养微生物利用外源或内源电子穿梭体吸收来自电极的电子。电子穿梭体是能可逆地进行氧化和还原从而介导电极与电营养微生物间电子传递的物质。人工合成的外源电子穿梭体，如甲基紫精、中性红等可介导电子从电极到电营养微生物的传递。它们的添加改变了电子流的方向，使更多的电子从铁氧化还原蛋白池流向辅酶 NADH 池，通过 $NAD^+ \longrightarrow NADH$ 反应增加了合成产物所必需的辅酶 NADH 的量，同时增加还原力，从而促进电营养微生物对胞外电子的吸收（Harrington et al.，2015）。

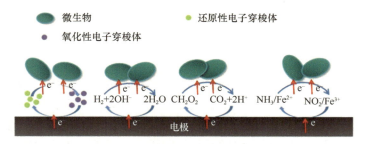

图 3-12　基于电子穿梭体的间接吸收电子机制（Rabaey and Rozendal，2010）

Figure 3-12　The indirect electron uptake mechanism based on electron shuttles

　　电营养微生物还能以 H_2、甲酸、氨气或 Fe^{2+} 等可溶性小分子作为电子穿梭体（Tremblay et al.，2017）。根据吉布斯自由能，在阴极电势低于–0.41 V（$vs.$ SHE）时，阴极有 H_2 生成，Rabaey 和 Rozendal（2010）指出，H_2 可通过 $H_2 + 2OH^- \rightleftharpoons 2H_2O$ 反应介导电极与微生物间的电子传递。然而 H_2 溶解度低，常压下不一定能与生物体和电极充分接触，不利于其作为电子穿梭体起作用。阴极电势低于–0.41 V（$vs.$ SHE）时，CO_2 和 H^+ 通过电化学反应还能生成甲酸（Tremblay et al.，2017），不同于溶解度低的 H_2，甲酸能与电营养微生物和电极充分接触，$Ralstonia\ eutropha$ 被证明在阴极合成多元醇类时以甲酸为电子穿梭体吸收电子（Li et al.，2012）。Deutzmann 等（2015）也指出，当 MES 中的阴极电位在–0.5 V 到–0.6 V（$vs.$ SHE）时，产甲烷菌和产乙酸菌分别以 H_2 和甲酸为电子穿梭体。

　　Bose 等（2014）研究表明，在电营养微生物（$Rhodopseudomonas\ palustris$ TIE-1）的催化下，Fe^{2+} 失去电子被氧化为 Fe^{3+}，而 Fe^{3+} 又通过电化学反应被还原为 Fe^{2+}，从而实现电极与电营养微生物间的电子传递。该反应发生所需的电位（0.1 V）比产甲烷菌或产乙酸菌 MES 中设置的电位（–0.4 V 到–0.5 V）需要的电能更少。与该原理相同，欧洲亚硝化单胞菌（$Nitrosomonas\ europaea$）在 MES 中吸收阴极电子时，NO_2^- 首先通过电化学反应被还原为氨气，氨气又被微生物氧化为 NO_2^-（Khunjar et al.，2012）。另外，一些分子结构比较复杂的物质，如 MES 中活细胞分泌或死细胞释放的核黄素及 DNA 也可作为电营养微生物吸收胞外电子的电子穿梭体（Tremblay et al.，2017）。

第四节　电活性微生物的多样性及生态位

　　$Geobacter\ sulfurreducens$ 和 $Shewanella\ oneidensis$ 是电活性微生物的模式生物。除此之外，在合适的培养基和生长条件下，从普通酵母到嗜极菌（如嗜热古菌）等许多其他微生物也可以产生高电流密度。通过吸收电子来生长的电营养微生物的多样性较低，没有共同的或典型的特征。然而，电营养微生物可以使用不同的终端电子受体进行细胞呼吸，使各种新的阴极驱动反应成为可能。据推测，在自然界以及已经存在的菌种集中，存在着更多的电活性物种。但由于目前的培养技术，它们的电活性潜力并没有得到充分利用。因此，基于生态知识的微生物资源挖掘对于拓宽微生物电化学基础和未来微生物电化学技术的发展具有重要意义。

一、电活性微生物的多样性

按照三域学说，所有的生命形式可以划分为三个域：真核生物（包括植物、动物、真菌，以及其他生物）、细菌以及古菌。随着研究的不断扩展和深入，越来越多的微生物电活性特征被人们认识，生命的三域中分别有大量的微生物被证明可以产生电流，并将电子转移到不同类型的生物电化学系统的阳极上。最典型的产电微生物是铁还原细菌，如 *Geobacter sulfurreducens*，在适宜的温度条件下能产生较高的功率密度。

图 3-13 为采用最大似然法对所选择的电活性微生物进行 16S（真核生物为 18S）rRNA 基因序列的分子系统发育分析，外圈按界级对种进行分类，内圈按门级对两个或两个以上种的类群进行分类（Logan et al.，2019）。

（一）产电微生物的多样性

纯培养实验表明，许多微生物具有产电能力，如图 3-13a 所示，包括厚壁菌门和放线菌门以及变形菌门的细菌，古菌如超嗜热的激烈火球菌（*Pyrococcus furiosus*）和真核生物如酿酒酵母（*Saccharomyces cerevisiae*）。图 3-14 中显示了阳极上微生物的纯培养（细菌为蓝色，真核生物为紫色，古菌为绿色）和混合培养（灰色）的典型功率密度。对于某些微生物，图中展示多个功率密度表明报道的功率密度范围很广。图中红色星号表示试验中使用了酵母提取物或胰蛋白胨。培养基中添加酵母提取物将引入诸如黄素（如核黄素）这样的介质，因此，添加酵母提取物的结果并不一定表明微生物有能力通过电极或自我产生的介质直接产生电流（Logan et al.，2019）。

微生物可以产生的功率量变化很大，更高的功率密度有时只有在 MFC 的选择性环境中经过长时间的适应才能实现。只有当所有的溶液条件、材料、温度、介质和反应器条件（如电极间距）都相同时，才能直接比较 MFC 的功率密度，但这往往是不可能的，因为电池的生长要求和实验条件的选择不同。尽管设计和操作条件造成了这些差异，但微生物可以根据纯培养中可能存在的功率密度进行分类：<10 mW/m²，表明这些微生物不能有效地进行外源电子转移；<100 mW/m²，表明无法确定电流是受微生物转移电子的能力限制还是受反应器结构的限制；>100 mW/m²，表明高效的产电微生物，如果在最优的条件下，其功率密度可以达到甚至超过 1000 mW/m²（Logan et al.，2019）。

1. 产电细菌

G. sulfurreducens 是最重要也是最常见的产电细菌，在纯培养中，*G. sulfurreducens* KN400（含铁氰化物阴极）产生了已知的最高的功率密度 3900 mW/m²（Yi et al.，2009）。*S. oneidensis* 是另一种模式产电微生物，*Shewanella* spp.通常比 *G. sulfurreducens* 产生更少的电流。例如，直接比较 *S. oneidensis* MR-1 和 *G. sulfurreducens* PCA 在相同的培养基

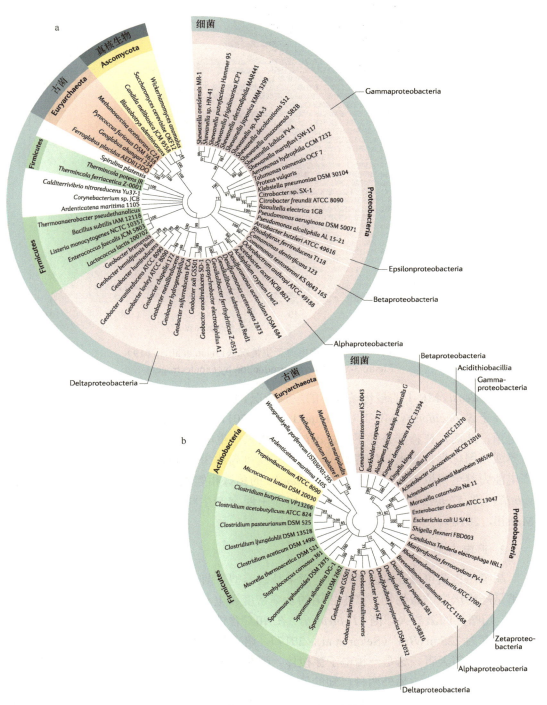

图3-13　产电微生物（a）及电营养微生物（b）的多样性（Logan et al.，2019）
Figure 3-13　Diversity of exoelectrogens (a) and electrotrophs (b)

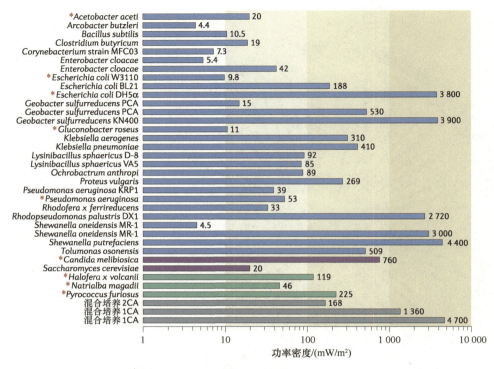

图 3-14　产电微生物电流产生情况（Logan et al.，2019）

Figure 3-14　Current production by exoelectrogens

和 *S. oneidensis* MR-1 的最优条件下的生长情况，结果表明 *G. sulfurreducens* PCA 的电流密度高于 *S. oneidensis* MR-1（Call and Logan，2011）。*Escherichia coli* 通常被认为是非产电菌，然而，在特殊条件下，*E. coli* 可以用来产生电流。据报道，某些菌株经过扩大培养或使用化学处理电极培养后，其功率密度可高达 $3800\ mW/m^2$（Li et al.，2018）。其产电能力甚至可以与 *Geobacter* 和 *Shewanella* 的菌株相媲美。许多其他微生物，如 *Bacillus subtilis* 和 *Klebsiella aerogenes*，在纯培养中通常产生相当低的电流密度（Doyle and Marsili，2018）。

2. 产电古菌

超嗜热古菌可以在高温下产电，而甲基营养型古菌可以在中温下产电，这些产电古菌都是严格厌氧的微生物。产电古菌的功率密度和电流密度还达不到产电细菌的水平。例如，超嗜热的激烈火球菌（*P. furiosus*）在 90℃ 含铁氰化物阴极的 H 型 MFC 中产生的功率密度为 $225\ mW/m^2$（Sekar et al.，2017）。培养基中没有使用酵母提取物，但在培养基中使用了刃天青，这是一种电子穿梭体，因此，这种产电能力需要在没有刃天青的情况下再次进行确认。另外两种已知的能还原固态铁和氧化乙酸的超嗜热古菌在 MFC 中 85℃ 时产生的电流密度为 $680\ mA/m^2$（*F. placidus*），在 80℃ 时产生的电流密度为 $570\ mA/m^2$（*Geoglobus ahangari*），它们均使用确定的没有刃天青的培养基（Yilmazel et al.，2018）。相比之下，*G. sulfurreducens* PCA 在相同的反应器中产生 $1900\ mA/m^2$（Yilmazel et al.，2018）。目前产电古菌进行胞外电子传递的机制还不清楚。

3. 产电真菌

真菌也能产电，特别是酵母科（Saccharomycetaceae）的真菌，如酿酒酵母（*S. cerevisiae*）。基于酵母的 MFC，在没有人为添加介质的情况下，功率密度通常能达到 20～70 mW/m^2（Hubenova and Mitov，2015b）。例如，使用 *S. cerevisiae* 的 MFC 功率密度为 26 mW/m^2（Raghavulu et al.，2011），使用 *Candida* sp. IR11 的 MFC 功率密度为 21 mW/m^2（Hubenova and Mitov，2015a）。使用优化的材料可以产生更高的功率密度。与细菌和古菌相比，真核细胞的结构更加复杂和区域化，并且缺乏关于酵母细胞膜中可能参与外源电子转移的特定成分的知识，这可能限制了在 MFC 中使用酵母的进展。

4. 新型产电菌

在极端环境中，占主导地位的电活性微生物往往不是地杆菌等模式物种，而是一些新型的产电微生物，如有独特电子传递系统的电缆细菌和可以完成完全脱氮的氨氧化产电细菌。

1）电活性极端微生物

极端微生物是相对于生长受限于一定的环境条件如中温、适宜的 pH 及盐度范围的其他微生物而言的，它们突破了某些环境因素的限制，在比较极端的环境条件下生长。电活性极端微生物是具有胞外电子传递能力的极端微生物。当前已报道的电活性极端微生物主要包括以下几类。①嗜高温电活性微生物：一些纯培养物在嗜高温的条件下（最适温度＞40℃）可以产生电流，细菌如 *Calditerrivibrio nitroreducens*（55℃）（Fu et al.，2013）和 *Thermincola ferriacetica*（60℃）（Parameswaran et al.，2013），超嗜热古菌（最适温度＞80℃）如 *Pyrococcus furiosus*（Sekar et al.，2017）、*Ferroglobus placidus* 和 *Geoglobus ahangari*（Yilmazel et al.，2018）。②嗜酸电活性微生物：如 *Acidiphilum* sp. 3.2 Sup 5，pH 为 2.5 时产生的电流密度为 3 A/m^2（Malki et al.，2008）。③嗜碱电活性微生物：如 *Geoalkalibacter* spp.，pH 为 9.3 时产生最大的电流密度，达 8.3 A/m^2（Badalamenti et al.，2013）。④嗜盐电活性微生物：如 *Geoglobus ahangari*，适宜其生长的 NaCl 浓度高达 3.8%（Kashefi et al.，2002）。这些微生物的胞外电子传递机制尚不明确，但这些微生物具有大量的细胞色素，并能还原固态的金属氧化物。

2）电缆细菌

电缆细菌隶属于脱硫杆菌科（Desulfobulbaceae），以导电多细胞细丝（电缆）的形式生长，细丝长度可大于 1 cm，能够实现远距离电子传输（Nielsen and Risgaard-Petersen，2015）。电缆细菌已被归入候选属 *Candidatus* Electrothrix（淡水沉积物）和 *Candidatus* Electronema（海洋沉积物），在好氧-厌氧界面生长（Trojan et al.，2016）。位于沉积物缺氧层的硫化物被电缆细菌的细胞氧化，产生的电子沿着导电电缆进入细胞，延伸到含氧的沉积物-水界面，用于还原氧气或硝酸盐。

3）氨氧化产电细菌

亚硝化单胞菌属（*Nitrosomonas*）电活性细菌在双室微生物电解池（MEC）中进行

厌氧自养氨氧化，其脱氮速率为 35 g/(m³·d)（Vilajeliu-Pons et al.，2018）。尽管与 *Candidatus* Brocadia sp.有关的厌氧氨氧化菌群落已被证明在阳极室中富集（Di Domenico et al.，2015），但是厌氧氨氧化（anammox）细菌的电化学活性尚未得到很好的研究。最近，高度富集的厌氧氨氧化菌 *Candidatus* Brocadia sinica 和 *Candidatus* Scalindua sp.（＞99%）的电化学活性得到了证实。

　　4）其他新型产电菌

其他新型的产电菌可能出现在不同的环境中，如工程生物反应器。例如，单室空气阴极的 MFC 运行 1 年，并输入生活废水，微生物群落波动较大，早期以 *Geobacter* 属为主，后期以 *Desulfuromonas acetexigens* 为主，表明 *Desulfuromonas acetexigens* 在产电过程中发挥了一定的作用（Ishii et al.，2012）。D. acetexigens 2873 菌株于 1994 年首次从污水处理厂的消化池污泥中被分离出来（Finster et al.，1994，Kumar et al.，2017），但最近发现在添加乙酸的微生物电解池中该菌能产生高峰值电流密度（9 A/m²）（Katuri et al.，2017），该菌在微生物电化学技术中具有广阔的应用前景。

（二）电营养微生物的多样性

在电极表面将电子传递给微生物的阴极称为生物阴极。图 3-15 显示了微生物电合成系统（蓝色）和微生物电解池（绿色）阴极上纯培养物的电流密度（条柱）和应用电势（菱形），微生物电合成系统产生有机化学物质如乙酸或乙醇，微生物电解池主要产生甲烷。红色星号表示培养基中存在酵母提取物。

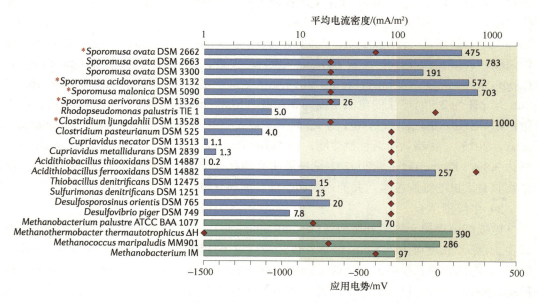

图 3-15　电营养微生物的电流消耗（Logan et al.，2019）

Figure 3-15　Current consumption by electrotrophs

1. 电营养细菌

Geobacter metallireducens 是首次被报道的在纯培养生物电化学电池中有电营养活

性的细菌，利用电极电子将硝酸盐转化为亚硝酸盐（Gregory et al.，2004），随后 β-变形菌纲的粪产碱杆菌（*Alcaligenes faecalis*）也被证明有同样的能力。*S. oneidensis* MR-1 生物阴极能够吸收胞外电子还原氧分子、铬酸盐和延胡索酸（Rowe et al.，2018；Hsu et al.，2012）。*Desulfovibrio paquesii*、*Desulfovibrio* sp. G11 和 *Geobacter sulfurreducens* 分别作为生物阴极时，在一定的阴极电位条件下均可以催化产生氢气（Jafary et al.，2015）。Croese 等（2011）报道的混合菌生物阴极的产氢速率可达 0.63 m^3 H_2/m^3。该混合菌由 46% Proteobacteria、25% Firmicutes、17% Bacteroidetes 和 12%其他门组成，其中 *Desulfovibrio vulgaris* 属于优势菌。在一些污泥或沉积物中富集得到的生物阴极中，硫酸盐还原菌 *Desulfovibrio*、*Desulfobulbus* 等通常是优势菌，该生物阴极对硫酸盐的还原速率高达 5.6 g $SO_4^{2-}/(L\cdot d)$，可用于硫酸盐废水的处理（Agostino and Rosenbaum，2018）。Strycharz 等（2016）发现在电能自养混合微生物群落中，未培养的细菌 *Candidatus* Tenderia electrophaga 似乎是关键的 CO_2 固定菌。综上所述，能够催化阴极反应的细菌种类繁多，其相应的功能也多种多样。

2. 电营养古菌

在阴极上纯培养产甲烷古菌可以产生甲烷（Clauwaert and Verstraete，2009；Cheng et al.，2009），但速率通常很低 [2.3~44 mmol/(d·m^2)]，电流密度小于 500 mA/m^2（Sato et al.，2013）。而在混合培养中，甲烷产生速率增加到 1200 mmol/(d·m^2)，电流密度大于 10 A/m^2（Jiang et al.，2013）。混合菌生物阴极上常见的古菌主要是一些产甲烷古菌，包括 *Methanobacterium*、*Methanothermobacter*、*Methanosarcina*、*Methanococcus*、*Methanobrevibacter*、*Methanolinea*、*Methanothrix* 等。产甲烷古菌将这种电流转化为甲烷的机制还存在争议。生物阴极上的古菌并非仅限于产甲烷古菌，不产甲烷的古菌也可在阴极上进行电能营养生长。例如，极端嗜热的古生球菌目（Archaeoglobales）的一些古菌（如 *Archaeoglobus profundus*、*Archaeoglobus fulgidus*、*Ferroglobus placidus* 和 *Geoglobus ahanghari*）可在微氧的阴极条件下利用 CO_2 进行生物电合成，产生乳酸、丙酸、异丁酸等有机物；而热球菌目（Thermococcales）的超嗜热古菌 *Thermococcus onnurineus* 则需以乙酸作为碳源进行电合成（Popall et al.，2022）。可以预见，越来越多的新型阴极电活性古菌将会被发现。

二、电活性微生物的生态位

电活性微生物具有如此丰富的多样性，不禁让科学家关注到电活性微生物在自然界的分布和重要性，即电活性微生物的生态位问题。本小节内容主要围绕这一问题进行讨论，那就是电活性微生物是否有特定的生态位。生态位的特征是一个物种的个体暴露在一系列环境条件下的位置，这些环境条件允许微生物持续存在并利用现有资源。物种特有的表型特征决定了一个物种能否在某个生态位中生存，以及它如何与环境相互作用。可以使用不同的描述符来描述微生物的生态位。描述符一方面基于个体的生理细胞特征，另一方面基于物种的栖息地及其所处的环境条件。描述符包括判断特征属性是否存在（如运动：是或否）和分类特定属性的等级（如温度：嗜冷、嗜中温、嗜热）。本小节为每个电活性微生物物种确定了一组描述符，这些描述符基于经典的物种和栖息地描述符，并扩展为电活性微生物的特定描述符。

为了确定电活性微生物的潜在生态位，研究者将收集到的 94 种电活性物种的环境偏好和自然栖息地特征与它们的代谢、生长和生境特征相结合，进行了电子转移特征、生境特征、生长特征以及代谢特征的元组分析并进行可视化（Koch and Harnisch，2016）。结果表明，电活性微生物并不存在单一的生态位。除了已经发现的菌株，在自然界中可能还存在更多的电活性物种，但由于目前的培养技术，它们的胞外电子传递潜力没有得到充分利用。因此，基于生态学知识的微生物资源挖掘对于拓展微生物电化学的基础以及未来微生物电化学技术的发展具有重要意义。

（一）电子转移特征

电子转移特征概括了通常用于 EET 的描述符，它们涵盖了微生物是否具有阳极或阴极电子转移能力，阴极 EET 包括基于 CO_2 固定的阴极自养生物量形成能力。EET 可以区分为直接的或介导的电子转移，以及电子介体是否由微生物自行合成。

总共有 69 个物种表现出阳极 EET 能力，45 个物种具有阴极 EET 能力（其中 13 个物种有自养生物量形成能力）。有 20 个物种同时具有阳极和阴极 EET 能力。具有阳极 EET 能力的电活性微生物几乎分布在所有的门中，目前只有广古菌门和拟杆菌门因为代表性物种较少而未能得到充分描述。从阴极吸收电子的电活性微生物也是广泛分布的，到目前为止，只有在蓝藻门、酸杆菌门和脱铁杆菌门中没有被充分描述。阴极作为唯一的电子供体，CO_2 作为唯一的碳源，自养生长（包括生物量形成）的能力是相当特殊的。这种能力在厚壁菌门的特定系统发育群中被发现（*Sporomusa ovata*、*Sporomusa silvacetica*、*Sporomusa sphaeroides*）（Nevin et al.，2011，2010），广古菌门中的 *Methanobacterium palustre*（Cheng et al.，2009）和 *Methanococcus maripaludis*（Deutzmann et al.，2015）也是具有该能力的典型代表。虽然电活性微生物 EET 机制被区分为直接的和间接（介导）的，但是个别物种的具体 EET 机制目前并不清晰，94 个物种中，33 种可以直接进行 EET，42 种依赖中介介导 EET。有趣的是，在介导的 EET 物种中，只有 19 种可以自己合成中介介质。这表明在混合培养生物膜中，导电介质是相互使用或清除的。

（二）生境特征

生境特征概括了典型的环境描述符。按氧需求区分好氧、微好氧、兼性和厌氧环境，作为特殊情况，除厌氧电极呼吸外，还包括有氧电极呼吸，描述在厌氧条件下显示 EET 活性的专性好氧微生物。盐度指的是微生物最适生长条件对盐的添加要求，通常用 NaCl 浓度来表示（非嗜盐：低于 1% NaCl 或没有报告含盐量要求；低/轻度嗜盐：1%～6% NaCl；中度嗜盐：6%～15% NaCl；极端嗜盐：15%～30% NaCl）。温度范围描述了最大生长速率的温度（嗜冷：20℃以下；嗜中温：20～42℃；嗜热：40～70℃）。除根据最适生长条件进行分类外，还总结了进一步的耐受性和适应性，如非嗜盐菌株的中度耐盐性或嗜中盐菌株的嗜冷性以及特殊的 pH 要求和耐受性。作为一个更一般的参数，微生物的自然栖息地具有与宿主相关、水生、陆生、特化和多重的特点。

在调查的 94 个物种中，有 11 个物种适宜在高盐度下生长，8 个物种是轻度嗜盐的，1 个物种是中度嗜盐的（*Staphylococcus carnosus*，从干香肠中分离得到），到目前为止还没有发现极端嗜盐的电活性微生物。其他一些物种，如 *Bacillus subtilis*、*Geoalkalibacter ferrihydriticus* 和 *Shewanella frigidimarina*，具有耐高盐能力。至于盐度和温度，只有少数的极端微生物被描述。86 个物种是嗜中温的，只有 2 种嗜冷（*Shewanella electrodiphila*、*Shewanella loihica*），5 种嗜热（*Calditerrivibrio nitroreducens*、*Geobacillus* sp. S2E、*Moorella thermoacetica*、*Thermincola ferriacetica*、*Thermincola potens*）。这并不意味着极端微生物普遍缺乏 EET 能力，因为温度和盐度都不限制 EET。我们推测，出现这种偏差可能是由于研究极端微生物需要更复杂的实验设置，而大多数研究人员不依赖于接种体的栖息地温度，更偏好在室温或 30～37℃下进行研究。在电活性微生物的技术应用中，最适温度和耐盐度是非常重要的，因为电化学反应通常在非中温条件下得到加速。因此，在极端生境中进行微生物资源开采是非常有吸引力的。

大多数电活性微生物（77 种）的自然栖息地被描述为"多重"。从土壤、沉积物和污泥中发现和分离出了许多物种。其中，仅少数物种起源于不同的生境：宿主相关（6 种）、水生（4 种）、陆生（1 种）以及特化（6 种）。然而，这些经典的栖息地描述符也可能是误导性的。多重并不意味着微生物喜欢非常不同的栖息地。如上所述，*Geobacter sulfurreducens* 通常在环境稳定的沉积物中占主导地位，但同时它也可以从废水中富集。值得注意的是，不是所有的微生物都可以用公认的经典方法培养（Zengler，2009）。许多可培养微生物需要特定的生长条件来表现某些生理特性。为了识别一个物种的 EET 潜力，也为了理解多物种环境或生物膜中 EET 的机制，目前的培养技术尚需进一步完善。

大多数电活性微生物是兼性厌氧菌（45 种），其次是厌氧菌（35 种）。仔细观察具有许多电活性代表的系统发育类群，除莫拉氏菌科（Moraxellaceae）的 3 种需氧菌外，所有 γ-变形菌纲（Gammaproteobacteria）的物种都是兼性厌氧菌。所有的电活性 δ-变形菌（Deltaproteobacteria）都是严格的厌氧菌，但是也有报道表明它们存在一定的耐氧性（Lin et al.，2004；Lobo et al.，2007；Sun et al.，2014）。在厚壁菌门（Firmicutes）中，所有梭状芽孢杆菌纲（Clostridia）和革兰氏阴性菌纲（Negativicutes）的物种均为厌氧菌，而芽孢杆菌纲（Bacilli）的物种为兼性厌氧菌。电活性微生物对氧的需求是一个非常有趣的方面，特别是对于那些用阳极进行 EET 的微生物。36%（69 种中的 25 种）的阳极呼吸物种是厌氧菌，它们的活性被 O_2 抑制，而兼性厌氧菌（38 种）可以使用电极和氧作为末端电子受体，氧通常提供更高的微生物能量增益。在与阴极相互作用中，有 21 种是兼性厌氧的（占具有阴极活性物种的 47%），14 种是厌氧的（占具有阴极活性物种的 31%），6 种是好氧的（占具有阴极活性物种的 13%）。在所有能够以阴极作为唯一电子供体和 CO_2 作为唯一碳源生长的物种中，厌氧物种明显占主导地位（69%）。

（三）生长特征

生长特征概括了典型的细胞形态描述符（形状：棒状/杆状、球形/球囊状、弧菌状、不规则、丝状；细胞壁革兰氏染色特性：革兰氏阳性或革兰氏阴性；运动和孢子形成）。除此之外，电活性生物膜形成的能力也作为一个典型的描述符应用于电活性微生物。革兰氏染色特性、运动和孢子形成等生长特征是微生物经典的生长特征描述符。83 种被描述为棒状/杆状，6 种为球形，2 种为弧菌状或丝状，1 种具有不规则的细胞形状。革兰氏阴性菌占电活性菌总数的 80%，革兰氏阳性菌主要分布在放线菌门和厚壁菌门。令人惊讶的是，革兰氏染色特性与物种的阳极或阴极活性以及它们的电子转移机制之间没有显著的相关性。这很有趣，因为两组细胞的细胞壁结构不同。人们对革兰氏阴性菌不同的电子传递机制进行了很好的研究。革兰氏阳性菌具有与革兰氏阴性菌不同的细胞壁组织，有更多的 EET 屏障，其电子传递具体机制迄今尚需进一步研究（Cournet et al., 2010）。

约 60% 的电活性物种具有运动性，这些物种广泛分布在系统发育类群中，与其他描述的特征不相关。根据它们特定的生长条件，物种可能更喜欢运动或固着的生活方式，这就是为什么有时对同一物种的运动性有不同的说法。同样，电活性生物膜的形成取决于特定的环境，通常是电活性微生物的一个常见特征。显然，电活性生物膜的形成对于微生物进行直接电子转移是必不可少的，在所有进行直接 EET 的微生物中，91% 的物种也会形成电活性生物膜，而只有 38% 的物种进行介导的电子转移。孢子形成是许多厚壁菌门物种的典型特征，这些物种大多数也是革兰氏阳性菌，形成孢子的电活性微生物可能更难进行直接 EET。

（四）代谢特征

代谢特征概括了电活性物种在可能的电子供体、电子受体以及利用的碳源方面的代谢特征。电子供体参数包括使用化学电子供体（不能使用，使用固态或可溶性电子供体，或两者的灵活使用）或光来获得能量的能力。电子受体被分为固体或可溶性电子受体，如果微生物具有较强的灵活性，那么这两种物质都可以作为电子受体。如果假定 EET 的机理是直接的，则仅将阳极或阴极用作固体电子受体。电子受体在细胞的哪一部分被利用（胞内、胞外或周质）并没有特别的区分，通常把不能穿透细胞的有机大分子（如腐殖酸）归类为固体电子受体。碳代谢的特点是碳固定能力（一般不意味着自养生长）、利用复杂的碳源（复杂碳水化合物、单糖和双糖、有机酸）的能力以及 CO_2 固定能力（这里意味着自养生长）。大多数电活性微生物利用的碳源是单糖（50 种）或有机酸（34 种），对它们的利用分别需要糖酵解途径或三羧酸循环。然而，利用复杂的碳源不仅需要额外的（细胞外）酶，而且只能通过部分氧化获取一小部分化学能。因此，只有少数电活性物种被描述为利用复杂碳源（6 种）甚至仅依赖自养方式生活（4 种）。虽然纯自养的生活方式对电活性物种来说相当罕见，但可进行 CO_2 固定的电活性微生物相对丰富（9 个纲的 19 个物种）。

大多数电活性微生物（84%）利用可溶性电子供体，而只有 15% 是灵活的，也可以利用固态电子供体。只有一种电活性微生物聚球藻（*Synechococcus elongatus* PCC 6301）被描述为不依赖任何化学电子供体，利用光和 CO_2 进行光自养生活。α-变形菌纲和蓝藻纲中有 6 个物种可以利用光作为能源，铁还原红育菌（*Rhodoferax ferrireducens*）中可能存在光营养基因，但未发现其表达（Finneran et al., 2003）。同时考虑到 EET 特性，在阴极中有更丰富的电活性微生物（14 种）能灵活使用固体或可溶性电子供体，而在阳极中只有 4 种电活性微生物具备这样的能力。

　　在所有的电活性微生物中，大多数（57 种）仅能使用可溶性电子受体，37 种可灵活利用可溶性和固体电子受体（Koch and Harnisch）。对于后者，δ-变形菌纲具有最高的丰度，16 个物种中有 15 个可灵活利用可溶性和固体电子受体。与阳极 EET 相比，阴极 EET 在可溶性和固体电子供体之间更灵活，而电子受体的选择则相反。所有能够使用可溶性和固体电子受体的电活性微生物（37 种）也能够使用阳极作为电子受体。特别是对于能够进行直接 EET 的微生物，灵活利用电子受体的能力具有普遍性，即 33 种电活性微生物中有 29 种进行直接 EET，只有 9 种进行中介电子转移。相反，对于仅依赖可溶性电子受体的电活性微生物（57 种），33 种依赖中介 EET，只有 4 种依赖直接 EET。没有一种电活性微生物只利用固体电子受体。在这些电活性微生物中，厌氧物种的数量较高（37 种，57%厌氧和 43%兼性厌氧），而微生物使用可溶性电子受体兼性生活方式占主导地位（57 种，51%兼性和 25%厌氧）。电活性微生物也更有可能具有形成电活性生物膜的能力。虽然可以区分偏好固体或可溶性电子受体的物种，但不幸的是，目前尚不清楚这与自然界中直接种间电子转移和互营作用是如何相关的。最初的研究表明，阳极微生物产生电流的潜力与 Fe(III)氧化物还原活性没有直接联系（Rotaru et al.，2015）。使用可溶性电子受体的大多数微生物（67%）可以利用单糖，而 59%的微生物依赖有机酸作为最复杂的碳源。

参 考 文 献

Achenbach L A, Michaelidou U, Bruce R A, et al. 2001. *Dechloromonas agitata* gen. nov., sp. nov. and *Dechlorosoma suillum* gen. nov., sp. nov., two novel environmentally dominant (per) chlorate-reducing bacteria and their phylogenetic position. Int J Syst Evol Microbiol, 51(Pt 2): 527-533.

Adhikari R Y, Malvankar N S, Tuominen M T, et al. 2016. Conductivity of individual *Geobacter* pili. RSC Adv, 6: 8363-8366.

Agostino V, Rosenbaum M A. 2018. Sulfate-reducing electroautotrophs and their applications in bioelectrochemical systems. Front Energy Res, 6: 55.

Alves M N, Neto S E, Alves A S, et al. 2015. Characterization of the periplasmic redox network that sustains the versatile anaerobic metabolism of *Shewanella oneidensis* MR-1. Front Microbiol, 6: 665.

Badalamenti J P, Krajmalnik-Brown R, Torres C I. 2013. Generation of high current densities by pure cultures of anode-respiring *Geoalkalibacter* spp. under alkaline and saline conditions in microbial electrochemical cells. mBio, 4(3): e00144-e00113.

Bajracharya S, Heijne A, Benetton X, et al. 2015. Carbon dioxide reduction by mixed and pure cultures in microbial electrosynthesis using an assembly of graphite felt and stainless steel as a cathode. Bioresour Technol, 195: 14-24.

Beckwith C R, Edwards M J, Lawes M, et al. 2015. Characterization of MtoD from *Sideroxydans lithotrophicus*: a cytochrome c electron shuttle used in lithoautotrophic growth. Front Microbiol, 6: 332.

Beese-Vasbender P F, Grote J P, Garrelfs J, et al. 2015. Selective microbial electrosynthesis of methane by a pure culture of a marine lithoautotrophic archaeon. Bioelectrochemistry, 102: 50-55.

Beliaev A S, Saffarini D A. 1998. *Shewanella putrefaciens mtrB* encodes an outer membrane protein required for Fe(III) and Mn(IV) reduction. J Bacteriol, 180(23): 6292-6297.

Beliaev A S, Saffarini D A, McLaughlin J L, et al. 2001. MtrC, an outer membrane decahaem *c* cytochrome required for metal reduction in *Shewanella putrefaciens* MR-1. Mol Microbiol, 39(3): 722-730.

Bird L J, Bonnefoy V, Newman D K. 2011. Bioenergetic challenges of microbial iron metabolisms. Trends Microbiol, 19(7): 330-340.

Bird L J, Saraiva I H, Park S, et al. 2014. Nonredundant roles for cytochrome c2 and two high-potential iron-sulfur proteins in the photoferrotroph *Rhodopseudomonas palustris* TIE-1. J Bacteriol, 196(4): 850-858.

Bose A, Gardel E J, Vidoudez C, et al. 2014. Electron uptake by iron-oxidizing phototrophic bacteria. Nat Commun, 5: 3391.

Bond D R, Lovley D R. 2003. Electricity production by *Geobacter sulfurreducens* attached to electrodes. Appl Environ Microbiol, 69(3): 1548-1555.

Breuer M, Rosso K M, Blumberger J. 2014. Electron flow in multiheme bacterial cytochromes is a balancing act between heme electronic interaction and redox potentials. Proc Natl Acad Sci USA, 111(2): 611-616.

Breuer M, Zarzycki P, Blumberger J, et al. 2012. Thermodynamics of electron flow in the bacterial deca-heme cytochrome MtrF. J Am Chem Soc, 134(24): 9868-9871.

Call D F, Logan B E. 2011. Lactate oxidation coupled to iron or electrode reduction by *Geobacter sulfurreducens* PCA. Appl Environ Microbiol, 77(24): 8791-8794.

Cameron Thrash J, Coates J D. 2008. Review: Direct and indirect electrical stimulation of microbial metabolism. Environ Sci Technol, 42: 3921-3931.

Carlson H K, Iavarone A T, Gorur A, et al. 2012. Surface multiheme c-type cytochromes from *Thermincola potens* and implications for respiratory metal reduction by Gram-positive bacteria. Proc Natl Acad Sci USA, 109(5): 1702-1707.

Castelle C, Guiral M, Malarte G, et al. 2008. A new iron-oxidizing/O_2- reducing supercomplex spanning both inner and outer membranes, isolated from the extreme acidophile *Acidithiobacillus ferrooxidans*. J Biol Chem, 283(38): 25803-25811.

Cheng S A, Xing D F, Call D F, et al. 2009. Direct biological conversion of electrical current into methane by electromethanogenesis. Environ Sci Technol, 43(10): 3953-3958.

Clarke T A, Edwards M J, Gates A J, et al. 2011. Structure of a bacterial cell surface decaheme electron conduit. Proc Natl Acad Sci USA, 108(23): 9384-9389.

Clauwaert P, Verstraete W. 2009. Methanogenesis in membraneless microbial electrolysis cells. Appl Microbiol Biotechnol, 82(5): 829-836.

Cologgi D L, Lampa-Pastirk S, Speers A M, et al. 2011. Extracellular reduction of uranium via *Geobacter conductive* pili as a protective cellular mechanism. Proc Natl Acad Sci USA, 108: 15248-15252.

Cournet A, Délia M L, Bergel A, et al. 2010. Electrochemical reduction of oxygen catalyzed by a wide range of bacteria including Gram-positive. Electrochem Commun, 12(4): 505-508.

Coursolle D, Baron D B, Bond D R, et al. 2010. The Mtr respiratory pathway is essential for reducing flavins and electrodes in *Shewanella oneidensis*. J Bacteriol, 192(2): 467-474.

Coursolle D, Gralnick J A. 2010. Modularity of the Mtr respiratory pathway of *Shewanella oneidensis* strain MR-1. Mol Microbiol, 77(4): 995-1008.

Croese E, Pereira M A, Euverink G J W, et al. 2011. Analysis of the microbial community of the biocathode of a hydrogen-producing microbial electrolysis cell. Appl Microbiol Biotechnol, 92(5): 1083-1093.

Deutzmann J S, Sahin M, Spormann A M. 2015. Extracellular enzymes facilitate electron uptake in biocorrosion and bioelectrosynthesis. mBio, 6(2): e00496-15.

Di Domenico E G, Petroni G, Mancini D, et al. 2015. Development of electroactive and anaerobic ammonium-oxidizing(Anammox)biofilms from digestate in microbial fuel cells. Biomed Res Int, 2015: 351014.

Doyle L E, Marsili E. 2018. Weak electricigens: A new avenue for bioelectrochemical research. Bioresour Technol, 258: 354-364.

Edwards M J, Baiden N A, Johs A, et al. 2014. The X-ray crystal structure of *Shewanella oneidensis* OmcA reveals new insight at the microbe-mineral interface. FEBS Lett, 588: 1886-1890.

Edwards M J, Hall A, Shi L, et al. 2012. The crystal structure of the extracellular 11-heme cytochrome UndA reveals a conserved 10-heme motif and defined binding site for soluble iron chelates. Structure, 20(7): 1275-1284.

Edwards M J, White G F, Norman M, et al. 2015. Redox linked flavin sites in extracellular decaheme proteins involved in microbe-mineral electron transfer. Sci Rep, 5: 11677.

El-Naggar M Y, Gorby Y A, Xia W, et al. 2008. The molecular density of states in bacterial nanowires. Biophys J, 95(1): L10-L12.

Emde R, Schink B. 1990. Enhanced propionate formation by *Propionibacterium freudenreichii* subsp. *freudenreichii* in a three-electrode amperometric culture system. Appl Environ Microbiol, 56: 2771-2776.

Emerson D, Field E K, Chertkov O, et al. 2013. Comparative genomics of freshwater Fe-oxidizing bacteria: implications for physiology, ecology, and systematics. Front Microbiol, 4: 254.

Faraghiparapari N, Zengler K. 2016. Production of organics from CO_2 by microbial electrosynthesis (MES) at high temperature. J Chem Technol Biotechnol, 92(2): 375-381.

Feliciano G T, da Silva A J R, Reguera G, et al. 2012. Molecular and electronic structure of the peptide subunit of *Geobacter sulfurreducens* conductive pili from first principles. J Phys Chem A, 116(30): 8023-8030.

Feliciano G T, Steidl R J, Reguera G. 2015. Structural and functional insights into the conductive pili of *Geobacter sulfurreducens* revealed in molecular dynamics simulations. Phys Chem Chem Phys, 17(34): 22217-22226.

Finneran K T, Johnsen C V, Lovley D R. 2003. *Rhodoferax ferrireducens* sp. nov., a psychrotolerant, facultatively anaerobic bacterium that oxidizes acetate with the reduction of Fe(Ⅲ). Int J Syst Evol Microbiol, 53(Pt 3): 669-673.

Finster K, Bak F, Pfennig N. 1994. *Desulfuromonas acetexigens* sp. nov, a dissimilatory sulfur-reducing eubacterium from anoxic freshwater sediments. Arch Microbiol, 161(4): 328-332.

Firer-Sherwood M A, Bewley K D, Mock J Y, et al. 2011. Tools for resolving complexity in the electron transfer networks of multiheme cytochromes C. Metallomics, 3(4): 344-348.

Fu Q, Kobayashi H, Kawaguchi H, et al. 2013. A thermophilic gram-negative nitrate-reducing bacterium, *Calditerrivibrio nitroreducens*, exhibiting electricity generation capability. Environ Sci Technol, 47: 12583-12590.

Giddings C G S, Nevin K P, Woodward T, et al. 2015. Simplifying microbial electrosynthesis reactor design. Front Microbiol, 6: 468.

Gregory K B, Bond D R, Lovley D R. 2004. Graphite electrodes as electron donors for anaerobic respiration. Environ Microbiol, 6(6): 596-604.

Gregory K B, Lovley D R. 2005. Remediation and recovery of uranium from contaminated subsurface environments with electrodes. Environ Sci Technol, 39(22): 8943-8947.

Ha P T, Lindemann S R, Shi L, et al. 2017. Syntrophic anaerobic photosynthesis via direct interspecies electron transfer. Nat Commun, 8: 13924.

Harrington T D, Mohamed A, Tran V N, et al. 2015. Neutral red-mediated microbial electrosynthesis by *Escherichia coli*, *Klebsiella pneumoniae* and *Zymomonas mobilis*. Bioresour Technol, 195: 57-65.

Hartshorne R S, Reardon C L, Ross D, et al. 2009. Characterization of an electron conduit between bacteria and the extracellular environment. Proc Natl Acad Sci USA, 106(52): 22169-22174.

Hongo M, Iwahara M. 1979. Application of electro-energizing method to L-glutamic acid fermentation. Agr Biol Chem, 43: 2075-2081.

Hsu L, Masuda S A, Nealson K H, et al. 2012. Evaluation of microbial fuel cell *Shewanella* biocathodes for treatment of chromate contamination. RSC Adv, 2(13): 5844-5855.

Huarong N, Tian Z, Mengmeng C, et al. 2013. Improved cathode for high efficient microbial-catalyzed reduction in microbial electrosynthesis cells. Phys Chem Chem Phys, 15: 14290-14294.

Hubenova Y, Mitov M. 2015a. Mitochondrial origin of extracelullar transferred electrons in yeast-based biofuel cells. Bioelectrochemistry, 106: 232-239.

Hubenova Y, Mitov M. 2015b. Extracellular electron transfer in yeast-based biofuel cells: A review.

Bioelectrochemistry, 106: 177-185.

Ilbert M, Bonnefoy V. 2013. Insight into the evolution of the iron oxidation pathways. BBA-Bioenergetics, 1827(2): 161-175.

Ishii S, Suzuki S, Norden-Krichmar T M, et al. 2012. Functionally stable and phylogenetically diverse microbial enrichments from microbial fuel cells during wastewater treatment. PLoS One, 7(2): e30495.

Ishii T, Kawaichi S, Nakagawa H, et al. 2015. From chemolithoautotrophs to electrolithoautotrophs: CO_2 fixation by Fe(II)-oxidizing bacteria coupled with direct uptake of electrons from solid electron sources. Front Microbiol, 6: 994.

Jafary T, Daud W R W, Ghasemi M, et al. 2015. Biocathode in microbial electrolysis cell; present status and future prospects. Renew Sust Energ Rev, 47: 23-33.

Jiang Y, Su M, Zhang Y, et al. 2013. Bioelectrochemical systems for simultaneously production of methane and acetate from carbon dioxide at relatively high rate. Int J Hydrogen Energy, 38(8): 3497-3502.

Jiao Y Q, Kappler A, Croal L R, et al. 2005. Isolation and characterization of a genetically tractable photoautotrophic Fe(II)-oxidizing bacterium, *Rhodopseudomonas palustris* strain TIE-1. Appl Environ Microbiol, 71(8): 4487-4496.

Jiao Y Q, Newman D K. 2007. The pio operon is essential for phototrophic Fe(II) oxidation in *Rhodopseudomonas palustris* TIE-1. J Bacteriol, 189(5): 1765-1773.

Kashefi K, Tor J M, Holmes D E, et al. 2002. *Geoglobus ahangari* gen. nov., sp nov., a novel hyperthermophilic archaeon capable of oxidizing organic acids and growing autotrophically on hydrogen with Fe(III) serving as the sole electron acceptor. Int J Syst Evol Microbiol, 52(Pt 3): 719-728.

Katuri K P, Albertsen M, Saikaly P E. 2017. Draft genome sequence of *Desulfuromonas acetexigens* strain 2873, a novel anode-respiring bacterium. Genome Announc, 5(9): e01522-16.

Khunjar W O, Sahin A, West A C, et al. 2012. Biomass production from electricity using ammonia as an electron carrier in a reverse microbial fuel cell. PLoS One, 7(9): e44846.

Koch C, Harnisch F. 2016. Is there a specific ecological niche for electroactive microorganisms? Chem Electro Chem, 3(9): 1282-1295.

Kotloski N J, Gralnick J A. 2013. Flavin electron shuttles dominate extracellular electron transfer by *Shewanella oneidensis*. mBio, 4(1): e00553-12.

Kracke F, Vassilev I, Krömer J O. 2015. Microbial electron transport and energy conservation–the foundation for optimizing bioelectrochemical systems. Front Microbiol, 6: 575.

Kumar A, Hsu L H H, Kavanagh P, et al. 2017. The ins and outs of microorganism-electrode electron transfer reactions. Nat Rev Chem, 1: 24.

Lampa-Pastirk S, Veazey J P, Walsh K A, et al. 2016. Thermally activated charge transport in microbial protein nanowires. Sci Rep, 6: 23517.

Leang C, Coppi M V, Lovley D R. 2003. OmcB, a c-type polyheme cytochrome, involved in Fe(III) reduction in *Geobacter sulfurreducens*. J Bacteriol, 185(7): 2096-2103.

Lee K, Cho S, Park S H, et al. 2006. Metallic transport in polyaniline. Nature, 441(7089): 65-68.

Levar C E, Chan C H, Mehta-Kolte M G, et al. 2014. An inner membrane cytochrome required only for reduction of high redox potential extracellular electron acceptors. mBio, 5(6): e02034.

Leys D, Meyer T E, Tsapin A S, et al. 2002. Crystal structures at atomic resolution reveal the novel concept of "electron-harvesting" as a role for the small tetraheme cytochrome c. J Biol Chem, 277(38): 35703-35711.

Li H Y, Liao B, Xiong J, et al. 2018. Power output of microbial fuel cell emphasizing interaction of anodic binder with bacteria. J Power Sources, 379: 115-122.

Li H, Opgenorth P H, Wernick D G, et al. 2012. Integrated electromicrobial conversion of CO_2 to higher alcohols. Science, 335(6076): 1596.

Lin W C, Coppi M V, Lovley D R. 2004. *Geobacter sulfurreducens* can grow with oxygen as a terminal electron acceptor. Appl Environ Microbiol, 70(4): 2525-2528.

Liu J, Engquist I, Berggren M. 2013. Double-gate light-emitting electrochemical transistor: confining the organic p-n junction. J Am Chem Soc, 135(33): 12224-12227.

Liu J, Wang Z W, Belchik S M, et al. 2012. Identification and characterization of MtoA: a decaheme c-type cytochrome of the neutrophilic Fe(II)-oxidizing bacterium *Sideroxydans lithotrophicus* ES-1. Front Microbiol, 3: 37.

Liu Y M, Fredrickson J K, Zachara J M, et al. 2015. Direct involvement of *ombB*, *omaB*, and *omcB* genes in extracellular reduction of Fe(III) by *Geobacter sulfurreducens* PCA. Front Microbiol, 6: 1075.

Lobo S A L, Melo A M P, Carita J N, et al. 2007. The anaerobe *Desulfovibrio desulfuricans* ATCC 27774 grows at nearly atmospheric oxygen levels. FEBS Lett, 581(3): 433-436.

Logan B E. 2009. Exoelectrogenic bacteria that power microbial fuel cells. Nat Rev Microbiol, 7: 375-381.

Logan B E, Rossi R, Ragab A, et al. 2019. Electroactive microorganisms in bioelectrochemical systems. Nat Rev Microbiol, 17(5): 307-319.

Lohner S T, Deutzmann J S, Logan B E, et al. 2014. Hydrogenase-independent uptake and metabolism of electrons by the archaeon *Methanococcus maripaludis*. ISME J, 8(8): 1673-1681.

Lovley D R. 2011a. Powering microbes with electricity: direct electron transfer from electrodes to microbes. Environ Microbiol Rep, 3(1): 27-35.

Lovley D R. 2011b. Live wires: direct extracellular electron exchange for bioenergy and the bioremediation of energy-related contamination. Energ Environ Sci, 4: 4896-4906.

Lower B H, Shi L, Yongsunthon R, et al. 2007. Specific bonds between an iron oxide surface and outer membrane cytochromes MtrC and OmcA from *Shewanella oneidensis* MR-1. J Bacteriol, 189(13): 4944-4952.

Lower S K, Hochella M F Jr, Beveridge T J. 2001. Bacterial recognition of mineral surfaces: Nanoscale interactions between *Shewanella* and alpha-FeOOH. Science, 292(5520): 1360-1363.

Malki M, De lacey A L, Rodríguez N, et al. 2008. Preferential use of an anode as an electron acceptor by an acidophilic bacterium in the presence of oxygen. Appl Environ Microbiol, 74(14): 4472-4476.

Malvankar N S, Vargas M, Nevin K P, et al. 2011. Tunable metallic-like conductivity in microbial nanowire networks. Nat Nanotechnol, 6(9): 573-579.

Malvankar N S, Vargas M, Nevin K, et al. 2015. Structural basis for metallic-like conductivity in microbial nanowires. mBio, 6(2): e00084.

Malvankar N S, Yalcin S E, Tuominen M T, et al. 2014. Visualization of charge propagation along individual pili proteins using ambient electrostatic force microscopy. Nat Nanotechnol, 9(12): 1012-1017.

Marshall C W, May H D. 2009. Electrochemical evidence of direct electrode reduction by a thermophilic gram-positive bacterium, *Thermincola ferriacetica*. Energy Environ Sci, 2: 699-705.

Marsili E, Baron D B, Shikhare I D, et al. 2008. *Shewanella* secretes flavins that mediate extracellular electron transfer. Proc Natl Acad Sci USA, 105(10): 3968-3973.

McMillan D G G, Marritt S J, Firer-Sherwood M A, et al. 2013. Protein-protein interaction regulates the direction of catalysis and electron transfer in a redox enzyme complex. J Am Chem Soc, 135(28): 10550-10556.

Milliken C E, May H D. 2007. Sustained generation of electricity by the spore-forming, Gram-positive, *Desulfitobacterium hafniense* strain DCB2. Appl Microbiol Biotechnol, 73(5): 1180-1189.

Morgado L, Bruix M, Pessanha M, et al. 2010. Thermodynamic characterization of a triheme cytochrome family from *Geobacter sulfurreducens* reveals mechanistic and functional diversity. Biophys J, 99(1): 293-301.

Myers C R, Nealson K H. 1988. Bacterial manganese reduction and growth with manganese oxide as the sole electron acceptor. Science, 240(4857): 1319-1321.

Myers J M, Myers C R. 2000. Role of the tetraheme cytochrome CymA in anaerobic electron transport in cells of *Shewanella putrefaciens* MR-1 with normal levels of menaquinone. J Bacteriol, 182(1): 67-75.

Nevin K P, Hensley S A, Franks A E, et al. 2011. Electrosynthesis of organic compounds from carbon dioxide is catalyzed by a diversity of acetogenic microorganisms. Appl Environ Microbiol, 77(9): 2882-2886.

Nevin K P, Woodard T L, Franks A E, et al. 2010. Microbial electrosynthesis: feeding microbes electricity to convert carbon dioxide and water to multicarbon extracellular organic compounds. mBio, 1(2): e00103-10.

Nielsen L P, Risgaard-Petersen N. 2015. Rethinking sediment biogeochemistry after the discovery of electric currents. Annu Rev Mar Sci, 7: 425-442.

Okamoto A, Hashimoto K, Nealson K H, et al. 2013. Rate enhancement of bacterial extracellular electron transport involves bound flavin semiquinones. Proc Natl Acad Sci USA, 110: 7856-7861.

Okamoto A, Kalathil S, Deng X, et al. 2014. Cell-secreted flavins bound to membrane cytochromes dictate electron transfer reactions to surfaces with diverse charge and pH. Sci Rep, 4: 5628.

Parameswaran P, Bry T, Popat S C, et al. 2013. Kinetic, electrochemical, and microscopic characterization of the thermophilic, anode-respiring bacterium *Thermincola ferriacetica*. Environ Sci Technol, 47(9): 4934-4940.

Park D H, Zeikus J G. 1999. Utilization of electrically reduced neutral red by *Actinobacillus succinogenes*: Physiological function of neutral red in membrane-driven fumarate reduction and energy conservation. J Bacteriol, 181: 2403-2410.

Pirbadian S, Barchinger S E, Leung K M, et al. 2014. *Shewanella oneidensis* MR-1 nanowires are outer membrane and periplasmic extensions of the extracellular electron transport components. Proc Natl Acad Sci USA, 111(35): 12883-12888.

Pirbadian S, El-Naggar M Y. 2012. Multistep hopping and extracellular charge transfer in microbial redox chains. Phys Chem Chem Phys, 14(40): 13802-13808.

Popall R M, Heussner A, Kerzenmacher S, et al. 2022. Screening for hyperthermophilic electrotrophs for the microbial electrosynthesis of organic compounds. Microorganisms, 10(11): 2249.

Qian X L, Reguera G, Mester T, et al. 2007. Evidence that OmcB and OmpB of *Geobacter sulfurreducens* are outer membrane surface proteins. FEMS Microbiol Lett, 277(1): 21-27.

Qiu X A, Shi L A. 2017. Electrical interplay between microorganisms and iron-bearing minerals. Acta Chim Sin, 75(6): 583-593.

Rabaey K, Rozendal R A. 2010. Microbial electrosynthesis–revisiting the electrical route for microbial production. Nat Rev Microbiol, 8(10): 706-716.

Rabaey K, Verstraete W. 2005. Microbial fuel cells: novel biotechnology for energy generation. Trends Biotechnol, 23(6): 291-298.

Raghavulu S V, Goud R K, Sarma P N, et al. 2011. Saccharomyces cerevisiae as anodic biocatalyst for power generation in biofuel cell: Influence of redox condition and substrate load. Bioresour Technol, 102: 2751-2757.

Reardon P N, Mueller K T. 2013. Structure of the type IVa major pilin from the electrically conductive bacterial nanowires of *Geobacter sulfurreducens*. J Biol Chem, 288(41): 29260-29266.

Reguera G, McCarthy K D, Mehta T, et al. 2005. Extracellular electron transfer via microbial nanowires. Nature, 435(7045): 1098-1101.

Richardson D J, Butt J N, Fredrickson J K, et al. 2012. The 'porin-cytochrome' model for microbe-to-mineral electron transfer. Mol Microbiol, 85(2): 201-212.

Richter H, Nevin K P, Jia H F, et al. 2009. Cyclic voltammetry of biofilms of wild type and mutant *Geobacter sulfurreducens* on fuel cell anodes indicates possible roles of OmcB, OmcZ, type IV pili, and protons in extracellular electron transfer. Energy Environ Sci, 2(5): 506-516.

Ross D E, Flynn J M, Baron D B, et al. 2011. Towards electrosynthesis in *Shewanella*: energetics of reversing the mtr pathway for reductive metabolism. PLoS One, 6(2): e16649.

Rotaru A E, Woodard T L, Nevin K P, et al. 2015. Link between capacity for current production and syntrophic growth in *Geobacter* species. Front Microbiol, 6: 744.

Rowe A R, Rajeev P, Jain A, et al. 2018. Tracking electron uptake from a cathode into *Shewanella* cells: Implications for energy acquisition from solid-substrate electron donors. mBio, 9(1): e02203-17.

Santos T C, de Oliveira A R, Dantas J M, et al. 2015. Thermodynamic and kinetic characterization of PccH, a key protein in microbial electrosynthesis processes in *Geobacter sulfurreducens*. BBA-Bioenergetics,

1847(10): 1113-1118.

Sasaki K, Tsuge Y, Sasaki D, et al. 2014. Increase in lactate yield by growing *Corynebacterium glutamicum* in a bioelectrochemical reactor. J Biosci Bioeng, 117: 598-601.

Sato K, Kawaguchi H, Kobayashi H. 2013. Bio-electrochemical conversion of carbon dioxide to methane in geological storage reservoirs. Energ Convers Manage, 66: 343-350.

Sekar N, Wu C H, Adams M W W, et al. 2017. Electricity generation by *Pyrococcus furiosus* in microbial fuel cells operated at 90 degrees C. Biotechnol Bioeng, 114(7): 1419-1427.

Shaoan C, Defeng X, Call D F, et al. 2009. Direct biological conversion of electrical current into methane by electromethanogenesis. Environ Sci Technol, 43: 3953-3958.

Shi L, Deng S, Marshall M J, et al. 2008. Direct involvement of type II secretion system in extracellular translocation of *Shewanella oneidensis* outer membrane cytochromes MtrC and OmcA. J Bacteriol, 190(15): 5512-5516.

Shi L, Fredrickson J K, Zachara J M. 2014. Genomic analyses of bacterial porin-cytochrome gene clusters. Front Microbiol, 5: 657.

Shi L, Rosso K M, Zachara J M, et al. 2012a. Mtr extracellular electron-transfer pathways in Fe(III)-reducing or Fe(II)-oxidizing bacteria: a genomic perspective. Biochem Soc Trans, 40(6): 1261-1267.

Shi Z, Zachara J M, Shi L, et al. 2012b. Redox reactions of reduced flavin mononucleotide(FMN), riboflavin(RBF), and anthraquinone-2, 6-disulfonate (AQDS) with ferrihydrite and lepidocrocite. Environ Sci Technol, 46(21): 11644-11652.

Shi Z, Zachara J M, Wang Z, et al. 2013. Reductive dissolution of goethite and hematite by reduced flavins. Geochim Cosmochim Ac, 121: 139-154.

Singer E, Emerson D, Webb E A, et al. 2011. *Mariprofundus ferrooxydans* PV-1 the first genome of a marine Fe(II) oxidizing *Zetaproteobacterium*. PLoS One, 6(9): e25386.

Snider R M, Strycharz-Glaven S M, Tsoi S D, et al. 2012. Long-range electron transport in *Geobacter sulfurreducens* biofilms is redox gradient-driven. Proc Natl Acad Sci USA, 109(38): 15467-15472.

Steidl R J, Lampa-Pastirk S, Reguera G. 2016. Mechanistic stratification in electroactive biofilms of *Geobacter sulfurreducens* mediated by pilus nanowires. Nat Commun, 7: 12217.

Straub K L, Buchholz-Cleven B E. 2001. *Geobacter bremensis* sp. nov. and *Geobacter pelophilus* sp. nov., two dissimilatory ferric-iron-reducing bacteria. Int J Syst Evol Microbiol, 51(Pt 5): 1805-1808.

Strycharz S M, Glaven R H, Coppi M V, et al. 2011. Gene expression and deletion analysis of mechanisms for electron transfer from electrodes to *Geobacter sulfurreducens*. Bioelectrochemistry, 80(2): 142-150.

Strycharz S M, Heiner C, Malanoski A P, et al. 2016. Description of 'Candidatus Tenderia electrophaga', an uncultivated electroautotroph from a biocathode enrichment. Int J Syst Evol Microbiol, 66(6): 2178-2185.

Strycharz S M, Woodard T L, Johnson J P, et al. 2008. Graphite electrode as a sole electron donor for reductive dechlorination of tetrachlorethene by *Geobacter lovleyi*. Appl Environ Microbiol, 74: 5943-5947.

Strycharz S, Gannon S, Boles A, et al. 2010. *Anaeromyxobacter dehalogenans* interacts with a poised graphite electrode for reductive dechlorination of 2-chlorophenol. Environ Microbiol Rep, 2: 289-294.

Strycharz-Glaven S M, Snider R M, Guiseppi-Elie A, et al. 2011. On the electrical conductivity of microbial nanowires and biofilms. Energy Environ Sci, 4(11): 4366-4379.

Su W T, Zhang L X, Li D P, et al. 2012. Dissimilatory nitrate reduction by *Pseudomonas alcaliphila* with an electrode as the sole electron donor. Biotechnol Bioeng, 109(11): 2904-2910.

Summers Z M, Fogarty H E, Leang C, et al. 2010. Direct exchange of electrons within aggregates of an evolved syntrophic coculture of anaerobic bacteria. Science, 330(6009): 1413-1415.

Summers Z M, Gralnick J A, Bond D R. 2013. Cultivation of an obligate Fe(II)-oxidizing lithoautotrophic bacterium using electrodes. mBio, 4(1): e00420-12.

Sun D, Wang A J, Cheng S A, et al. 2014. *Geobacter anodireducens* sp. nov., an exoelectrogenic microbe in bioelectrochemical systems. Int J Syst Evol Microbiol, 64(Pt 10): 3485-3491.

Tan Y, Adhikari R Y, Malvankar N S, et al. 2017. Expressing the *Geobacter metallireducens* PilA in *Geobacter sulfurreducens* yields pili with exceptional conductivity. mBio, 8(1): e02203-16.

Thrash J C, Van Trump J I, Weber K A, et al. 2007. Electrochemical stimulation of microbial perchlorate reduction. Environ Sci Technol, 41(5): 1740-1746.

Tremblay P L, Angenent L T, Zhang T. 2017. Extracellular electron uptake: among autotrophs and mediated by surfaces. Trends Biotechnol, 35(4): 360-371.

Trojan D, Schreiber L, Bjerg J T, et al. 2016. A taxonomic framework for cable bacteria and proposal of the candidate Genera Electrothrix and Electronema. Syst Appl Microbiol, 39(5): 297-306.

Van der Zee F R, Cervantes F J. 2009. Impact and application of electron shuttles on the redox (bio) transformation of contaminants: A review. Biotechnol Adv, 27: 256-277.

Vargas M, Malvankar N S, Tremblay P L, et al. 2013. Aromatic amino acids required for pili conductivity and long-range extracellular electron transport in *Geobacter sulfurreducens*. mBio, 4(2): e00105-13.

Vilajeliu-Pons A, Koch C, Balaguer M D, et al. 2018. Microbial electricity driven anoxic ammonium removal. Water Res, 130: 168-175.

von Canstein H, Ogawa J, Shimizu S, et al. 2008. Secretion of flavins by *Shewanella* species and their role in extracellular electron transfer. Appl Environ Microbiol, 74(3): 615-623.

Watanabe K, Manefield M, Lee M, et al. 2009. Electron shuttles in biotechnology. Curr Opin Biotechnol, 20: 633-641.

Wegener G, Krukenberg V, Riedel D, et al. 2015. Intercellular wiring enables electron transfer between methanotrophic Archaea and bacteria. Nature, 526(7574): 587-590.

White G F, Shi Z, Shi L, et al. 2013. Rapid electron exchange between surface-exposed bacterial cytochromes and Fe(III) minerals. Proc Natl Acad Sci USA, 110(16): 6346-6351.

Xiao K, Malvankar N S, Shu C J, et al. 2016. Low energy atomic models suggesting a pilus structure that could account for electrical conductivity of *Geobacter sulfurreducens* pili. Sci Rep, 6: 23385.

Xin W, Ping Y, Cuiping Z, et al. 2015. Enhanced *Alcaligenes faecalis* denitrification rate with electrodes as the electron donor. Appl Environ Microbiol, 81(16): 5387-5394.

Yang G Q, Huang L Y, You L X, et al. 2017. Electrochemical and spectroscopic insights into the mechanisms of bidirectional microbe-electrode electron transfer in *Geobacter soli* biofilms. Electrochem Commun, 77: 93-97.

Yates M D, Golden J P, Roy J, et al. 2015. Thermally activated long range electron transport in living biofilms. Phys Chem Chem Phys, 17(48): 32564-32570.

Yi H N, Nevin K P, Kim B C, et al. 2009. Selection of a variant of *Geobacter sulfurreducens* with enhanced capacity for current production in microbial fuel cells. Biosens Bioelectron, 24(12): 3498-3503.

Yilmazel Y D, Zhu X P, Kim KY, et al. 2018. Electrical current generation in microbial electrolysis cells by hyperthermophilic Archaea *Ferroglobus placidus* and *Geoglobus ahangari*. Bioelectrochemistry, 119: 142-149.

Yu L P, Yuan Y, Chen S S, et al. 2015. Direct uptake of electrode electrons for autotrophic denitrification by *Thiobacillus denitrificans*. Electrochem Commun, 60: 126-130.

Zacharoff L, Chan C H, Bond D R. 2016. Reduction of low potential electron acceptors requires the CbcL inner membrane cytochrome of *Geobacter sulfurreducens*. Bioelectrochemistry, 107: 7-13.

Zengler K. 2009. Central role of the cell in microbial ecology. Microbiol Mol Biol Rev, 73(4): 712-729.

Zhang T, Cui C, Chen S, et al. 2006. A novel mediatorless microbial fuel cell based on direct biocatalysis of *Escherichia coli*. Chem Commun, 21: 2257-2259.

Zhang T, Nie H R, Bain T S, et al.2013. Improved cathode materials for microbial electrosynthesis. Energy Environ Sci, 6(1): 217-224.

Zhang T, Zeng Y, Chen S, et al. 2007. Improved performances of *E. coli* catalyzed microbial fuel cells with composite graphite/PTFE anodes. Electrochem Commun, 9: 349-353.

第四章 环境中的电活性物质

电子传递反应是水、土壤和沉积物中生物地球化学循环的基础，控制着大多数地球化学和生物化学转化。电活性物质（electroactive substance，ES）是电子-离子的混合导体，处于完全氧化或还原状态时呈现绝缘体特征，在氧化和还原状态之间转换时能够可逆地置入或释放离子或电子（离子交换或充放电过程）成为电导体。环境中的电活性物质，按其来源可分为天然电活性物质和人工电活性物质两大类。天然电活性物质是一类由生物地球化学循环过程产生的氧化还原活性物质，包括腐殖质、天然铁矿等。人工电活性物质是人工合成的导电材料，如碳基材料、金属和金属氧化物及有机金属框架化合物等，由于其优良导电性而受到广泛关注。天然电活性物质在微生物胞外电子传递过程中的应用研究起源于 20 世纪末，至今仍是当前国内外的研究热点领域。人们对各种电活性物质与电活性微生物的相互作用已有了较深入的认识。然而，人工电活性物质在微生物电化学领域的应用研究尚处于探索阶段，开发制备工艺简单、导电性高、生物相容性好、高效稳定、成本低、环境友好、可规模化生产的人工电活性材料仍是微生物电化学研究的重要内容。

第一节 环境中的天然电活性物质

一、氧化还原活性矿物

矿物是天然存在的无机固体，构成了大多数类地行星的固体部分。这些矿物中的铁、锰、钛和硫等氧化还原活性元素使它们能够进行广泛的电子转移反应，包括生物介导的电子转移反应和生物地球化学循环过程。氧化还原活性矿物是天然存在的部分或全部由氧化还原反应元素组成的固体物质（Ahmed and Hudson-Edwards，2017）。在化学中，氧化还原反应是两个涉及电子交换的反应的总和。所以氧化还原活性矿物是自然存在的固体化合物，参与电子交换反应。其可能包括大多数矿物，尽管许多阳离子在自然环境中不显示可变的氧化态，但在矿物中发现的大多数阴离子，如氧和硫会显示可变的氧化态。本书中的氧化还原活性矿物本质上是特指那些可以作为微生物代谢过程中的电子供体或电子受体的矿物，主要包括具有氧化还原反应表面的矿物及其矿物纳米颗粒。因此，本节将着重介绍铁、锰以及硫化物等氧化还原活性矿物。

（一）铁氧化矿物

严格地说，铁氧化矿物中只包含铁（Fe）和氧（O），其中铁以二价（Fe^{2+}）态、三价（Fe^{3+}）态或混合价态形式存在。目前，已知的天然铁氧化矿物只有 4 种：磁铁矿、赤铁矿、磁赤铁矿和方铁矿。磁铁矿（Fe_3O_4）含有 Fe^{2+} 和 Fe^{3+}，化学计量比为 1：2；

赤铁矿（α-Fe$_2$O$_3$）和磁赤铁矿（γ-Fe$_2$O$_3$）均只具有三价铁；而方铁矿（FeO）只由二价铁组成。最近发现了高压相 Fe$_4$O$_5$（Lavina et al.，2011），它是由磁铁矿分解形成的，已知存在于上地幔，在自然环境中还没有被确认。

　　铁氧化矿物的结构均以紧密排列的氧离子（O^{2-}）晶格为基础，较小的铁阳离子占据氧八面体和四面体之间的配位空隙（图 4-1）（Parkinson，2016）。方铁矿在还原条件下生成，在岩盐结构中结晶，在八面体中含有 Fe^{2+}，通常有非化学计量的阳离子空位。赤铁矿（α-Fe$_2$O$_3$）在氧化条件下形成，在刚玉结构中结晶，在八面体中含有 Fe^{3+}。在这两者之间，形成磁铁矿（Fe$_3$O$_4$），Fe$_3$O$_4$ 具有立方对称的尖晶石结构，氧原子排列在面心立方（fcc）晶格中，Fe^{2+}和 Fe^{3+}占据空隙位置，化学计量比为 1∶2。一半的 Fe^{3+}在四面体中，八面体中有 Fe^{2+}和 Fe^{3+}的混合物（Fe^{2+}∶Fe^{3+}=1∶1），这种特殊的阳离子分布构成"反尖晶石"结构。当 Fe$_3$O$_4$ 被直接氧化时，尖晶石结构中的 Fe^{2+}转化为 Fe^{3+}，并且在八面体亚晶格中出现补偿铁空位（V$_{Fe}$）。有空位的尖晶石结构非常坚固，能够适应 Fe$_3$O$_4$ 和 Fe$_2$O$_3$ 之间的全部化学计量比。在极端情况下，所有的铁被氧化为 Fe^{3+}，并形成磁赤铁矿（γ-Fe$_2$O$_3$）。γ-Fe$_2$O$_3$ 不易转变为 α-Fe$_2$O$_3$，因为尖晶石向刚玉结构的转变需要氧离子晶格从面心立方（fcc）晶格转变为六方紧密堆积（hcp）晶格（图 4-1）。相比之下，γ-Fe$_2$O$_3$、Fe$_3$O$_4$ 和 FeO 之间的转换是非常流畅的，因为这只需要对 fcc 氧晶格内阳离子进行重排。铁氧化矿物在从 FeO 到 Fe$_2$O$_3$ 的整个范围内均保持着紧密的阴离子晶格，而在接近矿物相边界的地方可能由于阳离子的过量缺失而存在高度缺陷，最终在这些不同相的表面发生氧化还原反应。

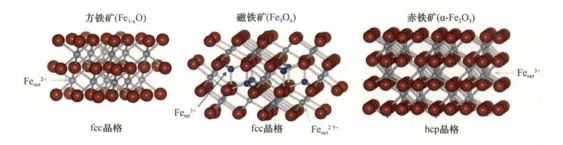

图 4-1　不同铁氧化矿物的晶体结构（Parkinson，2016）

Figure 4-1　The crystal structures of different iron oxide minerals

铁氧化矿物建立在紧密的 O^{2-}阴离子晶格上，金属阳离子在八面体和四面体的配位上。磁赤铁矿（未显示）与磁铁矿结构相同，但在八面体亚晶格上有铁空位

　　我们的讨论将不限于铁氧化矿物的严格定义，而是包括氢氧化铁矿物和氧氢氧化铁矿物（表 4-1），它们是沉积环境中的关键组分。在氧氢氧化物中，根据 FeOOH 八面体的空间排列可将其分为 4 种晶型。最常见的是针铁矿（α-FeOOH）和纤铁矿（γ-FeOOH），分别具有六方紧密堆积（hcp）和立方紧密堆积（ccp）阴离子晶格。更稀有的四方纤铁矿（β-FeOOH）和六方纤铁矿（δ'-FeOOH）分别具有体心立方（bcc）和六方紧密堆积（hcp）的阴离子晶格。水铁矿和施氏矿物都是结晶性差的羟基铁氧化物。水铁矿只以纳米粒子的形式存在，或者是更结晶的"六线"形式，因为它在 X 射线衍射

中显示为六线（Gilbert et al.，2013），或者是晶体较差的"双线"形式，它只显示两条宽的 X 射线衍射线。施氏矿物与四方纤铁矿具有相同的结构，但其隧道结构中含有硫酸盐络合物，而不是四方纤铁矿中的氯离子。在两种天然的氢氧化物中，绿锈（GR）与磁铁矿一样，是一种混合价铁矿物，其 Fe^{2+} 和 Fe^{3+} 之比为 0.8～3.6。伯纳石 $[Fe(OH)_3]$ 是最近发现的一种具有钙钛矿结构的氢氧化铁矿物（Birch et al.，1992）。

表 4-1　天然存在的铁氧化矿物
Table 4-1　Naturally occurring iron oxide minerals

名称	化学式	晶体对称性
维氏体（Wüstite）	FeO	等距六八面体
磁铁矿（Mt）	Fe_3O_4	立方尖晶石
未命名的高压相	Fe_4O_5	正交晶系
赤铁矿（Ht）	Fe_2O_3	菱面体
磁赤铁矿（Mh）	$Fe_{2.67}O_4$	立方尖晶石
针铁矿（Gt）	FeO(OH)	正交晶系
四方纤铁矿	β-FeOOH	单斜晶系
纤铁矿	$Fe^{3+}O(OH)$	正交晶系
六方纤铁矿	δ'-FeOOH	六方晶系
水铁矿（Fh）	$Fe^{3+}_{4-5}(OH, O)_{12}$	六方晶系
施氏矿物	$Fe_8O_8(OH)_6(SO) \cdot nH_2O$	正方晶系
绿锈	$[Fe^{2+}_{1-x}Fe^{3+}_x(OH)_2]^{x+} \cdot (x/n)[A^{n-}]^{x-} \cdot m[H_2O]$	A^{n-}为夹层阴离子，H_2O 为夹层水分子
伯纳石	$Fe(OH)_3$	正交晶系

（二）锰氧化矿物

锰氧化矿物在自然环境中普遍存在，并存在于各种环境中，如海洋底部、土壤和沉积物、岩屑、荒漠漆皮以及淡水水体（Negra et al.，2005；Post，1999）。尽管与铁和铝氧化矿物相比，锰氧化矿物在环境中的普遍程度相对较低，但环境污染物如重金属和有毒有机分子的流动性和生物有效性，可能受到锰氧化矿物的强烈调控（Post，1999）。锰氧化矿物被认为是氧化能力最强的天然氧化剂，能氧化多种有机基质。锰通常以 Mn(Ⅱ)、Mn(Ⅲ)或 Mn(Ⅳ)的形式存在于自然环境中。Mn(Ⅱ)在还原条件下是有利的，主要与铁镁硅酸盐和其他含铁矿物共生（Graham et al.，1988）。在矿物风化过程中，与这些原生矿物共生的 Mn(Ⅱ)在矿物表面或溶液中被氧化成 Mn(Ⅲ)和 Mn(Ⅳ)。土壤和沉积物中大多数自然生成的锰氧化矿物最初是通过微生物介导的途径形成的（图 4-2）。各种各样的生物群，包括细菌和真菌，在各种自然环境中催化 Mn(Ⅱ)氧化成 Mn(Ⅲ/Ⅳ)氧化物（Adams and Ghiorse，1988；Villalobos et al.，2003）。Mn(Ⅱ)氧化细菌在自然界中普遍存在，尤其是在有足够 Mn(Ⅱ)供应的环境，如好氧-缺氧过渡带（黑海、沉积物、峡湾）或热液喷口，海洋、湖泊、土壤中的锰铁结核和结核，水管等处。然而，在 Mn 循环迅速的环境中，Mn(Ⅱ)氧化细菌可能对当地的生物地球化学循环有更大的影响，也就是说，Mn(Ⅱ) $\rightleftharpoons$ Mn(Ⅲ/Ⅳ)反应进行得很快，没有特定的产物或反应物的积累，新形成的锰氧化矿物可以与其他元素快速反应。尽管 Mn(Ⅱ)氧化细菌类型和 Mn(Ⅱ)氧化分子机制有了新的进展，但 Mn(Ⅱ)氧化细菌分布、活性和生化功能相关的控制性因素却仍然未知（Tebl et al., 2005）。

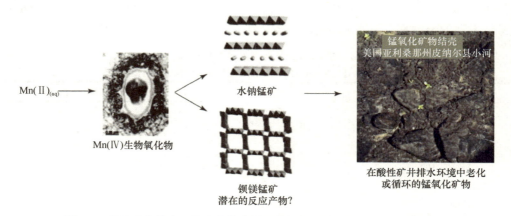

图 4-2　酸性矿井排水环境中老化或循环的锰氧化矿物（Tebo et al., 2005）

Figure 4-2　Aged or cycled Mn oxide minerals in an acid-mine drainage environment

　　各种各样的 Mn(Ⅲ/Ⅳ)氧化矿物被用来氧化有机污染物。固相 Mn(Ⅳ)氧化矿物有隧道结构和层结构两种（表 4-2，图 4-3）。Mn(Ⅳ)氧化矿物的基本结构单元是 MnO_6 八面体，它们通过共享边缘和/或角组装成隧道结构和层结构。隧道锰氧化矿物和层状锰氧化矿物都可能在隧道区或层间区驻留大量的阳离子或水分子。一般来说，锰氧化矿物的反应活性（如吸附容量或电子转移速率）直接与它们的表面积成正比，随着结晶度的降低而增加（Remucal and Ginder-Vogel，2014）。

表 4-2　锰氧化矿物概要

Table 4-2　Summary of Mn（Ⅲ/Ⅳ）oxide minerals

名称	化学式	结构	备注
酸性水钠锰矿	$Mn^{Ⅳ}O_2$	层状	也称为三斜硼酸盐
水钠锰矿	$(Na_{0.3}Ca_{0.1}K_{0.1})$ $(Mn^{Ⅳ}, Mn^{Ⅲ})_2O_4 \cdot H_2O$	层状	通常也称为 $\delta-MnO_2$
$\delta-MnO_2$	$Mn^{Ⅳ}O_2$	层状	也可称为水锰矿石或含水氧化锰
布赛尔矿	$Na_4Mn_{14}O_{27} \cdot 21H_2O$	层状	水钠锰矿的水合形式
六方水锰矿（$\beta-MnOOH$）	$Mn^{Ⅲ}OOH$	层状	
锰钡矿（$\alpha-MnO_2$）	$Ba（Mn_6^{Ⅳ}Mn_2^{Ⅲ}）O_{16}$	2×2 隧道结构	通常合成纳米棒
锰钾矿	$K（Mn_7^{Ⅳ}Mn^{Ⅲ}）O_{16}$	2×2 隧道结构	纳米棒或纳米线
斜方锰矿（$\gamma-MnO_2$）	$Mn^{Ⅳ}O_2$	2×1 隧道结构	纳米棒或纳米线
软锰矿（$\beta-MnO_2$）	$Mn^{Ⅳ}O_2$	1×1 隧道结构	
水锰矿（$\gamma-MnOOH$）	$Mn^{Ⅲ}OOH$	1×1 隧道结构	通常合成纳米线
黑锰矿	$Mn^{Ⅲ}_2Mn^{Ⅱ}O_4$	尖晶石	通常包含 Fe(Ⅲ)，Fe(Ⅲ) 作为一种杂质
生物锰氧化物	$Mn^{Ⅳ}O_2$	层状，有基本的层间阳离子	通常含有数量可观的 Mn(Ⅲ)

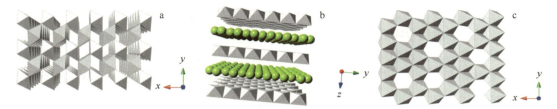

图 4-3　水锰矿和水钠锰矿的空间结构（Remucal and Ginder-Vogel，2014）

Figure 4-3　The spatial structures of manganite and birnessite

a. 水锰矿；b. 水钠锰矿，层间水合的 Na^+（绿色）平衡锰八面体层的负电荷（灰色）；c. 六方水钠锰矿中一个具有空位的锰八面体薄片俯视图

（三）硫化物矿物

虽然已知的硫化物矿物有几百种，但其中只有 6 种足够丰富，可视为"造岩矿物"，分别为黄铁矿（pyrite）、磁黄铁矿（pyrrhotite）、方铅矿（galena）、闪锌矿（sphalerite）、黄铜矿（chalcopyrite）和辉铜矿（chalcocite）。这些矿物大多以副矿物的形式出现在某些主要岩石类型中，其中黄铁矿 FeS_2 是在地壳中分布最广的硫化物。黄铁矿结构如图 4-4 所示，在 S_2 哑铃结构中，三个低自旋二价铁的配位八面体在 S_2 哑铃的两端相遇，没有共用边。金属硫化物表现出多种多样的电磁特性，具有广泛的科学研究和实际应用价值。某些纯硫化矿物和掺杂合成等价物在电子工业（光学器件、光伏、光电二极管和磁性记录器件）中具有实际或潜在的应用价值。硫化物也是许多薄膜器件的组成部分，并得到了广泛的应用。许多天然硫化物矿物的电阻率如表 4-3 所示。

图 4-4　黄铁矿 FeS_2 的多面体表示法

Figure 4-4　Pyrite FeS_2 in a polyhedral representation

配位八面体（FeS_6）共用角和共价 S—S 键（黑色表示）

表 4-3　某些硫化物矿物的电阻率

Table 4-3　Resistivity of certain sulfide minerals

名称	化学式	电阻率/（Ω/cm）	
		矿石	矿物
黄铁矿	FeS_2	0.01～1 000	0.005～5
黄铜矿	$CuFeS_2$	0.01～10	0.01～0.07
磁黄铁矿	$Fe_{1-x}S$	0.001～0.1	0.001～0.005
砷黄铁矿	FeAsS	0.1～10	0.03
斜方砷铁矿	$FeAs_2$	—	0.003
辉砷钴矿	CoAsS	—	1～5
方铅矿	PbS	1～30 000	0.003～0.03

生活在地球表面和近表面的生物影响硫和金属的循环，从而影响硫化物矿物的形成和分解。矿物形成的生物介导作用可以有多种形式。一些生物已经进化到能够合成矿物质来实现特定的功能，如结构支撑、抵御捕食者、硬化或磁性感应。在这些情况下，有机体对矿物的性质和位置进行严格的控制。这种矿物形成的过程称为生物控制矿化（biologically controlled mineralization，BCM）（Endo et al.，2018）。生物矿物也可以是生物体代谢的副产品，或者是生物体的组成部分。生命可以创造化学环境，导致矿物的沉淀，生物表面可以作为矿物颗粒的成核点。在这种情况下，矿物的偶然沉积被称为生物诱导矿化（biologically induced mineralization，BIM）（Endo et al.，2018）。虽然我们只知道由 BCM 形成硫化物矿物的少数例子，但大量硫化铁是由 BCM 形成的，影响着全球铁、硫、氧的循环（Berner，2001；Canfield et al.，2000）。生物体也能够分解矿物质。生物过程可以增强硫化物的溶解，而一些微生物通过氧化硫化物矿物中的硫或金属来获得能量，从而将硫化物转化为溶解态物质或氧化物（Kappler and Straub，2005）。

（四）黏土矿物

黏土矿物是指具有链状结构晶格架或片层状结构的硅铝酸盐，在自然界中，黏土矿物往往以微小的颗粒形式存在，由原生矿物长石及云母等硅铝酸盐在碱性条件下经风化作用而形成，也有部分是来源于沉积于海底的火山灰分解。硅铝酸盐矿物中硅酸盐主要由硅氧四面体$[SiO_4]$组成，铝酸盐主要由铝氧八面体组成，两种不同的硅铝酸盐按照一定的比例会构成结构不同的黏土矿物。例如高岭石（kaolinite）为 1∶1 结构模型，蒙脱石（montmorilonite）、海泡石（sepiolite）和伊利石（illite）为 2∶1 结构构型。

蒙脱石分子式：$(Al, Mg)_2[Si_4O_{10}](OH)_2 \cdot nH_2O$，为 $C2/m$（单斜晶系）PI 空间结构。四面体片由 Si—O 四面体共角顶连接而成。每一个硅氧四面体$[SiO_4]$有三个角顶上的氧都是与相邻的硅氧四面体共有的，它们的电荷已经达到平衡（如有 Al 代替 Si 时为例外），这种氧称为桥氧（或称非活性氧），以 O 表示（图 4-5）。剩下的一个未被公用的氧，有自由负电荷存在，能与其他离子相结合，这种氧称为非桥氧（或称活性氧）。它与其他黏土矿物一样位于层的同一侧，且活性氧之间有一定的空隙。由于$[SiO_4]$四面

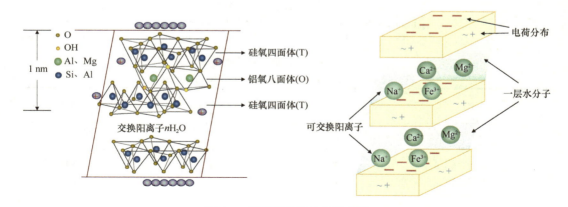

图 4-5　蒙脱石晶体结构示意图

Figure 4-5　Crystal structure diagram of montmorillonite

体连接成具六方环状网孔的层，因而用离子的配位多面体也连接成层状分布，且与之配位的阳离子的大小和电荷值具有一定的局限性。蒙脱石中，阳离子与上下两层四面体片中的活性氧组成八面体片，充填八面体空隙的离子有 Mg^{2+}、Al^{3+}、Fe^{2+}、Fe^{3+} 等少数几种。因此当三个八面体空隙均被 Mg^{2+}、Fe^{2+} 等二价阳离子占据时，八面体片没有空位，称为三八面体型结构；而蒙脱石八面体空隙内主要充填 Al^{3+} 和少量 Fe^{3+}（也有少量 Mg^{2+} 和 Fe^{2+}），常有一个位置是空缺的，故称为二八面体型结构。在八面体片的上下各有一层四面体片，形成蒙脱石的四-八-四结构单元层。

　　蒙脱石四-八-四结构单元层与结构单元层之间有较大的空隙，这是因为结构单元层内部正负电荷不平衡，常有负电荷过剩，需层间有阳离子配位，补偿正电荷的不足，因此在蒙脱石晶体结构的层间就常存在 Ca^{2+}、K^+、Na^+、Fe^{3+} 等大阳离子。在结构单元层间大阳离子的上下各有一层水分子，常与大阳离子形成水合络合物。另在层间缺少大阳离子的空位上有三层（或三层以上）水分子吸附，在层间有时还能吸附甘油、乙二醇等有机质和其他交换性阳离子。

　　黏土矿物中的结构性铁是许多原始和受污染的环境以及工程系统中重要的氧化还原活性物质（Gorski et al.，2012a，2012b，2013）。黏土矿物中含有的氧化还原活性结构铁，参与环境污染物、细菌和生物营养物质的电子转移反应。

二、天然有机大分子物质

　　天然有机质（natural organic matter，NOM）来源于动植物的分解残体，是结构和组分十分复杂且物理上分布不均匀的有机混合物。它在地表环境介质（大气、土壤、岩石、水体、沉积物）中普遍存在，具有重要的生态和环境意义。NOM 作为最重要的氧化还原活性化合物，参与了地下水系统生物地球化学过程中氧化还原活性元素和污染物的转化和迁移（Lau and del Giorgio，2020）。醌/对苯二酚基团通常被认为是 NOM 中主要的氧化还原活性官能团（Yang et al.，2016）。由于表面官能团（如醌/对苯二酚对）的充放电循环，NOM 已被证明可以作为"地电池"，可以可逆地接受和提供电子（Klüpfel et al.，2014a；Lovley et al.，1996）。NOM 的电子充放电能力和再充放电过程与氧化还原条件（Eh）和氧化还原活性官能团有关（Aeschbacher et al.，2010）。此外，NOM 还可能介导土壤和沉积物中氧化还原活性化合物之间的电子转移，这种氧化还原过程已被证明在抑制温室气体排放、铁矿还原和污染物去除等方面发挥重要作用（Valenzuela and Cervantes，2021）。

　　NOM 一般可分为颗粒态有机质（particulate organic matter，POM）和溶解态有机质（dissolved organic matter，DOM），通常将能通过 0.45 μm 或 0.75 μm 玻璃纤维滤膜的有机质定义为溶解态，其余的为颗粒态。POM 已被证实是环境中存在的重要的电子受体（Gao et al.，2019；Lau et al.，2015）。DOM 是天然水体中的重要化学组分，在地表水中的浓度为 0.2～20 mg/L（Rodrigues et al.，2009）。DOM 是芳香族和脂肪族碳氢化合物结构的复杂混合物，附着有酰胺、羧基、羟基、酮基和各种小官能团，自然水体中的多相分子聚集增加了 DOM 的复杂性（Maizel and Remucal，2017）。尽管 DOM 极其复杂，其反应活性的分子基础尚不清楚，但 DOM 中氧化还原活性羰基（芳香族酮/醛和醌）被认为是至关重要的（Wang and Ma，2020）。早在几十年前，研究者就已确认异养菌利用醌类作为呼吸电子库与 DOM 相互作用（Lovley et al.，1996）。醌类化合物是 DOM 中稳定且普遍存在的成分（占 DOM-C 的 3%～12%）（Aeschbacher et al.，2012），在厌氧微生物呼吸中可被可逆的、非破坏性的使用，醌类物质可以在短距离耦合电子的源和汇，从而介导互营微生物之间的电子传递或微生物与非生物介质之间的电子传递（图 4-6）（Lau and del Giorgio，2020）。

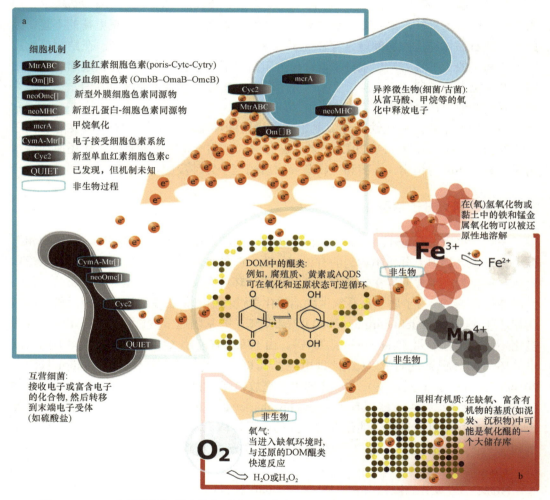

图 4-6　DOM 介导的厌氧微生物代谢中可能的电子通量路径（Lau and del Giorgio，2020）

Figure 4-6　Possible electron flux routes in anaerobic microbial metabolism mediated by DOM

异养微生物偶联有机物的氧化与传递电子给互营微生物（a）或其他电子受体（b）。醌系统可以接受这些电子，并在周围的介质中扩散，从而在短距离内耦合电子源和汇。左上角标签表明转移电子给醌或接受醌或互营菌转移的电子时的细胞机制（电子传递相关的编码基因）

　　NOM 经过腐殖化过程（Stevenson，1994）进一步形成腐殖质（humus，HS）（图 4-7）。HS，或称腐殖物质，是一种复杂的有机化合物，其主要特征是化学结构复杂、颜色较深、氧化还原功能组分丰富、耐生物降解（Stevenson，1994）。根据 HS 的溶解度，其可分为三类，即腐殖酸（humic acid）、富里酸（fulvic acid）和胡敏素（humin）（Alken，1985）。HS 和 DOM 具有相似的化学性质（Stevenson，1994），实际上，操作上定义的腐殖质通常构成了河流中平均 DOM 的 50%（Hedges，1986）。在与腐殖质相关的研究中，也出现了各种不同的名词指代和混用的现象，如 NOM（Lau and del Giorgio，2020；Valenzuela et al.，2017；Walpen et al.，2018）、氧化还原活性 NOM（NOM 中具有电子转移能力的部分）（Bai et al.，2020）、有机酸（Reed et al.，2017）或持续分解的有机化合物（Lehmann and Kleber，2015）。在本书中，我们将这种类腐殖质的具有氧化还原活性的物质统称为天然氧化还原活性有机分子（natural redox-active organic molecule，NRAOM）（Valenzuela and Cervantes，2021）（图 4-7）。

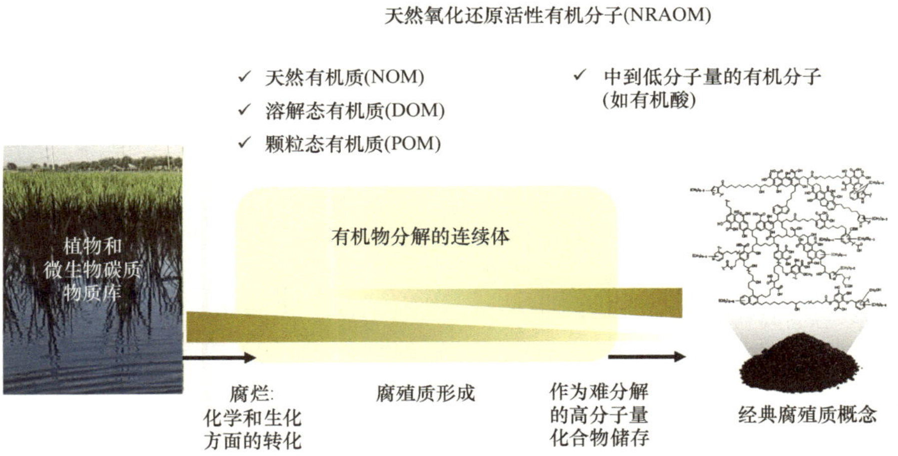

图 4-7　天然有机质（NOM）相关天然氧化还原活性有机分子（NRAOM）示意图，包含腐殖质/腐殖物质（HS）的传统概念（结构和成因）（Valenzuela and Cervantes，2021）

Figure 4-7　Schematic depiction of natural organic matter (NOM) related natural redox-active organic molecules (NRAOM) enclosing the traditional concept (structure and genesis) of Humus/humic substances (HS)

HS 的氧化还原能力源于其结构中氧化还原官能团的存在。它们可以接受来自电子供体的电子，并将其传递给相应的电子受体，从而参与环境中的电子传递过程。HS 中存在大量的氧化还原官能团，其中羧基和酚基基团含量最为丰富（Ritchie and Perdue，2003）。氧化还原电势差是电子传递发生的必要条件，HS 氧化还原电势的高低决定着其在电子传递过程中所扮演的角色。不同的功能基团、取代基以及取代位置都对 HS 的氧化还原电势产生影响（袁英等，2014）。HS 中氧化还原官能团的存在起了三方面的作用（Martinez et al.，2013），显著影响了各种无机和有机污染物的氧化还原转换和命运：①作为微生物呼吸的终端电子受体（Lovley et al.，1996）；②作为电子供体和电子受体之间的氧化还原介质（电子穿梭体）（Jiang and Kappler，2008）；③作为电子供体使微生物还原更多的氧化电子受体（Aeschbacher et al.，2012）。除氧化还原能力外，HS 还能介导电子转移，其介导电子转移的能力受 HS 结构和所处环境两大因素影响，一般情况下，水体 HS 比土壤和沉积物 HS 具有相对较小的电子接受能力（electron accepting capacity，EAC）和较大的电子供给能力（electron donating capacity，EDC）。由于 HS 结构较为复杂，在 HS 电子转移能力的相关研究中常使用小分子醌类物质作为模式物进行相关研究。常用的模式醌类物质有：胡桃醌（JQ）、苯醌（BQ）、萘醌（NQ）、羟基萘醌（LQ）、蒽醌-2,6-二磺酸盐（AQDS）、蒽醌二羧酸盐（AQC）、2,6-二羟基蒽醌（AQOH）、2-甲基-5-羟基-1,4 萘醌（plumbagin）以及 1,4-萘醌-2-硫酸盐（NQS），其结构如图 4-8 所示，其中最常用的模式物是 AQDS（Ratasuk and Nanny，2007）。

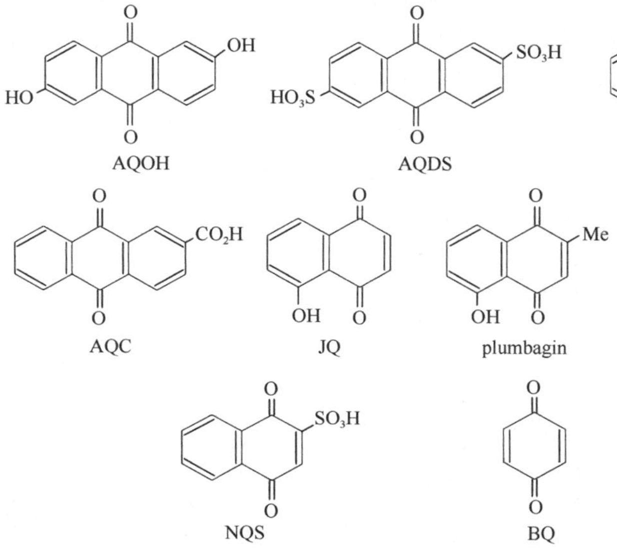

图 4-8　作为潜在氧化还原介质的醌类物质化学结构（Ratasuk and Nanny，2007）

Figure 4-8　Chemical structure of quinones used as potential redox mediators

已有研究表明，即使在有氧气存在的条件下腐殖质中也依然存在还原性官能团（Aeschbacher et al.，2010；Bauer and Kappler，2009；Peretyazhko and Sposito，2006），其氧化还原电势为 0.32（pH= 7.0）～0.78 V（pH= 5.0）（Struyk and Sposito，2001；Visser，1964）。Aeschbacher 等（2011）的研究表明，腐殖质中的氧化还原官能团可以被电化学法转化成不同的氧化还原状态，其 pH=7.0 条件下的标准还原电势为–0.3～+0.15 V，常见模式醌类物质在 pH= 7 条件下的电势分布如图 4-9 所示（袁英等，2014）。

当前对于 HS 氧化还原能力的研究主要集中于可溶性腐殖质，对难溶性腐殖质成分（胡敏素）氧化还原能力的研究鲜见报道，但难溶性腐殖质成分仍具有可观的电子转移能力，值得广大学者做深入研究。此外，目前 HS 氧化还原电势和电子转移能力的测定方法都存在一定的弊端，不同检测方法其测定值存在一定差异，可对比性较差，这在某种程度上阻碍了 HS 结构和氧化还原官能团的研究，构建或优化一种灵敏稳定、适用范围广泛的 HS 电子转移能力测定方法对 HS 结构和氧化还原能力的深入研究具有重大意义。

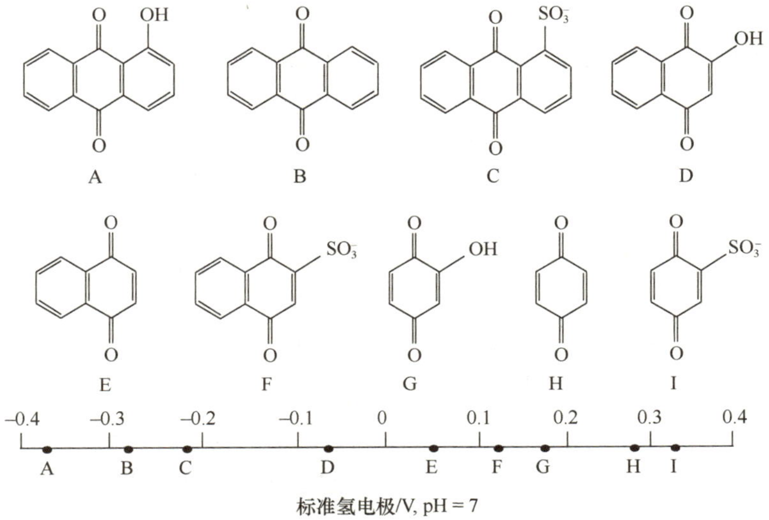

图 4-9 常见醌模式物在 pH= 7 条件下的氧化还原电位分布图（袁英等，2014）

Figure 4-9 Eh-values at pH= 7 for common model quinones

三、天然有机小分子物质

电子穿梭体（electron shuttle，ES）也称氧化还原介体（redox mediator，RM），是能充当电子载体、可逆地参与氧化还原反应的一类物质（Van der Zee and Cervantes，2009，Watanabe et al.，2009）。厌氧条件下微生物将电子传递给胞外电子受体的现象非常普遍，胞外电子穿梭体（extracellular electron shuttle，EES）是介导胞外电子传递过程的重要介质之一。ES 介导微生物胞外电子传递的基本过程为：氧化态电子穿梭体（ES$_{ox}$）接受电子变成还原态电子穿梭体（ES$_{red}$），ES$_{red}$ 传递电子给胞外电子受体，自身再次氧化成 ES$_{ox}$，从而循环往复（图 4-10）（马金莲等，2015）。一部分微生物能利用天然存在或人工合成的某些物质作为外源性 ES，并将其携带的电子传递至微生物胞外电子受体。外源性 ES 包括环境中天然存在或人工合成的具有接受和给出电子能力的各种氧化还原物质，如铁氧化矿物（Paquete et al.，2014）、颗粒活性炭（Santos et al.，2015）、含硫化合物和腐殖质（Lovley et al.，1996）等。另一部分微生物自身能分泌一些物质作为内源性 ES，内源性 ES 是由微生物产生并分泌到细胞外、具有电子传递功能的物质，如黄素类（von Canstein et al.，2008）、黑色素（Turick et al.，2002）等。本小节内容着重对内源性 ES 进行介绍。

图 4-10 典型胞外电子穿梭体（EES）的一般概念

Figure 4-10 General concept of representative extracellular electron shuttle (EES)

自然界中有多少内源性 ES？哪些生物体产生它们？目前仍不是很清楚。两种最典型的产生内源性 ES 的微生物是铜绿假单胞菌（*Pseudomonas aeruginosa*）和奥奈达希瓦氏菌（*Shewanella oneidensis*），它们分别代谢产生吩嗪和黄素来介导胞外电子传递（Brutinel and Gralnick，2012；Glasser et al.，2014；Kotloski and Gralnick，2013；Marsili et al.，2008；Wang et al.，2010）。其他产生 ES 的微生物包括乳酸乳球菌（*Lactococcus lactis*）、鞘氨醇单胞菌（*Sphingomonas xenophaga*）和肺炎克雷伯氏菌（*Klebsiella pneumoniae*）。据报道，这些微生物能够产生醌类物质作为 ES（Deng et al.，2010；Freguia et al.，2009；Keck et al.，2002）（表 4-4）。文献中报道了另外一些微生物能够产生 ES，包括地发菌属（*Geothrix*）和地杆菌属（*Geobacter*）（Bond and Lovley，2005；Tan et al.，2016），然而其 ES 的分子性质仍是未知的。

表 4-4　典型的内源性电子穿梭体（Glasser et al.，2017）
Table 4-4　Representative examples of endogenous electron shuttles

电子穿梭体	结构	中点电位/mV vs. SHE	Log*P* 或 K_{ow}	微生物	参考文献
2-氨基-3-羧基-1,4-萘醌		−71	0.15	*Lactococcus lactis*	Freguia et al.，2009
4-氨基-1,2-萘醌		−96	0.81	*Sphingomonas xenophaga* BN6	Keck et al.，2002
2,6-二叔丁基苯醌		−253	3.9	*Klebsiella pneumoniae*	Deng et al.，2010
黄素单核苷酸		−220	−2.18	*Shewanella* spp.	Fuller et al.，2014；Marsili et al.，2008
吩嗪-1-羧酸		−177	2.17（K_{ow}）/1.75（Log*P*）	*Pseudomonas* spp.、*Streptomyces* spp.	Wang and Newman，2008
绿脓菌素		−34	1.6（K_{ow}）	*Pseudomonas aeruginosa*	Price-Whelan et al.，2006

注：Log*P* 是由 ChemSpider 数据库预测的油水分配系数对数值；K_{ow}，辛醇-水分配系数；SHE，标准氢电极

一般来说，共轭键是 ES 氧化还原活性的分子来源，因为共轭键可以在生物可达的还原电位下进行化学还原和重排。共轭键系统的重排必然会导致分子吸收光谱的变化，正是这种共轭键体系赋予了 ES 颜色。因此 ES 的氧化还原活性与它鲜艳的、可互换的

颜色密不可分（图 4-11）。

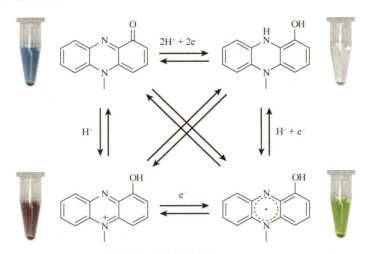

图 4-11 绿脓菌素的 4 种结构和颜色（Glasser et al.，2017）

Figure 4-11 The four structures and colors of pyocyanin

绿脓菌素的颜色取决于 pH 和还原电位。每个试管中含有大约 200 μm 的绿脓菌素。自由基态和完全还原态可以通过二亚硫酸钠滴定绿脓菌素制备，产生即时且显著的颜色变化。"e⁻" 表示单个或多个电子转移反应，这取决于特定的胞外 ES

与细胞内氧化还原活性代谢物不同，迄今为止文献中所描述的内源性 ES 通常缺乏诸如腺苷酸化或脂化等修饰。相反，它们可以用官能团（如胺、羧酸、酰胺）修饰，调节物理和化学性质，如还原电位、电荷态或溶解度。质谱分析已初步揭示这些修饰具有广泛的组合多样性。天然产物数据库包含 190 多个独特的吩嗪衍生物、1200 个醌类、1600 个萘醌类、2200 个蒽醌类（CHEMnetBASE，2017）。尽管天然产物数据库的增长已经远远超过了我们对这些分子功能的实证研究，计算化学却在预测它们的性质方面（如还原潜能）已经取得了进展（Assary et al.，2014）。我们预计，代谢组学和计算化学的融合，以及对吩嗪等特定分子的持续详细研究，将使许多具有氧化还原活性的天然产物成为普遍和多样的 ES。ES 中点电位是化合物作为电子受体或供体能力的评价指标之一。为了避免误用这个参数，我们必须认识到它描述的是趋向于热力学平衡的反应的标准条件。重要的是，许多氧化还原反应都涉及质子交换，因此真正的还原电位取决于环境的 pH。ES 的一个电子和两个电子的电势也必须加以区分，它们的电势可以相差几百毫伏，这种差异甚至被一些微生物利用来驱动低电位受体的还原，这一过程被称为电子歧化（Herrmann et al.，2008；Li et al.，2008）。此外，还原势与反应的动力学或化学敏感性无关。这种 ES 的单电子和两电子电势差异的一个典型例子是生物固氮（Alberty，1994），尽管这个过程具有热力学优势，但是其仍然需要催化作用和能量输入，以维持固氮反应的速率。与之相反，百草枯的中点电位低于大多数细胞内供体的中点电位，使百草枯在标准条件下的还原热力学不利，但是百草枯自由基与氧气的反应速率接近扩散限制的速率，使百草枯在生物条件下能够进行氧化还原循环（Farrington et al.，1973）。因此，尽管 ES 的还原电位是一个核心物理参数，但必须综合考虑环境条件、反应动力学和其他化学性质。

第二节 环境中的人工电活性物质

环境中的人工电活性物质主要包括生物炭、碳纳米材料（如石墨烯）、金属基材料等类型。它们通常具有优异的电化学和物理性能，导电性好，比表面积高，具有良好的机械强度，可以介导、加速微生物种间、微生物与有机污染物等电子受体之间或微生物与电极之间的电子传递。从具体位置来说，人工电活性物质可在细胞膜内、细胞间、生物膜内以及生物-非生物界面间发挥介导电子传递的功能。因此，这些材料在微生物直接种间电子传递、污染生物修复、生物电化学系统、半导体-微生物杂化体等领域表现出广阔的应用前景。

一、生物炭

生物炭是生物质（如秸秆、木材、粪便等）在低氧或无氧的环境下，经高温热解得到的一种难溶的、稳定性强的高度芳香化的黑色固态物质，具有高比表面积、复杂孔隙结构、高芳香性和高导电性等特性，已经作为一种新型的土壤改良和修复材料被广泛应用（代快等，2019）。生物炭丰富的孔隙结构、巨大的比表面积，有助于吸附和固定周围环境的有机物、气体和重金属等（王贝贝等，2019）；生物炭中可溶性有机物中的碳、氮等物质也可以为微生物的生长提供有效的碳源和氮源，从而增强土壤中微生物的活性，增强微生物对污染物的降解能力（冯晶等，2019）。由于全球不同地区存在不同的土壤问题，因此一种生物炭并不能解决所有的土壤问题。于是对生物炭性质及影响因素的研究成为现阶段生物炭提高土壤质量的热点之一。

生物炭被认为是一种具有氧化还原活性的碳质材料，在生物地球化学循环的电子转移中起重要作用（Pignatello et al.，2017）。生物炭表面的含氧官能团（如醌类基团）或具有氧化还原活性的金属（如 Fe、Cu 或 Mn）使其具有氧化还原活性（Cayuela et al.，2014；Joseph et al.，2010）；生物炭中与稠环芳香族结构相关的共轭 π 电子体系（类似于石墨结构）使其具有良好的导电性（Xu et al.，2013）。因此，生物炭介导的电子转移机制为电子介导和导电机制。这两种机制的本质区别在于（Saquing et al.，2016）：在电子介导机制中，生物炭先被还原或氧化，所储存的电子或电子空位与外部物质再发生氧化还原反应；而在导体机制中，电子通过生物炭石墨化区域进行传导，导体机制可与电子介导机制同时发生。

（一）电子介导机制

生物炭可以从环境中的电子供体（如微生物或矿物）中接受电子，并将电子以生物或非生物的方式传递给电子受体（如 NO_3^-）（Kappler et al.，2014）。这种生物炭与微生物之间的电子中介过程也被称作"电子穿梭"，被认为能影响土壤生物地球化学的不同过程，如甲烷和一氧化二氮的排放（Van Zwieten et al.，2015）。2014 年，Klüpfel 等通过介导电化学分析测得两种生物炭（木屑、干草）都具有相等的电子接受能力（electron accepting capacity，EAC）和电子供给能力（electron donating capacity，EDC）（约 2 mmol e⁻/g），而提出了电子穿梭体机制（Klüpfel et al.，2014b）。Xin 等（2019）采用化学氧化/还原方法，使用不同电势的还原剂（柠檬酸钛、连二亚硫酸盐）和氧化剂［铁氰化物、溶解氧（DO）］来测量生物炭的电子转移能力及其可逆程度（图 4-12a）。他们发现，生物炭的氧化还原基团分布在很宽的电位范围内；对于给定的氧化还原对，在多个氧化还原循环中的电子转移能力恒定且完全可逆，但总低于原始生物炭的电子转移能力；值得注意的是，*Geobacter metallireducens* 可以可逆地利用生物炭 22%的电子转移能力。更为快速、准确、干扰小的测试方法为介导电位测定法（mediated potentiometry，MP），包含介导电化学氧化（mediated electrochemical oxidation，MEO）和介导电化学还原（mediated electrochemical reduction，MER）。在 MP 方法中（图 4-12b）（Klüpfel et al.，2014a），已知质量浓度的化学介质被特定数量的生物炭氧化/还原，随后将电子转移到电极上（或从电极上接受电子使生物炭还原）；测量通过电极的电流，参照反应机理，就可以计算出生物炭能够接受或供给的电子数量。热解条件是生物炭电子转移能力（ETC）的决定条件之一，在低热解温度生物炭中富含提供电子的酚类基团，中等热解温度生物炭中富含接受电子的醌类基团，而高热解温度生物炭中富含缩合的芳烃（Klüpfel et al.，

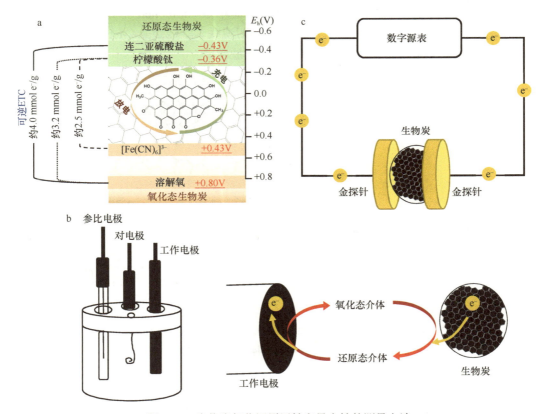

图 4-12　生物炭氧化还原活性和导电性的测量方法

Figure 4-12　The methods for measuring the redox activity and electrical conductivity of biochar

（a）化学氧化/还原法（Xin et al.，2019）和（b）电化学介导电势法测量生物炭的电子转移能力（Chacón et al.，2017）；（c）双探针技术测量生物炭电导率示意图（Chacón et al.，2017）

2014a)。木材或草类的生物炭的 EAC 通常随着热解温度的增加而升高（最高温度 400～500℃），然后随温度升高而降低，这可能是由于随着温度升高而生成了醌型结构，随后在较高温度下又被消耗；生物炭的 EDC 在低温度下更高，在 400℃ 达到最大，然后在高热解温度下变小，这种下降可能与高温时（450～550℃）木质素衍生的酚类和醇类由脱水引起的羟基减少及开始芳香化有关（Klüpfel et al.，2014b）。

Saquing 等（2016）发现生物炭介导 *Geobacter metallireducens* GS-15 对乙酸氧化和硝酸盐还原，两个过程有相同的电子传递（约 0.86 mmol e⁻/g），说明生物炭不仅有电子转移能力（electron transfer capacity，ETC），也能通过可逆地供给或接受电子支持微生物的胞外电子传递过程。醌/氢醌对被认为是生物炭中具有氧化还原性能的主要有机官能团，且其电子转移可逆（图 4-13a），在环境中能作为穿梭体作用于微生物和电子受体之间，加速两者之间的反应（图 4-13b）。生物炭可以接受胞外呼吸菌（如 *Shewanella* 和 *Geobacter*）的电子，并作为电子穿梭体，促进多种污染物的厌氧转化（Liu et al.，2019）。Tong 等（2014）发现油菜秸秆生物炭能介导水稻土中五氯酚（pentachlorophenol，PCP）转化和 Fe(II)的生成，并促进 PCP 脱氯菌和铁还原菌的生长。Chen 等（2018）发现生物炭作为电子穿梭体，可以增加铁还原菌和脱卤细菌（*Dehalobacter*、*Dehalococcoides*、*Dehalogenimonas*、*Desulfitobacterium*）向 2,2′,4,4′-四溴联苯醚（2,2′,4,4′-tetrabromodiphenyl ether，BDE-47）的电子转移，实现多溴污染物的脱溴。

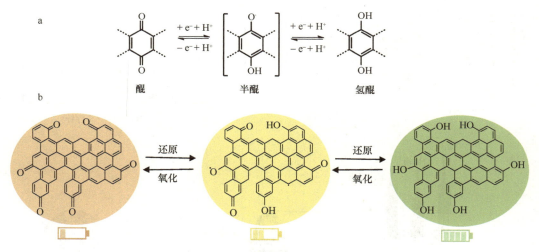

图 4-13　生物炭的氧化和还原反应（Chacón et al.，2017）

Figure 4-13　Reduction and oxidation reactions of biochar

（二）导体机制

生物炭的导电性是电子离域或石墨片状结构的存在，使电子能在不同电势能带之间迁移（Saquing et al.，2016）。生物炭的导电性可以在土壤生物地球化学循环和微生物群落结构中发挥重要作用。例如，促进 DIET，一些微生物物种可以直接将电子传递到生物炭上，将其传递到单个细胞无法到达的地方，将两种不同微生物的代谢活动耦合起来，加速两者之间的"长距离"电子传递从而实现促进微生物种间电子传递（Dubé and Guiot，2015）。Chen 等（2014）发现生物炭能促进 DIET 共培养中 *Geobacter metallireducens* 和 *Geobacter sulfurreducens* 之间的直接电子转移，促进乙醇的氧化和富马酸的还原，2 天之内与未添加生物炭的空白组相比，代谢速率高约 10 倍。经常采用双探针技术测定生物炭的电导率（Xu et al.，2013；Chen et al.，2014）。将生物炭放入填充床内施加压力，至稳定；两端施加电压，使已知电流通过两个探针之间；用电位计测试产生的电压降，最后通过电阻来计算电导率。

生物炭中的电子除了直接转移到外部受体（如矿物质）上，还可以存储在碳基体中的类石墨烯薄片结构中（Wang et al.，2013），存储的电子在接触到电子受体时被迅速释放（Kongkanand and Kamat，2007），这就是地电池机制。在 400～600℃热解形成的生物炭内，生成的非晶碳结构产生了高内阻和能量垒，限制了电子通过碳基体向生物炭表面的转移，因此，生物炭的电子流动由非晶碳中的地电池机制所主导（图 4-14，路径 1）。在中间温度（600～700℃）下，石墨碳结构能够进行直接的电子转移，地导体与地电池的动力学性能相近。然而，考虑到地电池容量的下降，地导体可能会主导实际的电子流，并通过电子从外部供体直接转移到受体来"加快"地电池的反应速度（图 4-14，

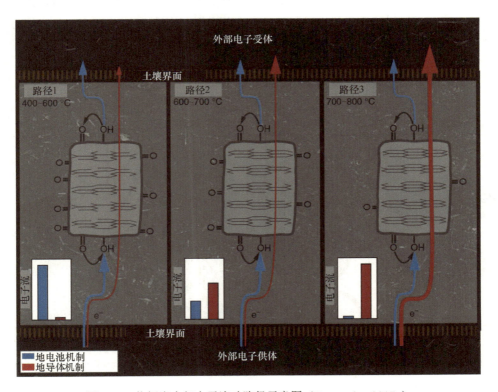

图 4-14 热解炭内部电子流动路径示意图（Sun et al.，2017a）

Figure 4-14 Schematic diagram of the pyrogenic carbon internal pathways for electron flows

蓝色箭头表示地电池机制的充放电周期；红色箭头表示通过地导体机制的电子直接转移。箭头厚度表示传递动力学的大小。在每个通道的附图中说明了主要的电子流

路径 2）。在 700℃ 以上的高温生物炭中，更有序的碳结构（H/C＜0.19，O/C＜0.06）创建了一个快速路径，该路径进行电子转移的速度比地电池机制的氧化还原循环快 3 倍多（图 4-14，路径 3）。与已知的表面官能团的电子介导机制相比，Sun 等（2017a）建议将碳基质的界面电子转移称为地导体（geoconductor）机制，因为生物炭的电化学电容随热解温度的升高而增大，使生物炭的电子存储和释放过程的动力学更接近地导体机制。全面了解生物炭的电子传递机制有助于更好地理解其在氧化还原驱动的生物地球化学循环中的基本作用。尽管中介电子转移模型在过去 20 年里得到了较好的发展，但在自然系统中，当试图闭合物种氧化还原转化的电荷平衡时，还需要考虑无处不在的生物炭导电网络的电子通量。生物炭大小可以是毫米级到厘米级，与局域官能团相比，碳基质的电子转移可能导致相对远距离的运输，这为微生物厌氧呼吸的替代电子受体（如矿物质）提供了更广泛的空间可及性，因此可能对抑制温室气体排放产生迄今为止尚未认识到的影响。

二、碳纳米材料

碳纳米材料具有特殊的结构和优异的导电性，被广泛应用于提高微生物胞外电子传递性能。碳纳米材料的介导机理，取决于其与微生物的作用方式（图 4-15）。目前常见的介导微生物胞外电子传递的碳纳米材料包括碳纳米管、碳量子点、纳米碳纤维等。碳纳米管主要应用于微生物与电子受体之间、微生物与电极界面或微生物细胞之间，而碳量子点则多用于细胞内或细胞膜上。

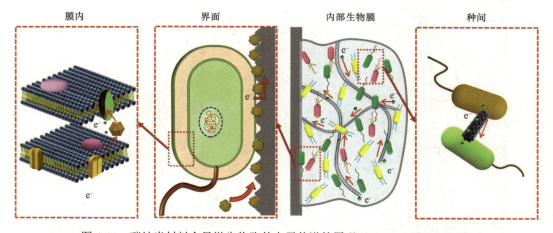

图 4-15　碳纳米材料介导微生物胞外电子传递的原理（Zhang et al.，2018）
Figure 4-15　The mechanisms of carbon nanomaterials-mediated microbial extracellular electron transfer

（一）碳纳米管

碳纳米管（CNT）是单层或多层石墨片按一定的螺旋角形成的无缝纳米级管，分为单壁碳纳米管（SWCNT）和多壁碳纳米管（MWCNT）。CNT 具有卓越的电子、机械和力学性能,其管外径一般为几纳米至几十纳米,而长度通常在微米级。CNT 在微生物种间或微生物与电极界面电子传递过程的良好介导作用已有较多报道。例如,Zheng 等(2020)将 MWCNT 添加至 *Geobacter metallireducens* 与 *G. sulfurreducens* 的共培养物后,琥珀酸产生速率提升了 1.67 倍,暗示 MWCNT 可介导 *Geobacter* 共培养物的种间电子传递。Li 等(2021a)将 SWCNT 修饰到碳毡阴极表面,研究了生物/纳米界面上永达尔梭菌(*C. ljungdahlii*)电化学还原 CO_2 的性能,发现修饰 SWCNT 的乙酸产生速率比未修饰组的提高了近一倍。Liu 等(2023)比较了 FeS_2-CNT 微球(FeS_2@CNT)修饰的碳布阳极与未修饰碳布阳极在微生物燃料电池中的产电性能,结果显示 FeS_2@CNT 修饰阳极的最大输出功率密度(1914 mW/m^2)明显高于未修饰阳极(1096 mW/m^2),该提升效果被归因于 CNT 促进生物膜的附着生长和 FeS_2 提供 EET 活性位点的协同效应。除 FeS_2 外,聚吡咯、聚苯胺、聚乙烯亚胺、聚乙烯醇等高分子聚合物也可与 CNT 骨架联用,构造出高导电性的 3D 网络结构,并且有利于降低单独使用 CNT 时的生物毒性和不稳定性。

(二)碳量子点

碳量子点(carbon quantum dot,CQD)也称碳点,是一类由准球形、尺寸低于 10 nm、可发荧光的超细颗粒组成的零维碳纳米材料。CQD 具有较低的细胞毒性、环境友好、良好的水溶性和生物相容性等优点,因而在生物成像、免疫荧光标记、发光材料、生物传感器等方面具有一定的应用潜力。近年来,CQD 与电活性微生物的相互作用也受到广泛关注。Vishwanathan 等(2016)最早报道了 CQD 的电子穿梭功能,它们分别在混合微生物培养物和微生物燃料电池阳极室中添加 CQD 悬浮液,发现 CQD 可增加电活性微生物 172%的电子转移活性和 22.5%的输出功率,其介导效果优于传统的电子穿梭体亚甲蓝,介导机制可能依赖于其表面的羟基和羧基等官能团。Li 等(2021b)率先探讨了 CQD 对厌氧消化产甲烷的影响,发现 CQD 具有接收和传送电子的电容活性,可富集电活性菌、改善厌氧消化性能,将厌氧消化的甲烷产量提升 230%。其电子通量分析表明 CQD 促进了微生物 DIET。

CQD 也可进入细胞膜或细胞质,发挥介导电子传递的功能,从而促进细胞代谢。例如,Liu 等(2020)研究了细胞内在化的 CQD 对 *Shewanella xiamenensis* 胞外电子传递的影响,结果显示胞内的 CQD 不仅改善了细胞膜的电子传导能力,而且触发了电子穿梭体(黄素)的大量分泌(图 4-16);在光照条件下,胞内的 CQD 可作为光吸收剂,产生的光电子供细胞内代谢利用,从而促进微生物的光电化学反应,这为提高胞外电子传递效率提供了一种新的策略。*S. oneidensis* MR-1 吸收 CQD 后,CQD 不仅增加了其胞外电子传递速率和底物代谢速率,而且提升了 ATP 水平、促进了胞外核黄素分泌及细胞黏附/成膜;CQD 存在时,其最大产电电流密度和最大输出功率密度分别增加了 7 倍和 6 倍(Yang et al.,2020)。这些研究表明内在化的 CQD 有利于改善产电菌的电活性。因此,CQD 与产电菌的相互作用机制值得深入研究。

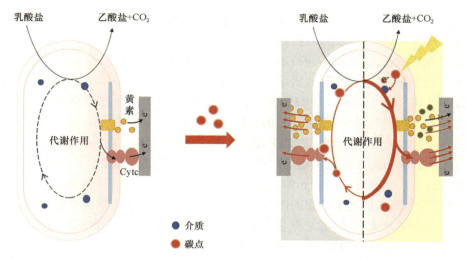

图 4-16 *S. xiamenensis* 内在化的碳量子点及电子传递介导假说示意图（Liu et al.，2020）
Figure 4-16 The internalized CQDs by *S. xiamenensis* and scheme of the hypothesized electron transfer pattern
（左）无 CQD，（右）存在 CQD（黑暗/光照）

（三）氮掺杂碳纳米材料

氮原子掺杂到碳纳米材料可以显著改变材料的表面结构、调节孔隙通道、改善材料的电子传输性能（Wu et al.，2010，2018）。氮掺杂碳纳米材料由于容易被微生物附着，且电子传递效率更高，因此具有更高的输出功率密度（Li et al.，2017；Liu et al.，2022）。如图 4-17 所示，碳纳米材料中掺杂的氮原子类型主要是吡啶氮、吡咯氮和石墨氮，其

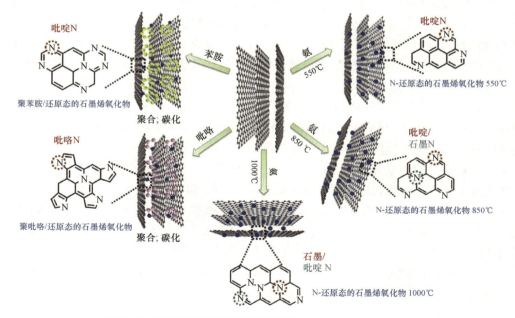

图 4-17 氮掺杂碳纳米材料的示意图（Mohan et al.，2018）
Figure 4-17 Schematic representation of the nitrogen-doped carbon nanomaterials

次是亚硝酸盐氮和氧化物氮（Mohan et al.，2018）。在各种氮掺杂位置中，吡啶氮和吡咯氮取代了碳纳米材料边缘或内部缺陷上的碳原子。吡啶氮和吡啶碳的结构属于六元环，比吡啶氮和吡啶碳的五元环更稳定，因为当温度加热到800℃以上时，它可以在碳纳米材料内部转变为石墨氮原子（Wu et al.，2012）。氮原子的掺杂提高了碳纳米材料的氧化还原活性，原因如下：①纯碳纳米材料的电中性被打破，导致电荷密度和自旋密度不对称；②碳原子的 π 电子被氮激活，容易向氧原子转移。

氮掺杂碳纳米材料的电化学活性明显高于未掺杂的碳纳米材料，因而在燃料电池、超级电容、氧还原催化剂等方面具有较大的应用潜力。例如，氮掺杂碳纳米材料的可逆放电能力几乎比未掺杂的碳纳米材料高 1 倍（Jeon et al.，2020）。Yu 等（2015）对比了碳布阳极、碳纳米颗粒修饰的碳布阳极和氮掺杂碳纳米修饰的碳布阳极的生物产电性能，发现 *S. oneidensis* MR-1 在三种阳极条件下的最大输出功率密度分别为 66.2 mW/m^2、218.9 mW/m^2 和 298.0 mW/m^2。这表明氮掺杂碳纳米材料能够有效介导微生物与电极之间的胞外电子传递。

三、石墨烯及其复合物

石墨烯（graphene）是一种由 sp^2 杂化碳原子构成的二维晶格单原子层（图 4-18b、c），是所有石墨材料的基本组成部分，具有蜂窝结构和远程 π 共轭结构（Geim and Novoselov，2007）。蜂窝结构是所有碳同素异形体的基本组成部分，石墨、碳纳米管（carbon nanotube，CNT）和富勒烯（fullerene）是石墨烯薄片以不同的方式堆叠而

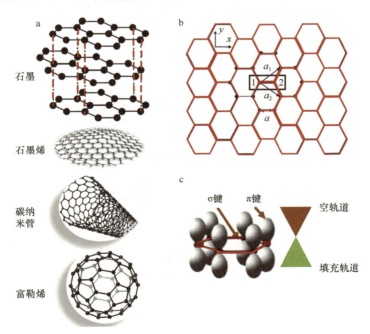

图 4-18 碳纳米材料的结构
Figure 4-18 The structures of carbon nanomaterials
a. 石墨、石墨烯、碳纳米管和富勒烯；b. 石墨烯的蜂窝状结构；c. 石墨烯成键

成的，以提供优良的比表面积和电活性。如图 4-18a 所示，①堆叠蜂窝结构组装成三维石墨；②二维结构构成石墨烯；③滚动蜂窝状结构产生一维碳纳米管；④包裹蜂窝结构产生零维富勒烯。石墨烯具有高比表面积（约 2600 m^2/g）、高电子迁移率 $[200\,000\ cm^2/(V\cdot s)]$、超高热导率 $[3000\sim5000\ W/(m\cdot K)]$、无质量狄拉克电子结构和常量子霍尔效应等非凡性能（Urade et al.，2023），由于这些特性，石墨烯在学术界引起了广泛的关注和应用。

石墨烯可广泛应用于超级电容器、燃料电池、化学传感器、薄膜、太阳能电池、柔性电子和光学器件等各种应用领域。石墨烯及其复合材料在微生物电化学领域的应用也掀起了国内外的研究热潮。石墨烯常用于阳极修饰材料，它不仅为电活性微生物提供附着位点，而且促进了生物电子的传递。例如，Yuan 等（2012）研究发现微生物将还原产生的石墨烯作为脚手架，形成细菌/石墨烯网络结构，从而提升了产电微生物的数量和电子传递动力学。Sun 等（2017b）证实 *S. oneidensis* MR-1 利用石墨烯/聚苯胺复合阳极产电时，其最大功率密度分别是石墨板、聚苯胺修饰的石墨板、石墨烯修饰的石墨板阳极的 24 倍、3.4 倍和 5.7 倍；机理分析显示，石墨烯/聚苯胺复合物既介导了直接的胞外电子传递，又参与了间接的胞外电子传递。Li 等（2020）将聚多巴胺和还原态氧化石墨烯修饰到碳布阳极后，厌氧污泥微生物的产电功率密度提升了 6.1 倍，而电荷传递阻抗降低至 1/10 左右。这些研究表明，电极表面修饰的石墨烯复合物起了介导和强化微生物胞外电子传递的作用。此外，还原态氧化石墨烯也可以介导微生物直接种间电子传递（图 4-19），提高底物氧化速率和甲烷产量（Lin et al.，2017，2018；Igarashi et al.，2020）。石墨烯中引入金属或金属氧化物如 Fe、Co、Co_3O_4、MgO 和 MnO_2 后，由于具有更高的能量密度和更明显的氧化还原电位，可以显著提高微生物燃料电池的性能。

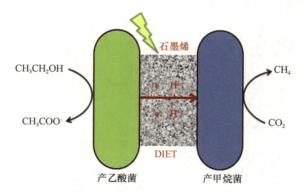

图 4-19　基于石墨烯介导的 DIET 的厌氧消化（Lin et al.，2017）
Figure 4-19　Anaerobic digestion based on graphene mediated DIET

四、其他合成材料

金属有机骨架化合物（metal organic framework，MOF）是由有机桥联分子（即配体）与金属离子/金属簇形成的多孔配位聚合物。与纯无机的分子筛以及多孔碳材料相比，

MOF 具有如下重要特点。①MOF 属于具有高度结晶态的固体化合物，这非常有利于采用单晶及多晶衍射测定其精准的空间结构；②由于桥联有机配体较长，MOF 具有高的孔隙率和表面积；③MOF 的结构基元可以为不同的金属离子或簇，因而具有结构多样性和可设计性；④MOF 的框架大都具有一定柔性；⑤多孔 MOF 材料可以具有纯有机或有机-无机杂化的孔表面；⑥配位键具有可逆性，而有机配体可以携带各种具有反应性的功能基团。因此，MOF 在吸附与分离、催化、荧光与传感、膜器件与应用、离子导电等方面具有明确的应用前景。一些 MOF 材料还具有较高的氧化还原活性，可以作为电子受体或电子介体支持电活性微生物的生长。例如 *S. oneidensis* 能够利用铁 MOF 材料（MIL-100）作为电子受体来维持自身的生长，而且产生的还原态铁 MOF 可将电子传递至 Cr(VI)，通过加速 Cr(VI)还原来降低其毒性（Springthorpe et al.，2019）。Hu 等（2022）将 Zn-Fe-MOF 阵列组装到碳布上，经碳化后获得负载纳米 Fe_3C 颗粒的氮掺杂碳二维阵列，该复合材料显著提升了产电微生物的胞外电子传递能力。Yang 等（2022a）在碳毡电极表面制备了 Ti_3C_2 与类沸石咪唑酯骨架材料（ZIF67）的复合材料（Ti_3C_2-ZIF67），发现修饰碳毡阳极后，电荷传递阻抗明显降低，而最大输出功率密度从修饰前的 2.1 W/m^3 提升至 5.7 W/m^3。这主要是因为该复合材料具有较好的导电性、亲水性以及生物相容性，并增加了菌体与电极界面的电子传递速率。

MXene 是一类与石墨烯具有相似结构的新型二维材料，是由过渡金属碳化物、氮化物或碳氮化物组成的数个原子层厚度的纳米片。MXene 分子式可用 $M_{n+1}X_nT_x$ 表示，其中 M 为过渡金属，X 为 C 或 N，T 表示官能团 O、OH、F，如 Ti_3N_4、Ti_3C_2（图 4-20）等。MXene 材料的主要特征是结构稳定、表面积大、电容和导电性能优越、亲水性强、生物相容性高、可规模化生产、环境友好，并且具有较多的离子运动通道，大幅提高了离子运动的速度。因此，MXene 在催化剂或电活性微生物的载体、超级电容、电极修饰材料等方面具有光明的应用前景。

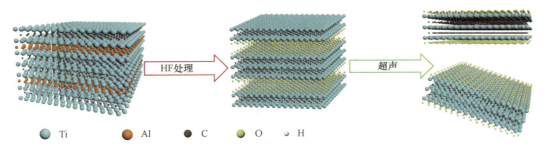

图 4-20 $Ti_3C_2T_x$ 材料的制备及其结构示意图（Li et al.，2018）
Figure 4-20 Schematic of $Ti_3C_2T_x$ preparation and its structure

将 MXene 材料修饰到电极表面，可以明显提升电活性微生物胞外电子传递效率和电池性能。例如，Xing 等（2021）制备了 MXene 与聚二甲基二烯丙基氯化铵（PDDD）的复合材料，将其修饰到碳布阳极表面后，微生物燃料电池的最大输出功率密度从 580 mW/m^2 增加至 811 mW/m^2；机理分析显示，MXene@PDDD 复合材料促进了电活性菌在电极表面高度富集和附着生长，并降低了电荷传递阻抗。Tahir 等（2021a）将 MXene

和 $NiFe_2O_4$ 共同修饰到碳毡阳极表面后，MFC 的最大产电功率密度比未修饰前提高了5.6 倍。同年该研究组将 MXene 修饰到生物炭表面，用作生物电合成系统的阴极材料，修饰 MXene-生物炭的阴极电流比修饰前增加了 2.3 倍，丁酸盐产量增加了 1.6 倍，并且厚壁菌门（Firmicutes）的电合成活性菌得到显著富集（Tahir et al.，2021b）。为了进一步提高 MXene 的介导效果，Yang 等（2022b）用 NH_4^+ 溶液相絮凝法重新组装 MXene，重组的 MXene 修饰到碳布生物阳极后，其最大产电电流比原始 MXene 生物阳极提升31.2%。该改良效果主要是因为 NH_4^+ 中和了 MXene 表面的电负性，促进了微生物在阳极表面的附着生长。这些研究表明，MXene 材料强化了电活性微生物与电极间的电子传递效率，可能是未来导电材料研发的重要方向。

参 考 文 献

代快, 李江舟, 蒲天燕, 等. 2019. 施用生物炭对 3 种烟用农药残留的影响. 中国农业科技导报, 21(8): 99-106.

冯晶, 荆勇, 赵立欣, 等. 2019. 生物炭强化有机废弃物厌氧发酵技术研究. 农业工程学报, 35(12): 256-264.

马金莲, 马晨, 汤佳, 等. 2015. 电子穿梭体介导的微生物胞外电子传递: 机制及应用. 化学进展, 27(12): 1833-1840.

王贝贝, 刘琦, 张胜南, 等. 2019. 生物炭对土壤中释放的石油类污染物的吸附. 石油学报(石油加工), 35(3): 603-612.

袁英, 何小松, 席北斗, 等. 2014. 腐殖质氧化还原和电子转移特性研究进展. 环境化学, 33(12): 2048-2057.

Adams L F, Ghiorse W C. 1988. Oxidation state of Mn in the Mn oxide produced by *Leptothrix discophora* SS-1. Geochim Cosmochim Ac, 52(8): 2073-2076.

Aeschbacher M, Graf C, Schwarzenbach R P, et al. 2012. Antioxidant properties of humic substances. Environ Sci Technol, 46(9): 4916-4925.

Aeschbacher M, Sander M, Schwarzenbach R P. 2010. Novel electrochemical approach to assess the redox properties of humic substances. Environ Sci Technol, 44(1): 87-93.

Aeschbacher M, Vergari D, Schwarzenbach R P, et al. 2011. Electrochemical analysis of proton and electron transfer equilibria of the reducible moieties in humic acids. Environ Sci Technol, 45(19): 8385-8394.

Ahmed I A M, Hudson-Edwards K A. 2017. Redox-reactive minerals: Properties, reactions and applications in clean technologies. Caen: European Mineralogical Union Notes in Mineralogy.

Alberty R A. 1994. Thermodynamics of the nitrogenase reactions. J Biol Chem, 269(10): 7099-7102.

Alken G R. 1985. Humic substances in soil, sediment, and water: geochemistry, isolation and characterization. New York: John Wiley & Sons.

Assary R S, Brushett F R, Curtiss L A. 2014. Reduction potential predictions of some aromatic nitrogen-containing molecules. RSC Adv, 4(101): 57442-57451.

Bai Y, Mellage A, Cirpka O A, et al. 2020. AQDS and redox-active NOM enables microbial Fe(III)- mineral reduction at cm-scales. Environ Sci Technol, 54(7): 4131-4139.

Bauer I, Kappler A. 2009. Rates and extent of reduction of Fe(III) compounds and O-2 by humic substances. Environ Sci Technol, 43(13): 4902-4908.

Berner R A. 2001. Modeling atmospheric O_2 over Phanerozoic time. Geochim Cosmochim Ac, 65(5): 685-694.

Birch W D, Pring A, Reller A, et al. 1992. Bernalite: a new ferric hydroxide with perovskite structure. Naturwissenschaften, 79(11): 509-511.

Bird M I, Wynn J G, Saiz G, et al. 2015. The pyrogenic carbon cycle. Annu Rev Earth Pl Sc, 43: 273-298.

Bond D R, Lovley D R. 2005. Evidence for involvement of an electron shuttle in electricity generation by *Geothrix fermentans*. Appl Environ Microbiol, 71(4): 2186-2189.

Brutinel E D, Gralnick J A. 2012. Shuttling happens: soluble flavin mediators of extracellular electron transfer in *Shewanella*. Appl Microbiol Biotechnol, 93(1): 41-48.

Canfield D E, Habicht K S, Thamdrup B. 2000. The Archean sulfur cycle and the early history of atmospheric oxygen. Science, 288(5466): 658-661.

Cayuela M L, van Zwieten L, Singh B P, et al. 2014. Biochar's role in mitigating soil nitrous oxide emissions: A review and meta-analysis. Agr Ecosyst Environ, 191: 5-16.

Chacón F J, Cayuela M L, Roig A, et al. 2017. Understanding, measuring and tuning the electrochemical properties of biochar for environmental applications. Rev Environ Sci Biotechnol, 16(4): 695-715.

CHEMnetBASE. 2017. Dictionary of natural products 25.2. Oxford: Taylor and Francis.

Chen J, Wang C, Pan Y, et al. 2018. Biochar accelerates microbial reductive debromination of 2, 2', 4, 4'-tetrabromodiphenyl ether (BDE-47) in anaerobic mangrove sediments. J Hazard Mater, 341: 177-186.

Chen S S , Rotaru A E, Shrestha P M, et al. 2014. Promoting interspecies electron transfer with biochar. Sci Rep, 4: 5019.

Cude W N, Mooney J, Tavanaei A A, et al. 2012. Production of the antimicrobial secondary metabolite indigoidine contributes to competitive surface colonization by the marine roseobacter *Phaeobacter* sp. strain Y4I. Appl Environ Microbiol, 78(14): 4771-4780.

Deng L F, Li F B, Zhou S G, et al. 2010. A study of electron-shuttle mechanism in *Klebsiella pneumoniae* based-microbial fuel cells. Chinese Sci Bull, 55(1): 99-104.

Dubé C D, Guiot S R. 2015. Direct interspecies electron transfer in anaerobic digestion: a review. *In*: Gübitz G, Bauer A, Bochmann G, et al. Biogas science and technology. Cham: Springer: 101-115.

Endo K, Kogure T, Nagasawa H. 2018. Biomineralization. Berlin: Springer.

Farrington J A, Ebert M, Land E J, et al. 1973. Bipyridylium quaternary salts and related compounds. V. Pulse radiolysis studies of the reaction of paraquat radical with oxygen. Implications for the mode of action of bipyridyl herbicides. Biochim Biophys Acta, 314(3): 372-381.

Freguia S, Masuda M, Tsujimura S, et al. 2009. *Lactococcus lactis* catalyses electricity generation at microbial fuel cell anodes via excretion of a soluble quinone. Bioelectrochemistry, 76(1/2): 14-18.

Fuller S J, McMillan D G G, Renz M B, et al. 2014. Extracellular electron transport-mediated Fe(III) reduction by a community of alkaliphilic bacteria that use flavins as electron shuttles. Appl Environ Microbiol, 80(1): 128-137.

Gao C Y, Sander M, Agethen S, et al. 2019. Electron accepting capacity of dissolved and particulate organic matter control CO_2 and CH_4 formation in peat soils. Geochim Cosmochim Ac, 245: 266-277.

Geim A K, Novoselov K S. 2007. The rise of graphene. Nat Mater, 6: 183-191.

Gilbert B, Erbs J J, Penn R L, et al. 2013. A disordered nanoparticle model for 6-line ferrihydrite. Am Mineral, 98(8/9): 1465-1476.

Glasser N R, Kern S E, Newman D K. 2014. Phenazine redox cycling enhances anaerobic survival in *Pseudomonas aeruginosa* by facilitating generation of ATP and a proton-motive force. Mol Microbiol, 92(2): 399-412.

Glasser N R, Saunders S H, Newman D K. 2017. The colorful world of extracellular electron shuttles. Annu Rev Microbiol, 71: 731-751.

Gorski C A, Aeschbacher M, Soltermann D, et al. 2012a. Redox properties of structural Fe in clay minerals. 1. Electrochemical quantification of electron-donating and -accepting capacities of smectites. Environ Sci Technol, 46(17): 9360-9368.

Gorski C A, Klüpfel L E, Voegelin A, et al. 2013. Redox properties of structural Fe in clay minerals. 3. Relationships between smectite redox and structural properties. Environ Sci Technol, 47(23): 13477-13485.

Gorski C A, Klüpfel L, Voegelin A, et al. 2012b. Redox properties of structural Fe in clay minerals. 2.

Electrochemical and spectroscopic characterization of electron transfer irreversibility in *Ferruginous smectite*, SWa-1. Environ Sci Technol, 46(17): 9369-9377.

Graham R D, Hannam R J, Uren N C. 1988. Manganese in soils and plants. Dordrecht: Springer.

Harter J, Krause H M, Schuettler S, et al. 2014. Linking N_2O emissions from biochar-amended soil to the structure and function of the N-cycling microbial community. ISME J, 8(3): 660-674.

Hedges J I. 1986. Organic geochemistry of natural waters. Geochim Cosmochim Ac, 50(9): 2119.

Hedges J I, Eglinton G, Hatcher P G, et al. 2000. The molecularly-uncharacterized component of nonliving organic matter in natural environments. Org Geochem, 31(10): 945-958.

Herrmann G, Jayamani E, Mai G, et al. 2008. Energy conservation via electron-transferring flavoprotein in anaerobic bacteria. J Bacteriol, 190(3): 784-791.

Hu M H, Lin Y Y, Li X, et al. 2022. Nano-Fe_3C@2D-NC@CC as anode for improving extracellular electron transfer and electricity generation of microbial fuel cells. Electrochim Acta, 404: 139618.

Igarashi K, Miyako E, Kato S. 2020. Direct interspecies electron transfer mediated by graphene oxide-based materials. Front Microbiol, 10: 3068.

Jeon I Y, Noh H J, Baek J B. 2020. Nitrogen-doped carbon nanomaterials: Synthesis, characteristics and applications. Chem Asian J, 15(15): 2282-2293.

Jiang J, Kappler A. 2008. Kinetics of microbial and chemical reduction of humic substances: Implications for electron shuttling. Environ Sci Technol, 42(10): 3563-3569.

Joseph S, Camps-Arbestain M, Lin Y, et al. 2010. An investigation into the reactions of biochar in soil. Soil Res, 48(7): 501-515.

Kappler A, Straub K L. 2005. Geomicrobiological cycling of iron. Rev Mineral Geochem, 59(1): 85-108.

Kappler A, Wuestner M L, Ruecker A, et al. 2014. Biochar as an electron shuttle between bacteria and Fe(III) minerals. Environ Sci Technol Lett, 1(8): 339-344.

Keck A, Rau J, Reemtsma T, et al. 2002. Identification of quinoide redox mediators that are formed during the degradation of naphthalene-2-sulfonate by *Sphingomonas xenophaga* BN6. Appl Environ Microbiol, 68(9): 4341-4349.

Klüpfel L, Keiluweit M, Kleber M, et al. 2014b. Redox properties of plant biomass-derived black carbon (biochar). Environ Sci Technol, 48(10): 5601-5611.

Klüpfel L, Piepenbrock A, Kappler A, et al. 2014a. Humic substances as fully regenerable electron acceptors in recurrently anoxic environments. Nat Geosci, 7(3): 195-200.

Kongkanand A, Kamat P V. 2007. Interactions of single wall carbon nanotubes with methyl viologen radicals. Quantitative estimation of stored electrons. J Phys Chem C, 111(26): 9012-9015.

Kotloski N J, Gralnick J A. 2013. Flavin electron shuttles dominate extracellular electron transfer by *Shewanella oneidensis*. mBio, 4(1): e00553-12.

Lau M P, Del Giorgio P. 2020. Reactivity, fate and functional roles of dissolved organic matter in anoxic inland waters. Biol Lett, 16(2): 20190694.

Lau M P, Sander M, Gelbrecht J, et al. 2015. Solid phases as important electron acceptors in freshwater organic sediments. Biogeochemistry, 123(1): 49-61.

Lavina B, Dera P, Kim E, et al. 2011. Discovery of the recoverable high-pressure iron oxide Fe_4O_5. Proc Natl Acad Sci USA, 108(42): 17281-17285.

Lehmann J, Kleber M. 2015. The contentious nature of soil organic matter. Nature, 528(7580): 60-68.

Li F L, Hinderberger J, Seedorf H, et al. 2008. Coupled ferredoxin and crotonyl coenzyme a (CoA) reduction with NADH catalyzed by the butyryl-CoA dehydrogenase/Etf complex from *Clostridium kluyveri*. J Bacteriol, 190(3): 843-850.

Li S, Cheng C, Thomas A. 2017. Carbon-based microbial-fuel-cell electrodes: from conductive supports to active catalysts. Adv Mater, 29(8): 1602547.

Li Y F, Liu J, Chen X P, et al. 2020. Enhanced electricity generation and extracellular electron transfer by polydopamine–reduced graphene oxide (PDA-rGO) modification for high-performance anode in microbial fuel cell. Chem Engin J, 387: 123408.

Li Y Q, Ma C J, Ma J F, et al. 2021b. Promoting potential direct interspecies electron transfer (DIET) and methanogenesis with nitrogen and zinc doped carbon quantum dots. J Hazard Mater, 410: 124886.

Li Z D, Xiong W, Tremolet de Villers B J, et al. 2021a. Extracellular electron transfer across bio-nano interfaces for CO_2 electroreduction. Nanoscale, 13(2): 1093-1102.

Li Z, Yu L, Milligan C, et al. 2018. Two-dimensional transition metal carbides as supports for tuning the chemistry of catalytic nanoparticles. Nat Commun, 9: 5258.

Liu L C, Liu G F, Zhou J T, et al. 2019. Cotransport of biochar and Shewanella oneidensis MR-1 in saturated porous media: impacts of electrostatic interaction, extracellular electron transfer and microbial taxis. Sci Total Environ, 658: 95-104.

Lin R C, Deng C, Cheng J, et al. 2018. Graphene facilitates biomethane production from protein-derived glycine in anaerobic digestion. iScience, 10: 158-170.

Lin R, Cheng J, Zhang J, et al. 2017. Boosting biomethane yield and production rate with graphene: The potential of direct interspecies electron transfer in anaerobic digestion. Bioresour Technol, 239: 345-352.

Liu S R, Yi X F, Wu X E, et al. 2020. Internalized carbon dots for enhanced extracellular electron transfer in the dark and light. Small, 16(44): e2004194.

Liu Y, Sun Y, Zhang M, et al. 2023. Carbon nanotubes encapsulating FeS_2 micropolyhedrons as an anode electrocatalyst for improving the power generation of microbial fuel cells. J Colloid Interf Sci, 629: 970-979.

Liu Y, Wang J, Sun Y, et al. 2022. Nitrogen-doped carbon nanofibers anchoring Fe nanoparticles as biocompatible anode for boosting extracellular electron transfer in microbial fuel cells. J Power Sources, 544: 231890.

Lovley D R, Coates J D, Blunt-Harris E L, et al. 1996. Humic substances as electron acceptors for microbial respiration. Nature, 382(6590): 445-448.

Maizel A C, Remucal C K. 2017. Molecular composition and photochemical reactivity of size-fractionated dissolved organic matter. Environ Sci Technol, 51(4): 2113-2123.

Marsili E, Baron D B, Shikhare I D, et al. 2008. Shewanella secretes flavins that mediate extracellular electron transfer. Proc Natl Acad Sci USA, 105(10): 3968-3973.

Martinez C M, Alvarez L H, Celis L B. et al. 2013. Humus-reducing microorganisms and their valuable contribution in environmental processes. Appl Microbiol Biotechnol, 97(24): 10293-10308.

Masiello C A. 2004. New directions in black carbon organic geochemistry. Mar Chem, 92: 201-213.

Miranda A C, Miranda H S, de Fátima Oliveira Dias I, et al. 1993. Soil and air temperatures during prescribed cerated fires in Central Brazil. J Trop Ecol, 9(3): 313-320.

Mohan S V, Varjani S, Pandey A. 2018. Microbial Electrochemical Technology. Amsterdam: Elsevier: 1-61.

Negra C, Ross D S, Lanzirotti A. 2005. Oxidizing behavior of soil manganese: Interactions among abundance, oxidation state, and pH. Soil Sci Soc Am J, 69: 87-95.

Paquete C M, Fonseca B M, Cruz D R, et al. 2014. Exploring the molecular mechanisms of electron shuttling across the microbe/metal space. Front Microbiol, 5: 318.

Parkinson G S. 2016. Iron oxide surfaces. Surf Sci Rep, 71(1): 272-365.

Peretyazhko T, Sposito G. 2006. Reducing capacity of terrestrial humic acids. Geoderma, 137(1/2): 140-146.

Pignatello J J, Mitch W A, Xu W Q. 2017. Activity and reactivity of pyrogenic carbonaceous matter toward organic compounds. Environ Sci Technol, 51(16): 8893-8908.

Post J E. 1999. Manganese oxide minerals: crystal structures and economic and environmental significance. Proc Natl Acad Sci USA, 96(7): 3447-3454.

Price-Whelan A, Dietrich L E P, Newman D K. 2006. Rethinking 'secondary' metabolism: physiological roles for phenazine antibiotics. Nat Chem Biol, 2(2): 71-78.

Ratasuk N, Nanny M A. 2007. Characterization and quantification of reversible redox sites in humic substances. Environ Sci Technol, 41(22): 7844-7850.

Reed D C, Deemer B R, van Grinsven S, et al. 2017. Are elusive anaerobic pathways key methane sinks in eutrophic lakes and reservoirs? Biogeochemistry, 134(1): 29-39.

Remucal C K, Ginder-Vogel M. 2014. A critical review of the reactivity of manganese oxides with organic contaminants. Environ Sci-Proc Imp, 16(6): 1247-1266.

Ritchie J D, Perdue E M. 2003. Proton-binding study of standard and reference fulvic acids, humic acids, and natural organic matter. Geochim Cosmochim Ac, 67(1): 85-96.

Rodrigues A, Brito A, Janknecht P, et al. 2009. Quantification of humic acids in surface water: effects of divalent cations, pH, and filtration. J Environ Monit, 11(2): 377-382.

Saiz G, Goodrick I, Wurster C M, et al. 2014. Charcoal re-combustion efficiency in tropical savannas. Geoderma, 219/220: 40-45.

Saiz G, Wynn J G, Wurster C M, et al. 2015. Pyrogenic carbon from tropical savanna burning: production and stable isotope composition. Biogeosciences, 12(6): 1849-1863.

Santos T C, Silva M A, Morgado L, et al. 2015. Diving into the redox properties of *Geobacter sulfurreducens* cytochromes: a model for extracellular electron transfer. Dalton T, 44(20): 9335-9344.

Saquing J M, Yu Y H, Chiu P C. 2016. Wood-derived black carbon (biochar) as a microbial electron donor and acceptor. Environ Sci Technol Lett, 3(2): 62-66.

Scott D T, McKnight D M, Blunt-Harris E L, et al. 1998. Quinone moieties act as electron acceptors in the reduction of humic substances by humics-reducing microorganisms. Environ Sci Technol, 32(19): 2984-2989.

Springthorpe S K, Dundas C M, Keitz B K. 2019. Microbial reduction of metal-organic frameworks enables synergistic chromium removal. Nat Commun, 10: 5212.

Stevenson F J. 1994. Humus chemistry: genesis, composition, reactions. 2nd ed. New York: Wiley.

Struyk Z, Sposito G. 2001. Redox properties of standard humic acids. Geoderma, 102(3/4): 329-346.

Sun D Z, Yu Y Y, Xie R R, et al. 2017b. In-situ growth of graphene/polyaniline for synergistic improvement of extracellular electron transfer in bioelectrochemical systems. Biosens Bioelectron, 87: 195-202.

Sun T, Levin B D A, Guzman J J L, et al. 2017a. Rapid electron transfer by the carbon matrix in natural pyrogenic carbon. Nat Commun, 8: 14873.

Tahir K, Miran W, Jang J, et al. 2021a. Nickel ferrite/MXene-coated carbon felt anodes for enhanced microbial fuel cell performance. Chemosphere, 268: 128784.

Tahir K, Miran W, Jang J, et al. 2021b. MXene-coated biochar as potential biocathode for improved microbial electrosynthesis system. Sci Total Environ, 773: 145677.

Tan Y, Adhikari R Y, Malvankar N S, et al. 2016. The low conductivity of *Geobacter uraniireducens* pili suggests a diversity of extracellular electron transfer mechanisms in the genus *Geobacter*. Front Microbiol, 7: 980.

Tebo B M, Johnson H A, McCarthy J K, et al. 2005. Geomicrobiology of manganese (II) oxidation. Trends in Microbiol, 13(9): 421-428.

Tong H, Hu M, Li F B, et al. 2014. Biochar enhances the microbial and chemical transformation of pentachlorophenol in paddy soil. Soil Biol Biochem, 70: 142-150.

Turick C E, Tisa L S, Caccavo F Jr. 2002. Melanin production and use as a soluble electron shuttle for Fe(III) oxide reduction and as a terminal electron acceptor by *Shewanella algae* BrY. Appl Environ Microbiol, 68(5): 2436-2444.

Urade A R, Lahiri I, Suresh K S. 2023. Graphene properties, synthesis and applications: A review. JOM, 75(3): 614-630.

Valenzuela E I, Cervantes F J. 2021. The role of humic substances in mitigating greenhouse gases emissions: Current knowledge and research gaps. Sci Total Environ, 750: 141677.

Valenzuela E I, Prieto- Davó A, López -Lozano N E, et al. 2017. Anaerobic methane oxidation driven by microbial reduction of natural organic matter in a tropical wetland. Appl Environ Microbiol, 83(11): e00645-17.

Van der Zee F P, Cervantes F J. 2009. Impact and application of electron shuttles on the redox (bio) transformation of contaminants: a review. Biotechnol Adv, 27(3): 256-277.

Van Zwieten L, Kammann C, Cayuela M L, et al. 2015. Biochar effects on nitrous oxide and methane emissions from soil. *In*: Lehmann J, Joseph S. Biochar for environmental management. 2nd ed. London: Routledge: 521-552.

Villalobos M, Toner B, Bargar J, et al. 2003. Characterization of the manganese oxide produced by *Pseudomonas putida* strain MnB1. Geochim Cosmochim Ac, 67(14): 2649-2662.

Vishwanathan A S, Aiyer K S, Chunduri L A A, et al. 2016. Carbon quantum dots shuttle electrons to the anode of a microbial fuel cell. 3 Biotech, 6(2): 228.

Visser S A. 1964. Oxidation-reduction potentials and capillary activities of humic acids. Nature, 204(4958): 581.

von Canstein H, Ogawa J, Shimizu S, et al. 2008. Secretion of flavins by *Shewanella* species and their role in extracellular electron transfer. Appl Environ Microbiol, 74(3): 615-623.

Walpen N, Getzinger G J, Schroth M H, et al. 2018. Electron-donating phenolic and electron-accepting quinone moieties in peat dissolved organic matter: quantities and redox transformations in the context of peat biogeochemistry. Environ Sci Technol, 52(9): 5236-5245.

Wang L, Mu G, Tian C G, et al. 2013. Porous graphitic carbon nanosheets derived from cornstalk biomass for advanced super capacitors. ChemSusChem, 6(5): 880-889.

Wang Y, Kern S E, Newman D K. 2010. Endogenous phenazine antibiotics promote anaerobic survival of *Pseudomonas aeruginosa* via extracellular electron transfer. J Bacteriol, 192(1): 365-369.

Wang Y, Ma J H. 2020. Quantitative determination of redox-active carbonyls of natural dissolved organic matter. Water Research, 185: 116142.

Wang Y, Newman D K. 2008. Redox reactions of phenazine antibiotics with ferric (Hydr) oxides and molecular oxygen. Environ Sci Technol, 42(7): 2380-2386.

Watanabe K, Manefield M, Lee M, et al. 2009. Electron shuttles in biotechnology. Curr Opin Biotechnol, 20(6): 633-641.

Weber K A, Achenbach L A, Coates J D. 2006. Microorganisms pumping iron: anaerobic microbial iron oxidation and reduction. Nat Rev Microbiol, 4(10): 752-764.

White G F, Shi Z, Shi L, et al. 2013. Rapid electron exchange between surface-exposed bacterial cytochromes and Fe(III) minerals. Proc Natl Acad Sci USA, 110(16): 6346-6351.

Wu G, Dai C S, Wang D L, et al. 2010. Nitrogen-doped magnetic onion-like carbon as support for Pt particles in a hybrid cathode catalyst for fuel cells. J Mater Chem, 20: 3059-3068.

Wu G, Mack N H, Gao W, et al. 2012. Nitrogen doped graphene-rich catalysts derived from heteroatom polymers for oxygen reduction in nonaqueous Lithium-O_2 battery cathodes. ACS Nano, 6: 9764-9776.

Wu J, Pan Z, Zhang Y, et al. 2018. The recent progress of nitrogen-doped carbon nanomaterials for electrochemical batteries. J Mater Chem A, 6: 12932-12944.

Xin D H, Xian M H, Chiu P C. 2019. New methods for assessing electron storage capacity and redox reversibility of biochar. Chemosphere, 215: 827-834.

Xing C C, Jiang D M, Tong L, et al. 2021. MXene@Poly (diallyldimethylammonium chloride) decorated carbon cloth for high electrochemical active biofilm in microbial fuel cells. ChemElectroChem, 8(13): 2583-2589.

Xu W Q, Pignatello J J, Mitch W A. 2013. Role of black carbon electrical conductivity in mediating hexahydro-1, 3, 5-trinitro-1, 3, 5-triazine (RDX) transformation on carbon surfaces by sulfides. Environ Sci Technol, 47(13): 7129-7136.

Yang C H, Aslan H, Zhang P et al. 2020. Carbon dots-fed *Shewanella oneidensis* MR-1 for bioelectricity enhancement. Nat Commun, 11: 1379.

Yang J W, Cheng S A, Zhang S L, et al. 2022b. Modifying Ti_3C_2 MXene with NH_4^+ as an excellent anode material for improving the performance of microbial fuel cells. Chemosphere, 288: 132502.

Yang L, Chen Y, Wen Q, et al. 2022a. 2D layered structure-supported imidazole-based metal-organic framework for enhancing the power generation performance of microbial fuel cells. Electrochim Acta, 428: 140959.

Yang Z, Kappler A, Jiang J. 2016. Reducing capacities and distribution of redox-active functional groups in low molecular weight fractions of humic acids. Environ Sci Technol, 50(22): 12105-12113.

Yu Y Y, Guo C X, Yong Y C. 2015. Nitrogen doped carbon nanoparticles enhanced extracellular electron transfer for high-performance microbial fuel cells anode. Chemosphere, 140: 26-33.

Yuan Y, Zhou S G, Zhao B, et al. 2012. Microbially-reduced graphene scaffolds to facilitate extracellular electron transfer in microbial fuel cells. Bioresour Technol, 116: 453-458.

Zhang P, Liu J, Qu Y, et al. 2018. Nanomaterials for facilitating microbial extracellular electron transfer: Recent progress and challenges. Bioelectrochemistry, 123: 190-200.

Zheng S L, Li Z, Zhang P, et al. 2020. Multi-walled carbon nanotubes accelerate interspecies electron transfer between *Geobacter* cocultures. Bioelectrochemistry, 131: 107346.

第五章　电活性微生物表征技术

全面了解电活性微生物的特性及电子传递功能，除了利用常规的微生物表征方法外，还需结合电化学、光谱学、分子生物学等多种技术对其胞外电子传递过程和能力进行表征。经典的电化学方法是最直接和有效的表征技术，然而随着对电活性微生物的深入研究，单一的电化学及光谱学手段获得的信息仍然有限。因此，一系列电化学联用技术及新型的电活性微生物表征技术应运而生，实现了对电活性微生物原位微观尺度及分子水平的检测。本章对各种电活性微生物表征技术进行了系统的介绍。

第一节　经典电化学表征技术

一、伏安法

（一）循环伏安法

循环伏安法（cyclic voltammetry，CV）是研究电活性微生物最基本和有效的方法，其基本原理是利用三电极系统控制电极电势及速率，以如图 5-1a 所示的等腰三角形的脉冲电压随时间一次或多次反复扫描，在电势范围内电极上交替发生不同的氧化和还原反应，一次三角波扫描，完成一个还原和氧化过程的循环，故该方法称为循环伏安法，得到的电流-电势曲线称为循环伏安图（图 5-1b）。根据 CV 曲线的形状及峰的位置可以判断电极反应的可逆程度、中间体、相界吸附或新相形成的可能性及偶联化学反应的性质等。若电活性物质的氧化还原可逆性较差，则氧化峰与还原峰的高度不同，对称性也较差。

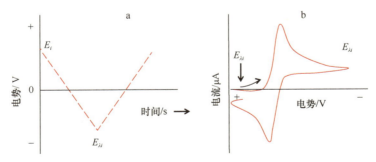

图 5-1　循环伏安法扫描电位（a）和电流-电势曲线（b）（Mabbott，1983）
Figure 5-1　The scanning potential curve of cyclic voltammetry (a) and *I-E* curves (b)

电活性微生物（electroactive microorganism，EAM）能够直接或间接将电子传递至胞外或者将胞外电子传至内膜。同时，微生物与电极进行电子传递时伴随着一系列可逆的酶促反应，在这个过程中需要依靠一系列的细胞色素 c、氧化还原酶及氧化还原介体来完成电子传递（Busalmen et al.，2008）。因此，揭示微生物电化学系统中电极的电位与电流之间的关系可以用来表征电活性生物膜（electroactive biofilm，EAB）的多个特征，如生物膜的氧化还原活性、生物膜与电极间的界面动力学特性、生物膜中电活性物质的氧化还原电位等，同时还可以用来确定 EAB 是否对加入的物质具有催化作用，以及分析 EAB 电子转移过程中是否有电子穿梭体的介导等（Jing et al.，2019；Jeuken et al.，2002；Fricke et al.，2008）。

1. 周转条件下 CV

利用 CV 表征 EAB 时通常分为周转或非周转两种情况。在周转条件下，即有电子供体存在时，由于 EAM 可以获得电子供体，此时电流会随应用电势的变化而变化。一般情况下电势变化速率较小（1～10 mV/s），因此参与反应的所有蛋白都会被多次氧化和还原。利用 CV 表征 EAB 时需要微生物保持活性，考虑到设置电势过高或过低会对微生物造成伤害（Gião et al.，2005；Perez-Roa et al.，2006），因此应将扫描电势设置在不影响微生物的活性范围内。研究表明，–0.55～0.24 V $vs.$ SHE 不会影响 $G.$ $sulfurreducens$ 生物膜的活性（Marsili et al.，2008）。图 5-2a 为周转条件下，扫描速率为 1 mV/s 时而获得的典型 $G.$ $sulfurreducens$ 生物膜"S"形循环伏安图，当电势大于–0.3 V 时突破限制电流开始急剧增加，EAB 电子传递速率迅速增加，随后又在–0.1 V 达到其限制电流，该过程表明一系列催化电子从基质到电极的蛋白不断再生，这种现象称为可逆催化波（Armstrong et al.，1997）。对 CV 数据进行一阶导数分析，可以将催化波中的拐点进行可视化分析（图 5-2b），在–0.15 V 处有一个主峰，在–0.22 V 及–0.02 V 处有两个微弱的峰，这表明在整个催化过程中存在多个电活性物种（外膜细胞色素 c）参与的氧化还原过程。

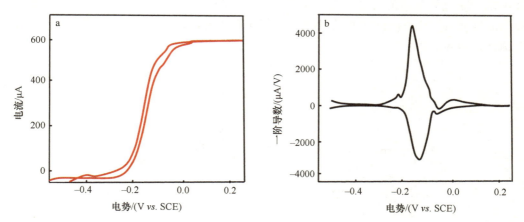

图 5-2　周转条件下 $G.$ $sulfurreducens$ 典型 CV 曲线（a）及一阶导数分析（b）（Marsili et al.，2010）
Figure 5-2　CV curve of $G.$ $sulfurreducens$ under turnover conditions and the first derivative plots of CV data

2. 非周转条件下 CV

在非周转情况下，即无电子供体存在时，细胞会失去所有的电子供体，此时则通过改变电极电势驱动电子在细胞与电极间的流动，该过程中蛋白质的氧化还原中心最多发生一次氧化或还原过程。通常将生物电化学系统（bioelectrochemical system，BES）中的电子供体去除后生物膜中会残留部分供体，因此为了确保实验过程不受多余电子供体的影响，需将去除供体的 BES 继续运行 24～36 h 后再进行非周转条件 CV 测试。图 5-3 为在扫描速率 1 mV/s 时，非周转条件下获得的 *G. sulfurreducens* 生物膜 CV 图，CV 曲线存在两对氧化还原峰，表明生物膜中至少存在两种不同的氧化还原物质。研究表明，在 *G. sulfurreducens* 生物膜电子传递过程中有多种细胞色素 *c* 参与，如 PpcA（–0.37 V *vs.* Ag/AgCl）、OmcB（–0.39 V *vs.* Ag/AgCl）和 OmcZ（–0.42 V *vs.* Ag/AgCl）（Lloyd et al.，2003；Magnuson et al.，2001）。

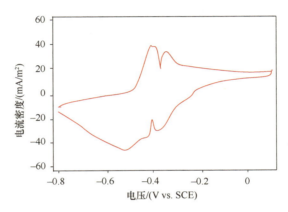

图 5-3　非周转条件下 *G. sulfurreducens* 的典型 CV 图（Peng et al.，2016）
Figure 5-3　CV curve of *G. sulfurreducens* under non-turnover conditions

此外，虽然 CV 表征电活性生物膜已经得到了广泛的应用，但是扫描过程出现的许多瞬时现象无法解释，因此研究者提出了瞬时循环伏安法的理论模型来探究微生物电催化过程中的瞬时现象（Rousseau et al.，2014），该模型是通过将非周转条件下电活性生物膜 CV 的峰电流值（J_{peak}）与扫描速率的幂次方（v^{α}）进行回归分析，并根据回归分析中相关系数接近 1 时的 α 值对电活性生物膜中的瞬时现象进行分析。根据电解分析的基本理论，当 α 值为 0.5 时，电活性生物膜中的电子传递为扩散限制电子传递过程；当 α 值为 1 时，表明电活性生物膜中存在电子穿梭体介导的电子传递过程。

（二）微分脉冲伏安法

当生物膜蛋白与电极之间的电子传递速率较低时，虽然 CV 能提供体系中膜蛋白催化底物氧化的信息，但其检测限较低，需要扣除欧姆（电容）电流才能显示出微小的特征峰。此外，当膜蛋白与电极之间的电子转移较慢时，CV 不仅需要更低的扫描速率和更长的扫描时间，而且要对数据进行适当的导数分析才能检测到。相比之下，即使在较高的扫描速率下，微分脉冲伏安法（differential pulse voltammetry，DPV）也能实现更加灵敏的分析。

微分脉冲伏安法是线性扫描伏安法和阶梯扫描伏安法的衍生方法，即在其基础上添加一定的电压脉冲，在电势改变之前测量电流，通过这种方式来减小充电电流的影响。其原理如图 5-4a 所示，微分脉冲伏安法的电势波形可看作线性增加的电压与恒定振幅的矩形脉冲的叠加，脉冲宽度比其周期要短得多，一般取 40~80 ms，在对体系施加脉冲前 20 ms 和脉冲期后 20 ms 测量电流。图 5-4b 为在一个周期中两次测量示意图，其中，i_c 为背景的电容电流，i_f 为叠加脉冲之后的电解电流，将这两次电流相减，并输出这个周期中的电解电流 Δi，这也是微分脉冲伏安法命名的原因。随着电势增加，连续测得多个周期的电解电流 Δi，并用 Δi 对电势 E 作图，即得微分脉冲曲线。如图 5-4c 所示，在微分脉冲曲线的初始部分，电势较正，电极反应尚未发生，只有双电层的电容电流 i_c，差减信号为 i_c；在脉冲伏安曲线的最后部分，由于反应物被消耗，电势进入极限扩散区，在脉冲施加前后法拉第电流均为极限扩散电流，因脉冲宽度很短，两个暂态极限电流非常接近，因此差减信号也很小。如图 5-4c 所示，最终的微分脉冲伏安曲线一般为一个峰形曲线。在脉冲施加前 20 ms，只有电容电流 i_c；在脉冲期后 20 ms，所测电流为电解电流和电容电流的和，两次电流相减得到 Δi，因此减小了背景电流中电容电流的干扰。不仅如此，在 DPV 中，由于电流差减的缘故，由杂质的氧化还原电流导致的背景也被大大扣除了。

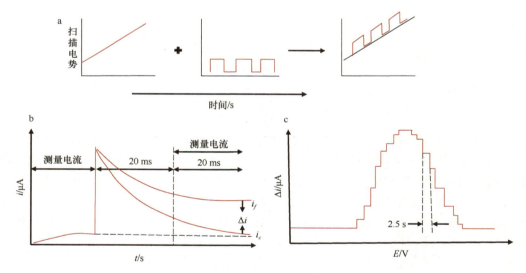

图 5-4　微分脉冲伏安法的电势波形图（a）、电流-时间关系图（b）和微分脉冲伏安图（c）
Figure 5-4　The potential waveform of DPV (a), *i-t* curve (b) and DPV curve (c)

总之，DPV 由于降低了背景电流而具有更高的检测灵敏度和更低的检出限。其优点为：①由于背景电流得以充分衰减，可以将衰减的法拉第电流充分放大，因此能达到很高的灵敏度；②分辨能力高，可同时进行多元素、多物质检测；③可大大降低空白值。

如图 5-5 所示，CV 扫描时混合菌电活性生物膜的电容电流较大，影响了氧化还原峰电流的显示，而脉冲伏安法则可以有效扣除电容电流，甚至在较高的扫描速率下也可以显示特征峰，具有较高的灵敏度，因此脉冲伏安法通常可以辅助 CV 对电活性生物膜进行进一步分析。

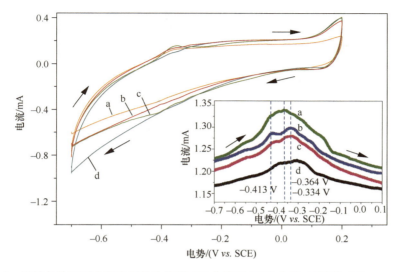

图 5-5　周转条件下混合菌电活性生物膜 CV 曲线和 DPV 曲线（插图）（Chen et al.，2017）

Figure 5-5　CV (a) and DPV (b) curves of mixed bacteria EAB under turnover conditions (inset image)

a. 添加 *N*-丁酰基-L-高丝氨酸内酯处理组；b. 添加 *N*-己酰基-L-高丝氨酸内酯处理组；c. 添加 *N*-3-氧代十二烷酰基-L-高丝氨酸内酯；d. 对照组

（三）伏安法的应用

　　电子转瞬即逝且无法观察，表征极为困难。因此构建表征电活性生物膜电子传递速率的方法，能为研究电活性生物膜与电极间的电子传递动力学特性提供有效手段。结合循环伏安扫描和 Laviron 理论，可以得到电活性生物膜的电子传递速率常数，该方法具体过程如下。

　　（1）电活性生物膜形成后以不同扫描速率对其进行 CV 表征（图 5-6a），对氧化还原峰的峰电流与扫描速率进行相关分析（图 5-6b），若峰值随扫描速率的增加而增加或减小即呈线性相关关系，则表明电活性生物膜与电极间的电子传递过程具有典型的界面动力学电化学过程。

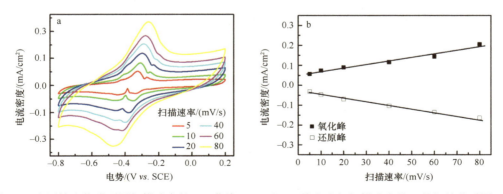

图 5-6　电活性生物膜不同扫描速率的 CV 曲线（a）及 CV 峰电流与扫描速率的函数相关关系图（b）
（Yuan et al.，2012）

Figure 5-6　CVs of electroactive biofilm (a) at different scan rates and plots of peak currents as a function of scan rates (b)

（2）通过绘制 E_p-$E^{\theta'}$与 $\log_{10}(v)$ 图（图 5-7）来确定氧化还原峰与扫描速率间的相关关系，其中 E_p 为氧化还原峰电位，$E^{\theta'}$为表观电位。

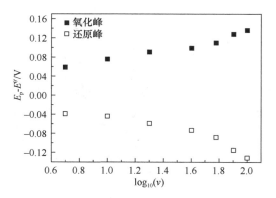

图 5-7　峰值电位是扫描速率对数的函数（Yuan et al.，2012）

Figure 5-7　Peak potentials as a function of the logarithm of the scan rates

（3）利用 Laviron 理论，根据以下方程得到电活性生物膜的表观电子传递速率常数（k_{app}）。

当 $\Delta E_p > 200$ mV/n 时，

$$E_{pc} = E_c^{\theta'} - \left(\frac{RT}{\alpha nF}\right)\ln\left[\frac{\alpha nFv_c}{RTk_{app}}\right] \tag{5-1}$$

$$E_{pa} = E_a^{\theta'} - \left(\frac{RT}{(1-\alpha)nF}\right)\ln\left[\frac{(1-\alpha)nFv_a}{RTk_{app}}\right] \tag{5-2}$$

式中，α 为电子转移系数，n 为电子转移个数，E_{pc} 为阴极峰电位，E_{pa} 为阳极峰电位，v 为扫描速率，k_{app} 为表观电子转移速率常数，F 为法拉第常数（F = 96 485.3 C/mol），R 为摩尔气体常数 [R = 8.314 J/(mol·K)]，T 为温度（K）。

图 5-7 中氧化峰拟合曲线的斜率是 $RT/[(1-\alpha)nF]$，还原峰曲线的斜率是 $RT/(\alpha nF)$，通过斜率得到 αn 和 $(1-\alpha)n$ 的值，并将其代入公式（5-1）及（5-2）中即得到表观电子转移速率常数 k_{app}。

二、电化学交流阻抗法

（一）电化学阻抗图谱

电化学阻抗谱（electrochemical impedance spectroscopy，EIS）是一种广泛应用于电化学系统和电化学过程分析及表征的技术，其基本原理是给电化学系统施加一个小振幅交流正弦电势波，测量交流电势与电流信号的比值（系统的阻抗）随正弦波频率 ω 的变化，或者是阻抗的相位角 Φ 随 ω 的变化。该过程可以用如图 5-8 所示的模型来解释生物电化学系统的阻抗，假设图中正方形为电化学系统，当给其输入一个扰动函数 X 时，会输出一个响应信号 Y。用来描述扰动与响应之间关系的函数，称为传输函数 $G(\omega)$。

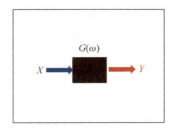

图 5-8 EIS 模型图

Figure 5-8　The mode map of EIS

若系统的内部结构是线性稳定结构，则输出信号就是扰动信号的线性函数，即

$$Y = G(\omega)X \tag{5-3}$$

如果 X 为角频率为 ω 的正弦波电流信号，则 Y 为角频率也为 ω 的正弦电势信号。此时，传输函数 $G(\omega)$ 也是频率的函数，称为频响函数。这个频响函数就称为生物电化学系统的阻抗（impedance），用 Z 表示。

如果 X 为角频率为 ω 的正弦波电势信号，则 Y 为角频率也为 ω 的正弦电流信号，此时，频响函数 $G(\omega)$ 就称为生物电化学系统的导纳（admittance），用 Y 表示。阻抗和导纳统称为导抗（immittance），用 G 表示，阻抗和导纳互为倒数关系。

导抗 G 是一个随 ω 变化的矢量，通常用角频率 ω（或一般频率 f，$\omega = 2\pi f$）的复变函数来表示，即

$$G(\omega) = G'(\omega) + jG''(\omega) \tag{5-4}$$

式中，G' 为导抗的实部，G'' 为导抗的虚部。

若 G 为阻抗，则有

$$Z = Z' + jZ'' \tag{5-5}$$

式中，Z' 代表阻抗的实部；Z'' 代表阻抗的虚部。

阻抗的模值为

$$|Z| = \sqrt{Z'^2 + Z''^2} \tag{5-6}$$

若阻抗的相位角为 Φ，则：

$$\tan \Phi = \frac{-Z''}{Z'} \tag{5-7}$$

因此，阻抗技术就是测定不同频率 ω（f）的扰动信号 X 和响应信号 Y 的比值，得到不同频率下阻抗的实部 Z'、虚部 Z''、模值 $|Z|$ 和相位角 Φ，然后由阻抗矢量值和相位角绘成 Nyquist 图（图 5-9a）用来描述阻抗随频率的变化，以及用 $|Z|$ 的对数 $\log|Z|$ 和 Φ 对相同的横坐标频率的对数 $\log_{10}(f)$ 绘成 Bode 图（图 5-9b）。Nyquist 图适合用于表示体系的阻抗大小。在 Nyquist 图中，频率值是隐含的，严格地讲必须在图中标出各测量点的频率值才是完整的图。但在高频区，由于测量点过于集中，要标出每一点的频率较为困难。而 Bode 图则提供了一种描述电化学体系特征与频率相关行为的方式，是表示阻抗谱数据更清晰的方法。

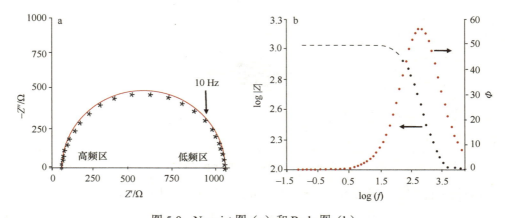

图 5-9　Nyquist 图（a）和 Bode 图（b）

Figure 5-9　The Nyquist plot (a) and Bode plot (b)

（二）电化学交流阻抗的应用

利用 EIS 研究微生物电化学系统的基本方法是：将电化学系统看作一个等效电路，等效电路由电阻（R）、电容（C）、电感（L）等基本元件以串联或并联等不同方式组合而成。EIS 可以测定等效电路的构成及各元件的大小，利用这些元件的电化学含义，来分析电化学系统的结构和电极过程的性质等。在实际测量中，将某一频率为 ω 的微扰正弦波信号施加到电解池，这时可把工作和辅助电极双电层看作一个电容，把电极本身、溶液及电极反应所引起的阻力均视为电阻。

EIS 经常用于 EAB 的表征，可以用来监测 EAB 的形成过程，评估 EAB 的电子传递阻抗、EAB 表面蛋白界面的扩散阻抗，也可为 EAB 的电化学反应和微生物生理代谢提供关键信息（Zhou et al.，2018；Karthikeyan et al.，2015；He and Mansfeld，2009）。电子传递阻抗可反映出电极与 EAB 间电子传递的快慢即电子转移速率。一般而言，微生物电化学系统中 EAB 的阻抗图谱为半圆加一条曲线（图 5-10），曲线高频部分与横轴的交

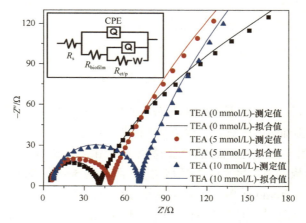

图 5-10　电活性生物膜的 EIS（Jing et al.，2019）

Figure 5-10　The EIS of the electroactive biofilm

TEA. 四乙铵；CPE. 常相位角元件

点为溶液阻抗，也称欧姆阻抗（R_s），半圆近似为 EAB 的电子转移阻抗（$R_{biofilm}$），而半圆后面的斜线为电荷传递阻抗（R_{ct}）。Ramasamy 等（2008）测量了生物膜形成过程中不同时期的阻抗图谱，发现 3 周内电极极化电阻从 2.61 k$\Omega \cdot$cm^2 降到了 0.48 k$\Omega \cdot$cm^2。他们认为电极极化电阻的变化主要是因为电活性生物膜提高了电化学反应的速率（Ramasamy et al.，2008）。此外，Zhou 等（2018）比较了空白 ITO 电极和附着 *G. sulfurreducens* 的 ITO 电极的阻抗图谱，发现扩散电阻从 2.2 k$\Omega \cdot$cm^2 降到了 0.9884 k$\Omega \cdot$cm^2，他们认为电极与溶液间的扩散电阻变小也主要是因为电活性生物膜提高了电化学反应的速率。此外，研究发现附着电活性生物膜的电极极化电阻变小而电容变大，电极极化电阻变小是源于电极上微生物催化的氧化还原反应速率的提高，而电容变大则可以证明电极上 EAB 的形成（Srikanth et al.，2008）。总之，EIS 是表征 EAB 电化学特征的有效工具，它可以在非破坏条件下表征 EAB 电化学反应过程、监测生物膜形成、解析这种条件下微生物与电极间的相互作用。

三、塔费尔曲线

1905 年，塔费尔在研究氢超电势时，发现在一定范围内，超电势（η）与电流密度（i）有如下关系：

$$\eta = a + b \times \lg|i| \tag{5-8}$$

该式称为塔费尔方程，式中 a、b 称为塔费尔常数，它们取决于电极材料、电极表面状态、温度和溶液组成等。

测定 a、b 值是研究电极反应动力学的一种重要途径，该公式适用于电流密度较高的区域。当 i 和超电势都很小（$\eta < \pm 0.03$ V）时，超电势与电流密度呈线性关系，即

$$\eta = ki \tag{5-9}$$

式中，k 为比例常数。

塔费尔主要是靠经验发现了超电势与电流密度之间的关系，后来用巴特勒-福尔默方程 （Butler-Volmer equation）的理论可以推导出塔费尔方程。巴特勒-福尔默方程表示通过系统的净电流：

$$i = i_0 \left\{ \exp\left(\frac{-\alpha nF}{RT}\eta\right) - \exp\left[\frac{(1-\alpha)nF}{RT}\eta\right] \right\} \tag{5-10}$$

式中，i_0 为交换电流密度；α 为电子转移系数；n 为法拉第电荷转移过程中参与的电子数量；T 为热力学温度；F 为法拉第常数；R 为摩尔气体常数。当 η 绝对值很高时，即超电势很高时，巴特勒-福尔默方程两项中的一项可忽略。如当阴极超电势很高时，式（5-10）变为

$$i = i_0 e^{-\alpha F\eta} \tag{5-11}$$

或

$$\eta = \frac{RT}{\alpha nF}\ln i_0 - \frac{RT}{\alpha nF}\ln i \tag{5-12}$$

因此，巴特勒-福尔默方程从理论上证实了塔费尔常数，即

$$a = \frac{2.3RT}{\alpha nF} \lg i_0 \qquad (5\text{-}13)$$

$$b = -\frac{2.3RT}{\alpha nF} \qquad (5\text{-}14)$$

a 主要反映的是电子转移步骤的难易程度，b 被称为塔费尔斜率，提供有关反应机制的信息。对电流密度的对数与超电势作图，得到的曲线称为塔费尔曲线（Tafel plot）。因此式（5-12）可改写为

$$\lg i = -\frac{\alpha nF}{2.3RT} \eta + \lg i_0 \qquad (5\text{-}15)$$

图 5-11 为一个典型塔费尔图，其中取 $n=1$，$\alpha=0.5$，$T=298$ K。电子转移系数 α 可以由直线部分的斜率求出，交换电流密度 i_0 由截距可以得出。可以看出，在阴极极化区和阳极极化区，$\lg|i|$ 对 η 作图都有直线部分，阴极支直线部分的斜率应为 $-\alpha nF/(2.3RT)$，阳极部分的斜率应为 $(1-\alpha)nF/(2.3RT)$，两部分直线外推交于 $\lg|i|$ 轴上同一点，这一点应为 $\lg|i_0|$。因此，对于微生物电化学系统中的简单电子传递过程，可以根据塔费尔曲线的线性部分来计算出电化学过程中的电子传递数量，并通过将线性部分延长至与 η 轴相交，得到交换电流密度。

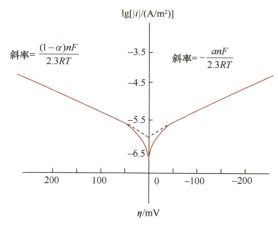

图 5-11　典型塔费尔曲线

Figure 5-11　A type Tafel plot

塔费尔曲线可以用于研究电活性生物膜的电荷转移动力学参数，如氧化还原斜率和极化电阻，从而揭示电子转移过程，也可用来识别电活性生物膜中是否有活的微生物存在。Chaudhuri 和 Lovley（2003）发现 *G. sulfurreducens* 活体微生物群落的塔费尔曲线比灭活的菌体曲线电流大 19 倍，说明活的电活性生物膜驱动了电子传递过程。除了对塔费尔曲线电流解析外，根据塔费尔曲线推断的参数 a 和 b（塔费尔斜率）也可以用于深入解析电活性微生物的电子转移动力学过程，i_0 值越大，b 越小，表面电子转移速率则越大。Yuan 等（2013a）检测了混合培养的电活性生物膜与不同

处理 3D 生物碳纳米材料电极的塔费尔曲线并得到塔费尔斜率（b），根据 b 得到 i_0 值最大的电极，即电化学催化活性和电子传递效率最优，从而挑选最优的生物碳纳米电极材料。

第二节　光谱及光谱电化学联用技术

一、光谱技术

传统的电化学方法虽然具有高的灵敏度和定量分析的优点，但是难以辨认生物膜与电极反应的中间体和产物特性，无法从分子水平和微观层次进行研究。EAB 中的细胞色素 c 在胞外电子转移过程发挥了重要作用，为了对细胞色素 c 在电子传递过程中的作用有更加清晰的认识，一系列的光谱技术应运而生。以下介绍了几种检测电活性微生物及其细胞色素 c 的光谱技术。

（一）紫外可见光谱

紫外可见光谱是分子（或离子）吸收紫外光或者可见光（通常 200～800 nm）后发生价电子的跃迁所引起的。由于电子间能级跃迁的同时总是伴随着振动和转动能级间的跃迁，因此紫外可见光谱呈现宽谱带。紫外可见光谱有两个重要参数：最大吸收峰位置（λ_{max}）以及最大吸收峰的摩尔吸光系数（κ_{max}）。最大吸收峰所对应的波长代表着化合物在紫外可见光谱中的特征吸收，而其所对应的摩尔吸光系数是定量分析的依据。

紫外可见光谱的定量遵循朗伯-比尔定律（李玉春，2011）。朗伯-比尔定律是指当一束平行单色光通过均匀、非散射的稀溶液时，溶液对光的吸收程度与溶液浓度及液层厚度的乘积成正比。该定律是光吸收的基本定律，适用于所有的吸光物质。

朗伯-比尔定律的公式为

$$I = I_0 e^{-\varepsilon CL} \tag{5-16}$$

式中，I 为物质吸收后出射光的光强度；I_0 为物质吸收前入射光的光强度；C 为溶液的浓度；L 为光程；ε 为摩尔吸光系数。

根据吸光度的定义，吸光度 A 表示为

$$A = \lg \frac{I_0}{I} \tag{5-17}$$

结合公式（5-16）得

$$A = \lg \frac{I_0}{I} = \lg \frac{1}{e^{-\varepsilon CL}} = \lg e \times \varepsilon CL \tag{5-18}$$

通常表示为

$$A = KCL \tag{5-19}$$

式中，K 为吸光系数；C 为物质即被测溶液浓度；L 为光程，即比色皿长度。吸光系数 K 是单位浓度物质在单位光程时的吸光度，表征物质吸光能力的大小。对于特定的比色皿

或者采样槽，光程 *L* 固定不变；对于特定的被测物，其在特定单波长处吸收常数 *K* 基本不变。因此被测溶液在该特定波长的吸光度 *A* 与其浓度 *C* 成正比，利用被测溶液的吸光度可测得被测溶液的浓度。

在有机分子中，只有低激发能价电子的特定官能团才能吸收紫外光和可见光。由于细胞色素 *c* 血红素具有很高的摩尔吸光系数，因而可利用紫外可见光谱表征电活性生物膜。细胞色素 *c* 有氧化型和还原型之分，氧化型细胞色素 *c* 在 408 nm、530 nm 有强吸收峰，而还原型细胞色素 *c* 在 415 nm、520 nm 和 550 nm 处有最大吸收（Carlson et al.，2012；Lowe et al.，2010）。如图 5-12 所示，菌株 *G. sulfurreducens* PCA 的光谱扫描图表现出典型的细胞色素 *c* 光谱特征。此外，由于细胞色素 *c* 属于含金属蛋白，且其活性中心铁离子与蛋白质的相互作用维持着蛋白质的二级、三级和四级结构，其中的金属离子可以在特定位置结合，通过金属离子与蛋白质特定部位的配位作用和静电力键合作用产生相互作用。如果细胞色素 *c* 的铁离子被其他金属离子替代，必然引起细胞色素 *c* 结构和功能的变化，故其紫外可见光谱也会发生变化，因此紫外可见光谱法还可用于研究电活性生物膜细胞色素 *c* 与微量元素间的相互作用。有研究者利用该手段分析细胞色素 *c* 与铁纳米材料（Fe-NP）之间的相互作用，发现当细胞色素 *c* 存在时，添加不同浓度的 Fe-NP 后，细胞色素 *c* 紫外可见光谱的峰值随 Fe-NP 浓度变化而变化，并且使得其构象发生变化（Jafari Azad et al.，2017）。

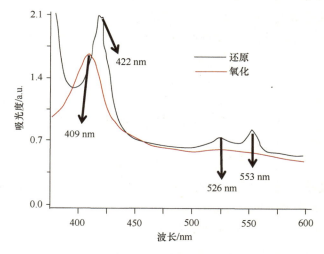

图 5-12　*G. sulfurreducens* PCA 完整细胞表面细胞色素 *c* 紫外可见光谱（杨贵芹，2017）

Figure 5-12　The UV-visible spectra of *c*-type cytochromes on the surface of intact *G. sulfurreducens* PCA cells

（二）红外吸收光谱

红外吸收光谱是由分子振动和转动跃迁所引起的，组成化学键或官能团的原子处于不断振动（或转动）的状态，其振动频率与红外光的振动频率相当，所以，用红外光照射分子时，分子中的化学键或官能团可发生振动吸收，不同的化学键或官能团吸收频率不同，在红外吸收光谱上将处于不同位置，从而可获得分子中含有何种化学键或官能团的信息。红外吸收光谱的特点是适用范围广、特征性强，除光学异构体及长链烷烃同系物外，几乎没有两个化合物具有相同的红外吸收光谱。红外吸收光谱通常分为三个区域：近红外区（750～2500 nm）、中红外区（2500～25 000 nm）和远红外区（25～1000 μm）。近红外吸收光谱是由分子的倍频、合频产生的；中红外吸收光谱属于分子的基频振动光谱；远红外吸收光谱则属于分子的转动光谱和某些基团的振动光谱。

生物膜含有的生物分子能够选择性吸收某些波长的红外线，从而引起分子中振动能级和转动能级的跃迁，通过检测红外线被吸收的情况可得到生物膜的红外吸收光谱。利用红外吸收光谱分析可分为两个方面：一是官能团定性分析，主要依据红外吸收光谱的特征频率鉴别官能团，以确定未知化合物的类别；二是结构分析，利用红外吸收光谱提供的信息结合其他结构分析手段，如质谱、核磁共振波谱及紫外吸收光谱等，确认未知化合物的化学结构。Hou 等（2020）将红外吸收光谱与二维相关光谱学分析相结合，深入解析了不同银离子浓度下电活性生物膜胞外聚合物组分中 C=O 和 C—O—C 基团的变化。此外，还有研究者利用红外吸收光谱与蛋白质组学结合对 *Shewanella* sp. HRCR-1 生物膜胞外多聚物成分进行分析，揭示了其潜在的生理功能和氧化还原活性（Cao et al.，2011）。

（三）荧光光谱

荧光是物质从激发态失活到多重性相同的低能状态时所释放的辐射，即物质在吸收紫外光后发出的波长较长的紫外荧光或可见荧光，以及物质吸收波长较短的可见光后发出的波长较长的可见荧光。荧光光谱包括发射光谱和激发光谱。激发光谱是荧光物质在不同波长的激发光作用下测得的某一波长处的荧光强度变化情况，即不同波长的激发光的相对效率；发射光谱则是在某一固定波长的激发光作用下荧光强度在不同波长处的分布情况，即荧光中不同波长光成分的相对强度。

处于还原状态的细胞色素 *c*，以 350 nm 波长激发时，在 402 nm 和 437 nm 处有最大荧光发射，而细胞色素 *c* 的氧化会导致荧光损失，单个细胞细胞色素 *c* 荧光的减弱可利用荧光显微镜检测。例如，用光纤远程激发电活性微生物 *G. sulfurreducens* 细胞色素 *c*，可在 5 cm 的较远距离检测到荧光信号的变化，以此评估细胞质外细胞色素 *c* 在没有外部电子受体时存储电子的能力，荧光分析的结果表明单个 *G. sulfurreducens* 细胞的细胞质外细胞色素 *c* 能够存储 10^7 个电子（Esteve-Núñez et al.，2008）。

（四）表面增强拉曼光谱

拉曼光谱术（Raman spectroscopy）是一种基于拉曼散射效应的分子特征检测手段，主要是对不同于入射光频率的散射光谱进行分析，该效应由印度物理学家拉曼（Raman）于 1928 年发现。当一束单色的光照射到液体苯上时，除了有与入射光频率相同的光外，散射光中还有一些强度非常弱的和入射光频率发生位移的光谱线，前者为已知的瑞利散射（图 5-13），而后者主要是由分子振动而引起的散射现象，这就是拉曼散射效应。

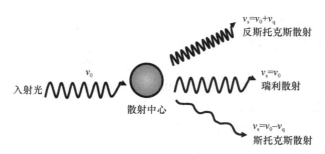

图 5-13　拉曼散射和瑞利散射

Figure 5-13　Raman scattering and Rayleigh scattering

如图 5-13 所示，当散射光的频率发生变化时，说明入射光与物质发生了能量的转移。在光散射理论中，当散射光频率 v_s 等于入射光频率 v_0（$v_s = v_0$）时，入射光与物质之间没有能量交换，只改变方向，称为瑞利散射（Rayleigh scattering）。当 $v_s < v_0$ 时，有一部分入射光能量交给了物质，光子失去能量，称为斯托克斯散射（Stokes scattering）。当 $v_s > v_0$ 时，则入射光从物质内部得到一些能量，称为反斯托克斯散射（anti-Stokes scattering）。斯托克斯散射/反斯托克斯散射与入射光频率之差 v_q 称为拉曼位移。拉曼光谱分析可以获得分子振动、转动方面的信息，并且拉曼光谱术具有操作简单、检测速度快、不受水干扰、无损伤和无需样品前处理等特点，可对样品进行定性、定量分析。

然而，拉曼散射效应是个非常弱的过程，一般其光强仅约为入射光强的 10^{-10}，所以拉曼信号都很弱，需要用某种增强效应来研究目标物的拉曼光谱。表面增强拉曼光谱术（surface-enhanced Raman spectroscopy，SERS）通过粗糙金属表面或者半导体表面来增强吸附在其上的拉曼散射体的拉曼信号，这大大克服了普通拉曼光谱灵敏度低的缺点。

表面增强拉曼光谱可提供关于血红素的结构（例如，配位和自旋态）以及生物膜的氧化还原过程等信息。利用表面增强拉曼光谱可以表征电活性生物膜的界面电子传递动力学特征（Ly et al.，2013）。在以银电极为工作电极的生物电化学系统中，与银工作电极紧邻（<7 nm）的细胞血红素基团的共振拉曼散射的近场会增强，因此表面增强拉曼光谱能够选择性地检测在生物膜和银电极界面上细胞色素 c 的氧化还原过程。此外，采用表面增强拉曼光谱结合循环伏安法可以选择性地探测电极表面附近蛋白质的血红素基团，从而揭示血红素的氧化还原、配位和自旋状态以及其轴向配体的性质（Millo et al.，2011）。

二、光谱电化学联用技术

20 世纪 60 年代初期，Kuwana 首次采用一种在玻璃板上镀一层掺杂 Sb 的 SnO_2 半导体而制成的透明导电膜（Nesa）玻璃电极，建立了以原位光谱和非原位电子能谱为核心内容的光谱电化学，如电化学原位紫外可见光谱、电化学表面增强拉曼光谱、电化学原位红外吸收光谱及电化学石英微晶天平等。因此，一系列光谱电化学联用技术相继被成功创建并应用于固/液界面电化学过程的研究。

对于电活性生物膜中电子传递的研究，普通的电化学技术能够表征电活性生物膜中参与电子传递过程的关键电活性组分的性质，如氧化还原活性、电子转移可逆性等，而光谱学技术则能够识别这些电活性组分的结构及形态。但是，对于确定这些组分是否参与胞外电子转移的过程，仅靠电化学技术或者光谱学技术无法实现。因此，光谱电化学联用技术被用来研究电活性生物膜与电极的界面电子传递过程。该技术不仅能够实现电活性生物膜的原位、活体检测，而且能够判断电活性生物膜中的电活性组分是否参与电子传递，以及这些电活性物质在电子传递过程中的状态。

（一）紫外光谱电化学联用技术

紫外光谱电化学联用技术是将紫外可见光谱技术与电化学技术相结合的技术，该技术利用紫外可见光谱技术表征电活性生物膜细胞色素 *c* 的氧化还原状态，而与电化学技术结合后可实现对电活性生物膜成膜过程中电子传递的原位、无扰动检测。如图 5-14a 所示，在以 ITO 导电玻璃为工作电极的反应系统中，通过恒电位仪控制工作电极电位，紫外可见光透过电解池检测 ITO 电极上电活性生物膜中的电子传递过程，结果表明，随外加电位的不同，紫外可见光谱特征吸收光谱发生明显改变。当细胞色素 *c* 为氧化状态时，其紫外可见光谱会在 409 nm 处出现吸收峰，而在还原状态时则移至 419 nm 处，并且同时在 522 nm 与 528 nm 处出现吸收峰。如图 5-14b 所示，在 *G. sulfurreducens* 的电

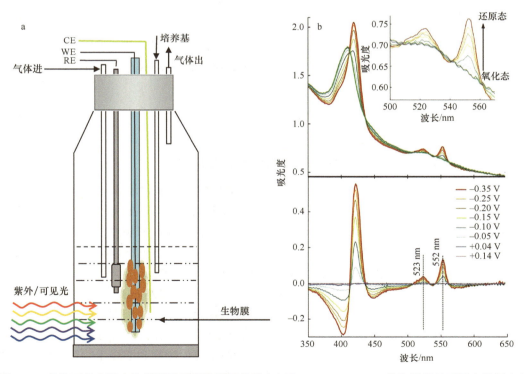

图 5-14　紫外可见光谱电化学联用系统装置示意图（a）及 *G. sulfurreducens* 生物膜紫外可见光谱图（b）
（Liu et al.，2011）

Figure 5-14　The spectroelectrochemical system (a) and the ultraviolet-visible spectra of *G. sulfurreducens* biofilm
右图上为原始光谱，右图下为扣除背景后的光谱
CE. 辅助电极；WE. 工作电极；RE. 参比电极

活性生物膜中，当外加电位由+0.14 V 转变至–0.35 V，即细胞色素 *c* 由氧化态转变至还原态时，紫外可见光谱的峰值由 409 nm 转移至 419 nm，并且随外加电压的增加吸收峰的峰值不断增强，这为细胞色素 *c* 直接参与电活性微生物的胞外电子传递过程提供了有效证据。

（二）电化学原位红外光谱

电化学原位红外光谱是 20 世纪 80 年代初由 Bewick 等发明的，既可以进行电化学参数的测定，又可以同步、原位检测电化学体系的红外光谱信息的变化。传统的电化学技术无法实现检测反应过程中分子水平的变化，但是电化学原位红外光谱技术可以利用红外光谱的指纹特性和反射光谱特有的表面旋律，检测电极表面吸附物的取向和成键方式，有助于从分子水平阐明电化学反应机理。

1. 电化学原位红外光谱的基本原理

电化学原位红外光谱主要由光源、干涉仪和检测器组成。光源要求能连续发射出高强度、稳定波长的红外光。干涉仪将复色光变成干涉光，检测器根据材料被光照射后，其导电性能改变，产生被检信号，通常采用汞、镉、碲等类型的检测器。

为了提高检测的灵敏度，消除容积或者环境背景值等的影响，通常会对电化学原位红外光谱采用电位差谱进行测量。在保持其他实验条件不变的情况下，仅改变电极电位，采集单光束光谱，进行差减归一化运算得到结果光谱，即分别在工作电位 E_S 与参考电位 E_R 处采集单光束光谱 $R(E_S)$ 及 $R(E_R)$，结果谱图表示为电极反射率的相对变化，即

$$\frac{\Delta R}{R} = \frac{R(E_S) - R(E_R)}{R(E_R)} \tag{5-20}$$

2. 电化学原位红外光谱在电活性生物膜中的应用

利用电化学原位红外光谱能够观察电活性生物膜胞外氧化还原活性物质在电化学反应中的结构和构象变化，从而对电活性生物膜实现分子水平的检测。Yang 等（2017）利用该技术从分子水平研究了 *G. soil* 电活性生物膜表面氧化还原蛋白的变化（图 5-15a），发现阴极生物膜的红外光谱图中在 1650 cm^{-1} 频率出现了明显的酰胺 I 带吸收峰（图 5-15c）。与阴极生物膜不同，阳极生物膜的红外光谱图在 1700～1600 cm^{-1} 频率出现了较宽的酰胺 I 带吸收峰，而且该吸收峰含有两个峰顶（1678 cm^{-1} 和 1628 cm^{-1}）。比较两种电活性生物膜的红外光谱（图 5-15b 和 c）可知，阳极生物膜的红外光谱图含有一个倒峰，随着电极电势的升高（从–0.8 V 到+0.4 V），该倒峰的红外吸收频率从 1260 cm^{-1} 转变为 1284 cm^{-1}，而且该峰在更高电势处消失。因此，在阳极生物膜和阴极生物膜的红外光谱图中，酰胺 I 带吸收峰和其他随氧化还原状态而改变的吸收峰表现出巨大的差异。该结果表明两种生物膜具有不同种类的外膜氧化还原活性蛋白，*G. soil* 将电子从胞内传递至电极与从电极获得电子采取不同的电子传递路径（Yang et al.，2017）。

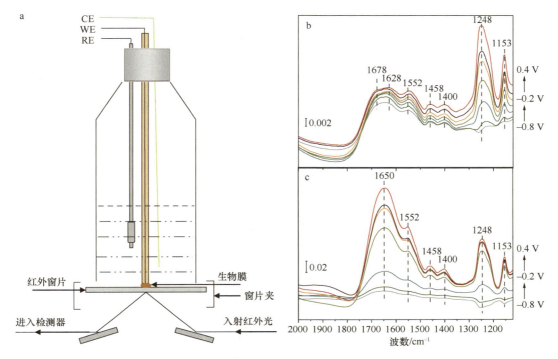

图 5-15　电化学原位红外光谱装置示意图（a），*G. soil* 阳极（b）和阴极（c）生物膜电化学红外光谱
（Yang et al.，2017）

Figure 5-15　The sketch of electrochemical *in situ* FTIR (a), the electrochemical *in situ* FTIR spectra of anode (b) and cathode *G. soil* biofilms (c)

（三）电化学石英晶体微天平

石英晶体微天平（quartz crystal microbalance，QCM）是一种新型的高灵敏度质量传感器，具有精度高、稳定性好、体积小以及结构简单等优点，能在纳米尺度上精确测量质量、黏度和剪切模量等物理参量。电化学石英晶体微天平（electrochemical quartz crystal microbalance，EQCM）技术是在传统的液相石英晶体微天平技术基础上发展起来的新型检测技术，可实时跟踪微生物电解池中生物电极的形成、生物膜的电子转移及电极上生物膜的电流和生物量与生物黏附机制之间的关系（Kleijn et al.，2010；Babauta et al.，2014）。

1. EQCM 的基本原理

QCM 一般使用工作在厚度剪切振动模式的 AT 切型石英晶体，其内部产生驻波的条件为

$$f_0 = V_{tr} / 2t_q = \left(\mu_q / \rho_q \right)^{1/2} / 2t_q \tag{5-21}$$

式中，f_0 为石英晶体的基频；$V_{tr} = \left(\mu_q / \rho_q \right)^{1/2}$，为声波在石英晶体内的传播速度；$\mu_q$、$\rho_q$ 分别为石英的剪切模量和密度；t_q 为石英晶体的厚度。如果有一层异质材料均匀且刚性地附着在石英晶体表面，则上述驻波会穿过两种材料的界面并在外附着层内传播。假定

外附着层与石英晶体有相同的剪切模量和密度，则外附着层（厚度为 Δt）引起的谐振器频率变化 Δf 满足如下关系式

$$\frac{\Delta f}{f_0} = -\frac{\Delta t}{t_q} \tag{5-22}$$

由式（5-21）和式（5-22）便可得到著名的 Sauerbrey 方程（Saiko et al.，2009），即

$$\Delta f = f_c - f_0 = -\left[\frac{2f_0^2}{A\left(\mu_q\rho_q\right)^{\frac{1}{2}}}\right]\Delta m = -C_f\Delta m \text{或} \Delta m = -S\Delta f \tag{5-23}$$

式中，f_c 为测试得到的共振频率；A 为石英晶体压电活性区域的几何面积；Δm 为石英晶体的质量变化；$C_f = 2f_0^2/[A\left(\mu_q\rho_q\right)^{1/2}]$，称为 QCM 的质量灵敏度；$S = 1/C_f$。该方程是 Sauerbrey 于 1959 年导出并作为气相中使用的 QCM 的基本原理，而 EQCM 方法中石英晶体的一面是在液体中振荡的，因而谐振器内部的振荡驻波也会穿过电极/液体界面而在液体中传播。由于液体的黏性，振荡驻波不可能自由传播下去。根据流体与剪切驻波之间耦合的结果，则可以计算出剪切驻波在液体中的有效穿透深度（δ），

$$\delta = (v/f_L) \tag{5-24}$$

式中，v（cm²/s）是液体的动力黏度，f_L 为石英晶体谐振器在液体中的振动频率。因此，液体的作用相当于厚度为 δ 的刚性质量层，其引起的石英晶体共振频率的变化为

$$\Delta f_L = f_0^{3/2}\left(\frac{\eta_L\rho_L}{\pi\mu_q\rho_q}\right)^{1/2} \tag{5-25}$$

式中，η_L 为液体的常规黏度，ρ_L 为液体的密度。式（5-25）表明液体所引起的频率变化与 $(\eta_L\rho_L)^{1/2}$ 呈线性关系。假设库仑效率为 100%，根据法拉第定律：

$$\Delta m = QM/(nF) \tag{5-26}$$

式中，Q 为电化学反应的电量，n 为参与电化学反应的电子数，M 为沉积于石英晶体的金属摩尔质量，F 为法拉第常数。

结合方程（5-23），则可得到频率变化与电量之间的关系：

$$-\Delta f = QM/(nFS) \tag{5-27}$$

2. EQCM 在研究电活性生物膜中的应用

利用 EQCM 表征电活性生物膜，其装置示意图如图 5-16 所示，与普通电化学检测方式相比，EQCM 可同时检测 QCM 谐振参数、电流和电量随电位的变化情况，并且可实时地监测产电量与生物膜生物量之间的动态关系，因此所获得的信息量要远比单纯电化学检测丰富。Babauta 和 Beyenal（2017）使用 EQCM 实时跟踪生物电极上生物膜的形成，同时检测了生物膜量与产电量的关系。此外，Babauta 和 Beyenal（2017）用 EQCM 研究了 *G. sulfurreducens* 生物膜的电子转移。Liu 等（2015）使用 EQCM 研究了电极上生物膜的电流和生物量与生物黏附机制之间的关系（图 5-16），发现最优的生物量与产

电电流之间的比率为110 μA/μg，且过度成熟的生物膜并不会促进MFC产电的最优状态。

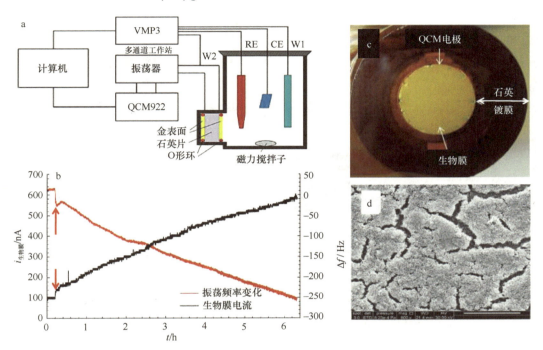

图 5-16　EQCM 示意图（a）、*G. sulfurreducens* 生物膜起始生长时期的电流响应和频率偏移（b）、微生物均匀覆盖在 QCM 电极上的照片（c）及 SEM 图（d）（Liu et al.，2015；Babauta et al.，2014）

Figure 5-16　Schematic of the EQCM (a), the current response and frequency shift during the initial *G. sulfurreducens* biofilm growth on the QCM electrode (b), photograph (c) and SEM images (d) of the biofilm grown on a QCM electrode

（四）扫描电化学显微镜

扫描电化学显微镜（scanning electrochemical microscope，SECM）是 20 世纪 80 年代末由美国著名科学家 Bard 等在扫描隧道显微镜的基础上研究发展而来的，并于 1999 年与 CHI 公司合作实现了 SECM 仪器的商品化。SECM 通过超微电极（探针）在靠近基底区域内移动产生的电流信号来研究样品的电化学性质及物理形貌。由于超微电极的尺寸极小（直径约为几到几十微米），因此电压欧姆降极低，可快速达到法拉第过程的平衡电流、提高法拉第电流与电容电流的比率以及电流信号与噪声比。此外，其分辨率介于普通光学显微镜与扫描隧道显微镜之间，最高分辨率可达到几十纳米（毛秉伟和任斌，1995）。

1. SECM 的基本原理

SECM 装置包括电解池、双恒电位仪、电压控制仪、电压位置仪和计算机（图 5-17）。双恒电位仪用于控制探针电极和基底的电位，电压控制仪和电压位置仪控制探针电极的精确移动，使其在 X、Y、Z 三个方向移动。通常情况下，饱和甘汞电极或者 Ag/AgCl 电极作为参比电极，铂电极为对电极，探针电极为工作电极。待测样品可以是各种材料的电极，也可以是固定有生物物质或者细胞的电极，如附着有电活性生物膜的电极。

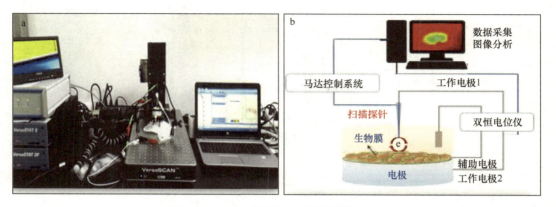

图 5-17　SECM 装置（a）及示意图（b）

Figure 5-17　The device (a) and schematic diagram (b) of the SECM

　　根据不同研究的需要，SECM 有不同的工作模式，主要有直接模式（direct mode）、反馈模式（feedback mode）、产生-收集模式（generation-collection mode）和氧化还原竞争模式（redox competition mode）。

　　1）直接模式

　　直接模式通常用于样品表面的改性，如样品表面局部的金属电沉积或腐蚀等。在该模式下，样品为工作电极，扫描探针则为对电极，溶液中的金属离子在一定的极化条件下可以发生氧化还原反应，电沉积在离探针非常近的样品表面（图 5-18a），或者金属样品在一定极化条件下发生氧化反应，在接近探针的局部区域被改性刻蚀（图 5-18a）。

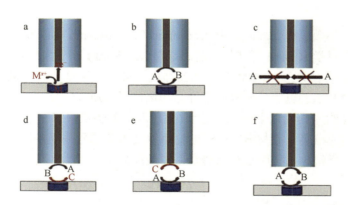

图 5-18　SECM 的不同工作模式（陈星星，2016）

Figure 5-18　The different working modes of SECM

a. 直接模式；b. 正反馈模式；c. 负反馈模式；d. 探针产生-样品收集模式；e. 样品产生-探针收集模式；

f. 氧化还原竞争模式

2）反馈模式

反馈模式主要用于研究反应物进行可逆氧化还原反应的电子转移动力学和催化性能。当样品导电性较好时，溶液中介质 A 在探针表面发生氧化或还原反应生成介质 B，而介质 B 会在给定电压下重新发生还原或氧化反应生成介质 A，之后再次被氧化或还原生成介质 B，因此探针测得的电化学信号增加，称为正反馈模式（图 5-18b）。若样品导电性较差，则样品的开路电压不足以使探针上生成的介质 B 重新还原或氧化生成介质 A，由于介质 A 扩散到探针的速率受到极大限制，因此探针测得的电化学信号减少，称为负反馈模式（图 5-18c）。由于电化学信号对探针和样品之间距离的敏感性，这种工作模式也经常被用于 SECM 扫描之前测定渐近曲线用于寻找样品表面，以及样品二维表面物理形貌的表征。

3）产生-收集模式

产生-收集模式用于电化学反应动力学、样品微区活性及反应起始电压的研究。在扫描过程中，反应物 A 会在探针或样品表面发生电化学反应生成 B，而产生的产物 B 会扩散到样品表面或探针，被其收集并在一定电压条件下再次发生电化学反应生成 C。通过对产物 C 的检测可以了解 A 生成 B 的电化学过程。探针或样品表面为探针产生-样品收集模式（图 5-18d），样品表面或探针则称为样品产生-探针收集模式（图 5-18e）。

4）氧化还原竞争模式

氧化还原竞争模式是探针和样品表面会竞争性地对介于二者之间的同一反应物发生电催化反应（图 5-18f），根据探针测得的电化学信息可以了解样品对于反应物的电催化性能。

由于不同工作模式的多元化发展，SECM 被广泛应用于电子转移动力学、生物工程、防腐领域、多相催化和光催化以及液/液和液/气界面的研究。

2. SECM 在电活性生物膜表征方面的应用

SECM 具有定位准确、灵敏度高的特点，已用于检测生物膜的形成及微区环境，如 pH、铜离子浓度分布及 H_2O_2 浓度等的变化。近年来 SECM 逐渐被应用于研究电活性生物膜，其通过记录电极表面不同电活性物质及其浓度对电流的响应来表征电活性生物膜微区氧化还原活性，这些电活性物质包括蛋白质（多肽、细胞色素 c 及蛋白复合物）、DNA 及各种酶类（Polcari et al.，2016），实现了界面电子转移过程的三维可视化成像。Ren 等（2018）在外源添加导电材料促进生物膜电发酵产甲烷的实验中，利用 SECM 表征电活性生物膜的微区电活性，与传统的发酵技术相比，外源添加导电材料的电发酵系统中电活性生物膜的 SECM 结果中出现了更多的高电流峰值，最大可达到 2.54 μA（图 5-19）。

此外，SECM 还可以用来研究电活性生物膜形成过程中微区电化学活性的变化，研究者利用该技术表征不同时期产甲烷过程中电活性生物膜的微区电化学活性，当电活性生物膜生长到第 28 天后，其微区电化学活性明显强于电活性生物膜形成初期，表明电活性生物膜中有更多的氧化还原物质或导电物质存在（Ye et al.，2018）。

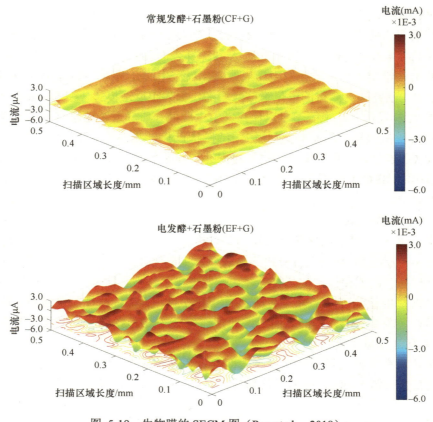

图 5-19 生物膜的 SECM 图（Ren et al.，2018）
Figure 5-19 SECM images of biofilms

第三节 新型表征技术及应用

一、电子转移能力测定

土壤中的电活性物质如溶解态有机质、腐殖质、铁氧化物及生物碳等可作为电子穿梭体介导电活性微生物的电子传递。电子穿梭体可作为电子受体接受微生物的电子并将电子传出，具有氧化还原活性。定量研究这类物质的氧化还原活性，能为阐述微生物与矿物电子传递的微观过程提供重要手段。因此，研究者结合三电极系统构建了测定电活性物质电子转移能力（electron transfer capacity，ETC）的电化学方法。

（一）电子转移能力测定方法的原理

电子转移能力的测定分为电子接受能力（electron accepting capacity，EAC）测定和电子供给能力（electron donating capacity，EDC）测定两部分，其原理如图 5-20a 所示，利用三电极系统，结合计时电流法检测待测物质的电流响应状况。当检测待测样品的 EAC 时，工作电极电位设置为–0.49 V *vs.* SHE，加入待测样品后出现如图 5-20b 所示的响应电流；当检测 EDC 时，工作电极的电位设置为+0.61 V *vs.* SHE，加入待测样品后出现如图 5-20c 所示的响应电流，分别对每个峰进行积分后算出单位质量或体积样品的电子供给或接受量，从而获得其电子转移能力。

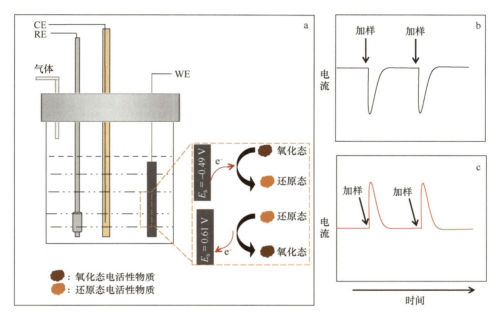

图 5-20 电子转移能力测定装置示意图
Figure 5-20 The sketch of electron transfer capacity detection

（二）电子转移能力测定方法的应用

电子转移能力的测定方法具有操作简单、检测快速且易于量化的优点。Yuan 等（2012）利用该方法研究了不同分子量溶解态有机质（dissolved organic matter，DOM）的电子转移能力（图 5-21），发现分子量越大，DOM 的电子接受能力越强，而中间分子量的 DOM 其电子供给能力强（Yuan et al.，2012）。该方法除了能够定量研究腐殖质、铁氧化物及生物碳等的电子转移能力外，还可用来研究电活性生物膜胞外聚合物（extracellular polymeric substance，EPS）的电子转移能力。Chen 等（2017）将不同处理的混合菌电活性生物膜的 EPS 提取后，利用该方法对 EPS 进行电子转移能力测定，发现电活性生物膜的电活性与 EPS 的电子转移能力相关，EPS 的电子转移能力越大，则电活性生物膜的电活性越强。

二、微生物胞外呼吸活性表征

电活性微生物因具有胞外电子传递的特性而广泛存在于各种环境中，如海洋、湖泊及海洋沉积物、深海温泉等，但目前鉴定分离出的电活性微生物种类有限（Bond et al.，2002；Bretschger et al.，2007；Taratus et al.，2000）。因此，建立有效且快速表征微生物胞外呼吸活性的方法是分离电活性微生物的重要一环。用于表征电活性微生物胞外呼吸活性的传统方法有多种，但是这些方法依赖微生物培养试验（如异化铁还原、生物产电

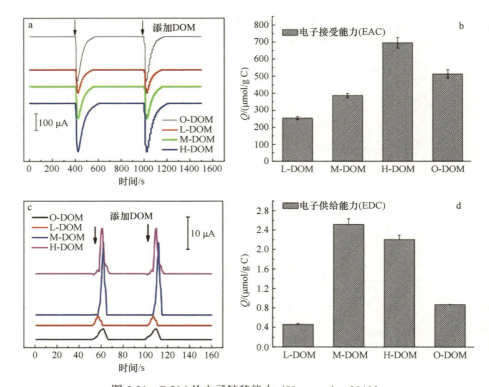

图 5-21　DOM 的电子转移能力（Yuan et al.，2012）

Figure 5-21　The electron transfer capacity of DOM

Q 代表电量；O-DOM. 原始溶解性有机质；L-DOM. 低分子量溶解性有机质；M-DOM. 中等分子量溶解性有机质；H-DOM. 高分子量溶解性有机质

或腐殖质还原），耗时费力且需要专门的厌氧设备。因此，研究者基于电活性微生物的独特性质（氧化还原活性）或特异性基因，选取电致发光或变色较好的纳米材料（如纳米 WO$_3$、纳米 Au），构建了一系列高通量、在线的表征微生物电活性的方法。下面以电致变色高通量检测法为例进行介绍。

（一）电致变色高通量检测法的原理

由于纳米 WO$_3$ 对电化学势具有很高的敏感性，并且具有良好的电致变色性能和生物相容性，因此被选为电致变色高通量检测法的生物电化学探针。该方法的基本原理如图 5-22 所示，将培养好的电活性微生物与合成的纳米 WO$_3$ 加入到 96 孔板中进行培养显色并检测颜色强度，微生物的电活性与平板的显色强度成正比，颜色越深则电活性越强。

（二）电致变色高通量检测法分离电活性微生物

利用电致变色高通量检测法的原理可以快速且有效地分离出环境中的电活性微生物，如图 5-23 所示，将环境中的微生物在 LB 平板上划线，然后再覆盖一层含有纳米 WO$_3$ 的 LB 平板，形成类似三明治的平板，培养一段时间后显示蓝色的单菌落则具有电化学活性，由此可筛选出电活性微生物。此外，Wen 等（2017，2018a）根据该原理设计了一系列基于目标基因与纳米 Au 显色的高通量显色方法，如基于链置换反应和酶联

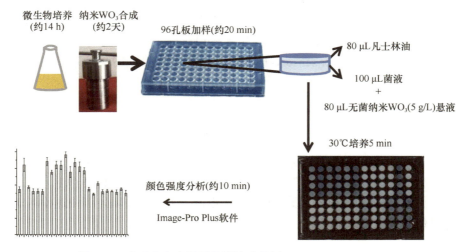

图 5-22　电致变色高通量检测法流程图（Yuan et al.，2014）

Figure 5-22　The workflow of electrochromic approach for the high-throughput detection

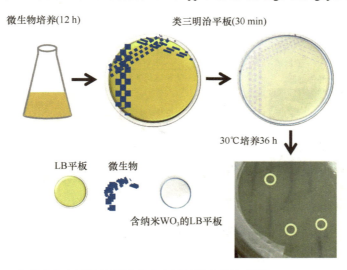

图 5-23　电致变色高通量检测法分离电活性微生物流程图（Yuan et al.，2014）

Figure 5-23　Flow chat of electrochromic high-through put detection method for separating electroactive microorganisms

免疫分析技术的高通量核酸检测方法，以及基于合成量子点的生物膜原位检测方法等，实现了微生物电活性的原位、快速、高效表征。

三、基于光纤探针的光谱电化学新方法

土壤中的电活性微生物如何将胞内的电子传至胞外受体（铁氧化物、腐殖质或电极等）是胞外呼吸研究的本质科学问题。但是电子转瞬即逝，表征极为困难。光纤传感器具有体积小、灵敏度高、响应速度快、生物相容性强、可实现远距离遥感等突出优点，成为近 20 年来发展最为迅速的传感技术之一。然而，光纤是由不导电石英（主要成分

为 SiO_2）制成的，无法实现生物微电流或微电势检测。为了解决这一瓶颈问题，研究者提出了一种全新的基于表面等离子体共振光纤电化学传感器（electrochemical surface plasmon resonance optical fiber sensor，EC-SPR-OFS）的检测方法，实现了电活性生物膜的原位检测。

（一）光纤探针-光谱电化学法的基本原理

该方法的基本原理如图 5-24 所示，通过给光纤表层镀上"纳米厚度的金属外衣"，不仅可以使光纤高效率地收集待测生物体释放的自由电子，还可以利用此纳米金属外衣实现等离子体共振激发，并以光学方式实现了光纤表面与生物膜间亚微米尺度的"面电流"检测，克服了传统电化学电极的宏观"体电流"测量的缺陷，可快速检测活体细胞色素 c 的氧化还原状态。

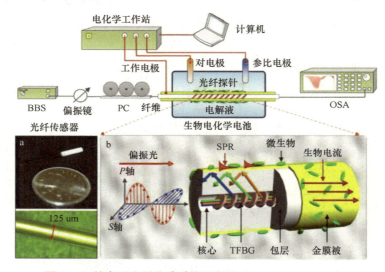

图 5-24　等离子光纤传感系统示意图（Yuan et al.，2016）

Figure 5-24　Schematic of plasmonic fiber-optic sensing system

a. 镀金光纤传感器实物图；b. 镀金的倾斜光纤格栅传感器探针。BBS. 宽带光源；PC. 光纤连接器；OSA. 光谱分析仪

（二）光纤探针-光谱电化学法在电活性生物膜检测中的应用

为证明该方法的适用性，研究者利用如图 5-25a 所示的生物电化学系统，其中涂金光学纤维为工作电极（图 5-25b），以典型的电活性微生物 *Geobacter sulfurreducens* 在不同的极化电位下培养电活性生物膜，在电化学测量的同时，记录不同电位下电活性生物膜对等离子体光纤传感器的光谱响应。

随着电活性生物膜氧化还原态（0 V，–0.4 V，–0.8 V *vs.* SCE）的变化，等离子体共振（SPR）波长有较强的偏移，其响应随外加电位的变化（0 V 到–0.8 V）而增加（约 15 dB）（图 5-26）。等离子体共振的识别是通过将所有波长参考到核心模式反射共振的位置来实现的。

在利用该技术研究电活性生物膜的胞外电子传递过程中，SPR 振幅会对相应的氧化还原过程有所响应。研究者发现当极化电压从 0 V 到–0.8 V 变化时，最大电流逐渐减小，

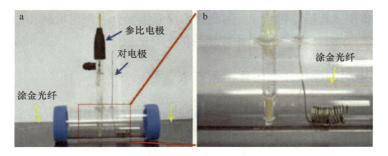

图 5-25　EC-SPR-OFS 检测的生物电化学系统（a）及工作电极放大图（b）（Yuan et al.，2016）
Figure 5-25　Photographs of the bioelectrochemical system with EC-SPR-OFS (a) and enlarged image of the working electrode (b)

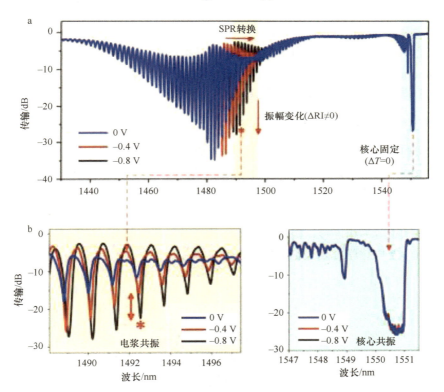

图 5-26　电活性生物膜检测的光谱响应（Yuan et al.，2016）
Figure 5-26　spectral responses of EAB measurement

而 SPR 的微分振幅（ΔSPR）则逐渐减小，并且 ΔSPR 与最大电流密度（I_{max}）线性相关，其相关性方程如式（5-28）所示：

$$\Delta SPR = 6.97 + 0.74 \times [I_{max}], \quad R^2 = 0.998 \quad\quad (5\text{-}28)$$

　　结合 EAB 突变株（敲除外膜蛋白）实验，证实 SPR 信号来源于细胞表面的氧化还原蛋白或者氧化还原复合物氧化还原反应，如外膜细胞色素 c（OmcS、OmcB、OmcZ、OmcE 等）、菌毛蛋白以及细胞分泌的内源电子介体等，EC-SPR-OFS 结合突变株分析，揭示了外膜蛋白在胞外电子传递过程中的重要作用。EC-SPR-OFS 兼具体积小、成本低、操作简单及可实现远程操作等优点，因此其为探索生物分子产电机制和电子转移过程分析提供了新方法，为探索生物膜电子传递提供了新手段。

四、基于叉指电极的原位光谱电化学新方法

直接种间电子传递（direct interspecies electron transfer，DIET）是微生物间通过胞外电子相互依赖交流的方式。与传统的依赖氢气或甲酸为电子载体的种间电子传递不同，DIET 可以实现微生物间的直接胞外电子传递。DIET 普遍存在于地球化学循环中，具有重要的全球性意义。由于缺少有效的表征技术，这类微生物间的电子传递机制仍然存在争议。目前，光谱学及电化学技术是表征电活性生物膜中微生物间 DIET 的主要方法。然而，由于 DIET 共培养菌群形成漂浮的颗粒状团聚体，很难采用依赖附着力的原位电化学光谱技术直接表征。DIET 共培养菌群偶尔会形成生物膜，尤其是存在较大的扁平面时，因此，研究者受此启发构建了一种基于叉指电极的原位厌氧光谱电化学共培养电池（*in situ* anaerobic spectroelectrochemical coculture cell，*in situ* ASCC），结合光谱电化学方法用于原位表征直接种间电子传递过程。

（一）叉指电极-原位光谱电化学方法基本原理

该方法的原理如图 5-27 所示，通过将金微电极反向平行地沉积在石英板表面，形成金微电极矩阵，即叉指微电极，并将该电极置于构建的单室厌氧生物电化学系统底部并与外部电化学工作站相连接，构成了该系统的电化学检测部分。同时，由于底部石英片的透光特性，可以灵活地与各种光谱仪器（傅里叶变换红外光谱仪、拉曼光谱仪及扫描电化学显微镜等）相连接，构成了该系统的光谱学检测部分。该体系灵活地实现了多重原位光谱学及电化学技术表征 DIET 的机制。

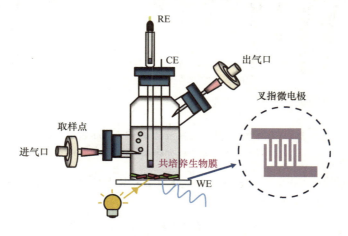

图 5-27 原位厌氧光谱电化学共培养电池示意图（Liu et al., 2021）

Figure 5-27　Schematic model of an *in situ* anaerobic spectroelectrochemical coculture cell

（二）叉指电极-原位光谱电化学方法在表征 DIET 机制中的应用

为证明叉指电极-原位光谱电化学方法的适用性，研究者以典型的 *Geobacter* 共培养体系（*G. metallireducens* GS15 和 *G. sulfurreducens* PCA）为研究对象，利用原位厌氧光谱电化学共培养电池诱导产生共培养生物膜，结合拉曼光谱、FTIR 等光谱学技术及 CV 等电化学技术对 DIET 的机制进行原位光谱学及电化学表征。利用原位厌氧光谱电化学共培养电池结合荧光原位杂交、拉曼光谱及电化学 FTIR 对共培养生物膜进行表征，荧光原位杂交可以清晰地显示两种共培养菌株在生物膜中的分布状况（图 5-28a），而拉曼光谱及电化学 FTIR 揭示了共培养体系中 *c* 型细胞色素（*c*-Cyt）的广泛存在（图 5-28b 和 c）。利用梯度扫描速度 CV 对共培养生物膜的电子传递动力学特征进行原位分析，并对 CV 的氧化峰及还原峰与扫描速度进行回归分析（图 5-28d），结果显示，共培养体系中 CV 的峰电流值均随扫描速度的增加而增加，揭示了共培养生物膜中的 DIET 过程属于扩散控制型。该技术具有结构简单、灵活性大、耐久度高、对生物群落没有伤害等优点，集厌氧培养和性能测试于一身，填补了目前没有装置可以无损、原位表征 DIET 群落的空白，对研究 DIET 的群落性能具有重要的意义。

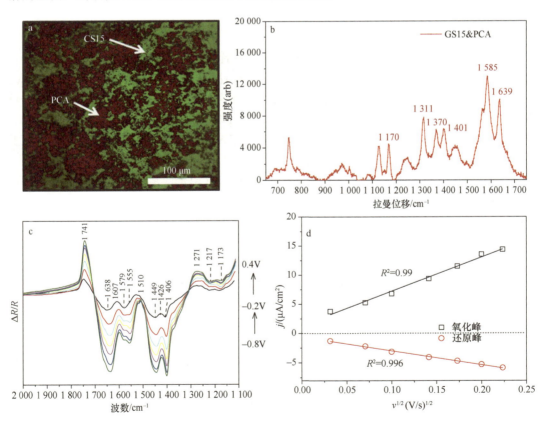

图 5-28　叉指电极-原位光谱电化学方法表征 *Geobacter* 共培养体系

Figure 5-28　Characterization of the *Geobacter* coculture by the *in situ* spectroelectrochemical method based on interdigitated microelectrode arrays

第四节　案　例　分　析

一、案例一：信号分子影响 EAB 电活性的电化学研究（Jing et al.，2019）

EAB在生物电化学系统中起着核心作用，促进EAB的形成、提高EAB的电活性是改善生物电化学系统性能的重要手段。研究表明，N-酰基高丝氨酸内酯（AHL）的信号分子可以调节EAB的微生物群落结构，提高高效产电菌-地杆菌的比例。然而，在纯培养的生物电化学系统中，AHL是否影响地杆菌的产电呼吸性能目前尚不得而知。因此有必要构建电化学方法体系来探究AHL对EAB电活性的影响。

（一）研究目的

本实验旨在研究内源及外源 AHL 对 *Geobacter soli* GSS01 生物膜产电呼吸的影响：①内源及外源 AHL 对 GSS01 生物膜产电性能的影响；②利用 CV、EIS 表征内源及外源 AHL 对 GSS01 生物膜电活性的影响；③利用电化学原位红外光谱技术从分子水平探究 AHL 对 GSS01 生物膜中氧化还原活性蛋白的影响。

（二）材料和方法

本实验 GSS01 纯菌生物电化学系统采用的是 H 型双室的三电极体系，工作电极及对电极为石墨板（2 cm × 2 cm），参比电极为饱和甘汞电极。取生长至对数期的 GSS01 菌液，按 15%的比例接种到生物电化学系统中，信号分子浓度为 10 μmol/L，酰基转移酶的浓度为 6 μg/mL，分别用来研究外源及内源 AHL 对 GSS01 生物膜电活性的影响。生物电化学系统运行方式采用间歇式。阳极液为 FWNN 培养基添加 12 mmol/L 的乙酸钠为电子供体，阴极液则为 FWNN 培养基。

周转及非周转条件下 CV、EIS 及电子交换电容（EDC、EAC）利用电化学工作站（CH660）测定。CV 扫描参数如下：$E_i = -0.8$ V，$E_f = 0.2$ V，扫描速度为 1 mV/s；EIS 谱利用 ZSimDemo 软件（Version 3.2.0）拟合。

生物膜电化学原位红外光谱表征参数设置如下：将载有生物膜的玻碳电极放置在电化学红外装置中，以 CaF_2 作为红外窗片，以玻碳电极为工作电极，以铂片电极为对电极，以饱和甘汞电极为参比电极。工作电极设置的参考电势为–0.9 V，样品检测的电势设置为 0.4 V、0.2 V、0 V、–0.2 V、–0.4 V、–0.6 V 和–0.8 V。

（三）研究结果

由时间-电流密度曲线（图 5-29）可知，生物电化学系统运行到第 5 个周期时，其电流密度仍然持续增长，最大达到了 0.64 mA/cm^2 左右。而未添加信号分子的生物电化学系统运行到第三个周期后，其电流密度不再明显增长，最高约为 0.42 mA/cm^2，此外，添加酰化酶淬灭剂后 GSS01 的产电能力有所减弱，到第 4 个周期时才达到稳定值，且电流密度约为 0.35 mA/cm^2。因此，内源及外源信号分子均可促进 GSS01 产电。

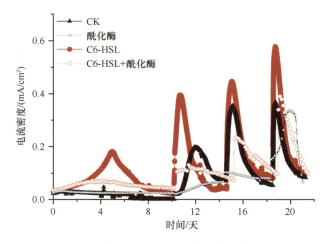

图 5-29　信号分子对 EAB 产电性能的影响

Figure 5-29　Effects of different signal molecules on the electrogenic performance of EAB

CK. 对照组；C6-HSL. *N*-己酰基-L-高丝氨酸内酯

图 5-30 为内源及外源信号分子对 EAB 周转条件下 CV 的影响。其中，长链外源信号分子添加后 EAB 的催化电流最高，而内源信号分子被淬灭后催化电流最低，因此，内源及外源 AHL 都促进了 EAB 的氧化还原活性。

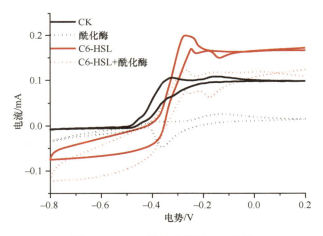

图 5-30　EAB 周转条件下 CV 曲线

Figure 5-30　CV curves of EAB under turnover conditions

图 5-31 为内源及外源信号分子对 EAB 非周转条件下 CV 的影响。由图 5-31a 可看出，内源 AHL 被淬灭后 E_2 处的氧化活性位点消失，说明内源 AHL 提高了 EAB 中氧化还原活性位点的丰富度。如图 5-31b 所示，添加外源 AHL 后氧化还原活性位点的总量有所提高。

图 5-32 为 AHL 对 EAB 电导率的影响，所有的 EIS 曲线均由高频区域的半圆和低频区域的直线组成。添加 AHL 后传质电阻约为 35 Ω，是空白对照的 1/2，明显提高了 EAB 的传质效率。另外，其 $R_{biofilm}$ 同样低于空白对照，约为 38.28 Ω，而对照组

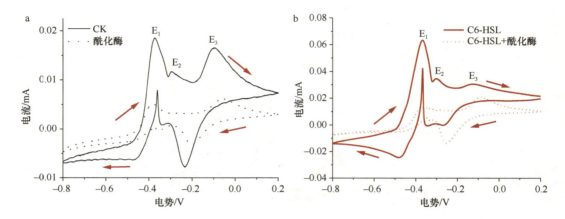

图 5-31　EAB 非周转条件下 CV 曲线

Figure 5-31　CV curves of EAB under non-turnover conditions

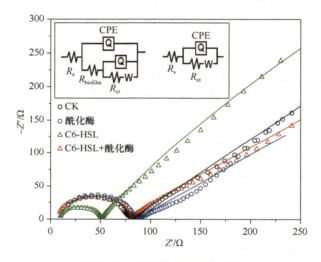

图 5-32　EAB 的电化学阻抗图

Figure 5-32　The EIS spectra of EAB

横纵坐标分别为阻抗实部和阻抗虚部

则为 72.89 Ω，因此外源 AHL 可以提高 EAB 的电导率。添加淬灭剂后，R_{ct} 和 $R_{biofilm}$ 分别为 88.13 Ω 和 81.68 Ω，而空白对照组则为 72.54 Ω 和 72.89 Ω，因此，内源信号分子可以提高 EAB 的电导率，这与 CV 的结果相吻合。

图 5-33 为添加淬灭剂及外源 AHL 后 EAB 的 FTIR 图谱分析。由图 5-33 可看出，添加信号分子 C6-HSL 及对照组的生物膜 FTIR 图谱均有 7 个吸收峰，对照组的峰位置出现在 1158 cm^{-1}、1250 cm^{-1}、1400 cm^{-1}、1425 cm^{-1}、1523 cm^{-1}、1600 cm^{-1} 和 1666 cm^{-1} 波数处，添加 C6-HSL 后 FTIR 图谱的峰位置在 1158 cm^{-1}、1258 cm^{-1}、1350 cm^{-1}、1418 cm^{-1}、1540 cm^{-1}、1600 cm^{-1} 和 1666 cm^{-1} 波数处。比较图 5-33 可以看出，添加 AHL 后生物膜的 FTIR 图谱在 1400 cm^{-1} 和 1523 cm^{-1} 处并没有出现吸收峰，但是在 1350 cm^{-1} 和 1540 cm^{-1} 处出现两个新的吸收峰。添加淬灭剂后只有 5 个吸收峰，位置出现在 1215 cm^{-1}、1350 cm^{-1}、1478 cm^{-1}、1553 cm^{-1} 和 1666 cm^{-1} 波数处。由此看出，当添加淬灭剂后，

GSS01 生物膜的 FTIR 图谱中在 1250 cm^{-1} 和 1158 cm^{-1} 波数处的两个主峰变为一个在 1215 cm^{-1} 波数处的峰。由此证明，内源 AHL 提高了 EAB 膜外基团的丰富度。

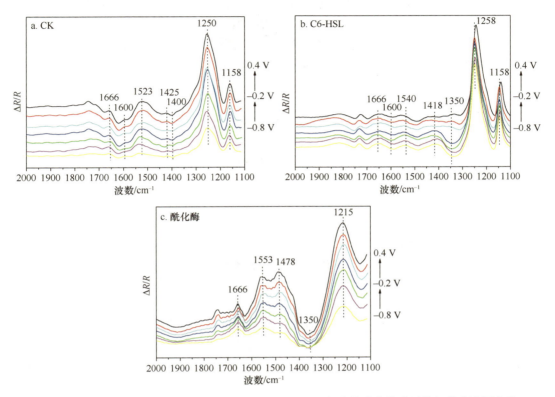

图 5-33　添加酰化酶及 AHL 后 *Geobacter soli* GSS01 阳极生物膜电化学原位红外光谱图变化

Figure 5-33　Electrochemical *in situ* FTIR spectra of living anode-associated *Geobacter soli* GSS01 biofilms with addition of acylase and AHLs

（四）结论

由以上结果可知，外源及内源 AHL 均可以提高 *Geobacter soil* GSS01 电活性生物膜的产电性能、氧化还原活性及电导率。此外，内源 AHL 还可以提高 EAB 中膜外基团的丰富度。

二、案例二：基于过氧化氢酶活性和丝网印刷电极的细胞色素 *c* 检测方法研究（Wen et al.，2018b）

目前，已经发展了许多细胞色素 *c* 检测方法，主要有血红素染色和蛋白质印迹法及光谱法等。然而，这些方法需要酶或金属纳米材料进行信号放大，检测成本高。此外，由于它们在电极/溶液界面处的电子转移速率较低，通常需要进行复杂烦琐的电极预处理和修饰。因此，有必要建立一种不需要繁杂的电极处理，具有可处理性、灵活性和经济性的原位细胞色素 *c* 检测方法。

（一）研究目的

微生物细胞色素 c 具有类过氧化氢酶活性，基于这种特性，血红素的类过氧化氢酶活性已被应用于凝胶染色和比色检测。常用的细胞色素 c 显色检测试剂主要为 3,3′,5,5′-四甲基联苯胺（TMB），TMB 具有可逆的电化学活性。因此，利用类过氧化氢酶活性和丝网印刷电极技术建立一种微生物细胞色素 c 电化学检测方法。

（二）材料和方法

以 *S. oneidensis* MR-1 作为模式微生物，滴涂于丝网印刷电极的工作电极表面。在 H_2O_2 存在下，电极上固定的 MR-1 含有的细胞色素 c 具有类过氧化氢酶活性，能够氧化 TMB 分子。通过电化学检测电极表面的氧化态 TMB，记录其电流信号，即可计算微生物细胞色素 c 含量。

（三）研究结果

图 5-34 是微生物细胞色素 c 原位检测原理示意图。如图 5-34 所示，丝网印刷碳电极由工作电极、辅助电极、参比电极和相应的连接器组成。通过简单的滴涂步骤，即可将细菌细胞修饰到丝网印刷碳电极的工作电极表面。当滴加 TMB 溶液时，丝网印刷碳电极上固定的微生物细胞，通过细胞色素 c 的类过氧化氢酶活性催化 H_2O_2/TMB 反应，将底物 TMB 氧化。当施加还原电位时，氧化态 TMB 被还原，产生的电子转移至丝网印刷碳电极工作电极，形成了还原电流。检测此过程的电流信号，其电流强度与微生物细胞的细胞色素 c 含量相关。

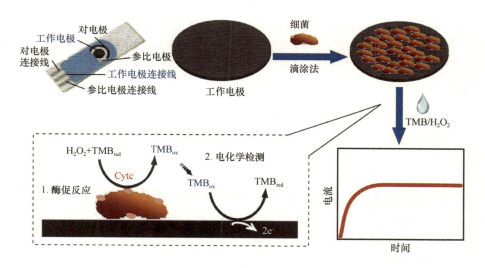

图 5-34 微生物细胞色素 c 检测方法的示意图

Figure 5-34 Schematic illustration of the proposed cytochrome c detection method

如图 5-35 所示，模式微生物 *S. oneidensis* MR-1 呈粉红色（离心管 a），表明其含有较高的细胞色素 c。将 MR-1 菌液（5.0×10^8 CFU/mL）加入 TMB 溶液后，无色的 TMB

溶液变成了蓝色（离心管 b）。这是由于 TMB 分子失去一个电子并转化为阳离子自由基。与典型的过氧化氢酶催化的反应类似，微生物细胞色素 *c* 催化的显色反应能够被 H₂SO₄ 终止，使得蓝色溶液变成黄色溶液（离心管 c）。

图 5-35　微生物细胞色素 *c* 催化的 TMB 显色反应
Figure 5-35　Color developing reaction catalyzed by microbial c-type cytochrome
a. *S. oneidensis* MR-1 菌液；b. 微生物细胞色素 *c* 催化的 TMB 显色反应；c. 2 mol/L 硫酸终止 TMB 显色反应

　　CV 研究结果如图 5-36 所示。当在缓冲溶液中测量时，微生物修饰的丝网印刷碳电极（红色虚线）和丝网印刷碳电极（黑色虚线）都没有明显的氧化还原电流信号。然而，当在 TMB 溶液中测试时，微生物修饰的丝网印刷碳电极（红色实线）的还原峰值电流高于丝网印刷碳电极（黑色实线）。这与天然过氧化氢酶或模拟酶的酶促催化过程一致，证明了微生物细胞色素 *c* 的过氧化氢酶活性。

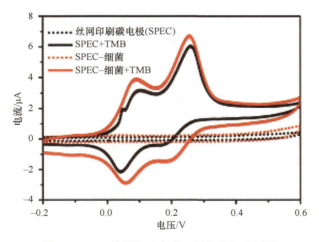

图 5-36　CV 检测细胞色素 *c* 过氧化氢酶活性
Figure 5-36　Peroxidase-like activity of cytochrome c measured by cyclic voltammetry

　　图 5-37a 是未滴涂微生物的丝网印刷碳电极，呈现许多微观结构。滴涂微生物悬浮液后，电极表面被许多杆状细胞覆盖（图 5-37b）。图 5-37c 显示微生物修饰的丝网印刷

碳电极有大量杆状微生物，呈现绿色荧光，图 5-37d 中只观察到少量的红色杆状物，说明只有少量微生物细胞膜受损，说明以滴涂法修饰丝网印刷碳电极是可行性的。

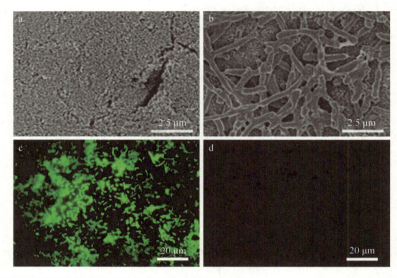

图 5-37　裸丝网印刷碳电极和微生物修饰丝网印刷碳电极的 SEM（a/b）图和激光扫描共聚焦显微镜（CLSM）图（c/d）

Figure 5-37　SEM and CLSM image of screen-printed carbon electrode before (a/c) and after (b/d) drop-casted with bacteria

图 5-38 描述了检测方法对相当于 6.64 pmol～51.7 fmol 细胞色素 c 的 *S. oneidensis* MR-1 细胞的响应。响应电流信号随着细胞色素 c 含量的增加而逐渐增加（图 5-38a）。电流信号强度与细胞色素 c 含量在 6.64 pmol～51.7 fmol 内的对数值呈线性关系（图 5-38b）。该线性关系可以用公式 $I = -1.956 \lg C + 2.757$ 来描述，相关系数（R^2）为 0.990，其中 I 是电流信号强度，单位为 μA，C 是细胞色素 c 含量，单位为 fmol。

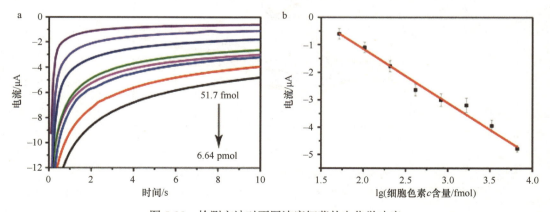

图 5-38　检测方法对不同浓度细菌的电化学响应

Figure 5-38　Electrochemical responses of the proposed method towards different concentrations of bacteria

（四）结论

该细胞色素 c 检测方法具有较高的灵敏度，对模式微生物 *S. oneidensis* MR-1 细胞色素 c 检测限为 40.78 fmol，检测过程方便、迅速，可用于实地现场检测。另外，该检测方法具有原位的优点，无须任何破坏性样品制备过程；采用非酶无标记的信号放大策略，检测成本低，可以用于其他微生物的细胞色素 c 检测，为微生物细胞色素 c 的原位检测开辟了一条新途径，在微生物学和环境科学领域具有重要的应用前景。

参 考 文 献

陈星星. 2016. 扫描电化学显微镜在电催化氧反应研究中的应用. 电化学, 22(2): 113-122.

李玉春. 2011. 基于紫外可见光谱的水下多参数水质检测技术研究. 天津: 天津大学硕士学位论文.

毛秉伟, 任斌. 1995. 扫描电化学显微技术. 化学通报, (3): 13-17.

杨贵芹. 2017. *Geobacter soli* 胞外电子传递机制及其生物膜电活性研究. 北京: 中国科学院大学博士学位论文.

Armstrong F A, Heering, H A, Hirst J. 1997. Reaction of complex metalloproteins studied by protein-film voltammetry. Chem Soc Rev, 26(3): 169-179.

Babauta J T, Beasley C A, Beyenal H. 2014. Investigation of electron transfer by *Geobacter sulfurreducens* biofilms by using an electrochemical quartz crystal microbalance. ChemElectroChem, 1(11): 2007-2016.

Babauta J T, Beyenal H. 2017. Use of a small overpotential approximation to analyze *Geobacter sulfurreducens* biofilm impedance. J Power Sources, 356: 549-555.

Bond D R, Holmes D E, Tender L M, et al. 2002. Electrode-reducing microorganisms that harvest energy from marine sediments. Science, 295(5554): 483-485.

Bretschger O, Obraztsova A, Sturm C A, et al. 2007. Current production and metal oxide reduction by *Shewanella oneidensis* MR-1 wild type and mutants. Appl Environ Microbiol, 73(21): 7003-7012.

Busalmen J P, Esteve-Nunez A, Feliu J M. 2008. Whole cell electrochemistry of electricity-producing microorganisms evidence an adaptation for optimal exocellular electron transport. Environ Sci Technol, 42(7): 2445-2450.

Cao B, Shi L, Brown R N, et al. 2011. Extracellular polymeric substances from *Shewanella* sp. HRCR-1 biofilms: characterization by infrared spectroscopy and proteomics. Environ Microbiol, 13(4): 1018-1031.

Carlson H K, Lavarone A T, Gorur A, et al. 2012. Surface multiheme *c*-type cytochromes from *Thermincola potens* and implications for respiratory metal reduction by Gram-positive bacteria. Proc Natl Acad Sci USA, 109(5): 1702-1707.

Chaudhuri S K, Lovley D R. 2003. Electricity generation by direct oxidation of glucose in mediatorless microbial fuel cells. Nat Biotechnol, 21(10): 1229-1232.

Chen S S, Jing X Y, Tang J H, et al. 2017. Quorum sensing signals enhance the electrochemical activity and energy recovery of mixed-culture electroactive biofilms. Biosens Bioelectron, 97: 369-376.

Esteve-Núñez A, Sosnik J, Visconti P, et al. 2008. Fluorescent properties of *c*-type cytochromes reveal their potential role as an extracytoplasmic electron sink in *Geobacter sulfurreducens*. Environ Microbiol, 10(2): 497-505.

Fricke K, Harnisch F, Schröder U. 2008. On the use of cyclic voltammetry for the study of anodic electron transfer in microbial fuel cells. Energ Environ Sci, 1(1): 144-147.

Gião M S, Montenegro M I, Vieira M J. 2005. The influence of hydrogen bubble formation on the removal of *Pseudomonas fluorescens* biofilms from platinum electrode surfaces. Process Biochem, 40(5): 1815-1821.

He Z, Mansfeld F. 2009. Exploring the use of electrochemical impedance spectroscopy in microbial fuel cell studies. Energ Environ Sci, 12: 215-219.

Hou R, Luo C, Zhou S F, et al. 2020. Anode potential-dependent protection of electroactive biofilms against metal ion shock via regulating extracellular polymeric substances. Water Res, 178: 115845

Jafari Azad V, Kasravi S, Alizadeh Zeinabad H, et al. 2017. Probing the conformational changes and peroxidase-like activity of cytochrome c upon interaction with iron nanoparticles. J Biomol Struct Dyn, 35(12): 2565-2577.

Jeuken L J C, Jones A K, Chapman S K, et al. 2002. Electron-transfer mechanisms through biological redox chains in multicenter enzymes. J Am Chem Soc, 124(20): 5702-5713.

Jing X Y, Liu X, Deng C, et al. 2019. Chemical signals stimulate *Geobacter soli* biofilm formation and electroactivity. Biosens Bioelectron, 127: 1-9.

Karthikeyan R, Wang B, Xuan J, et al. 2015. Interfacial electron transfer and bioelectrocatalysis of carbonized plant material as effective anode of microbial fuel cell. Electrochim Acta, 157: 314-323.

Kleijn J M, Lhuillier Q, Jeremiasse A W. 2010. Monitoring the development of a microbial electrolysis cell bioanode using an electrochemical quartz crystal microbalance. Bioelectrochemistry, 79(2): 272-275.

Liu X, Zhan J, Liu L, et al. 2021. In situ spectroelectrochemical characterization reveals cytochrome-mediated electric syntrophy in *Geobacter* coculture. Environ Sci Technol, 55(14): 10142-10151.

Liu Y, Berná A, Climent V, et al. 2015. Real-time monitoring of electrochemically active biofilm developing behavior on bioanode by using EQCM and ATR/FTIR. Sensor Actuat B-Chem, 209: 781-789.

Liu Y, Kim H, Franklin R R, et al. 2011. Linking spectral and electrochemical analysis to monitor c-type cytochrome redox status in living *G. sulfurreducens* biofilms. Chem Phys Chem, 12: 2235-2241.

Lloyd J R, Leang C, Myerson A L, et al. 2003. Biochemical and genetic characterization of PpcA, a periplasmic *c*-type cytochrome in *Geobacter sulfurreducens*. Biochem J, 369(Pt 1): 153-161.

Lowe E C, Bydder S, Hartshorne R S, et al. 2010. Quinol-cytochrome *c* oxidoreductase and cytochrome *c*4 mediate electron transfer during selenate respiration in *Thauera selenatis*. J Biol Chem, 285(24): 18433-18442.

Ly H K, Harnisch F, Hong S F, et al. 2013. Unraveling the interfacial electron transfer dynamics of electroactive microbial biofilms using surface-enhanced Raman spectroscopy. ChemSusChem, 6(3): 487-492.

Mabbott G A. 1983. An introduction to cyclic voltammetry. J Chem Educ, 60(9): 697-702.

Magnuson T S, Isoyama N, Hodges-Myerson A L, et al. 2001. Isolation, characterization and gene sequence analysis of a membrane-associated 89 kDa Fe(Ⅲ) reducing cytochrome *c* from *Geobacter sulfurreducens*. Biochem J, 359(Pt 1): 147-152.

Marsili E, Rollefson J B, Baron D B, et al. 2008. Microbial biofilm voltammetry: direct electrochemical characterization of catalytic electrode-attached biofilms. Appl Environ Microbiol, 74(23): 7329-7337.

Marsili E, Sun J, Bond D R. 2010. Voltammetry and growth physiology of *Geobacter sulfurreducens* biofilms as a function of growth stage and imposed electrode potential. Electroanalysis, 22(7/8): 865-874.

Millo D, Harnisch F, Patil S A, et al. 2011. In situ spectroelectrochemical investigation of electrocatalytic microbial biofilms by surface-enhanced resonance Raman spectroscopy. Angew Chem Int Ed, 50(11): 2625-2627.

Peng L, Zhang X T, Yin J, et al. 2016. *Geobacter sulfurreducens* adapts to low electrode potential for extracellular electron transfer. Electrochim Acta, 191: 743-749.

Perez-Roa R E, Tompkins D T, Paulose M, et al. 2006. Effects of localised, low-voltage pulsed electric fields on the development and inhibition of *Pseudomonas aeruginosa* biofilms. Biofouling, 22(5/6): 383-390.

Polcari D, Dauphin-Ducharm P, Mauzeroll J. 2016. Scanning electrochemical microscopy: a comprehensive review of experimental parameters from 1989 to 2015. Chem Rev, 116(22): 13234-13278.

Ramasamy R P, Ren Z Y, Mench M M, et al. 2008. Impact of initial biofilm growth on the anode impedance of microbial fuel cells. Biotechnol Bioeng, 101(1): 101-108.

Ren G P, Hu A D, Huang S F, et al. 2018. Graphite-assisted electro-fermentation methanogenesis: Spectroelectrochemical and microbial community analyses of cathode biofilms. Bioresour Technol, 269:

74-80.

Rousseau R, Délia M L, Bergel A, 2014. A theoretical model of transient cyclic voltammetry for electroactive biofilms. Energy Environ Sci, 7(3): 1079-1094.

Saiko D S, Ganzha V V, Titov S A, et al. 2009. Water adlayers on aluminum oxide thin films. Tech Phys, 54(12): 1808-1813.

Srikanth S, Marsili E, Flickinger M C, et al. 2008. Electrochemical characterization of *Geobacter sulfurreducens* cells immobilized on graphite paper electrodes. Biotechnol Bioeng, 99(5): 1065-1073.

Taratus E M, Eubanks S G, Dichristina T J. 2000. Design and application of a rapid screening technique for isolation of selenite reduction-deficient mutants of *Shewanella putrefaciens*. Microbiol Res, 155(2): 79-85.

Wen J L, Chen J H, Zhuang L, et al. 2017. SDR-ELISA: Ultrasensitive and high-throughput nucleic acid detection based on antibody-like DNA nanostructure. Biosens Bioelectron, 90: 481-486.

Wen J L, He D G, Yu Z, et al. 2018b. *In situ* detection of microbial c-type cytochrome based on intrinsic peroxidase-like activity using screen-printed carbon electrode. Biosens Bioelectron, 113: 52-57.

Wen J L, Zhou S G, Yu Z, et al. 2018a. Decomposable quantum-dots/DNA nanospheres for rapid and ultrasensitive detection of extracellular respiring bacteria. Biosens Bioelectron, 100: 469-474.

Yang G Q, Huang L Y, You L X, et al. 2017. Electrochemical and spectroscopic insights into the mechanisms of bidirectional microbe-electrode electron transfer in *Geobacter soli* biofilms. Electrochem Commun, 77: 93-97.

Ye J, Hu A D, Ren G P, et al. 2018. Red mud enhances methanogenesis with the simultaneous improvement of hydrolysis-acidification and electrical conductivity. Bioresour Technol, 247: 131-137.

Yuan S J, Li W W, Cheng Y Y, et al. 2014. A plate-based electrochromic approach for the high-throughput detection of electrochemically active bacteria. Nat Protoc, 9(1): 112-119.

Yuan Y, Guo T, Qiu X H, et al. 2016. Electrochemical surface plasmon resonance fiber-optic sensor: in situ detection of electroactive biofilms. Anal Chem, 88(15): 7609-7616.

Yuan Y, Zhou S G, Liu Y, et al. 2013a. Nanostructured macroporous bioanode based on polyaniline-modified natural loofah sponge for high-performance microbial fuel cells. Environ Sci Technol, 47(24): 14525-14532.

Yuan Y, Zhou S G, Yuan T, et al. 2013b. Molecular weight-dependent electron transfer capacities of dissolved organic matter derived from sewage sludge compost. J Soil Sediment, 13(1): 56-63.

Yuan Y, Zhou S G, Zhao B, et al. 2012. Microbially-reduced graphene scaffolds to facilitate extracellular electron transfer in microbial fuel cells. Bioresour Technol, 116: 453-458.

Zhou D D, Dong S S, Ki D, et al. 2018. Photocatalytic-induced electron transfer via anode-respiring bacteria (ARB) at an anode that intimately couples ARB and a TiO_2 photocatalyst. Chem Eng J, 338: 745-751.

第六章　微生物电化学系统

第一节　微生物电化学系统原理

一、概念与原理

　　微生物电化学系统（microbial electrochemical system，MES）是利用有活性、完整细胞的微生物作为阳极和/或阴极表面催化剂的电化学技术，可用来生产电能、化学品、氢气及其他生物燃料（如甲烷）。微生物电化学系统的研究最初起源于 1911 年英国的 Potter，他发现 *Saccharomyces cerevisiae* 在铂电极的电池中可利用葡萄糖产生 0.3～0.5 V 的电压。然而，在之后的 80 年间，微生物电化学系统相关的研究几乎处于停滞状态，直到 21 世纪初微生物电化学系统才重新吸引了人们的关注。

　　微生物电化学系统工作的本质是用电极代替微生物厌氧呼吸的电子受体或电子供体，空间上分离了厌氧呼吸的底物氧化反应和电子受体还原反应。微生物电化学系统中微生物的催化原理是微生物与电极之间的胞外电子传递（EET），可分为微生物的胞外电子输出和胞外电子输入两种类型（图 6-1）。微生物电化学系统的概念起源和发展于微生物燃料电池（MFC）。微生物电化学系统最早由 Rabaey 等（2007）提出，是各类生物电化学装置的统称，包括微生物燃料电池、微生物电解池（MEC）、微生物脱盐电池（MDC）、微生物电合成系统（MES）、微生物太阳能电池（MSC）等。总体来说，微生物电化学系统在最近 20 年获得了广泛研究和高速发展，其在废水处理、可持续性能源生产、增值化学品合成等领域展现出光明的应用前景。

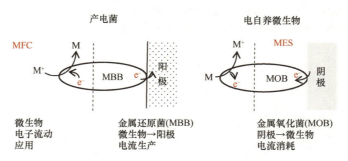

图 6-1　微生物与电极之间的双向电子传递（Choi and Sang，2016）

Figure 6-1　Bidirectional electron transfer between microorganisms and electrodes

　　按电极个数不同，微生物电化学系统可分为三电极和两电极微生物电化学系统。目前大多数微生物电化学系统研究采用的是三电极系统，而 MFC 和 MDC 则是两电极系统。三电极系统由工作电极、参比电极和辅助电极（也称对电极）构成，其依赖工作电极表面微生物催化底物的氧化或还原反应，包含两个闭合回路。其中，参比电极与工作电极构成一个闭合电路，用于调控工作电极的电势。辅助电极与工作电极构成另外一个回路，用来通过电流，此回路的电流即为微生物胞外电子传递产生的生物催化电流。在三电极中，当工作电极上施加一个较正的电位（如 0.3 V *vs.* SHE）时，工作电极可充当微生物胞外呼吸的电子受体，即微生物胞内的电子跨膜输出至胞外的电极，实现产电呼吸。当施加一个较负的电位（如−0.4 V *vs.* SHE）时，工作电极可充当微生物胞外呼吸的电子供体，即微生物细胞吸收电极表面的电子输入细胞内，产生生物电流消耗，这个过程称为电极电子消耗呼吸。

MFC 和 MDC 是典型的两电极微生物电化学系统，其电池反应包括生物阳极的氧化反应和阴极的还原反应。两种电池的阳极反应和产电机制相同，均依赖阳极表面微生物来催化底物的氧化降解，并产生质子和电子。电子经外电路传递至阴极，用于阴极的还原反应；质子从电池内部的阳极区域迁移至阴极区域，内部离子的定向迁移实现了整个电池的闭合回路电流。MFC 和 MDC 的阴极催化剂，按是否由微生物催化，可分为生物阴极和非生物阴极两种。前者又可分为有氧的生物阴极和厌氧的生物阴极。非生物阴极催化剂主要有贵金属（如 Pt）、非贵金属催化剂（如 Ni）、半导体材料、碳质催化剂等（表 6-1）。

表 6-1 常见的微生物电化学系统阴极催化剂（Liu et al., 2014a）
Table 6-1 Common cathodic catalysts used in MES

类别		催化剂	催化反应
电催化剂	贵金属	铂	氧还原、析氢
		钯	析氢
	非贵金属	镍	析氢
	金属	不锈钢	析氢
		二氧化锰	氧还原
	炭材料	活性炭	氧还原
		碳纳米管、纳米纤维石墨烯、生物炭	氧还原
		石墨	染料还原
光电催化剂	N 型半导体	二氧化钛	还原有机物
	P 型半导体	氧化亚铜	析氢
生物催化剂	酶	漆酶（漆酵素）	氧还原、染料还原
	微生物	腐败希瓦氏菌、铜绿假单胞菌、莱茵衣藻	氧还原
		醋酸钙不动杆菌、嗜酸性氧化亚铁硫杆菌	
		硫还原地杆菌	析氢
		混合菌	氧还原、析氢、产甲烷/乙酸等

从微生物角度来说，微生物产电呼吸的环境意义在于，当环境中缺少可利用的电子受体时，微生物为维持厌氧呼吸代谢并获得能量，必须以电极作为微生物呼吸的电子受体，从而维持生长和存活。产电呼吸过程中微生物的理论能量收益 ΔG（kJ/mol）取决于电子供体和电子受体（电极）之间的电势差：

$$\Delta G = -n \times F \times E_{emf}$$

式中，n 为微生物与电极之间的电子传递数量，F 为法拉第常数（96 485.3 C/mol），E_{emf}

为电子供体和电极（电子受体）之间的电势差（V）。当多种电子受体存在时，微生物为了获得最高的能量，一般会选择环境中电势最高的电子受体进行呼吸作用，引起电子受体间的竞争。例如，当硝酸盐和阳极同时存在时，硝酸盐会竞争电子供体的电子用于反硝化，从而减弱了产电呼吸过程中电极获得的电子数量。当阳极室存在氧分子时，部分微生物可进行有氧呼吸，即氧分子也会竞争用于产电呼吸的电子供体，最终导致微生物电化学系统产电性能受到抑制。因此，微生物电化学系统为了达到最佳的产电效果，需要维持阳极室的厌氧环境，并减少其他可利用的电子受体数量，保证电极为微生物可利用的唯一电子受体。

同样地，当多种有机物电子供体与电极（电子供体）并存时，微生物为了能量收益的最大化，它会选择电势最低的电子供体进行呼吸代谢。根据以上公式，当电极电位足够低的时候，微生物也可以从电极表面吸收电子，合成 ATP 和胞内还原力，用于合成代谢，即所谓的电极电子消耗呼吸。因此，在有机物电子供体存在的条件下，微生物可能会优先利用溶解性的电子供体，导致电子供体对电极电子消耗呼吸的竞争性抑制。而在有机物电子供体缺乏的条件下，微生物才会趋向于吸收电极的电子。电极电子消耗呼吸的环境意义在于：在有机碳不足的条件下，直接利用电极为微生物提供电子，进行污染物的还原转化，达到原位修复的目的，该过程避免了有机碳供给造成的二次污染。

二、基本特性和性能参数

微生物电化学系统是一种能量转化率高、环境友好的新型环境处理技术，其主要特性包括以下几方面。①底物来源广泛：由于传统的燃料电池所使用的催化剂对底物的专一性，其能利用的底物（即燃料）种类非常有限，而微生物电化学系统使用微生物作为催化剂，凡是微生物可氧化降解的底物，均可用作微生物电化学系统的电子来源。目前微生物电化学系统的电子来源基质种类非常广泛，包括简单的有机酸、葡萄糖、蛋白质、纤维素、淀粉、生物质、难降解有机物、实际废水等。②操作条件温和：微生物电化学系统无须高温高压，在常温常压条件下即可良好运行，故其操作和运行相对简单。③生物相容性高：微生物电化学系统通常选用生物相容性高、毒性低的电极材料，这有利于电活性微生物的附着生长。此外，当微生物电化学系统使用人体内的葡萄糖和氧作为电子供体和氧化剂时，可以用作人造器官的电源。④催化剂多样性：由于电化学微生物种类繁多，微生物电化学系统催化剂具有多样性，既可以是一种纯菌株，也可以是混合微生物。微生物电化学系统常用的性能表征指标可分为速率指标和效率指标。前者包括电流、功率和有机负荷率、产物形成速率等。后者有库仑效率、能量效率和去除效率。电流是衡量反应速率的一个重要指标，在典型的微生物电化学系统中由阳极反应速率、阴极反应速率和内部离子迁移速率三部分共同决定。阳极反应速率与温度、pH、有机负荷等因素密切相关。微生物电化学系统的电流既可直接测定，也可通过电极电势差或输出电压及欧姆定律来计算。有机负荷率是指定时间内单位体积反应器转化有机物的数量，包括体积负荷率 [kg/(L·d)] 和污泥负荷率 [kg/(kg·d)] 两种表述。由于电极反应过程多个氧化还原电对同时存在的复杂性，电极电势通常不能通过计算获得，而是使用参比电极进行测定所得。常用的参比电极包括标准氢电极、饱和甘汞电极等（表 6-2）。一般将 25℃标准氢参比电极（NHE 或 SHE）的电势规定为 0 V。

表 6-2　常见的参比电极及其电势值（$T = 25℃$）

Table 6-2　The common reference electrodes and their potentials at 25℃

名称	电极组成	E_{re}/V
标准氢参比电极（SHE）	H_2/H^+	0.0
饱和甘汞电极（SCE）	$Hg/Hg_2Cl_2/$饱和 KCl	0.241
甘汞电极	$Hg/Hg_2Cl_2/1$ mol/L KCl	0.28
饱和硫酸汞电极	$Hg/Hg_2SO_4/$饱和 K_2SO_4	0.64
硫酸汞电极	$Hg/Hg_2SO_4/0.5$ mol/L H_2SO_4	0.68
氧化亚汞电极	$Hg/HgO/1$ mol/L NaOH	0.098
饱和氯化银电极	$Ag^+/AgCl/$饱和 KCl	0.197
硫酸铜电极	$Cu^{2+}/$饱和 $CuSO_4$	0.316
锌/海水电极	Zn/海水	−0.800

注：E_{re} 代表参比电极电势

　　为了便于评价和比较，通常将微生物电化学系统的性能标准化为单位电极面积或反应体积的性能指标。从工程技术角度来看，将微生物电化学系统性能（如电流或功率）标准化为单位体积的性能指标更适合工程应用。而从电化学角度来说，折算成单位电极面积的电流和功率更有利于评价微生物的电催化活性。功率也是评价微生物电化学系统性能的一种常见指标。对于 MFC 来说，净功率等于 MFC 的输出功率减去维护 MFC 所消耗的功率；而对于 MEC 来说，净功率是运行反应器所输入的全部电能。目前，使用合成废水的 MFC 输出功率密度通常可达几百至几千毫瓦/米^2，而使用实际废水时 MFC 输出功率密度则在数十毫瓦/米^2 的范围内。这种差异主要是底物浓度、pH、溶液导电性等因素影响所致。

　　库仑效率是评价微生物电化学系统性能的另一个重要指标。在生物产电过程中，库仑效率是指在微生物电化学系统中电子供体的电子参与电化学反应的效率，代表着有机物被阳极微生物氧化量与阳极室有机质总消耗量的比率，通常能以电流形式回收得到的电子数量占电子供体所提供的总电子数的百分比计算获得。能量效率是将微生物电化学系统输出的总能量与其所输入的总能量进行比较，它包括消耗或产生的电子数量及相应的电子能量。对于污水处理或生物修复来说，去除效率是评价目标污染物处理效果最重要的参数，它与库仑效率紧密相关。

三、反应器材料及构造

（一）电极材料

　　微生物电化学系统的电极既是生物膜的载体，又是电活性微生物的电子受体或供体。电活性微生物与电极间的 EET 是其发挥催化作用的核心过程。电活性微生物与电极的相互作用除了与微生物的生理特性相关外，在很大程度上还受电极自身理化性质的影响。微生物电化学系统电极材料除了要求具备传统的电极材料特性（如导电性高、稳定性好、寿命长、经济廉价），还要求具备其他的一些特征，包括生物相容性高、比表面积大、易于微生物黏附和 EET 的表面微结构等。不同材料电极的理化性质（粗糙度、疏水性、孔隙率、生物黏附特性、表面化学基团等）差异明显，其对微生物电化学系统性能有着显著影响。因此，制备和筛选合适的电极材料，是提升微生物电化学系统性能的有效策略之一。

1. 金属电极

金属材质因其高导电性和优越的机械性能，常被用于电化学系统的电极。一些研究者将贵金属（金、银或铜）材料作为微生物电化学系统的阳极，发现这些电极也具有良好的生物附着性和高效 EET 能力。但是大多数其他金属电极，尤其是钝化处理的金属电极（如不锈钢、钛、钴、铝、镍等）并不适合微生物的生长和繁殖，需要对其表面进行修饰来提高其生物相容性（Li et al.，2017a）。这是因为金属电极容易发生电化学腐蚀，腐蚀后产生的金属离子（如铜离子）对微生物具有较大的毒性。不锈钢电极具有一定的耐腐蚀性和较好的导电性，利于后续放大和规模化应用。在相同条件下，不锈钢阳极微生物电化学系统的产电性能甚至高于石墨板阳极。

2. 传统碳基电极

由于碳基材料能很好地满足微生物电化学系统电极的要求（生物相容性、稳定性、导电性和廉价性），其是近十年来微生物电化学系统中使用最广泛的一类电极材料。目前碳基电极材料种类非常多，包括石墨棒、颗粒石墨、石墨毡、石墨纤维刷、碳布、碳纸、活性炭、碳网、网状玻璃碳、海绵状泡沫碳等（图 6-2）。这些电极材料在未做修饰处理时表面化学特性基本相同，既可以用作微生物电化学系统的阳极，也可以用作阴极。与大部分金属电极相比，碳材料电极的导电性低 2～3 个数量级，导致微生物电化学系统的内阻和电能损耗更大，这一缺陷在微生物电化学系统规模化放大时将表现得更加突出。表 6-3 总结了一些常见碳基电极材料的优缺点。

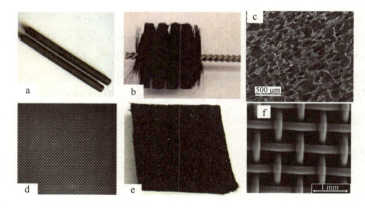

图 6-2　传统的碳基电极材料（Mustakeem，2015；Kalathil et al.，2017）

Figure 6-2　Traditional carbon-based electrode materials

a. 石墨棒；b. 碳纤维刷；c. 柚子皮网状泡沫碳；d. 碳布；e. 碳毡；f. 碳网

石墨棒是微生物电化学系统中常用的电极材料，它具有较高的化学稳定性和导电性，其局限性在于比表面积积小、孔隙率低，不利于微生物膜吸附。与石墨棒相比，石墨毡比表面更大。因此，石墨毡阳极微生物电化学系统的产电性能明显高于石墨棒阳极（Chaudhuri and Lovley，2003）。石墨纤维刷比表面积大、导电性好，可大幅提高微生物电化学系统的产电能力，其产电功率密度比石墨棒阳极和碳纸阳极分别高10倍和3倍。碳布和碳纸最早用于氢燃料电池，目前也常作为微生物电化学系统的电极材料。有文献报道，碳布和碳纸作为阳极时，微生物电化学系统分别产生了 4483 mW/m^2、488 mW/m^2 的最大功率密度（Wang et al.，2008；Kim et al.，2007）。碳布和碳毡具有疏水性和高孔隙率的特点，其表面通常难以形成致密的生物膜，需要进行表面修饰预处理。网状玻璃碳易碎，并具有较高的电阻，尽管也能作为有效的电极材料，但其在微生物电化学系统中的应用相对较少。海绵状泡沫碳可由自然生物质制备，具有较大的比表面积和多孔性，保证了有效的微生物亲和力，其作为微生物电化学系统阳极的产电性能优于石墨毡和网状玻璃碳阳极。

表 6-3　常见碳基电极材料的优缺点（Zhou et al.，2011）
Table 6-3　The advantages and disadvantages of carbon-based electrode materials

碳基电极材料	优点	缺点	参考文献
石墨棒	导电性好，稳定性高，廉价易得	表面积有限	Liu et al.，2005
石墨纤维刷	高比表面积，易于生产	易成垢	Ahn and Logan，2010
碳布	高孔隙率	昂贵	Ishii et al.，2008
碳纸	易于电线连接	易碎，持久性差	Kim et al.，2007
碳毡	大孔径	较高的电阻	Kim et al.，2002
网状玻璃碳	可塑性高	高电阻，易碎	He et al.，2005

3. 表面修饰或改性碳基电极

电极的表面修饰主要是为了提高微生物附着量和电子传递速率。微生物电化学系统电极设计方法如图6-3所示，包括电极结构和电极表面设计。结构设计重点改进电极孔隙大小、空隙形状、宏观孔隙度、可达性等参数，而表面设计重点改善电极的粗糙度、亲水性、导电性、生物兼容性、电荷储存等。目前，电极表面修饰的方法包括氨气热处理、化学基团修饰、涂层覆盖等。大部分碳基电极均适合用氨气热进行表面处理，如在700℃条件下用5%氨气（氨气）处理碳布1 h后，与未处理的碳布电极相比，阳极室微生物的驯化时间缩短了40%，而最大功率密度提高了48%（Cheng and Logan，2007）。这种表面修饰处理改善微生物电化学系统性能的原因主要是引入的氮原子导致碳布表面电荷由中性变为正电性。大多数电活性微生物的表面带负电，因此这些修饰能够增强电活性微生物与正电性电极的相互作用，提高了生物相容性。此外，也可以将甲壳胺、三聚氯氰、三聚氰胺、3-氨丙基三乙氧基硅烷、聚苯胺等富含氨基的高分子物质修饰在电极表面，从而使电极表面带正电荷。

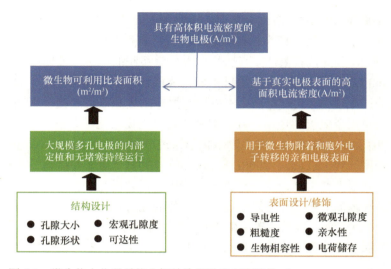

图 6-3　微生物电化学系统电极结构设计及表面修饰（Xie et al.，2015）
Figure 6-3　Structural designs and surface modifications of MES electrodes

涂层覆盖是将各种修饰材料，如活性炭、炭黑、碳纳米颗粒、大分子聚合物、石墨烯等粘涂在电极表面，增加电极比表面积和粗糙度，促进生物膜的形成，最终改善微生物电化学系统性能。例如，文献报道用炭黑和聚四氟乙烯包被碳布电极后，微生物电化学系统功率密度比未处理前提高了约 2 倍。将炭黑涂到折叠的不锈钢网阳极后，微生物电化学系统功率密度显著提升至 3215 W/m^2（Zheng et al.，2015）。碳纳米管（CNT）由于比表面积大、导电性高及生物相容性好，也广泛用于修饰微生物电化学系统电极。将 CNT 修饰金电极后，电极生物膜厚度和产电性能比未修饰前均明显增加，同时产电性能提升程度与 CNT 的空间排列方式密切相关。石墨烯及其衍生物具有优异的电化学特性，将石墨烯修饰不锈钢网阳极后，微生物电化学系统功率密度比未修饰前增加了 18 倍（Zhang et al.，2011）。

4. 三维（3D）电极

与 2D 电极不同，3D 电极具有开放的微孔结构（图 6-4），可为细菌提供更大的黏附面积，在电极内部形成 3D 生物膜。因此，3D 电极的性能通常优于 2D 电极。最早应用于微生物电化学系统的传统 3D 电极是石墨纤维刷电极和活性炭颗粒填充床电极。活性炭颗粒填充床电极是将活性炭颗粒填充于电池腔室，利用颗粒之间的缝隙来传递基质。目前新型的 3D 电极构造主要有 3D 材料包被的 2D 电极、集成 3D 电极、微生物杂合的 3D 生物电极等（表 6-4）。

Mehdinia 等（2014）将还原态石墨烯氧化物和 SnO$_2$ 纳米复合物固定到碳布表面制作 3D 阳极，并以大肠杆菌为产电微生物得到的微生物电化学系统功率密度（1.62 W/m^2）比普通碳布阳极高 5 倍。Fu 等（2014a）将 MWCNT/MnO$_2$ 复合物粉末修饰到石墨板表面，制作多孔 3D 电极，其产电功率密度比单纯石墨板阳极提高了 10 倍。类似地，将 MWCNT/Pt 和 CNT/壳聚糖分别修饰到碳纸电极表面，得到的 3D 阳极产电性能均明显优于碳纸电极

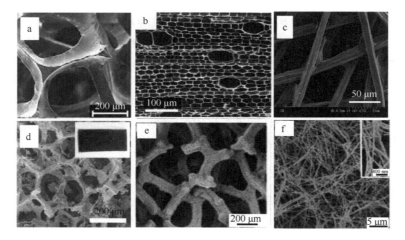

图 6-4　3D 电极扫描/透射电子显微镜图（Yu et al.，2017；Dong et al.，2012）

Figure 6-4　Scanning/transmission electron microscopy images of 3D electrodes

a. 网状玻璃碳电极；b. 3D 多孔碳电极；c. 石墨烯氧化物修饰的不锈钢纤维；d. 还原石墨烯氧化物修饰的镍泡沫电极；

e、f. 高分辨率、低分辨率石墨烯/CO$_3$O$_4$纳米导线复合物电极

表 6-4　MES 中的 3D 电极及其产电性能（Yu et al.，2017）

Table 6-4　The 3D electrodes used in MESs and their electrogenic performance

MES 种类	接种物	电极构造	j^a /（A/m^2）	P^a /（W/m^2）	P^b /（W/m^3）	P^c /（W/m^3）
S-空气阴极	MFC 流出液	石墨颗粒	—	0.6	48	102.1
D-铁氰化物	厌氧污泥	活性炭颗粒	—	—	11.9	20.2
D-铁氰化物	MFC 流出液	石墨颗粒	—	—	257	—
S-铂-空气阴极	废水	活性炭颗粒	—	0.245	7.2	—
S-铂-空气阴极	厌氧污泥	不规则活性炭	1.5	0.08	2.0	2.7
D-生物阴极	MFC 流出液	活性炭颗粒	0.91	0.194	9.72	16.2
D-生物阴极	MDC 流出液	活性炭颗粒	4.44	1.05	21.2	36.0
S-空气阴极	MFC 流出液	经处理碳刷	8.4	1.37	34.7	71.4
D-铁氰化物	MFC 流出液	碳刷	9.45	2.1	210	373
D-铁氰化物	厌氧污泥	rGO/PANI-CC	3.4	1.39	11.2	—
D-铁氰化物	E. coli	MWCNT/ Pt-GP	—	2.45	—	—
D-铁氰化物	厌氧污泥	PEI/石墨烯-CP	1.7	0.368	3.9	—
D-生物阴极	厌氧污泥	CNT/壳聚糖-CP	1.6	0.189	—	—
D-铁氰化物	废水	CNT 原位生长	0.197	0.0196	396	—
D-铁氰化物	废水	CNT 海绵	8	2.82	14.1	943
D-铁氰化物	厌氧污泥	CNT 修饰 SSM	6.5	3.36	6.72	—
D-空气阴极	活性污泥	MnO$_2$ 修饰 CP	3	0.596	14.9	—
S-空气阴极	MFC 阳极液	石墨烯修饰 GP	9.45	2.36	16.5	472
D-铁氰化物	活性污泥	石墨烯/PANI-GP	10.5	4.44	29.6	2220

注：S. 单室；D. 双室；GP. 石墨板；CP. 碳纸；CNT. 碳纳米管；MWCNT. 多壁碳纳米管；SSM. 不锈钢网；rGO/PANI-CC. 还原态石墨烯/聚苯胺-碳布；PEI. 聚乙烯亚胺

"—" 表示数据未知

j^a. 电流密度；P^a. 标准化为阴极投影面积；P^b. 标准化为电极腔室体积；P^c. 标准化为电极体积

（Sharma et al., 2008）。Wang 等（2013a）在泡沫结构的镍基底上修饰还原态石墨烯氧化物，获得 3D 结构的 rGO-Ni 阳极，该电极将基于 *Shewanella oneidensis* MR-1 的微生物电化学系统体积功率密度提升至当时 MR-1 纯菌 MES 的最高水平（661 W/m³）。通常微生物电化学系统中 3D 电极的性能标准化成单位面积的性能，以便与传统的 2D 平板电极进行比较。3D 电极的性能也可标准化成单位电极体积或电池腔室体积的性能，这样可以对不同微生物电化学系统结构的电池性能进行比较。Erbay 等（2015）研究表明，电极体积与电池腔室体积之比越高，用电极体积标准化的 3D 电极性能越好，而用电池腔室体积标准化的电极性能越低。

（二）反应器结构

　　MFC 主要由阳极室、阴极室、外电路、阳极微生物或阴极微生物组成，其反应器结构按是否有隔膜材料，可分为单室无膜和双室有膜系统（图 6-5）。微生物电化学系统隔膜种类较多，常用的有质子交换膜、阳离子交换膜、阴离子交换膜、微孔滤膜等。隔膜是除电极材料外影响有膜 MFC 性能的重要组成部件。

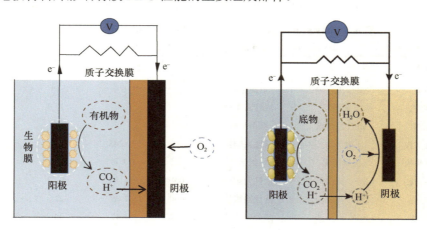

图 6-5　单室和双室微生物燃料电池及其结构
Figure 6-5　Single-chamber and two-chamber microbial fuel cells and their structures

　　无膜微生物电化学系统通常是单室的，或者使用简单的材料如布料、玻璃粉来分隔阳极和阴极，但分隔效果比离子交换膜差。与无膜微生物电化学系统相比，有膜微生物电化学系统有以下优点：①可让某些离子选择性地在阳极室和阴极室之间进行传递；②阻止氧等电子受体扩散至阳极区域，减少有氧呼吸引起的燃料消耗；③增加底物利用效率及燃料转化为电能的库仑效率。缺点：①隔膜价格昂贵，增加了构造成本；②相对较低的离子穿透能力，导致电池的内阻增大；③燃料扩散至阴极区引起燃料损耗；④隔膜容易成垢，引起离子迁移受阻，降低了微生物电化学系统输出功率。

　　按进水方式不同，微生物电化学系统可分为分批式电池、连续流电池（图 6-6）及其串并联等结构。此外，Deeke 等（2015）曾经提出了一种新型微生物电化学系统结构反应器的概念，即流化电容性生物阳极微生物电化学系统，该系统由充电室和放电室两部分组成。其工作原理是活性炭颗粒上的电活性生物膜在充电室对电容性活性炭进行充电，充电完成后再将这些活性炭转移到放电室，将电子释放给阳极，最后再回到充电室，在 200 g 活性炭条件下其电流密度可达 1.3 A/m²。

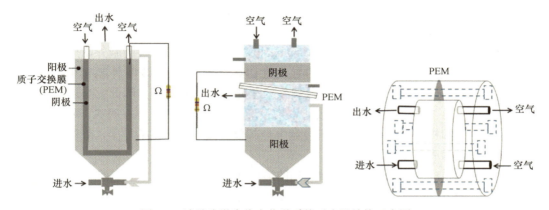

图 6-6 连续流微生物电化学系统反应器结构示意图
Figure 6-6 Schematic diagram of the continuous-flow MES reactor structure

第二节 电极微生物研究进展

电极微生物是直接或间接参与细胞-电极之间胞外电子传递的电活性微生物，包括阳极电活性微生物和阴极电活性微生物。其中，阳极电活性微生物介导电子从胞内传递至电极，阴极电活性微生物则反之。一些阳极电活性微生物同时具备催化阴极电子转移的能力，而一些阴极电活性微生物同时具备催化阳极电子转移的能力。因此，两类电极微生物的划分并没有严格的界限。具备双向胞外电子传递活性的微生物，其催化阳极反应和阴极反应的机制可能涉及同一条电子传递途径的简单逆转，也可能是完全不交叉的电子传递途径。

一、阳极电活性微生物

（一）典型纯培养物

阳极电活性微生物是指能够将胞外电子传递到微生物电化学系统阳极电极的微生物，通常称为产电菌（exoelectrogen）、阳极呼吸菌（anode-respiring bacteria）或亲阳极菌（anodophile）。具有阳极 EET 能力的微生物几乎遍及除 Euryarchaeota 和 Bacteroidetes 的所有门。目前，已经分离了 400 多株产电菌，其隶属于 29 科 56 属。这些具有产电活性的细菌以革兰氏阴性菌为主，包括硫还原地杆菌（*Geobacter sulfurreducens*）、奥奈达希瓦氏菌（*Shewanella oneidensis*）、阴沟肠杆菌（*Enterobacter cloacae*）、肺炎克雷伯氏菌（*Klebsiella pneumoniae*）、普通变形杆菌（*Proteus vulgaris*）；也有少量革兰氏阳性菌，主要是厚壁菌门的梭状芽孢杆菌纲（Clostridia）和芽孢杆菌纲（Bacilli）细菌。一些嗜极古菌（如 *Haloferax volcanii*、*Natrialba magadii*、*Pyrococcus furiosus*、*Ferroglobus placidus*、*Geoglobus ahangari*）等也具有催化产电能力，为高盐/高温微生物电化学系统技术的发展提供了可能。此外，少数酵母如 *Blastobotrys adeninivorans*、*Pichia stipitis* 和 *C. melibiosica* 既能分泌电子穿梭体进行其介导的电子传递（MET），也能进行直接的电子传递（DET）（Hubenova et al.，2011；Hubenova and Mitov，2015）。

Shewanella oneidensis 是微生物电化学系统中常用的模式产电细菌，其可利用乳酸为电子供体产电，氧化产物为乙酸。*S. oneidensis* 可以产生导电性的胞外附属物，但这种附属物结构与 *G. sulfurreducens* 的导电性菌毛不同，是由该菌外膜延伸产生的。*S. oneidensis* 能够分泌电子穿梭体（核黄素）来介导电子的传递，因此它在厌氧微生物电化学系统中主要以悬浮态细胞和极薄生物膜形态生长。尽管氧存在时 *S. oneidensis* 可以形成较厚的阳极生物膜，但氧分子会竞争一部分乳酸氧化产生的电子，降低了阳极得到的电子数量和库仑效率。

除了生物膜成膜能力外，阳极微生物的活性和电子传递机制还会受到电极电势的影响。例如，研究报道 *Shewanella oneidensis* 通过由感应氧化还原状态的组氨酸激酶（ArcS）、磷酸转移蛋白（HptA）和响应调节蛋白（ArcA）组成的 Arc 调节系统来感应电极电势，改变分解代谢基因的表达和胞外传递途径（图 6-7）。在–0.1 V *vs.* SHE 电极电势条件下，*S. oneidensis* 的 Arc 调节系统抑制 NADH 脱氢酶的表达，此时丙酮酸盐主要降解产物为甲酸，后者在甲酸脱氢酶（FDH）的作用下产生电子，经甲基萘醌（menaquinone，MQ）介导传输到电极（Hirose et al.，2018）。相反，在+0.5 V *vs.* SHE 电极电势下，其 Arc 调节系统促进 NADH 脱氢酶复合物的表达，丙酮酸盐经丙酮酸脱氢酶复合物降解为乙酰辅酶 A 和 NADH；NADH 脱氢酶复合物氧化 NADH，经泛醌（ubiquinone，UQ）介导传递电子至电极。

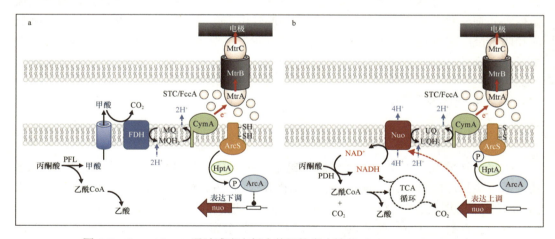

图 6-7　*S. oneidensis* 通过感应电极电势调控产电途径（Hirose et al.，2018）

Figure 6-7　*S. oneidensis* senses electrode potentials for regulating electrogenic pathways

a. –0.1 V; b. +0.5 V

G. sulfurreducens 也可根据电极电势调节 EET 途径；当电极电势为+0.24 V *vs.* SHE 时，*G. sulfurreducens* 基因缺失株 Δ*imcH* 不能催化产电和生长；而当电极电势为–0.1 V *vs.* SHE 时，*G. sulfurreducens* 基因缺失株 Δ*imcH* 可以指数生长和产电，此时产电机制主要依赖细胞色素醌氧化还原酶 CbcL（Levar et al.，2014；Zacharoff et al.，2016）。这表明

G. sulfurreducens 在低电极电势（−0.1 V *vs.* SHE）时，质膜上的电子传递途径由 CbcL 介导；当电极电势增加至+0.24 V *vs.* SHE 时，EET 途径依赖 ImcH 的介导（图 6-8）。

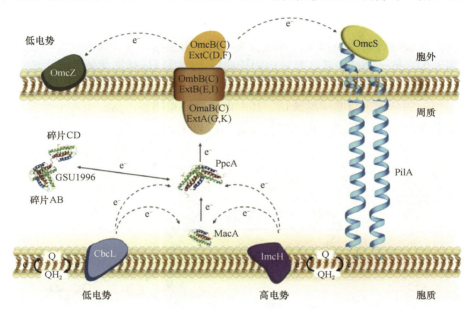

图 6-8　*G. sulfurreducens* 依赖于电极电势的胞外电子转移途径转换（Liu and Li，2020）

Figure 6-8　Electrode potential-dependent shift of EET pathways in *G. sulfurreducens*

（二）混合菌

除了已知的模式电极胞外呼吸纯菌外，从环境中富集的混合菌也具有很强的电化学活性。与纯菌相比，混合菌的电化学活性更高，产电能力更强。这主要是因为混合菌的代谢途径更多，可利用的底物类型更广泛，并且不同菌之间可以互营合作，将大分子有机物彻底降解为二氧化碳，从而提高底物的利用效率和库仑效率，这种互营作用在以甲烷为底物的混合菌微生物电化学系统中表现得尤为突出。例如，以甲烷培养富集的混合菌可以利用甲烷为燃料进行发电，然而产电细菌不能直接利用甲烷进行胞外电子传递，即这种产电机制主要依赖于甲烷营养古菌与产电细菌互营代谢作用。Yu 等（2019）从城市污泥处理厂的污泥中富集得到以甲烷杆菌属（*Methanobacterium*）和产电菌 *Geobacter* 为优势功能微生物的混合培养物，发现该产甲烷菌可将甲烷厌氧氧化为中间产物如乙酸等，中间产物再经产电菌利用彻底氧化成 CO_2，并将电子传递给阳极，产生了输出电压 0.6 V 和最大功率密度 419.5 mW/m^2。自然环境来源的接种物在微生物电化学系统富集培养后，具有极高的多样性，其功能微生物和组成与接种物来源、培养时间和培养条件密切相关。例如，Mei 等（2015）将活性污泥、果园土、废水和河流沉积物 4 种接种物分别接种至单室 MES，运行 2 个多月后发现，*Azoarcus*（45.2%）、*Flavobacterium*（14.2%）、*Geobacter*（14.4%）、*Azovibrio*（11.1%）分别是河流沉积物、活性污泥、果园土和废水微生物电化学系统中丰度最高的优势属。

（三）基因工程电活性微生物

这里所说的基因工程电活性微生物主要是指改变菌株原有基因结构的基因突变株或将外源基因转入目标菌株中表达而获得的一类转基因菌株。后者的构建方法主要有两种：一种是将底物代谢途径相关的基因引入电活性微生物，使其具备代谢降解该底物的能力（图6-9）；另一种是在具备某种底物代谢能力的非电活性微生物中建立胞外电子传递链，使其具有电化学活性。有人建立了46种 S. oneidensis 基因敲除突变株，发现少量菌株在 c 型细胞色素蛋白基因敲除后，其产电活性严重降低；然而也有少量菌株在 c 型细胞色素蛋白基因敲除后其产电活性可提高20%以上。

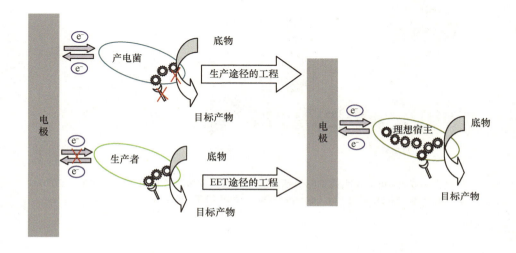

图 6-9　基因工程电活性微生物的构建模型（Kracke et al.，2018）

Figure 6-9　The construction models of engineered electroactive microorganisms

由于大肠杆菌具有非常成熟的遗传操作系统，目前大部分基因工程菌都是用大肠杆菌作为受体细胞进行遗传改造的。在有氧条件下，大肠杆菌的 c 型细胞色素蛋白成熟组装系统 I 是不表达的，因此周质空间中的 c 型细胞色素蛋白无法与血红素基团结合，即不能形成功能性 c 型细胞色素蛋白。一些研究尝试将产电菌 G. sulfurreducens 或 S. oneidensis 的 c 型细胞色素蛋白基因转入大肠杆菌，促进外源 c 型细胞色素蛋白基因的共表达。MtrA 是 S. oneidensis c 型细胞色素蛋白在大肠杆菌中表达的第一个蛋白（Pitts et al.，2003）。该蛋白可以准确定位于大肠杆菌周质空间。磁圆二色谱分析表明 10 个血红素基团共价结合到了 MtrA 蛋白上。同时对该蛋白功能分析发现，MtrA 可以从内膜接受代谢产生的电子并传递给周质空间的电子受体或氧化还原酶。不过，该转基因大肠杆菌是否比野生型具有更高的产电活性仍不清楚。此外，还有人将 S. oneidensis 的 CymA 和 OmcA 蛋白基因分别克隆到大肠杆菌中表达，使大肠杆菌具有还原可溶性铁离子或不溶性铁氧化物的能力（Gescher et al.，2008；Donald et al.，2008）。对于 G. sulfurreducens，目前已将该菌的 PpcA 蛋白基因、含 12 个血红素的细胞色素蛋白（GSU1996 和 GSU0592）基因克隆至大肠杆菌表达。这些蛋白可能分别在大肠杆菌的周质空间、细胞膜上形成电子转移的"纳米导线"。

$S.\ oneidensis$ 代谢一分子乳酸产生 4 个电子和一分子乙酸，$G.\ sulfurreducens$ 代谢一分子乙酸可产生 8 个电子。相比之下，$E.\ coli$ 工程菌具有将一分子葡萄糖彻底氧化为 CO_2 并生成 24 个电子的潜力。因此，$E.\ coli$ 工程菌可能更加有效地将燃料转化为电能，从而表现出更高的微生物电化学系统阳极性能。如果设计一种对某种燃料或物质具有高效氧化还原转化能力的工程菌，将其用作微生物电化学系统阳极催化剂，可实现对该物质的生物传感器监测。

除了直接构建 DET 的 $E.\ coli$ 工程菌外，也可将电子穿梭体合成相关的基因克隆至 $E.\ coli$ 菌，使其合成电子穿梭体，将代谢产生的电子间接传递给阳极。Wang 等（2013b）构建了一株 2-庚基-3,4-二羟基喹啉（PQS）群感阴性的铜绿假单胞菌（$Pseudomonas\ aeruginosa$）ΔpqsC。该突变株可以过量表达 PqsE 感受器，解除 PQS 对菌株厌氧生长的抑制，从而合成高浓度的吩嗪电子穿梭体。与野生型菌株相比，该突变株最终将 MFC 的最大产电电流密度提高了 5 倍。在光合细菌 $Rhodopseudomonas\ palustris$ 氮固定过程中，部分胞内还原力以氢气副产物形式释放到细胞外。Morishima 等（2007）构建了固氮酶基因 nif 敲除的 $R.\ palustris$ 突变株，抑制氢气释放过程，该突变株在 MFC 的产电功率密度从 $11.7\ mW/cm^2$ 增加到了 $18.3\ mW/cm^2$。Fishilevich 等（2009）利用酵母表面展示技术将葡萄糖氧化酶（GOx）展示到酿酒酵母（$Saccharomyces\ cerevisiae$）表面，其用作 MFC 阳极催化剂产生的电池电压（884 mV）明显高于野生型酵母或 GOx 催化的电压（700 mV）。该展示技术的优势还在于 GOx 可随酵母繁殖而再生，不会像 GOx 燃料电池那样逐渐丢失 GOx 活性。

Li 等（2017b）将木糖转运和代谢的 4～6 个基因组装到 $S.\ oneidensis$，构建了 4 种基因型的 $S.\ oneidensis$ 工程菌。该工程菌可以利用木糖作为燃料进行产电，最大产电电压和功率密度分别可达 70 mV、$2.1\ mW/m^2$。此外，基因工程甲烷营养古菌和产电菌共培养物能够利用甲烷为唯一电子供体进行发电。例如，Yamasaki 等（2018）将甲烷营养古菌的 mcr 基因转入产甲烷菌乙酸甲烷八叠球菌（$Methanosarcina\ acetivorans$）。该工程菌比野生菌具有更强的转化甲烷为乙酸的能力，可以将甲烷高效转化为乙酸，后者被硫还原地杆菌（$G.\ sulfurreducens$）利用进行产电。在污泥或外源电子穿梭体存在时，其产电功率密度可达 $5216\ mW/m^2$，这可与当前任何一种底物 MFC 的功率密度相媲美。

二、阴极电活性微生物

与阳极电活性微生物相比，阴极电活性微生物的种类相对较少。按阴极电活性微生物催化还原的电子受体类型，其可分为氧还原型、CO_2 还原型、氢离子还原型、硝态氮还原型、有机物还原型等。这种划分方法并不绝对，一些微生物通常具有催化其中一种或多种电子受体类型的能力。相对于化学催化剂（如 Pt），微生物催化剂的优点在于价格低廉、环境友好、持续性高，缺点在于生物膜内阻相对较大。

（一）氧还原微生物

自然界中，微生物在金属材料表面催化氧还原反应（oxygen reduction reaction，ORR）

引起的有氧腐蚀已被广泛研究。由于氧具有较高的氧化还原电位、广泛的可利用性、还原反应持续性，同时产物简单无害，氧是 MES 中最常用的阴极电子受体。ORR 阴极微生物催化机理是微生物从电极吸收电子并用于氧还原反应。

Debuy 等（2015）从以 γ-变形菌为主的天然海水生物阴极中分离出 4 个属（*Pseudoalteromonas*、*Marinobacter*、*Roseobacter*、*Bacillus*）的菌株，并测试了每个菌株作为生物阴极的 ORR 活性。结果表明，这 4 个菌株都能在不锈钢阴极形成生物膜，在 –0.3 V *vs.* SCE 恒定电位条件下的催化电流密度可达 40 mA/m^2，而在–0.6 V *vs.* SCE 时可达 0.8 A/m^2。

目前，绝大多数 ORR 生物阴极研究都利用混合菌作为催化剂，而利用纯菌为阴极 ORR 催化剂的报道则十分罕见。这主要是因为混合菌生物阴极的催化性能通常高于单株菌生物阴极。Summers 等（2013）证实自养细菌 *Mariprofundus ferrooxydans* PV-1 能够从–0.076 V *vs.* SHE 的石墨板电极上吸收电子产生电流，但将电池的氧去除后，催化电流消失，暗示该菌催化了 ORR。Rabaey 等（2008）从 MFC 混合菌阴极生物膜中分离两种优势微生物 *Sphingobacterium* 和 *Acinetobacter*，发现两种纯菌阴极 MFC 的产电功率密度比非生物阴极高 3 倍，但两种纯菌阴极 ORR 催化能力均低于混合菌生物阴极，电流密度分别为后者的 14%和 31%。Erable 等（2010）从–200 mV *vs.* Ag/AgCl 电位下海水培养的不锈钢电极 ORR 生物膜中分离并测试了 30 多株微生物的 ORR 催化能力，然而这些菌株中只有 *Winogradskyella poriferorum* 和 *Acinetobacter johsonii* 的催化电流密度可达到野生混合菌生物阴极的 7%和 3%。这些结果表明，混合菌之间的协同代谢作用增强了其 ORR 催化能力。阴极微生物催化 ORR 的机制还不明晰，有人提出了以下两种可能机制（Erable et al.，2012）。①由生物膜基质中的胞外聚合物直接进行催化，如胞外酶、醌类化合物、血红素基团等（图 6-10）。电化学实验表明，玻碳电极表面吸附的辣根过氧化物酶可催化 ORR。②由微生物代谢物如过氧化氢、铁氧化物、二氧化锰等

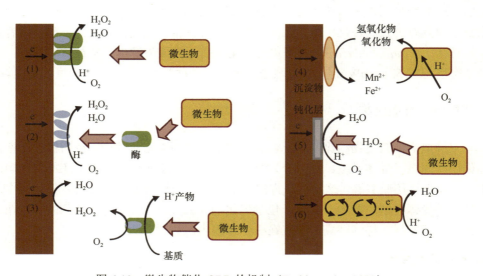

图 6-10 微生物催化 ORR 的机制（Erable et al.，2012）

Figure 6-10 Mechanisms of microbially catalyzed oxygen reduction reactions

介导的间接催化作用。海水生物膜可产生高达 6 mmol/L 的过氧化氢(Erable et al.，2010)。这些过氧化氢是好氧微生物催化底物氧化耦合氧气还原过程的产物，当其传递到阴极表面时被进一步还原成水，由此改善阴极生物膜的氧还原能力。微生物也可将阴极的 Fe^{2+} 氧化成 Fe^{3+} (离子或氧化物)并耦合氧的还原，Fe^{3+} 被阴极还原后重新生成 Fe^{2+}。类似地，微生物可氧化 Mn^{2+} 为二氧化锰并耦合氧的还原，二氧化锰沉积到电极表面后被还原为 Mn^{2+}，从而可循环介导氧的还原。

(二)CO_2 还原微生物

在厌氧条件下，阴极微生物可利用电极的电子还原 CO_2 合成有机物，这个过程最早在 2010 年由 Nevin 提出并证实，称为微生物电合成(microbial electrosynthesis，MES)。能够进行微生物电合成的微生物种类很多，包括产乙酸菌、产甲烷菌、混合菌等。这些吸收电极电子还原 CO_2 的微生物通常被定义为电营养微生物(electrotroph)。不同电营养微生物的合成能力和产物可能具有较大差异。电营养微生物的多样性引起了国内外学者的广泛关注和研究。目前高效的电合成微生物主要是同型产乙酸菌。这类细菌利用乙酰 CoA Wood-Ljungdahl 途径还原和固定末端电子受体 CO_2，并从中获取生长的能量。在这一过程中，CO_2 首先被还原成 CO，后者进一步转化成乙酰 CoA，而乙酰 CoA 是乙酸合成反应途径的中心中间产物。

Nevin 等(2010)率先研究发现卵形鼠孢菌(*Sporomusa ovata*)可吸收石墨板电极(–0.4V *vs.* SHE)电子合成乙酸盐和少量的 2-氧代丁酸盐，合成反应的库仑效率高达 86%以上，该菌在 3 个月内仍较好地保持其电子吸收能力和电合成活性。Nevin 等(2011)随后又报道并比较了另外 5 种产乙酸菌的电合成能力，即 *S. sphaeroides*、*S. silvacetica*、*Clostridium ljungdahlii*、*C. aceticum* 和 *Moorella thermoacetica*。这些产乙酸菌电合成主要产物为乙酸盐，最大合成速率可达 40 mg/(L·d)(表 6-5)。2012 年，Li 等在 *Science* 刊物上提出了一种新的微生物电合成方式(Li et al.，2012)，发现在反应中 CO_2 首先被电化学还原为甲酸，后者再被体系的 *Ralstonia eutropha* 吸收利用而合成高价值燃料乙醇、异丁醇及 3-甲基丁醇。*Ralstonia eutropha* 呼吸释放出的 CO_2 可再次被电极还原为甲酸而形成循环。遗憾的是，该电化学体系容易产生过氧化氢、氧自由基等有害物质，从而抑制了微生物的生长，这一问题在一定程度上限制了该方法的应用潜力。

Doud 和 Angenent(2014)通过铁离子在电极与细胞间的循环实现了非耦合的电子转移及光合细菌沼泽红假单胞菌(*Rhodopseudomonas palustris*)的生长代谢。具体过程为，铁离子在被电极还原成亚铁离子后，后者作为 *R. palustris* 生长的电子供体被利用而重新生成铁离子。铁离子的介导作用使 *R. palustris* 的电子吸收速率提高了 56 倍。不过，这种间接方式的电合成产物主要是微生物细胞而不是高价值有机物，还需要通过基因工程手段调整其代谢途径以合成有用的物质。除了间接方式外，Bose 等(2014)还报道了 *R. palustris* 直接吸收电极电子进行光合作用并还原 CO_2 为胞内有机物。

此外，大量研究发现阴极混合菌也具有高效催化 CO_2 还原合成有机物的能力。与纯菌相比，混合菌不仅有操作上的优势，而且具有更高的电合成速率。Marshall 等(2012)

表 6-5　不同微生物的电化学活性和电合成能力

Table 6-5　The electrochemical activities and electrosynthesis performance of different microorganisms

微生物	阴极	阴极电位/V *vs.* SHE	产物	主要产物速率/ [mmol/ (L·m²·d)]	电流密度 / (A/m²)	库仑效率 /%	参考文献
S. ovata	石墨棒	−0.4	乙酸盐、2-氧代丁酸盐	79.3	−0.21	86±21	Nevin et al.，2010
S. silvacetica	石墨棒	−0.4	乙酸盐、2-氧代丁酸盐	3.6	−5.7×10⁻³	48±6	Nevin et al.，2011
混合菌	石墨板	−0.8	乙酸盐	4403	—	84±13	Roy et al.，2021
C. ljungdahlii	石墨板	−1.0	乙酸盐	2371	—	42±14	Roy et al.，2021
混合菌	Mo₂C/N-碳化丝瓜	−0.85	乙酸盐	1073	15.6	64	Huang et al.，2021
混合菌	碳毡	−0.9	乙酸盐	182.0 ± 12.7	7.3	73 ± 6	Das et al.，2021
M. maripaludis	石墨棒	−0.7	甲烷	30.0	0.8	—	Lohner et al.，2014
G. sulfurreducens	不锈钢	−0.4	丙三醇	—	17	—	Soussan et al.，2013
Serratia marcescens	Ag₃PO₄/ g-C₃N₄石墨毡	−1.1	乙酸盐	5400	3.3	93	Kong et al.，2021
A. ferrooxidans	FTO	+0.4	—	—	0.02	—	Ishii et al.，2012

注："—"表示数据未知；FTO. 掺杂氟导电玻璃

首先报道了混合菌可同时进行乙酸和甲烷的合成，细菌群落结构分析证明丰度最高的 *Methanobacterium* spp.和 *Acetobacterium* spp.分别在这两种有机物的合成过程中起主要作用。在长时间运行中，这一混合菌体系表现出很好的稳定性、适应性和较高的电合成性能。当产甲烷抑制剂加入电化学体系后，*Acetobacterium* spp.变成优势菌群，此时生物阴极（−590 mV *vs.* SHE）产氢和产乙酸的能力都明显提高，在培养 20 天后乙酸浓度高达 10.5 g/L（Marshall et al.，2013）。Jiang 等（2013）和 Su 等（2013）也证明混合菌具有很好的 CO_2 固定和还原能力，并发现电极电位是影响微生物电合成性能的重要因素。当电极电位从−900 mV 降低到−1100 mV 时，乙酸合成速率从 0.38 mmol/(L·d)增加到 2.35 mmol/(L·d)。在他们研究的混合菌组成中，*Acetobacterium woodii* 是除产甲烷菌之外主要的菌群。由于产甲烷菌和产乙酸菌共享相同的生态位，混合菌电合成一般会同时生成甲烷和乙酸（图 6-11）。此外，乙酸型产甲烷菌可将乙酸转化成甲烷，降低了电能利用效率。2-溴乙烷磺酸钠虽然可以有效抑制产甲烷过程，但由于成本较高、不可持续利用等缺点，不适合实际大规模的生产应用。为了提高电子利用效率，可在接种前对混合菌进行驯化富集，提高电合成优势菌群的比例。

（三）产氢微生物

一些微生物能够利用电极电子和氢酶还原氢离子为氢气，这类微生物包括硫酸盐还原菌、产甲烷菌和混合菌等。例如，Lojou 等（2002）将脱硫弧菌（*Desulfovibrio vulgaris*）

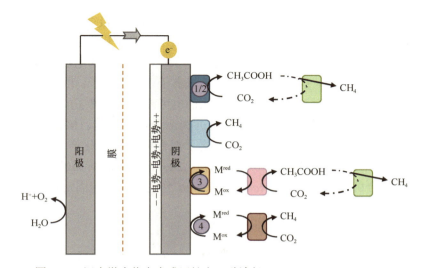

图 6-11　混合微生物电合成甲烷和乙酸途径（Molenaar et al.，2017）

Figure 6-11　Electrosynthesis pathways of methane and acetate by mixed cultures

固定至电极表面，通过循环伏安法（CV）表明其可催化产生氢气的反应（HER），而用其细胞提取物的 CV 分析证明该菌的大部分催化活性来源于周质空间和外膜的氢酶。Gacitúa 等（2014）报道了–1.0 V *vs.* SHE 电位条件下 *Desulfovibrio paquesii* 纯菌阴极的催化电流可达 0.46 mA/cm^2，添加导电性磁铁矿后催化电流增加至 1.06 mA/cm^2。Geelhoed 和 Stams（2011）证明 *G. sulfurreducens* 在–0.8～–1.0 V *vs.* Ag/AgCl 电极电位条件下可催化 HER，电位越负，氢气生成速率越高；在阳极和阴极之间施加 0.8 V 电压时，*G. sulfurreducens* 催化的产氢速率可达 0.31 m^3/(m^3·d)。此外，Call 等（2009）比较了能利用氢气的 *G. sulfurreducens* 和不能利用氢气的 *G. metallireducens* 两种生物阴极的催化产氢性能，发现在 0.7 V 外加电压条件下，前者的催化电流和产氢速率［160 A/m^3；1.9 m^3/(m^3·d)］明显高于后者［110 A/m^3；1.3 m^3/(m^3·d)］。Yates 等（2014）比较了–0.6 V *vs.* SHE 电位条件下 *G. sulfurreducens* 活菌、*G. sulfurreducens* 死菌、*G. sulfurreducens* 细胞提取物、*E. coli* 活菌、*M. barkeri* 活菌、*E. coli* 提取物在阴极 HER 中的催化性能，发现在长达 5 个月运行期间 *G. sulfurreducens* 死/活细胞具有相同的催化产氢速率［118 nmol/(mL·d)］，并与 *M. barkeri* 催化产氢速率［120 nmol/(mL·d)］相当；而非产电菌 *E. coli* 和 *E. coli* 细胞提取物的催化产氢速率［13 nmol/(mL·d) 和 4 nmol/(mL·d)］明显低于前两种菌。这表明不同微生物催化 HER 的能力不同，且阴极 HER 并不需要微生物处于生物活性状态，这为高温条件下阴极微生物催化 HER 提供了可能性。

目前大部分生物阴极 HER 研究采用混合菌作为催化剂，因为其性能与 Pt 阴极相当，但产生的氢气容易被转化成甲烷而降低氢气产量。Rozendal 等（2008）首次证明混合微生物在自养条件下可从阴极表面吸收电子，用于氢离子还原合成氢气。他将乙酸钠和氢气培养启动的 MFC 阳极微生物作为生物阴极，去除体系电子供体后并施加恒定的负电位（–0.7 V *vs.* SHE）。该体系每天可产生 0.63 m^3/m^3 的氢气，而非生物阴极对照组每天的氢气产量仅为 0.08 m^3/m^3，表明混合微生物对氢气产生起了主要催化作用。Croese 等

（2011）对产氢生物阴极群落结构进行测定，结果表明该阴极微生物由 *Proteobacteria*（46%）、Firmicutes（25%）、Bacteroidetes（12%）及其他微生物组成，并且脱硫弧菌（*D. vulgaris*）是最主要的优势种。对于硫酸盐还原菌来说，在较负的电极电位条件下，当体系中存在高浓度硫酸根时，硫酸根还原会竞争氢离子还原的电子，使氢离子还原减少而抑制氢气的生成。此外，硝酸根、CO_2 等氧化剂也可能减弱氢离子的还原量。

关于混合菌阴极催化 HER 的电子传递机制至今仍不清楚。Marshall 等（2017）采用基因组组装和比较转录组学的方法重建了混合菌阴极催化产氢和产乙酸的代谢模型（图 6-12）。在该模型中，*Acetobacterium*、*Desulfovibrio* 和 *Sulfurospirillum* 三个属的微生物是该混合菌的关键成员。*Acetobacterium* 作为主要的碳固定者，通过释放可溶

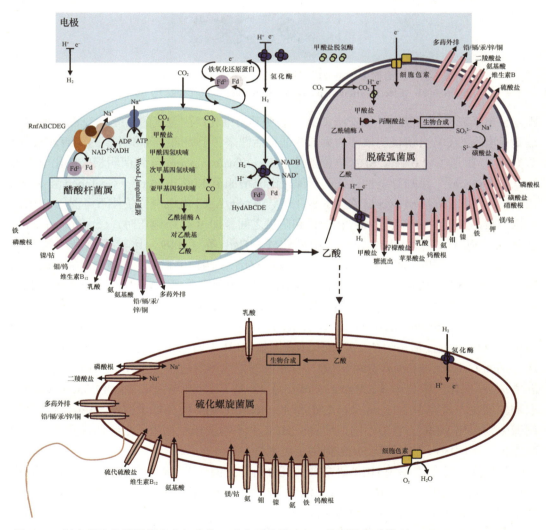

图 6-12　混合菌生物阴极催化产氢和产乙酸电子传递及相互作用的假说模型（Marshall et al.，2017）

Figure 6-12　A hypothesis model showing hydrogen and acetate production catalyzed by cathodic mixed cultures, electron transfer pathways as well as their interactions

性氢酶和铁氧化还原蛋白至电极表面，催化阴极电子还原氢离子为氢气，氢气被其吸收合成乙酸，分泌的乙酸为后两种微生物的生长提供了保障。相比于上清液，*Desulfovibrio* 在电极附近增加了甲酸盐脱氢酶、细胞色素 *c* 和氢化酶的转录量，暗示其通过这些蛋白催化电极的 HER 合成氢气，合成的氢气和乙酸被异养微生物（如 *Sulfurospirillum*）进一步利用而维持生长。

（四）硝态氮还原微生物

Gregory 等（2004）率先报道了金属还原地杆菌（*G. metallireducens*）利用石墨板阴极作为电子供体，催化硝酸盐还原为亚硝酸盐，由此拉开了生物阴极自养反硝化脱氮研究序幕。目前，已有较多的纯菌可催化阴极反硝化，如脱氮硫杆菌（*Thiobacillus denitrificans*）、粪产碱杆菌（*Alcaligenes faecalis*）、嗜碱假单胞菌（*Pseudomonas alcaliphila*）、*Geobacter soli* 等。阴极微生物反硝化的优点在于，微生物利用电极提供电子进行自养生长，不需要投加外源有机物，避免了二次污染，适合处理 C/N 低的废水。

很多研究采用混合菌生物阴极催化硝酸盐还原。例如，Clauwaert 等（2007）首次证实了混合菌生物阳极和生物阴极的 MFC 可同时进行有机物降解、产电和反硝化脱氮，其产电功率密度可达 8 W/m^3；硝酸盐最终均还原为氮气，氮去除速率为 0.080 kg $NO_3^- -N/(m^3 \cdot d)$。Kondaveeti 和 Min（2013）比较了混合菌生物阴极和 Pt 非生物阴极的电化学脱氮性能，在施加 0.5 V 电压条件下运行 240 h 后，生物阴极去除了 82% 的硝酸盐，高于 Pt 非生物阴极（硝酸盐去除率为 80%）。混合微生物阴极反硝化脱氮可能存在两种机制（图 6-13）：①自养反硝化脱氮，自养微生物从电极表面获取电子用于硝酸盐还原；②异养反硝化脱氮，即自养微生物从电极表面吸收电子后合成有机物，该有机物被异养微生物进行反硝化脱氮。其他一些氮污染物如亚硝酸盐、氧化亚氮也可以利用生物阴极进行反硝化处理。例如，Wang 等（2015b）利用 *Alcaligenes faecalis* 作为阴极生物催化剂，在 –0.06 V、–0.15 V 和 –0.30 V 三个电位条件下，亚硝酸盐的去除速率分别为 1.98 mg/(L·d)、4.37 mg/(L·d) 和 3.91 mg/(L·d)。Desloover 等（2011）首次研究了自养阴极微生物对 N_2O 的还原去除速率，在施加 –0.20 V 到 0 V 电极电势时，N_2O 去除速率为 0.76～1.83 kg $N/(m^3 \cdot d)$。

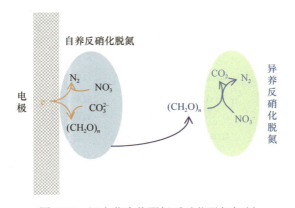

图 6-13　混合菌生物阴极反硝化脱氮机制

Figure 6-13　Microbial denitrification by cathodic mixed cultures

第三节　环境微生物电化学系统类型

一、微生物燃料电池

微生物燃料电池（MFC）是微生物电化学系统的经典形式，它以电活性微生物为催化剂，将燃料的化学能转化成电能。MFC 电池反应包括阳极的氧化反应和阴极的还原反应。阳极反应通常利用各种可生物降解的有机物作为燃料，即电活性微生物的电子供体。电活性微生物胞外呼吸的电子被阳极收集后，经外电路传递至阴极参与还原反应，从而产生电流。同时，MFC 内部通过离子的移动来实现电池的电中性（electroneutrality）。

1911 年，Potter 等制作出首个 MFC，其产生了 0.3～0.5 V 的电压。MFC 阳极微生物将燃料氧化产生的电子传递至阳极，因此 MFC 产电能力与阳极微生物的电化学活性密切相关。目前，已有越来越多的纯菌被证实具有产电活性，其中 *Geobacter* 和 *Shewanella* 是最常用的模式产电微生物。与纯菌 MFC 相比，混合菌 MFC 接种物来源更广泛。同时混合菌 MFC 的产电能力高于纯菌，这是因为其具有多样性的微生物群落，并且对复杂有机物的氧化利用能力更强。

MFC 的燃料类型种类非常多，包括醇类、乙酸、乳酸、葡萄糖、淀粉、纤维素、胶质、酚类等，每种燃料都需要一些相应的微生物作为催化剂。此外，不同来源的废水和固态农业废弃物也常被作为 MFC 燃料，例如，食品工业废水、生活污水、填埋渗滤液、酿酒厂废水、玉米秸秆等。利用废水作为 MFC 燃料可同时达到处理废水和生产电能的双重目标。MFC 阳极与阴极之间的电势差和电子流动速率决定 MFC 的产能输出。MFC 阳极的电势与产电微生物电子传递链末端的氧化还原酶电势密切相关，而阴极的电势取决于阴极反应的氧化还原电对。影响 MFC 电流大小的因素有多种，包括底物种类及浓度、产电微生物类型及生长情况、产电微生物底物氧化速率、电池材料和内阻、环境温度等。表 6-6 列出了部分 MFC 的产电性能，目前大部分 MFC 的最大功率密度为 $10\sim1000 \text{ mW/m}^2$。

表 6-6　不同底物和产电微生物 MFC 的最大功率密度
Table 6-6　The maximum power densities produced by exoelectrogens in MFCs with varied substrates

底物	阳极	产电微生物	系统构造	最大功率密度/(mW/m^2)	参考文献
葡萄糖	碳纸	*Geobacter* sp.	双室	40.3±3.9	Bettin et al.，2006
葡萄糖	石墨	*Saccharomyces cerevisiae*	双室	16	Rahimnejad et al.，2009
乙酸盐	碳纸	*G. sulfurreducens*	双室	48.4±0.3	Jung and Regan，2007
乳酸	碳纸	*Geobacter* spp.	双室	52±4.7	Jung and Regan，2007
甲烷	碳泡沫	*Methylococcus capsulatus*	双室	150	Nalin et al.，2020
麦芽糖	石墨毡	*Pyrococcus furiosus*	双室	225	Sekar et al.，2017
食品废料	碳刷	混合菌	双室	173	Xin et al.，2018
海洋沉积物	抗腐蚀石墨	*Desulfurmonas* sp.等	双室	25.4～26.6	Gil et al.，2003
污水污泥	Mn^{4+}石墨	*Escherichia coli*	单室	91	Nevin et al.，2008
污水污泥	中性红（NR）石墨	*Escherichia coli*	单室	152	Nevin et al.，2008

续表

底物	阳极	产电微生物	系统构造	最大功率密度/（mW/m²）	参考文献
污水污泥	铂及共改性聚苯胺	*Escherichia coli*	单室	6000	Franks and Nevin，2010
电镀废水	碳面纱	污泥混合菌	双室	260	Karuppiah et al.，2021
葡萄糖	纳米聚吡咯修饰的石墨毡	*Shewanella putrefaciens*	单室	330	Anappara et al.，2020
生活废水	碳布	*Shewanella algae*	单室	50	Choudhury et al.，2021
纤维素	不防潮碳纸	纤维素可用菌	—	188	Logan and Regan，2006
甲醇	石墨毡	混合菌	双室	76	Jawaharraj et al.，2020
藻生物质	石墨纤维刷	混合菌	双室	83	Ali et al.，2020
对苯二甲酸废水	不锈钢网	混合菌	单室	65.6	Marashi and Kariminia，2015
葡萄糖	碳刷	混合菌	单室	2430	Santoro et al.，2017
甲烷	碳刷	混合菌	双室	5216	Yamasaki et al.，2018
柠檬酸	碳布	混合菌	双室	855.2	Zhang et al.，2021

MFC 产电过程包括了阳极反应、阴极反应和内部离子迁移三个过程，每个过程均与产电性能有着密切的联系。

1. 阳极反应

MFC 阳极室由电解质、底物、电活性微生物、阳极电极 4 个基本要素组成。电活性微生物是阳极反应的核心驱动者和催化者，其催化本质是电活性微生物与阳极之间的电子传递。因此通过优化和改进阳极材料理化性质、增强微生物与阳极相互作用，可提高电子传递速率和产电性能。

按阳极反应是否使用电子穿梭体，MFC 可分为无介体 MFC 和有介体 MFC 两大类。对于无介体 MFC，阳极产电微生物需要与阳极表面直接接触才能进行 EET，因此无介体 MFC 的产电机制依赖于阳极产电生物膜的形成（图 6-14）。相反，有介体 MFC 的阳极反应不依赖阳极生物膜的形成。在电子穿梭体存在时，电活性微生物首先将电子传递给电子穿梭体，后者扩散至电极表面，再将电子释放给阳极，以此循环于微生物与电极之间。电子穿梭体介导的远距离电子传递可大大提高阳极的电子传递效率，从而增加 MFC 的产电性能。然而，有介体 MFC 在实际应用于水处理时电子穿梭体容易流失，并且可能存在一定的毒性，不利于产电的稳定性和水质安全。

2. 阴极反应

在 MFC 阴极，电子受体从阴极表面接受电子而被还原，其种类比较多，氧、铁氰化钾和硝酸盐等是常用的阴极反应电子受体。当使用氧气为电子受体时，因为氧气还原反应的动力学相对较慢，需要在催化剂的作用下才能提高氧还原的速率。按催化剂类型，MFC 阴极反应可分为生物阴极和非生物阴极两种。生物阴极 MFC 依靠阴极生物膜催化阴极的还原反应，而非生物阴极 MFC 用的是化学催化剂。表 6-7 列出了部分阴极电子

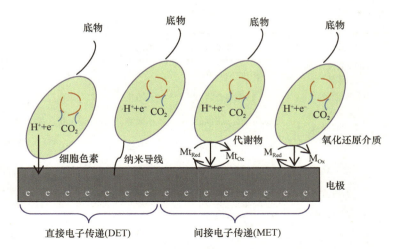

图 6-14 直接的和电子穿梭体介导的阳极电子传递（Mohan et al.，2013）

Figure 6-14 Direct and electron shuttle mediated anodic electron transfer

受体的还原反应。生物阴极不仅可以利用氧为电子受体，也可以利用一些污染物为潜在的电子受体，从而实现水体营养物去除和生物修复。不同电子受体展示出的理化性质差异会影响 MFC 的产电效率（表 6-8）。因此，选用合适的电子受体有利于增加 MFC 产电性能。

表 6-7 MFC 的阴极电子受体和阴极反应

Table 6-7 Cathodic electron acceptors and their cathodic reactions in MFC

电子受体	阴极反应
氧	$O_2 + 4H^+ + 4e^- \longrightarrow 2H_2O$
铁氰化钾	$Fe(CN)_6^{3-} + e^- \longrightarrow Fe(CN)_6^{4-}$
硝酸根	$NO_3^- + 2H^+ + 2e^- \longrightarrow NO_2^- + H_2O$
亚硝酸根	$NO_2^- + 2H^+ + e^- \longrightarrow NO + H_2O$
高锰酸盐	$MnO_4^- + 4H^+ + 3e^- \longrightarrow MnO_2 + 2H_2O$
二氧化锰	$MnO_2 + 4H^+ + 2e^- \longrightarrow Mn^{2+} + 2H_2O$
氯化亚汞	$Hg_2Cl_2(s) + 2e^- \longrightarrow 2Hg + 2Cl^-$
铁离子	$Fe^{3+} + e^- \longrightarrow Fe^{2+}$
铜离子	$4Cu^{2+} + 8e^- \longrightarrow 4Cu(s)$
重铬酸根	$Cr_2O_7^{2-} + 14H^+ + 6e^- \longrightarrow 2Cr^{3+} + 7H_2O$
过氧化氢	$H_2O_2 + 2H^+ + 2e^- \longrightarrow 2H_2O$
碳酸氢根	$HCO_3^- + 5H^+ + 4e^- \longrightarrow CH_2O + 2H_2O$
高氯酸盐	$ClO_4^- + 8H^+ + 8e^- \longrightarrow Cl^- + 4H_2O$
钒酸盐	$VO_2^+ + 2H^+ + e^- \longrightarrow VO^{2+} + H_2O$
p-硝基酚	$C_6H_5NO_3 + 6H^+ + 6e^- \longrightarrow C_6H_7NO + 2H_2O$

表 6-8　不同电子受体对 MFC 产电性能的影响

Table 6-8　Effects of different electron acceptors on the electrogenic performance of MFCs

底物类型	阴极电子受体	最大功率密度	参考文献
乙酸盐	汞离子	433.1 mW/m²	Wang et al.，2011
乙酸盐	铁离子	0.86 W/m²	Ter Heijne et al.，2006
乙酸盐	铁离子	1.2 W/m²	Ter Heijne et al.，2007
葡萄糖	生物矿化锰氧化物	(126.7±31.5) mW/m²	Rhoads et al.，2005
葡萄糖	高锰酸盐	115.60 mW/m²	You et al.，2006
葡萄糖	六价铬酸盐	25.62 mW/m²	You et al.，2006
乙酸盐	过硫酸钾	83.9 mW/m²	Li et al.，2009
乙酸盐	铁氰化钾	166.7 mW/m²	Li et al.，2009
生活废水	硝酸根	9.7 mW/m²	Lefebvre et al.，2008
生活废水	硝酸根	117.7 mW/m²	Fang et al.，2011
乙酸盐	硝酸根	(8.15±0.02) W/m³	Virdis et al.，2010
葡萄糖	氨	14 W/m³	Xie et al.，2011
葡萄糖	硝酸根	7.2 W/m³	Xie et al.，2011
乙酸盐	硝酸根	(34.6±1.1) W/m³	Virdis et al.，2008
葡萄糖	硫酸铜	314 mW/m³	Tao et al.，2011

氧是 MFC 中最常用的电子受体，但是需要使用一些昂贵的化学催化剂（如铂）来催化氧气的还原反应，增加了 MFC 的成本。由于硝酸根的氧化还原电位（0.74 V）与氧相近，并且在水体中较为常见，硝酸根也可用作 MFC 的电子受体，实现反硝化脱氮。其反应步骤如下：

$$NO_3^- + 2e^- + 2H^+ \longrightarrow NO_2^- + H_2O$$

$$NO_2^- + e^- + 2H^+ \longrightarrow NO + H_2O$$

$$NO + e^- + H^+ \longrightarrow \frac{1}{2}N_2O + \frac{1}{2}H_2O$$

$$\frac{1}{2}N_2O + e^- + H^+ \longrightarrow \frac{1}{2}N_2 + \frac{1}{2}H_2O$$

铁氰化钾也是 MFC 研究中普遍采用的电子受体。由于铁氰化钾溶解度高，其参与的阴极反应不受铁氰化钾质量传递的限制。铁氰化钾作为阴极电子受体的另外一个优点是稳定性好、产生的过电势低、反应速率大，其功率输出比氧还原的铂阴极 MFC 高50%～80%。然而，铁氰化钾的缺点在于其化学毒性和不可持续性，不适合 MFC 扩大化和实际应用。

3. 离子迁移

MFC 的每一个电子从阳极传递至阴极，就会伴随着一个阳离子从阳极传递至阴极或一个阴离子从阴极传递至阳极（图 6-15）。如果内部的离子传递速率不够大，将极大地限制电子的传递速率。然而，微生物一般不能耐受高盐度的电解质，合成培养基的电导率一般在 1 S/m 级别，而实际废水的电导率可能不足 0.06 S/m，这比传统化学燃料电池的电导率（可达数十西每米）低约三个数量级。低电解质浓度下离子的传递速率也是制约 MFC 性能的重要因素。

电解质中离子的迁移是一个消耗能量的过程，最终以热能释放能量。离子迁移消耗的能量与电解质的电导率成反比。故与传统燃料电池相比，MFC 电解质电导率下降三个数量级，将导致电池内部的能耗增加三个数量级。例如，在浓度为 33% KOH 电解质的非生物反应器中，100 mA/m^2 电流密度时 1 cm 电极间距的电解质约产生 17 mV 的电压降，能量损失为 1.7 W/m^2，而在 1 S/m 合成培养基 MFC 中产生的电压降为 1000 mV，能量损失为 100 W/m^2（Oliot et al.，2016）。虽然缩小电极间距可以减小电解质产生的电压降，但缩小电极间距可能会影响 MFC 的库仑效率，因为阴极区的氧会扩散到阳极区，抑制阳极微生物的活性，而阳极区燃料会扩散至阴极区并被微生物有氧呼吸消耗。

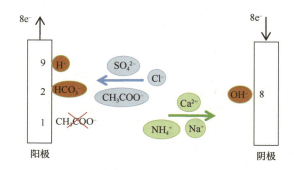

图 6-15　MFC 内部离子传递示意图（Oliot et al.，2016）
Figure 6-15　A diagram of ion transport in MFCs

采用膜材料将 MFC 阳极室和阴极室内不同的电解质分隔开，可避免阴极室高浓度电解质的使用对阳极微生物的影响。膜的存在也可以建立燃料和氧的浓度梯度，避免阳极与阴极反应的相互干扰。例如，将阳极、膜材料和阴极制作成三明治结构（即膜/电极组装体），可最大限度地减小阳极与阴极之间距离产生的电压损失。

理想的膜材料应该满足 5 点：①阻止氧传递至阳极室；②抑制燃料、有机物扩散至阴极室；③不产生离子的迁移阻力；④阻止阴极的生物或非生物成垢；⑤适合应用于 MFC 放大规模化。一般来说，膜材料面积越大，其对离子的传递制约作用越小，MFC 产电性能也越高。然而，膜面积的增大可能会导致阳极室底物的损失和阴极室的氧扩散至阳极室，从而降低 MFC 的库仑效率。

可用于 MFC 的膜材料包括质子交换膜、阳离子交换膜、阴离子交换膜、反渗透膜、纳米膜、超滤膜等（表 6-9）。不同材质的膜对 MFC 产电性能具有不同的影响。例如，Ghasemi 等（2012）研究了活性炭纳米纤维/Nafion 复合膜 MFC 和 Nafion 117 膜 MFC 的产电性能，发现前者的最大功率密度比后者高 0.5 倍。Rahimnejad 等（2010）比较了两种不同厚度的 Nafion 膜（Nafion 112 和 Nafion 117）对 MFC 产电性能的影响，发现 Nafion 112 膜 MFC 的最大功率密度（31.32 mW/m^2）明显高于 Nafion 117 膜 MFC（9.95 mW/m^2）。膜的存在既可以赋予 MFC 一些额外功能（如海水脱盐），又是 MFC 内阻的主要来源之一。引起膜阻力的因素包括其本身的离子传递能力和膜成垢。

表 6-9 不同 MFC 膜材料的理化特性

Table 6-9 The physicochemical properties of different membrane materials used in MFCs

离子交换膜（IEM）			反向与正向渗透（RO/FO）	纳滤（NF）	超滤（UF）	微滤（MF）	宏滤
阳离子交换膜（CEM）	阴离子交换膜（AEM）	双极膜（BPM）					
种类	无孔的			有孔的			
选择性	离子选择性		非离子选择性	离子选择性	非离子选择性		
气孔直径（Å）	—			10～100	100～1 000	1 000～10^4	>10^4
MWCO[a]/Da	—			250～2 000	2 000～500 000	—	
最小截留物	原子		单价和二价离子	小粒子，糖类，盐	蛋白质，聚糖，病毒	固体，细菌	宏观粒子，胶体，颗粒物
观测技术	透射电子显微镜			扫描电子显微镜		光学显微镜	裸眼

注：a. 截留分子量

二、微生物脱盐电池

尽管地球的水量巨大，但 97%的水为不能饮用的海水，仅有 1%的淡水可供人类直接利用，海水脱盐技术对于解决水资源短缺问题具有重要意义。传统的脱盐技术包括热脱盐、高压膜脱盐等，其水处理能量消耗高，每吨水脱盐需消耗 3.7～650 kW·h 的电能。这类脱盐装置的电能来源于化石燃料，将加剧温室气体的排放。因此，利用可持续能源来驱动脱盐装置是该技术发展的关键。微生物脱盐电池（microbial desalination cell，MDC）是 MFC 的衍生形式，它具有废水处理、海水脱盐和产电三大功能。与传统脱盐技术相比，MDC 的运行不仅脱盐效率高、不需要消耗外源的电能，而且能利用微生物氧化废水有机物生产电能。

MDC 是将 MFC 和膜分离结合的水处理发电技术，具有环境友好、可持续的优点。其具体原理（图 6-16）如下：在 MFC 反应器的基础上，在阳极室和阴极室之间引入了脱盐室，即在两者之间设置了阳离子交换膜（CEM）和阴离子交换膜（AEM）；其中，阳极室旁边设置阴离子交换膜，阴极室旁边设置阳离子交换膜，两个膜构成脱盐室；当阳极室氧化有机物释放出电子和质子时，由于电荷平衡的需要，脱盐室中的阴离子（如 Cl^-）被迁移到阳极室，而阳离子（如 Na^+）则被迁移到阴极室，从而达到脱盐的目的。例如，Jacobson 等（2011）报道空气阴极 MDC 脱盐率达 99%的同时，其最大产电功率密度为 30.8 W/m^3。

2009 年，Cao 等首次在 *EST* 杂志上提出了 MDC 可作为一种有效的脱盐工艺，可用于脱盐废水的预处理来初步降低其盐浓度（Cao et al.，2009）。此外，MDC 还可以进一步耦合其他功能，包括污水脱氮、水软化、生产一些增值化学品（如 HCl 和 NaOH）等。MDC 也可以作为反渗透系统的预处理装置去除部分盐和溶解性固体，减少反渗透膜系统的成垢和能量消耗。目前已发展了多种类型的 MDC，包括空气阴极 MDC、生物阴极 MDC、电容型 MDC、电解质循环 MDC、光合 MDC、MDC 堆、双极膜 MDC 等。除了

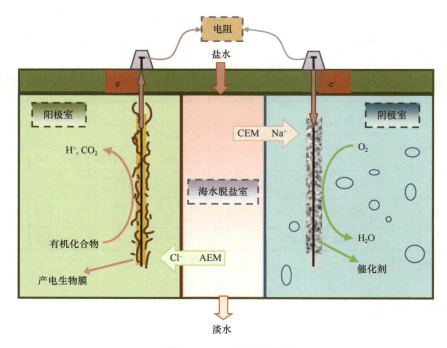

图 6-16　MDC 脱盐原理

Figure 6-16　The desalination principle of microbial desalination cells

脱盐，当将双极性膜设置成第四室时，还可以生产盐酸（HCl）和氢氧化钠（NaOH），产生的 58% 的电能用于下游反渗透系统。更高的脱盐效率和电能输出可通过膜堆叠的方式获取，而电解质循环具有稳定体系 pH 的功能。

三、微生物电解池

微生物电解池（microbial electrolysis cell，MEC）的概念产生于 2005 年，它的主要特征是将一定的外源电压施加于 MEC 来还原阴极的质子产生氢气（图 6-17）。在早期电解产氢 MEC 研究中外源电压一般为 0.6～1.0 V，这比传统方法电解水的电压（1.8～

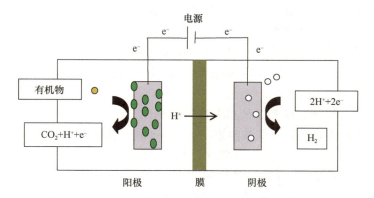

图 6-17　微生物电解池及其产氢原理

Figure 6-17　Microbial electrolysis cells and its mechanism for hydrogen production

2.0 V）低了很多，其氢气产生速率可达 11 m³/(d·m³)，而产量可达 11 mol H₂/mol 葡萄糖，这比暗发酵法产生的氢气数量提高了 3 倍以上。

早期 MEC 反应器利用了离子交换膜将反应器分为阳极室和阴极室，研究发现在去除交换膜或分离器后，单室 MEC 电池产氢速率得以明显提高，但产生的氢气容易被产甲烷菌利用而转变成甲烷。尽管一些研究采用了各种方法来抑制甲烷的产生，包括添加产甲烷抑制剂、周期性曝气、调控溶液 pH 及氧化还原电位，但是甲烷副产物的生成仍是 MEC 产氢的主要障碍。通常小电压的供给可采用堆式 MFC 或其他可再生能源，如太阳能、风能等。最近有研究者将反向电透析技术引入电解池系统（MREC），这种组合技术可同时利用阳极有机物氧化和盐度梯度能量来驱动氢气的生产，同时废热再生的碳酸氢铵盐可提供足够的电压用于氢气生产（Nam et al.，2012）。

除了氢气外，MEC 也可生产其他一些无机化合物。例如，Cusick 等（2014）研究发现阴极室的磷酸盐可通过鸟粪石的方式进行回收。Rozendal 等（2009）证明阴极两电子氧还原可生产过氧化氢（H₂O₂），他们在 0.5 V 外加电位条件下以（1.9 ± 0.2）kg H₂O₂/(m³·d) 的速率合成了质量分数为 0.13% ± 0.01% 的 H₂O₂，同时电能转化效率可达 83.1% ± 4.8%。随后，该研究组利用乙酸作为电子供体，在 1.77 V 外加电压条件下，阴极室合成了质量分数为 3.4% 的碱溶液（Rabaey et al.，2010），这种碱溶液可由废水处理生成而用作廉价的工业消毒品。

四、微生物太阳能电池

微生物太阳能电池（microbial solar cell，MSC）是通过光合生物和电活性微生物之间的协同作用将光合作用与微生物产电集成一体的技术。在电活性微生物的基础上，MSC 还引入了光合生物，包括高等植物、光合自养细菌、藻类等，负责将太阳能转化为化学能（图 6-18）。

目前，MSC 没有统一的命名，有的文献称该系统为光微生物燃料电池（p-MFC）、微生物光电化学燃料电池、太阳能驱动的微生物燃料电池、光生物电化学燃料电池、光合作用微生物燃料电池（PMFC）、光合作用电化学电池、太阳能驱动的微生物光电化学电池等。尽管这些电池设计存在一定的差异，但是 MSC 的基本原理仍包括以下 4 个步骤（图 6-18）：①有机物的光合反应；②有机物传递到阳极室；③电活性微生物对有机物的氧化；④阴极氧或其他电子受体的还原。根据所使用的光合生物，本部分将 MSC 分为三大类，即植物 MSC、光合自养菌 MSC 和藻类 MSC。

植物 MSC 是最常见的微生物太阳能电池，它利用高等植物根际分泌物为电活性微生物提供碳源和电子来源。De Schamphelaire 等（2008）和 Kaku 等（2008）分别证明芦苇和水稻可以与电活性细菌协作产能，两种植物 MSC 的功率密度分别可达 67 mW/m² 和 6 mW/m²。同时，研究也发现其他植物如大米草、野古草、芦竹对电池产电和生物量的影响，发现芦竹不能促进微生物产电，而大米草可使系统产电长达 119 天。与植物 MSC 不同，光合自养菌 MSC 并不要求光合细菌和电活性菌间的合作。因为研究发现光合细菌如 *Rhodobacter sphaeroides* 可以原位氧化光合生物产生的氢气而产电，并且功率密度与普通 MFC 相当。此外，由于藻类和电活性细菌间的互补作用，研究者对藻类 MSC 的研究兴趣逐渐升温。在藻类 MSC 中，两种生物的组合不仅可以将太阳能转化为电能，同时还可去除营养物、合成有用化学品如蛋白质和生物柴油等。微藻（如 *Chlorella vulgaris*）和大型藻（如 *Ulva lactuca*）都可为电活性微生物提供底物。

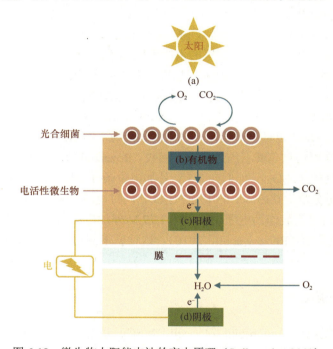

图 6-18　微生物太阳能电池的产电原理（Strik et al.，2011）

Figure 6-18　The electricity generation mechanism by a microbial solar cell

五、微生物电合成系统

2010 年，美国科学家 Nevin 等首次在电化学体系中利用微生物作为催化剂还原 CO_2 为甲酸和乙酸，并将这一过程命名为微生物电合成（microbial electrosynthesis，MES），开创了微生物电合成化学燃料的新领域。在微生物电合成系统中，微生物吸收电极电子合成简单有机物并分泌到电解池，实现了电能向有机物化学能的转化。这一技术的优势在于不需要占用耕地面积，电能来源广泛，化学品贮存和运输方便，同时可削减 CO_2。虽然目前微生物电合成研究仍处于初期阶段，但其潜在的应用前景使其可能成为未来新能源开发的方向之一。微生物电合成是一个电子输入细胞的生化反应，微生物是微生物电合成化学燃料的核心要素。大多数具有吸收电极电子活性的电营养微生物都可被认为具备电合成能力，不同电营养微生物（例如同型产乙酸菌）的电合成能力和产物可能具有较大差异。

1. 恒定电位驱动的微生物电合成系统

目前，控制恒定的电极电位是微生物电合成系统最常见的驱动方式。由于电极生物膜的生长和成熟是一个相对缓慢的过程，微生物电合成系统运行时间较长，需要数十天至数月。因此，微生物电合成系统运行所消耗的电能较高。一般来说，电极电位越负，电极提供和微生物捕获的电子能量越高，更有利于电极生物膜的生长。同时，更负的电极电位能够产生更多的氢气，促进氢气介导的电子转移作用。然而电极电位越负，体系消耗的电能越多，故选择合适的电极电位和高功能电极材料是保证电合成效率和降低运行成本的关键因素。在恒定电位条件下，大多数研究采用电极与微生物间直接电子传递的方式，这种方式取决于电极微生物膜界面的电子传输速率和生物膜的生长情况。此外，研究也证实了通过电化学中间产物或电子穿梭体进行的电合成过程。例如，在–0.22 V（*vs.* Ag/AgCl）恒定电位下，Doud 和 Angenent（2014）将 Fe^{3+} 电化学还原成 Fe^{2+}，铁氧化菌 *Rhodopseudomonas palustris* 在光照条件下氧化 Fe^{2+} 为 Fe^{3+} 并大量生长，实现了 Fe^{2+} 与 Fe^{3+} 在电极与细菌间循环介导的电子传递。Li 等（2012）通过提供–1.6 V（*vs.* Ag/AgCl）电位直接将 CO_2 还原为甲酸，后者被 *Ralstonia eutropha* 利用后合成异丁醇和 3-甲基-1-丁醇两种高价值液体燃料。

2. 微生物燃料电池驱动的微生物电合成系统

除了直接电能供应外，微生物燃料电池（MFC）也可为微生物电合成系统提供电子和还原力（图 6-19）。微生物燃料电池的电压一般可达 0.6 V 左右，理论上完全可以作为电合成的驱动力。Gong 等（2013）将微生物阳极产电与阴极电子吸收耦合起来进行电合成，在阳极室，*Desulfobulbus propionicus* 生物膜将 S^{2-} 等氧化为 SO_4^{2-}，产生的电子输出到阴极后经 *Sporomusa ovata* 吸收利用并还原 CO_2 为乙酸，运行 5 天后乙酸浓度达到 4 mmol/L 左右。这种体系无须外部电源供应而具有较大的应用优势。Li 等（2013）将 *Shewanella oneidensis* MR-1 燃料电池和外部提供的电位（–0.1～–0.5 V）分别作为还原力来驱动微生物电解池（MEC），在两种条件下 CO_2 均被还原为 CO 并产生少量 H_2，与外源电位（–0.4 V）供能相比，MFC 驱动的 CO_2 还原速率提高了一倍左右。另外，MFC也可以在将污水有机质降解为 CO_2 的同时为阴极合成有用燃料提供电子（Zhao et al.，

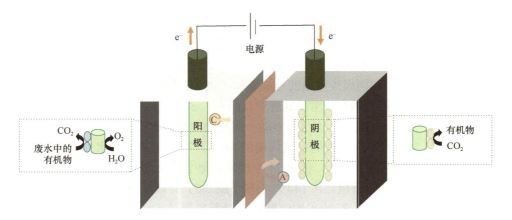

图 6-19 MFC 阳极驱动的微生物电合成
Figure 6-19 Microbial electrosynthesis powered by a MFC anode

2012）。因此，MFC 作为电合成的能量输入来源具有一些应用优势，但这种驱动方式的不足之处在于提供的电位有波动且最大值不够高，需要进行一定的管理和操作。尽管将 MFC 串联起来可以提高电压输出值，但其运行一段时间后可能会发生极性反转，故将串联 MFC 应用于微生物电合成仍有待进一步研究。

3. 其他可持续能源驱动的微生物电合成系统

目前，微生物电合成主要以外源电能设备作为驱动力，需要消耗一定的电能成本，使得其与微生物发酵合成有机物相比并没有太大优势（Rabaey et al.，2011）。如果以太阳能、风能等天然能源作为电子来源进行微生物电合成，将这些间歇式能源贮存为可持续利用的有机物化学能则更具有实际意义。Lu 等（2012）以金红石、针铁矿等天然半导体矿物制备出具有光催化活性的电极，将其作为阳极与石墨板阴极构建出双室太阳能电池，以 *A. ferrooxidans* 和 *A. faecalis* 作为受试生物，以氙灯模拟太阳能进行试验，结果发现阳极产生的光电子可以传递到阴极而被两种微生物吸收利用，同时阴极室微生物细胞数量有明显增加，表明光电子可以作为电子供体促进两种微生物的生长和代谢，该发现意味着在自然条件下半导体矿物表面产生的光电子可被微生物利用进行有机物的合成。

六、系统放大

由于大多数研究主要关注实验室水平微生物电化学系统的水处理规模和功率输出，将微生物电化学系统从实验室规模放大到中试规模是目前微生物电化学系统实际应用面临的挑战，包括技术层面和成本等问题。微生物电化学系统放大的瓶颈问题主要是高内阻、pH 失衡、膜成垢、低功率输出等。在微生物电化学系统放大过程中，通常采用串联或并联的方式将每个电池单元连接起来形成电池堆，污水依次或同时流入每个电池单元。微生物电化学系统电池堆可增加其产电输出，但电池极性反转现象经常出现在电池堆系统中，不利于产电能力的提升。

澳大利亚昆士兰大学与福斯特啤酒厂合作建造并运行了世界首例大规模 MFC，该 MFC 包括 12 根长管式 MFC 模块，总体积为 1 m^3，用来处理 Foster 酿酒厂废水（图 6-20）。每根管式 MFC 长 3 m，管内阳极采用碳纤维刷，废水从管内上流至顶部石墨毡阴极，该 MFC 体积功率密度为 8.5 W/m^3，COD 去除速率达 0.2 $kg/(m^3 \cdot d)$（Waller and Trabold，2013）。然而，废水的低电导率和阴极生物膜的形成限制了该 MFC 的产电电流。Ge 和 He（2016）报道了一个 200 L 规模的 MFC，用于处理市政污水，该 MFC 的 COD 去除率高于 75%，并产生了 200 mW 的功率输出，这足够驱动一些辅助的水处理设备。

Cusick 等（2011）制作了首例中试规模的 MEC，用于葡萄酒废水处理和生产氢气，该 MEC 反应器总体积为 1000 L，包含 24 个模块，每个模块均为单室结构，含有 6 对石墨纤维刷阳极和不锈钢网阴极，共 144 对电极（图 6-21）；该反应器在 0.9 V 的外加电压和 31℃条件下运行 100 天，初始平均溶解性化学需氧量（sCOD）为（760 ± 50）mg/L，水力停留时间（HRT）为 1 天，其最大产电电流为 7.4 A/m^3，sCOD 去除率为 62% ± 20%。最大产气量为（0.19 ± 0.04）L/(L·d)，其中 86% ± 6% 的气体是甲烷；能耗分析表明该

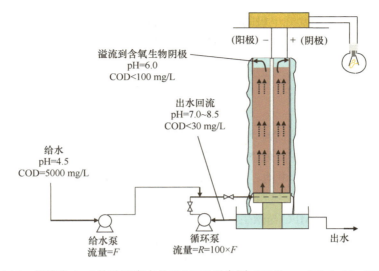

图 6-20 规模为 1 m³ 的酿酒废水处理 MFC 示意图（Waller and Trabold，2013）

Figure 6-20 A diagram of MFC for winery wastewater treatment with a scaled volume of 1 m³

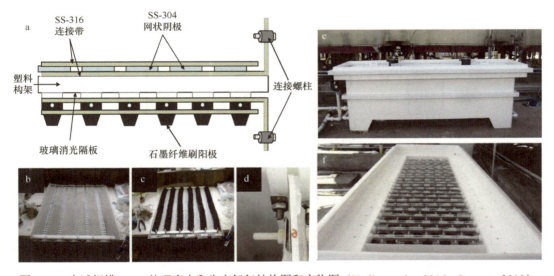

图 6-21 中试规模 MEC 处理废水和生产氢气结构图和实物图（Kadier et al.，2016；Logan，2010）

Figure 6-21 Structure and photographs of a pilot scale MEC for waster water treatment and hydrogen production

a. 单个 MEC 结构示意图；b. 阴极面；c. 阳极面；d. 连接方式；e. 整体实物图；f. e 的顶部俯视图

MEC 的能量输入为 6 W/m³，能量输出为 99 W/m³（Cusick et al.，2011）。Heidrich 等（2014）随后建立了规模为 120 L 的连续流 MEC，连续运行 12 个月，用于生活污水（COD 为 125～4500 mg/L）处理，水力停留时间为 1 天。由于 MEC 反应器 COD 负荷不稳定，并且反应器内部产生了污泥，COD 去除效率较低，仅达 30%，但该 MEC 产生了纯度较高的氢气（100% ± 6.4%），产生速率为 0.015～0.007 L/(L·d)；该 MEC 库仑效率为 41%～55%，但是还没有达到理想的能量回收效果和能量中性（Heidrich et al.，2014）。Cotterill 等（2017）制作了 0.6 m² 和 1 m² 两种规模的盒式阳极，用于原位生活污水处理（COD

为 347 mg/L），通过减小盒式电极的距离，该 MEC 的 COD 去除率提升至 63.5%，达到了欧洲城市废水处理排放标准，然而，该 MEC 的产氢量为 0.004 L/(L·d)，最大库仑效率为27.7%。

七、系统耦合集成

由于微生物电化学系统同时具备产电和水处理的功能，其可与现有的一些传统的水处理设施进行集成组合，在降低能耗的同时提升水处理效果。目前，已成功将微生物电化学系统整合到发酵、化学电池、人工湿地、厌氧消化、膜生物反应器等水处理工艺中。此外，MFC 也可以与芬顿系统组合形成生物电芬顿系统（MFC-EF）。

Wang 等（2011）将 MFC 与微生物电化学系统整合到纤维素废水发酵处理系统，在该系统中纤维素废水首先在发酵设备中进行预处理，出水再经两个 MFC 和一个微生物电化学系统进行再次处理，MFC 产生的电能用于驱动微生物电化学系统生产氢气（图 6-22），该 MFC 产生了最大电压 0.43 V，整个设备的氢气生产速率为 0.48 m³ H₂/(m³·d)，COD 转化成氢气的效率为 33.2 mmol H₂/g COD。

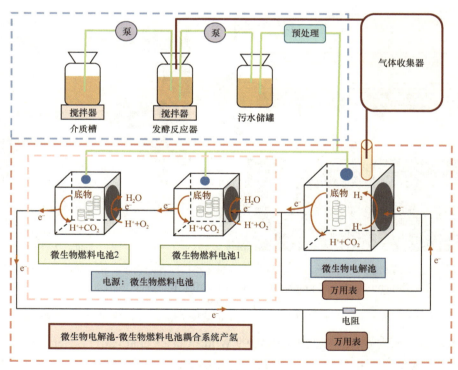

图 6-22　发酵-MFC-MEC 耦合系统（Kadier et al.，2016）
Figure 6-22　The coupling system of fermentation, MFC and MEC

MFC 能够与膜生物反应器（MBR）组合起来提高污水处理效果。例如，Ren 等（2014）将厌氧流化床膜生物反应器（AFMBR）与 MFC 整合处理一级出水，在该系统中污水首先进入 4 个 MFC，HRT 为 4 h，经 MFC 预处理后再以 16 L/(m²·h) 的速度进入 AFMBR 中进行二级深度处理（图 6-23），运行 50 天后，该整合装置出水总化学需氧量（tCOD）从 210 mg/L 降低至 16 mg/L，总悬浮固体（TSS）含量降低至 1 mg/L。tCOD、溶解性化学需氧量和 TSS 去除率分别为 92.5%、86.2%、99.6%，并且整个体系的能量达到平衡状态。

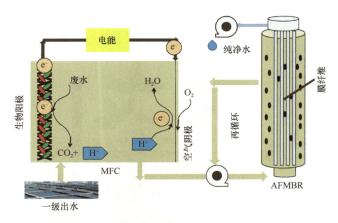

图 6-23　MFC 与厌氧流化床膜生物反应器集成装置（Ren et al.，2014）
Figure 6-23　The integration system of MFCs with a AFMBR reactor

　　Zhang 等（2009）将升流式厌氧污泥床（UASB）和曝气生物滤池（BAF）与 MFC 整合到一起建立了 UASB-MFC-BAF 集成系统，用于糖浆废水处理和同步发电，其中 UASB 主要去除 COD 和硫酸盐，MFC 氧化硫化物产电，而 BAF 主要负责脱色和酚类衍生物降解。该系统中 UASB、BAF 和 MFC 总容积分别为 2.2 L、2.2 L、1.08 L，HRT 分别为 30 h、20 h、10 h。在 127 500 mg/L 的 COD 条件下，该系统在电流密度为 4947.9 mA/m^2 时获得最大功率密度为 1410.2 mW/m^2。运行 2 个月后 tCOD、硫酸盐含量和脱色效率分别为 53.2%、52.7%、41.1%，表明 UASB-MFC-BAF 系统具有较好的水处理效果（Zhang et al.，2009）。人工湿地（artificial wetland，AW）可与沉积物 MFC 耦合提升污水 COD 去除效率。在 AW-MFC 中，为了增加氧化还原梯度，进水方式大部分采用上流式，阳极埋于底部，阴极置于上表面或植物根部，从而保证阳极区域缺氧、阴极区域富含氧（图 6-24）。Fang 等（2013）比较了 AW-MFC 和 AW-开路 MFC 的染料脱色效果，发现前者的染料脱色效率比后者高 15%，COD 去除效率提高了 12%。Liu 等（2014b）研究显示，与无植物 AW-MFC、植物根际阳极 AW-MFC 相比，植物根际阴极 AW-MFC 的 COD 去除效果最佳。尽管当前研究 AW-MFC 的 COD 去除效率为 64%～95%，但其库仑效率极低，仅为 0.05%～3.9%（Doherty et al.，2015）。这意味着大部分 COD 未被用于电能生产。此外，AW-MFC 电极距离的增大增加了 MFC 内阻。故 AW-MFC 的最大功率密度输出比常规 MFC 低约 2 个数量级，仅为 1.8～44.6 mW/m^2。一般来说，MFC 更适合处理中低浓度废水，而厌氧消化（AD）在处理高浓度废水方面更有优势。由于 MFC 的电活性微生物不能很好地利用颗粒态或发酵性底物，越来越多的研究将 AD 与 MFC 整合到一起用于污水处理。颗粒态或发酵性底物首先在 AD 中进行水解和发酵预处理，降解产物将更有利于 MFC 的产电。因此，AD-MFC 不仅出水质量高于单独的 AD，还能回收更多的能量。例如，Ge 等（2013）采用管式 MFC 处理 AD 消化后的污泥[tCOD 为（16.7±11.4）g/L]，其阳极为碳刷，阴极为负载 Pt 的碳布，采用阳离子交换膜为分隔材料，该 MFC 在 35℃、HRT 为 9 天的条件下获得了最大功率密度（3.2 W/m³）和电流密度（32 A/m³），COD 去除速率为 1.86 kg/(m³·d)。该 MFC 的平均 COD 去除效率为 36.2%，库仑效率为 2.6%，证明 MFC 可作为 AD 处理的下游工艺。

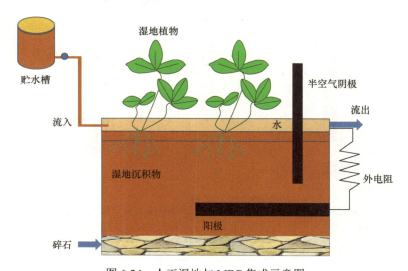

图 6-24　人工湿地与 MFC 集成示意图

Figure 6-24　A diagram of integrating artificial wetland with MFCs

Chae 等（2009）构建了一套太阳能电池驱动的 MEC（图 6-25），在太阳能电池中光敏染料分子受太阳光照射后由基态跃迁至激发态，处于激发态的染料分子将电子注入 TiO₂ 的导带中，处于氧化态的染料被还原态的碘离子还原再生，氧化态的碘在对电极接受电子后被还原，从而完成一个循环。太阳能电池产生的电压（0.6 V）用于驱动 MEC 生产氢气，氢气产生速率为 80 mmol/h，该装置为太阳能转化为氢能的 MEC 应用提供了技术思路。

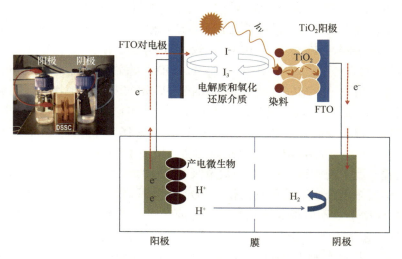

图 6-25　MEC 与染料敏化太阳能电池（DSSC）耦合系统（Chae et al.，2009）

Figure 6-25　The coupling system of MEC and dye-sensitized solar cell

第四节 微生物电化学系统的应用

微生物电化学系统是当前环境科学领域的研究热点，其在可持续电能生产、污水处理、土壤污染修复、生物电化学传感器、增值化学品合成等方面均展示出了诱人的前景。随着对电活性微生物胞外电子传递机制的深入认识，微生物电化学系统的应用潜力将日益突出，其应用领域也将越来越广阔。一旦微生物电化学系统规模化和商业化发展的瓶颈问题得到解决，其必将对经济社会及环境产生不可估量的效益。

一、电能生产

由于化石燃料的快速消耗和工业化发展，寻求一种环境友好、可持续的能源生产技术变得尤为迫切。与当前的有机质发电技术相比，MFC 具有操作和功能上的优势，然而 MFC 的产电能力比化学燃料电池低几个数量级，故目前 MFC 的电能仅适合驱动一些小型的用电设备。例如，Bettin（2006）证明如果 MFC 可产生 25 mW 的功率，其可用于心脏刺激；Rahimnejad 等（2012）利用 MFC 电池堆作为电源点亮了 10 个 LED 灯并成功运行了一个数字时钟，两种设备均连续运行 2 天；其他一些适合 MFC 驱动的小型设备包括计算器、进料泵、遥感系统、无线传感器、生态机器人等。MFC 作为生态机器人的驱动电源比光伏电池更有优势，因为它可依靠陆地食物 24 h 不间断运行。对于驱动一些功率消耗高于 MFC 功率输出的设备，需将 MFC 连接电容器，再通过电容器充电来输出电能。

Wilkinson（2000）首次将微生物的物质代谢用于电能生产，构建了 3 节四轮运货玩具火车 Gastrobot（图 6-26a），该 Gastrobot 的电能来源于人造的胃，胃内填充大肠杆菌和糖，大肠杆菌代谢糖产生的电子首先传递给电子介体 2-羟基-1,4 萘醌（HNQ），还原态 HNQ 携带电子进入 Ni-Cd 化学电池并使其充电，后者储存的电能驱动马达和泵。2003 年，Ieropoulos 等报道了首例 MFC 驱动的能量自供应机器人，其被称为生态机器人（EcoBot-Ⅰ）（图 6-26b）。该生态机器人没有传统的太阳能电池或化学燃料电池等传统电池，完全以葡萄糖为电子供体、铁氰化钾为电子受体的 MFC 作为电源；EcoBot-Ⅰ主要由 8 个串联 MFC、6 个电容器、1 个电子控制器、2 个光检测二极管和 2 个运动马达组成。其中，电容器可以零时储存 MFC 的电能，电容器充满电后供光感应器和马达使用，从而实现趋光运动。随后，该研究小组又制作了第二代生态机器人（EcoBot-Ⅱ）（图 6-26c），其仍含有 8 个空气阴极 MFC，但 MFC 以未加工的水果、死苍蝇或糖为电子供体，以氧为电子受体（Ieropoulos et al.，2005）；EcoBot-Ⅱ能够连续运行 12 天，具有每隔 14 min 进行趋光运动、温度感应和播报、无线电传输的功能。2010 年，Ieropoulos 等设计了第三代 MFC 生态机器人（EcoBot-Ⅲ）（图 6-26d），其利用 48 个 MFC 作为电源，具有完整热力学循环的人造消化系统，包括自动摄取食物和水、消化和废物排出（Ieropoulos et al.，2010），喂食厌氧污泥或消毒污泥时，EcoBot-Ⅲ可连续运行 7 天，其间无须人为干预。

图 6-26　MFC 驱动的小型设备（Santoro et al.，2017）

Figure 6-26　MFC-powered small devices

a. 玩具火车；b～d. 生态机器人

　　相对于化学电池，MFC 在沉积物的原位发电具有寿命长、维护简单等优势。Tender 等（2008）构造了体积为 1.3 m³ 的底栖 MFC（BMFC），用于淡水环境气象浮标（监测空气温度、气压、相对湿度、水温，功率消耗约 18 mW）的供电（图 6-27）；该 BMFC 氧化沉积物中的有机物产生电子，并利用上覆水中的氧为电子受体，其功率输出约为 24 mW（相当于 25℃下每年 16 节碱性电池的供电量），连续运行 7 个月免维护，并且无能量衰竭现象，寿命至少为 2 年。为了进一步提高其功率输出并降低成本，该研究组又制造了第二代 BMFC，其体积仅为 0.03 m³，造价成本为 500 美元，但功率输出增加至 36 mW

图 6-27　MFC 环境监测应用

Figure 6-27　Environmental monitoring application of MFC

MFC 驱动的气象浮标（a）（Tender et al.，2008）、沉积物燃料电池实物装置（b）及其安装（c）（Lovley，2006）

（相当于 25℃下每年 26 节碱性电池的供电量）；为达到恒定不变的功率（0.12 W），需要采用 4 个并列 BMFC、1 个功率调节器，总造价为 2500 美元。相比之下，提供相同电量和相同构造成本的深海铅酸电池仅能运行 1 年。因此，BMFC 的优势在于既能持续产生永久性的电能，也能避免或减少水下更换电池操作。

二、污水处理

MFC 已被证实能够去除废水中 90% 以上的有机碳，并且处理每吨废水可产生 2～260 kW·h 的电量。MFC 既可处理生化需氧量（BOD）小于 200 mg/L 的市政污水、生活污水，也可处理 BOD 超过 2000 mg/L 的高浓度废水，如畜禽废水、酿酒废水和食品加工废水等。当前大部分 MFC 采用分批式运行，并且 COD 去除速率较低，仅为 0.0053～5.57 g/(L·d)。只有微生物电化学系统的 COD 去除速率达到 5～10 g/(L·d)，才能达到废水处理的成本效益目标（约 0.5 美元/m³）。同时，大部分实验室规模的 MFC 体积小，仅有少量中试规模的 MFC（如 45 L、90 L、200 L 等）被报道。

Lu 等（2017）制作了规模为 20 L 的连续流无隔膜无催化剂 MFC（图 6-28），用于酿酒废水处理；在 325 天运行期间 MFC 运行良好，COD 去除效率最高可达 94.6%，但水力停留时间长（313 h）。Liang 等（2018）报道了当时最大规模的 MFC 电池堆（总体积为 1000 L），其由 50 个 MFC 单元（20 L）组成；在长达 1 年的运行时间内，其对市政污水 COD 去除率为 70%～90%，出水 COD 低于 50 mg/L，并且产生的输出功率密度达 60 W/m³。

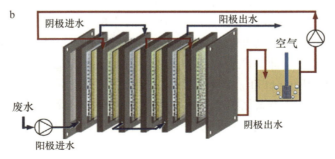

图 6-28　中试规模 MFC 电池堆处理废水及其结构示意图（Liang et al.，2018）

Figure 6-28　Pilot scale MFC stack for wastewater treatment and its structure diagram

除 COD 外，微生物电化学系统也能有效去除污水中的氮、磷、重金属等污染物。Clauwaert 等（2007）首次利用生物阴极 MFC 进行反硝化脱氮，其脱氮速率可达 0.146 kg NO_3^--N/(m^3·d)，并产生了 8 W/m^3 的输出功率密度。Virdis 等（2008）将 MFC 与硝化生物反应器结合，证明其具有同时产生电能、去除 COD 和脱氮的功能，其产电功率密度和脱氮速率分别为 34.6 W/m^3 和 0.41 kg NO_3^--N/(m^3·d)。随后，该研究组通过改变氧含量和碳氮比，证实生物阴极 MFC 可同时进行硝化和反硝化，氮去除效率达 94.1%（Virdis et al.，2010）。You 等（2009）证明有氧的生物阴极 MFC 可进行氨氧化，废水中的磷主要以鸟粪石的方式进行去除。Ichihashi 和 Hirooka（2012）利用 MFC 处理养猪废水，发现该空气阴极 MFC 可去除 70%～82% 的磷，推测阴极区域氧化还原反应引起 pH 上升，从而导致磷以鸟粪石的形式被回收。Zang 等（2012）结合 MFC 和镁磷氨沉淀方法从尿中回收电能和缓释肥，其对磷酸根和氨氮的去除效率分别为 94.6% 和 28.6%，COD 去除率和输出功率密度分别为 64.9%、2.6 W/m^3。Cusick 和 Logan（2012）利用 MEC 进行鸟粪石回收和氢气生产，其鸟粪石生成速率为 0.3～0.9 g/(m^2·h)，可溶性磷去除效率达 40%。

三、增值化学品合成

利用微生物为催化剂、电能为驱动力，微生物电化学系统的阴极反应可合成各种增值化学品，如利用微生物电解池（MEC）可合成氢气、甲烷等生物燃料，利用微生物电合成可合成乙醇和丁醇等。Cheng 等（2009）率先报道电活性微生物 *Methanobacterium palustre* 利用电极电子催化 CO_2 还原成甲烷，该微生物电合成过程也被称为电产甲烷（electromethanogenesis）。当以废弃有机物为底物、电极为还原力或氧化力、微生物为催化剂时，该电合成技术被称为电发酵（electrofermentation）。电发酵作为新型发酵技术，使用电极提供或接受电子来平衡微生物的氧化还原状态，控制废弃物的发酵途径，以便减少副产物和生产高纯度的目标产物。例如，Mathew 等（2015）采用 15 V 恒电压将 *Saccharomyces cerevisiae* 发酵葡萄糖的乙醇产量和速率提高了 2～3 倍，乙醇浓度达到 14%（*V/V*）。目前，微生物电合成常见的合成产物主要包括以下几种。

1. 甲烷

由于产甲烷菌的生长，混合菌电化学体系通常可检测到甲烷的产生。甲烷的生成速率取决于接种物、底物及反应器构造等因素（Chae et al.，2010）。Cheng 等（2009）研究发现阴极电位越负，甲烷合成速率越高，在 –0.9 V 时甲烷的产率达到了 650 mmol/(m^2·d)。在利用生物电合成系统合成氢气时，甲烷这一副产物的产生降低了氢气的产量，故一些研究采取多种方法来抑制产甲烷菌的生长（Call and Logan，2008；Clauwaert and Verstraete，2009；Wang et al.，2009）。不过，以甲烷为目标产物的生物电合成也有一定的优势。例如，有机物氧化和产甲烷是两个分开的化学反应，有利于生物气的大量生成；产甲烷菌可以直接从电极吸收电子，增加了其对废水中氨毒性的抵抗能力（Clauwaert et al.，2008）。Clauwaert 等（2008）证明在 5 g/L 铵盐存在下，产甲烷菌仍能将电化学产生的氢气转化为甲烷。在废水处理工艺中，厌氧消化后的出水仍有低含量的有机质，采用微生物电化学系统作为后续工艺不仅可以除去残余有机质，还可以生产甲烷等能源。

2. 乙醇

Steinbusch 等（2010）证明电极作为电子供体时微生物可将培养基中的乙酸还原成乙醇。在甲基紫精的介导下，其电化学体系运行 5 天后合成 1.8 mmol/L 的乙醇；同时发现甲基紫精添加量越多，乙醇产量越高，当甲基紫精被完全消耗后，乙醇产量不再增加，然而乙酸的具体还原机制仍不太清楚，可能与氢气的介导作用有关。Su 等（2013）以 CO_2 为底物利用混合菌生物电化学系统同时合成乙醇、乙酸等简单有机物，在 -0.55 V $vs.$ SHE 电位条件下，乙酸和乙醇的浓度分别达到了 2810 mg/L、110 mg/L。

3. 甲酸

甲酸作为一种药物合成前体和造纸原料，具有重要的应用价值。在微生物电化学系统中，可通过阳极有机物氧化产电和阴极 CO_2 还原生产甲酸（Zhao et al.，2012），该合成过程无须外源电能，由 5 个微生物燃料电池（开路电压 2.73 V）供应电子，甲酸的合成速率可达 0.09 mmol/(L·h)，该技术可实现废水中有机物的降解和 CO_2 的循环利用。除此之外，各种产乙酸菌的生物电合成作用也能合成一定的甲酸（Nevin et al.，2011）。

4. 乙酸

自从 Nevin 等（2010）首次报道微生物直接吸收电极电子合成乙酸的现象以来，越来越多的研究证明电合成体系乙酸的存在（Nevin et al.，2011；Su et al.，2013；Jiang et al.，2013；Nie et al.，2013）。Marshall 等（2012）在 -0.59 V 电位条件下利用混合菌以 CO_2 为唯一碳源进行电合成，在 12 天后其乙酸产生速率达到 4 mmol/(L·d) 以上。该研究组在相同条件下对这一混合菌进行 150 天的驯化，进一步将乙酸的合成速率提升至 17.25 mmol/(L·d)，比之前的研究报道有了显著的提高，其 20 天乙酸累积浓度可达 175 mmol/L；群落分析表明该驯化过程富集的主要功能微生物是 *Acetobacterium*。Jourdin 等（2015）采用了一种多孔性多碳纳米管作为阴极材料进行了微生物电合成试验，CO_2 的固定速率和乙酸生产速率分别达到 1.04 kg/(m²·d) 和 0.69 kg/(m²·d)，该电极材料与其他电极材料相比，极大地提高了系统的电合成性能。

5. 其他产物

微生物电合成产物并不局限于以上几种，筛选特定的功能微生物可以合成特异的有机产物。Sharma 等（2013）采用硫酸盐还原菌阴极进行电合成，发现在 -0.65 V $vs.$ SHE 电位条件下，该混合菌可将丁酸盐和乙酸盐还原成丙酮、乙醇、甲醇、丙醇、己酸及丙酸等多种有机物，运行 16 天后所有这些产物的累积浓度约为 0.1 g/L，而阴极电流密度可达到 160～210 A/m²。Ganigué 等（2015）首次证明混合菌可将 CO_2 作为唯一碳源电合成丁酸盐，其最高浓度可达 20.2 mmol/L。此外，利用 *Actinobacillus succinogenes* 和 *Shewanella oneidensis* 等电活性细菌的呼吸作用，在电化学体系中很容易将延胡索酸转化为有价值的琥珀酸（Park and Zeikus，1999；Ross et al.，2011）。

四、污染原位修复

微生物电化学系统已被视为一种有效、价廉、环境友好的修复技术，它的主要特征是利用电极作为无损耗的电子供体或电子受体，加速污染物的氧化还原降解，缩短修复时间。微生物电化学系统修复技术可减少或避免外源化学药剂投加和能量输入，并且可产生电能输出，因此微生物电化学系统在可持续生物修复领域展现出巨大的应用前景。

微生物电化学系统的修复原理主要有以下 5 种类型（图 6-29）：①还原性污染物（如石油等有机物）厌氧降解，并将电子传递给阳极；②氧化性有机物（如氯酚、偶氮染料）和金属离子可作为阴极反应的电子受体而被还原；③通过与阳极（即电子受体）或阴极（即电子供体）竞争，硝酸盐和氨氮可分别在阳极室和阴极室被去除；④一些微量有机物或金属离子可通过电极吸附方式被转化或去除；⑤由于污染物复杂多样，以上 4 种类型可并存和同时进行。目前采用微生物电化学系统修复的污染物主要有以下几种。

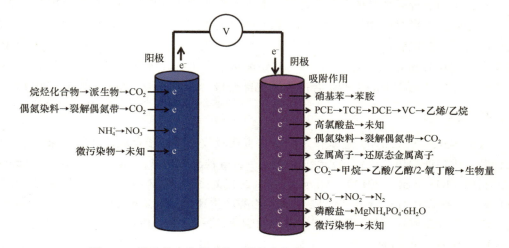

图 6-29　微生物电化学系统环境修复机制（Wang et al.，2015a）

Figure 6-29　Environment remediation mechanisms of microbioelectrochemical systems

PCE. 四氯乙烯；TCE. 三氯乙烯；DCE. 二氯乙烯；VC. 氯乙烯

（一）碳氢化合物及其衍生物

当厌氧环境缺少电子受体时，有机质的生物降解过程比较缓慢或停滞。通过原位引入微生物电化学系统阳极来接受有机质降解过程产生的电子，可促进微生物的厌氧呼吸代谢，从而加速污染物的氧化降解。例如，当多环芳烃（PAH）和石油碳氢物等污染物用作微生物电化学系统阳极的电子供体时，其去除速率可显著提升。Yuan 等（2010）和 Huang 等（2011）构建了插入式 MFC，用于河道和稻田底泥水体有机污染物的去除（图 6-30），该装置采用土著电活性微生物原位"燃烧"有机质，苯酚降解速率提高了 5 倍，同时产生了电能输出，这种插入式 MFC 安装简单、可移动性高，在污染水体原位修复方面展示出极大的应用潜力。

（二）有机氯污染物

自然条件下，微生物对有机氯污染物的降解速度较慢，在水体或沉积物中引入微生

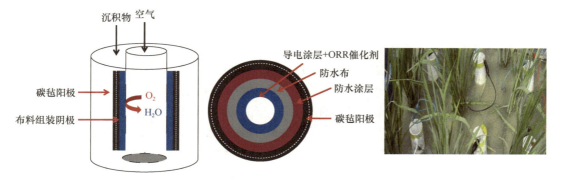

图 6-30　插入式 MFC 原位"燃烧"有机质（Yuan et al.，2010；Huang et al.，2011）

Figure 6-30　Insert-type MFCs for *in situ* treatment of organic matter

物电化学系统，可提高有机氯污染物的氧化还原转化速率，从而增强其后续矿化速率。在四氯乙烯（PCE）、三氯乙烯、4-氯酚等有机氯污染物的生物降解过程中，微生物电化学系统阴极为还原脱氯反应提供持续稳定的电子源，促进其脱氯降解和脱毒（图 6-31），脱氯后的有机物又可作为微生物电化学系统阳极反应的电子供体。例如，Kong 等（2014）首先将 4-氯酚通过生物阴极还原脱氯，产生的苯酚再转入生物阳极矿化为 CO_2，该生物阴极和生物阳极的脱氯和矿化效率分别达到 78.8% 和 71.3%。

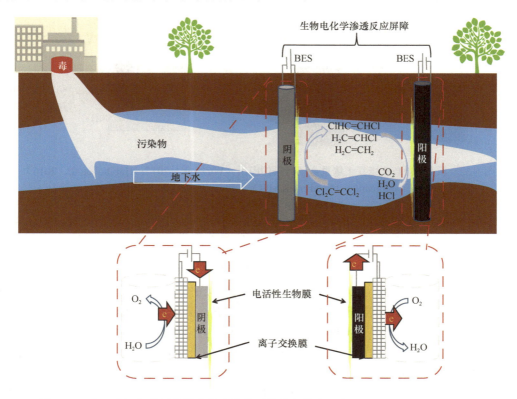

图 6-31　地下水污染的原位微生物电化学系统修复技术示意图（Cheng et al.，2019）

Figure 6-31　The microbial electrochemical system technology for *in situ* groundwater pollution remediation

（三）重金属

利用微生物电化学系统阴极为电子供体，还原重金属离子为低价离子或金属单质，可实现污染环境重金属的沉淀和回收。Gregory 和 Lovley 在 2005 年首次将微生物电化学系统用于次表层重金属污染的修复，他们采用–0.5 V 恒电位的阴极作为电子供体，发现六价铀离子可被还原为稳定沉淀的四价铀，该方法可去除 87%的铀离子，并可从电极表面回收铀。Wu 等（2017）研究了沉积物 MFC 对上覆水中的重金属离子的去除效果，发现生物阴极对 Hg^{2+}、Cu^{2+}和 Ag^+的还原去除效率分别为 97%、88%和 99%（图 6-32）。Habibul 等（2016）采用植物 MFC（PMFC）对土壤 Cr^{6+}污染进行修复，发现 PMFC 对 Cr^{6+}的去除效率可达 99%，该系统产生的 Cr^{3+}大部分以 $Cr(OH)_3$沉淀形式存在或吸附到阴极表面。然而，这些微生物电化学系统修复技术均处于实验室规模，现场大规模应用的效果仍有待评价。

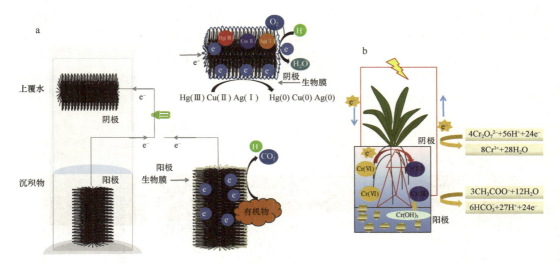

图 6-32　沉积物 MFC 修复土壤重金属污染的应用（Wu et al.，2017；Habibul et al.，2016）
Figure 6-32　Applications of sediment MFCs in remediating soil heavy metals pollution
a. 修复 Hg 和 Cu 污染；b. 修复 Cr 污染

微生物电化学系统修复重金属离子的机制有三种。①当重金属离子的氧化还原电位高于微生物电化学系统阴极时，重金属离子可作为电子受体（氧化剂）在非生物阴极表面自发地被还原，这类重金属离子包括 Au^{3+}、Ag^+、Cu^{2+}、V^{5+}、Cr^{6+}、Fe^{3+}和 Hg^{2+}。②氧化还原电位较低的重金属离子（如 Ni^{2+}、Pb^{2+}、Cd^{2+}、Zn^{2+}），阴极金属离子还原反应难以自发进行，故通常需对微生物电化学系统施加外电压以促进其在阴极的还原，这比传统的电化学修复方法更省能耗。由于各重金属离子的氧化还原电位不同，通过逐步改变施加的电压，可依次回收各类金属。③采用生物阴极对重金属离子进行还原，该过程中可以施加或不施加外电压，生物阴极去除重金属机制包括生物还原、生物吸附、生物蓄积、生物矿化等。

参 考 文 献

Ahn Y, Logan B E. 2010. Effectiveness of domestic wastewater treatment using microbial fuel cells at ambient and mesophilic temperatures. Bioresour Technol, 101(2): 469-475.

Ali J, Wang L, Waseem H, et al. 2020. Turning harmful algal biomass to electricity by microbial fuel cell: a sustainable approach for waste management. Environ Pollut, 266(Pt 2): 115373.

Anappara S, Kanirudhan A, Prabakar S, et al. 2020. Energy generation in single chamber microbial fuel cell from pure and mixed culture bacteria by copper reduction. Arab J Sci Eng, 45(9): 7719-7724.

Bettin C. 2006. Applicability and feasibility of incorporating microbial fuel cell technology into implantable biomedical devices. The Ohio State University Undergraduate Thesis.

Bose A, Gardel E J, Vidoudez C, et al. 2014. Electron uptake by iron-oxidizing phototrophic bacteria. Nat Commun, 5: 3391.

Butler C S, Clauwaert P, Green S J, et al. 2010. Bioelectrochemical perchlorate reduction in a microbial fuel cell. Environ Sci Technol, 44(12): 4685-4691.

Call D, Logan B E. 2008. Hydrogen production in a single chamber microbial electrolysis cell lacking a membrane. Environ Sci Technol, 42(9): 3401-3406.

Call D F, Wagner R C, Logan B E. 2009. Hydrogen production by *Geobacter* species and a mixed consortium in a microbial electrolysis cell. Appl Environ Microbiol, 75(24): 7579-7587.

Cao X X, Huang X, Liang P, et al. 2009. A new method for water desalination using microbial desalination cells. Environ Sci Technol, 43(18): 7148-7152.

Chae K J, Choi M J, Kim K Y, et al. 2009. A solar-powered microbial electrolysis cell with a platinum catalyst-free cathode to produce hydrogen. Environ Sci Technol, 43(24): 9525-9530.

Chae K J, Choi M J, Kim K Y, et al. 2010. Selective inhibition of methanogens for the improvement of biohydrogen production in microbial electrolysis cells. Int J Hydrog Energ, 35(24): 13379-13386.

Chaudhuri S K, Lovley D R. 2003. Electricity generation by direct oxidation of glucose in mediatorless microbial fuel cells. Nat Biotechnol, 21(10): 1229-1232.

Cheng K Y, Karthikeyan R, Wong J W C. 2019. Chapter 4.2- Microbial electrochemical remediation of organic contaminants: possibilities and perspective. *In*: Mohan S V, Varjani S, Pandey A. Biomass, biofuels, biochemicals: microbial electrochemical technology sustainable platform for fuels, chemicals and remediation. Amsterdam: Elsevier: 613-641.

Cheng S A, Logan B E. 2007. Ammonia treatment of carbon cloth anodes to enhance power generation of microbial fuel cells. Electrochem Commun, 9(3): 492-496.

Cheng S A, Xing D F, Call D F, et al. 2009. Direct biological conversion of electrical current into methane by electromethanogenesis. Environ Sci Technol, 43(10): 3953-3958.

Choi O, Sang B I. 2016. Extracellular electron transfer from cathode to microbes: application for biofuel production. Biotechnol Biofuels, 9: 11.

Choudhury P, Ray R N, Bandyopadhyay T K, et al. 2021. Process engineering for stable power recovery from dairy wastewater using microbial fuel cell. Int J Hydrogen Energy, 46(4): 3171-3182.

Clauwaert P, Rabaey K, Aelterman P, et al. 2007. Biological denitrification in microbial fuel cells. Environ Sci Technol, 41(9): 3354-3360.

Clauwaert P, Tolêdo R, van der Ha D, et al. 2008. Combining biocatalyzed electrolysis with anaerobic digestion. Water Sci Technol, 57(4): 575-579.

Clauwaert P, Verstraete W. 2009. Methanogenesis in membraneless microbial electrolysis cells. Appl Microbiol Biotechnol, 82(5): 829-836.

Cotterill S E, Dolfing J, Jones C, et al. 2017. Low temperature domestic wastewater treatment in a microbial electrolysis cell with 1 m^2 anodes: towards system scale-up. Fuel Cells, 17(5): 584-592.

Croese E, Pereira M A, Euverink G J W, et al. 2011. Analysis of the microbial community of the biocathode of a hydrogen-producing microbial electrolysis cell. Appl Microbiol Biotechnol, 92(5): 1083-1093.

Cusick R D, Bryan B, Parker D S, et al. 2011. Performance of a pilot-scale continuous flow microbial electrolysis cell fed winery wastewater. Appl Microbiol Biotechnol, 89(6): 2053-2063.

Cusick R D, Logan B E. 2012. Phosphate recovery as struvite within a single chamber microbial electrolysis cell. Bioresour Technol, 107: 110-115.

Cusick R D, Ullery M L, Dempsey B A, et al. 2014. Electrochemical struvite precipitation from digestate with a fluidized bed cathode microbial electrolysis cell. Water Res, 54: 297-306.

Das S, Das S, Ghangrekar M M. 2021. Application of TiO_2 and Rh as cathode catalyst to boost the microbial electrosynthesis of organic compounds through CO_2 sequestration. Proc Biochem, 101: 237-246.

De Schamphelaire L, Van den Bossche L, Dang H S, et al. 2008. Microbial fuel cells generating electricity from rhizodeposits of rice plants. Environ Sci Technol, 42(8): 3053-3058.

De Schamphelaire L, Verstraete W. 2009. Revival of the biological sunlight-to-biogas energy con-version system. Biotechnol Bioeng, 103: 296-304.

Debuy S, Pecastaings S, Bergel A, et al. 2015. Oxygen-reducing biocathodes designed with pure cultures of microbial strains isolated from seawater biofilms. Int Biodeter Biodegr, 103(2): 16-22.

Deeke A, Sleutels T H J A, Donkers T F W, et al. 2015. Fluidized capacitive bioanode as a novel reactor concept for the microbial fuel cell. Environ Sci Technol, 49(3): 1929-1935.

Desloover J, Puig S, Virdis B, et al. 2011. Biocathodic nitrous oxide removal in bioelectrochemical systems. Environ Sci Technol, 45(24): 10557-10566.

Doherty L, Zhao Y Q, Zhao X H, et al. 2015. A review of a recently emerged technology: Constructed wetland - Microbial fuel cells. Water Res, 85: 38-45.

Donald J W, Hicks M G, Richardson D J, et al. 2008. The c-type cytochrome OmcA localizes to the outer membrane upon heterologous expression in *Escherichia coli*. Bacteriology, 190(14): 5127-5131.

Dong X C, Xu H, Wang X W, et al. 2012. 3D graphene-cobalt oxide electrode for high-performance supercapacitor and enzymeless glucose detection. ACS Nano, 6(4): 3206-3213.

Doud D F R, Angenent L T. 2014. Toward electrosynthesis with uncoupled extracellular electron uptake and metabolic growth: enhancing current uptake with *Rhodopseudomonas palustris*. Environ Sci Technol Lett, 1(9): 351-355.

Erable B, Féron D, Bergel A. 2012. Microbial catalysis of the oxygen reduction reaction for microbial fuel cells: a review. Chem Sus Chem, 5(6): 975-987.

Erable B, Vandecandelaere I, Faimali M, et al. 2010. Marine aerobic biofilm as biocathode catalyst. Bioelectrochemistry, 78(1): 51-56.

Erbay C, Yang G, de Figueiredo P, et al. 2015. Three-dimensional porous carbon nanotube sponges for high-performance anodes of microbial fuel cells. J Power Sources, 298: 177-183.

Fang C, Min B, Angelidaki I. 2011. Nitrate as an oxidant in the cathode chamber of a microbial fuel cell for both power generation and nutrient removal purposes. Appl Biochem Biotechnol, 164(4): 464-474.

Fang Z, Song H L, Cang N, et al. 2013. Performance of microbial fuel cell coupled constructed wetland system for decolorization of azo dye and bioelectricity generation. Bioresour Technol, 144: 165-171.

Fishilevich S, Amir L, Fridman Y, et al. 2009. Surface display of redox enzymes in microbial fuel cells. J Am Chem Soc, 131(34): 12052-12053.

Franks A E, Nevin K P. 2010. Microbial fuel cells, A current review. Energies, 3(5): 899-919.

Fu Y B, Yu J, Zhang Y L, et al. 2014. Graphite coated with manganese oxide/multiwall carbon nanotubes composites as anodes in marine benthic microbial fuel cells. Appl Surf Sci, 317: 84-89.

Furuya A, Moriuchi T, Yoshida M, et al. 2007. Improving the performance of a direct photosynthetic/metabolic micro bio fuel cell (DPBFC) by gene manipulation of bacteria. *In*: Kimura F, Horio K. Towards synthesis of micro-/nano-systems. London: Springer.

Gacitúa M A, González B, Majone M, et al. 2014. Boosting the electrocatalytic activity of *Desulfovibrio paquesii* biocathodes with magnetite nanoparticles. Int J Hydrogen Energ, 39(27): 14540-14545.

Ganigué R, Puig S, Batlle-Vilanova P, et al. 2015. Microbial electrosynthesis of butyrate from carbon dioxide. Chem Commun, 51(15): 3235-3238.

Ge Z, He Z. 2016. Long-term performance of a 200 liter modularized microbial fuel cell system treating municipal wastewater: treatment, energy, and cost. Environ Sci Water Res Technol, 2(2): 274-281.

Ge Z, Zhang F, Grimaud J, et al. 2013. Long-term investigation of microbial fuel cells treating primary sludge or digested sludge. Bioresour Technol, 136: 509-514.

Geelhoed J S, Stams A J M. 2011. Electricity-assisted biological hydrogen production from acetate by *Geobacter sulfurreducens*. Environ Sci Technol, 45(2): 815-820.

Gescher J S, Cordova C D, Spormann A M. 2008. Dissimilatory iron reduction in *Escherichia coli*: identification of CymA of *Shewanella oneidensis* and NapC of *E. coli* as ferric reductases. Mol Microbiol, 68(3): 706-719.

Ghasemi M, Shahgaldi S, Ismail M, et al. 2012. New generation of carbon nanocomposite proton exchange membranes in microbial fuel cell systems. Chem Eng J, 184: 82-89.

Gil G C, Chang I S, Kim B H, et al. 2003. Operational parameters affecting the performance microbial fuel cell as new technology of a mediator-less microbial fuel cell. Biosens Bioelectron, 18: 327-334.

Gong Y M, Ebrahim A, Feist A M, et al. 2013. Sulfide-driven microbial electrosynthesis. Environ Sci Technol, 47(1): 568-573.

Gregory K B, Bond D R, Lovley D R. 2004. Graphite electrodes as electron donors for anaerobic respiration. Environ Microbiol, 6(6): 596-604.

Gregory K B, Lovley D R. 2005. Remediation and recovery of uranium from contaminated subsurface environments with electrodes. Environ Sci Technol, 39(22): 8943-8947.

Habibul N, Hu Y, Wang Y K, et al. 2016. Bioelectrochemical chromium(VI) removal in plant-microbial fuel cells. Environ Sci Technol, 50(7): 3882-3889.

He Z, Minteer S D, Angenent L T. 2005. Electricity generation from artificial wastewater using an upflow microbial fuel cell. Environ Sci Technol, 39(14): 5262-5267.

Heidrich E S, Edwards S R, Dolfing J, et al. 2014. Performance of a pilot scale microbial electrolysis cell fed on domestic wastewater at ambient temperatures for a 12 month period. Bioresour Technol, 173: 87-95.

Hirose A, Kasai T, Aoki M, et al. 2018. Electrochemically active bacteria sense electrode potentials for regulating catabolic pathways. Nat Commun, 9: 1083.

Huang D Y, Zhou S G, Chen Q, et al. 2011. Enhanced anaerobic degradation of organic pollutants in a soil microbial fuel cell. Chem Eng J, 172(2/3): 647-653.

Huang H F, Wang H Q, Huang Q, et al. 2021. Mo_2C/N-doped 3D loofah sponge cathode promotes microbial electrosynthesis from carbon dioxide. Int J Hydrogen Energy, 46(39): 20325-20337.

Hubenova Y, Mitov M. 2015. Extracellular electron transfer in yeast-based biofuel cells: a review. Bioelectrochemistry, 106: 177-185.

Hubenova Y V, Rashkov R S, Buchvarov V D, et al. 2011. Improvement of yeast-biofuel cell output by electrode modifications. Ind Eng Chem Res, 50(2): 557-564.

Ichihashi O, Hirooka K. 2012. Removal and recovery of phosphorus as struvite from swine wastewater using microbial fuel cell. Bioresour Technol, 114: 303-307.

Ieropoulos I, Greenman J, Melhuish C. 2003. Imitating metabolism: energy autonomy in biologically inspired robots. Proceedings of the AISB '03, Second International Symposium on Imitation of Animals and Artifacts: 191-194.

Ieropoulos I, Greenman J, Melhuish C, et al. 2010. EcoBot-III: a robot with guts. *In*: Fellermann H, Dörr M, Hanczyc M. Artificial Life XII: Proceedings of the Twelfth International Conference on the Synthesis and Simulation of Living Systems. Odense: University of Southern Denmark: 733-740.

Ieropoulos I, Melhuish C, Greenman J, et al. 2005. EcoBot-II: an artificial agent with a natural metabolism. Int J Adv Robot Syst, 2(4): 295-300.

Ishii S, Watanabe K, Yabuki S, et al. 2008. Comparison of electrode reduction activities of *Geobacter sulfurreducens* and an enriched consortium in an air-cathode microbial fuel cell. Appl Environ Microbiol, 74(23): 7348-7355.

Ishii T, Hashimoto K, Nakamura R. 2012. Direct electron-transfer reactions from solid electrodes to chemoautotrophic CO_2 fixation microbes. ECS Meeting Abstracts, MA2012-02: 3594.

Jacobson K S, Drew D M, He Z. 2011. Efficient salt removal in a continuously operated upflow microbial desalination cell with an air cathode. Bioresour Technol, 102(1): 376-380.

Jawaharraj K, Shrestha N, Chilkoor G, et al. 2020. Electricity from methanol using indigenous methylotrophs from hydraulic fracturing flowback water. Bioelectrochemistry, 135: 107549.

Jiang Y, Su M, Zhang Y, et al. 2013. Bioelectrochemical systems for simultaneously production of methane and acetate from carbon dioxide at relatively high rate. Int J Hydrogen Energ, 38(8): 3497-3502.

Jourdin L, Grieger T, Monetti J, et al. 2015. High acetic acid production rate obtained by microbial electrosynthesis from carbon dioxide. Environ Sci Technol, 49(22): 13566-13574.

Jung S, Regan J M. 2007. Comparison of anode bacterial communities and performance in microbial fuel cells with different electron donors. Appl Microbiol Biotechnol, 77(2): 393-402.

Kadier A, Simayi Y, Abdeshahian P, et al. 2016. A comprehensive review of microbial electrolysis cells (MEC) reactor designs and configurations for sustainable hydrogen gas production. Alex Eng J, 55(1): 427-443.

Kaku N, Yonezawa N, Kodama Y, et al. 2008. Plant/microbe cooperation for electricity generation in a rice paddy field. Appl Microbiol Biotechnol, 79(1): 43-49.

Kalathil S, Patil S A, Pant D. 2017. Chapter: Microbial fuel cells: electrode materials. *In*: Wandelt K. Encyclopedia of interfacial chemistry: surface science and electrochemistry. Amsterdam: Elsevier: 309-318.

Karuppiah T, Uthirakrishnan U, Sivakumar S V, et al. 2021. Processing of electroplating industry wastewater through dual chambered microbial fuel cells (MFC) for simultaneous treatment of wastewater and green fuel production. Int J Hydrogen Energy, 47(88): 37569-37576.

Kim H J, Park H S, Hyun M S, et al. 2002. A mediator-less microbial fuel cell using a metal reducing bacterium, *Shewanella putrefaciens*. Enzyme Microbial Technol, 30(2): 145-152.

Kim J R, Jung S H, Regan J M, et al. 2007. Electricity generation and microbial community analysis of alcohol powered microbial fuel cells. Bioresour Technol, 98(13): 2568-2577.

Kondaveeti S, Min B. 2013. Nitrate reduction with biotic and abiotic cathodes at various cell voltages in bioelectrochemical denitrification system. Bioprocess Biosyst Eng, 36(2): 231-238.

Kong F Y, Wang A J, Ren H Y, et al. 2014. Improved dechlorination and mineralization of 4-chlorophenol in a sequential biocathode-bioanode bioelectrochemical system with mixed photosynthetic bacteria. Bioresour Technol, 158: 32-38.

Kong W F, Huang L P, Quan X, et al. 2021. Efficient production of acetate from inorganic carbon (HCO_3^-) in microbial electrosynthesis systems incorporating Ag_3PO_4/g-C_3N_4 anaerobic photo-assisted biocathodes. Appl Catal B: Environ, 284: 119696.

Kracke F, Lai B, Yu S Q, et al. 2018. Balancing cellular redox metabolism in microbial electrosynthesis and electro fermentation - a chance for metabolic engineering. Metab Eng, 45: 109-120.

Lefebvre O, Al-Mamun A, Ng H Y. 2008. A microbial fuel cell equipped with a biocathode for organic removal and denitrification. Water Sci Technol, 58(4): 881-885.

Lefebvre O, Quentin S, Torrijos M, et al. 2007. Impact of increasing NaCl concentrations on the performance and community composition of two anaerobic reactors. Appl Microbiol Biotechnol, 75(1): 61-69.

Levar C E, Chan C H, Mehta-Kolte M G, et al. 2014. An inner membrane cytochrome required only for reduction of high redox potential extracellular electron acceptors. mBio, 5(6): e02034-14.

Li F, Li Y X, Sun L M, et al. 2017b. Engineering *Shewanella oneidensis* enables xylose-fed microbial fuel cell. Biotechnol Biofuels, 10: 196.

Li H, Opgenorth P H, Wernick D G, et al. 2012. Integrated electromicrobial conversion of CO_2 to higher alcohols. Science, 335(6076): 1596.

Li J, Fu Q, Liao Q, et al. 2009. Persulfate: a self-activated cathodic electron acceptor for microbial fuel cells. J Power Sources, 194(1): 269-274.

Li S, Cheng C, Thomas A. 2017a. Carbon-based microbial-fuel-cell electrodes: from conductive supports to active catalysts. Adv Mater, 29(8): 1602547.

Li Z J, Wang Q L, Liu D, et al. 2013. Ionic liquid-mediated electrochemical CO_2 reduction in a microbial electrolysis cell. Electrochem Commun, 35: 91-93.

Liang P, Duan R, Jiang Y, et al. 2018. One-year operation of 1000-L modularized microbial fuel cell for municipal wastewater treatment. Water Res, 141: 1-8.

Liu D F, Li W W. 2020. Potential-dependent extracellular electron transfer pathways of exoelectrogens. Curr Opin Chem Biol, 59: 140-146.

Liu H, Cheng S A, Logan B E. 2005. Production of electricity from acetate or butyrate using a single-chamber microbial fuel cell. Environ Sci Technol , 39(2): 658-662.

Liu S, Song H, Wei S, et al. 2014b. Bio-cathode materials evaluation and configuration optimization for power output of vertical subsurface flow constructed wetland–microbial fuel cell systems. Bioresour Technol, 166: 575-583.

Liu X W, Li W W, Yu H Q. 2014a. Cathodic catalysts in bioelectrochemical systems for energy recovery from wastewater. Chem Soc Rev, 43(22): 7718-7745.

Logan B E. 2010. Scaling up microbial fuel cell and other bioelectrochemical systems. Appl Microbiol Biotechnol, 85(6): 1665-1671.

Logan B E, Murano C, Scott K, et al. 2005. Electricity generation from cysteine in a microbial fuel cell. Water Res, 39(5): 942-952.

Logan B E, Regan J M. 2006. Microbial fuel cells-challenges and applications. Environ Sci Technol, 40(17): 5172-5180.

Lohner S T, Deutzmann J S, Logan B E, et al. 2014. Hydrogenase-independent uptake and metabolism of electrons by the archaeon *Methanococcus maripaludis*. ISME J, 8(8): 1673-1681.

Lojou E, Durand M, Dolla A, et al. 2002. Hydrogenase activity control at *Desulfovibrio vulgaris* cell-coated carbon electrodes: biochemical and chemical factors influencing the mediated bioelectrocatalysis. Electroanalysis, 14(13): 913-922.

Lovley D. 2006. Bug juice: harvesting electricity with microorganisms. Nat Rev Microbiol, 4(7): 497-508.

Lu A H, Li Y, Jin S, et al. 2012. Growth of non-phototrophic microorganisms using solar energy through mineral photocatalysis. Nat Commun, 3: 768.

Lu M Q, Chen S, Babanova S, et al. 2017. Long-term performance of a 20-L continuous flow microbial fuel cell for treatment of brewery wastewater. J Power Sources, 356: 274-287.

Marashi S K F, Kariminia H R. 2015. Performance of a single chamber microbial fuel cell at different organic loads and pH values using purified terephthalic acid wastewater. J Environ Health Sci, 13: 27.

Marshall C W, Ross D E, Fichot E B, et al. 2012. Electrosynthesis of commodity chemicals by an autotrophic microbial community. Appl Environ Microbiol, 78(23): 8412-8420.

Marshall C W, Ross D E, Fichot E B, et al. 2013. Long-term operation of microbial electrosynthesis systems improves acetate production by autotrophic microbiomes. Environ Sci Technol, 47(11): 6023-6029.

Marshall C W, Ross D E, Handley K M, et al. 2017. Metabolic reconstruction and modeling microbial electrosynthesis. Sci Rep, 7: 8391.

Mathew A S, Wang J P, Luo J L, et al. 2015. Enhanced ethanol production via electrostatically accelerated fermentation of glucose using *Saccharomyces cerevisiae*. Sci Rep, 5: 15713.

Mehdinia A, Ziaei E, Jabbari A. 2014. Facile microwave-assisted synthesized reduced graphene oxide/tin oxide nanocomposite and using as anode material of microbial fuel cell to improve power generation. Int J Hydrogen Energy, 39(20): 10724-10730.

Mei X X, Guo C H, Liu B F, et al. 2015. Shaping of bacterial community structure in microbial fuel cells by different inocula. RSC Adv, 5(95): 78136-78141.

Mohan S V, Srikanth S, Velvizhi G, et al. 2013. Microbial fuel cells for sustainable bioenergy generation: principles and perspective applications. *In*: Gupta V, Tuohy M. Biofuel technologies. Berlin, Heidelberg: Springer: 335-368.

Molenaar S D, Saha P, Mol A R, et al. 2017. Competition between methanogens and acetogens in biocathodes: a comparison between potentiostatic and galvanostatic control. Int J Mol Sci, 18(1): 204.

Morishima K, Yoshida M, Furuya A, et al. 2007. Improving the performance of a direct photosynthetic/metabolic bio-fuel cell (DPBFC) using gene manipulated bacteria. J Micromech Microeng, 17(9): S274-S279.

Mustakeem. 2015. Electrode materials for microbial fuel cells: nanomaterial approach. Mater Renew Sustain Energy, 4: 22.

Nalin S, Nicole L, Sandun F. 2020. Methane consuming microbial fuel cell based on *Methylococcus capsulatus*. Bioresour Technol Rep, 11: 100482.

Nam J Y, Cusick R D, Kim Y, et al. 2012. Hydrogen generation in microbial reverse-electrodialysis electrolysis cells using a heat-regenerated salt solution. Environ Sci Technol, 46(9): 5240-5246.

Nevin K P, Hensley S A, Franks A E, et al. 2011. Electrosynthesis of organic compounds from carbon dioxide is catalyzed by a diversity of acetogenic microorganisms. Appl Environ Microbiol, 77(9): 2882-2886.

Nevin K P, Richter H, Covalla S F, et al. 2008. Power output and columbic efficiencies from biofilms of *Geobacter sulfurreducens* comparable to mixed community microbial fuel cells. Environ Microbiol, 10(10): 2505-2514.

Nevin K P, Woodard T L, Franks A E, et al. 2010. Microbial electrosynthesis: feeding microbes electricity to convert carbon dioxide and water to multicarbon extracellular organic compounds. mBio, 1(2): e00103-10.

Nie H R, Zhang T, Cui M M, et al. 2013. Improved cathode for high efficient microbial-catalyzed reduction in microbial electrosynthesis cells. Phys Chem Chem Phys, 15(34): 14290-14294.

Oliot M, Galier S, De Balmann H R, et al. 2016. Ion transport in microbial fuel cells: key roles, theory and critical review. Appl Energ, 183: 1682-1704.

Park D H, Zeikus J G. 1999. Utilization of electrically reduced neutral red by *Actinobacillus succinogenes*: Physiological function of neutral red in membrane-driven fumarate reduction and energy conservation. J Bacteriol, 181: 2403-2410.

Pitts K E, Dobbin P S, Reyes-Ramirez F, et al. 2003. Characterization of the *Shewanella oneidensis* Mr-1 decaheme cytochrome MtrA: expression in *Escherichia coli* confers the ability to reduce soluble Fe(III) chelates. Biol Chem, 278(30): 27758-27765.

Rabaey K, Bützer S, Brown S, et al. 2010. High Current generation coupled to caustic production using a lamellar bioelectrochemical system. Environ Sci Technol, 44(11): 4315-4321.

Rabaey K, Girguis P, Nielsen L K. 2011. Metabolic and practical considerations on microbial electrosynthesis. Curr Opin Biotech, 22(3): 371-377.

Rabaey K, Read S T, Clauwaert P, et al. 2008. Cathodic oxygen reduction catalyzed by bacteria in microbial fuel cells. ISME J, 2(5): 519-527.

Rabaey K, Rodríguez J, Blackall L L, et al. 2007. Microbial ecology meets electrochemistry: electricity-driven and driving communities. ISME J, 1(1): 9-18.

Rahimnejad M, Adhami A, Darvari S, et al. 2015. Microbial fuel cell as new technology for bioelectricity generation: a review. Alex Eng J, 54(3): 745-756.

Rahimnejad M, Bakeri G, Najafpour G, et al. 2014. A review on the effect of proton exchange membranes in microbial fuel cells. Biofuel Research J, 1(1): 7-15.

Rahimnejad M, Ghoreyshi A A, Najafpour G D, et al. 2012. A novel microbial fuel cell stack for continuous production of clean energy. Int J Hydrogen Energ, 37(7): 5992-6000.

Rahimnejad M, Jafary T, Haghparast F. 2010. Nafion as a nanoproton conductor in microbial fuel cells. Turkish J Eng Env Sci, 34: 289-292.

Rahimnejad M, Mokhtarian N, Najafpour G, et al. 2009. Low voltage power generation in abiofuel cell using anaerobic cultures. World Appl Sci J, 6(11): 1585-1588.

Rahimnejad M, Najafpour G, Ghoreyshi A A. 2011. Effect of mass transfer on performance of microbial fuel cell. Mass Trans Chem Eng Proc, 5: 233-250.

Ren L, Ahn Y, Logan B E. 2014. A two-stage microbial fuel cell and anaerobic fluidized bed membrane bioreactor (MFC-AFMBR) system for effective domestic wastewater treatment. Environ Sci Technol, 48(7): 4199-4206.

Rhoads A, Beyenal H, Lewandowski Z. 2005. Microbial fuel cell using anaerobic respiration as an anodic reaction and biomineralized manganese as a cathodic reactant. Environ Sci Technol, 39(12): 4666-4671.

Ross D E, Flynn J M, Baron D B, et al. 2011. Towards electrosynthesis in *Shewanella*: energetics of reversing the mtr pathway for reductive metabolism. PLoS One, 6(2): e16649.

Roy M, Yadav R, Chiranjeevi P, et al. 2021. Direct utilization of industrial carbon dioxide with low impurities for acetate production via microbial electrosynthesis. Bioresour Technol, 320(Pt A): 124289.

Rozendal R A, Jeremiasse A W, Hamelers H V M. et al. 2008. Hydrogen production with a microbial biocathode. Environ Sci Technol, 42(2): 629-634.

Rozendal R A, Leone E, Keller J, et al. 2009. Efficient hydrogen peroxide generation from organic matter in a bioelectrochemical system. Electrochem Commun, 11(9): 1752-1755.

Santoro C, Gokhale R, Mecheri B, et al. 2017. Design of iron(II) phthalocyanine-derived oxygen reduction electrocatalysts for high-power-density microbial fuel cells. Chem Sus Chem, 10(16): 3243-3251.

Schievano A, Sciarria T P, Vanbroekhoven K, et al. 2016. Electro-fermentation-merging electrochemistry with fermentation in industrial applications. Trends Biotechnol, 34(11): 866-878.

Sekar N, Wu C H, Adams M W W, et al. 2017. Electricity generation by *Pyrococcus furiosus* in microbial fuel cells operated at 90℃. Biotechnol Bioeng, 114(7): 1419-1427.

Sharma M, Aryal N, Sarma P M, et al. 2013. Bioelectrocatalyzed reduction of acetic and butyric acids via direct electron transfer using a mixed culture of sulfate-reducers drives electrosynthesis of alcohols and acetone. Chem Commun, 49(58): 6495-6497.

Sharma T, Reddy A L M, Chandra T S, et al. 2008. Development of carbon nanotubes and nanofluids based microbial fuel cell. Int J Hydrog Energy, 33(22): 6749-6754.

Soussan L, Riess J, Erable B, et al. 2013. Electrochemical reduction of CO_2 catalysed by *Geobacter sulfurreducens* grown on polarized stainless steel cathodes. Electrochem Commun, 28: 27-30.

Steinbusch K J J, Hamelers H V M, Schaap J D, et al. 2010. Bioelectrochemical ethanol production through mediated acetate reduction by mixed cultures. Environ Sci Technol, 44(1): 513-517.

Strik D P, Timmers R A, Helder M, et al. 2011. Microbial solar cells: applying photosynthetic and electrochemically active organisms. Trends Biotechnol, 29(1): 41-49.

Su M, Jiang Y, Li D P. 2013. Production of acetate from carbon dioxide in bioelectrochemical systems based on autotrophic mixed culture. J Microbiol Biotechnol, 23(8): 1140-1146.

Summers Z M, Gralnick J A, Bond D R. 2013. Cultivation of an obligate Fe(II)-oxidizing lithoautotrophic bacterium using electrodes. mBio, 4(1): e00420-12.

Tao H C, Li W, Liang M, et al. 2011. A membrane-free baffled microbial fuel cell for cathodic reduction of Cu(II) with electricity generation. Bioresour Technol, 102(7): 4774-4778.

Tender L M, Gray S A, Groveman E, et al. 2008. The first demonstration of a microbial fuel cell as a viable power supply: Powering a meteorological buoy. J Power Sources, 179(2): 571-575.

Ter Heijne A, Hamelers H V M, Buisman C J N. 2007. Microbial fuel cell operation with continuous biological ferrous iron oxidation of the catholyte. Environ Sci Technol, 41(11): 4130-4134.

Ter Heijne A, Hamelers H V M, De Wilde V, et al. 2006. A bipolar membrane combined with ferric iron reduction as an efficient cathode system in microbial fuel cells. Environ Sci Technol, 40(17): 5200-5205.

Virdis B, Rabaey K, Rozendal R A, et al. 2010. Simultaneous nitrification, denitrification and carbon removal in microbial fuel cells. Water Res, 44(9): 2970-2980.

Virdis B, Rabaey K, Yuan Z, et al. 2008. Microbial fuel cells for simultaneous carbon and nitrogen removal. Water Res, 42(12): 3013-3024.

Waller M G, Trabold T A. 2013. Review of microbial fuel cells for wastewater treatment: large-scale applications, future needs and current research gaps. Proceedings of the ASME 2013 7th International Conference on Energy Sustainability & 11th Fuel Cell Science, Engineering and Technology Conference, Minneapolis, Minnesota.

Wang A J, Liu W Z, Cheng S A, et al. 2009. Source of methane and methods to control its formation in single chamber microbial electrolysis cells. Int J Hydrogen Energy, 34(9): 3653-3658.

Wang A J, Sun D, Cao G L, et al. 2011. Integrated hydrogen production process from cellulose by combining dark fermentation, microbial fuel cells, and a microbial electrolysis cell. Bioresour Technol, 102(5):

4137-4143.

Wang H M, Luo H P, Fallgren P H, et al. 2015a. Bioelectrochemical system platform for sustainable environmental remediation and energy generation. Biotechnol Adv, 33(3/4): 317-334.

Wang H M, Ren Z J 2013. A comprehensive review of microbial electrochemical systems as a platform technology. Biotechnol Adv, 31(8): 1796-1807.

Wang H Y, Wang G M, Ling Y C, et al. 2013a. High power density microbial fuel cell with flexible 3D graphene-nickel foam as anode. Nanoscale, 5(21): 10283-10290.

Wang V B, Chua S L, Cao B, et al. 2013b. Engineering PQS biosynthesis pathway for enhancement of bioelectricity production in *Pseudomonas aeruginosa* microbial fuel cells. PLoS One, 8(5): e63129.

Wang X, Feng Y J, Lee H. 2008. Electricity production from beer brewery wastewater using single chamber microbial fuel cell. Water Sci Technol, 57(7): 1117-1121.

Wang X, Yu P, Zeng C P, et al. 2015b. Enhanced *Alcaligenes faecalis* denitrification rate with electrodes as the electron donor. Appl Environ Microbiol, 81(16): 5387-5394.

Wang Z J, Lim B, Choi C. 2011. Removal of Hg^{2+} as an electron acceptor coupled with power generation using a microbial fuel cell. Bioresour Technol, 102(10): 6304-6307.

Wilkinson S. 2000. "Gastrobots" —benefits and challenges of microbial fuel cells in food powered robot applications. Auton Robot, 9(2): 99-111.

Wu M S, Xu X, Zhao Q, et al. 2017. Simultaneous removal of heavy metals and biodegradation of organic matter with sediment microbial fuel cells. RSC Adv, 7(84): 53433-53438.

Xie S, Liang P, Chen Y, et al. 2011. Simultaneous carbon and nitrogen removal using an oxic/anoxic-biocathode microbial fuel cells coupled system. Bioresour Technol, 102(1): 348-354.

Xie X, Criddle C, Cui Y. 2015. Design and fabrication of bioelectrodes for microbial bioelectrochemical systems. Energ Environ Sci, 8(12): 3418-3441.

Xin X, Ma Y, Liu Y. 2018. Electric energy production from food waste: Microbial fuel cells versus anaerobic digestion. Bioresour Technol, 255: 281-287.

Yamasaki R, Maeda T, Wood T K. 2018. Electron carriers increase electricity production in methane microbial fuel cells that reverse methanogenesis. Biotechnol Biofuels, 11: 211.

Yates M D, Siegert M, Logan B E. 2014. Hydrogen evolution catalyzed by viable and non-viable cells on biocathodes. Int J Hydrogen Energy, 39(30): 16841-16851.

You S J, Ren N Q, Zhao Q L, et al. 2009. Improving phosphate buffer-free cathode performance of microbial fuel cell based on biological nitrification. Biosens Bioelectron, 24(12): 3698-3701.

You S J, Zhao Q L, Zhang J N, et al. 2006. A microbial fuel cell using permanganate as the cathodic electron acceptor. J Power Sources, 162(2): 1409-1415.

Yu L P, Yang Z J, He Q X, et al. 2019. Novel gas diffusion cloth bioanodes for high-performance methane-powered microbial fuel cells. Environ Sci Technol, 53(1): 530-538.

Yu Y Y, Zhai D D, Si R W, et al. 2017. Three-dimensional electrodes for high-performance bioelectrochemical systems. Int J Mol Sci, 18(1): 90.

Yuan Y, Zhou S G, Zhuang L. 2010. A new approach to in situ sediment remediation based on air-cathode microbial fuel cells. J Soil Sediment, 10(7): 1427-1433.

Zacharoff L, Chan C H, Bond D R. 2016. Reduction of low potential electron acceptors requires the CbcL inner membrane cytochrome of *Geobacter sulfurreducens*. Bioelectrochemistry, 107: 7-13.

Zang G L, Sheng G P, Li W W, et al. 2012. Nutrient removal and energy production in a urine treatment process using magnesium ammonium phosphate precipitation and a microbial fuel cell technique. Phys Chem Chem Phys, 14(6): 1978-1984.

Zhang B G, Zhao H Z, Zhou S G, et al. 2009. A novel UASB-MFC-BAF integrated system for high strength molasses wastewater treatment and bioelectricity generation. Bioresour Technol, 100(23): 5687-5693.

Zhang X L, Liu Y F, Zheng L S, et al. 2021. Simultaneous degradation of high concentration of citric acid coupled with electricity generation in dual-chamber microbial fuel cell. Biochem Eng J, 173: 108095.

Zhang Y Z, Mo G Q, Li X W, et al. 2011. A graphene modified anode to improve the performance of microbial fuel cells. J Power Sources, 196(13): 5402-5407.

Zhao H Z, Zhang Y, Chang Y Y, et al. 2012. Conversion of a substrate carbon source to formic acid for carbon dioxide emission reduction utilizing series-stacked microbial fuel cells. J Power Sources, 217: 59-64.

Zheng S Q, Yang F F, Chen S L, et al. 2015. Binder-free carbon black/stainless steel mesh composite electrode for high-performance anode in microbial fuel cells. J Power Sources, 284: 252-257.

Zhou M, Yang J, Wang H, et al. 2014. Chapter 9-Bioelectrochemistry of microbial fuel cells and their potential applications in bioenergy. *In*: Gupta V, Tuohy M, Kubicek C, et al. Bioenergy research: advances and applications. Amsterdam: Elsevier: 131-152.

Zhou M H, Chi M L, Luo J M, et al. 2011. An overview of electrode materials in microbial fuel cells. J Power Sources, 196(10): 4427-4435.

第七章　微生物电化学与碳循环

第一节　碳　循　环

随着温室效应和能源短缺等各种气候与环境问题的日益突出，碳循环问题日益受到人们的普遍关注。碳循环主要是指碳元素在岩石圈、大气圈、水圈和生物圈之间以 CO_3^{2-}、HCO_3^-、CO_2、CH_4、$(CH_2O)_n$（有机碳）等形式相互转换和运移（Prentice et al.，2001），主要包括有机碳微生物厌氧矿化、有机碳厌氧产甲烷、CO_2 还原及 CH_4 氧化等过程（图 7-1）。在碳循环过程中，微生物通过胞外电子传递驱动物质能量循环。由微生物胞内氧化电子供体（有机碳）产生电子，"穿过"非导电性的细胞膜/壁，通过外膜上的氧化还原蛋白、纳米导线或电子介体传递至胞外电子受体，电子受体还原产生能量供微生物生长以及驱动碳循环。胞外电子传递使微生物与无机环境/微生物之间的直接电子传递成为可能，为理解土壤碳循环、温室气体排放、有机污染物厌氧降解等关键生物地球化学过程提供了全新的科学视角，具有重要的生态及环境意义。

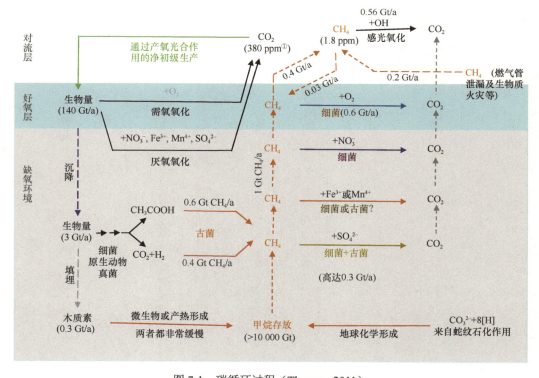

图 7-1　碳循环过程（Thauer，2011）

Figure 7-1　Scheme of the carbon cycle

① 1 ppm=1×10^{-6}

碳循环是由多种微生物共同作用的结果，如产甲烷古菌是 CH_4 产生最重要的生物源。在所有 CH_4 排放源中，约 69% 的 CH_4 来源于产甲烷古菌的新陈代谢活动（乙酸型产甲烷古菌及氢型产甲烷古菌）。除了产甲烷古菌，陆地生态系统还存在广泛分布的 CH_4 氧化菌，其可将 CH_4 彻底氧化为 CO_2。在森林、草原等甲烷浓度较低的环境，CH_4 氧化菌每年氧化约 3000 万 t 甲烷，是大气甲烷主要的生物汇。这些参与碳循环过程的微生物可能在胞内氧化电子供体产生电子并将其传递到胞外电子受体（有机碳降解及 CH_4 氧化等过程），也可能接受胞外电子从而产生还原力供微生物自身生长（CO_2 还原等过程）。

第二节　有机碳矿化过程

土壤和水体承载着巨量的有机碳和形色各异的有机生命体，而有机碳矿化是整个碳循环过程中的重要一环。下面主要介绍铁（Fe）、锰（Mn）、腐殖质（HS）和电极与电活性微生物互作驱动的有机碳矿化过程。

一、铁矿物介导的有机碳矿化

土壤中丰富的铁氧化物和铁氢氧化物在土壤的碳循环过程中起着至关重要的作用。特别是在氧化还原循环频繁的地方，铁矿物作为重要的电子受体或供体，可能承担了约 40% 的土壤二氧化碳呼吸。在厌氧条件下，铁氧化物易被微生物作为电子受体利用而被还原溶解产生 $Fe(II)$；铁还原的微生物代谢过程不仅直接耦合有机碳矿化，还导致与其结合的有机碳被释放到溶液中，提高微生物的可利用性；铁还原过程产生的 $Fe(II)$ 可以在氧气或硝酸盐的存在下被非生物氧化，或通过铁氧化细菌的新陈代谢被氧化；$Fe(II)$ 氧化可通过类芬顿反应产生活性氧，进一步促进有机碳的分解（Dubinsky et al.，2010）。然而，大部分与铁矿物结合的土壤有机碳呼吸矿化过程易受氧化还原电位的影响。随着土壤氧化还原电位（E_h）变化，铁矿物易被溶解、重新沉淀及结晶（Tishchenko et al.，2015）。在不稳定的氧化还原环境中，当 O_2 周期性耗尽后，铁矿物迅速成为主要的终端电子受体被还原，从而促进有机碳矿化（Fe^{3+} + 有机碳 $\longrightarrow Fe^{2+}$ + HCO_3^- + CO_2 + H^+）。土壤中铁矿物介导的有机碳厌氧矿化机制如图 7-2 所示（Ahmed and Lin，2017）。

在铁矿物介导的有机碳矿化过程中，胞外电子主要从铁还原微生物传递到含铁矿物的固体表面（Weber et al.，2006；Esther et al.，2014）。这个过程主要通过微生物表面形成的胞外聚合物（EPS）进行（Franks et al.，2010），这是因为 EPS 中含有大量的电子转运蛋白，能够有效改善生物膜的导电性。目前已经提出了 4 种铁矿物介导的微生物有机碳矿化的电子传递机制，如图 7-3 所示。

铁还原过程中影响有机物矿化速率的因素包括铁矿物的类型、微生物种类和底物氧化的难易程度等（Lovley，1987）。一般来说，铁还原速率随着铁矿物结晶度的上升而降低。与高结晶度铁氧化物相比，低结晶度或非晶态化合物具有更大的表面积和更高的

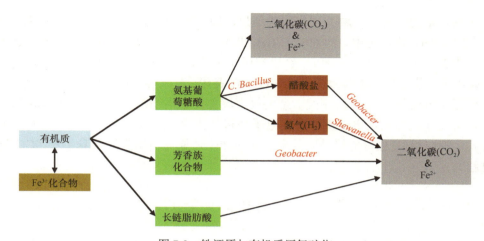

图 7-2　铁还原与有机质厌氧矿化

Figure 7-2　Mineralization of organic matters with ferric reduction

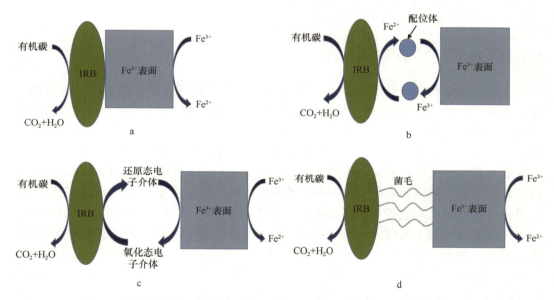

图 7-3　微生物与铁矿物表面相互作用的 4 种方式（Ahmed and Lin，2017）

Figure 7-3　Four strategies of microbial and ferric surface interaction

a. 直接接触；b. 与配体接触；c. 利用电子穿梭体；d. 与纳米导线接触；IRB. 铁还原细菌

溶解度。微生物与不同的铁化合物结合会有不同的有机物矿化速率［$FePO_4 \cdot 4H_2O$ > $Fe(OH)_3$ > $\gamma\text{-FeOH}$ > $\alpha\text{-FeOH}$ > Fe_2O_3］（Munch and Ottow，1983）。含铁化合物的溶解性也是铁还原过程中需要考虑的因素。大部分的含铁化合物具有高度不溶性，主要以固体形式存在于自然界中。因此铁还原矿化有机碳可能受到其他还原剂的竞争，如反硝化剂、硫酸盐还原剂和产甲烷菌能够利用一些可溶的底物。另外，铁矿物介导的有机物矿化速率也会随着 pH 的下降而降低（de Castro and Ehrlich，1970）。

二、锰矿物介导的有机碳矿化

锰氧化物广泛存在于土壤、海洋或湖泊沉积物中，可与土壤中部分有机物发生氧化还原反应，在污染物的降解和矿化过程中扮演重要角色。活性锰已经逐渐成为土壤和沉积物中有机碳矿化以及二氧化碳排放的关键调控因子（Jones et al.，2018）。大量研究发现，在半干旱的土壤中，锰的丰度与有机碳矿化速率之间存在着很强的正相关关系（Aponte et al.，2012；Berg et al.，2015；de Marco et al.，2012；Heim and Frey，2004），从而证实锰浓度是控制有机碳矿化的主要因子。由于锰氧化物是土壤/沉积物中除氧之外最强的氧化剂，其表面的 Mn^{4+} 键可与有机物形成表面配合物，之后有机物分子失去一个电子形成相应的自由基中间体，而 Mn^{4+} 被还原为 Mn^{3+}；最后，Mn^{3+} 与有机物原体或自由基中间体发生氧化还原反应释放出 Mn^{2+}，自由基中间体还可经耦合、氧化、水解等过程转化为终产物。该过程的限速步骤为表面配合物的形成或电子转移。此外，不同微生物也可通过参与锰氧化物的氧化还原过程实现有机物的矿化，该过程主要在缺氧/厌氧条件下进行（Nealson and Myers，1992）。可能的反应过程为

$$(CH_2O)_{106}(NH_3)_{16}(H_3PO_4)(复杂有机物)+ 236\,MnO_2 + 472\,H^+ \longrightarrow$$

$$236\,Mn^{2+} + 106\,CO_2 +8\,N_2 + H_3PO_4 +366\,H_2O$$

Myers 和 Nealson（1988）发现，在以琥珀酸和乙酸作为碳源的条件下，*Alteromonas putrefaciens* MR-1 能够参与锰氧化物的还原。Vandieken 等（2012）从富含氧化锰的沉积物中分离出 *Colwellia*、*Arcobacter* 及 *Oceanospirillaceae* 菌，其能够以锰氧化物作为末端电子受体，从而促进乙酸的利用。也有研究表明，Fe^{3+} 及硫代硫酸盐的添加可促进锰氧化物的还原，这可能是间接化学作用的结果，如硫代硫酸盐还原过程中产生的硫化物能够促进锰氧化物的还原。Xie 等（2018）研究发现，当人工湿地的水-固界面区域富含锰氧化物时，也会发生有机碳矿化过程，其机制如图 7-4 所示。在缺氧区域，Mn^{4+} 被

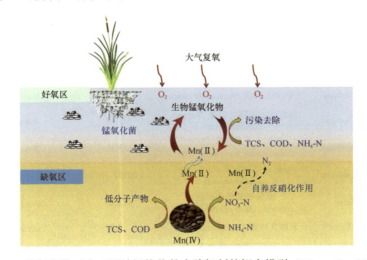

图 7-4　锰氧化物对人工湿地污染物的去除机制的概念模型（Xie et al.，2018）

Figure 7-4　Conceptual model for the proposed mechanism of pollution removal in constructed wetlands with Mn oxides addition

还原为 Mn^{2+}，同时将吸附于表面的有机物［三氯羟基二苯醚（TCS）和其他有机物］氧化为低分子物质；产生的 Mn^{2+} 转移至好氧区，锰氧化细菌将 Mn^{2+} 氧化为锰氧化物同时伴随着有机碳矿化。

三、腐殖质介导的有机碳矿化

腐殖质是由动植物及微生物残体经生物酶分解、氧化和微生物合成等过程逐步演化而形成的一类高分子芳香族醌类聚合物，广泛存在于土壤、沉积物和水生环境中。在厌氧条件下，腐殖质还原菌能够以腐殖质及其模式物——AQDS 为唯一末端电子受体，同时氧化环境中的活性有机碳生成小分子有机物或者完全矿化产生 CO_2 的过程，称为腐殖质呼吸过程。大量证据表明，在腐殖质呼吸中，主要是一些醌类基团起到电子受体的作用，因此腐殖质呼吸又叫作醌呼吸。有研究表明，50%以上的有机碳矿化是通过腐殖质呼吸完成的，其贡献超过硝酸盐呼吸、硫酸盐呼吸、产甲烷作用等其他厌氧代谢方式的总和（武春媛等，2009）。迄今已发现在腐殖质呼吸过程中可作为电子供体的物质有有机酸、糖类、苯、甲苯、聚氯乙烯等。具有腐殖质呼吸能力的菌除了铁还原菌，还包括古菌、硝酸还原菌、硫还原菌等，在系统发育上具有多样性（表 7-1）。腐殖质介导的微生物矿化有机碳过程的电子传递机制如图 7-5 所示。

表 7-1　腐殖质呼吸菌的多样性
Table 7-1　Diversity of humus respiring bacteria

系统发育	菌株	末端电子受体	参考文献
代表性古菌			
甲烷球菌目 Methanococcales	沃氏甲烷球菌 *Methanococcus voltae*	AQDS	Bond and Lovley，2002
甲烷八叠球菌目 Methanosarcinales	兔甲烷球形菌 *Methanosphaera cuniculi*	AQDS、HA	Bond and Lovley，2002
甲烷微菌目 Methanomicrobiales	亨氏甲烷螺菌 *Methanospirillum hungatei*	AQDS	Cervantes et al.，2002
热球菌目 Thermococcales	激烈火球菌 *Pyrococcus furiosus*	AQDS	Lovley et al.，2000
代表性细菌			
γ-变形菌纲 γ-Proteobacteria	中国希瓦氏菌 *Shewanella cinica*	HA	Huang et al.，2009
α-变形菌纲 α-Proteobacteria	腐殖质还原陶厄氏菌 *Thauera humireducens*	AQDS	Yang et al.，2013
β-变形菌纲 β-Proteobacteria	韩国丛毛单胞菌 CY01 *Comamonas koreensis* CY01	AQDS	Wang et al.，2009
δ-变形菌纲 δ-Proteobacteria	金属还原地杆菌 *Geobacter metallireducens*	AQDS、HA	Lovley et al.，1996
芽孢杆菌目 Bacillales	碱性厌氧芽孢杆菌 *Anaerobacillus alkalilacustris*	AQDS	Zavarzina et al.，2009
乳杆菌目 Lactobacillales	乳酸乳球菌 *Lactococcus lactis*	HA、ACNQ	Yamazaki et al.，2002
梭菌目 Clostridiales	脱亚硫酸杆菌 PCE1 *Desulfitobacterium* PCE1	AQDS	Cervantes et al.，2002
弯曲杆菌目 Campylobacterales	巴氏硫化螺旋菌 *Sulfurospirillum barnesii*	AQDS	Luijten et al.，2004

注：HA. 腐殖酸；AQDS. 蒽醌-2,6-二磺酸盐；ACNQ. 2-氨基-3-氯-1,4-萘醌

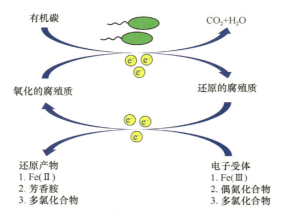

图 7-5　腐殖质参与微生物矿化有机碳的电子传递机制（李丽等，2016）

Figure 7-5　Humus participates in the electron transfer mechanism of microbial mineralized organic carbon

腐殖质作为微生物呼吸过程中的电子受体和氧化还原介质，即使在没有氧气的情况下也能促进复杂有机化合物的矿化。有研究结果表明，在腐殖质和沉积物微生物共存条件下，甲苯的厌氧氧化速率显著提高（Cervantes et al.，2001）。腐殖质还能够促进含卤有机化合物的生物降解和矿化、还原脱卤、硝基还原和偶氮染料的还原脱色。Bradley 和 Chapelle（1998）采用 ^{14}C 标记法，研究了在厌氧条件下，腐殖质对 1,2-二氯乙烯（1,2-DCE）和氯乙烯（VC）降解的影响。结果显示，实验体系中不断有 $^{14}CO_2$ 产生，表明通过腐殖质呼吸作用，DCE 和 VC 能完全矿化生成 CO_2，并且过程中没有中间产物的积累。Martinez 等在 2012 年首次报道了苯酚和四氯化碳的同步生物降解，他们发现腐殖质能够提高厌氧微生物对这两种污染物的降解速率（Martinez et al.，2012）。腐殖质呼吸速率受多种因素影响，如腐殖质的来源、结构特征、组成成分和环境中的氧化还原条件等。例如，陆地上产生的腐殖质主要源于动植物残体的分解，醌基含量高，因此具有更高的氧化还原活性和更强的电子转移能力。

第三节　有机碳厌氧消化产甲烷过程

厌氧消化产甲烷是指在厌氧条件下，利用多种微生物协同作用分解有机物并转化为 CH_4、H_2O 和 CO_2 等物质的过程，包括水解、酸化和产甲烷等阶段。主要过程为：大分子有机物被水解菌水解成相对分子质量较小的可溶性单糖、氨基酸等小分子有机物；接着这些小分子有机物被进一步分解转化成乙酸、丙酸等低分子物质，同时伴随着 H_2、CO_2 等气体的释放；随后产甲烷菌将乙酸、H_2 和 CO_2 转化为 CH_4（Bryant，1979）。产甲烷阶段的反应过程较复杂，约 72% 的甲烷来自乙酸，13% 由 CO_2 还原生成，剩下 15% 来自其他底物。

一、电极介导的有机碳厌氧消化产甲烷

由于厌氧消化过程通常是非平衡的氧化还原反应，这就意味着需要额外提供电子供

体或者电子受体促进反应的进行。与其他电子供体/受体相比，电极介导的有机碳厌氧消化过程具有特殊的优势，主要包括：①可通过施加较小电流强化对厌氧消化过程的控制；②由于相比于氧气所提供的热量更少，会产生更少的微生物和代谢产物；③电子在电极表面的分布更加均匀，有利于电子的传递及利用。作为难溶性的电子供体（阴极）或电子受体（阳极），电极有效驱动了有机碳厌氧消化产甲烷过程。电极与微生物之间可通过纳米导线或生物膜分泌的胞外多聚物进行有效电子传递。此外，电子传递也可以通过厌氧消化过程产生的氢气、甲酸、乙酸或人工合成物质（如中性红和甲基紫精）来完成。

电极介导的有机碳厌氧消化产甲烷过程的可能机理如图 7-6 所示。在阳极，微生物促进有机碳的氧化分解，产生的电子通过电极（电子受体）传递至阴极，这有效克服了传统厌氧消化过程中由于无电子受体而抑制催化反应进行的缺点。在阴极，电极作为电子供体不仅能够有效促进有机物还原，其提供的还原力还可以用于羧酸盐或醇的链延伸、H^+ 还原及 CO_2 还原产甲烷等。该过程能够有效改善厌氧消化环境 [氧化还原电位（ORP）、pH 等]，从而促进功能微生物的生长及富集，特别是电活性微生物。Cheng 等（2009）证明，*Methanosarcina barkeri* 能够直接吸收电极电子进行产甲烷过程。Choi 等（2017）的研究结果表明，施加电压能够有效改善厌氧消化产甲烷性能；当电压为 1.0 V 时，最高甲烷产量可达到 408.3 mL CH_4/g 有机污染物，比对照组提高了 30.3%。Zhao 等（2015b）也发现，电压的施加能够使甲烷产量提高 9.2%。Ren 等（2018）研究发现，在电极介导的有机碳厌氧消化产甲烷过程中添加导电石墨粉能够进一步改善其性能，导

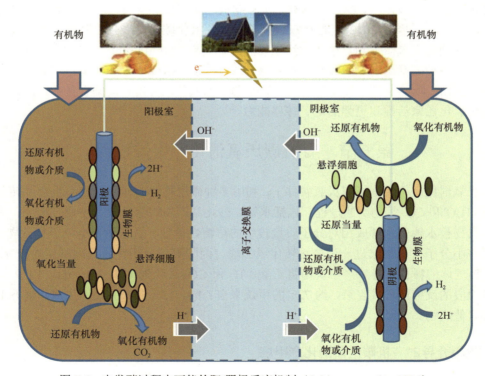

图 7-6　电发酵过程中可能的阳/阴极反应机制（Schievano et al.，2016）

Figure 7-6　Possible anodic/cathodic reaction mechanisms during electro-fermentation

致产甲烷量与最大产甲烷速率分别提高了 54.3%及 72.2%。这可能是由于石墨粉能够影响阴极生物膜的组成，特别是能够促进阴极生物膜上生物催化活性位点和氧化还原基团的种类和强度增加。

二、导电物质介导的有机碳厌氧消化产甲烷

与其他厌氧呼吸相比，产甲烷过程释放的能量较少，产生的有限能量迫使不同微生物之间必须进行高效合作。细菌与产甲烷古菌的互营对于维持高效的厌氧消化产甲烷性能起到了重要的作用。传统的互营理论是以 H_2 或甲酸为电子载体的种间 H_2/甲酸转移，即一种微生物氧化底物后产生的 H_2 或甲酸转移到另一种微生物，并作为其还原当量，控制整个生态系统的电子转移（Li and Fang，2007）。近年来的研究报道表明，导电物质可以促进互营细菌和产甲烷古菌之间的直接种间电子传递（direct interspecies electron transfer，DIET）（Kato et al.，2012）。从能量角度分析，"种间 H_2/甲酸转移"途径涉及多个过程，每个过程都要消耗能量，而"直接种间电子传递"方式简单直接，相对而言，微生物可保存更多能量供自身生长利用，因此具有"经济"与"高效"的特点。常见的导电物质主要包括碳基和铁基材料两大类（图 7-7）。

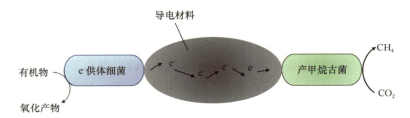

图 7-7 导电物质介导的 DIET 产甲烷过程（Park et al.，2018）
Figure 7-7 Methane production by DIET via conductive materials

（一）导电碳材料

导电碳材料已被广泛用于促进厌氧消化产甲烷过程，这些材料包括颗粒/粉末活性炭、生物炭、碳布、多壁/单壁碳纳米管、石墨烯和石墨等（表 7-2）。一般而言，导电碳材料具有较高的电子传导率、较大的比表面积以及良好的耐腐蚀性能。Liu 等（2012）报道，颗粒活性炭较高的导电率能够有效促进直接种间电子传递，改善产甲烷性能。此外，较大比表面积的颗粒活性炭不仅有利于微生物的附着，而且对有机溶剂和重金属等潜在的有毒物质有较好的吸附作用。粉末活性炭也可通过促进 DIET 过程改善厌氧产甲烷性能，并且比颗粒活性炭具有更强的高有机负荷承受能力（Zhao et al.，2016）。生物炭是生物质在无氧条件下煅烧形成的一种碳基材料。研究表明，虽然生物炭的电导率只是颗粒活性炭的千分之一，但是二者在促进种间电子传递上的作用相当（高心怡等，2017）。Chen 等（2014）研究表明，生物炭能够在 *Geobacter metallireducens* 与 *Geobacter sulfurreducens* 或 *Methanosarcina barkeri* 的共培养中促进种间电子传递，与对照组相比甲烷产量提高了约 1.3 倍。

表 7-2　不同导电碳材料对厌氧消化产甲烷的促进效果

Table 7-2　The enhancements of microbial methane production by different carbon materials

导电材料	颗粒粒径/μm	添加浓度/（g/L）	基质	甲烷产量增加倍数[a]	参考文献
石墨烯		0.03～0.12	乙醇	1.2～1.5	Tian et al.，2017
多壁碳纳米管	0.010～0.2	0.1～5.0	乙酸	1.1～17	Salvador et al.，2017
单壁碳纳米管	0.001	1.0	蔗糖	1.8～2	Yan et al.，2017
粉末活性炭	149～177	5	啤酒厂合成废水		Xu et al.，2015
石墨	6～25	12	合成废水	1.3	Zhao et al.，2015b
颗粒活性炭	841	3.3	乙酸	1.1	Rotaru et al.，2014
碳毡		3	葡萄糖合成废水	1.1	Dang et al.，2016
碳布		10	乙醇	1.1～10	Dang et al.，2017
生物炭	60～700	0.3～42.7	乙醇	1.2～1.3	Chen et al.，2014

注：a 与对照组相比，甲烷产量增加倍数

（二）导电铁基材料

常见的导电铁基材料包括赤铁矿、磁铁矿、氧化铁、纳米零价铁等。已有研究表明，不同的导电铁矿能有效促进有机质的互营氧化产甲烷过程（表 7-3）。例如，富含 Fe_3O_4 的磁铁矿是一种常用的导电物质，能够有效促进直接种间电子传递。Cruz 等（2014）研究发现，在丙酸厌氧发酵中添加磁铁矿后甲烷产量比对照组提高了 33%。Li 等（2015）研究表明，导电性纳米级磁铁矿的添加能加速水稻土微生物的丁酸互营氧化产甲烷过程，这种产甲烷加速效应随着磁铁矿浓度的增加而增加。Zhuang 等（2015）对受苯甲酸污染的水稻土进行研究发现，（半）导电性铁氧化物的添加能激发苯甲酸厌氧降解产甲烷过程。与不加铁氧化物的对照组相比，添加磁铁矿后苯甲酸降解的产甲烷速率提高了 25%。理论计算结果表明，磁铁矿介导的 DIET 电子传递速率比种间 H_2 转移速率快约 10^6 倍（Cruz et al.，2014）。此外，含铁氧化物的工业废渣也能促进厌氧消化产甲烷。Ye 等（2018）研究发现，将制铝后产生的工业固体废渣——赤泥添加到污泥厌氧消化系统

表 7-3　导电铁基材料促进厌氧消化产甲烷的研究综述

Table 7-3　Summary of the studies reporting the enhancement of methane production by iron materials

导电材料	颗粒粒径/μm	添加浓度/（g/L）	基质	甲烷产量增加倍数[a]	参考文献
磁铁矿	0.01～0.3	0.01～25	乙醇	1.3～1.9	Zhang and Lu，2016
纳米氧化铁	0.02	0.8	甜菜制糖工业废水	1.3	Ambuchi et al.，2017
三价铁氧化物	1～2	1.8	乳制品废水	2.0	Baek et al.，2015
四氧化三铁	0.01～0.3	10	合成废水	1.2～1.8	Yin et al.，2017
水铁矿	0.03	3.4～4.2	乙酸、乙醇	1.1	Kato et al.，2012
赤铁矿	0.3	0.1	污泥	1.3	Wang et al.，2016
纳米零价铁	0.16	0.3	污泥	1.3	Suanon et al.，2017
赤泥		20	活性污泥	1.4	Ye et al.，2018

注：a 与对照组相比，甲烷产量增加倍数

中能够增强电子的转移能力，从而促进污泥厌氧消化产甲烷的性能，其甲烷产量相比于对照组提高了 35.5%。

三、电子穿梭体介导的有机碳厌氧消化产甲烷

由于微生物细胞壁的阻碍，大多数微生物自身不能将电子传递到胞外电子受体，需要借助可溶性电子穿梭体，将胞内电子传递到胞外电子受体（卢娜等，2008）。电子穿梭体也称氧化还原介体（redox mediator），能充当电子载体参与可逆氧化还原反应（Scherr，2013）。大部分的电子穿梭体都具有芳香基团，如醌类物质、含氮吩嗪等（图 7-8）。根据来源不同，电子穿梭体可分为微生物自身分泌的内源电子穿梭体和人为添加或者来源于动植物体腐殖化的外源电子穿梭体。

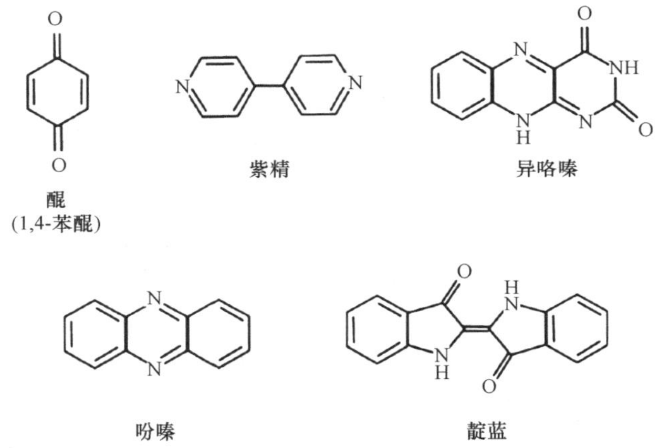

图 7-8　常见电子穿梭体的氧化还原基团结构（Scherr，2013）

Figure 7-8　Main redox-active structures found in extracellular electron shuttles

目前，对于电子穿梭体添加对有机碳厌氧消化产甲烷过程的影响还尚有争议。dos Santos 等（2003）通过在厌氧反应器中添加蒽醌-2,6-二磺酸盐（AQDS）证明，AQDS 的添加不仅可以提高偶氮染料脱色效果，而且能够促进 CH_4 的产生，有效增强了厌氧消化系统的稳定性。Zhuang 等（2017）发现，在水稻土壤富集过程中，半胱氨酸的添加（100 μmol/L、400 μmol/L、800 μmol/L）能够加速丙酸降解产 CH_4；其中 100 μmol/L 半胱氨酸对丙酸降解产 CH_4 的促进作用最为显著。与无半胱氨酸对照培养相比，CH_4 累积量和丙酸降解率分别提高了 109% 与 79%。但是，Huang 等（2019）的研究结果表明，不同的电子穿梭体主要是有效促进挥发性脂肪酸的生成。Yang 等（2012）也发现，AQDS 的添加能够有效促进有机碳向挥发性脂肪酸的转化。当 AQDS 的添加量分别为 0.066 g AQDS/g 及 0.33 g AQDS/g 干重时，挥发性脂肪酸的总量比对照分别提高了 1.9 倍及 2.7 倍。增加的挥发性脂肪酸主要是乙酸和丙酸；但同时也发现，AQDS 的添加会抑制产甲烷菌的活性。这可能与腐殖质呼吸竞争电子有关（Klüpfel et al.，2014）（图 7-9）。Xu 等（2013）发现，AQDS 对水稻土厌氧消化产甲烷的影响具有时间依赖性和浓度依赖性。在整个实验期间，20 mmol/L AQDS 对产甲烷活性具有毒害作用；而 0.5 mmol/L 和

5 mmol/L AQDS 添加量虽然在厌氧消化早期对产甲烷过程有轻微抑制作用,但是随着反应的进行,最终 CH_4 积累量分别是无 AQDS 对照组的 5 倍和 10 倍。

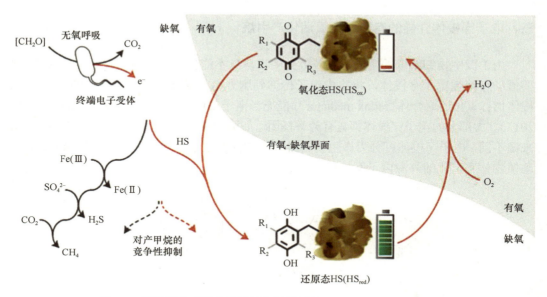

图 7-9 厌氧条件下腐殖质的氧化还原循环(Klüpfel et al., 2014)

Figure 7-9 Redox cycling of HS in temporarily anoxic systems

第四节 甲烷氧化过程

甲烷作为全球第二大温室气体,虽然其在大气中的浓度比二氧化碳低 200 倍,但甲烷 100 年的全球变暖潜能值是二氧化碳的 28 倍,这导致其对全球温室效应的贡献率高达 16.0%(Rhee et al., 2009)。大气中甲烷的浓度由甲烷的源和汇的平衡所决定,而甲烷氧化是甲烷浓度的重要汇。按照是否需要氧气,甲烷氧化过程可分为甲烷好氧氧化和甲烷厌氧氧化,主要由不同的甲烷氧化菌实现。好氧甲烷营养细菌(aerobic methanotrophic bacteria)可根据(G + C)%、细胞结构、胞质内膜精细结构、甲醛代谢途径和其他一些生理特征的不同,分成Ⅰ型、Ⅱ型以及X型,主要分布于 α-变形菌门及 γ-变形菌门。此外,最近还发现了一些新种,如疣微菌门甲基嗜酸菌科甲烷氧化菌(表 7-4)。参与甲烷厌氧氧化过程的甲烷厌氧氧化古菌(anaerobic methanotrophic archaea,ANME)主要由三种典型不同的发育族群组成:ANME-1、ANME-2、ANME-3。其中,ANME-1、ANME-2 是 ANME 族群中数量最多的两类,广泛分布于各种厌氧环境土壤或沉积物。为研究甲烷厌氧氧化微生物在代谢分解甲烷过程中的电子传递机理,研究者将其接入生物电化学系统(BES)中分析其产电过程,即电子传递过程。BES 中的产电微生物,通过胞外电子传递(extracellular electronic transfer,EET)的途径将有机物氧化的电子提供给阳极。在细胞体内,底物被细胞膜上的脱氢酶直接氧化成小分子有机酸,该过程伴随着电子的产生。释放的电子经由细胞的代谢呼吸链传递到细胞膜上的电子载体,再由细胞表面的氧化还原蛋白传递至细胞外膜表面,最后电子通过 EET 方式传递至电极表面(Lovley et al.,

1991；Nevin and Lovley，2002）。从微生物表面到阳极表面的 EET 一般遵循两大机制，一是生物膜机制，即通过产电微生物外膜上的氧化还原蛋白（如细胞色素 c）或纳米导线，即导电菌毛（pilus）进行直接 EET；二是电子穿梭机制，即通过内源性产生或外源性人工添加的氧化还原活性电子穿梭体进行间接 EET（Logan and Regan，2006）。

表 7-4　甲烷好氧氧化菌的生理特性
Table 7-4　Physiological characteristics of aerobic methanotrophic bacteria

生理特性	变形菌门（Proteobacteria）			疣微菌门（Verrucomicrobia）
	类型 I	类型 II	类型 X	
生长温度/℃	0～72	2～40	20～65	37～65
生长 pH	4～9.5	4.2～9.0	6～8.5	0.8～5.8
G＋C 组分（摩尔分数）	43～62.5	60～67	59～66	41～46
核酮糖-1,5-二磷酸羧化酶/加氧酶（rubisco）途径	否	否	能	能
甲醛同化途径	核酮糖单磷酸途径（RuMP）	丝氨酸途径	核酮糖单磷酸/丝氨酸途径	丝氨酸途径
主要的磷脂脂肪酸（PLFA）	14:0；16:0；16:1ω7c；16:1u5t	18:1ω8c；18:1ω7c；16:1ω8c	16:0；16:1ω7c	i14:0；a15:0；18:0
pMMO	＋	＋/－[*]	＋	＋
氮固定	否	能	能	能

注：*表示 *Methylocella* 及 *Methyloferula* 无 pMMO

一、甲烷好氧氧化

甲烷好氧氧化是指甲烷好氧氧化菌在有氧条件下将甲烷氧化为 CO_2 的过程，该过程广泛存在于湖泊、河流、土壤、海洋、泥沼和其他一些极端环境等自然或人工环境中（Yun et al.，2010；Singh and Tate，2007；Dumont et al.，2011）。甲烷好氧氧化的途径基本上类似，即甲烷 $\longrightarrow$ 甲醇 $\longrightarrow$ 甲酸（甲醛等）$\longrightarrow CO_2$（Hou et al.，2008）。具体的步骤为：①甲烷被甲烷好氧氧化菌独有的甲烷单加氧酶（methane monooxygenase，MMO）氧化成甲醇，MMO 通常包括分布于细胞质中的溶解性 MMO（soluble MMO，sMMO）及分布于细胞膜上的颗粒状 MMO（particulate MMO，pMMO）（Lieberman and Rosenzweig，2010）；②甲醇被甲醇脱氢酶（methanol dehydrogenase，MDH）氧化为甲醛，常见的甲醇脱氢酶包括 MxaF 及 XoxF 两种类型（Keltjens et al.，2014；Krause et al.，2017）；③部分甲醛将被同化形成生物质，另一部分被异化，经甲醛脱氢酶和甲酸脱氢酶继续氧化生成 CO_2（图 7-10）。

（一）甲烷好氧氧化菌与反硝化菌的协同作用

甲烷好氧氧化菌氧化甲烷作为自身碳源和能源，同时释放出简单有机物。反硝化菌

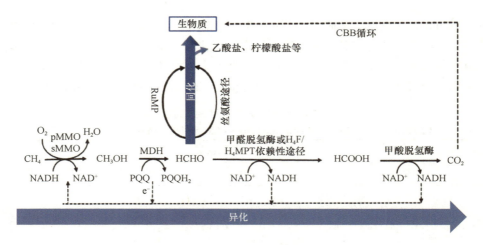

图 7-10 甲烷好氧氧化过程

Figure 7-10 Aerobic methane oxidation process

实线代表绝大部分甲烷好氧氧化菌的普遍甲烷氧化过程，虚线代表特殊甲烷好氧氧化菌的代谢过程

利用这些有机物作为电子供体进行反硝化，还原 NO_3^- 或 NO_2^-（图 7-11）。甲醇、乙酸、柠檬酸、多糖以及蛋白质都可能是连接甲烷氧化和反硝化的中间产物。根据底物类型的不同，可以将反硝化菌分为甲基营养型反硝化菌和非甲基营养型反硝化菌。Rhee（1978）最早发现了甲烷好氧氧化菌与非甲基营养型反硝化菌的协同作用，但由于实验设计的限制，无法排除其他有机物作为反硝化菌电子供体的可能性。随后，Costa 等（2000）利用 ^{13}C 标记的核磁共振技术证实了甲烷好氧氧化菌小甲基孢囊菌（*Methylocystis parvus*）和具有反硝化功能的广布种慢生根瘤菌（*Mesorhizobium plurifarium*）以乙酸作为重要中间产物的代谢通路。甲烷好氧氧化菌与甲基营养型反硝化菌的协同作用由 Mechsner 和

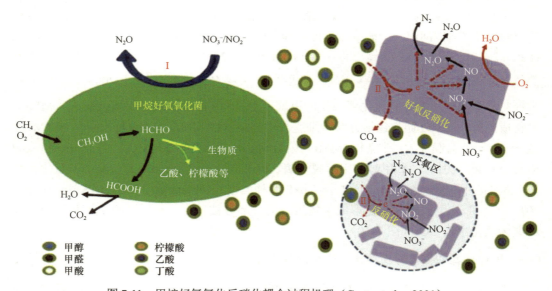

图 7-11 甲烷好氧氧化反硝化耦合过程机理（Costa et al.，2001）

Figure 7-11 Postulated pathways of aerobic methane oxidation coupled to denitrification

Hamer（1985）发现。但是到目前为止，人们还无法对甲烷好氧氧化菌向胞外释放优质甲醇的原因提供有信服力的解释，因为甲醇对于甲烷氧化菌本身而言也是优越的碳源甚至能源。

随着研究手段的深入和分析技术的快速发展，越来越多的证据表明，甲烷好氧氧化菌具有完全反硝化或不完全反硝化的巨大潜力。脱氮性能的影响因素包括反应器类型、进水氮素成分、温度、溶解氧浓度及与反硝化各类酶相关的金属离子浓度等。Nyerges 等（2010）研究发现，*Methylocystis alubum* STCC 33003 能够利用高负荷的 NO_2^- 进行反硝化，产生的 N_2O 的量显著高于对照组。李彦澄等（2019）考察进水氮素负荷对甲烷好氧氧化的影响时发现，当氮素负荷为 0.075 kg/($m^3 \cdot$ d)时，硝酸盐氮去除率达到 98.93%，其反硝化速率为 74.25 mg/(L·d)，系统的甲烷日平均消耗量为 35.91%（初期为 50%）。Kits 等（2015）研究发现，当 O_2 的浓度低于 50 nmol/L 时，*Methlyomonas denitrificans* 能以甲烷为唯一碳源、能源和还原剂，进行 NO_3^- 呼吸并最终产生 N_2O。这种反硝化途径可能是甲烷氧化菌在低氧限制下获得能源的一种方式，并可以削弱或解除 NO_x 的毒性，从而增强甲烷氧化菌对缺氧环境的耐受能力。

（二）甲烷好氧氧化菌与其他微生物的协同作用

在甲烷氧化菌与其他异养菌共存的微生物群落中，除了反硝化菌，甲烷好氧氧化菌还可为其他异养微生物提供碳源。例如，在利用甲烷培养单细胞蛋白的体系中，甲烷氧化菌常与其他异养菌，如 *Cupriavidus taiwanensis* 等共存。其他异养微生物可以通过氧化甲醇、甲醛等有毒的中间代谢产物促进甲烷氧化菌的生长。例如，Iguchi 等（2011）将 *Methylovulum miyakonense* HT12 与 9 种非甲烷营养细菌进行共培养后发现，根瘤菌能够通过释放生长因子如钴胺素等，促进甲烷氧化菌的生长。Ho 等（2014）发现，随着异养微生物丰度的增加，甲烷氧化作用显著增强，这可能是由于共培养过程中存在着复杂的相互作用，从而提高了甲烷氧化菌的活性。Stock 等（2013）考察了不同种类的异养菌和甲烷氧化菌间的相互作用，发现异养菌对甲烷氧化菌的影响与甲烷氧化菌的种类有关。Jeong 等（2014）考察了 *Sphingopyxis* sp.对 *Methylocystis* sp.生长的影响，结果显示，9：1 的共培养比例能够使甲烷氧化菌的生物量浓度与甲烷氧化速率分别提高 2.4 倍和 1.3 倍。此外，还有研究发现，甲烷氧化菌和其他异养微生物相互作用时，微生物可以利用甲烷为底物降解烷基苯磺酸盐。

二、甲烷厌氧氧化

甲烷厌氧氧化（anaerobic oxidation of methane，AOM）是另一种重要的甲烷消耗途径（Conrad，2009）。迄今发现所报道的甲烷厌氧氧化过程，根据环境中电子受体的不同暂时将其分为三种（图 7-12）：第一种是常发生在海洋沉积物中以 SO_4^{2-} 为最终电子受体的 AOM 过程，即硫酸盐还原菌（SRB）与甲烷厌氧氧化古菌（ANME）合作完成硫酸盐依赖性甲烷厌氧氧化（sulfate-dependent anaerobic oxidation of methane，S-DAOM）的过程；第二种是发生在淡水环境中以 NO_2^-/NO_3^- 为最终电子受体的 AOM 过程

（denitrifying anaerobic methane oxidation，DAMO），即硝酸盐/亚硝酸盐依赖性甲烷厌氧氧化；第三种是以 Fe^{3+}/Mn^{4+} 为最终电子受体的金属离子依赖性甲烷厌氧氧化（metal ion-dependent anaerobic oxidation of methane，M-DAOM）。

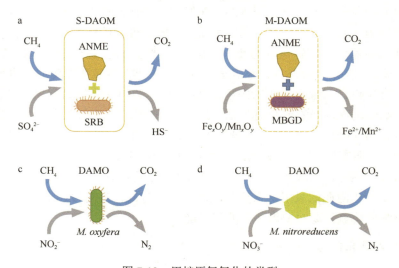

图 7-12　甲烷厌氧氧化的类型
Figure 7-12　Types of anaerobic oxidation of methane
MBGD. 海洋底栖类 D 组

（一）以 SO_4^{2-} 为最终电子受体的甲烷厌氧氧化（S-DAOM）

在海洋中存在着硫酸盐-甲烷转换带（sulfate-methane transition zone，SMTZ），丰富的硫酸盐与甲烷资源为 S-DAOM 提供了充足的底物，因此 SMTZ 中时常上演着 S-DAOM 过程。Reeburgh（1976）首次通过研究海洋生态发现了 S-DAOM 过程，在随后的几十年间，越来越多的证据表明这一过程主要发生在海洋环境中。其间，Murase 和 Kimura（1994）发现，在陆地淡水环境中也存在着 S-DAOM 过程，该研究结果随后也被更多的学者多次证实。这些研究结果都充分表明 S-DAOM 广泛存在于自然生态系统中，在全球碳硫循环中发挥着重要的作用。其总反应方程式为

$$CH_4 + SO_4^{2-} + H^+ \longrightarrow CO_2 + HS^- + 2H_2O \quad (G^{o'} = -16 \text{ kJ/mol})$$

参与 S-DAOM 过程的 SRB 主要为 δ-变形菌（delta-Proteobacteria）。其中，*Desulfosarcina* 及 *Desulfococcus* 主要与 ANME-1 及 ANME-2 进行甲烷厌氧氧化过程，而 *Desulfobulbus* 主要与 ANME-3 进行互营甲烷代谢。最初人们普遍认为，ANME 往往需要与 SRB 形成共生体，从而在实现甲烷氧化的同时伴随着硫酸盐的还原。但是近年来的研究表明，与 ANME 共生的细菌可能不仅限于 SRB，而是具有较高的多样性。例如，ANME-2 就可形成单一微生物类型的共生体；ANME-2a 能与 *Acinetobacter* 和 *Acidobacteria* 共生。但是这些共生体的具体代谢方式与机理仍需通过基因组学的手段进行分析。

目前对于 S-DAOM 的确切代谢机制尚不明确，主要的理论模型包括：反向产甲烷理论、乙酸化理论以及甲基化理论。此外，也有研究者认为，S-DAOM 过程具有特异性，即不同的 ANME 类群可能采用不同的代谢机制。最新的研究发现，零价硫可以作为 ANME

和 SRB 的中间物质，即与 ANME-2 共生的 SRB 获取能量的方式是零价硫的歧化反应。

（二）以 NO_2^-/NO_3^- 为最终电子受体的甲烷厌氧氧化（DAMO）

Smith 等（1991）发现 AOM 可以发生在富含氮营养的水体中，这也是 AOM 耦合反硝化过程首次在自然环境中被发现，但 NO_2^-/NO_3^- 可以作为 AOM 的最终电子受体这一结论直至 2006 年才被 Raghoebarsing 等证实。他们从富含硝酸盐的缺氧淡水沉积物中发现了 DAOM 富集培养物。通过同位素标记、脂质分析及 16S rRNA 基因检测等手段发现培养物中 90% 优势菌属于 NC10 门的细菌（其后命名为 *Candidatus* Methylomirabilis oxyfera）。近年来，随着 *pmoA* 基因的特异性引物的开发，*Ca.* M. oxyfera 类似菌被发现广泛存在于湖泊底泥、河流沉积物、泥炭、水稻田、湿地、土壤、海水等各种自然生态环境。这说明 DAMO 过程普遍存在。此外，隶属于 ANME-2d 的 *Candidatus* M. nitroreducens 也是参与 DAMO 过程的一类微生物，其在中温（$22\sim25$℃）、中性 pH（$7.0\sim8.0$）条件下生长。DAMO 过程包括硝酸盐型甲烷厌氧氧化过程（nitrate-dependent anaerobic oxidation of methane）和亚硝酸盐型甲烷厌氧氧化过程（nitrite-dependent anaerobic oxidation of methane），其反应方程如下所示：

$$CH_4 + 4NO_3^- \longrightarrow CO_2 + 4NO_2^- + 2H_2O \quad (G^{o'} = -503 \text{ kJ/mol})$$

$$3CH_4 + 8NO_2^- + 8H^+ \longrightarrow 3CO_2 + 4N_2 + 10H_2O \quad (G^{o'} = -928 \text{ kJ/mol})$$

DAMO 反应机理可分为：①*Ca.* M. oxyfera 细菌通过内部好氧机制耦合亚硝酸盐还原与甲烷的厌氧氧化，即 *Ca.* M. oxyfera 具有一套完整的甲烷好氧氧化途径酶系的编码基因，能够利用特殊的 NO 歧化酶将 NO 分解为 N_2 和 O_2。产生的 O_2 主要用于氧化 CH_4，还有部分 O_2 在正常呼吸中被终端呼吸氧化酶所消耗。这也被认为是地球上第四种生物产氧途径。②*Ca.* M. Nitroreducens 古菌通过逆向产甲烷途径耦合硝酸盐还原与甲烷的厌氧氧化。*Ca.* M. Nitroreducens 的基因库中，不仅包含产甲烷途径所需的全部基因，而且含有 NO_3^- 还原酶的编码基因，但是并未在 *Ca.* M. Nitroreducens 细胞内检测到参与反硝化后续步骤的相关编码基因。因此 *Ca.* M. Nitroreducens 只能完成将 NO_3^- 还原成 NO_2^- 的部分反硝化。

（三）以 Fe^{3+}/Mn^{4+} 为最终电子受体的甲烷厌氧氧化（M-DAOM）

Fe^{3+}/Mn^{4+} 是除 SO_4^{2-} 与 NO_2^-/NO_3^- 外第三类参与 AOM 过程的电子受体。这种将金属离子还原与 AOM 结合的新途径被称为 M-DAOM（Sivan et al.，2011）。Beal 等（2009）首次发现，海洋沉积物中的微生物可以分别实现甲烷厌氧氧化耦合 Fe^{3+}/Mn^{4+} 的还原，为 AOM 开拓了新的领域。其总反应方程如下所示：

$$5CH_4 + 8MnO_4 + 24H^+ \longrightarrow 5CO_2 + 8Mn^{2+} + 22H_2O \quad (G^{o'} = -1028.1 \text{ kJ/mol})$$

$$CH_4 + 8Fe^{3+} + 2H_2O \longrightarrow CO_2 + 8Fe^{2+} + 8H^+ \quad (G^{o'} = -454.6 \text{ kJ/mol})$$

对于 M-DAOM 的反应机理尚未达成共识，可能的机理包括三种：①通过一种或几种微生物使得金属离子直接耦合甲烷厌氧氧化，即类似于硫酸盐还原耦合甲烷厌氧氧化机理；②在硫化物存在条件下，形成零价硫，然后通过零价硫的歧化反应生成 SO_4^{2-} 和 S^{2-}，与此同时进行碳的固定，产生的硫酸盐可以与甲烷发生 S-DAOM，从而氧化甲烷；③反应体系中的 H_2 被 Fe^{3+} 还原菌利用至低浓度后，通过反向产甲烷作用，氧化甲烷。由于海洋与大陆边缘环境中存在大量的锰和铁，M-DAOM 可能在全球海洋 AOM 中发挥重要作用。

第五节　CO_2 还原固定过程

随着全球气候变暖引起人们的广泛重视，目前全球已有超过 120 个国家和地区提出了碳中和目标，"低碳经济"发展将进入快车道。因 CO_2 对"温室效应"的贡献率约占所有温室气体的 60%，促使人们寻找更有效和可持续的 CO_2 固定及资源化利用技术。目前最常见的 CO_2 固定技术包括物理封存固碳技术、化学固碳技术和生物固碳技术。其中，生物固碳技术具有环境友好和可持续发展等优点，是目前世界上最主要和最有效的固碳技术之一。光合作用是自然界进行生物固碳的完美典范，其为自养生物通过光合作用吸收无机碳（CO_2）转化为有机物的过程，目前常采用的高效固碳生物体有微藻、蓝细菌和厌氧光合细菌等。生物电化学法是以微生物为催化剂进行阳极氧化和阴极还原的生物电化学技术，是一种模仿自然光合作用过程而构建的人造固碳系统（蒋海明等，2015），该系统将细胞作为生物催化剂来驱动固态电极上的氧化反应和还原反应，在阳极上发生氧化反应，在阴极上发生还原反应，产生甲烷、乙醇、甲酸、乙酸和 2-羧基丁酸、丁酸、己酸和辛酸等能源物质及有机化学品（朱华伟等，2016）。在设计微生物电合成系统的时候需要选择合适的微生物，微生物需要具有吸收和同化电极上电子的能力、固定 CO_2 的能力，以及特异性生产目标产物的能力。

一、电能驱动 CO_2 还原固定

微生物细胞利用电能驱动 CO_2 还原是目前研究的热点，也被称为微生物电合成（microbial electrosynthesis，MES）。该过程能够以电能作为能量输入及 CO_2 为唯一碳源，将可再生的电能转变成可稳定储存的化学能，主要利用的平台是生物电化学系统。目前用于微生物电合成的微生物不仅要能够吸收和同化电极上的电子，而且还需要能够固定 CO_2 实现特异性生产目标产物转化的能力。目前常见的电合成微生物主要包括：①产甲烷菌（如 Methanobacteriales 及 Methanosarcinales）；②产酸菌（*Sporomusa ovate*、*Clostridium ljungdahlii* 等）；③部分 O_2 还原微生物（如 *Ralstonia eutropha* H16）和混合培养物等（朱华伟等，2016）。在微生物电合成过程中，电子需要从阴极表面传递到细胞，以此提供能量和还原力。微生物电合成的机理如图 7-13 所示，以整个细胞作为生物催化剂来驱动固态电极上的氧化还原反应。在微生物电合成过程中，电子转化为目的产物的效率可以达到 90%，远高于传统厌氧微生物系统的电子转化效率（10%）。因此，微生物电合成系统具有巨大研究前景。有研究结果显示，微生物电合成的过程中，电子能够通过影响胞外氧化还原电位（ORP）而影响微生物的新陈代谢。这主要是因为胞外氧化还原电位能够调节 $NADH/NAD^+$ 平衡，进而影响胞内的氧化还原电位。相比于化学方法，电化学方法具有灵敏度高、操作简便等优点。

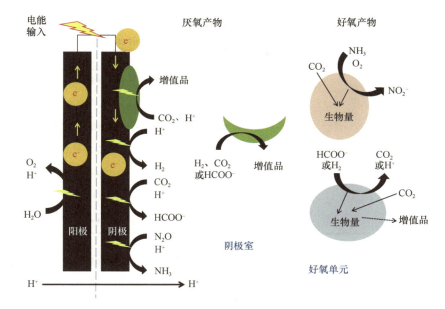

图 7-13　微生物电化学系统还原 CO_2 的原理图（Lovley and Nevin，2013）

Figure 7-13　Principle diagram of CO_2 reduction by microbial electrochemical system

　　影响微生物电合成性能的主要因素有接种菌的类型、电极材料、外加电势等。如图 7-14 所示，外加电势能够影响氧化还原电势，从而改变微生物电合成路径。表 7-5

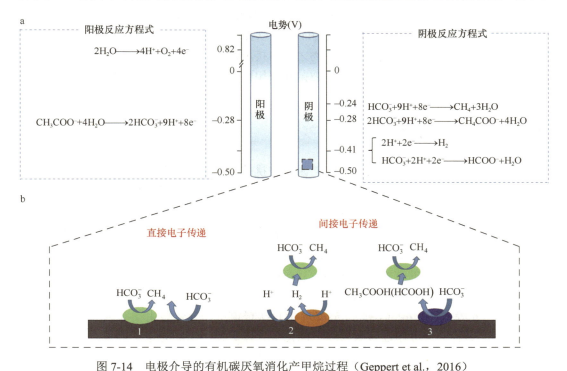

图 7-14　电极介导的有机碳厌氧消化产甲烷过程（Geppert et al.，2016）

Figure 7-14　Methane-producing process of organic carbon anaerobic digestion mediated by electrode

表 7-5　不同电势下的 CO_2 还原过程（Lu and Jiao，2016）

Table 7-5　CO_2 reduction process under different electric potentials

还原电势/V *vs.* SHE	还原反应式
−0.20	$CO_2 + 4H^+ + 4e^- \longrightarrow C + 2H_2O$
−0.24	$CO_2 + 8H^+ + 8e^- \longrightarrow CH_4 + 2H_2O$
−0.28	$2CO_2 + 8H^+ + 8e^- \longrightarrow CH_3COOH + 2H_2O$
−0.38	$CO_2 + 6H^+ + 6e^- \longrightarrow CH_3OH + H_2O$
−0.48	$CO_2 + 4H^+ + 4e^- \longrightarrow HCHO + H_2O$
−0.53	$CO_2 + 2H^+ + 2e^- \longrightarrow CO + H_2O$
−0.61	$CO_2 + 2H^+ + 2e^- \longrightarrow HCOOH$

为理想状态下不同电势条件下的 CO_2 还原过程。此外，电极材料是微生物电合成系统的重要组件，直接影响着生物膜的形成和电子传递过程。理想的电极材料需要具有良好的电活性表面、较高的电子传递速率和较低的过电势。目前，主要采用的阴极材料包括碳纸、碳布、碳毡、颗粒石墨棒等，虽然具有成本较低、制备简单、扩展性好等优点，但通常比表面积较小，生物相容性差，不利于微生物细胞的附着。因此对电极表面进行合理修饰使其带有正电荷，可以提高微生物与电极之间的相互作用。目前有研究利用壳聚糖、三聚氯氰、金属纳米颗粒（金、钯、镍）等物质修饰电极，从而有效改善 CO_2 还原固定性能。此外，阴极的比表面积对 CO_2 的还原固定也有显著影响。以产甲烷为例，Guo 等（2016）研究发现，增加阴极的面积可以提高产甲烷速率。这是由于较大电极的比表面积能够增加电极与电活性微生物之间的接触面积，有利于电子的传递，而阴极会富集能够进行直接电子传递的电活性细菌和产甲烷古菌，促进产甲烷。阴极与阳极之间的距离也会影响产甲烷性能。

二、光电能驱动 CO_2 还原固定

为了应对化石燃料枯竭所带来的能源短缺挑战，人们需要充分利用自然界中的可再生能源，其中取之不尽的太阳能是最佳选择。虽然大自然能够通过光合作用捕获及储存太阳能并以化石燃料能源的形式存在，但是该过程较为缓慢，并不能满足我们对能源的需求。以非化石形式直接利用太阳能目前还面临着一系列技术挑战。虽然人工装置（光伏电池）通常可以达到 20%的太阳能到电能转化效率，但是利用该系统将太阳能转换为高价值燃料和化学品的技术还不成熟，且产物选择性弱（表 7-6）。相对于化学催化剂，微生物系统能够以更复杂、有效的方式进行能量转换，但是微生物的光捕获效率较低。2012 年，Lu 等在 *Nature Communication* 上首次报道：非光合微生物（包括氧化亚铁硫杆菌和粪产碱杆菌）可通过获取太阳光催化半导体矿物产生的光电子能量维持生长，而且这种促进效应与光子能量（波长）呈显著正相关（Lu et al.，2012）。这一结果具有突破性意义，它暗示了半导体矿物与微生物的互作可能会影响自然界中微生物能量利用方式。2015 年，一种全新的微生物能量利用类型——电能自养型微生物（electroautotroph）

被首次正式提出，这是继"光能营养""化能营养"之后自然界已知的第三种微生物能量代谢途径。

表 7-6　光合作用的化学和生物途径比较（Sakimoto et al.，2017）
Table 7-6　Comparison of chemical and biological pathways of photosynthesis

	化学	生物
光捕获能量效率	18%～20%	<3%
活化能	多（连续的电子转移、高极性环境）	少（多重电子转移、中间稳定配体、局部疏水）
活性位点间的电子传递	扩散	介质传递
CO_2 还原产物	主要是 C_1 产物（CO、CH_4、甲酸等）	主要是 C_{2+} 产物（有机酸、醇类、芳香烃、聚合物等）
产物选择性	弱	接近 100%
合成载体的来源	传统化学合成	自我复制

基于微生物代谢的高效选择性及无机半导体优越的光捕获特性，将二者有效结合形成的微生物杂化光合系统（半人工光合系统）具有巨大的还原 CO_2 潜力。半人工光合系统的可能机制如图 7-15 所示。无机半导体能够有效捕获光能，从而促进电子和空穴对的分离（A）；光生电子可用于产生 H_2 等还原当量，而后微生物利用这些还原当量还原 CO_2（B）；光生电子也可以直接进入微生物体内还原 CO_2 产生乙酸等化学产物（C）；此外，产生的乙酸还可进一步作为微生物的底物，从而生产更丰富的产品（D）；产生的空穴会将水分子氧化为氧气或者被牺牲试剂（如半胱氨酸）填补，从而减少其氧化性对微生物的伤害。部分半导体的能带图如图 7-16 所示。

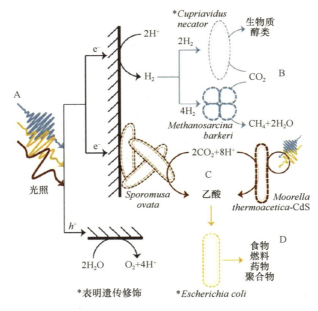

图 7-15　不同微生物杂化光合系统（Sakimoto et al.，2017）
Figure 7-15　Different microorganisms hybridize photosynthetic systems

2016 年，美国科学院院士杨培东教授团队在 *Science* 首次证实，"纳米半导体/非光合微生物"杂化体能够光电催化还原 CO_2。他们在非光合细菌 *Moorella thermoacetica* 细胞表面"镶嵌"纳米 CdS，原位形成"纳米半导体/非光合细菌"生物杂化体（即 CdS/*M. thermoacetica* biohybrid）。光照激发 CdS 纳米颗粒产生光电子，这些光电子被"吸入" *M. thermoacetica* 细胞内，通过 Wood-Ljungdahl 途径实现"$CO_2 \rightarrow$ 乙酸"的转化，其量子效率与自然光合作用相当（Sakimoto et al.，2016a）。随后，该团队又在 *Nature Nanotechnology* 上报道：Au 纳米团簇可作为胞内光敏剂，代替"胞外镶嵌式"的 CdS 纳米颗粒，其光电催化"$CO_2 \rightarrow$ 乙酸"的转化速率甚至更高（Zhang et al.，2018）。这一系列发现具有里程碑式的意义，掀起了"纳米半导体/非光合微生物"杂化体系还原 CO_2 研究的热潮（表 7-7）。

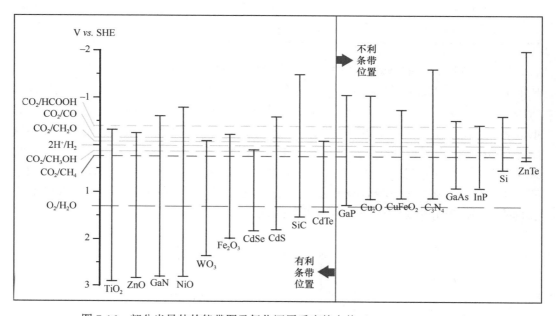

图 7-16　部分半导体的能带图及氧化还原反应的电势（Ulmer et al.，2019）

Figure 7-16　Energy band diagram of partial semiconductor and potential of oxygen reduction reaction

表 7-7　微生物杂化光合系统还原 CO_2

Table 7-7　CO₂ reduction by microbial hybridization photosynthetic system

微生物	半导体	光源	产物	量子效率/%	参考文献
Moorella thermoacetica	CdS	405 nm LED 灯	乙酸	1.60	Sakimoto et al.，2016a
Moorella thermoacetica	金纳米团簇	太阳光	乙酸	1.81	Zhang et al.，2018
Moorella thermoacetica	CdS-TiO₂	太阳光	乙酸	—	Sakimoto et al.，2016b
Methanosarcina barkeri	CdS	395 nm LED 灯	甲烷	0.34	Ye et al.，2019
电活性微生物菌群	CdS	300 W 氙灯	甲醇、乙醇、乙酸、丙酸、丁酸、己酸	—	Kumar et al.，2019

第六节　案　例　分　析

一、案例一：赤泥促进污泥厌氧消化产甲烷的性能研究（Ye et al., 2018）

直接种间电子传递（DIET）是重要的电子传递机制。已有研究证明，添加导电材料可有效促进厌氧消化过程。然而，目前常用的导电物质普遍存在制备价格昂贵且生产工艺复杂等缺陷，限制了其大规模的推广应用。赤泥是铝土矿精炼氧化铝产生的高碱性副产物，含有丰富的氧化铁，可能作为 DIET 的导电通道，提高电子传递效率。此外，赤泥中含有较多的碱性化合物，可能提高厌氧消化的水解酸化效率。

（一）研究目的与意义

本研究从厌氧消化系统的甲烷累积量、中间代谢产物和微生物群落三个方面，首次阐明赤泥在污泥厌氧消化系统中对产甲烷性能的影响，并在复杂的污泥底物中，运用不同的电化学测量手段分析厌氧消化系统电化学性能的变化。这项研究工作将对赤泥的资源化利用提供理论指导。

（二）材料与方法

使用 250 mL 厌氧血清瓶进行批次实验。将 2.0 g 赤泥加入瓶中，再加入 10 mL 接种泥和 90 mL 污泥作为赤泥添加反应器。设置未添加赤泥的反应器为对照组。利用高纯氮以 5 mL/min 的流速对瓶中的溶液和顶空曝气 60 min，以除去反应器中的氧气；之后用聚四氟乙烯涂层橡胶塞和铝帽密封瓶子。然后将厌氧消化反应器放置在 35℃恒温箱中培养 28 天，当反应器中甲烷的积累量连续三天不再增加或出现下降则判断反应器发酵终止。所有的实验均设置三组重复。

水解酸化体系实验：通过在赤泥反应器中添加 50 mmol/L 2-溴乙基磺酸钠（BESA）抑制产甲烷菌，探究赤泥添加对厌氧消化水解酸化过程的影响。对照反应器中添加 10 mL 接种泥、90 mL 污泥和等量 BESA。两组反应器在相同的实验条件下，厌氧消化培养三天，测定水解酸化产物乙酸、丙酸和丁酸的浓度。

（三）研究结果

赤泥能够有效促进污泥中有机物的水解酸化，为产甲烷过程提供更多的底物（图 7-17）。在厌氧消化系统中，赤泥添加有效地增强了电子的氧化还原反应并降低了电子的迁移电阻，显著提高了厌氧消化系统的电导率（图 7-18，图 7-19）。赤泥的添加能够有效富集 Syntrophorhabdaceae、*Geobacter*、Clostridiaceae、Ruminococcaceae 以及产甲烷古菌（*Methanosaeta*、*Methanosarcina*），并促进直接种间电子传递，提高污泥厌氧消化产甲烷效率（图 7-20）。

（四）结论

赤泥添加显著改善了污泥厌氧消化产甲烷性能，甲烷累积量提高了约 35.5%。这是由于赤泥能够有效促进污泥中有机物的水解酸化,使厌氧消化体系中蛋白质、多糖和挥发性脂肪酸(volatile fatty acid,VFA)的含量增加了 5.1%~94.5%,为产甲烷过程提供

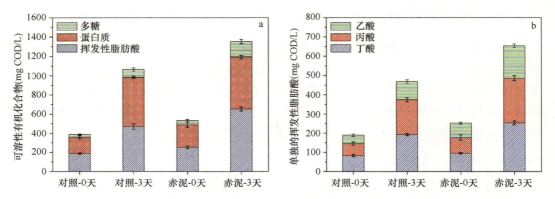

图 7-17　发酵 3 天后赤泥对可溶性有机化合物组成(a)和 VFA 组成(b)的影响

Figure 7-17　Effect of red mud on the composition of soluble organic compounds (a) and the composition of VFA (b) after fermentation for 3 days

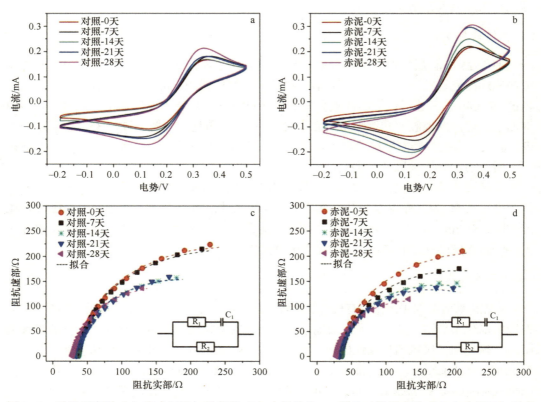

图 7-18　对照反应器(a)和赤泥添加反应器(b)中样品的 CV 图及对照反应器(c)和赤泥添加反应器(d)中样品的电阻抗图和等效电路

Figure 7-18　CV analyses of the samples in the control reactor (a) and the reactor with red mud (b), electrical impedance diagram and equivalent circuit of the samples in the control reactor (c) and the reactor with red mud (d)

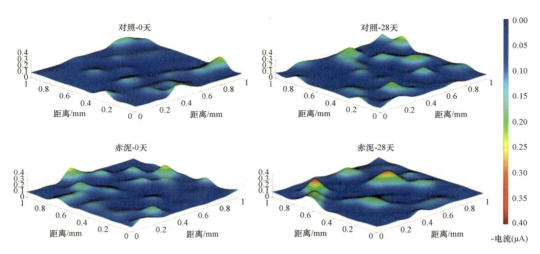

图 7-19　沉积在双面碳导电胶带上样品的 SECM 形貌图

Figure 7-19　SECM topographic images of deposits of samples onto a carbon double-sided conductive tape

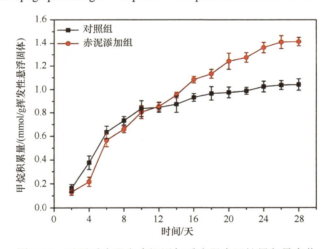

图 7-20　对照反应器和赤泥添加反应器中甲烷累积量变化

Figure 7-20　The change of methane accumulation in the control reactor and the reactor with red mud

了更多的底物。电化学分析表明，在厌氧消化系统中，赤泥添加有效地增强了电子的氧化还原反应并降低了电子的迁移电阻，提高了自由电荷的迁移能力，从而显著提高了厌氧消化系统的电导率，改善了微生物直接种间电子传递效率。微生物群落分析表明，赤泥的添加能够有效富集 Syntrophorhabdaceae、*Geobacter*、Clostridiaceae、Ruminococcaceae 以及产甲烷古菌（*Methanosaeta*、*Methanosarcina*），并促进直接种间电子传递，提高污泥厌氧消化产甲烷效率。

二、案例二：甲烷厌氧氧化微生物的富集及产电性能研究（Yu et al., 2019）

以甲烷为底物进行的甲烷厌氧氧化是全球碳循环的重要组成部分，然而甲烷氧化产物、甲烷厌氧氧化的电子传递机制一直没有被完全理清。由于甲烷厌氧氧化菌的富集难度大、时间长，近年来，基于甲烷厌氧氧化的反应器和电池研究刚开始崭露头角。

（一）研究目的与意义

本研究主要以富集浓缩后的甲烷厌氧氧化微生物为研究对象，探究甲烷作为体系唯一电子供体的微生物电化学活性和产电能力，分析可能存在于甲烷厌氧氧化过程中的甲烷氧化机制。

（二）材料与方法

为了探究甲烷驱动微生物燃料电池产电的特性，本实验利用一种新型的透气性较好的透气布作为主要的电池阳极材料，设置两个处理组，分别是气体扩散布（gas diffusion cloth，GDC）阳极甲烷微生物燃料电池（简写成 GDC-甲烷 MFC）和不加甲烷的 GDC-MFC，每个处理组设置三个平行样。将双室微生物燃料电池作为反应器，阴极室含 110 mL 铁氰化钾电解液，阳极室含 90 mL 无机培养基和 20 mL 初步富集浓缩后的菌液（图 7-21）。所有实验在 37℃条件下进行。

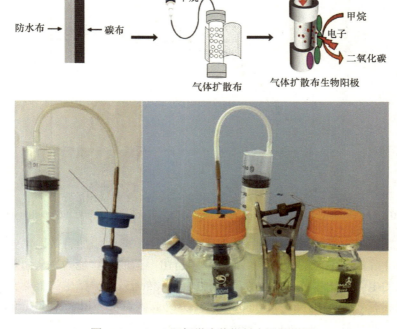

图 7-21　GDC 阳极微生物燃料电池装置图
Figure 7-21　Experimental device of GDC anode MFC

（三）研究结果

不同处理组的 MFC 产电情况如图 7-22 所示。添加甲烷处理组的 GDC-甲烷 MFC 从第 6 天开始电压有明显上升的趋势，并在第 11 天达到最大值（约 0.61 V）。相比之下，不加甲烷的处理组 GDC-MFC 一直没有出现电压上升的趋势（图 7-22a）。从第 13 天开始，GDC-甲烷 MFC 的电压开始出现明显下降趋势，并于第 16 天降至与 GDC-MFC 电压大小一致。电压快速下降可能是 MFC 中阳极培养液或是甲烷被消耗完，导致 MFC 中的微生物无法正常进行代谢活动；也有可能是因为阴极铁氰根离子电子受体被消耗完毕。

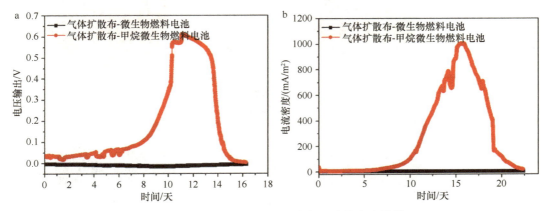

图 7-22　提供/不提供甲烷条件的微生物产电效果

Figure 7-22　Microbial electricity generation performance in the presence/absence of methane

a. GDC 阳极 MFC；b. 恒定 GDC 电极电位的 BES

　　MFC 重新换过新鲜电极液和添加甲烷后，用饱和甘汞电极作为参比电极，施加 +0.3 V（vs. SHE）的电极电势，利用生物电化学反应器连续监测电池的电流变化，进一步验证电池的产电能力。由图 7-22b 可知，GDC-甲烷 MFC 在第 7 天后重新启动，在第 15 天 GDC-甲烷 MFC 的最大电流密度超过 1000 mA/m²，这是 McAnulty 等报道的最大电流密度（168 mA/m²）的 6 倍左右。不加甲烷的微生物燃料电池依旧没有启动的迹象，电压和电流密度一直保持为背景值大小。结果表明，甲烷氧化是 GDC-甲烷 MFC 产电的唯一合理解释，它是该电池的电子供体，作为底物以供电池内的微生物代谢呼吸所用。

　　为了进一步分析反应器中的产电功能菌和产电机理，对初始接种菌液、运行结束后的 GDC 阳极生物膜和阳极悬浮液的微生物群落进行了高通量测序分析，结果如图 7-23 所示。由图可知，GDC 阳极生物膜上的微生物以 *Geobacter* 和 *Methanobacterium* 为主，分别占总菌量的 47.35% 和 4.60%。这两种菌群在阳极悬浮液中的占比与生物膜上的刚好相反，*Geobacter* 和 *Methanobacterium* 分别为 6.25% 和 37.41%。而这两种菌在初始接种液中非常少，分别只占 0.012% 和 0.002%，这也说明这两种菌是在加入甲烷后慢慢转变成优势菌种。通过分析以上实验结果，猜测厌氧甲烷氧化产电可能由以下的一种或多种过程实现：①古菌将甲烷氧化，并伴随着电子的产生，电子通过胞外电子传递（EET）直接传递至电极产电；②古菌将甲烷氧化，生成的电子通过直接种间电子传递（DIET）方式转移给产电细菌，产电细菌将代谢产生的电子传递至电极表面；③甲烷被古菌氧化，产生乙酸中间产物，产电细菌将乙酸消耗分解产生的电子传递至电极表面；由于无法分离获得该电池的纯古菌，尚无法直接证明电池产电过程中发生的 AOM 过程及其机制，参考 GDC-甲烷 MFC 的产电性能，推测以多种菌互营产电过程为主的可能性最大。

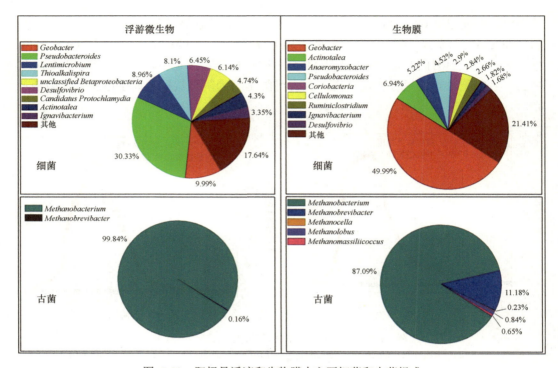

图 7-23　阳极悬浮液和生物膜中主要细菌和古菌组成

Figure 7-23　Compositions of main bacteria and archaea in the medium and biofilm

因数据修约，和不为100%

（四）结论

本研究制备了一种气体扩散布（GDC）电极，以甲烷为唯一电子供体、GDC 电极为阳极的微生物燃料电池可以成功启动并且产电性能较好，其最大输出电压达 0.6 V 以上，最大电流密度为 1130.2 mA/m²。产电的重复性、稳定性良好，在多次（5 个以上）循环过程中可保持较大的输出电压（电流密度），GDC-甲烷 MFC 的库仑效率可达 78.2%，表明甲烷厌氧氧化微生物具有良好的产电性能。此外，CV 图、SEM 图像以及 FISH 图像显示阳极表面形成一层电化学活性较高的生物膜。该生物膜主要包括 *Geobacter* 细菌和 *Methanobacterium* 古菌，其中又以细菌为主要的功能菌群。AOM 中间产物分析证明部分甲烷首先被古菌氧化成乙酸，产生的乙酸进一步被细菌转化成 CO_2，表明这可能是一种互营合作产电的过程。揭示了甲烷厌氧氧化功能微生物的产电机理可能是以中间产物介导的种间电子传递（MIET）的微生物互营为主要途径。

三、案例三：非光合细菌利用自光敏化将太阳能转化为乙酸（Ye et al., 2019）

改善太阳能捕获的可持续化学品生产的自然机制，必须基于无机固态材料光电化学的发展。固态半导体光吸收器的光捕获效率能够超过生物，其光激发电子转化为化学键将二氧化碳转化为多碳化合物。然而，这些催化剂难以与高特异性、低成本、可自我复制与修复的生物催化剂相结合，因此成为非生物催化剂研究的重要挑战。

（一）研究目的与意义

CO$_2$ 不仅是重要的温室气体，同时也是储量丰富的化工原料，将 CO$_2$ 还原为甲烷（CH$_4$）等高值能源，对于缓解全球温室效应及能源短缺有着重要意义。光/电催化 CO$_2$ 还原产 CH$_4$ 是目前最常用的方法之一，但是该过程普遍存在催化选择性差及运行成本高等缺点，不适合工程化应用。因此，如何将 CO$_2$ 高选择性地转化为 CH$_4$ 成为亟待解决的问题。周顺桂团队基于微生物代谢的高效选择性及半导体优越的光捕获特性，以模式产甲烷菌株 *Methanosarcina barkeri* 及纳米半导体 CdS 为研究对象，通过构建 *Methanosarcina barkeri*-CdS 杂化体系探究生物-无机半人工光合系统 CO$_2$ 还原产 CH$_4$ 潜能。研究结果显示，在光照条件下，杂化体系中的半导体光生电子可通过氢酶介导及细胞色素介导两条途径高效传递给产甲烷菌，从而有效实现 CO$_2$ 还原产 CH$_4$。该研究为开发高效的光能驱动生物催化系统提供了重要思路。

（二）材料与方法

培养基配制［含底物培养基（CSM）、不含底物培养基（USM）］：在 80% N$_2$：20% CO$_2$ 混合气体连续曝气下，将适量去离子水、盐和微量矿物混合物煮沸 30 min，将溶液在冰浴中冷却到室温，随后加入碳源、缓冲液和补充组分，pH 为 6.87。然后分装到厌氧血清瓶中，用丁基橡胶塞子和铝卷曲密封后灭菌备用。使用 17 mmol/L 乙酸钠作为碳源，1 mmol/L 硫化钠作为除氧剂和硫源，1 mmol/L CdCl$_2$ 作为镉源，使用前，培养基的所有原液均需在 121℃下灭菌 15 min。为构建 *Methanosarcina barkeri*-CdS 杂化体系，在 50 mL 的 CSM 培养基中添加 0.1%（*m/V*）盐酸半胱氨酸和 1 mmol/L CdCl$_2$，接种 10%（*V/V*）的菌剂，在 37℃条件下恒温培养。将中对数期的菌液离心重悬浮至 USM 培养基内，然后进行光照及对照实验。

（三）研究结果

Methanosarcina barkeri-CdS 杂化体系产甲烷的光合作用有两种途径。其一，*M. barkeri* 可以通过特异性氢复合酶（Ech A-F）接收光电子，进而驱动氢型产甲烷。其二，通过添加 Cd^{2+} 和作为硫源的 CdS 来构建 *M. barkeri*-CdS 杂化体系。*M. barkeri* 利用光照 CdS 纳米颗粒中产生的光生电子进行光合作用（图 7-24）。扫描电子显微镜（SEM）、扫描透射电子显微镜（STEM）、X 射线光电子能谱（XPS）和能量色散 X 射线光谱（EDS）图像证明，*M. barkeri* 能够与 CdS 紧密结合（图 7-25）。*M. barkeri*-CdS 杂化体系在光照下激发的电流强度高于单纯的 CdS 纳米颗粒，这可能是由于 *M. barkeri* 与 CdS 构成的导电网络促进了其电子传递，没有负载 CdS 的 *M. barkeri* 在光照下几乎不产生电流，同时电阻高于 *M. barkeri*-CdS 杂化体系。光照下的 *M. barkeri*-CdS 杂化体系能产生甲烷，*mcrA* 基因拷贝数也随着光照的进行而增加，并且在不同光照强度条件下，甲烷产生的速率会有所变化（图 7-26）。此外，甲烷浓度不仅在光照下增加，而且在黑暗中也能够以一定的速率继续增加。同时，确定了胞外蛋白在产甲烷过程中的作用及相关基因在光照条件下的表达，说明光电子可能通过氢酶及细胞色素传导至胞内进而促进产甲烷菌对二氧化碳的还原。

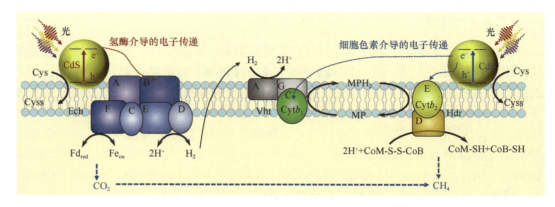

图 7-24　*Methanosarcina barkeri*-CdS 反应代谢通路图

Figure 7-24　Pathway diagram for the *M. barkeri*-CdS system

（四）结论

通过将 CdS 纳米粒子与 *M. Barkeri* 结合，实现了光驱动 CO_2 还原转化为甲烷。在模拟的昼夜循环中，*mcrA* 基因拷贝数的增加和黑暗期 CO_2 的持续减少说明了 *M. barkeri*-CdS 杂化体系在采光方面的稳健性。膜结合蛋白（如氢酶和细胞色素）在 *M. barkeri*-CdS 杂化体系中起着关键作用。这一发现证实了新型纳米光电导体与微生物之间的相互作用，对发展半人工光合系统进行 CO_2 转化具有重要意义。

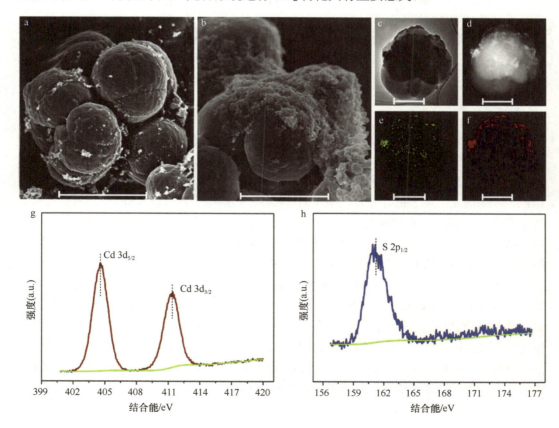

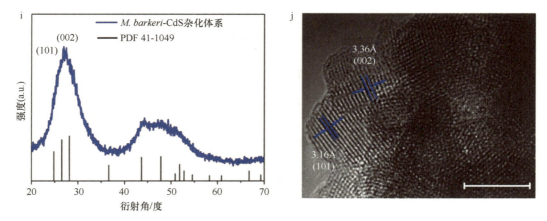

图 7-25　*M. barkeri*-CdS 杂化体系电镜图

Figure 7-25　Electron microscopy of *M. barkeri*-cds biohybrid

a. *M. barkeri* 的 SEM 图；b. *M. barkeri*-CdS 杂化体系的 SEM 图；c~f. 单个细胞的 HAADF 图和 EDS 能谱，主要由镉（e）和硫（f）团簇组成；g、h. XPS 能谱图；i 与 j 分别为 XRD 图谱与 HRTEM 图，说明了合成 CdS 的晶型结构。a、b 的标尺为 2 μm，c~f 为 1 μm，j 为 5 nm

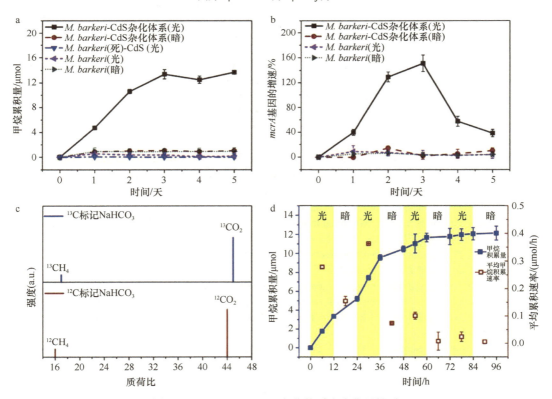

图 7-26　*M. barkeri*-CdS 杂化体系光合作用性质

Figure 7-26　Photosynthetic properties of *M. barkeri*-CdS hybrid system

a. 通过 *M. barkeri*-CdS 杂化体系光合产生的甲烷和对照产生的甲烷；b. *M. barkeri*-CdS 杂化体系和对照的 *mcrA* 基因拷贝数；c. 在培养基中添加 ^{12}C 标记 $NaHCO_3$ 和 ^{13}C 标记 $NaHCO_3$ 后测定的顶空气体质谱；d. 模拟低强度光照下光-暗循环光合产甲烷

参 考 文 献

高心怡, 夏天, 徐向阳, 等. 2017. 碳材料促进废水厌氧处理中直接种间电子传递的研究进展. 化工环保, 37(3): 270-275.

蒋海明, 季祥, 司万童, 等. 2015. 生物电化学系统还原二氧化碳产甲烷研究进展. 土木建筑与环境工程, 37(3): 127-133.

李丽, 檀文炳, 王国安, 等. 2016. 腐殖质电子传递机制及其环境效应研究进展. 环境化学, 35(2): 254-266.

李彦澄, 杨娅男, 刘邓平, 等. 2019. 基于好氧甲烷氧化菌的反硝化效能及微生物群落研究. 中国环境科学, 39(10): 4387-4393.

卢娜, 周顺桂, 倪晋仁. 2008. 微生物燃料电池的产电机制. 化学进展, 20(Z2): 1233-1240.

武春媛, 李芳柏, 周顺桂. 2009. 腐殖质呼吸作用及其生态学意义. 生态学报, 29(3): 1535-1542.

朱华伟, 张延平, 李寅. 2016. 微生物电合成-电能驱动的 CO_2 固定. 中国科学: 生命科学, 46(12): 1388-1399.

Ahmed M, Lin L S. 2017. Ferric reduction in organic matter oxidation and its applicability for anaerobic wastewater treatment: a review and future aspects. Rev Environ Sci Biotechnol, 16(2): 273-287.

Ambuchi J J, Zhang Z H, Shan L L, et al. 2017. Response of anaerobic granular sludge to iron oxide nanoparticles and multi-wall carbon nanotubes during beet sugar industrial wastewater treatment. Water Res, 117: 87-94.

Aponte C, García L V, Marañón T. 2012. Tree species effect on litter decomposition and nutrient release in Mediterranean oak forests changes over time. Ecosystems, 15(7): 1204-1218.

Baek G, Kim J, Cho K, et al. 2015. The biostimulation of anaerobic digestion with(semi)conductive ferric oxides: their potential for enhanced biomethanation. Appl Microbiol Biotechnol, 99(23): 10355-10366.

Beal E J, House C H, Orphan V J. 2009. Manganese-and iron-dependent marine methane oxidation. Science, 325(5937): 184-187.

Berg B, Erhagen B, Johansson M-B, et al. 2015. Manganese in the litter fall-forest floor continuum of boreal and temperate pine and spruce forest ecosystems-a review. Forest Ecol Manag, 358: 248-260.

Bond D R, Lovley D R. 2002. Reduction of Fe(III)oxide by methanogens in the presence and absence of extracellular quinones. Environ Microbiol, 4(2): 115-124.

Bradley P M, Chapelle F H. 1998. Microbial mineralization of VC and DCE under different terminal electron accepting conditions. Anaerobe, 4(2): 81-87.

Bryant M P. 1979. Microbial methane production—theoretical aspects. J Anim Sci, 48(1): 193-201.

Cervantes F J, de Bok F A M, Duong-Dac T, et al. 2002. Reduction of humic substances by halorespiring, sulphate-reducing and methanogenic microorganisms. Environ Microbiol, 4(1): 51-57.

Cervantes J J, Dijksma W, Duong-Dac T, et al. 2001. Anaerobic mineralization of toluene by enriched sediments with quinones and humus as terminal electron acceptors. Appl Environ Microbiol, 67(10): 4471-4478.

Chen S S, Rotaru A E, Shrestha P M, et al. 2014. Promoting interspecies electron transfer with biochar. Sci Rep, 4: 5019.

Cheng S A, Xing D F, Call D F, et al. 2009. Direct biological conversion of electrical current into methane by electromethanogenesis. Environ Sci Technol, 43(10): 3953-3958.

Choi K S, Kondaveeti S, Min B. 2017. Bioelectrochemical methane(CH4)production in anaerobic digestion at different supplemental voltages. Bioresour Technol, 245: 826-832.

Conrad R. 2009. The global methane cycle: recent advances in understanding the microbial processes involved. Env Microbiol Rep, 1(5): 285-292.

Costa C, Dijkema C, Friedrich M, et al. 2000. Denitrification with methane as electron donor in oxygen-limited bioreactors. Appl Microbiol Biotechnol, 53(6): 754-762.

Costa C, Vecherskaya M, Dijkema C, et al. 2001. The effect of oxygen on methanol oxidation by an obligate methanotrophic bacterium studied by *in vivo* [13]C nuclear magnetic resonance spectroscopy. J Ind Microbiol Biotechnol, 26(1): 9-14.

Cruz V C, Rossetti S, Fazi S, et al. 2014. Magnetite particles triggering a faster and more robust syntrophic pathway of methanogenic propionate degradation. Environ Sci Technol, 48(13): 7536-7543.

Dang Y, Holmes D E, Zhao Z Q, et al. 2016. Enhancing anaerobic digestion of complex organic waste with carbon-based conductive materials. Bioresour Technol, 220: 516-522.

Dang Y, Sun D Z, Woodard T L, et al. 2017. Stimulation of the anaerobic digestion of the dry organic fraction of municipal solid waste(OFMSW)with carbon-based conductive materials. Bioresour Technol, 238: 30-38.

de Castro A F, Ehrlich H L. 1970. Reduction of iron oxide minerals by a marine bacillus. Anton Leeuw Int J G, 36(1): 317-327.

de Marco A, Spaccini R, Vittozzi P, et al. 2012. Decomposition of black locust and black pine leaf litter in two coeval forest stands on Mount Vesuvius and dynamics of organic components assessed through proximate analysis and NMR spectroscopy. Soil Biol Biochem, 51: 1-15.

dos Santos A B, Cervantes F J, Yaya-Beas R E, et al. 2003. Effect of redox mediator, AQDS, on the decolourisation of a reactive azo dye containing triazine group in a thermophilic anaerobic EGSB reactor. Enzyme Microb Technol, 33(7): 942-951.

Dubinsky E A, Silver W L, Firestone M K. 2010. Tropical forest soil microbial communities couple iron and carbon biogeochemistry. Ecology, 91(9): 2604-2612.

Dumont M G, Pommerenke B, Casper P, et al. 2011. DNA-, rRNA- and mRNA-based stable isotope probing of aerobic methanotrophs in lake sediment. Environ Microbiol, 13(5): 1153-1167.

Esther J, Sukla L B, Pradhan N, et al. 2014. Fe(III)reduction strategies of dissimilatory iron reducing bacteria. Korean J Chem Eng, 32(1): 1-14.

Franks A E, Malvankar N, Nevin K P. 2010. Bacterial biofilms: the powerhouse of a microbial fuel cell. Biofuels, 1(4): 589-604.

Geppert F, Liu D D, van Eerten-Jansen M, et al. 2016. Bioelectrochemical power-to-gas: state of the art and future perspectives. Trends Biotechnol, 34(11): 879-894.

Guo Z C, Thangavel S, Wang L, et al. 2016. Efficient methane production from beer wastewater in a mmbraneless microbial electrolysis cell with a stacked cathode: the effect of the cathode/anode ratio on bioenergy recovery. Energ Fuel, 31(1): 615-620.

Heim A, Frey B. 2004. Early stage litter decomposition rates for Swiss forests. Biogeochemistry, 70(3): 299-313.

Ho A, de Roy K, Thas O, et al. 2014. The more, the merrier: heterotroph richness stimulates methanotrophic activity. ISME J, 8(9): 1945-1948.

Hou S B, Makarova K S, Saw J H W, et al. 2008. Complete genome sequence of the extremely acidophilic methanotroph isolate V4, *Methylacidiphilum infernorum*, a representative of the bacterial phylum Verrucomicrobia. Biol Direct, 3: 26.

Huang D Y, Zhuang L, Cao W D, et al. 2009. Comparison of dissolved organic matter from sewage sludge and sludge compost as electron shuttles for enhancing Fe(III) bioreduction. J Soil Sediment, 10(4): 722-729.

Huang J G, Chen S S, Wu W H, et al. 2019. Insights into redox mediator supplementation on enhanced volatile fatty acids production from waste activated sludge. Environ Sci Pollut Res, 26(26): 27052-27062.

Iguchi H, Yurimoto H, Sakai Y. 2011. Stimulation of methanotrophic growth in cocultures by cobalamin excreted by rhizobia. Appl Environ Microbiol, 77(24): 8509-8515.

Jeong S Y, Cho K S, Kim T G. 2014. Density-dependent enhancement of methane oxidation activity and growth of *Methylocystis* sp. by a non-methanotrophic bacterium *Sphingopyxis* sp. Biotechnol Rep, 4: 128-133.

Jones M E, Nico P S, Ying S, et al. 2018. Manganese-driven carbon oxidation at oxic-anoxic interfaces. Environ Sci Technol, 52(21): 12349-12357.

Kato S, Hashimoto K, Watanabe K. 2012. Methanogenesis facilitated by electric syntrophy via(semi)conductive iron-oxide minerals. Environ Microbiol, 14(7): 1646-1654.

Keltjens J T, Pol A, Reimann J, et al. 2014. PQQ-dependent methanol dehydrogenases: rare-earth elements make a difference. Appl Microbiol Bitoechnol, 98(14): 6163-6183.

Kits K D, Klotz M G, Stein L Y. 2015. Methane oxidation coupled to nitrate reduction under hypoxia by the Gammaproteobacterium *Methylomonas denitrificans*, sp. nov. type strain FJG1. Environ Microbiol, 17(9): 3219-3232.

Klüpfel L, Piepenbrock A, Kappler A, et al. 2014. Humic substances as fully regenerable electron acceptors in recurrently anoxic environments. Nat Geosci, 7(3): 195-200.

Krause S M, Johnson T, Karunaratne Y S, et al. 2017. Lanthanide-dependent cross-feeding of methane-derived carbon is linked by microbial community interactions. Proc Natl Acad Sci USA, 114(2): 358-363.

Kumar M, Sahoo P C, Srikanth S, et al. 2019. Photosensitization of electro-active microbes for solar assisted carbon dioxide transformation. Bioresour Technol, 272: 300-307.

Li C, Fang H H P. 2007. Fermentative hydrogen production from wastewater and solid wastes by mixed cultures. Crit Rev Environ Sci Technol, 37(1): 1-39.

Li H J, Chang J L, Liu P F, et al. 2015. Direct interspecies electron transfer accelerates syntrophic oxidation of butyrate in paddy soil enrichments. Environ Microbiol, 17(5): 1533-1547.

Lieberman R L, Rosenzweig A C. 2010. Biological methane oxidation: regulation, biochemistry, and active site structure of particulate methane monooxygenase. Crit Rev Biochem Mol, 39(3): 147-164.

Liu F H, Rotaru A E, Shrestha P M, et al. 2012. Promoting direct interspecies electron transfer with activated carbon. Energ Environ Sci, 5(10): 8982-8989.

Logan B E, Regan J M. 2006. Electricity-producing bacterial communities in microbial fuel cells. Trends Microbiol, 14(12): 512-518.

Lovley D R. 1987. Organic matter mineralization with the reduction of ferric iron: a review. Geomicrobiol J, 5(3/4): 375-399.

Lovley D R. 1991. Dissimilatory Fe(III)and Mn(IV)reduction. Microbiol Mol Biol R, 55(2): 259-287.

Lovley D R, Nevin K P. 2013. Electrobiocommodities: powering microbial production of fuels and commodity chemicals from carbon dioxide with electricity. Curr Opin Biotechnol, 24(3): 385-390.

Lovley D R, Coates J D, Blunt-Harris E L, et al. 1996. Humic substances as electron acceptors for microbial respiration. Nature, 382(6590): 445-448.

Lovley D R, Kashefi K, Vargas M, et al. 2000. Reduction of humic substances and Fe(III)by hyperthermophilic microorganisms. Chem Geol, 169(3/4): 289-298.

Lu A H, Li Y, Jin S, et al. 2012. Growth of non-phototrophic microorganisms using solar energy through mineral photocatalysis. Nat Commun, 3: 768.

Lu Q, Jiao F. 2016. Electrochemical CO_2 reduction: electrocatalyst, reaction mechanism, and process engineering. Nano Energy, 29: 439-456.

Luijten M L G C, Weelink S A B, Godschalk B, et al. 2004. Anaerobic reduction and oxidation of quinone moieties and the reduction of oxidized metals by halorespiring and related organisms. FEMS Microbiol Ecol, 49(1): 145-150.

Martinez C M, Alvarez L H, Cervantes F J. 2012. Simultaneous biodegradation of phenol and carbon tetrachloride mediated by humic acids. Biodegradation, 23(5): 635-644.

Mechsner K L, Hamer G. 1985. Denitrification by methanotrophic/methylotrophic bacterial associations in aquatic environments. *In*: Golterman H L. Denitrification in the nitrogen cycle. New York: Plenum Publ Corp: 257-271.

Munch J C, Ottow J C G. 1983. Reductive transformation mechanism of ferric oxides in hydromorphic soils. Ecol Bull, (35): 383-394.

Murase J, Kimura M. 1994. Methane production and its fate in paddy fields Ⅶ. Electron acceptors responsible for anaerobic methane oxidation. Soil Sci Plant Nutr, 40(4): 647-654.

Myers C R, Nealson K H. 1988. Bacterial manganese reduction and growth with manganese oxide as the sole electron acceptor. Science, 240(4857): 1319-1321.

Nealson K H, Myers C R. 1992. Microbial reduction of manganese and iron: new approaches to carbon cycling. Appl Environ Microbiol, 58(2): 439-443.

Nevin K P, Lovley D R. 2002. Mechanisms for accessing insoluble Fe(Ⅲ)oxide during dissimilatory Fe(Ⅲ)reduction by *Geothrix fermentans*. Appl Environ Microbiol, 68(5): 2294-2299.

Nyerges G, Han S K, Stein L Y. 2010. Effects of ammonium and nitrite on growth and competitive fitness of cultivated methanotrophic bacteria. Appl Environ Microbiol, 76(16): 5648-5651.

Park J H, Kang H J, Park K H, et al. 2018. Direct interspecies electron transfer via conductive materials: a perspective for anaerobic digestion applications. Bioresour Technol, 254: 300-311.

Prentice I C, Farquhar G D, Fasham M J R, et al. 2001. The carbon cycle and atmospheric carbon dioxide. Cambridge: Cambridge University Press: 185-225.

Raghoebarsing A A, Pol A, van de Pas-Schoonen K T, et al. 2006. A microbial consortium couples anaerobic methane oxidation to denitrification. Nature, 440(7086): 918-921.

Reeburgh W S. 1976. Methane consumption in Cariaco Trench waters and sediments. Earth Planet Sci Lett, 28(3): 337-344.

Ren G P, Hu A D, Huang S F, et al. 2018. Graphite-assisted electro-fermentation methanogenesis: spectroelectrochemical and microbial community analyses of cathode biofilms. Bioresour Technol, 269: 74-80.

Rhee G Y. 1978. Effects of N : P atomic ratios and nitrate limitation on algal growth, cell composition, and nitrate uptake. Limnol Oceanogr, 23(1): 10-25.

Rhee T S, Kettle A J, Andreae M O. 2009. Methane and nitrous oxide emissions from the ocean: a reassessment using basin-wide observations in the Atlantic. J Geophys Res, 114: D12304.

Rotaru A E, Shrestha P M, Liu F H, et al. 2014. Direct interspecies electron transfer between *Geobacter metallireducens* and *Methanosarcina barkeri*. Appl Environ Microbiol, 80(15): 4599-4605.

Sakimoto K K, Wong A B, Yang P D. 2016a. Self-photosensitization of nonphotosynthetic bacteria for solar-to-chemical production. Science, 351(6268): 74-77.

Sakimoto K K, Zhang S J, Yang P D. 2016b. Cysteine-cystine photoregeneration for oxygenic photosynthesis of acetic acid from CO_2 by a tandem inorganic-biological hybrid system. Nano Lett, 16(9): 5883-5887.

Sakimoto K K, Kornienko N, Yang P D. 2017. Cyborgian material design for solar fuel production: the emerging photosynthetic biohybrid systems. Accounts Chem Res, 50(3): 476-481.

Salvador A F, Martins G, Melle-Franco M, et al. 2017. Carbon nanotubes accelerate methane production in pure cultures of methanogens and in a syntrophic coculture. Environ Microbiol, 19(7): 2727-2739.

Scherr K E. 2013. Extracellular electron transfer in *in situ* petroleum hydrocarbon bioremediation. Rijeka, Croatia: InTech Publishing: 161-194.

Schievano A, Pepe Sciarria T, Vanbroekhoven K, et al. 2016. Electro-fermentation-merging electrochemistry with fermentation in industrial applications. Trends Biotechnol, 34(11): 866-878.

Singh B K, Tate K. 2007. Biochemical and molecular characterization of methanotrophs in soil from a pristine New Zealand beech forest. FEMS Microbiol Lett, 275(1): 89-97.

Sivan O, Adler M, Pearson A, et al. 2011. Geochemical evidence for iron-mediated anaerobic oxidation of methane. Limnol Oceanogr, 56(4): 1536-1544.

Smith R L, Howes B L, Garabedian S P. 1991. *In situ* measurement of methane oxidation in groundwater by using natural-gradient tracer tests. Appl Environ Microbiol, 57(7): 1997-2004.

Stock M, Hoefman S, Kerckhof F M, et al. 2013. Exploration and prediction of interactions between methanotrophs and heterotrophs. Res Microbiol, 164(10): 1045-1054.

Suanon F, Sun Q, Li M Y, et al. 2017. Application of nanoscale zero valent iron and iron powder during sludge anaerobic digestion: impact on methane yield and pharmaceutical and personal care products degradation. J Hazard Mater, 321: 47-53.

Thauer R K. 2011. Anaerobic oxidation of methane with sulfate: on the reversibility of the reactions that are catalyzed by enzymes also involved in methanogenesis from CO_2. Curr Opin Microbiol, 14(3): 292-299.

Tian T, Qiao S, Li X, et al. 2017. Nano-graphene induced positive effects on methanogenesis in anaerobic digestion. Bioresour Technol, 224: 41-47.

Tishchenko V, Meile C, Scherer M M, et al. 2015. Fe^{2+} catalyzed iron atom exchange and re-crystallization in a tropical soil. Geochim Cosmochim Ac, 148: 191-202.

Ulmer U, Dingle T, Duchesne P N, et al. 2019. Fundamentals and applications of photocatalytic CO_2 methanation. Nat Commun, 10: 3169.

Vandieken V, Pester M, Finke N, et al. 2012. Three manganese oxide-rich marine sediments harbor similar communities of acetate-oxidizing manganese-reducing bacteria. ISME J, 6(11): 2078-2090.

Wang J, Li L H, Zhou J T, et al. 2009. Enhanced biodecolorization of azo dyes by electropolymerization-immobilized redox mediator. J Hazard Mater, 168(2/3): 1098-1104.

Wang T, Zhang D, Dai L L, et al. 2016. Effects of metal nanoparticles on methane production from waste-activated sludge and microorganism community shift in anaerobic granular sludge. Sci Rep, 6: 25857.

Weber K A, Achenbach L A, Coates J D. 2006. Microorganisms pumping iron: anaerobic microbial iron oxidation and reduction. Nat Rev Microbiol, 4(10): 752-764.

Xie H J, Yang Y X, Liu J H, et al. 2018. Enhanced triclosan and nutrient removal performance in vertical up-flow constructed wetlands with manganese oxides. Water Res, 143: 457-466.

Xu J L, Zhuang L, Yang G Q, et al. 2013. Extracellular quinones affecting methane production and methanogenic community in paddy soil. Microb Ecol, 66(4): 950-960.

Xu S Y, He C Q, Luo L W, et al. 2015. Comparing activated carbon of different particle sizes on enhancing methane generation in upflow anaerobic digester. Bioresour Technol, 196: 606-612.

Yamazaki S I, Kaneko T, Taketomo N, et al. 2002. Glucose metabolism of lactic acid bacteria changed by quinone-mediated extracellular electron transfer. Biosci Biotechnol Biochen, 66(10): 2100-2106.

Yan W W, Shen N, Xiao Y Y, et al. 2017. The role of conductive materials in the start-up period of thermophilic anaerobic system. Bioresour Technol, 239: 336-344.

Yang G Q, Zhou X M, Zhou S G, et al. 2013. *Bacillus thermotolerans* sp. nov., a thermophilic bacterium capable of reducing humus. Int J Syst Evol Micr, 63(Pt 10): 3672-3678.

Yang X, Du M A, Lee D J, et al. 2012. Improved volatile fatty acids production from proteins of sewage sludge with anthraquinone-2,6-disulfonate(AQDS)under anaerobic condition. Bioresour Technol, 103(1): 494-497.

Ye J, Hu A D, Ren G P, et al. 2018. Red mud enhances methanogenesis with the simultaneous improvement of hydrolysis-acidification and electrical conductivity. Bioresour Technol, 247: 131-137.

Ye J, Yu J, Zhang Y Y, et al. 2019. Light-driven carbon dioxide reduction to methane by *Methanosarcina barkeri*-CdS biohybrid. Appl Catal B: Environ, 257: 117916.

Yin Q D, Miao J, Li B, et al. 2017. Enhancing electron transfer by ferroferric oxide during the anaerobic treatment of synthetic wastewater with mixed organic carbon. Int Biodeter Biodegr, 119: 104-110.

Yu L, Yang Z, He Q, et al. 2019. Novel gas diffusion cloth bioanodes for high-performance methane-powered microbial fuel cells. Environ Sci Technol, 53(1): 530-538.

Yun J L, Ma A Z, Li Y M, et al. 2010. Diversity of methanotrophs in Zoige wetland soils under both anaerobic and aerobic conditions. J Environ Sci, 22(8): 1232-1238.

Zavarzina D G, Tourova T P, Kolganova T V, et al. 2009. Description of *Anaerobacillus alkalilacustre* gen. nov., sp. nov.—strictly anaerobic diazotrophic *Bacillus* isolated from soda lake and transfer of *Bacillus arseniciselenatis, Bacillus macyae*, and *Bacillus alkalidiazotrophicus* to *Anaerobacillus* as the new combinations *A. arseniciselenatis* comb. nov., *A. macyae* comb. nov., and *A. alkalidiazotrophicus* comb. nov. Microbiology, 78(6): 723-731.

Zhang H, Liu H, Tian Z Q, et al. 2018. Bacteria photosensitized by intracellular gold nanoclusters for solar fuel production. Nat Nanotechnol, 13(10): 900-905.

Zhang J C, Lu Y H. 2016. Conductive Fe$_3$O$_4$ nanoparticles accelerate syntrophic methane production from butyrate oxidation in two different lake sediments. Front Microbiol, 7: 1316.

Zhao Z Q, Zhang Y B, Wang L Y, et al. 2015a. Potential for direct interspecies electron transfer in an electric-anaerobic system to increase methane production from sludge digestion. Sci Rep, 5: 11094.

Zhao Z Q, Zhang Y B, Woodard T L, et al. 2015b. Enhancing syntrophic metabolism in up-flow anaerobic sludge blanket reactors with conductive carbon materials. Bioresour Technol, 191: 140-145.

Zhao Z Q, Zhang Y B, Yu Q L, et al. 2016. Communities stimulated with ethanol to perform direct interspecies electron transfer for syntrophic metabolism of propionate and butyrate. Water Res, 102: 475-484.

Zhuang L, Ma J L, Tang J, et al. 2017. Cysteine-accelerated methanogenic propionate degradation in paddy soil enrichment. Microb Ecol, 73(4): 916-924.

Zhuang L, Tang J, Wang Y Q, et al. 2015. Conductive iron oxide minerals accelerate syntrophic cooperation in methanogenic benzoate degradation. J Hazard Mater, 293: 37-45.

第八章　微生物电化学与氮循环

氮循环是生物圈基本的物质循环之一。氮也是合成蛋白质和核酸等关键细胞化合物的必要元素。它是一种多价态的元素，主要包括+5、+3、+2、+1、0、−3 等价态。氮的丰富价态决定了氮循环过程十分复杂。自然界中可自由获得的氮主要以氮气形式存于大气中，约占大气总量的 78%。然而由于氮气是不活泼分子，很难被直接利用。氮的生物地球化学循环过程几乎完全依赖于微生物介导的氧化还原过程。近年来，随着电活性微生物被广泛认识，电活性微生物与各形式氮的转化关系也越来越受到关注。

第一节　氮的生物地球化学循环

一、氮循环的基本过程

在各种氮的储存形式中，束缚在岩石和沉积物中的氮是最大的氮存量。虽然这部分氮经侵蚀后可被生物利用，然而它在整个氮循环生化圈中的作用却很小。全球中可自由获得的氮的储存库大小如下：氮气>有机氮>硝酸盐>氧化亚氮；其中亚硝酸盐和一氧化氮中的氮储存量可以忽略不计（Kuypers et al.，2018）。这些氮形态主要通过固氮作用、硝化作用、反硝化作用、厌氧氨氧化作用、同化作用和氨化作用等过程进行氮的生物地球化学循环。

大气中的氮主要通过生物固定作用进入生物有机体。生长在豆科植物和其他少数高等植物上的根瘤菌及某些固氮蓝绿藻可以固定大气中的氮，供植物吸收。其他固氮途径如工业固氮、大气固氮、岩浆固氮也可以固定一部分的氮气。固定下来的氮在有机体内进行循环，土壤中的硝酸盐、亚硝酸盐被植物吸收，合成氨基酸和蛋白质；动物直接或间接摄取有机物，从中吸收有机氮合成蛋白质；动物的新陈代谢排泄物将一部分蛋白质分解成氨、尿素、尿酸排入土壤；动植物残体在土壤微生物作用下，分解成氨、水、CO_2 进入土壤。氮循环的最终完成是靠土壤中细菌的反硝化作用，将硝酸盐分解成游离氮进入大气。氮的生物地球化学循环如图 8-1 所示。

二、氮循环的关键反应

（一）生物固氮

生物固氮（biological nitrogen fixation）是指固氮微生物将大气中的氮气还原成氨的过程。在固氮酶的催化作用下，微生物能够在常温、常压的温和条件下实现氮气到氨的转化。每固定 1 分子氮气，需消耗 16 分子 ATP，生成 2 分子氨及 1 分子氢气。生物固氮的总反应式如下：

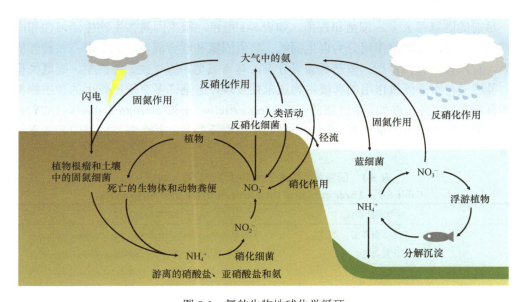

图 8-1　氮的生物地球化学循环

Figure 8-1　Biogeochemical cycle of nitrogen

$$N_2 + 8e^- + 8H^+ + 16ATP \longrightarrow 2NH_3 + H_2 + 16ADP + 16Pi$$

　　从生物学上讲，只有微生物携带的金属固氮酶可以将氮气固定为氨气。目前已知共有三种类型的金属固氮酶：钼-铁（MoFe）、铁-铁（FeFe）和钒-铁（VFe）固氮酶（Eady，1996）。MoFe 蛋白是较为常见的固氮酶，包含具有电子传递功能的铁蛋白和具有催化活性的 MoFe 蛋白。这两类蛋白质单独存在时都不呈现固氮活性，只有两者聚合构成复合体时才有催化氮还原的功能。MoFe 蛋白是由分子质量分别为 51 kDa 和 60 kDa 的两个 α 亚基和两个 β 亚基组成的四聚体 $\alpha_2\beta_2$。每分子 MoFe 蛋白包含两个钼原子，28 个铁原子。

　　生物固氮的机理如图 8-2 所示：①类菌体利用碳水化合物进行呼吸作用产生 NADH 或者 NADH 和 ATP；②在 Mg^{2+} 的作用下，ATP 与铁蛋白结合，铁蛋白将电子传递给 MoFe 蛋白的同时，伴随着 ATP 水解产生 ADP；③MoFe 蛋白将电子传递给氮气和质子，产生 2 分子氨和 1 分子氢气。

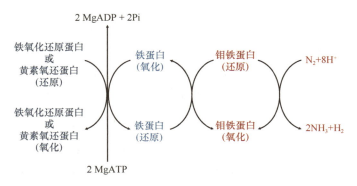

图 8-2　生物固氮机理图

Figure 8-2　Mechanism of biological nitrogen fixation

目前的固氮菌大多为细菌和古菌。如表 8-1 所示，根据固氮微生物生活习性和固氮的特殊性，可以将固氮作用分为自生固氮、共生固氮和联合固氮三大类群；按营养需求分类，有异养型和自养型；按是否需氧分类，有需氧型、厌氧型、兼性型，固氮类型多样。虽然现在用于固氮作用的真核生物还未被发现，但是许多有固氮作用的微生物都可以和真核生物共生。例如，单核蓝藻 Candidatus Atelocyanobacterium thalassa（UCYN-A）是固氮微生物中最普遍的一种，它与小型的单核海藻共生，并在海洋固氮中起着重要的作用。

表 8-1　固氮微生物的三大类群（张武等，2015）
Table 8-1　Three groups of the nitrogen-fixing microorganisms

生物固氮体系		固氮微生物类型
自生固氮微生物	光合自养型	鱼腥藻属 Anabaena、绿硫细菌 green sulphur bacteria
	化能自养型	氧化亚铁钩端螺旋菌 Leptospirillum ferrooxidans
	异养型 需氧型	固氮菌属 Azotobacter
	异养型 兼性厌氧性	克雷伯氏菌属 Klebsiella
		某些芽孢杆菌 Bacillus spp.
	厌氧型	梭菌属 Clostridium
	厌氧型	产甲烷菌 methanogens
共生固氮微生物		根瘤菌-豆科植物 Rhizobium-legume symbiosis
		根瘤菌-糙叶山麻黄 Rhizobium-Parasponia symbiosis
		弗兰克氏菌属放线菌-非豆科植物 Frankia-dicotyledon（non-legume）symbiosis
		固氮蓝藻-植物 diazotrophic cyanobacteria-plant symbiosis
联合固氮微生物		固氮螺菌属 Azospirillum
		雀稗固氮菌 Azotobacter paspali
		某些假单胞菌 Pseudomonas spp.

（二）硝化作用

1. 经典硝化作用（分步硝化作用）

硝化作用（nitrification）是指将氨氮转化为亚硝酸氮和硝酸盐氮的生物氧化过程。该过程分为两步：氨氧化作用和硝酸化作用。

第一步，氨氧化作用。该阶段为氨氧化细菌（ammonia-oxidizing bacteria，AOB）在有氧条件下将氨氧化为亚硝酸，并释放化学能的过程。该阶段的化学反应式为

$$NH_4^+ + \frac{3}{2}O_2 \longrightarrow NO_2^- + H_2O + 2H^+$$

氨氧化作用包括两个环节，如图 8-3 所示：①底物氨在氨单加氧酶（ammonia monooxygenase，AMO）的催化下被 O_2 氧化成羟胺；②羟胺在八面体血红素羟胺氧化还原酶（hydroxylamine oxidoreductase，HAO）的作用下，被氧化成亚硝酸盐。

自然界中，由于 NH_3 与 NH_4^+ 的转化略倾向于生成 NH_4^+ 的方向，使得环境中 NH_3

的浓度偏低，因此氨氧化作用成为经典硝化作用的限速环节。

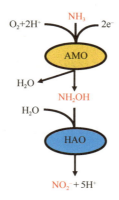

图 8-3　氨氧化细菌的氨氧化机制（刘志培和刘双江，2004）
Figure 8-3　Mechanism of ammonia oxidation by ammonia oxidizing bacteria

第二步，硝酸化作用。在有氧条件下，亚硝酸盐氧化细菌（nitrite-oxidizing bacteria，NOB）将亚硝酸氧化成硝酸，该阶段的化学反应式为

$$NO_2^- + \frac{1}{2}O_2 \longrightarrow NO_3^-$$

该过程基于亚硝酸盐氧化还原酶（NXR）的催化。NXR 属于可溶性酶，位于细胞膜靠内一侧。NXR 兼具氧化亚硝酸盐和还原硝酸盐的功能性亚基，因此它不仅能催化亚硝酸盐的氧化，还能催化硝酸盐的还原。

AOB 和 NOB 总称为硝化细菌。硝化细菌大多属于专性好氧自养菌，能够直接利用 CO_2 为碳源进行生长。其中，AOB 归属于硝化杆菌科的亚硝化弧菌属（*Nitrosovibrio*）、亚硝化单胞菌属（*Nitrosomonas*）、亚硝化叶菌属（*Nitrosolobus*）、亚硝化球菌属（*Nitrosococcus*）、亚硝化螺菌属（*Nitrosospira*）5 个属。NOB 归属于硝化杆菌科的硝化杆菌属（*Nitrobacter*）、硝化球菌属（*Nitrococcus*）、硝化刺菌属（*Nitrospina*）、硝化螺菌属（*Nitrospira*）4 个属。根据 AOB 和 NOB 16S rRNA 序列进化关系，两菌群间除亚硝化球菌属与硝化球菌属亲缘关系较近外，其他菌种均属不同纲或不同门，亲缘关系甚远。虽然二者在自然界中协同共生，但不存在进化关系上的必然性。

2. 单步硝化作用

除了分步硝化作用外，具有单步将氨转化为硝态氮作用的细菌被相继发现。这种细菌被命名为全程氨氧化微生物（complete ammonia oxidizer，comammox），该过程的化学反应式如下：

$$NH_4^+ + 2O_2 \longrightarrow NO_3^- + H_2O + 2H^+$$

这种具有单步硝化作用的细菌具有编码 AMO 和 HAO 的全套基因以及 NXR 的亚基。目前包括 3 种经过纯化培养的细菌和 1 种未经过纯化培养的细菌。van Kessel 等（2015）在氨废水中发现的硝化螺菌属的 *Candidatus* Nitrospira nitrosa 及 *Ca.* N. nitrificans 2 个种；Daims 等（2015）在石油勘探井的热水管壁上获得的 *Ca.* N. inopinata 近似于硝化螺菌属；Pinto 等（2016）在饮用水系统中发现一种类似硝化螺菌属的细菌。相比多步硝化作用，单步完成的硝化作用代谢过程更短，产能效率更高。

（三）反硝化作用

反硝化作用（denitrification）是反硝化细菌在缺氧或低氧条件下，利用有机碳源或无机电子供体将硝酸盐或亚硝酸盐还原成气态氮的过程。硝酸盐还原为氮气共经历了 4 个阶段，有 4 种酶参与了催化反硝化反应，这 4 个阶段的化学反应式如下。

第一阶段，在硝酸盐还原酶（nitrate reductase，NAR）的催化下，将硝酸盐还原为亚硝酸盐。

$$NO_3^- + 2H^+ + 2e^- \longrightarrow NO_2^- + H_2O$$

第二阶段，在亚硝酸盐还原酶（nitrite reductase，Nir）的催化下，将亚硝酸盐还原为 NO。

$$NO_2^- + 2H^+ + e^- \longrightarrow NO + H_2O$$

第三阶段，在 NO 还原酶（nitric oxide reductase，NOR）的催化下，将 NO 还原成 N_2O。

$$2NO + 2H^+ + 2e^- \longrightarrow N_2O + H_2O$$

第四阶段，在 N_2O 还原酶（nitrous oxide reductase，N_2OR）的催化下，将 N_2O 还原成 N_2。

$$N_2O + 2H^+ + 2e^- \longrightarrow N_2 + H_2O$$

其中，亚硝酸盐、NO、N_2O 是硝酸盐还原的中间产物。改变操作条件会导致不完全反硝化，并导致中间产物的累积。当电子供体不足时，会导致亚硝酸盐的累积或 N_2O 的释放。电子供体是影响反硝化过程的主要因素之一，与反硝化菌的生长速度和反硝化产物密切相关。不同的反硝化菌所利用的最佳电子供体不同，选用适宜的电子供体不仅可以增大反硝化菌的脱氮速率，还有利于将硝酸盐或亚硝酸盐完全转化为无害的反硝化产物。

如表 8-2 所示，反硝化电子供体可以分为有机电子供体和无机电子供体两大类。

1. 有机电子供体

异养反硝化微生物利用有机碳源作为反硝化电子供体来完成反硝化过程。常用的反硝化电子供体包括甲醇、乙醇、乙酸盐、葡萄糖等。这些碳源容易被反硝化细菌利用，脱氮效果较好，应用较为广泛。然而，有机电子的利用不仅运营成本较高，而且易使出水 COD 高，会导致二次污染，同时产生较多的污泥。为了进一步降低电子供体的价格及潜在的出水风险，大量的廉价不可溶的碳源被用于异养反硝化的电子供体，包括小麦秸秆、报纸、木屑、淀粉、棉花等。Park 和 Yoo（2009）利用棉花作为电子供体时，具有较高的反硝化速率，可行性较高。

2. 无机电子供体

自养反硝化菌可以以无机碳（如 CO_3^{2-}/HCO_3^-）为碳源，以无机物（如 S、S^{2-}、$S_2O_3^{2-}$、

H_2 等）为反硝化电子供体，完成反硝化过程。在低 C/N 污水处理的实际工程中，自养反硝化技术比传统脱氮工艺更具优势，如产泥量极少、无外加有机基质可降低运行操作费用等。

表 8-2　不同电子供体时反硝化反应的化学计量学（Park and Yoo，2009）

Table 8-2　Stoichiometry of the denitrification reactions with different electron donors

电子供体	化学方程式
乙醇	$0.69C_2H_5OH+NO_3^-+H^+ \longrightarrow 0.14C_5H_7NO_2+0.43N_2+0.67CO_2+2.07H_2O$
乙酸	$0.82CH_3COOH+NO_3^- \longrightarrow 0.07C_5H_7NO_2+HCO_3^-+0.30CO_2+0.09H_2O+0.47N_2$
特定有机质	$0.3C_5H_3NO+NO_3^-+H^+ \longrightarrow 0.11C_5H_7NO_2+0.5N_2+0.95CO_2+1.17H_2O+0.19NH_4^+$
葡萄糖	$0.36C_6H_{12}O_6+NO_3^-+0.18NH_4^++0.82H^+ \longrightarrow 0.18C_5H_7NO_2+0.5N_2+1.25CO_2+2.28H_2O$
硫	$1.1S+NO_3^-+0.76H_2O+0.4CO_2+0.086NH_4^+ \longrightarrow 0.04C_5H_7NO_2+0.48N_2+0.98SO_4^{2-}+0.96H^+$
硫代硫酸盐	$0.84S_2O_3^{2-}+NO_3^-+0.43H_2O+0.35CO_2+0.87CO_3^-+0.087NH_4^+ \longrightarrow 0.087C_5H_7NO_2+0.5N_2+1.69SO_4^{2-}+0.7H^+$
硫化氢	$0.421H_2S+0.421HS^-+NO_3^-+0.346CO_2+0.086HCO_3^-+0.086NH_4^+ \longrightarrow 0.842SO_4^{2-}+0.5N_2+0.086C_5H_7NO_2+0.434H_2O+0.262H^+$
氢气	$3.03H_2+NO_3^-+H^++0.23CO_2 \longrightarrow 0.05C_5H_7NO_2+0.48N_2+3.37H_2O$
阴极（生物电化学反应）	$2NO_3^-+6H_2O+10e^- \longrightarrow N_2+12OH^-$（阴极） $2NO_3^-+H_2O \longrightarrow N_2+2.5O_2+2OH^-$（总反应）

（四）厌氧氨氧化作用

厌氧氨氧化（anaerobic ammonium oxidation，Anammox）是指在厌氧条件下，以亚硝酸为电子受体，以氨为电子供体产生氮气的过程。该反应在自然界氮循环中发挥着重要作用。反应方程式如下：

$$NH_4^+ + NO_2^- \longrightarrow N_2 + 2H_2O$$

厌氧氨氧化菌直径为 0.8～1.1 μm，外观呈不规则的球状。厌氧氨氧化过程发生在厌氧氨氧化体（anammoxosome）中。如图 8-4 所示，厌氧氨氧化体占据细胞 50%～80% 的体积，由一层特殊、致密的"梯烷"膜包围，使厌氧氨氧化过程处于一个封闭的环境，防止了有毒产物进入细胞。梯烷结构在其他已知的原核生物中都没有出现过，所以在很多研究中，梯烷也可以作为厌氧氨氧化菌的特征性标志物，用来探测厌氧氨氧化菌在环境中的分布。

其生化途径如图 8-5 所示：①亚硝酸先被含有细胞色素 c（Cytc）和细胞色素 d_1 的亚硝酸盐还原酶（NirS）转化成一氧化氮；②联氨合成酶（HZS）将一氧化氮与氨转化成联氨（N_2H_4）；③联氨被联氨氧化酶（HZO）或羟胺氧化还原酶（HAO）转化成氮气。

在联氨氧化成氮气的过程中，可产生 4 个电子，这 4 个电子通过 Cytc、泛醌、细胞色素 bc_1 复合体以及其他细胞色素传递给 NirS 和 HZS，其中 1 个电子传递给 NirS，3 个电子传递给 HZS。伴随电子传递，质子被排放至厌氧氨氧化体膜外侧，在该膜两侧形成质子梯度，驱动 ATP 合成。

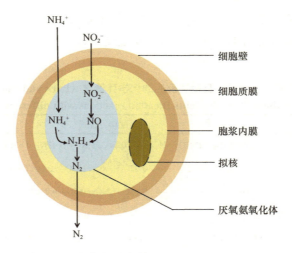

图 8-4　厌氧氨氧化菌的结构（Kuenen，2008）

Figure 8-4　Structure of Anammox bacteria

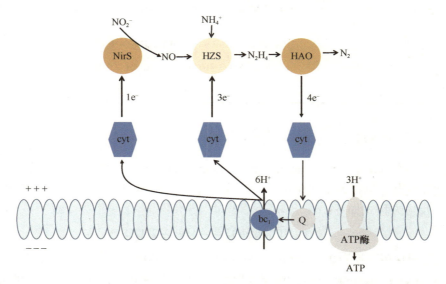

图 8-5　*Candidatu*s Kuenenia stuttgartiensis 厌氧氨氧化过程的生化途径假说（van Niftrik and Jetten，2012）

Figure 8-5　A hypothesis of biochemical pathway for anaerobic ammonium oxidation by *Candidatu*s Kuenenia stuttgartiensis

第二节　微生物电化学驱动的反硝化过程

电子供体是微生物还原硝酸盐的驱动力。2004 年，Gregory 等以石墨电极作为唯一的电子供体，首次证实了 *Geobacter sulfurreducens* 菌可以利用胞外电子将硝酸盐还原成亚硝酸盐，该研究拉开了微生物电化学与反硝化过程研究的序幕。随后，一系列研究表明，微生物电化学驱动的反硝化过程不仅发生于人工电极供电体系中，而且广泛发生于自然界中。本小节根据微生物反硝化所需的电子供体的差异，将着重介绍铁依赖性反硝化、反硝化型甲烷厌氧氧化、腐殖质介导硝酸盐还原及光电营养反硝化等这几种微生物电化学驱动的反硝化过程、涉及的菌群、机理及环境意义。

一、铁依赖性反硝化

（一）铁依赖性反硝化的定义

1996 年，Straub 等发现从沟渠、溪流等底泥沉积物中富集的反硝化培养物能够以 $Fe(II)$ 作为唯一电子供体进行反硝化反应，从此开始了铁依赖性反硝化的研究历程。铁依赖性反硝化（iron-dependent denitrification）是指在厌氧条件下，微生物利用亚铁或零价铁作为电子供体，将硝酸盐或亚硝酸盐还原为气态氮化物的过程，化学反应式如下：

$$2NO_3^- + 10Fe^{2+} + 24H_2O \longrightarrow 10Fe(OH)_3 + N_2 + 18H^+ \quad \Delta_r G_m^\theta = -472.72 \ kJ/mol$$

$$2NO_2^- + 6Fe^{2+} + 14H_2O \longrightarrow 6Fe(OH)_3 + N_2 + 10H^+ \quad \Delta_r G_m^\theta = -441.55 \ kJ/mol$$

$$3NO_3^- + 2Fe + 3H_2O \longrightarrow 2Fe(OH)_3 + 3NO_2^- \quad \Delta_r G_m^\theta = -3569.66 \ kJ/mol$$

$$2NO_2^- + 2Fe + 2H_2O + 2H^+ \longrightarrow 2Fe(OH)_3 + N_2 \quad \Delta_r G_m^\theta = -871.85 \ kJ/mol$$

根据上述计量方程式的标准吉布斯自由能，发现以零价铁或 $Fe(II)$ 为电子供体的反硝化反应的吉布斯自由能均小于零，说明铁依赖性反硝化能够自发进行。其中，以零价铁为电子供体、硝酸盐为电子受体的铁依赖性反硝化反应的吉布斯自由能最低，以零价铁为电子供体、亚硝酸盐为电子受体的铁依赖性反硝化反应次之。因此，从热力学角度分析，相比于二价铁，零价铁与硝酸盐、亚硝酸盐的反应更易发生（王茹等，2019）。

（二）铁依赖性反硝化菌

能够进行铁依赖性反硝化作用的微生物统称为铁依赖性反硝化菌。铁依赖性反硝化菌广泛分布于细菌域和古菌域，共涉及 8 个科、10 个属（王茹等，2015）。如图 8-6a 所示，铁依赖性反硝化细菌多呈杆状，为革兰氏阴性菌，大小为（1.5～2.5）μm ×（0.5～1）μm，主要分布于变形菌门，包括 α-变形菌纲中 1 个科 1 个属、β-变形菌纲中 3 个科 5 个属及 γ-变形菌纲中 2 个科 2 个属和放线菌纲中 1 个科 1 个属；古菌包括广古菌门古丸菌纲古丸菌科铁丸菌属，图 8-6b 显示的铁依赖性反硝化古菌 *Ferroglobus placidus* AEDII12DO 的形貌，为不规则球菌，表面有网格纹，直径 0.7～1.3 μm，单生或对生，有 1～2 根鞭毛。硝酸盐还原细菌可以通过两种不同的营养方式与 $Fe(II)$ 发生作用，即铁依赖性反硝化菌存在两种营养类型（Bryce et al.，2018）。第一种，自养铁依赖性反硝化。铁依赖性反硝化菌通过 $Fe(II)$ 的氧化获得能量来源，进行 CO_2 的还原固定及自身代谢生长。因此，对于自养铁依赖性反硝化菌，除了 $Fe(II)$ 外，这类型微生物不需要有机碳。目前，被分离出的自养铁依赖性反硝化菌较少。一种被称为 "KS culture" 的培养物被证明可以进行稳定的自养铁依赖性反硝化，该培养物主要为嘉利翁氏菌科 Gallionellaceae，同时包含一些化能反硝化菌属，如根瘤菌属 *Rhizobium*、土壤杆菌属 *Agrobacterium*、慢生根瘤菌属 *Bradyrhizobium*、丛毛单胞菌科 Comamonadaceae、类诺卡氏菌属

*Nocardioide*s、罗河杆菌属 *Rhodanobacter*、极单胞菌属 *Polaromonas* 和硫杆菌属 *Thiobacillus* 等（Tominski et al.，2018）。其中，Gallionellaceae 是一种自养铁氧化菌。Tian 等（2020）在长期自养铁依赖性反硝化菌培养中，也证实了 Gallionellaceae 随时间增加而不断被富集。另一种铁依赖性反硝化菌为混合营养铁依赖性反硝化。与自养铁依赖性反硝化相比，目前大多数被证明能够氧化 Fe(II)的硝酸盐还原细菌都需要添加乙酸盐等有机底物来持续 Fe(II)氧化（Straub et al.，2004；Kappler et al.，2005）。这类微生物常被称为"混合营养铁依赖性反硝化菌"，即除了有机碳源外，必须额外添加 Fe(II)作为电子供体，这个过程往往需要微生物诱导出一种 Fe(II)氧化酶。根据前期数据编译及模型翻译，表明食酸菌属 *Acidovorax* 下的 BoFeN1 和 2AN、*A. ebreus* TPSY、脱氮副球菌 *Paracoccus denitrificans* Pd 1222 及假古尔本基安菌属 *Pseudogulbenkiania* 2002 具有诱导出铁氧化酶的能力（Kappler et al.，2005）。

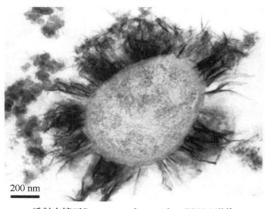

a. 透射电镜下*Paracoccus ferrooxidans* BDN-1形貌　　　b. 透射电镜下古菌*Ferroglobus placidus* AEDII12DO形貌

图 8-6　部分铁依赖性反硝化菌的形貌图（Kumaraswamy et al.，2006）
Figure 8-6　SEM/TEM images of some iron-dependent denitrification bacteria

（三）铁依赖性反硝化反应机理

铁依赖性反硝化在地球化学循环中的普遍性及重要性已被广泛认可，但是生物化学机制仍不清晰。Carlson 等（2012）提出如下 4 种可能的铁依赖性反硝化过程的生物化学机制。

1. 诱导亚铁氧还酶氧化亚铁

如图 8-7a 所示，当环境中存在亚铁，且营养匮乏时，微生物的细胞外膜和细胞膜上诱导产生亚铁氧还酶，并与甲萘醌组合形成复合物。亚铁氧还酶氧化亚铁产生电子，电子通过甲萘醌传递给醌池，为下游氮氧化物的还原提供电子当量，并形成质子动力势。

2. 硝酸盐还原酶直接接受电子

如图 8-7b 所示，反硝化菌膜上的硝酸盐还原酶（Nar）可耦合硝酸盐还原和亚铁氧化两个过程，Nar 直接接受来自亚铁氧化产生的电子，从而催化细胞质中硝酸盐的还原。

该过程吸收周质空间铁氧化产生的电子，消耗细胞质中两个质子，在细胞膜内外两侧形成质子动力势。

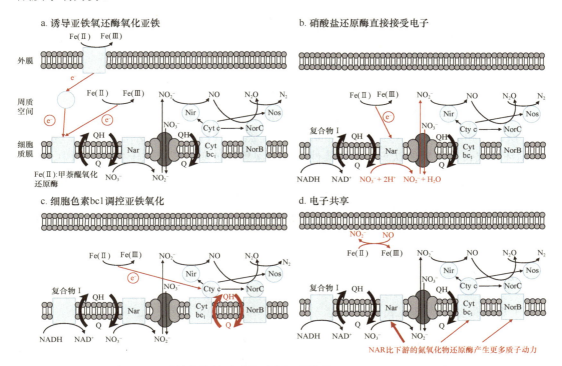

图 8-7 4 种铁依赖性反硝化反应机理假说（Carlson et al.，2012）

Figure 8-7 Hypothetical mechanisms for four iron-dependent denitrification reactions

3. 细胞色素 bc₁ 调控亚铁氧化

如图 8-7c 所示，周质空间中的亚铁被氧化，电子通过细胞色素 c 传给膜上细胞色素 bc₁，此时细胞质中的泛醌结合一个质子，在细胞色素 bc₁ 作用下，被还原为半醌；半醌在周质空间中被氧化，释放一个质子到周质空间，电子参与下游反硝化过程。细胞色素 c 作为一种典型的铁氧化蛋白已经在多种硝酸盐还原亚铁氧化微生物中被发现（Ilbert and Bonnefoy，2013）。而细胞色素 c 也被多次证明可直接与亚铁发生反应（Liu et al.，2019）。

4. 电子共享

如图 8-7d 所示，周质空间中的亚铁可与亚硝态氮反应生成高价铁和气态氮氧化物。由于亚硝态氮的化学消耗，使得更多硝酸盐被还原。亚硝态氮的化学消耗从反硝化过程的上游获取质子，并不获取电子，这就使得流向硝酸盐还原酶（Nar）的电子结余，从而使更多的硝酸盐在硝酸盐还原酶上被还原，消耗细胞质中的质子，产生质子动力势。

Carlson 等（2012）提出的机理假说基于纯生物作用。然而，近年的研究发现，该过程还存在化学反应，即硝酸盐还原的次级产物亚硝酸盐在中性厌氧环境中与亚铁发生反应。因此，微生物介导的硝酸盐还原亚铁氧化过程中的生物和化学作用同时发生，难以分割，从而导致其相对贡献难以评估。2019 年，Liu 等通过设置一列对照组，解析反应过程，获取各基元反应动力学，推导出了生物作用亚铁氧化速率常数并定量评估了生物和化学作用的相对贡献。结果显示，亚硝酸盐的还原生物作用贡献大于化学作用；亚铁的氧化化学作用的贡献大于生物作用。氧化态的 Cyt c 能够直接作用于亚铁的化学氧化（Liu et al.，2019）。

（四）环境意义

地壳中铁元素含量丰富，广泛存在于淡水、海水及各种土壤矿物中。从传统意义上讲，铁循环和氮循环被认为是两个独立的过程。然而，铁依赖性反硝化过程的发现给铁、氮循环方式带来了新的认识。铁依赖性反硝化现象被证明广泛存在于自然生境中，包括淡水底泥、活性污泥、稻田土壤、海底沉积物等，成为自然界中氮、铁循环的重要组成部分。铁依赖性反硝化过程的研究不仅有助于理解自然界中的基于微生物的铁矿形成过程，还有助于探明前寒武纪含铁地层的形成机理及探索火星等铁矿丰富的外星球上是否存在生命迹象。

二、反硝化型甲烷厌氧氧化

（一）反硝化型甲烷厌氧氧化的定义

2006 年，荷兰科学家 Raghoebarsing 等（2006）从氮素污染的淡水沉积物中富集了某种培养物，该培养物在完全无氧的条件下可以耦合硝酸盐完全氧化甲烷。这种在厌氧条件下，以甲烷为电子供体，以硝酸氮（亚硝酸氮）为电子受体，将甲烷氧化为二氧化碳，硝酸氮（亚硝酸氮）还原成氮气的过程，被称为反硝化型甲烷厌氧氧化（denitrifying anaerobic methane oxidation，DAMO），其化学方程式可以表述如下：

$$CH_4 + 4NO_3^- \longrightarrow CO_2 + 4NO_2^- + 2H_2O \quad \Delta_r G_m^\theta = -503 \text{ kJ/mol}$$

$$3CH_4 + 8NO_2^- + 8H^+ \longrightarrow 3CO_2 + 4N_2 + 10H_2O \quad \Delta_r G_m^\theta = -928 \text{ kJ/mol}$$

（二）微生物分类及形貌

2006 年，荷兰科学家 Raghoebarsing 首次在实验室得到 DAMO 富集培养物，通过研究发现，参与 DAMO 过程的微生物包含两大功能菌群，DAMO 细菌和 DAMO 古菌。DAMO 细菌为优势菌，隶属于 NC10 门。Ettwig 等（2010）采用宏基因组测序方法拼接得到富集培养的 DAMO 细菌的基因组，命名为 *Candidatus* Methylomirabilis oxyfera（*Ca.* M. oxyfera）。如图 8-8a 和图 8-8b 所示，*Ca.* M. oxyfera 细菌为革兰氏阴性菌，多为不规则的多边形，胞体两端有帽状结构，此形态可以区别于其他微生物，作为鉴定 *Ca.* M. oxyfera 细菌的形态学特征，其直径为 0.25～0.5 μm，长 0.8～1.1 μm，在 pH 7～8，温度 20～35℃条件下均能生长。

另一种菌群为甲烷厌氧氧化古菌（anaerobic methanotrophic archaea，ANME），后来被证实其属于 ANME-2d，命名为 *Candidatus* Methanoperedens nitroreducens（*Ca.*

M. nitroreducens）。DAMO 古菌偏好以硝酸盐为电子受体将其还原为亚硝酸盐。DAMO 古菌隶属于广古菌门甲烷微菌纲 Methanoperedens 科。如图 8-8c 和图 8-8d 的 DAMO 富集物所示，DAMO 古菌细胞多为不规则球状，直径 1～3 μm，适宜中温（22～35℃）生长，最适 pH 为 7～8。胞外有一层厚厚的 EPS 基质，扭曲其细胞形态，胞体外没有鞭毛或其他附着物，具有电子密度大、对比度低和相对紧凑的细胞质，核糖体均匀分布其中，没有其他的胞内结构。

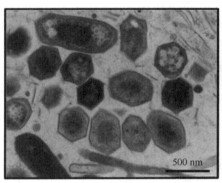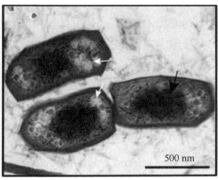

a、b. 透射电镜下 *Candidatus* Methylomirabilis oxyfera 形貌

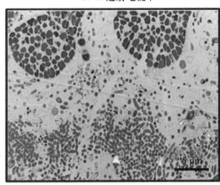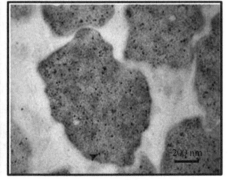

c. 透射电镜下 DAMO 富集物的形貌　　　　d. 透射电镜下 DAMO 富集物甲基辅酶 M 还原酶(MCR)免疫金标记形貌

图 8-8　DAMO 细菌和 DAMO 古菌透射电镜图（Gambelli et al.，2018；Wu et al.，2012）

Figure 8-8　TEM images of DAMO bacteria and DAMO archaea

（三）反硝化型甲烷厌氧氧化机理

除了耦合甲烷氧化和硝酸盐还原，高度富集的 DAMO 菌群也被证实可以耦合甲烷氧化和铬酸盐、硒酸盐及铁还原（Lu et al.，2016；Luo et al.，2018；Ettwig et al.，2016）。细胞色素 c 被认为是细菌催化金属还原的关键媒介，可以将电子从胞内运送到胞外可溶态/固态电子受体（Luo et al.，2018）。随后，多个研究组在多种 DAMO 古菌基因组上发现了大量的多血红素细胞色素 c 编码基因的存在。例如，在富集甲烷氧化和铁还原功能的 DAMO 古菌的基因组上，发现了 41 个多血红素细胞色素 c 编码基因（Ettwig et al.，2016）。在一个甲烷-锰氧化物生物反应器中，所获得的富集菌群由 Methanoperedenaceae 科（DAMO 古菌所在科）的两个新菌种主导，基因组和转录组分析则揭示了甲烷氧化

关键基因和多血红素细胞色素 c 基因的表达（Leu et al.，2020）。Zhang 等（2019）证明生物炭也可被 DAMO 古菌用作电子受体，通过胞外电子传递实现甲烷氧化过程。在该体系中，DAMO 古菌编码了 38 种多血红素细胞色素 c。由于多血红素细胞色素 c 可以将电子从细胞内传递到细胞外的固体电子受体，这就为 DAMO 古菌通过胞外电子传递进行生物炭呼吸提供了基础。Ding 等（2017）成功搭建了以 DAMO 菌群为接种泥、甲烷为唯一电子供体的微生物燃料电池（MFC），说明 DAMO 古菌可以直接或间接利用电极作为电子受体。以上这些研究都指向 DAMO 古菌具有胞外电子传递能力。因此，除硝酸盐之外，DAMO 古菌还具有利用其他多种电子受体的能力。目前关于反硝化型甲烷氧化的微生物学机理主要有两种：一种是 Raghoebarsing 等于 2006 年提出的逆向产甲烷途径耦合反硝化作用，即古菌经逆向产甲烷途径氧化甲烷后提供电子给细菌完成反硝化作用；另一种是新型内部好氧的亚硝酸盐依赖型甲烷厌氧氧化，该机理于 2010 年由 Ettwig 提出。

1. 逆向产甲烷途径耦合反硝化作用

逆向产甲烷（reverse methanogenesis）途径是最早提出的甲烷厌氧氧化发生过程的假说。由于甲烷厌氧氧化古菌产甲烷过程所涉及的大部分酶促反应均可逆，该假说提示存在逆向产甲烷的途径。Yuan 课题组发现 DAMO 过程可由 NC10 独立完成，同时电子受体对其微生物组成有影响，决定了细菌和古菌的丰度（Haroon et al.，2013）。结果表明，在仅提供亚硝态氮的条件下，DAMO 微生物的优势菌为 *Ca*. M. oxyfera，而在仅提供硝态氮的条件下，DAMO 微生物中包含 *Ca*. M. oxyfera 和 *Ca*. M. nitroreducens 两种功能菌。而且，*Ca*. M. oxyfera 对亚硝态氮具有选择性，而 *Ca*. M. nitroreducens 对硝态氮有选择性。Haroon 等（2013）运用宏基因组、宏转录组和同位素分析手段证实，参与 DAMO 的古菌通过反向产甲烷途径氧化甲烷，获得的电子用于硝酸盐的部分反硝化。

如图 8-9 所示，*Ca*. M. nitroreducens 细胞内包括甲基辅酶 M 还原酶编码基因（*mcrABCDG*）、辅酶 F_{420} 型 N5,N10-亚甲基-四氢甲烷蝶呤还原酶编码基因（*mer*）等完整的反向产甲烷过程所需的基因。而参与反硝化过程的后续基因在 *Ca*. M. nitroreducens 内未发现，因此 *Ca*. M. nitroreducens 只能将硝酸盐还原为亚硝酸盐。逆向产甲烷耦合反硝化途径如下：①甲烷在甲基辅酶 M 还原酶（MCR）的作用下生成甲基辅酶 M；②甲基转移至四氢蝶呤形成的甲基-H_4MPT，在甲基辅酶 M 转移酶（MER）的催化下形成亚甲基-H_4MPT；③亚甲基-H_4MPT 经过一系列的酶促反应最终转化为 CO_2；④亚甲基-H_4MPT 可进入乙酰辅酶 A（acetyl-CoA）途径合成生物量，释放的电子还原硝酸盐。

2. 内部好氧的亚硝酸盐依赖型甲烷厌氧氧化

随着研究的深入，Ettwig 等（2008）发现逆向产甲烷途径耦合反硝化过程无法完全解释甲烷厌氧氧化反硝化过程。首先，甲烷菌抑制剂——溴乙烷磺酸的添加不影响甲烷厌氧氧化反硝化微生物富集培养物（其中古菌 10%，细菌 80%）的甲烷氧化速率。而相同剂量的溴乙烷磺酸处理甲烷八叠球菌时，甲烷厌氧氧化过程则被明显抑制。其次，进一步的富集试验发现，后期富集中古菌逐渐消失，而甲烷厌氧氧化速率却保持在相对稳定

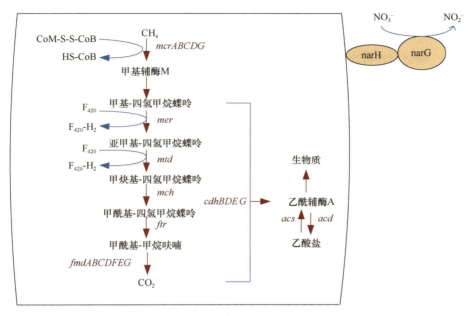

图 8-9　*Ca.* Methanoperedens nitroreducens 的代谢途径（Haroon et al.，2013）

Figure 8-9　Metabolic pathway of *Ca.* Methanoperedens nitroreducens

mcrABCDG：甲基辅酶 M 还原酶的基因；*mer*：辅酶 F_{420} 型亚甲基四氢甲烷蝶呤还原酶的基因；*mtd*：亚甲基四氢甲蝶呤脱氢酶的基因；*mch*：亚甲基四氢甲蝶呤环水解酶的基因；*ftr*：甲酰基转移酶的基因；*fmdABCDFEG*：甲酰基甲烷呋喃脱氢酶编码基因；*acs*：乙酰辅酶 A 合成酶编码基因；*acd*：乙酰辅酶 A 连接酶编码基因

的状态。这一现象的发现不仅证实了甲烷厌氧氧化反硝化过程不需要古菌参与，而且明确表明了逆向产甲烷途径无法完全解释甲烷厌氧氧化反硝化过程。

　　因此，Ettwig 等（2008）认为甲烷厌氧氧化反硝化过程可以由细菌 *M. oxyfera* 独立完成。此外，实验过程中未检出传统反硝化过程的中间产物 N_2O，表明该途径中的 NO 并未转换为 N_2O。因此 Ettwig 等（2010）提出了一种内部好氧的亚硝酸盐依赖型甲烷厌氧氧化机理，如图 8-10 所示：①亚硝酸盐被亚硝酸盐还原酶还原为 NO；②NO 经过一种未知 NO 歧化酶的作用将 2 分子 NO 催化生成 N_2 和 O_2，生成的一部分 O_2（3/4）用于甲烷氧化；③甲烷经甲烷单加氧酶（pMMPO）氧化为甲醇，后经一系列脱氢酶的作用，最终被氧化为 CO_2，剩余 O_2 用于正常的呼吸作用。

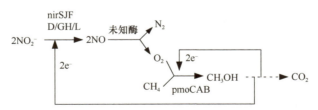

图 8-10　利用亚硝酸盐进行甲烷氧化的假说途径（Ettwig et al.，2010）

Figure 8-10　Hypothetical pathway of methane oxidation with nitrite

nirSJFD/GH/L：亚硝酸盐还原酶；pmoCAB：颗粒态甲烷单氧化酶

2011 年，Wu 等通过免疫金标记手段，发现 *Ca.* M. oxyfera 中含有催化反硝化过程的亚硝酸盐还原酶(NirS)和催化甲烷氧化的甲烷单加氧酶,进一步证明了 *Ca. M. oxyfera* 可以单独完成 DAMO 过程。内部好氧的亚硝酸盐依赖型甲烷厌氧氧化途径不仅较好地解释了仅有细菌存在情况下的甲烷厌氧氧化反硝化过程机理,同时也发现了地球上存在着第四种生物产氧途径。然而,由于一氧化氮歧化酶至今尚未被检出,因此,该假说仍需进一步研究证实。

(四)环境意义

传统污水脱氮工艺主要为硝化反硝化脱氮过程,在反硝化阶段通常需要外加有机碳源,如甲醇、乙醇等。这些外加碳源不仅增加了工艺成本,残余的碳源还有二次污染的风险。此外,经典反硝化过程中还会产生温室气体 N_2O。DAMO 过程可以很好地避免这些缺点。首先,污水处理厂厌氧硝化工艺会产生甲烷,DAMO 过程可以原位利用这些甲烷从而降低成本。此外,厌氧消化工艺的出水中也包含较高浓度的溶解甲烷,30℃条件下,溶解甲烷浓度约为 18.6 mg/L,按 DAMO 反应化学计量比(甲烷:硝酸盐=5:8)可以脱氮 26.04 mg/L。在低温地区,出水的溶解甲烷浓度更高。DAMO 过程利用这一部分溶解甲烷进行反硝化,不仅可以降低成本,还能减少污水处理厂温室气体的排放。

DAMO 过程可与短程硝化过程联用处理含低浓度碳源的污水。短程硝化产生的亚硝态氮,被 DAMO 细菌利用甲烷将其转化为氮气。这一联合工艺具有更灵活的操作条件,不要求短程硝化过程中对氨氧化细菌和亚硝酸盐氧化细菌的比例有严格的控制。即使亚硝酸盐氧化细菌比例较高,其生成的硝酸盐也可被下一过程中的 DAMO 古菌转化为亚硝酸盐,亚硝酸盐再被 DAMO 细菌转化为氮气。

甲烷是一种重要的温室气体,其引起的温室效应是等物质量 CO_2 的 20~30 倍,对全球变暖的贡献率约占 20%,且其排放总量以每年 1% 左右的惊人速度增长,甲烷的控制一直是研究的热点。多年来,人们普遍认为甲烷的消耗是在有氧的条件下进行的,DAMO 过程的发现改变了一直以来对于甲烷只存在好氧氧化的认知。研究发现,DAMO 微生物在自然生态系统中分布广泛。淡水和陆地生态系统中,淡水和湖泊底泥、淡水湿地、地下水、泥炭地、沟渠沉积物、河口沉积物、亚热带森林酸性土壤、红树林沉积物等环境中都检测到了 DAMO 微生物的存在;在人工生境,如污水处理厂、城市景观湿地、水库、水稻土等生境中也发现了其存在的证据;在海洋生态系统,如深海底冻土层、南海底泥、沿海潮间湿地等都发现了 DAMO 微生物的踪迹;甚至在亚北极湖泊中都活跃着 DAMO 微生物。因此,DAMO 过程在一定程度上影响着全球碳循环和氮循环。DAMO 反应可将甲烷氧化形成等摩尔的二氧化碳,明显降低了等量气体排放所引起的温室效应,是温室气体甲烷潜在的微生物汇。

三、腐殖质介导硝酸盐还原

1996 年,Lovley 等首次报道了金属还原地杆菌(*Geobacter metallireducens*)能以腐殖质及其模式物蒽醌-2,6-二磺酸盐(AQDS)为唯一的终端电子受体氧化乙酸盐、乳酸盐和氢,从中获得能量,支持自身的生长代谢。之后的研究亦不断发现,这种基于腐殖质的代谢过程在环境中普遍存在。目前已从多种环境介质如砂质和富含有机质的沉积物、受污染的土壤及污水处理厂好氧和厌氧污泥中发现了腐殖质还原菌。这些腐殖质还原菌种类繁多，包括地杆菌（*Geobacter* spp.）、铀还原菌［如耐辐射球菌（*Deinococcus radiodurans*）］、希瓦氏菌［如中国希瓦氏菌 D14T（*Shewanella cinica* D14T）］、发酵性细菌［如费氏丙酸杆菌（*Propionibacterium freudenreichii*）］、脱亚硫酸菌［如脱亚硫酸杆菌属 PCE1 菌株（*Desulfitobacterium* PCE1）］、产甲烷菌及一些嗜热菌等（武春媛等，2009）。

腐殖质呼吸具体表述为：在厌氧条件下，腐殖质还原菌通过氧化电子供体，偶联腐殖质或腐殖质模型物还原，并从这一过程中贮存生命活动的能量（武春媛等，2009）。腐殖质氧化介导的硝酸盐还原过程（humus oxidation-nitrate reduction）主要以还原型腐殖质作为硝酸盐还原的电子供体。

呼吸过程中产生的还原态腐殖质可以作为电子供体，参与反硝化过程。由于腐殖质的成分复杂，一般以腐殖质类似物 AQDS 作为模型物。当以还原态的腐殖质类似物还原态 AQDS（AHQDS）为电子供体时，*Geobacter metallireducens* 及两种硝酸盐还原菌——发酵地发菌（*Geothrix fermentans*）和产琥珀酸沃廉菌（*Wolinella succinogenes*）能将硝态氮还原为铵态氮，从而产生能量供自身生长，而脱氮副球菌（*Paracoccus denitrificans*）能将硝态氮还原成氮气，反应式分别如下所示：

$$NO_3^- + 2H^+ + 4AHQDS \longrightarrow 4AQDS + 4NH_4^+ + 2H_2O$$

$$2NO_3^- + 2H^+ + 5AHQDS \longrightarrow 5AQDS + 4N_2 + 6H_2O$$

除了以 AHQDS 为电子供体，van Trump 等（2011）证明在实际农田土壤中，硝酸盐还原微生物具有利用还原型腐殖质为电子供体的能力。这些基于硝酸盐的腐殖质氧化微生物具有系统多样性，主要包括 α-变形菌门、β-变形菌门和 γ-变形菌门。该研究证实了腐殖质可以影响土壤微生物群落的反硝化过程，并在一定程度上影响土壤中氮的地球化学循环。

如图 8-11 所示，腐殖质呼吸介导的硝酸盐还原机制具体如下：①腐殖质还原菌在腐殖质呼吸作用中氧化电子供体，产生电子；②电子传递给腐殖质，腐殖质得到电子被还原；③还原态的腐殖质将电子传递给能够还原硝酸盐的细菌，产生 NH_4^+ 或 N_2，同时还原态的腐殖质又转化为氧化态形式，继而又可以接受电子被微生物还原，如此往复。

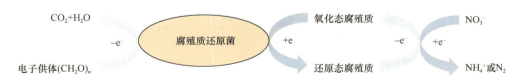

图 8-11　腐殖质呼吸介导的硝酸盐还原机制

Figure 8-11　The mechanism of nitrate reduction mediated by humus respiration

虽然腐殖质在土壤和沉积物样品中作为电子供体没有被广泛证实，然而，由于腐殖质在土壤和沉积物中大量存在，因此腐殖质呼吸介导的硝酸盐还原过程将会是一个普遍的现象。除了腐殖质，其他介于醌和氢醌的酚类物质也有可能为微生物呼吸提供电子供体。无论腐殖质是影响反硝化过程，或是影响硝酸盐的异化成氨，都将会影响土壤或者沉积物中的氮循环过程。

四、光电营养反硝化

鲁安怀等（2019）首次提出地表广泛存在着具有太阳光响应的"矿物膜"，开辟了矿物光电子能量研究的新领域。图 8-12a、b 和 c 分别为典型的中国西北地区戈壁沙漠景观、中国西南喀斯特地貌及中国南方红壤形貌，其表面都广泛存在着一层矿物膜，且表面矿物在光照下能够产生光电流（Lu et al.，2019）。因此，太阳光不仅作用地表有机生物，也作用地表无机矿物而产生光电子能量。

图 8-12　"矿物膜"形貌及其光电响应（Lu et al.，2019）

Figure 8-12　Morphological landscape of "mineral membrane" and its photoelectric responses

Lu 等（2012）证明，自然界中天然半导体矿物金红石、针铁矿和闪锌矿等在可见光照射下产生的光电子，可促进氧化亚铁硫杆菌（*A. ferrooxidans*）和粪产碱杆菌（*A. faecalis*）等非光合作用微生物生物量显著增长。随后，2016 年，杨培东课题组通过构造 CdS 敏化的非光合的热醋穆尔氏菌（*Moorella thermoacetica*），在光照下，实现了 CO_2 高效还原成乙酸（Sakimoto et al., 2016）。CdS 在光照下，产生光电子，通过氢酶或者细胞色素 *c* 传递至胞内，参与 Wood-Ljungdahl 路径产生乙酸。该过程同时耦合具有高吸光系数的半导体和具有高选择性的生物催化反应，得到的最大量子效率为 2.44% ± 0.62%。光电子驱动的生物代谢过程也是继人类发现化能营养微生物和光能营养微生物之后的第三种营养模式——光电营养微生物，即矿物光电子能量。

（一）光电营养反硝化基本原理

除了利用光电子实现碳的微生物转化（Cestellos-Blanco et al., 2020；Fang et al., 2020），近年来，利用光电子实现氮的微生物转化也逐渐受到关注。Cheng 等（2017）通过构建微生物燃料电池，实现了光电子驱动的微生物反硝化过程。电池的阳极为 TiO_2/Ti 板电极，面积为 16 cm^2，阴极为具有脱氮功能的生物阴极。当 TiO_2 阳极受到光激发时，产生的光电子沿着外回路传递至阴极，被阴极微生物利用，使阴极中硝酸氮还原成氮气。这种非光合细菌在光照下，利用光生电子实现反硝化的过程被称为光电营养反硝化（photoelectrotrophic denitrification）。反应式如下所示：

$$半导体 \xrightarrow{\text{hv}} h^+ + e^-$$

$$2NO_3^- + 6H_2O + 10e^- \longrightarrow N_2 + 12OH^-$$

$$牺牲体 + h^+ \longrightarrow 氧化产物$$

除了利用微生物燃料电池实现光电营养反硝化过程，Chen 等（2019）还通过构造 CdS 敏化的脱氮硫杆菌实现了脱离电池构造的光驱动非光合微生物的反硝化过程。在光照下，脱氮硫杆菌-CdS 杂化体系将硝酸盐转化为高纯度的 N_2O（> 96%）。$K^{15}NO_3$ 同位素标记实验证明了 $K^{15}NO_3$ 转化成 $^{15}N_2O$，同时实时定量 PCR 实验也证明了该过程中反硝化基因的显著性上调。这项工作首次证明了光照下直接接触的半导体材料能够激发微生物反硝化过程。光电营养反硝化过程在脱氮技术上是一个新的突破，目前该过程的研究处于起步阶段，为了做到更加安全、低廉的脱氮过程，在半导体选择、杂化体系组装、光电子传递及牺牲试剂上，仍需进一步探究（Chen et al., 2020）。

相较于传统的异养反硝化和自养反硝化，光电营养反硝化具有如下优点。

（1）利用太阳光产生的光生电子作为电子供体，成本较低。虽然仍需要投加牺牲试剂，但是投加的牺牲试剂可以为非生物可利用的，可选择性广。例如，Cheng 等（2017）研究认为可利用水作为牺牲试剂，价格更低。

（2）不产生二次污染。不依赖生物可利用的有机供体，降低了出水的生物风险。

（3）相比于异养反硝化过程，光电营养反硝化为自养过程，污泥量较少。

（4）相比于 H_2 作为电子供体的自养反硝化过程，使用光电子更安全。

（二）环境意义

目前光电营养反硝化过程只在实验体系中被发现。然而由于半导体矿物等光敏材料的广泛存在，光电营养反硝化过程在自然环境中可能普遍存在，影响着氮循环过程。比如，在水稻土中，同时存在着大量的微生物、半导体矿物（金红石、闪锌矿、锐钛矿等）和硝酸盐，因此光电营养反硝化过程在水稻土中极有可能发生，影响着氧化亚氮排放和氮循环过程（Chen et al.，2020）。因此，光电营养反硝化过程的发现有助于理解在一些半导体矿物富集的特殊环境中的氮循环过程，并可指导与氮相关污染物的转化及控制。

第三节　微生物电化学驱动的氨氧化过程

在对厌氧氨氧化的早期研究中，一直认为厌氧氨氧化只能以亚硝酸盐或一氧化氮为电子受体实现氨氮的去除。Strous 等（2006）发现，厌氧氨氧化菌 *Candidatus* Kuenenia stuttgartiensis 可以将甲酸盐氧化与不溶性胞外受体如 Fe(III)的氧化物的还原结合，打破了人们以往的认知。随后，Ferousi 等（2017）研究发现厌氧氨氧化细菌含有与具备胞外电子转移能力的 *Geobacter* 和 *Shewanella* 中多血红素细胞色素类似的同源物，这些同源物在胞外电子转移过程中发挥着重要的作用。这些研究证明了厌氧氨氧化菌具有微生物电化学特性。根据电子受体的差异，本小节主要介绍微生物电化学驱动的铁氨氧化、硫酸型氨氧化、电氨氧化等，并分别阐述各个氨氧化过程的概念、菌群、过程机理及环境意义。

一、铁氨氧化

（一）定义

通常认为，反硝化作用和厌氧氨氧化过程是氮素返回大气的主要途径，这两个过程只能发生在微氧环境。然而，Bartlett 等（2008）和 Grantz 等（2012）却在厌氧土壤环境中检测到大量氮素的损失。因此推测，除了已知的厌氧氨氧化过程和反硝化过程导致氮素损失外，存在其他的途径导致土壤中氮素的损失。2005 年，Clément 等首次发现 NH_4^+ 在 Fe(III)还原的条件下被氧化为 NO_2^-，同时 Fe(III)作为电子受体被还原为 Fe(II)，这是在厌氧条件下，微生物氧化氨的一种新途径。2006 年，Sawayama 利用铵为电子供体、Fe(III)-EDTA 为电子受体、无机碳为碳源进行氨氧化实验，证实了铵离子被氧化为 NO_2^-，同时 Fe(III)被还原为 Fe(II)，两者之间存在对应关系，首次提出了铁氨氧化（ferric ammonium oxidation，Feammox）概念。铁氨氧化指厌氧条件下微生物将 NH_4^+氧化的同时还原铁离子的过程。该反应的发生与难易程度与反应中电子受体铁的形式、氨氧化的产物有关，其化学式如下所示。

当 FeOOH 为电子受体铁的形式，NO_2^-为氨氧化产物时，其化学式为

$$NH_4^+ + 6FeOOH + 10H^+ \longrightarrow NO_2^- + 6Fe^{2+} + 10H_2O \quad \Delta_r G_m^\theta = -30.9 \text{ kJ/mol}$$

当 Fe(OH)$_3$ 为电子受体铁的形式，$NO_3^-/NO_2^-/N_2$ 分别为氨氧化产物时，其化学式为

$$NH_4^+ + 8Fe(OH)_3 + 14H^+ \longrightarrow NO_2^- + 8Fe^{2+} + 21H_2O \quad \Delta_r G_m^\theta = -207 \text{ kJ/mol}$$

$$NH_4^+ + 6Fe(OH)_3 + 10H^+ \longrightarrow NO_2^- + 6Fe^{2+} + 16H_2O \quad \Delta_r G_m^\theta = -164 \text{ kJ/mol}$$

$$NH_4^+ + 3Fe(OH)_3 + 5H^+ \longrightarrow 0.5N_2 + 3Fe^{2+} + 9H_2O \quad \Delta_r G_m^\theta = -245 \text{ kJ/mol}$$

当 Fe_2O_3 为电子受体铁的形式，NO_2^- 为氨氧化产物时，其化学式为

$$NH_4^+ + 3Fe_2O_3 \cdot 0.5H_2O + 10H^+ \longrightarrow NO_2^- + 6Fe^{2+} + 8.5H_2O \quad \Delta_r G_m^\theta = -145 \text{ kJ/mol}$$

上述热力学结果表明，铁氨氧化反应均是自发发生的。虽然在与厌氧氨氧化的竞争中铁氨氧化处于劣势，但铁氨氧化确实在地表的各种生境中存在。

（二）微生物及生境情况

2014 年，Ding 等采用 ^{15}N-NH_4^+ 的稳定性同位素示踪法以及乙炔（C_2H_2）抑制技术，首次证明了稻田土壤中存在铁氨氧化过程而且铁氨氧化过程是稻田土壤中 N_2 产生的重要途径之一。2015 年，Ding 等探究了长期施氮肥对水稻土壤中异化铁还原微生物群落迁移的影响，证明了长期施氮肥能够促进稻田土壤中 Fe(III) 的还原过程，并改变了依赖于乙酸盐的 Fe(III) 还原细菌的群落结构（Ding et al.，2015）。同年，刘敏团队发现潮间带湿地土壤中存在铁氨氧化过程，该过程可导致每年 $11.5\sim18$ t/km^2 的氮损失，约占整个氮流失的 $3.1\%\sim4.9\%$（Li et al.，2015）。 Huang 和 Jaffé（2015）以森林湿地为接种来源，经过 6 个月的培养、驯化，分离出一株酸微菌科（Acidimicrobiaceae）A6 新菌，该菌既具有氨氧化的功能，又具有铁还原功能。酸微菌科 A6 菌种的分离和鉴定，为铁氨氧化的研究提供了微生物基础，具有里程碑式的意义。

由于铁氨氧化反应的驱动者是铁还原菌，而且铁氨氧化菌也属于厌氧氨氧化菌的一类。因此还原型金属、pH、有机物及氧气浓度都会影响铁氨氧化过程。Yang 等（2012）发现 pH 对铁氨氧化速率影响较大，当 pH 大于 6 时，铁氨氧化反应受到抑制。Gilson 等（2015）采用绿脱石、富含 Fe(III) 的黏土和大约 10 μmol/L 的铀来孵化酸微菌科 A6 菌株，结果测定出 Fe(II) 的产生和氨氧化，而当铀的浓度大致在 100 μmol/L 时能够完全抑制该菌株的活性。目前，在湿地、水稻土、沼泽地、潮间带湿地等环境中都监测到了铁氨氧化过程，其反应生境的主要影响因子如表 8-3 所示。

表 8-3　铁氨氧化反应生境的主要影响因子

Table 8-3　The main influencing factors of the existing environments for Feammox

序号	因素	含量	来源	参考文献
1	pH	4.8	湿地	Clément et al.，2005
	湿度	9.6%		
	N-NO_3^-	0.02 mmol/g		
	N-NH_4^+	0.23 mmol/g		
2	pH	$4.7\sim5.7$	水稻土	Ding et al.，2015
	总铁	Fe(III)：$0.5\sim4.5$ g/kg Fe(II)：$0.13\sim0.14$ g/kg		
	TOC	$0.9\%\sim2.4\%$		
	TN	NH_4^+：$7.0\sim21.0$ mg/kg		
	DOC	$72\sim218$ mg/kg		
3	pH	$3.0\sim7.6$	沼泽地	Huang and Jaffé，2015

续表

序号	因素	含量	来源	参考文献
3	总铁	Fe(Ⅲ): 0.077～1.772 g/kg; Fe(Ⅱ): 0.008～0.477 g/kg	沼泽地	
	TN	NH₄⁺: 0.005～2.079 g/kg		
	DOC	808～55 200 mg/kg		
4	pH	8.32～8.46	潮间带湿地 (涨潮)	Li et al.，2015
	总铁	Fe(Ⅲ): 0.57～1.07 g/kg（夏季）; Fe(Ⅱ): 0.54～1.03 g/kg（冬季）		
	TOC	0.51%～0.76%		
	TN	NH₄⁺: 3.26～3.73 mg/kg		
5	pH	8.48～8.75	潮间带湿地 (退潮)	Li et al.，2015
	总铁	Fe(Ⅲ): 0.57～0.87 g/kg（夏季）; Fe(Ⅱ): 0.74～1.04 g/kg（冬季）		
	TOC	0.58%～0.81%		
	TN	NH₄⁺: 2.25～2.63 mg/kg		

（三）反应机理

目前有关铁氨氧化过程的研究还处于初始阶段，Huang 和 Jaffé（2015）认为铁氨氧化是微生物介导的胞外呼吸过程。此外，Zhou 等（2016）研究发现，电子穿梭体 AQDS 与生物炭可促进铁氨氧化反应进程，支持了铁氨氧化为微生物介导的胞外呼吸过程。图 8-13 为铁氨氧化胞外电子传递过程假说（钟小娟等，2018），铁氨氧化微生物以氨为电子供体，将氨氧化后产生的电子通过电子传递链传递给细胞外的电子受体，直接或者通过电子穿梭体还原 Fe(Ⅲ)为 Fe(Ⅱ)，产生能量完成代谢。然而关于铵离子如何进入细胞内部，产生的电子如何传递给细胞外的铁，电子传递的影响因素有哪些等，这些问题还有待更多的深入研究。

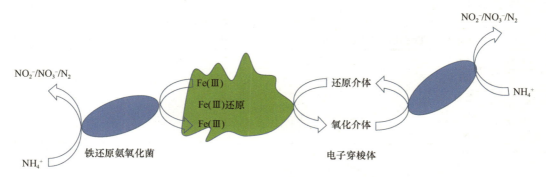

图 8-13　铁氨氧化过程胞外电子传递过程假说（钟小娟等，2018）
Figure 8-13　Model of extracellular electron transport for Feammox

（四）环境意义

土壤中含有丰富的铁，Fe(Ⅲ)异化还原是土壤中重要的元素循环之一，并被认为是可调控其他元素的生物地球化学过程。研究表明，在水稻土、湿地和热带森林等多个自然生境的土壤中发现 Fe(III)异化还原与氮循环之间存在联系。土壤氮素的转化过程，如厌氧反硝化、厌氧氨氧化、硝酸盐还原等都与铁循环密切相关。铁氨氧化的发现进一步改变了长期以来人们认为 Fe(III)还原与 Fe(II)氧化是纯化学过程的固有印象。此外，在厌氧环境中，缺乏亚硝酸根，导致无法有效进行厌氧氨氧化反应。因此，理论上，铁氨氧化过程是厌氧环境中氮素被氧化的主要途径，且随着周围环境的改变铁氨氧化的发生程度也发生变化。比如，当水稻土干旱时，土壤中 Fe(III)浓度上升，导致在淹水时，铁氨氧化过程加快，从而加剧了氮素的损失。因此，土壤中氮损失的来源及其机理需要进一步评估，这也为氮的生物转化过程提供了新的研究方向。

目前，电子供体的研究集中于有机物，对于 NH_4^+ 等无机物为电子供体的研究鲜见报道。而 Huang 和 Jaffé（2015）发现的酸微菌科 A6 菌株，在氧化氨的同时偶联铁、铀的还原，因此可以在不同的环境条件下应用于金属铀污染的生物还原和生物修复。铁氨氧化过程对未来的环境金属污染治理有一定的启示作用。

二、硫酸型氨氧化

（一）定义

硫酸盐型厌氧氨氧化（S-anammox）是近十几年发展起来的一种新型氮硫反应过程。2001 年，Fdz-Polanco 等（2001）在以处理高碳、高氮的甜菜酒糟废水的颗粒活性炭为载体的厌氧流化床反应器中，发现进入反应器中的总凯氏氮约有 50%变成了 N_2，同时，反应器中 80%的 SO_4^- 被转化。此后，董凌霄等（2006）和 Zhao 等（2006）也分别在厌氧生物转盘和厌氧生物附着床反应器中观察到同步脱氮除硫现象。因此，将这种氨氮作为电子供体，硫酸盐作为电子受体的现象称为 S-anammox，反应式如下：

$$SO_4^{2-}+2NH_4^+ \longrightarrow S+N_2+4H_2O \quad \Delta_r G_m^\theta = -47.8\ \text{kJ/mol}$$

（二）微生物与菌群

S-anammox 既可在无机碳源条件下进行，也可在有机碳源条件下进行，但是否能够利用有机物尚不得而知。目前研究普遍认为 S-anammox 菌生长速率缓慢，对环境条件敏感，富集时间长，启动时间最长可达 300 多天。生长 pH 范围偏碱性，最佳生长温度为 35℃左右，溶解氧低于 0.5 mg/L，低氧化还原电位利于该菌种的生长，属于厌氧菌。

S-anammox 菌的分布较为广泛，已有从厌氧污泥、河底泥、反硝化污泥和传统厌氧氨氧化污泥中筛选驯化成功的先例。然而目前已经明确的 S-anammox 菌种较少。Liu 等（2008）在生物转盘反应器中，通过 PCR-DGGE 和 16S rDNA 技术分析发现存在一种 *Anammoxoglobus sulfate* 的优势种群。Rikmann 等（2012）采用 PCR-DGGE 分别对移动床生物膜反应器内的生物膜和上流式厌氧污泥床内的污泥进行观察分析，发现反应器内微生物分别属于浮霉菌目（Planctomycetales）和疣微菌门（Verrucomicrobia）。刘正川等（2015）分析了从传统亚硝酸盐型厌氧氨氧化转变到硫酸盐型厌氧氨氧化过程中的微生物变化，发现污泥中细菌从以球菌为主转变成以短杆菌为主，长 2～3 μm。菌群由以

Candidatus Brocadia 为优势种转变为以食苯芽孢杆菌（*Bacillus benzoevorans*）为优势种，说明完成这两种厌氧氨氧化过程并非是同一种菌参与完成的。此外，蔡靖等（2010）发现，*Bacillus* 能够在无氧存在下，以硫酸盐为电子受体氧化氨，具有硫酸盐型厌氧氨氧化能力，说明 *Bacillus* 可能能够进行硫酸盐型厌氧氨氧化过程。

（三）S-anammox 反应机理

根据体系中是否存在有机碳源，S-anammox 反应机理目前有两种假说。

Fdz-Polanco 等（2001）提出了有机碳源存在条件下的 S-anammox 反应机理。他们在研究过程中发现了 S^{2-}、HS^- 和单质 S 的产生，并根据反应过程中 NH_4^+ 和 SO_4^{2-} 的消耗量比值，得出如下反应机理：

$$3SO_4^{2-} + 4NH_4^+ \longrightarrow 3S^{2-} + 4NO_2^- + 4H_2O + 8H^+$$

$$3S^{2-} + 2NO_2^- + 8H^+ \longrightarrow 3S + N_2 + 4H_2O$$

$$2NH_4^+ + 2NO_2^- \longrightarrow 2N_2 + 4H_2O$$

$$总反应式为 SO_4^{2-} + 2NH_4^+ \longrightarrow S + N_2 + 4H_2O$$

从以上反应式可以看出，在有机物存在的情况下 S-anammox 为分步反应：①SO_4^{2-} 和 NH_4^+ 生成 NO_2^- 和 S^{2-}；②S^{2-} 与部分 NO_2^- 反应生成 N_2 和单质 S；③NH_4^+ 再与剩余的 NO_2^- 反应生成 N_2。

在厌氧条件下，有机碳源会给硫酸盐还原菌（SRB）提供底物而促使硫酸盐发生还原反应，将 SO_4^{2-} 还原为 HS^- 或 S^{2-}。SRB 不仅生长速率快，还含有不受氧毒害的酶系，保证了 SRB 较强的生存能力。因此，在一定的碳源条件下 S-anammox 菌能与 SRB 共生。然而，张蕾等（2008）研究证明高 COD 抑制了 S-anammox 反应。同样，赵庆良等（2007）研究也表明，低 COD、高 NH_4^+ 及偏碱性条件有利于 S-anammox 反应的发生。

在无机碳源条件下，虽然也发生了氮硫同步脱除的现象，但在启动过程中并未检测到 S^{2-} 的产生，同时产物中存在 N_2、单质 S 和 NO_3^-（李祥等，2012；Liu et al.，2008），因此，他们认为，在无机碳源存在的条件下，S-anammox 存在不同的反应机理：

$$SO_4^{2-} + NH_4^+ \longrightarrow S + NO_2^- + 2H_2O$$

$$4SO_4^{2-} + 3NH_4^+ + 2HCO_3^- \longrightarrow 4S + 3NO_3^- + 7H_2O + 2CO_3^{2-}$$

$$2NH_4^+ + 2NO_2^- \longrightarrow 2N_2 + 4H_2O$$

从反应式来看，产生 NO_2^- 还是 NO_3^- 与氮硫比有关，当氮硫比较低时，NH_4^+ 通过过度氧化为 NO_3^- 提供足够的电子来还原 SO_4^{2-}，从而提高 SO_4^{2-} 的转化率和 NO_3^- 的生成率。

（四）环境意义

虽然 S-anammox 的机制目前并不十分明确，然而 S-anammox 现象的发现为废水生物脱氮提供了新的思路，特别有助于推动同时含有氨氮和硫酸盐的废水（如发酵、化工、制药、制糖废水）治理。与以亚硝酸盐为电子受体的 anammox 工艺相比，该工艺以硫酸盐取代亚硝酸盐，无须通过短程硝化获取电子受体，不但降低了成本，达到了"以废治废"的目的，而且提高了工艺的可控性，同时又可不消耗外加有机碳源和能源，并具有污泥产量小的优点，减轻了后续处理的负担。与自养反硝化工艺相比，该工艺解决了硫酸盐还原中间产物（硫化物）的二次污染问题。此外，已知 anammox 对全球氮循环的贡献很大，所产氮气占海洋所产氮气的 30%～50%，而 S-anammox 则可能是氮、硫地球生物化学循环的另一途径，因此对该过程的研究具有重要的实用价值和科学意义。

三、电氨氧化

（一）定义

He 等（2009）以氯化铵、硫酸铵、磷酸铵作为电子供体，证明 MFC 能够产电，最大电流为（0.078 ± 0.003）mA，氨氮去除率为 49.2% ± 5.9%。Xie 等（2013）以硝化菌富集培养物为菌种，成功构建了以氨作为燃料的 MFC。这些证据证明了以 NH_4^+ 为唯一的电子供体可以实现胞外产电的过程，被称为电氨氧化（E-anammox）过程。

（二）菌群特征

He 等（2009）在以氨为唯一电子供体产电的生物膜中，采用 16S rRNA 克隆文库技术分析阳极微生物群落时发现，欧洲亚硝化单胞菌（*Nitrosomonas europaea*）是阳极菌群的优势菌。在阳极，欧洲亚硝化单胞菌可以氧化氨，并释放电子到电极。研究表明，欧洲亚硝化单胞菌包含羟胺氧化还原酶（HAO），负责氧化羟胺到亚硝酸盐的过程。HAO是一个细胞周质中的三聚体，每一个亚基都含有 8 个细胞色素 *c*（Arp et al., 2002）。因此，在氨氧化过程中，极有可能在羟胺氧化途径释放电子。

迄今为止，虽然厌氧氨氧化菌能否产电还存在争议，但是 Strous 等（2006）通过测定厌氧氨氧化菌的基因组表明，厌氧氨氧化菌的许多性状类似文献报道的典型产电微生物 *Shewanella* 和 *Geobacter*，主要有如下方面：①基因冗余，基因数量明显大于其他细菌，具有代谢多样性；②含有大量细胞色素 *c*，可用于电子传递；③可利用不溶态金属氧化物（如氧化锰、氧化铁）作为电子受体。

因此，目前研究者认为，厌氧氨氧化细菌可将胞内电子传递至胞外电极，实现脱氮产电的过程。

（三）电氨氧化机理

目前有关氨氧化过程电子传递至阳极的机理有三种假说，如图 8-14 所示。

（1）羟胺氧化至亚硝酸盐过程释放电子至阳极。

这个途径是目前研究者认为最有可能的一条途径。对于传统的氨氧化过程，羟胺在羟胺氧化还原酶作用下，会产生 4 个电子，一半的电子用于 AMO 催化的氨氧化至羟胺的过程，另一半的电子用于 Cyt aa$_3$ 氧化酶催化的氧还原过程。而在电极氨氧化过程中，用于还原氧气的电子被传至电极产生电流。

（2）亚硝酸盐氧化至硝酸盐过程释放电子至阳极，而氨氧化过程与第一途径类似。

（3）氨被微生物同化，产生有机物，作为电子供体在微生物作用下释放电子至阳极。

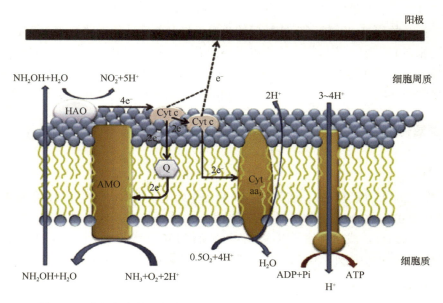

图 8-14　电氨氧化的胞外电子传递过程第一种假说（Xie et al.，2013）

Figure 8-14　Possible extracellular electron transfer of E-anammox

（四）环境意义

氨氮是废水中的主要无机污染物，也是水体富营养化的主要诱因。目前，主要采用生物脱氮工艺，如硝化/反硝化工艺、厌氧氨氧化工艺，进行废水脱氮。将微生物燃料电池用于废水脱氮，可实现治污和产电的双重目的。每年随废水排放的氨氮总量很大，如果将氨氮所蕴含的化学能转化为电能，符合我国"节能减排"的环保政策，也符合废水脱氮技术的发展趋势，将为环境治理注入新的活力。

第四节　微生物电化学驱动的氮固定过程

一、光电营养固氮

半导体矿物不仅可驱动微生物反硝化过程，最新研究表明，半导体同样驱动着微生物的固氮过程。Brown 等（2016）利用 CdS 纳米棒晶体敏化的 MoFe 固氮酶，在光照下，实现了固氮过程。在这个过程中，光电子替代了 ATP 为 N_2 还原提供能量，驱动 N_2 到 NH_3 的转变。因此，将这种利用半导体的光生电子实现氮固定的过程，称为光电营养固氮（photoelectrotrophic nitrogen fixation），其反应式如下：

$$半导体 \xrightarrow{\text{hv}} h^+ + e^-$$

$$N_2 + 8H^+ + 8e^- \xrightarrow{\text{MoFe蛋白}} 2NH_3 + H_2$$

$$牺牲体 + h^+ \longrightarrow 氧化产物$$

如图 8-15 所示，以 CdS:MoFe 蛋白生物杂化体系为模型，在光照下，CdS 吸收光能产生空穴和光电子，光电子直接被 MoFe 蛋白利用，参与了 N_2 还原成 NH_3 的过程，同时空穴将牺牲试剂氧化。

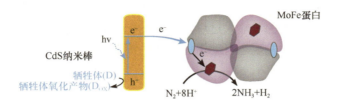

图 8-15 CdS:MoFe 蛋白生物杂化体系催化的 N_2 还原反应（Brown et al.，2016）

Figure 8-15 Nitrogen fixation catalyzed by CdS:MoFe protein biohybrids

除了在 CdS 敏化 MoFe 蛋白酶体系中发现光电营养固氮现象，Wang 等（2019）将 CdS 纳米粒子自组装于光合细菌沼泽红假单胞菌（*Rhodopseudomonas palustris*）表面，发现在光照下，生物固氮的效率显著提高。与此同时，在光照下，相对于无 CdS 的纯菌体系，含有 CdS 的生物杂化体系有更高的固氮酶活性，可产生更多 H_2 及更高的还原当量、胞内氨、L-氨基酸，进一步验证了这种杂化体系具有更高的固氮活性。该体系的光合成效率约为 6.73%，能够以 0.06 g/h 的稳定速率利用苹果酸盐，表明 CdS 对 *R. palustris* 基本无毒害。

图 8-16 所示为 CdS-*R. palustris* 促进氮固定的可能机理图，其过程如下：①在可见光下，细菌表面的 CdS 受激发，产生光电子和光空穴；②光电子通过跨膜界面，加入了光合电子传递链（PET 链）；③一部分电子通过铁氧化还原蛋白传递至固氮酶，形成更多的氨、氢气、氨基酸和生物质；④另一部分电子通过铁氧化还原蛋白-$NADP^+$氧化还原酶，形成 NADPH，产生更多的还原力，并加入卡尔文循环，产生更多的生物质；⑤半胱氨酸被光空穴氧化，形成胱氨酸。

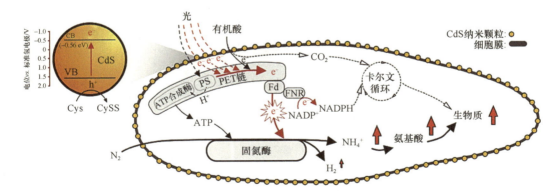

图 8-16 CdS-*R. palustris* 强化氮固定和太阳能向化学能转化的可能机理（Wang et al.，2019）

Figure 8-16 Schematic illustration of enhanced N_2 fixation and solar to chemical energy conversion in the CdS-coated *R. palustris* cell

PS. 光合体系；PET 链. 光合电子传递链；Fd. 铁氧化还原蛋白；FNR. 铁氧化还原蛋白-$NADP^+$氧化还原酶；Cys. 半胱氨酸；CySS. 胱氨酸

目前，有关光电营养固氮的研究正处于起步阶段，其效能、机理及应用并不完善。工业上主要利用 Harber-Bosch 过程进行固氮，该固氮过程需要在较为苛刻的条件下进行，如高温、高压，导致固氮成本较高。因此，光电营养固氮现象的发现，为开发新型的低成本的固氮技术提供了启示。此外，自然界中光与半导体矿物普遍存在，而生物固氮过程又是环境中最重要的氮输入过程，因此光电营养固氮现象可能普遍发生在自然界中，光电营养固氮现象的发现也有助于理解某些特殊环境下的氮循环过程。

二、电化学微生物固氮

2013 年，Zhou 等从微生物燃料电池中富集出一株固氮螺菌属的细菌 *Azospirillum humicireducens*，这株菌具有氧化有机物并还原 AQDS 的功能，表明它有可能存在胞外电子传递过程。虽然目前并没有直接的证据证明固氮细菌能够传递胞外电子，然而许多研究都表明，许多电活性微生物同样也是固氮菌，对电极驱动力十分敏感。比如，在阳极生物膜中，地杆菌通常是优势菌种，同样地杆菌也属于固氮细菌，通常在氮缺乏的体系中具有很高的丰度。目前，利用电营养固氮（electrotrophic nitrogen fixation）分为阳极固氮和阴极固氮两个部分。

（一）阳极固氮

2014 年，Wong 等利用双室的生物电化学池，采用氮缺乏培养基，富集出的阳极生物膜功能菌群中有 68%的属为梭菌属（*Clostridium*），而梭菌属通常被认为具有电化学活性并能够进行生物固氮。在不添加葡萄糖或者无电极的情况下，体系中的固氮活性显著下降。该体系阳极胞外电子传递机理主要有两个假说，如图 8-17 所示：机理Ⅰ，互营作用，固氮菌氧化葡萄糖固氮并产生 VFA，VFA 被互营的产电菌利用，并在向胞外传递过程中实现产电；机理Ⅱ，固氮菌直接利用葡萄糖产电，同时进行固氮过程。

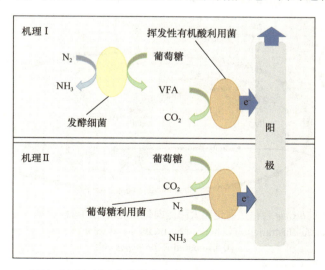

图 8-17　氮缺乏环境利用葡萄糖产电的可能机理（Wong et al.，2014）

Figure 8-17　Possible mechanism of electricity generation from glucose in the nitrogen-lack environment

（二）阴极固氮

除了利用生物阳极固氮，Rago 等（2019）在–0.7（V *vs.* SHE）的偏压下，富集到一种生物膜，它可以利用电极电子进行电营养固氮。对比开路体系或者非生物体系，在电极的作用下，生物质合成速度提高了 18 倍，电子传递总量增加了 30 倍。同时，宏基因组学表明，电极生物膜中的固氮基因 *nif* 也显著地表达。而与该固氮基因最相关的菌种是嗜树木甲烷短杆菌（*Methanobrevibacter arboriphilus*）。这个古菌在多个电产甲烷体系中被发现，可以进行直接电子传递过程或与电活性细菌进行互营。随后，Chen 等（2021）采用施氏假单胞菌（*Pseudomonas stutzeri*）纯培养物作为阴极微生物，证实了在–0.3 V 的电势偏压下，该细菌可以利用电极电子实现氮气的固定。体系产物为氨，且产氨速率为（2.23±0.25）mg/L。施氏假单胞菌通过分泌吩嗪-1-羧酸电子穿梭体，介导电极至微生物之间的电子传递。该研究为高选择、低成本的农业及工业氨合成提供了一种新的策略。然而利用阴极微生物固氮的机制仍不清楚，另外是否存在电营养固氮菌，互营过程如何进行仍需要进一步的探索。

利用电极驱动固氮过程具有重要的能源及环境意义。首先，电极驱动的固氮过程提供了一种新的可持续固氮策略，可以用于改善土壤的肥力状况。第二，电极驱动的固氮过程也有助于理解早期地球微生物及在一些极端环境中微生物的生长情况，分析电极与微生物的关系是理解土壤生态位中电子传递、能量转化及固氮过程的重要手段。第三，氮固定过程是石版画腐蚀的重要原因，因此理解电极驱动的氮固定过程，能够为工业设备或者历史遗迹的保护提供杀菌技术，避免其被生物腐蚀。

第五节　案例分析

一、案例一：光电营养反硝化过程去除寡营养水体硝酸盐（Cheng et al., 2017）

（一）研究背景

寡营养水体中硝酸盐污染给人类健康和生态环境带来了广泛而不利的影响。自养反硝化过程利用无机电子源作为电子供体，不仅成本低，还减少了因添加有机供体导致的出水二次污染、污泥量增加等问题，受到了广泛的关注。氢气是最常用的自养反硝化过程的电子供体，然而氢气的直接利用存在着运输困难、溶解度低、不安全等问题，而利用电极产氢气需要花费大量的电能。光能被认为是清洁的、可持续的能源，利用半导体可以将光能转化为电能。因此，本研究假定光照下 TiO$_2$ 半导体阳极产生的光电子可驱动阴极的反硝化过程。这种光电营养反硝化过程目前还未见报道。

（二）研究目的

第一，通过组装光阳极与生物反硝化阴极，证明在无任何还原剂及电能的输入下，可实现硝酸盐到氮气的转化。
第二，通过电驱动的反硝化过程（EEDeN）和有机物驱动的反硝化过程（OEDeN），探讨光电营养反硝化（PEDeN）性能及发展潜力。

（三）材料与方法

如图 8-18 所示，反应器的结构为三室电池，三室之间由阳离子交换膜（Ultrex CMI-7000）隔开，两侧室分别为光阳极室和生物阳极室，中间室为阴极室，外线路由 $10\ \Omega$ 的电阻连接。连线方式根据实际所需确定，图 8-18a 为 PEDeN，图 8-18b 为 EEDeN，图 8-18c 为 OEDeN。PEDeN 中的光阳极室材质为石英玻璃，电极为 TiO_2/Ti，表面积 $16\ cm^2$，中间室电极为直径 $3\sim4\ mm$ 的石墨颗粒，右侧室电极为碳刷电极。PEDeN 过程使用光源为添加 380 nm 滤光片的氙灯。反应器运行过程中，实时监测光电流和含氮物质的浓度。

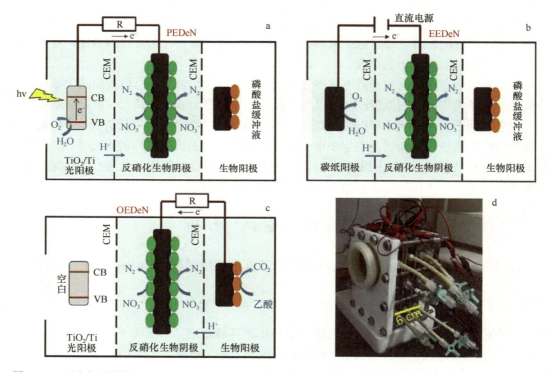

图 8-18　三腔室反应器 PEDeN（a）、EEDeN（b）、OEDeN（c）的结构原理图及三腔室反应器（d）照片（Cheng et al.，2017）

Figure 8-18　Schematic diagrams of operating the three-chamber reactors as photoelectrotrophic denitrification (PEDeN) system(a), electricity driven electrotrophic denitrification (EEDeN) system (b), organic driven electrotrophic denitrification (OEDeN) system (c) and the photograph of the three chamber reactor (d)

CEM：阳离子交换膜

（四）研究结果

1. 光驱动的反硝化作用

图 8-19a 为 PEDeN 体系在光-暗循环条件下的电流响应及硝酸盐变化过程。在光照

下，体系监测到了明显的光电流产生。在光电流产生同时，硝酸盐发生还原。而非生物阴极中硝酸盐浓度不改变，证明了 PEDeN 体系中硝酸盐的还原是由光及阴极微生物共同作用的。硝酸盐的还原符合准一级动力学反应，动力学常数为（0.13±0.023）h^{-1}。硝酸盐还原过程中，亚硝酸盐和氧化亚氮有短暂的积累，最终都被还原成氮气，如图 8-19b 所示。

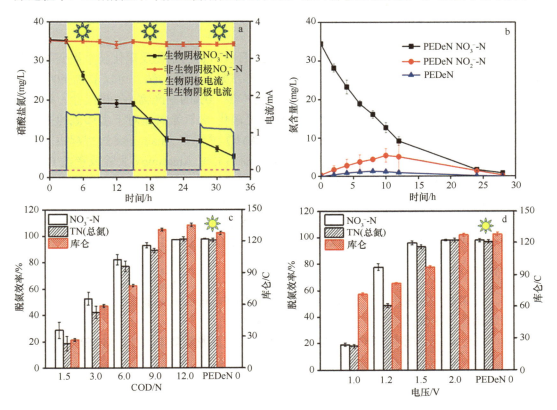

图 8-19　光电营养反硝化脱氮效率

Figure 8-19　The nitrogen removal efficiency of photoelectrophic denitrification

a. PEDeN 体系光-暗循环下硝酸盐还原及电流变化；b. 硝酸盐还原过程含氮产物的变化；c、d. PEDeN、EEDeN、OEDeN 的反硝化性能比较。"0"表示未添加有机物，未施加电压

2. PEDeN、EEDeN、OEDeN 三种体系的反硝化性能比较

三种体系的反硝化性能为：①在 OEDeN 体系中，以乙酸为阳极底物，监测不同 COD/N 条件下氮的去除效率。如图 8-19c 所示，该体系中氮的去除效率随着 COD/N 值提高而提高。当 COD/N 值高于 9.0 时，OEDeN 的性能与 PEDeN 性能相当。② 在 EEDeN 体系中，通过向阳极施加不同的电极电势，监测阴极的氮去除效率。如图 8-19d 所示，阴极氮的去除效率随着电压的增高而增高，当负载的电压高于 2.0 V 时，EEDeN 的性能与 PEDeN 相当。

（五）结论

该研究首次证明了负载 TiO_2 的光阳极体系在光照下可以直接驱动阴极反硝化过程。

光电营养反硝化过程（PEDeN）与有机物驱动的反硝化过程（OEDeN）及电驱动的反硝化过程（EEDeN）相比，具有可比拟的脱氮性能，且耗能更低。

二、案例二：DAMO-anammox 过程去除水体氮（Xie et al.，2017）

（一）研究背景

含氮污水的排放给环境带来了严重的影响。目前常用的硝化反硝化技术需要曝气条件及有机碳，导致较高的能量消耗。部分反硝化-厌氧氨氧化的结合可以节省 60%的曝气时间和 100%的碳源输入，然而该过程同时会产生 20%的副产物——硝酸盐，导致水中氮无法完全去除。在实际运行过程中，部分反硝化-厌氧氨氧化对于水体氮的去除效率只有 70%左右。这部分缺陷可以通过耦合 DAMO 过程和 Anammox 过程解决。副产物硝酸盐可以被 DAMO 古菌还原成亚硝酸盐，随后通过 Anammox 去除或者被 DAMO 细菌直接转化成 N_2。虽然 DAMO 与 Anammox 耦合用于水体氮去除的相关研究已被报道，但是该报道中使用的进水硝态氮和氨氮浓度并不符合实际浓度，且当这个体系进水中硝态氮和氨氮分别高于 300 mg N/L 与 400 mg N/L 时，除氮性能不稳定。因此本研究希望通过构建膜生物反应器，使 DAMO-anammox 工艺可以稳定地脱氮。

（二）研究目的

第一，将膜生物反应器（MBfR）应用于 DAMO-anammox 脱氮过程，实现反硝化厌氧污泥硝化液中氮的脱除，实现概念到技术的转变。

第二，改变不同比例的 NO_2^-/NH_4^+ 进水条件，监测氮脱除效率，测试 MBfR 的稳定性。

（三）材料与方法

图 8-20a 为膜生物反应器的构造。反应器中包括 12 束中空纤维膜，每一束有 500 根中空纤维，长度为 30 cm，内径 90 m，外径 200 m，总膜面积为 1.13 m^2。该反应器连续运行 627 天，进气为 95∶5 的 CH_4/CO_2 的混合气。首先将 400 mL 含有 Anammox 和 DAMO 的微生物接种于 MBfR 中，此时体系的挥发性悬浮固体（VSS）为 3 g/L。在启动期间（从 0 天到 223 天），为防止生物质的流失，体系运行模式为序批进水，氨氮和亚硝态氮浓度分别保持在 0～200 mg N/L 与 0～25 mg N/L。在 223 天以后，体系改为连续流运行，进水氨氮和亚硝态氮浓度分别为 500 mg N/L 与 530 mg N/L，该浓度与实际体系相近。在运行期间，实时监测反应器中 NH_4^+-N、NO_2^--N 和 NO_3^--N 的浓度变化。

（四）研究结果

1. MBfR 的脱氮性能

图 8-21 所示为接种 Anammox 和 DAMO 菌种后，膜生物反应器长达 627 天的脱氮过程。随着启动相的结束，连续流模式下，MBfR 可以稳定地脱除进水中的氨氮和亚硝态氮。当水力停留时间为 1 天时，MBfR 可分别以 470 mg N/(L·d)和 560 mg N/(L·d)的脱氮速率完全脱除进水中的氨氮和亚硝态氮，同时体系中没有硝态氮的累积。总脱氮速率

已经超过 1 kg N/(m³·d)，与实际应用的侧流氮去除过程的速率相当。

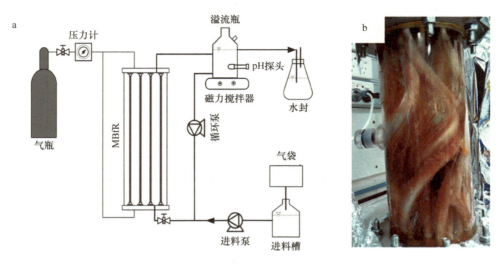

图 8-20　膜生物反应器的构造（a）及膜反应器中的生物膜（b）

Figure 8-20　Schematic diagram of the membrane biofilm reactor (a) and biofilm in the MBfR (b)

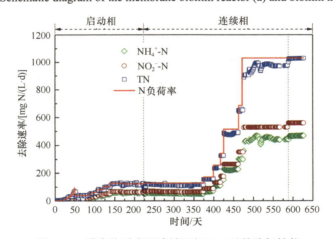

图 8-21　膜生物反应器连续运行 627 天的除氮性能

Figure 8-21　Performance of the MBfR during 627 days of operation

2. MBfR 的脱氮稳定性

为了测试 MBfR 脱氮的稳定性，改变不同进水 NO_2^-/NH_4^+ 值。如表 8-4 所示，当进水中 NO_2^-/NH_4^+ 值从 1.00 提升至 1.375 时，MBfR 的氮去除率都高于 90%；当进水中 NO_2^-/NH_4^+ 值在 1.125～1.32 时，MBfR 可以实现氮的完全去除。该结果表明，MBfR 对 NO_2^-/NH_4^+ 值不敏感，脱氮性能稳定。

（五）结论

本研究成功构建了中空纤维膜生物反应器，通过耦合 Anammox 菌和 DAMO 菌，可完全脱除部分硝化厌氧污泥消化液中的氨氮和亚硝态氮，最高脱除效率分别为 470 mg N/（L·d）

表 8-4　进水中 NO_2^-/NH_4^+ 值对 MBfR 脱氮性能的影响

Table 8-4　Nitrogen removal of the MBfR at different influent nitrite to Ammonium ratios

批次	比例	进水/（mg N/L）		出水/（mg N/L）			氮去除率/%		
		NH_4^+	NO_2^-	NH_4^+	NO_2^-	NO_3^-	NH_4^+	NO_2^-	总氮
1	1.00	515	515	69	0.0	0.9	86.6	100.0	93.2
2	1.125	485	545	1.0	0.0	1.2	99.8	100.0	99.8
3	1.19	470	560	0.9	0.0	1.2	99.8	100.0	99.8
4	1.25	458	572	0.3	0.0	1.0	99.9	100.0	99.8
5	1.32	444	586	0.7	0.2	0.5	99.8	100.0	99.9
6	1.375	434	596	0.1	28.4	2.3	100.0	95.2	97.0

和 560 mg N/(L·d)，且出水中没有硝态氮的累积。该体系对进水 NO_2^-/NH_4^+ 比例相对不敏感，脱氮稳定性高。

三、案例三：电极驱动的土壤硝酸盐还原过程（Qin et al., 2019）

（一）研究背景

过量的氮肥或粪便的使用导致土壤渗流区的硝酸盐累积，提高了地下水污染的风险。通过还原硝酸盐可以降低该风险，然而由于电子供体的缺乏，硝酸盐还原受到了限制。Qin 等（2017）通过向土壤中加入电极体系，在施加负电势偏压下（–0.5 V），有效促进了土壤中的硝酸盐还原。然而，在土壤环境中，电极电势影响硝酸盐去除的机制还不得而知。

（二）研究目的

第一，探究施加外电势对土体硝酸盐还原速率的影响及阴、阳极产氢产氧对土壤硝酸盐还原的影响。

第二，探究施加外电势对土壤中硝酸盐还原途径及功能基因的影响；研究硝酸盐还原、N_2O 产生、氨产生速率与工作电极距离的关系，解析外加电势对三者动力学的影响机制，揭示外电势调控土壤硝酸盐的还原机制。

（三）材料与方法

本研究中的土壤采自长期施加氮肥的中国科学院栾城实验基地。土样来自 2.0～4.0 m 深度，每千克干重的土样中含硝酸盐 40～60 mg。如图 8-22 所示，实验所用装置为 150 mL 的玻璃瓶。工作电极和对电极均为石墨板电极，面积 2 cm×3 cm，参比电极使用 SCE 电极，插入 2.5 cm 深的土。工作电极和对电极的距离为 3.5 cm，各个电极之间由铜线相连。实验组施加电势为–0.5 V（相对于 SCE 电极），对照组为无电势施加和高温高压灭菌体系。运行过程中，监测体系中硝态氮、铵态氮及各种含氮产物浓度随时间的变化趋势。

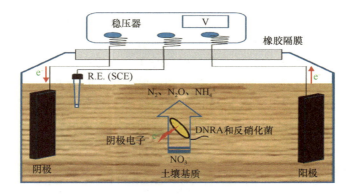

图 8-22 电极驱动反硝化的反应器构造和原理

Figure 8-22 The reactor configuration and principle of electrode driven denitrification

（四）研究结果

1. 外电势对土壤中硝酸盐还原的影响

如表 8-5 所示，相比于无电势施加的对照组，施加−0.5 V（*vs.* SHE）电势使土壤中 NO_3^- 的还原速率提高了两倍左右。无论在有氧还是无氧条件下，施加电势都能显著提高土壤中 NH_4^+、N_2 和 N_2O 的产生速率，表明硝酸盐还原是由反硝化过程和异化硝酸盐还原过程共同导致的。O_2 对反硝化过程的抑制，导致有氧环境下 NO_3^- 的还原速率低于厌氧环境下。在无菌体系，即使施加电势，硝酸盐的浓度也无显著降低。由此表明，土壤中的硝酸盐还原过程由生物反应导致，而非化学过程导致。

表 8-5 反应器中各种含氮物质的变化量及相对于硝酸盐的转化率

Table 8-5 Differences in the amounts（micromoles per reactor）of N Compounds in flasks between the beginning and end of the incubation as a percentage of NO_3^- applied

处理	NO_3^--N/ （mmol/反应器）	NO_2^--N/ （mmol/反应器）	NH_4^+-N/ （mmol/反应器）	N_2O-N/ （mmol/反应器）	N_2-N/ （mmol/反应器）
			厌氧顶空		
−0.5 V	−175.0（−70.0%）	11.4（4.6%）	45.7（18.3%）	927.2×10^{-3}（−0.4%）	133.4（53.4%）
CK	−87.1（−34.0%）	15.7（6.3%）	19.9（8.0%）	198.4×10^{-3}（0.2%）	56.2（22.4%）
			好氧顶空		
−0.5 V	−129.3（−51.7%）	7.3（2.9%）	23.6（9.4%）	857.6×10^{-3}（−0.4）	101.4（40.6%）
CK	−70.2（−28.1%）	5.9（2.4%）	10.5（4.2%）	139.5×10^{-3}（0.2%）	45.5（18.2%）

注：每个数据含 3 次重复。−0.5 V：土体添加电极电势为−0.5 V；CK：土体不添加电势。括号内的百分数表示相对于硝酸盐的转化率

2. 外电势促进土壤中硝酸盐还原机制

为了揭示外电势对土壤中硝酸盐还原的影响机制，本研究进行了菌群相对丰度和基因拷贝数相对丰度的分析。如图 8-23 所示，负电势的施加显著提高了土壤中典型的硝酸盐还原菌的丰度，如 Alcaligenaceae 和 Pseudomonadaceae；同时，与反硝化相关的基因 *nrfA*、*nirK*、*nirS* 和 *nosZ* 也显著上调。

　　为了进一步理解电极电势对硝酸盐还原的影响，本研究测定了硝酸盐还原、N₂O 产生、氨产生三种速率与工作电极距离的关系。随着与工作电极距离的增加，微生物可利用的电子逐渐减少。如图 8-23a～c 所示，随着与工作电极距离的增加，硝酸盐的还原速率降低，表明可利用电子的减少降低了微生物还原硝酸盐的能力。图 8-23d～f 表明实验组 N₂O 的产生均高于对照组。图 8-23d～f 表明氨产生速率的提高只在靠近电极区域发生，这是由于异化硝酸盐还原为氨（DNRA）倾向于发生在电极电子较多的区域。

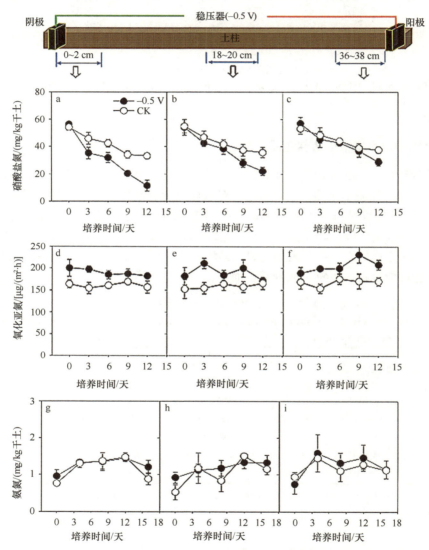

图 8-23　土壤垂直剖面 NO₃⁻（a～c）、N₂O 通量（d～f）、NH₄⁺浓度（g～i）动态（a、d、g. 0～2 cm；b、e、h. 18～20 cm；c、f、i. 36～38 cm）

Figure 8-23　Dynamics of the (a–c) NO₃⁻ and (d–f) N₂O fluxes and (g–i) NH₄⁺ concentrations in soil vertical sections (a, d, and g) 0–2 cm, (b, e, and h) 18–20 cm, and (c, f, and i) 36–38 cm from the working electrodes under the −0.5 V and the CK treatments

（五）结论

本研究证明了在土壤中施加负电势，有效促进了硝酸盐的还原。电势的施加显著提高了与硝酸还原有关的微生物丰度和基因丰度。土壤中电势的施加，会影响硝酸盐还原的不同途径。该研究为土壤中硝酸盐的还原提供了一定的理论基础，可以降低硝酸盐渗透导致的地下水污染风险。

参 考 文 献

蔡靖, 蒋坚祥, 郑平. 2010. 一株硫酸盐型厌氧氨氧化菌的分离和鉴定. 中国科学: 化学, 4(4): 421-426.

董凌霄, 吕永涛, 韩勤有, 等. 2006. 硫酸盐还原对氨氧化的影响及其抑制特性研究. 西安建筑科技大学学报(自然科学版), 38(3): 425-428, 432.

李祥, 黄勇, 袁怡, 等. 2012. 自养厌氧硫酸盐还原/氨氧化反应器启动特性. 化工学报, 63(8): 2606-2611.

刘正川, 袁林江, 周国标, 等. 2015. 从亚硝酸还原厌氧氨氧化转变为硫酸盐型厌氧氨氧化. 环境科学, 36(9): 3345-3351.

刘志培, 刘双江. 2004. 硝化作用微生物的分子生物学研究进展. 应用与环境生物学报, 10(4): 521-525.

鲁安怀, 李艳, 丁竑瑞, 等. 2019. 地表"矿物膜": 地球"新圈层". 岩石学报, 35(1): 119-128.

王茹, 赵治国, 郑平, 等. 2019. 铁型反硝化: 一种新型废水生物脱氮技术. 化工进展, 38(4): 2003-2010.

王茹, 郑平, 张萌, 等. 2015. 硝酸盐型厌氧铁氧化菌的种类、分布和特性. 微生物学通报, 42(12): 2448-2456.

武春媛, 李芳柏, 周顺桂. 2009. 腐殖质呼吸作用及其生态学意义. 生态学报, 29(3): 1535-1542.

张蕾, 郑平, 何玉辉, 等. 2008. 硫酸盐型厌氧氨氧化性能的研究. 中国科学(B 辑: 化学), 38(12): 1113-1119.

张武, 杨琳, 王紫娟. 2015. 生物固氮的研究进展及发展趋势. 云南农业大学学报(自然科学版), 30(5): 810-821.

赵庆良, 李巍, 徐永波, 等. 2007. 厌氧附着生长反应器处理氨氮和硫酸盐废水的研究. 黑龙江大学自然科学学报, 24(4): 421-426.

钟小娟, 王亚军, 唐家桓, 等. 2018. 铁氨氧化: 新型的厌氧氨氧化过程及其生态意义. 福建农林大学学报(自然科学版), 47(1): 1-7.

Arp D J, Sayavedra-Soto L A, Hommes N G. 2002. Molecular biology and biochemistry of ammonia oxidation by *Nitrosomonas europaea*. Arch Microbiol, 178(4): 250-255.

Bartlett R, Mortimer R J G, Morris K. 2008. Anoxic nitrification: evidence from Humber Estuary sediments(UK). Chem Geol, 250: 29-39.

Brown K A, Harris D F, Wilker M B, et al. 2016. Light-driven dinitrogen reduction catalyzed by a CdS: nitrogenase MoFe protein biohybrid. Science, 352(6284): 448-450.

Bryce C, Blackwell N, Schmidt C, et al. 2018. Microbial anaerobic Fe(II)oxidation-ecology, mechanisms and environmental implications. Environ Microbiol, 20(10): 3462-3483.

Carlson H K, Clark I C, Melnyk R A, et al. 2012. Toward a mechanistic understanding of anaerobic nitrate-dependent iron oxidation: balancing electron uptake and detoxification. Front Microbiol, 3: 57.

Cestellos-Blanco S, Zhang H, Kim J M, et al. 2020. Photosynthetic semiconductor biohybrids for solar-driven biocatalysis. Nat Cat, 3(3): 245-255.

Chen M, Zhou X F, Chen X Y, et al. 2020. Mechanisms of nitrous oxide emission during photoelectrotrophic denitrification by self-photosensitized *Thiobacillus denitrificans*. Water Res, 172: 115501.

Chen M, Zhou X F, Yu Y Q, et al. 2019. Light-driven nitrous oxide production via autotrophic denitrification by self-photosensitized *Thiobacillus denitrificans*. Environ Int, 127: 353-360.

Chen S S, Jing X Y, Yan Y L, et al. 2021. Bioelectrochemical fixation of nitrogen to extracellular ammonium by *Pseudomonas stutzeri*. Appl Environ Microbiol, 87(5): e0199820.

Chen X Y, Feng Q Y, Cai Q H, et al. 2020. Mn_3O_4 nanozyme coating accelerates nitrate reduction and decreases N_2O emission during photoelectrotrophic denitrification by *Thiobacillus denitrificans*-CdS. Environ Sci Technol, 54(17): 10820-10830.

Cheng H Y, Tian X D, Li C H, et al. 2017. Microbial photoelectrotrophic denitrification as a sustainable and efficient way for reducing nitrate to nitrogen. Environ Sci Technol, 51(21): 12948-12955.

Clément J C, Shrestha J, Ehrenfeld J G, et al. 2005. Ammonium oxidation coupled to dissimilatory reduction of iron under anaerobic conditions in wetland soils. Soil Biol Biochem, 37(12): 2323-2328.

Daims H, Lebedeva E V, Pjevac P, et al. 2015. Complete nitrification by *Nitrospira* bacteria. Nature, 528(7583): 504-509.

Ding J, Lu Y Z, Fu L, et al. 2017. Decoupling of DAMO archaea from DAMO bacteria in a methane-driven microbial fuel cell. Water Res, 110: 112-119.

Ding L J, An X L, Li S, et al. 2014. Nitrogen loss through anaerobic ammonium oxidation coupled to iron reduction from paddy soils in a chronosequence. Environ Sci Technol, 48(18): 10641-10647.

Ding L J, Su J Q, Xu H J, et al. 2015. Long-term nitrogen fertilization of paddy soil shifts iron-reducing microbial community revealed by RNA-(13)C-acetate probing coupled with pyrosequencing. ISME J, 9(3): 721-734.

Eady R R. 1996. Structure-function relationships of alternative nitrogenases. Chem Rev, 96(7): 3013-3030.

Ettwig K F, Butler M K, Paslier D L, et al. 2010. Nitrite-driven anaerobic methane oxidation by oxygenic bacteria. Nature, 464(7288): 543-548.

Ettwig K F, Shima S, van de Pas-Schoonen K T, et al. 2008. Denitrifying bacteria anaerobically oxidize methane in the absence of Archaea. Environ Microbiol, 10(11): 3164-3173.

Ettwig K F, Zhu B L, Speth D, et al. 2016. Archaea catalyze iron-dependent anaerobic oxidation of methane. Proc Natl Acad Sci USA, 113(45): 12792-12796.

Fang X, Kalathil S, Reisner E. 2020. Semi-biological approaches to solar-to-chemical conversion. Chem Soc Rev, 49(14): 4926-4952.

Fdz-Polanco F, Fdz-Polanco M, Fernandez N, et al. 2001. New process for simultaneous removal of nitrogen and sulphur under anaerobic conditions. Water Res, 35(4): 1111-1114.

Ferousi C, Lindhoud S, Baymann F, et al. 2017. Iron assimilation and utilization in anaerobic ammonium oxidizing bacteria. Curr Opin Chem Biol, 37: 129-136.

Gambelli L, Guerrero-Cruz S, Mesman R J, et al. 2018. Community composition and ultrastructure of a nitrate-dependent anaerobic methane-oxidizing enrichment culture. Appl Environ Microbiol, 84(3): e02186-e02117.

Gilson E R, Huang S, Jaffé P R. 2015. Biological reduction of uranium coupled with oxidation of ammonium by Acidimicrobiaceae bacterium A6 under iron reducing conditions. Biodegradation, 26(6): 475-482.

Grantz E M, Kogo A, Scott J T. 2012. Partitioning whole-lake denitrification using in situ dinitrogen gas accumulation and intact sediment core experiments. Limnol Oceanogr, 57(4): 925-935.

Gregory K B, Bond D R, Lovley D R. 2004. Graphite electrodes as electron donors for anaerobic respiration. Environ Microbiol, 6(6): 596-604.

Haroon M F, Hu S H, Shi Y, et al. 2013. Anaerobic oxidation of methane coupled to nitrate reduction in a novel archaeal lineage. Nature, 500(7464): 567-570.

He Z, Kan J J, Wang Y B, et al. 2009. Electricity production coupled to ammonium in a microbial fuel cell. Environ Sci Technol, 43(9): 3391-3397.

Huang S, Jaffé P R. 2015. Characterization of incubation experiments and development of an enrichment culture capable of ammonium oxidation under iron-reducing conditions. Biogeosciences, 12(3): 769-779.

Ilbert M, Bonnefoy V. 2013. Insight into the evolution of the iron oxidation pathways. BBA-Bioenergetics, 1827(2): 161-175.

Jamieson J, Prommer H, Kaksonen A H, et al. 2018. Identifying and quantifying the intermediate processes during nitrate-dependent iron(II)oxidation. Environ Sci Technol, 52(10): 5771-5781.

Kappler A, Schink B, Newman D K. 2005. Fe(III)mineral formation and cell encrustation by the nitrate-dependent Fe(II)-oxidizer strain BoFeN1. Geobiology, 3(4): 235-245.

Kuenen J G. 2008. Anammox bacteria: from discovery to application. Nat Rev Microbiol, 6(4): 320-326.

Kumaraswamy R, Sjollema K, Kuenen G, et al. 2006. Nitrate-dependent [Fe(II)EDTA]₂⁻oxidation by *Paracoccus ferrooxidans* sp. nov., isolated from a denitrifying bioreactor. Syst Appl Microbiol, 29(4): 276-286.

Kuypers M M M, Marchant H K, Kartal B. 2018. The microbial nitrogen-cycling network. Nat Rev Microbiol, 16(5): 263-276.

Leu A O, Cai C, McIlroy S J, et al. 2020. Anaerobic methane oxidation coupled to manganese reduction by members of the Methanoperedenaceae. ISME J, 14(4): 1030-1041.

Li X, Hou L, Liu M, et al. 2015. Evidence of nitrogen loss from anaerobic ammonium oxidation coupled with ferric iron reduction in an intertidal wetland. Environ Sci Technol, 49(19): 11560-11568.

Liu S T, Yang F L, Gong Z, et al. 2008. Application of anaerobic ammonium-oxidizing consortium to achieve completely autotrophic ammonium and sulfate removal. Bioresour Technol, 99(15): 6817-6825.

Liu T, Chen D, Luo X, et al. 2019. Microbially mediated nitrate-reducing Fe(II)oxidation: quantification of chemodenitrification and biological reactions. Geochim Cosmochim Ac, 256: 97-115.

Lovley D R, Coates J D, Blunt-Harris E L, et al. 1996. Humic substances as electron acceptors for microbial respiration. Nature, 382(6590): 445-448.

Lu A H, Li Y, Ding H R, et al. 2019. Photoelectric conversion on Earth's surface via widespread Fe- and Mn-mineral coatings. Proc Natl Acad Sci USA, 116(20): 9741-9746.

Lu A H, Li Y, Jin S, et al. 2012. Growth of non-phototrophic microorganisms using solar energy through mineral photocatalysis. Nat Commun, 3: 768.

Lu Y Z, Fu L, Ding J, et al. 2016. Cr(VI)reduction coupled with anaerobic oxidation of methane in a laboratory reactor. Water Res, 102: 445-452.

Luo J H, Chen H, Hu S H, et al. 2018. Microbial selenate reduction driven by a denitrifying anaerobic methane oxidation biofilm. Environ Sci Technol, 52(7): 4006-4012.

Park J Y, Yoo Y J. 2009. Biological nitrate removal in industrial wastewater treatment: which electron donor we can choose. Appl Microbiol Biotechnol, 82(3): 415-429.

Pinto A J, Marcus D N, Ijaz U Z, et al. 2016. Metagenomic evidence for the presence of comammox *Nitrospira*-Like bacteria in a drinking water system. mSphere, 1: e00054-e00015.

Qin S P, Yu L P, Yang Z J, et al. 2019. Electrodes donate electrons for nitrate reduction in a soil matrix via DNRA and denitrification. Environ Sci Technol, 53(4): 2002-2012.

Qin S P, Zhang Z J, Yu L P, et al. 2017. Enhancement of subsoil denitrification using an electrode as an electron donor. Soil Bio Biochem, 115: 511-515.

Raghoebarsing A A, Pol A, van de Pas-Schoonen K T, et al. 2006. A microbial consortium couples anaerobic methane oxidation to denitrification. Nature, 440(7086): 918-921.

Rago L, Zecchin S, Villa F, et al. 2019. Bioelectrochemical nitrogen fixation(e-BNF): electro-stimulation of enriched biofilm communities drives autotrophic nitrogen and carbon fixation. Bioelectrochemistry, 125: 105-115.

Rikmann E, Zekker I, Tomingas M, et al. 2012. Sulfate-reducing anaerobic ammonium oxidation as a potential treatment method for high nitrogen-content wastewater. Biodegradation, 23(4): 509-524.

Sakimoto K K, Wong A B, Yang P D. 2016. Self-photosensitization of nonphotosynthetic bacteria for solar-to-chemical production. Science, 351(6268): 74-77.

Sawayama S. 2006. Possibility of anoxic ferric ammonium oxidation. J Biosci Bioeng, 101(1): 70-72.

Straub K L, Benz M, Schink B, et al. 1996. Anaerobic, nitrate-dependent microbial oxidation of ferrous iron. Appl Environ Microbiol, 62(4): 1458-1460.

Straub K L, Schönhuber W A, Buchholz-Cleven B E E, et al. 2004. Diversity of ferrous iron-oxidizing, nitrate-reducing bacteria and their involvement in oxygen-independent iron cycling. Geomicrobiol J,

21(6): 371-378.

Strous M, Pelletier E, Mangenot S, et al. 2006. Deciphering the evolution and metabolism of an anammox bacterium from a community genome. Nature, 440(7085): 790-794.

Tian T, Zhou K, Xuan L, et al. 2020. Exclusive microbially driven autotrophic iron-dependent denitrification in a reactor inoculated with activated sludge. Water Res, 170: 115300.

Tominski C, Heyer H, Lösekann-Behrens T, et al. 2018. Growth and population dynamics of the anaerobic Fe(II)-oxidizing and nitrate-reducing enrichment culture KS. Appl Environ Microbiol, 84(9): e02173-e02117.

van Kessel M A H J, Speth D R, Albertsen M, et al. 2015. Complete nitrification by a single microorganism. Nature, 528(7583): 555-559.

van Niftrik L, Jetten M S M. 2012. Anaerobic Ammonium-oxidizing bacteria: unique microorganisms with exceptional properties. Microbiol Mol Biol Rev, 76(3): 585-596.

van Trump J I, Wrighton K C, Thrash J C, et al. 2011. Humic acid-oxidizing, nitrate-reducing bacteria in agricultural soils. mBio, 2(4): e00044-e00011.

Wang B, Xiao K M, Jiang Z F, et al. 2019. Biohybrid photoheterotrophic metabolism for significant enhancement of biological nitrogen fixation in pure microbial cultures. Energy Environ Sci, 12(7): 2185-2191.

Wong P Y, Cheng K Y, Kaksonen A H, et al. 2014. Enrichment of anodophilic nitrogen fixing bacteria in a bioelectrochemical system. Water Res, 64: 73-81.

Wu M L, Ettwig K F, Jetten M S M, et al. 2011. A new intra-aerobic metabolism in the nitrite-dependent anaerobic methane-oxidizing bacterium *Candidatus* 'Methylomirabilis oxyfera'. Biochem Soc Trans, 39(1): 243-248.

Wu M L, van Teeseling M C F, Willems M J R, et al. 2012. Ultrastructure of the denitrifying methanotroph "*Candidatus* Methylomirabilis oxyfera," a novel polygon-shaped bacterium. J Bacteriol, 194(2): 284-291.

Xie G J, Cai C, Hu S H, et al. 2017. Complete nitrogen removal from synthetic anaerobic sludge digestion liquor through integrating anammox and denitrifying anaerobic methane oxidation in a membrane biofilm reactor. Environ Sci Technol, 51(2): 819-827.

Xie Z F, Chen H, Zheng P, et al. 2013. Influence and mechanism of dissolved oxygen on the performance of ammonia-oxidation microbial fuel cell. Int J Hydrogen Energ, 38(25): 10607-10615.

Yang W H, Weber K A, Silver W L. 2012. Nitrogen loss from soil through anaerobic ammonium oxidation coupled to iron reduction. Nat Geosci, 5(8): 538-541.

Zhang X, Xia J, Pu J, et al. 2019. Biochar-mediated anaerobic oxidation of methane. Environ Sci Technol, 53(12): 6660-6668.

Zhao Q I, Li W, You S J. 2006. Simultaneous removal of ammonium-nitrogen and sulphate from wastewaters with an anaerobic attached-growth bioreactor. Water Sci Technol, 54(8): 27-35.

Zhou G W, Yang X R, Li H, et al. 2016. Electron shuttles enhance anaerobic ammonium oxidation coupled to iron(III)reduction. Environ Sci Technol, 50(17): 9298-9307.

Zhou S G, Han L C, Wang Y Q, et al. 2013. *Azospirillum humicireducens* sp. nov., a nitrogen-fixing bacterium isolated from a microbial fuel cell. Int J Syst Evol Microbiol, 63(Pt 7): 2618-2624.

第九章　微生物电化学与铁循环

第一节　环境中的铁循环

铁是地壳中含量第四丰富的元素。在地球的早期演化进程中，大部分铁元素随着镍、硫元素一起进入地心，但是地壳中仍存留大量的铁元素。铁约占地壳质量的 5.1%，仅次于氧、硅和铝。地壳中的铁均以化合物的形式存在，在土壤、淡水、海洋和地下沉积物中广泛分布。铁元素具有可变的价态，不同价态之间的转化与生物系统之间存在着密切联系。在一个多世纪以前，人们就已经意识到微生物可以利用铁的氧化还原转化过程中的能量而使其自身代谢获益。环境中铁的"命运"由一系列非生物和微生物催化的氧化还原反应控制，这些反应最终导致铁矿物形成、转化和溶解。铁在地壳中的丰度及其与生物系统的密切联系，奠定了铁的矿物相及其化学转化在地球表面系统中的重要地位。

一、铁的生物地球化学与矿物学

铁（Fe）可以–2 价至+6 价的一系列价态存在于地球表面，但最常见的是 Fe(II)和 Fe(III)两种价态。在环境 pH 等于或高于中性 pH（约 7）时，Fe 主要以 Fe(II)$_s$ 或 Fe(III)$_s$ 氧化态的不溶性固相矿物存在。Fe(III)的溶解度随着 pH 的降低而增加。降低 pH 也增强了 Fe(II)的稳定性，并且在 pH 4.0 以下，即使在氧气存在下，溶解的 Fe(II)$_{aq}$ 也可以在水溶液中存在。元素铁（Fe^0）在地球表面很少见，因为它很容易被氧化成 Fe(III)氧化物/氢氧化物。这种价态的可变性促成了地壳中不同铁矿物质的形成，在地质、环境和经济上都十分重要（表 9-1，图 9-1）。在氧化条件下，铁主要存在于 Fe(III)氧化物/氢氧化物矿物中，如水铁矿、针铁矿和赤铁矿，以及 Fe(III)-天然有机质复合物（Fe(III)-NOM）中（Carlson and Schwertmann，1981；Kostka and Luther，1994；Schwertmann and Murad，2018）。在还原条件下，铁主要存在于混合价态的铁矿物中，如磁铁矿和绿锈；或存在于 Fe(II)矿物中，如蓝铁矿和菱铁矿；甚至以溶解的 Fe^{2+}存在（Thompson et al.，2011；Daugherty et al.，2017；Ginn et al.，2017；Herndon et al.，2017）。无论在氧化还是还原条件下，铁均可以作为硅酸盐矿物的结构组分，如黏土（Pentráková et al.，2013）和硫化铁矿物。也有人提出溶解的 Fe(III)-Fe(II)复合物和胶体对铁的生物地球化学过程也很重要（Taillefert et al.，2000）。

表 9-1　存在于地球表面或近地球表面的常见铁矿物质（Cundy et al.，2008）
Table 9-1　Common iron minerals present at, or near the earth's surface

矿物类型	名称	中文名称	化学式
原生的或金属体	native iron	原生铁	Fe

矿物类型	名称	中文名称	化学式
氧化物/氢氧化合物	ferrihydrite	水铁矿	$Fe^{3+}_{4-5}(OH, O)_{12}$
	goethite	针铁矿	$FeO(OH)$
	lepidocrocite	纤铁矿	$Fe^{3+}O(OH)$
	hematite	赤铁矿	Fe_2O_3
	maghemite	磁赤铁矿	$Fe_{2.67}O_4$
	magnetite	磁铁矿	Fe_3O_4
	green rust	绿锈	$[Fe^{2+}_{1-x}Fe^{3+}_x(OH)_2]^{x+}\cdot(x/n)[A^{n-}]^{x-}\cdot m[H_2O]$ （A^{n-}为夹层阴离子，H_2O为夹层水分子）
碳酸盐	siderite	菱铁矿	$FeCO_3$
	ankerite	铁白云石	$Ca(Fe, Mg, Mn)(CO_3)_2$
硫化物	pyrite	黄铁矿	FeS_2
	marcasite	白铁矿	FeS_2
	pyrrhotite	磁黄铁矿	$Fe_{1-x}S$
	mackinawite	四方硫铁矿	FeS
	greigite	硫复铁矿	Fe_3S_4
磷酸盐	vivianite	蓝铁矿	$Fe_3(PO_4)_2\cdot 8H_2O$
	strengite	红磷铁矿	$FePO_4\cdot 2H_2O$
硅酸盐	berthierine	磁绿泥石	$(Fe^{2+}, Fe^{3+}, Al)_3(Si, Al)_2O_5(OH)_4$
	chamosite	鲕绿泥石	$(Fe^{2+}, Mg, Al, Fe^{3+})_6(Si, Al)_4O_{10}(OH, O)_8$
	glauconite	海绿石	$KMg(FeAl)(SiO_3)_6\cdot 3H_2O$
	greenalite	铁蛇纹石	$(Fe^{2+}, Fe^{3+})_{2-3}Si_2O_5(OH)_4$
	odinite	拉辉煌斑岩	$(Fe^{3+}, Mg, Al, Fe^{2+})_{2.5}(Si, Al)_2O_5(OH)_4$

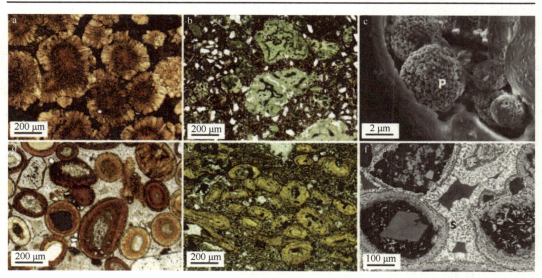

图 9-1　沉积物和沉积岩中铁矿物的图像

Figure 9-1　Images of iron minerals in sediments and sedimentary rocks

a. 球状的菱铁矿，显示微晶核和外部辐射晶体；b. 在海绿石砂岩中的海绿石颗粒（绿色）；c. 在钙质外壳碎片中的黄铁矿微球团（P，黄铁矿晶体的球状团聚体）；d. 鲕粒铁矿石中的针铁矿鲕粒；e. 鲕粒铁矿石中镶嵌了磁绿泥石（绿色）的磁绿泥石鲕粒（黄绿色）；f. 海洋来源的菱铁矿（S）与赤铁矿/针铁矿皮质黏合鲕粒。a、b、d、e 中的图像是光学显微照片图像；c 是二次电子图像；f 是反向散射电子图像氧化铁形态的转化大致可以分为两个方向：①氧化铁的老化。沿着"离子态—非晶质—隐晶质—晶质"的方向转化。氧化铁的转化序列为氢氧化铁—纤铁矿—针铁矿—磁赤铁矿—赤铁矿（陈家坊，1981），有机物的存在对转化过程有抑制作用。②氧化铁的活化。沿着"晶质—非晶质—离子态"的方向转化。土壤中氧化铁及其水合物的老化和活化过程，是通过高价铁被还原成低价铁，以及与有机质相结合来实现的。具有还原条件和提供配位体的条件可以使土壤中各种氧化铁还原溶解和络合溶解而变为离子态铁和络合态铁，进而水解、氧化、沉淀为具有较大表面积的氢氧化铁或者水铁矿等，实现氧化铁的活化（于天仁和陈志诚，1990）。

影响氧化铁转化的因素：①温度。温度主要影响氧化铁脱水的速率和强度，从而影响氧化铁的形态转化速率。②pH 和 E_h。淹水使土壤结晶态氧化铁含量减少，无定形氧化铁含量增加，可由原来的 1 mg/L 增加几百倍（苏玲等，2001）。当土壤溶液氧化还原电位低于 120 mV 时，铁极易被还原为 Fe^{2+}。例如，湿地土壤中的 E_h 一般在 0～200 mV，还原态的铁含量是其他离子的 10 倍或更多。这些还原态的铁离子通过"泵升作用"迁移到氧化层，重新氧化形成无定形水合氧化铁，增加氧化铁的活化度（Sah et al.，1989）。在大多数时候，pH 与 E_h 同时对土壤氧化铁的活化起作用，两者相互牵制。③有机质含量。Schwertmann（1966）和 Cornell 等（1976）的研究发现，有机质妨碍 $Fe(OH)_3$ 的老化，使之不易转化为针铁矿，也使针铁矿和磁赤铁矿不易转化为赤铁矿，其原因可能是无定形氧化铁强烈吸附有机质而阻碍了氧化铁晶核的成长；或者是铁与腐殖酸形成络合物，影响结晶速率（Kodama et al.，1977）。④铝离子。铝和铁的同晶置换也同样影响氧化铁的结晶速率（Schwertmann，1979）。

二、铁的生物地球化学循环

地球的环境条件，是由物理、化学、生物以及人类活动的交互作用决定的，这些交

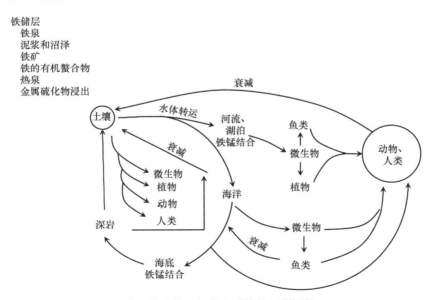

图 9-2　铁在生物圈中的运动及其对微生物、植物和动物的可利用性（Lundgren and Dean，1979）

Figure 9-2　Movement of iron through the biosphere and its availability to microorganisms, plants and animals

互作用包括物质与能量的转化和运输。这就是"地球系统"：一个高度复杂的实体，其特征是存在多重非线性的响应和阈值。铁循环是地球系统中一个重要的组成部分。铁以多种形态广泛分布于地球的水圈、岩石圈、生物圈和大气圈。铁生物地球化学循环包括溶解、沉淀、转移和重新分配等过程，由物理化学过程或生物主导。铁的生物地球化学循环对海洋生产力、碳的储存、温室气体排放，以及营养物质的利用、有毒金属和金属的转化等许多环境过程都至关重要（图 9-2）。

铁在环境中以两种主要的氧化还原状态存在：三价铁[Fe(Ⅲ)]，在中性的 pH 下很难溶解；亚铁[Fe(Ⅱ)]，通常更容易溶解，因此更具有生物可利用性。尽管铁只有两种自然发生的氧化还原态，但形成了包括生物和非生物反应的紧密相互作用的复杂生物地球化学网络（图 9-3），决定了铁在环境中的形态、流动性和反应性。此外，铁的生物地球化学循环过程在空间上的重叠和相互竞争，使铁的氧化和还原在许多环境中同时或周期性发生。

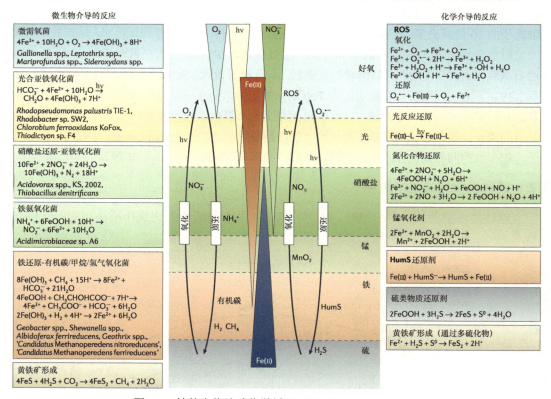

图 9-3　铁的生物地球化学循环（Kappler et al.，2021）

Figure 9-3　The biogeochemical iron cycle

所有发生在中性 pH 下的铁氧化还原反应按热力学顺序排列，左边是微生物介导的反应，右边是化学介导的反应。中部板块描绘了 O_2、光、NO_3^-、Fe(Ⅱ)和 Fe(Ⅲ)的梯度，这是一个典型的氧化还原层状环境。彩色的面板显示了不同生物和非生物反应在热力学基础上可能发生的顺序；然而，这些在环境条件下经常重叠。HumS，腐殖物质；ROS，活性氧

三、微生物介导的铁氧化还原循环

铁氧化还原循环是指 Fe(Ⅱ)氧化和 Fe(Ⅲ)还原的循环转化反应。它受自然环境

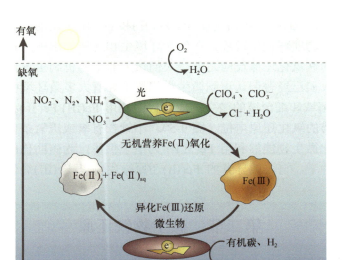

图 9-4　微生物介导的铁氧化还原循环（Weber et al.，2006a）

Figure 9-4　The microbially mediated iron redox cycle

微生物在土壤和沉积环境中对铁的氧化还原反应具有重要的调节作用。Fe(III)氧化物的还原发生在没有氧的情况下。生物 Fe(II)的再氧化可以通过多种生物机制发生，也可以与分子氧发生非生物反应。缺氧环境下 Fe(III)的再生促进了铁氧化还原的动态循环

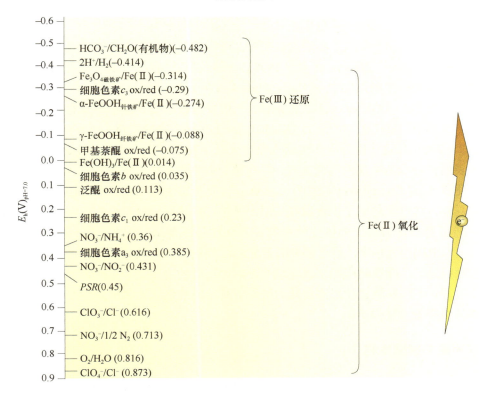

图 9-5　潜在电子供体和电子受体的氧化还原塔（Weber et al.，2006a）

Figure 9-5　A redox tower of potential electron donors and acceptors

E_h/pH 影响，由环境中的微生物活动驱动。Fe(II)和 Fe(III)之间的氧化还原转化可能是地球早期重要的生物地球化学过程，在现代环境生物地球化学中也具有重要作用。在发现微生物介导的铁氧化还原反应之前，人们认为非生物机制主导环境铁氧化还原反应。然而，现在人们已经普遍认识到微生物代谢主导着大多数环境中的铁氧化还原循环（图 9-4）。古菌域和细菌域的微生物能够代谢利用 Fe(III)/Fe(II)和其他各种电子供体或受体之间优势的氧化还原电位（图 9-5）。不管在有氧或厌氧条件下，无机自养型或光养 Fe(II)氧化微生物能够利用 Fe(II)作为电子供体，为碳同化的过程提供还原当量。而在厌氧条件下，自养或异养的 Fe(III)还原微生物以 Fe(III)氧化物作为末端电子受体进行铁呼吸。

第二节　微生物铁还原

一、微生物铁还原起源

有人提出生命出现在约 38 亿年前地球的早期，那时的地球十分炎热（可能高达 140～150℃）并富含 Fe(II)（Gold，1992）。Fe(III)和 H_2 的非生物光化学合成分别为地球早期生命提供了电子受体和能量来源（Cairns-Smith，1978；Lovley et al.，2004），反应式如下所示：

$$2Fe(II) + 2H^+ \xrightarrow{\ hv\ } 2Fe(III) + H_2$$

因此，人们提出在氧气、硝酸盐、硫酸盐呼吸作用发展之前，铁呼吸是微生物新陈代谢的最初形式之一（Vargas et al.，1998）。铁呼吸广泛存在于现有微生物（包括那些几乎来源于共同祖先的微生物）（Kashefi and Lovley，2003；Vargas et al.，1998）支持了这一观点（图 9-6）（Weber et al.，2006a）。人们发现极端嗜高温古菌具有将电子传递给胞外不溶性 Fe(III)氧化矿物的能力（Kashefi and Lovley，2000，2003；Vargas et al.，1998；Tor et al.，2001），这一胞外电子传递现象也大量存在于细菌中（Lovley et al.，2004），进一步表明铁呼吸是早期的代谢方式，并在整个微生物进化过程中得到了传播。铁呼吸又称异化铁还原[dissimilatory Fe(III) reduction]，是指微生物以胞外不溶性铁氧化物为末端电子受体，通过氧化电子供体偶联 Fe(III)还原，并从这一过程中贮存生命活动所需的能量。能进行异化铁还原的微生物统称为异化铁还原菌[dissimilatory Fe(III) reduction bacteria，DIRB]。近年来，对于铁呼吸研究者已经达成如下共识：①铁呼吸是地球上最古老的呼吸途径；②铁呼吸是厌氧环境中 Fe(III)还原的主要途径；③铁呼吸是重要的地球化学过程，不但影响铁的形态转化与分布，对其他痕量元素和营养物质的分析及有机物的降解也起着重要作用。

二、铁还原关键微生物

从能量代谢角度而言，异化铁还原菌（dissimilatory Fe(III) reduction bacteria，DIRB）主要分为两大类：不能通过异化铁还原产能维持生长的铁还原菌和能够通过异化铁还原产能维持生长的铁还原菌（Lovley et al.，2004）。虽然微生物异化铁还原的研究是从发

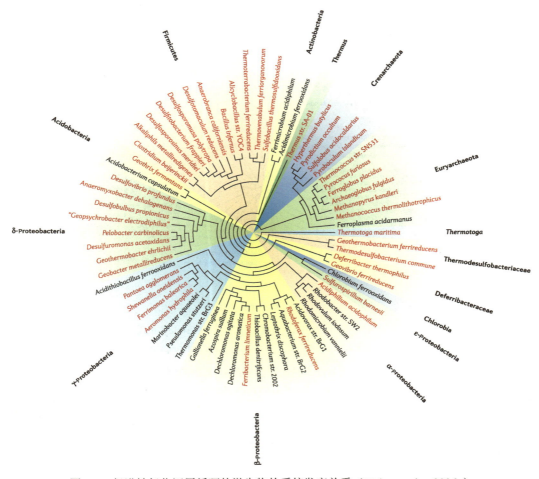

图 9-6　促进铁氧化还原循环的微生物的系统发育关系（Weber et al., 2006a）

Figure 9-6　Phylogenetic affiliation of microorganisms contributing to iron redox cycling

基于典型铁循环原核生物近完整的 16S rDNA 序列的无根系统发育树。铁还原菌和铁氧化菌的名称分别用红色和黑色文字表示

酵型铁还原菌开始的，但自从人们发现能够通过异化铁还原产能维持生长的铁还原菌以后，研究重点就落在后者，其主要原因是在土壤与沉积环境中，Fe(III)的还原主要还是后者的贡献。基于异化铁还原产能的铁还原菌的系统发育树如图 9-7 所示。这些细菌在厌氧条件下利用 Fe(III)作为呼吸链末端电子受体，实现电子在呼吸链上的传递，形成跨膜的质子浓度电势梯度，进而转化为代谢所需的能量，所以能够通过铁还原获得能量的铁还原菌也叫铁呼吸微生物[Fe(III)-respiring microorganism，FRM]。

1. 革兰氏阴性铁还原菌

迄今为止，被报道的铁还原菌早已超过 200 株，广泛分布在土壤、海洋/淡水沉积物、活性污泥和废水等环境中（Lovley et al., 2004）。目前已分离的铁还原菌大多数为革兰氏阴性菌（表 9-2），主要集中在变形菌门（Proteobacteria）的不同纲（α-Proteobacteria、β-Proteobacteria、γ-Proteobacteria 及 δ-Proteobacteria）。在 pH 近中性的近地表环境中，

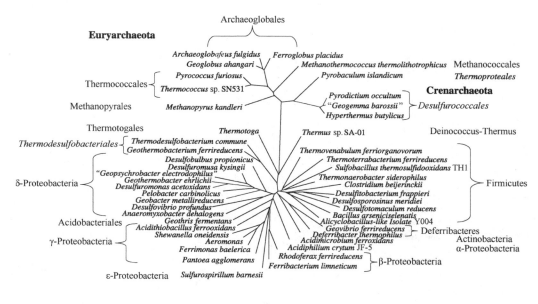

图 9-7　基于铁呼吸菌 16S rRNA 的系统发育树（Lovley et al.，2004）

Figure 9-7　Phylogenetic tree based on 16S rRNA of Fe(III)-respiring microorganisms

表 9-2　代表性革兰氏阴性铁还原菌及相关特性

Table 9-2　Representatives of Gram-negative Fe(III) reducing bacteria and correlated characteristics

阴性铁还原菌	来源	电子供体*	电子受体#	Fe(III)还原速率/[μmol/(L·min)]	参考文献
Geobacter metallireducens	水生沉积物	Ac、Bz、BtOH、Bzo、EtOH、*p*-HBz、*p*-HBzOH、Ph、Prop、PrOH	Fe(III)-Cit、Mn(IV)、Tc(VII)、U(VI)、Fe(III)-H、Fe(III)-NTA AQDS、Humus、Nitrate	>24.3	Lovley and Phillips，1988
Geobacter sulfurreducens	污染沟渠	Ac、Lac	Fe(III)-Cit、Fe(III)-H、Fe(III)-P	>16.7	Caccavo et al.，1994
Geobacter argillaceus	矿场沉积物	Ac、BuOH、Buty、EtOH、Glyc、Lac	Fe(III)-Cit、Fe(III)-NTA、Fe(III)-P、AQDS、Fum、Nitrate、Mn(IV)、S⁰	>5.3	Lovley et al.，2004
Geobacter chapellei	深海沉积物	Ac、EtOH、For、Lac	Fe(III)-NTA、Mn(IV)、AQDS、Fum	>6.9	Coates et al.，2001
Geobacter grbiciae	水生沉积物	Ac、Buty、EtOH、For、H₂、Tol、Prop	Fe(III)-Cit、AQDS	>9.3	
Geobacter hydrogenophilus	矿场沉积物	Ac、EtOH、For、H₂、Lac	Fe(III)-Cit、Mn(IV)、AQDS、S⁰、Nitrate、Fum	>3.6	
Geobacter sp. IST-3	山石蓄水层	Ac	天然 Fe(III)矿物	>4.1	Blöthe and Roden，2009
Shewanella oneidensis	水生沉积物	For、H₂、Lac、Pyr	PCIO、Fe(III)-Cit、Mn(VI)、U(VI)、S⁰、S₂O₃²⁻、AQDS、Nitrate、Fum、O₂	>12.9	Myers and Nealson，1990
Shewanella putrefaciens	水生沉积物	Fum、H₂、Lac、Pyr	Fe(III)-Cit、Fe(III)-H、Fe(III)-EDTA、Mn(IV)、AQDS、Nitrate	>8.6	

续表

阴性铁还原菌	来源	电子供体*	电子受体#	Fe(III)还原速率/[μmol/(L·min)]	参考文献
Shewanella algae	水生沉积物	H₂、Lac	Fe(III)-Cit、Mn(IV)、U(VI)、S₂O₃²⁻、AQDS、TMAO、O₂、Goe	>4.2	Caccavo et al., 1992
Geothrix fermentans	污染蓄水层	Ac、Lac	Fe(III)-Cit、Ferrihydrite、Fe(III)-NTA	>0.7	Coates et al., 1999
Geovibrio ferrireducens	污染沟渠	Ac、Lac、Fum、H₂	Fe(III)-Cit、Ferrihydrite、Fe(III)-P	>17.6	Caccavo et al., 1996

注：* 电子供体：Ac（acetate，乙酸盐）、Bzo（benzoate，苯甲酸盐）、BtOH（butanol，丁醇）、Buty（butyrate，丁酸盐）、EtOH（ethanol，乙醇）、For（formate，甲酸盐）、Fum（fumarate，延胡索酸盐）、Glyc（glycerol，丙三醇）、*p*-HBz（*p*-hydroxybenzaldehyde，对羟基苯甲醛）、*p*-HBzOH（*p*-hydroxybenzylalcohol，对羟基苯甲醇）、Lac（lactate，乳酸盐）、Ph（phenol，苯酚）、PrOH（propanol，丙醇）、Prop（propionate，丙酸盐）、Suc（sucrose，蔗糖）、Tol（toluene，甲苯）、Pyr（pyruvate，丙酮酸盐）

电子受体：Humus（腐殖质）、Fe(III)-H（ferric hydroxide，氢氧化铁）、Fe(III)-P（ferric pyrophosphate，焦磷酸铁）、Fe(III)-EDTA（Fe(III) ethylenediamine-tetraacetic acid，乙二胺四乙酸）、Fe(III)-NTA（ferric nitriloacetic acid，次氮基三乙酸铁）、TCA（trichloroacetic acid，三氯乙酸）、Fe(III)-Cit（ferric citrate，柠檬酸铁）、Goe（goethite，针铁矿）、TMAO（trimethylamine N-oxide，三甲基胺 N-氧化物）、Ferrihydrite（水铁矿）

地杆菌属是研究最广泛最全面的铁还原菌。地杆菌属和希瓦氏菌属（*Shewanella*）在异化铁还原和氧化土壤及沉积物有机质的过程中起着非常重要的作用，是目前革兰氏阴性铁还原菌（简称阴性铁还原菌）研究的模式物种。本章所介绍的铁还原机制都是以阴性铁还原菌——地杆菌和希瓦氏菌为模式菌种的研究。

2. 革兰氏阳性铁还原菌

过去很长一段时期内，研究者认为革兰氏阳性铁还原菌（简称阳性铁还原菌）与难溶性 Fe(III)氧化物之间不存在直接胞外电子传递（Rabaey et al.，2007），这一观念的形成主要基于以下原因（图 9-8）：①阴性铁还原菌中，介导直接胞外电子传递的 c-Cyts 主要位于周质和外膜上（Hartshorne et al.，2009）；而革兰氏阳性菌周质空间狭小，且缺少外膜（Zuber et al.，2006），因此推测阳性铁还原菌中可能缺少直接胞外电子传递的关键蛋白 c-Cyts；②革兰氏阳性菌细胞壁含有结构紧密、较厚的肽聚糖层（20～80 nm）（Firtel et al.，2004），细胞壁外面还可能包裹着糖基化的 S 层蛋白（杨玲玲等，2011），使得胞内电子直接"穿"过不导电细胞壁的难度加大。

然而，2008 年 Ehrlich 等发现革兰氏阳性菌中也可能存在胞外电子转移途径（Ehrlich et al.，2008）。阳性铁还原菌的细胞膜或周质上可能存在某种氧化还原酶，起到传递电子的作用。而且阳性菌细胞壁上存在传递电子的导电成分，可能是结合了变价金属离子的肽聚糖、磷壁酸、糖醛酸磷壁酸或其他组分。细胞膜或周质上的氧化还原酶可以连接细胞膜的电子传递组分与细胞壁上的导电成分。阳性铁还原菌的细胞壁表面存在金属结合位点，可以结合并最终将电子传递给胞外 Fe(III)氧化物。由于革兰氏阳性菌与阴性菌的细胞结构存在巨大差异，导致两者参与铁呼吸的蛋白质种类、定位及胞外电子传递机制也会存在显著差别。目前，已分离的铁还原菌中只有极少数为革兰氏阳性菌（表 9-3），主要集中在厚壁菌门（Firmicutes）的芽孢杆菌纲（Bacilli）和梭菌纲（Clostridia）。

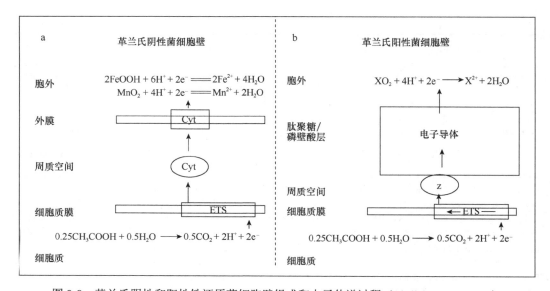

图 9-8　革兰氏阴性和阳性铁还原菌细胞壁组成和电子传递过程（Ehrlich et al.，2008）

Figure 9-8　Comparison of cell walls and electron transport across cell wall of Gram-negative and Gram-positive bacteria

a. 革兰氏阴性菌细胞壁和电子传出过程；b. 革兰氏阳性菌细胞壁和电子传出过程

表 9-3　代表性革兰氏阳性铁还原菌及相关特性

Table 9-3　Representatives of Gram-positive Fe(III) reducing bacteria and correlated characteristics

Fe(III)还原菌	来源	电子供体*	电子受体#	Fe(III)还原速率/ [μmol/(L·min)]	参考文献
Carboxydothermus ferrireducens	温泉	Ac、Pyr、Gly、Cit、Lac、H$_2$	Ferrihydrite、Fe(III)-EDTA、Fe(III)-Cit	>12.5	Gavrilov et al.，2012
Thermincola potens	MFC 阳极生物膜	Ac	Ferrihydrite、AQDS	>19.4	Zavarzina et al.，2007
Thermincola ferriacetica	陆地温泉的铁矿沉积物	H$_2$、Ac、Pyr	Ferrihydrite、柠檬酸铁	>4.6	Carlson et al.，2012
Thermovenabulum ferriorganovorum	陆地温泉	Pep、Pyr、H$_2$	Ferrihydrite、MnO$_2$、NO$_3^-$、Fum	>5	Zavarzina et al.，2002
Bacillus infernus	地表下 2700 m 处	For、Lac	Ferrihydrite、MnO$_2$、NO$_3^-$	>1.6	Boone et al.，1995
Bacillus sp. 3C$_3$	红树林沉积物	For、Lac、Glu、Pyr、MeOH	Ferrihydrite、Cr(VI)、AQDS	>0.6	Hong et al.，2012
Brevibacillus sp. PTH1	植物根际土壤	Ac、Rha	Goethite	>0.2	Pham et al.，2008
Thermoanaerobacter siderophilus	海底沉积物	H$_2$、Ac、Lac、For	Ferrihydrite、MnO$_2$、NO$_3^-$	>6.8	Slobodkin et al.，1999
Sulfobacillus acidophilus	产热煤堆	Gly	Pyrite	>4	Norris et al.，1996
Pyrobaculum islandicum	海洋	H$_2$、Pep	Ferrihydrite、Fe(III)-cit、Tc(VII)、U(VI)、Co(III)、Cr(VI)、NO$_3^-$	>7.7	Kashefi and Lovley 2000

续表

Fe(III)还原菌	来源	电子供体*	电子受体#	Fe(III)还原速率/ [μmol/(L·min)]	参考文献
Thermovenabulum gondwanense	温泉	Pyr、Glu、H_2、Pep	Ferrihydrite、Mn(Ⅳ)	>0.3	Prowe et al.，2001

* 电子供体：Ac（acetate，乙酸盐）、Bzo（benzoate，苯甲酸盐）、BtOH（butanol，丁醇）、Buty（butyrate，丁酸盐）、EtOH（ethanol，乙醇）、For（formate，甲酸盐）、Gly（glycerol，丙三醇）、Lac（lactate，乳酸盐）、Glu（glucose，葡萄糖）、Pyr（pyruvate，丙酮酸盐）、PrOH（propanol，丙醇）、Prop（propionate，丙酸盐）、Suc（sucrose，蔗糖）、MeOH（methanol，甲醇）、Rha（rhamnose，鼠李糖）、Man（mannose，甘露糖）、Pep（peptone，蛋白胨）、Cit（citrate，柠檬酸）

\# 电子受体：Fe(III)-EDTA（Fe(III) ethylenediamine-tetraacetic acid，乙二胺四乙酸）、Ferrihydrite（水铁矿）、Goethite（针铁矿）、Fe(III)-NTA（ferric nitriloacetic acid，次氮基三乙酸铁）、TCA（trichloroacetic acid，三氯乙酸）、Fe(III)-Cit（ferric citrate，柠檬酸铁）、Pyrite（黄铁矿）

　　铁呼吸的早期研究中，纯培养的阳性铁还原菌在铁呼吸过程中并没有直接的胞外电子传递作用，且对 Fe(III)氧化物还原效率较低，所产生的能量不足以维持细胞的生长。因此，阳性铁还原菌一度被误认为不具备真正的铁呼吸功能，它们在铁呼吸环境中的存在只起到维持系统平衡和辅助性作用。在这一观点的误导下，阳性铁还原菌的研究[菌种分离、Fe(III)还原性能等方面]长期被忽视，有关阳性铁还原菌胞外电子传递机制的研究长期处于空白。直到 2008 年，Wrighton 等在 *ISME* 上的报告，证明了 Firmicutes 阳性铁还原菌群具有将电子直接传递给胞外受体的能力（Wrighton et al.，2008）。Zavarzina 和 Gavrilov 等分别于 2007 年和 2012 年发现铁呼吸能力可与 *Geobacter* 相媲美的革兰氏阳性铁还原菌 *Thermincola potens*[Fe(III)还原速率>19.4 μmol/(L·min)]（Zavarzina et al.，2007）和 *Carboxydothermus ferrireducens*[Fe(III)还原速率>12.5 μmol/(L·min)]相媲美（Gavrilov et al.，2012）（表 9-3）。2012 年，Carlson 等发表在 *PNAS* 上的研究证实了阳性铁还原菌通过 c-Cyts 和胞外受体直接接触传递电子（Carlson et al.，2012），由此拉开了研究阳性铁还原菌铁呼吸机制的序幕。

　　2012 年，Gavrilov 等开展了嗜热革兰氏阳性铁还原菌 *C. ferrireducens*（以下简称 CF）还原晶型较差的铁氧化物的机理研究，其电子传递机制如图 9-9 所示。CF 还原水铁矿的主要生理机制为细胞与不溶性 Fe(III)矿物直接接触，从而完成电子由胞内传递至胞外的过程，终端的水铁矿还原酶是一种定位在细胞表面的细胞色素 *c*，该细胞色素 *c* 结合在细胞质最外面的蛋白质组成的 S 层上。此外，通过水铁矿诱导，CF 细胞产生了类似导电菌毛的附属物，这些附属物加强了细胞与铁矿的紧密接触，或可能参与了细胞外的电子传递过程。总体来讲，有关阳性铁还原菌的铁呼吸特性以及胞外电子转移的生理机制研究都刚刚起步，其胞外电子转移的分子机制（基因和蛋白质水平）及调控研究更是少见。

三、铁还原机制研究进展

　　Fe(III)氧化矿物质是难溶或不溶的，不能扩散进入微生物细胞中。因此电子传递到固态末端电子受体不能发生在细胞周质中，而可溶性电子受体（如硝酸盐）却能在细胞周质中穿梭。所以 Fe(III)还原发生在胞外，被位于细胞外膜上可能是末端铁还原酶的一

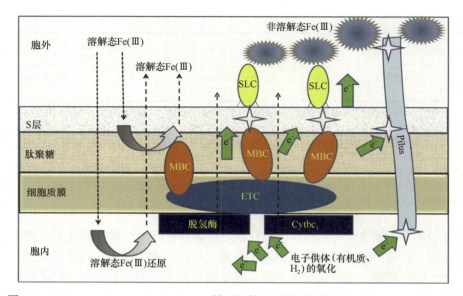

图 9-9　*Carboxydothermus ferrireducens* 铁呼吸的电子传递机制（Gavrilov et al.，2012）
Figure 9-9　Proposed scheme for extracellular electron transfer to ferrihydrite in *C. ferrireducens*
ETC：电子传递链；Cytbc$_1$：细胞色素 bc$_1$；MBC：与质膜结合的 Fe(III)还原细胞色素 *c*；Pilus：菌毛；SLC：S 层细胞
色素

种蛋白质催化。利用不溶 Fe(III)作为末端电子受体这种代谢方式因 Fe(III)还原菌的不同而不同，同时参与电子传递的蛋白质也会不同。但不同电子传递机理中的共同点是都包含了从脱氢酶到醌类物质（包括泛醌）、从细胞膜中的甲基萘醌到细胞色素 *c* 以及最终到达细胞外膜上的还原酶的电子传递。虽然还没有鉴定末端铁还原酶，但通过对希瓦氏菌属和地杆菌属这两种铁还原菌模型的研究，我们又进一步认识了 Fe(III)还原的生物化学机制（图 9-10）（Kappler et al.，2021）。

第一种机制涉及与外细胞壁相关的蛋白质与 Fe(III)矿物表面的直接接触。这一机制依赖于来自细胞内分解代谢的电子被转移到细胞表面的 *c* 型细胞色素，然后介导细胞外电子转移到 Fe(III)氧化物（图 9-11）。据报道，*S. oneidensis* 和 *G. sulfurreducens* 之间的电子传递途径的差异，甚至在 *Geobacter* 物种之间的差异，表明有几种生物化学途径可直接接触 Fe(III)矿物还原。

直接参与 Fe(III)还原的 *c* 型细胞色素数目远少于已被确定全基因组序列的 *c* 型细胞色素数目。*S. oneidensis* 和 *G. sulfurreducens* 全基因组序列分别显示了 39 种和 111 种假定的 *c* 型细胞色素（Heidelberg et al.，2002；Methe et al.，2003）。在 *G. sulfurreducens* 中大量的 *c* 型细胞色素暗示多种电子传递途径存在的可能性（Leang et al.，2005）。希瓦氏菌将电子从甲基萘醌传递到位于细胞质膜的 *c* 型细胞色素，即 CymA 上，然后通过电子载体传递到细胞周质（Myers and Myers，1997，2000）。目前在希瓦氏菌的细胞周质中已发现两种 *c* 型细胞色素——MtrA（Pitts et al.，2003）和 Cytc3（Gordon et al.，2000），为 Fe(III)还原作电子载体。Cytc3 可能在电子载体之间充当电子穿梭体；MtrA 可从细胞质膜上的电子载体 CymA 接受电子，然后把电子传递给外膜蛋白（OMP）。有猜测 MtrA 也有可能作为细胞周质可溶性 Fe(III)的末端还原酶。OmcB（正式称作 MtrC113）这种

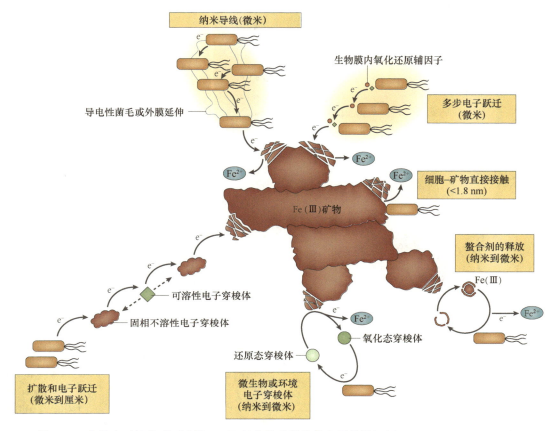

图 9-10 介导电子转移到不溶性 Fe(III)氧化物的微生物电子传递机制（Kappler et al.，2021）

Figure 9-10 Electron transfer mechanisms from microorganisms to Fe(III) minerals

本图总结了 Fe(III)还原微生物利用固态铁氧化物作为电子受体的策略。在短距离内，它们可以直接将电子转移到与其接触的表面上，或者，它们可以利用螯合剂或微生物分泌的或环境中存在的氧化还原活性电子穿梭体来促进电子转移。在生物膜内，它们可以组装导电的菌毛或通过外膜延伸来传递电子，或者它们可以通过氧化还原辅助因子使电子通过生物膜，这一过程被称为"电子跃迁"。在可溶性氧化还原活性电子穿梭体的扩散和电子跃迁的结合下，微生物可以实现 Fe(III)的长距离（厘米）还原

细胞外膜色素部分暴露于细胞表面（Beliaev et al., 2001），它接受来自由细胞周质蛋白传递而来的电子，并且有可能直接参与胞外 Fe(III)还原（Myers and Myers，2003），一些有关突变的 OmcB 降低了还原铁能力的研究证实了这一假设。然而，部分 Fe(III)依然能被还原，证实 Fe(III)还原不全依赖 OmcB 的作用（Myers and Myers，2003）。

由于目前研究的限制，地杆菌细胞周质色素与 OMP 之间的关系还没有建立完善。一种重要的细胞周质色素——MacA，已被证实其在传递电子到三价铁的过程中发挥着重要作用（Butler et al.，2004）。研究预计 MacA 可能作为中间载体（类似于 *Shewanella* 菌中的 MtrA 从而能够把电子传递到其他周质蛋白如 PpcA 上（一种把电子传递到 OMP 上的周质 *c* 型三血红素细胞色素）（Lloyd et al.，2003）。OmcB（一种 OMP）已被确定在 Fe(III)还原中起着重要作用。研究表明，通过基因替换敲除 omcB 基因能够降低 *G. sulfurreducens* 94%～97%的铁还原能力（Leang et al.，2003）。然而敲除 omcB 基因的突变体却能够在可溶态 Fe(III)中增长，虽然这种增长率只相当于野生型的 60%，

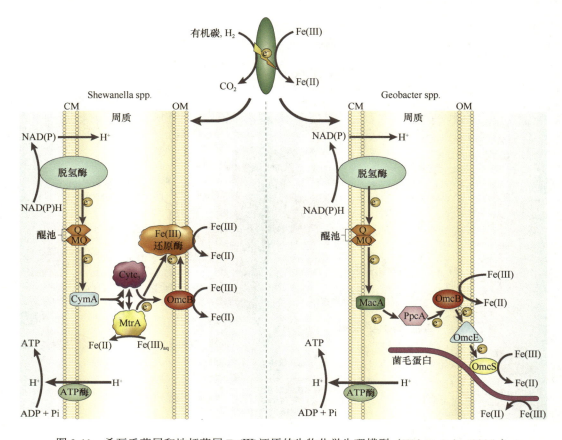

图 9-11　希瓦氏菌属和地杆菌属 Fe(III)还原的生物化学生理模型（Weber et al.，2006a）

Figure 9-11　Ysiological model of the biochemistry involved in microbial Fe(III) reduction by *Shewanella* and *Geobacter* spp.

CM：细胞质膜；CymA：细胞质膜结合的 c 型四血红素蛋白；Cytc₃：周质 c 型细胞色素；e⁻：电子；MacA：细胞质-膜结合的细胞色素；MQ：半醌；MtrA：周质十血红素 c 型细胞色素；OM：外膜；OmcB、OmcE、OmcS：外膜结合的细胞色素 B、细胞色素 E 和部分暴露在细胞表面的细胞色素 S；PpcA：周质 c 型三血红素细胞色素；Q：醌

但是有着与野生型相似的生长速率。有趣的是，这种突变体却不能还原不溶态 Fe(III)氧化物（Leang et al.，2005）。这表明在还原可溶态和不可溶态 Fe(III)时，这种突变体运用了不同的电子传递机理。

第二种机制需要使用导电有机柱状结构（微生物纳米导线）将电子转移到 Fe(III)矿物的表面。细胞外的导电结构被认为是由许多细菌，甚至是古菌构成的。研究最广泛的是 *G. sulfurreducens* 和 *G. metallireducens* 导电菌毛。*G. sulfurreducens* 利用Ⅳ型菌毛单体蛋白 PilA 构建导电菌毛。大量的证据表明，这些菌毛促进了电子远距离转移（20 μm）到细胞外电子受体。*Shewanella* 还可以通过外膜和周质的延伸形成的细胞外附属物，在多血红素细胞色素的促进下，跨越类似的距离传递电子。

第三种机制通过氧化还原活性电子穿梭体，如溶解的或固相 NOM（包括腐殖质物质）、氧化还原活性矿物颗粒、硫化合物、自制氧化还原介质或其他微生物产生的介质，实现细胞内电子转移链和末端固体矿物相之间传递电子。这一机制背后的原理是微生物

首先通过酶促反应形成还原电子穿梭体，然后还原的电子穿梭体通过非生物反应将电子转移到末端电子受体，如难溶的电子受体 Fe(III)矿物。在这个过程的第二个非生物部分中，电子穿梭体再次被氧化，并再次充当微生物的电子受体，从而维持电子穿梭体的循环过程。

最后一种机制通过微生物分泌有机配体[Fe(III)螯合物]非还原性溶解 Fe(III)氧化物，从而释放出更具还原性的可溶性 Fe(III)配合物。

第三节 微生物铁氧化

一、微生物铁氧化起源

人们对好氧铁氧化菌的研究，可追溯到 19 世纪 80 年代著名微生物学家 Winogradsky 对"铁细菌"的观察（Ghiorse，1984）。而厌氧条件下亚铁的氧化一直被认为是一个化学过程。直到 20 世纪 90 年代才由 Widdel 等（1993）发现厌氧铁氧化菌[anaerobic Fe(II)-oxidizer，AFeOx]。AFeOx 最初发现于德国 Bremen 的实验室细菌培养物中，Widdel 等研究证实，在严格厌氧且光照条件下，不产氧光合非硫紫细菌可氧化 Fe(II)，从中获得能量固定 CO_2 合成细胞物质。他们不仅首次报道了 AFeOx 的存在，还推断厌氧铁氧化对原始地球含铁地层的形成和古生物的呼吸代谢具有重要作用（Widdel et al.，1993）。在约 38 亿年前的前寒武纪时代，大气中不存在分子氧，环境中富含 Fe(II)，AFeOx 将 Fe(II)氧化成 Fe(III)，并获得生长所需能量，有助于包括磁铁矿在内的氧化铁矿物的沉淀（图 9-12）。

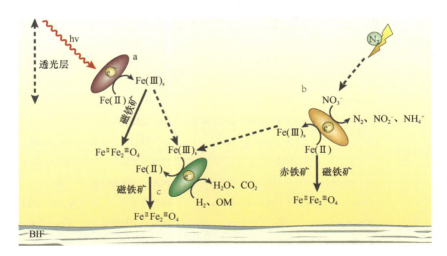

图 9-12 微生物介导的前寒武纪带状含铁地层厌氧沉积模型（Weber et al.，2006a）

Figure 9-12 The models proposed for the microbial mediation of anoxic deposition of the Precambrian banded iron formations (BIFs)

光自养细菌（a）和依赖硝酸盐的铁氧化细菌（b）直接氧化 Fe(II)，形成磁铁矿和赤铁矿以及固相 Fe(III)氧化物。Fe(III)氧化物随后被 FRM（c）还原形成磁铁矿

二、铁氧化关键微生物

（一）需氧的 Fe(Ⅱ)氧化

在近中性和完全好氧的环境中，Fe(Ⅱ)会被氧气快速地化学氧化成 Fe(Ⅲ)，这是非生物的氧化还原反应。然而早在一个多世纪前研究者就已经发现，在酸性和近中性的环境中，微生物可以偶联 O_2 还原进行 Fe(Ⅱ)氧化[式（9-1）]。在一些含氧量不高的环境中可能有需氧嗜中性的 Fe(Ⅱ)氧化微生物存在。这些环境包括：河流沉积物、渗铁地下水、湿地表层沉积物、根际相关的沉积物、洞壁、灌溉沟渠、地下钻孔、市政和工业用水分配系统、深海玄武岩和热液喷口等。在这些环境中，微需氧的 Fe(Ⅱ)氧化微生物能成功地与非生物的 Fe(Ⅱ)氧化竞争（Maisch et al.，2019），微生物氧化 Fe(Ⅱ)可占总 Fe(Ⅱ)氧化量的 50%～80%。在 50 μmol/L O_2 或低于 50 μmol/L O_2 时，微需氧的 Fe(Ⅱ)氧化速率优于非生物氧化速率（Druschel et al.，2008），微需氧的 Fe(Ⅱ)氧化微生物在 5～20 μmol/L O_2 时生长最佳（Maisch et al.，2019），但在亚微摩尔浓度的 O_2 下仍然可以生长（Chiu et al.，2017；McAllister et al.，2019）。现在已知有多种微生物可以进行需氧的 Fe(Ⅱ)氧化（表 9-4），这些细菌包括来自淡水域的 β 变形菌门，其中已知的属包括 *Gallionella*、*Sideroxydans*、*Ferriphaselus*、*Ferritrophicum* 和 *Leptothrix*。或来自海洋的 ζ 变形菌门，如 *Mariprofundus* sp.和 *Ghiorsea* sp.。

$$4Fe^{2+} + 10H_2O + O_2 \longrightarrow 4Fe(OH)_3 + 8H^+ \tag{9-1}$$

表 9-4　代表性嗜中性微需氧铁氧化菌

Table 9-4　Representative neutrophilic microaerophilic ferrous-oxidizing microorganism

栖息地	分类	代表性菌属	代表性菌种	最初来源	参考文献
淡水域	β-Proteobacteria	*Gallionella*	*G. ferruginea*	地下水微生物铁席	Spring，2006
			G. capsiferriformans（ES-2）	排水道地下水	Lovley，1997
		Leptothrix	*L. ochracea*	暂无纯养物	Kucera and Wolfe，1957
		Sideroxydans	*S. lithotrophicus*（ES-1）	排水道地下水	Lovley，1997
			S. paludicola（BrT）	湿地草本植物根际	Weiss et al.，2007
			CL21	酸性泥炭地	Lüdecke et al.，2010
		Ferritrophicum	*F. radicicola*（CCJ）	河畔草本植物根际	Weiss et al.，2007
		Ferrocurvibacter	*F. nieuwersluisensis*	湿地淹土	Wang，2011
		Rhodocyclus	TW-2	湿地微生物铁席	Sobolev and Roden，2004
		Dechlorospirillum	M1	地下水铁泉	Picardal et al.，2011
海水域	α-Proteobacteria	无	FO1，2，3	海底洋壳	Edwards et al.，2003
	γ-Proteobacteria	无	FO4，5，6，8，9，15	海底洋壳	Edwards et al.，2003
	ζ-Proteobacteria	*Mariprofundus*	*M. ferrooxydans*	海底山微生物铁席	Emerson et al.，2007

（二）厌氧 Fe(II)氧化

在自然界，AFeOx 分布广泛，种类很多。在微生物分类学上，AFeOx 分布于古菌域和细菌域。据报道，在细菌域中，AFeOx 分布于硝化螺旋菌门（Nitrospirae）、厚壁菌门（Firmicutes）和变形菌门（Proteobacteria），其中以 Proteobacteria 为主；在古菌域中，AFeOx 仅分布于广古菌门（Euryarchaeota）的铁球菌属（*Ferroglobus*）中（Hafenbradl et al.，1996；Weber et al.，2006a）。文献报道的部分 AFeOx 及其相关特性见表 9-5。AFeOx 具有丰富的代谢多样性，根据所利用的能源（Weber et al.，2006a），AFeOx 可分为光营养铁氧化菌[phototrophic Fe(II)-oxidizer，pFeOx]和化能营养铁氧化菌[chemotrophic Fe(II)-oxidizer，cFeOx]。根据电子受体的差异，可将 cFeOx 分为硝酸盐还原铁氧化菌[nitrate-reducing Fe(II)-oxidizer，NRFeOx]和氯酸盐依赖性铁氧化菌[chlorate dependent Fe(II)-oxidizer，ClFeOx]（图 9-13）。由于氯酸盐对大部分微生物具有毒性，目前对 ClFeOx 菌的研究报道较少。AFeOx 具有丰富的营养多样性，AFeOx 涉及自养型和混养型（表 9-5），它们可氧化 Fe(II)获得能量进行自养生长，亦可同化有机物进行异养生长。我们认为真正的自养生长应该满足以下条件：①不需要有机碳源；②只提供 Fe(II)、硝酸盐和 CO_2 的情况下可维持细胞生长；③在不添加有机碳的情况下经多次传代仍保持 Fe(II)氧化；④标记的 CO_2 整合至生物量中，证明在 Fe(II)氧化过程中吸收了 CO_2。从表 9-5 中可以看出，只有一种富集培养物，即所谓的 "KS 富集物"，满足所有这些标准，而其他菌株要么不满足这些标准，要么没有描述必要的支持信息。KS 化能自养共培养物是在 20 世纪 90 年代中期富集起来的，是自养型 NRFeOx 最有力的例子。它已经至少在两个不同的实验室连续培养了 20 多年，Fe(II)作为唯一的电子供体，硝酸盐作为唯一的电子受体，CO_2 作为唯一的碳源，Fe(II)完全氧化，并与反硝化耦合产生 N_2。KS 中隶属于嘉利翁氏菌科（Gallionellaceae）的优势菌株被认为是 Fe(II)氧化菌，其他如根瘤菌属（*Rhizobium*）、农杆菌属（*Agrobacterium*）、慢生根瘤菌属（*Bradyrhizobium*）、丛毛单胞菌科（Comamonadaceae）、类诺卡氏菌属（*Nocardioides*）、罗河杆菌属（*Rhodanobacter*）、极单胞菌属（*Polaromonas*）和硫杆菌属（*Thiobacillus*）是化学反硝化菌。

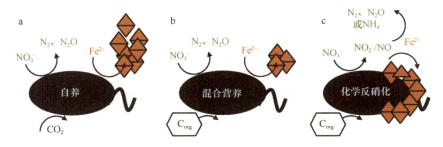

图 9-13　硝酸还原菌与 Fe(II)之间三种不同类型的相互作用（Bryce et al.，2018）

Figure 9-13　The three different types of interaction between nitrate-reducing bacteria and Fe(II)

a. 自养 NRFeOx 以 CO_2 为碳源酶促氧化 Fe(II)；b. 混合营养 NRFeOx 需要额外的有机碳源，Fe(II)氧化有一些酶促的成分（虽然也可能有一些非生物的成分）；c. 化学反硝化需要有机碳，Fe(II)氧化没有酶促成分

表 9-5 厌氧铁氧化菌的种类及其相关特性

Table 9-5 Anaerobic ferrous-oxidizing microorganism and their related characteristics

分类	菌种	来源生境	类型	营养型	参考文献
Chlorobia	*Chlorobium ferrooxidans*	淡水沉积物	P	混养型	Heising et al.，1999；Gauger et al.，2016
	Chlorobium sp.	湖水	P	混养型	Walter et al.，2014
	Chlorobium phaeoferrooxidans	湖水	P	混养型	Llirós et al.，2015；Crowe et al.，2017
	Chlorobium sp. N1	海洋沉积物	P	混养型	Laufer et al.，2017
Actinobacteria	*Microbacterium* sp. W3	深层淡水沉积物	N	混养型	Zhang et al.，2015
	Strain W5	深层淡水沉积物	N	混养型	Zhou et al.，2016
α-Proteobacteria	*Hyphomonas* related species	深海热液系统	N	混养型	Edwards et al.，2003
	Paracoccus ferrooxidans	生物反应器	N	混养型	Kumaraswamy et al.，2006
	Rhodomicrobium isolate	海洋沉积物	P	混养型	Widdel et al.，1993
	Rhodopseudomonas palustris	海洋沉积物	P	混养型	Widdel et al.，1993
	Rhodobacter sp. SW2	淡水沟渠	P	混养型	Ehrenreich and Widdel，1994；Kappler and Newman，2004；Miot et al.，2009
	Rhodobacter capsulatus	菌种	P	混养型	Ehrenreich and Widdel，1994
	Rhodopseudomonas palustris	地表水或泥浆	P	混养型	Ehrenreich and Widdel，1994
	Rhodobacter capsulatus SB1003	菌种	P	混养型	Poulain and Newman，2009；Kopf and Newman，2012
	Rhodobacter sp.	海洋沉积物	P	混养型	Laufer et al.，2016
	Rhodovulum robiginosum	海洋沉积物	P	混养型	Straub et al.，1999
	Rhodovulum iodosum	海洋沉积物	P	混养型	Straub et al.，1999
	Rhodomicrobium vannielii	淡水沟渠	P	混养型	Heising and Schink，1998
	Rhodopseudomonas palustris	富铁沉积物	P	混养型	Jiao et al.，2005
β-Proteobacteria	*Acidovorax* sp. BeG1	淡水沟渠	N	混养型	Straub et al.，1996；Buchholz-Cleven et al.，1997
	Aquabacterium sp. BrG2	淡水沟渠	N	混养型	Straub et al.，1996；Buchholz-Cleven et al.，1997
	Acidovorax sp. BoFeN1	湖泊底泥	N	混养型	Kappler et al.，2005
	Azoarcus sp. ToN1	河流沉积物	N	混养型	Rabus and Widdel，1995；Straub et al.，1996
	Azospira sp. TR1	生物修复站点	N	混养型	Mattes et al.，2013
	Azospira oryzae sp. PS	猪场氧化塘	N	混养型	Chaudhuri et al.，2001
	Dechlorimonas agitatus CKB	造纸厂污泥	Cl	混养型	Bruce et al.，1999
	Enrichment culture KS	淡水沉积物	N	自养型	Straub et al.，1996；He et al.，2016；Nordhoff et al.，2017；Tominski et al.，2018
	Pseudogulbenkiania sp.	湖泊底泥	N	混养型	Weber et al.，2006a
	Thiobacillus denitrificans	菌种	N	混养型	Straub et al.，1996；Beller et al.，2006

续表

分类	菌种	来源生境	类型	营养型	参考文献
	Citrobacter freundii PXL1	城市污泥	N	混养型	Li et al., 2014
	Pseudomonas sp. SZF15	淡水底泥	N	混养型	Su et al., 2015
	Pseudomonas stutzeri	深层淡水沉积物	N	混养型	ZoBell and Upham, 1944；Straub et al., 1996；Peña et al., 2012
γ-Proteobacteria	*Marinobacter* related species	深海热液系统	N	混养型	Edwards et al., 2003
	Thiodictyon sp. L7	淡水沟渠	N	混养型	Ehrenreich and Widdel, 1994
	Thiodyction sp.	海洋沉积物	P	混养型	Widdel et al., 1993
	Thiodictyon sp. F4	湿地沉积物	P	混养型	Croal et al., 2004；Hegler et al., 2008, 2010
δ-Proteobacteria	*Geobacter metallireducens*	河水底泥	N	混养型	Lovley, 1997；Weber et al., 2006b
Archaea	*Ferroglobus placidus*	潜艇供热系统	N	混养型	Hafenbradl et al., 1996

注：N. 硝酸盐还原铁氧化菌[nitrate-reducing Fe(Ⅱ)-oxidizer，NRFeOx]；P. 光营养铁氧化菌[phototrophic Fe(Ⅱ)- oxidizer，pFeOx]

1. 光能型厌氧 Fe(Ⅱ)氧化

厌氧光合细菌进行 Fe(Ⅱ)厌氧氧化这一现象的发现，使微生物介导 Fe(Ⅱ)厌氧氧化得到首次证明。在这一过程中，光合亚铁氧化菌氧化 Fe(Ⅱ)，并且利用光能同化 CO_2，该过程可用式（9-2）表述：

$$4Fe^{2+} + HCO_3^- + 10H_2O + \xrightarrow{hv} 4Fe(OH)_3 + (CH_2O) + 7H^+ \qquad (9-2)$$

目前已知的光合亚铁氧化菌均来自细菌域，并且在系统发育上具有多样性的特点，包括 *Chlorobium ferrooxidans*、*Rhodovulum robiginosum*、*Rhodomicrobium vannielii*、*Thiodictyon* sp.、*Rhodopseudomonas palustris* 和 *Rhodovulum* sp.。除了 *R. vannielii* 之外，其他光合亚铁氧化菌可以将 Fe(Ⅱ)$_{aq}$ 完全氧化成 Fe(Ⅲ)。

2. 硝酸盐型厌氧 Fe(Ⅱ)氧化

除了光合亚铁氧化菌，一些硝酸盐还原菌在中性 pH 环境中也能以硝酸盐作为电子受体对 Fe(Ⅱ)进行厌氧氧化。这种铁氧化过程能够与硝酸盐还原过程很好地耦合，如式（9-3）所示：

$$10Fe^{2+} + 2NO_3^- + 2H_2O \longrightarrow 10Fe(OH)_3 + N_2 + 18H^+ \qquad (9-3)$$

硝酸盐型厌氧铁氧化菌与光合亚铁氧化菌一样，都能忍受低氧，这使其甚至能够迁移到氧化-还原转换界面之上获取生长基质与能量，与好氧亚铁氧化竞争。这种以硝酸盐作为电子受体的微生物 Fe(Ⅱ)氧化反应已被证实存在于多种淡水和含盐环境系统中，包括水稻土、池塘、溪流、水沟、咸水潟湖、湖泊、湿地、蓄水层、热液、深海沉积物。这些环境系统供养着大量有助于铁氧化还原循环且依赖硝酸盐的亚铁氧化菌群，它们分别属于 α 变形杆菌纲、β 变形杆菌纲、γ 变形杆菌纲下的一些种属。某些环境样品中此类微生物数量可高达 $10^3 \sim 10^8$ 个/g。这些厌氧亚铁氧化菌的普遍性和多样性意味着不依赖光的代谢反应[如硝酸盐-Fe(Ⅱ)氧化反应]很有可能有助于大范围的厌氧亚铁氧化反应，并容易使电子受体 Fe(Ⅲ)达到足够高的浓度。在硝酸盐还原和 Fe(Ⅲ)还原的环境中，这种代谢不仅影响铁循环，而且影响氮循环。然而，这种代谢途径对于全球氮循环的相对贡献至今还不清楚。

三、铁氧化机制研究进展

1. pFeOx Fe(Ⅱ)氧化机制

厌氧 pFeOx 氧化 Fe(Ⅱ)的机制仍未被完全了解。例如，这些细菌如何在周围中性 pH 下氧化不同形式的 Fe(Ⅱ)，此外，目前还不清楚这些细菌是如何处理固相矿物沉淀物的。Fe(Ⅱ)氧化的电子转移机制和蛋白质可能是多种多样的，一种单一的机制并不普遍存在于所有 Fe(Ⅱ)氧化菌的生理类型中。

光合微生物沼泽红假单胞菌 TIE-1（*Rhodopseudomonas palustris* TIE-1）氧化 Fe(Ⅱ)的机制研究最为广泛。在这种生物中，Fe(Ⅱ)氧化产生的电子通过 *pioABC* 操纵子传递，其中 pio 意为光合作用铁（Ⅱ）氧化。*pioABC* 是一个 3 基因操纵子，包含编码蛋白 PioA（一种周质 *c* 型细胞色素）、PioB（一种外膜 β 桶蛋白）和 PioC（一种周质高电位铁硫簇蛋白）的基因。PioA 和 PioB 分别与 MtrA、MtrB 同源，PioC 与假定来自氧化亚铁硫杆菌（*Acidothiobacillus ferrooxidans*）的 Fe(Ⅱ)氧化还原酶 Iro 相似。*Rhodopseudomonas palustris* TIE-1 最有可能将电子从 PioA 转移到 PioC，然后 PioC 将电子传递给 bc_1 复合体。一些研究者还提出，电子可能被传递到内膜光反应中心（图 9-14a）。

另一个被广泛研究的厌氧 pFeOx 氧化 Fe(Ⅱ)机制是氧化亚铁红杆菌 SW2（*Rhodobacter ferrooxidans* SW2）。这种微生物通过 *foxEYZ* 操纵子氧化 Fe(Ⅱ)。*foxE* 编码一种 *c* 型细胞色素，与其他已知的 Fe(Ⅱ)氧化蛋白或 Fe(Ⅲ)还原蛋白无显著相似。*foxE* 和 *foxY* 在 Fe(Ⅱ)和/或氢存在时共转录，而 *foxZ* 仅在 Fe(Ⅱ)存在时转录。FoxE 被认为位于周质（Saraiva et al.，2012）。有人进一步提出，Fe(Ⅱ)的电子被转移到 FoxE，然后到 FoxY，再到 bc_1 复合体或反应中心（图 9-14b）。到目前为止，没有证据表明 *Rhodobacter ferrooxidans* SW2 有能力氧化固相 Fe(Ⅱ)。

2. NRFeOx Fe(Ⅱ)氧化机制

厌氧 NRFeOx 细菌氧化 Fe(Ⅱ)的机制目前还不清楚，但不同 NRFeOx 的营养类型（图 9-13）（自养型、混合营养型和化学反硝化）氧化 Fe(Ⅱ)的机制有所不同。研究者对自养型 NRFeOx 提出了三种可能的 Fe(Ⅱ)氧化机制假说：①专性的 Fe(Ⅱ)氧化还原酶；②硝酸还原酶具有非特异性活性；③bc_1 复合体从 Fe(Ⅱ)中接受电子还原醌池。近年来，许多研究都集中在第一种假说，并试图确定自养型 NRFeOx 微生物中可能存在一种专性外膜 Fe(Ⅱ)氧化还原酶。通过对 KS 培养物宏基因组学分析，在 Gallionellaceae sp.和 *Rhodanobacter* sp.中鉴定出推定的 Fe(Ⅱ)氧化酶 Cyc2[在其他已知的 Fe(Ⅱ)氧化菌中发现]细胞色素 *c* 同系物。图 9-15a 显示了 KS 培养物中自养型 NRFeOx 氧化 Fe(Ⅱ)的潜在机制，通过 Fe(Ⅱ)氧化获得的一个电子沿电子传递链传递，硝酸盐被逐步还原为 NO。在细胞外，NO 有可能被其他微生物消耗或与水溶液中的 Fe(Ⅱ)发生非生物反应。

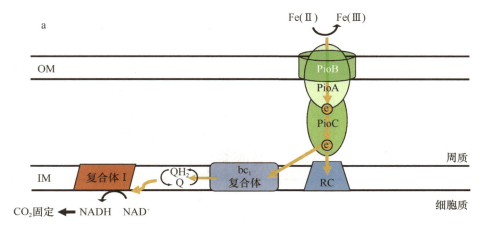

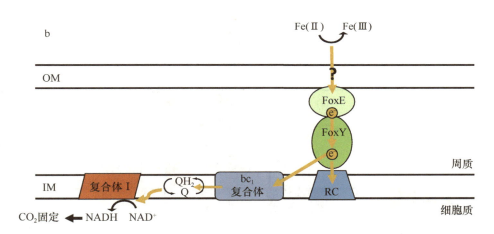

图 9-14 目前关于 Fe(Ⅱ)氧化机制的假设示意图（Bryce et al.，2018）

Figure 9-14　Schematics of the current hypotheses on the mechanism of Fe(Ⅱ) oxidation

a. *Rhodopseudomonas palustris* TIE-1 Fe(Ⅱ)氧化机制；b. *Rhodobacter ferrooxidans* SW2 Fe(Ⅱ)氧化机制

　　许多人假设 Fe(Ⅱ)氧化是由反硝化的非生物化学副反应驱动的，对于一些 NRFeOx 细菌是否利用酶的机制氧化 Fe(Ⅱ)，使它们成为真正的混合营养体，一直存在争议。溶解的 Fe(Ⅱ)对硝酸盐的非生物还原是缓慢的，但在环境条件下，亚硝酸盐被 Fe(Ⅱ)还原为 N_2O 的动力学是有利的，如果有活性化学底物作为催化剂，该反应则很可能发生。化学反硝化的 Fe(Ⅱ)氧化机制如图 9-15b 所示，这代表一种没有酶成分的终端 Fe(Ⅱ)氧化。在这种情况下，微生物从有机碳氧化中获得电子，导致硝酸盐逐步还原为氮，中间产物可能在任何一个步骤中泄漏出来，并在细胞内外与 Fe(Ⅱ)发生反应。而因此形成的细胞结壳会抑制呼吸复合体和其他周质位点，导致硝酸盐依赖性的 Fe(Ⅱ)氧化速率降低并最终导致细胞死亡。

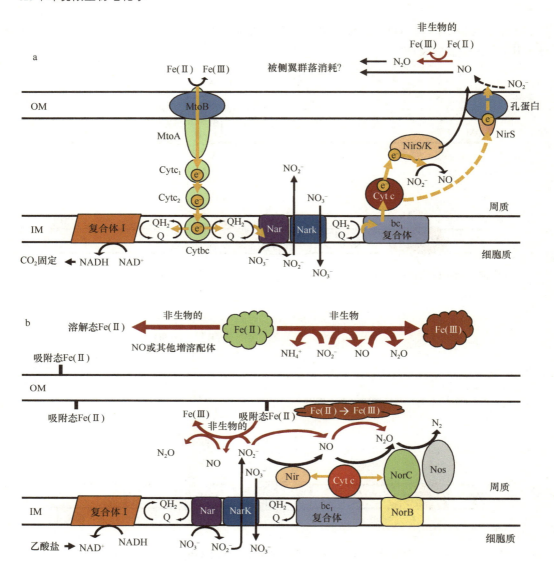

图 9-15　目前关于 Fe(Ⅱ)氧化机制的假设示意图（Bryce et al.，2018）

Figure 9-15　Schematics of the current hypotheses on the mechanism of Fe(Ⅱ) oxidation

a. KS 培养物中 Gallionellaceae 自养型 NRFeOx Fe(Ⅱ)氧化机制，b. 化学反硝化氧化 Fe(Ⅱ)的机制，硝态氮还原也可能由 Nap 而不是 Nar 催化，NO 还原可能由 NorZ 而不是 NorC 促进，后者接受来自对苯二酚而不是细胞色素 c 的电子

第四节　案 例 分 析

一、案例一：连续上行生物滤清器中硝酸盐依赖性 Fe(Ⅱ)氧化的自养反硝化作用（Zhou et al.，2016）

本研究在厌氧条件下构建了一个填充海绵铁的上流式生物过滤器，用于去除硝酸盐。将一种硝酸盐还原和 Fe(Ⅱ)氧化菌株 *Microbacterium* sp. W5 作为接种物添加到生

物滤器中。当 NO_3^--N 浓度为 30 mg/L，Fe^{2+}浓度为 800 mg/L 时，进水中的亚硝酸盐会抑制硝酸盐的去除和水溶液中 Fe^{2+}的去除导致结壳。Fe(Ⅱ)EDTA 可防止细胞结壳，当 Fe(Ⅱ)EDTA 浓度为 1100 mg/L 时，除氮效率可达 90%左右。硝态氮还原遵循一级反应动力学。利用 X 射线荧光光谱法分析生物膜的特性。

（一）研究目的

利用微生物硝酸盐依赖性的 Fe(Ⅱ)氧化（NDFO）去除填充海绵铁的上流式生物过滤器中的硝酸盐。利用 *Microbacterium* sp. W5 的分离物能够实现 NDFO 的功能。并对不同条件下的硝酸盐去除效率进行了评价，以优化运行条件。本研究的结果可为进一步的实际应用提供参考。

（二）材料与方法

样品为经填充了海绵铁的上流式生物过滤器处理后的合成废水。过滤器中接种从武汉东湖分离的 *Microbacterium* sp. W5（约 $7×10^6$ 个细胞/mL）菌株培养至形成生物膜。另外通过对照组反应测定 *Microbacterium* sp. W5 的 NDFO 的活性。在正式实验中，向过滤器连续供应合成废水，对不同浓度的 NO_3^--N、NO_2^--N 和 Fe(Ⅱ)进行控制变量实验，浓度分布范围分别为 30～100 mg/L、2～10 mg/L 和 200～1500 mg/L，每次改变运行条件时，用几天时间平衡过滤器。温度及 NO_3^--N、NO_2^--N 和 Fe(Ⅱ)浓度按照标准方法进行测量。样品送至检测中心进行扫描电镜检测。

（三）研究结果

将 *Microbacterium* sp. W5 分离株接种于含有 50 mL 合成废水的 100 mL 血清瓶（标记为 B）中。另一个血清瓶（标记为 A）含有 50 mL 不含 *Microbacterium* sp. W5 的合成废水作为对照。分别设置两个平行样。在 30℃、125 r/min 的摇台中培养 72 h 后，检测 NO_3^--N 和 Fe^{2+}的浓度。A、B 中的实验结果如图 9-16 所示。A 中 NO_3^--N 浓度无显著变化，而 Fe^{2+}浓度降低了 9.72%。接种后，B 中的 NO_3^--N 和 Fe^{2+}浓度明显下降。这些结

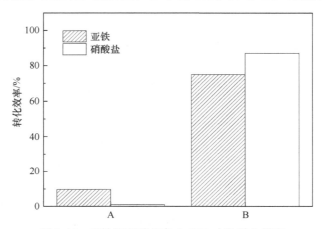

图 9-16　亚铁和硝酸盐在 A 和 B 中的转化效率

Figure 9-16　The conversion efficiency of ferrous and nitrate in A and B

果表明，NO_3^--N 和 Fe^{2+}对硝酸盐还原作用的贡献较小。*Microbacterium* sp.W5 具有在 Fe(II)存在下的硝酸盐反硝化能力。

从图 9-17 中可以看出，随着进水硝酸盐负荷的增加，出水中 NO_3^--N 浓度增加。出水中的亚硝酸盐含量也从 1.43 mg/L 增加到 3.34 mg/L，但脱氮效率逐渐提高。当 NO_3^--N 为 30 mg/L 时，硝酸盐去除率较低。实际硝酸盐去除率随进水硝酸盐浓度的增加而增加。硝酸盐去除量在 23～26 mg/L 波动。硝酸盐负荷的过量增加可能对硝酸盐的去除没有积极的影响。考虑出水中硝酸盐浓度、脱氮效率和实际废水中的硝酸盐，以进水中硝酸盐 30 mg/L 为最佳 NO_3^--N 浓度。

图 9-18 结果表明，随着进水中亚硝酸盐浓度的增加，对硝酸盐的去除率略有下降。

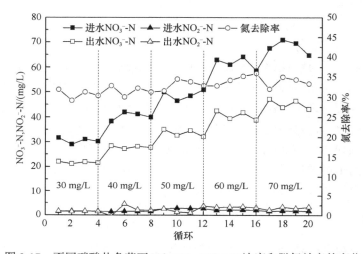

图 9-17 不同硝酸盐负荷下 NO_3^--N、NO_2^--N 浓度和脱氮效率的变化

Figure 9-17 Evolution of NO_3^--N, NO_2^--N and nitrogen removal efficiency under different nitrate loading

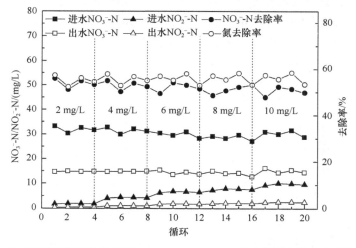

图 9-18 不同亚硝酸盐负荷下 NO_3^--N、NO_2^--N、硝酸盐的去除率和脱氮效率

Figure 9-18 NO_3^--N, NO_2^--N, nitrate removal efficiency and nitrogen removal efficiency under different nitrite loading

当 NO$_2^-$-N 的浓度增加到 10 mg/L 时，对硝酸盐的去除率最低，为 50.35%。结果表明，进水中的亚硝酸盐对硝酸盐还原为亚硝酸盐的过程有轻微的抑制作用。此外，随着亚硝酸盐负荷的增加，出水中 NO$_2^-$-N 浓度上升。亚硝酸盐去除率下降，但亚硝酸盐去除量增加。

　　图 9-19a 描述了不同浓度的 Fe^{2+}作为电子供体时，当 Fe^{2+}进水浓度从 200 mg/L 增加到 800 mg/L 时，出水最低 NO$_3^-$-N 浓度为 9.57 mg/L。同时，出水中 NO$_2^-$-N 浓度下降，且始终在 1 mg/L 以下。然而随着 Fe^{2+}浓度从 800 mg/L 增加到 1500 mg/L，出水中 NO$_3^-$-N 和 NO$_2^-$-N 浓度上升。脱氮效率也有相同的变化趋势，达到了 12.22%。图 9-19b 表明，随着 Fe(Ⅱ)浓度的增加，脱氮效率降低。当 Fe(Ⅱ)浓度达到 1100 mg/L 时，脱氮效率趋于稳定，接近 90%左右。当 Fe(Ⅱ)以 FeSO$_4$ 的形式出现时，脱氮效率更高。

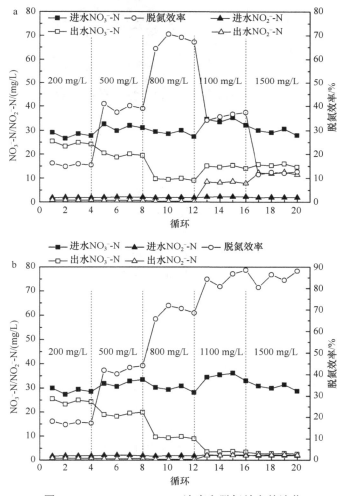

图 9-19　NO$_3^-$-N、NO$_2^-$-N 浓度和脱氮效率的演化
Figure 9-19　Evolution of NO$_3^-$-N, NO$_2^-$-N and nitrogen removal efficiency
a. 不同 Fe(Ⅱ)（FeSO$_4$）浓度；b. 不同 Fe(Ⅱ)[Fe(Ⅱ) EDTA]浓度

这种现象形成的原因可能是细胞包膜的形成。用硫酸亚铁在碳酸氢盐介质中形成碳酸铁沉淀。大量文献表明，微生物 NDFO 可能导致细胞包膜。滤镜上的生物膜的扫描电镜图像显示，细胞表面出现了包膜现象（图 9-20）。这说明当 Fe^{2+} 浓度低于 800 mg/L 时，部分沉淀可以被利用，硝酸盐去除效率提高。然而，随着 Fe^{2+} 浓度从 800 mg/L 增加到 1500 mg/L，细胞包膜严重，反硝化效果较差。

图 9-20　生物膜扫描电镜图像（倍率：10 000）

Figure 9-20　Scanning electron microscope image of biofilm (magnification: 10 000)

（四）结论

本研究用海绵铁构建了一个连续的上流式生物过滤器。该生物过滤器接种了一种分离的新型硝酸还原和 Fe(Ⅱ)氧化的 *Microbacterium* sp. W5，在厌氧条件下能有效地去除硝酸盐。适宜的 NO_3^--N 浓度为 30 mg/L 并且 NO_2^--N 会抑制反硝化作用。最佳 Fe^{2+} 浓度为 800 mg/L，并有细胞包膜限制硝酸盐的去除。利用 Fe(Ⅱ) EDTA 可以防止细胞包膜的形成，并在该生物过滤器中达到适当的 90%的脱氮效率。

二、案例二：甲烷氧化古菌的甲烷厌氧氧化耦合 Fe(Ⅲ)还原（Cai et al.，2018）

甲烷是一种重要的温室气体，甲烷厌氧氧化（AOM）是一个主要的汇，估计从海底到达大气层之前会消耗>90%的甲烷通量。铁是地壳中第四丰富的元素。地球化学调查表明，Fe(Ⅲ)依赖的 AOM 可能是海洋和淡水环境中普遍存在的过程。AOM 耦合 Fe(Ⅱ)还原也被认为是热力学上有利且生物化学上可行的反应。微生物介导的 AOM 是调节甲烷向大气排放的关键过程。以往的研究表明，甲烷厌氧氧化古菌（ANME）在这一过程中起着重要作用，有研究表明，一种与 ANME 相关的 *Ca.* Methanoperedens nitroreducens 能够在短期培养中催化 AOM 耦合 Fe(Ⅱ)还原反应。

（一）研究目的

本研究旨在富集和表征一种新的微生物，可以执行 Fe(Ⅱ)依赖的 AOM。将淡水沉积物与甲烷和水铁矿一起培养。通过电子平衡和同位素标记实验推断微生物过程，通过宏基因组学和宏转录组学分析，鉴定了 Fe(III) 依赖的 AOM 中所涉及的微生物。

（二）材料与方法

沉积物样品来自澳大利亚昆士兰州 Gold Creek 水库。以地层水作为初始培养基，采用合成矿物培养基进行富集。在 2 L 生物反应器中，0.8 L 沉积物和 0.8 L 原位水的混合物共培养得到 0.4 L 的顶空。定期测量气相甲烷和溶解 Fe(II) 浓度，计算甲烷和 Fe(III) 消耗速率；用 ^{13}C 和 ^{57}Fe 进行同位素标记实验；提取铁、锰和二氧化碳；提取 DNA 和 RNA 进行基因组学分析和转录组学分析。

（三）研究结果

由图 9-21 可知，$^{13}CO_2$ 和 $^{57}Fe(II)$ 的产率与 $^{13}CH_4$ 和 $^{57}Fe(II)$ 的消耗率基本一致，总 CO_2 和总 $Fe(II)$ 的产量与总甲烷和总 $Fe(III)$ 的消耗率基本一致。这些结果表明，甲烷完全氧化为 CO_2，Fe(III) 还原为 Fe(II)。甲烷氧化还原 Fe(III) 的比例为 1∶8.2，说明甲烷氧化生成的所有电子都用于 Fe(III) 的还原。培养过程中 AOM 速率为 69 μmol/（mg 蛋白·h），比先前报道的 *Ca.* M. nitroreducens MPEBLZ 的 AOM 速率高出一个数量级。

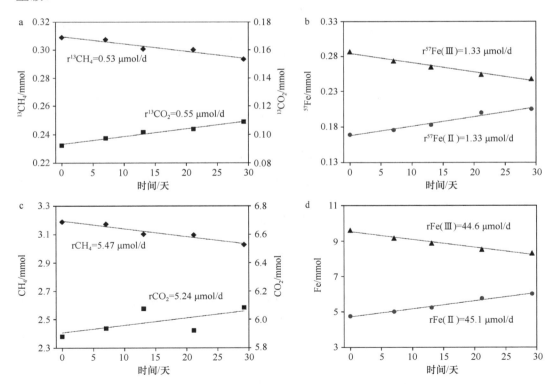

图 9-21　同位素标记实验中富集培养物甲烷厌氧氧化耦合铁还原

Fig. 9-21　AOM coupled to Fe(III) reduction by the enrichment culture in isotopic labelling tests

a. $^{13}CH_4$ 转化为 $^{13}CO_2$；b. $^{57}Fe(III)$ 转化为 $^{57}Fe(II)$；c. CH_4 转化为 CO_2；d. Fe(III) 转化为 Fe(II)

图 9-22 为优势种 *Ca.* M. ferrireducens 的系统发育树。将 *Ca.* M. ferrireducens 的基因组分析与已发表的从硝酸盐还原生物反应器获得的 Methanoperedenaceae 基因组和 *Ca.* M. nitroreducens *BLZ1* 基因组进行对比分析，结果显示平均氨基酸同一性分别为 72.5% 和 81.9%，表明这些基因组中的每一个都可能代表一个单独的属。

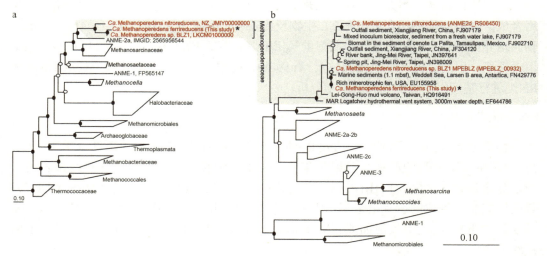

图 9-22 优势种 *Ca.* M. ferrireducens 种群的系统发育位置

Figure 9-22 Phylogenetic placement of the dominant *Candidatus* M. ferrireducens population

a. 基因组树；b. 16S rRNA 基因树。在两个树中 Methanoperedenaceae 的基因组和 16S rRNA 基因序列用红色标出，*Candidatus* M. ferrireducens 用星号表示。黑点和白点分别表示>90%与>70%的引导值。a 和 b 的标尺分别代表氨基酸与核苷酸的变化

与其他 Methanoperedenaceae 基因组一致，代谢重建的 *Ca.* M. ferrireducens 基因组揭示了其存在完整的编码"甲烷生成"反向途径所需的基因，如图 9-23 所示，证明了其在甲烷氧化中的作用。在紧邻编码甲基萘醌：细胞色素 *c* 氧化还原酶的基因处发现了几个主要复合体（MHC），包括 bc 样复合体、非典型 Rieske/Cytb 复合体以及编码 NrfD 蛋白和铁硫氧化还原蛋白的 NrfD 样复合体。这些复合体可能将电子从胞质膜转移到胞质膜外的 MHC，随后与其他 MHC 相互作用使 Fe(III)还原。所有参与甲烷氧化和假定的细胞外电子传递途径的基因都存在于 *Ca.* M. ferrireducens 中，说明了其在甲烷氧化和金属呼吸中的潜在作用。

（四）结论

先前的研究已经表明，ANME 可能能够耦合 AOM 与 Fe(III)还原。本研究证明了 Methanoperedenaceae 的一种新的微生物能够通过甲烷氧化途径和一个假定的细胞外电子转移途径，独立地将 AOM 与 Fe(III)结合。地球上有富含甲烷和铁的环境，可能为 *Ca.* M. ferrireducens 提供合适的生境。Methanoperedenaceae 中 MHC 的普遍存在证明了这一谱系具有多种代谢功能，有可能使用多种不同的电子受体，这可能对全球甲烷循环具有广泛的意义。

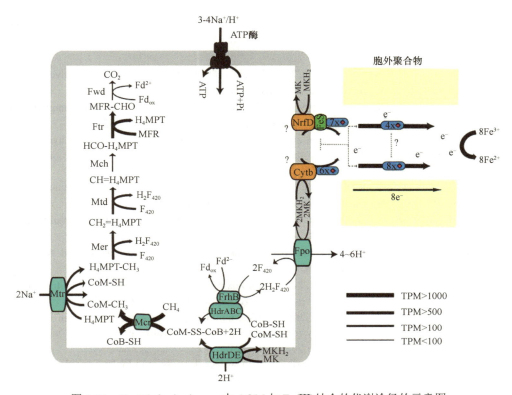

图 9-23　*Ca.* M. ferrireducens 中 AOM 与 Fe(Ⅲ)结合的代谢途径的示意图

Figure 9-23　Metabolic construction of the putative pathway for AOM coupled to Fe(Ⅲ) reduction in *Ca.* M. ferrireducens

TPM. 每 100 万个转录本中对应于特定转录本的数量

参 考 文 献

陈家坊. 1981. 土壤胶体中的氧化物. 土壤通报, 12(2): 44-49.

苏玲, 林咸永, 章永松, 等. 2001. 水稻土淹水过程中不同土层铁形态的变化及对磷吸附解吸特性的影响. 浙江大学学报(农业与生命科学版), 27(2): 124-128.

杨玲玲, 胡晓敏, 袁志明. 2011. 芽孢杆菌的表层蛋白研究及应用前景. 微生物学报, 51(11): 1440-1446.

于天仁, 陈志诚. 1990. 土壤发生中的化学过程. 北京: 科学出版社.

Beliaev A S, Saffarini D A, McLaughlin J L, et al. 2001. MtrC, an outer membrane decahaem c cytochrome required for metal reduction in *Shewanella putrefaciens* MR-1. Mol Microbiol, 39(3): 722-730.

Beller H R, Chain P S G, Letain T E, et al. 2006. The genome sequence of the obligately chemolithoautotrophic, facultatively anaerobic bacterium *Thiobacillus denitrificans*. J Bacteriol, 188(4): 1473-1488.

Blöthe M, Roden E E. 2009. Microbial iron redox cycling in a circumneutral-pH groundwater seep. Appl Environ Microbiol, 75(2): 468-473.

Boone D R, Liu Y, Zhao Z, et al. 1995. *Bacillus infernus* sp. nov., an Fe(Ⅲ)- and Mn(Ⅳ)-reducing anaerobe from the deep terrestrial subsurface. Int J Syst Bacteriol, 45(3): 441-448.

Bruce R A, Achenbach L A, Coates J D. 1999. Reduction of(per)chlorate by a novel organism isolated from paper mill waste. Environ Microbiol, 1(4): 319-329.

Bryce C, Blackwell N, Schmidt C, et al. 2018. Microbial anaerobic Fe(Ⅱ)oxidation - ecology, mechanisms and environmental implications. Environ Microbiol, 20(10): 3462-3483.

Buchholz-Cleven B E E, Rattunde B, Straub K L. 1997. Screening for genetic diversity of isolates of anaerobic Fe(II)-oxidizing bacteria using DGGE and whole-cell hybridization. Syst Appl Microbiol, 20(2): 301-309.

Butler J E, Kaufmann F, Coppi M V, et al. 2004. MacA a diheme c-type cytochrome involved in Fe(III) reduction by *Geobacter sulfurreducens*. J Bacteriol, 186(12): 4042-4045.

Caccavo F, Blakemore R P, Lovley D R. 1992. A hydrogen-oxidizing, Fe(III)-reducing microorganism from the Great Bay estuary, New Hampshire. Appl Environ Microbiol, 58(10): 3211-3216.

Caccavo F, Lonergan D J, Lovley D R, et al. 1994. *Geobacter sulfurreducens* sp. nov., a hydrogen- and acetate-oxidizing dissimilatory metal-reducing microorganism. Appl Environ Microbiol, 60(10): 3752-3759.

Caccavo F J, Coates J D, Rossello-Mora R A, et al. 1996. *Geovibrio ferrireducens*, a phylogenetically distinct dissimilatory Fe(III)-reducing bacterium. Arch Microbiol, 165(6): 370-376.

Cai C, Leu A O, Xie G J, et al. 2018. A methanotrophic archaeon couples anaerobic oxidation of methane to Fe (III) reduction. ISME J, 12(8): 1929-1939.

Cairns-Smith A G. 1978. Precambrian solution photochemistry, inverse segregation, and banded iron formations. Nature, 276(5690): 807-808.

Carlson H K, Clark I C, Blazewicz S J, et al. 2013. Fe(II) oxidation is an innate capability of nitrate-reducing bacteria that involves abiotic and biotic reactions. J Bacteriol, 195: 3260-3268.

Carlson H K, Iavarone A T, Gorur A, et al. 2012. Surface multiheme c-type cytochromes from *Thermincola potens* and implications for respiratory metal reduction by gram-positive bacteria. Proc Natl Acad Sci USA, 109(5): 1702-1707.

Carlson L, Schwertmann U. 1981. Natural ferrihydrites in surface deposits from Finland and their association with silica. Geochim Cosmochim Ac, 45(3): 421-429.

Chaudhuri S K, Lack J G, Coates J D. 2001. Biogenic magnetite formation through anaerobic biooxidation of Fe(II). Appl Environ Microbiol, 67(6): 2844-2848.

Chiu B K, Kato S, McAllister S M, et al. 2017. Novel pelagic iron-oxidizing zetaproteobacteria from the Chesapeake Bay oxic-anoxic transition zone. Front Microbiol, 8: 1280.

Coates J D, Bhupathiraju V K, Achenbach L A, et al. 2001. *Geobacter hydrogenophilus*, *Geobacter chapellei* and *Geobacter grbiciae*, three new, strictly anaerobic, dissimilatory Fe(III)-reducers. Int J Syst Evol Microbiol, 51(Pt 2): 581-588.

Coates J D, Ellis D J, Gaw C V, et al. 1999. *Geothrix fermentans* gen. nov., sp. nov., a novel Fe(III)-reducing bacterium from a hydrocarbon-contaminated aquifer. Int J Syst Bacteriol, 49(Pt 4): 1615-1622.

Cornell R M, Schwertmann U. 1976. Influence of organic anions on the crystallization of ferrihydrite. Clays Clay Miner, 27(6): 402-410.

Croal L R, Johnson C M, Beard B L, et al. 2004. Iron isotope fractionation by Fe(II)-oxidizing photoauto-trophic bacteria. Geochim Cosmochim Ac, 68(6): 1227-1242.

Crowe S A, Hahn A S, Morgan-Lang C. 2017. Draft genome sequence of the pelagic photoferrotroph *Chlorobium phaeoferrooxidans*. Genome Announc, 5(13): e01584-16.

Cundy A B, Hopkinson L, Whitby R L D. 2008. Use of iron-based technologies in contaminated land and groundwater remediation: a review. Sci Total Environ, 400(1/2/3): 42-51.

Dai X, Wang H A, Ju L K, et al. 2016. Corrosion of aluminum alloy 2024 caused by *Aspergillus niger*. Int Biodeter Biodegr, 115: 1-10.

Daugherty E E, Gilbert B, Nico P S, et al. 2017. Complexation and redox buffering of iron (II) by dissolved organic matter. Environ Sci Technol, 51(19): 11096-11104.

Druschel G K, Emerson D, Sutka R, et al. 2008. Low-oxygen and chemical kinetic constraints on the geochemical niche of neutrophilic iron(II) oxidizing microorganisms. Geochim Cosmochim Ac, 72(14): 3358-3370.

Edwards K J, Rogers D R, Wirsen C O, et al. 2003. Isolation and characterization of novel psychrophilic, neutrophilic, Fe-oxidizing, chemolithoautotrophic α- and γ-Proteobacteria from the deep sea. Appl Environ Microbiol, 69(5): 2906-2913.

Ehrenreich A, Widdel F. 1994. Anaerobic oxidation of ferrous iron by purple bacteria, a new type of phototrophic metabolism. Appl Environ Microbiol, 60(12): 4517-4526.

Ehrlich H L. 2008. Are gram-positive bacteria capable of electron transfer across their cell wall without an externally available electron shuttle? Geobiology, 6(3): 220-224.

Emerson D, Moyer C. 1997. Isolation and characterization of novel iron-oxidizing bacteria that grow at circumneutral pH. Appl Environ Microb, 63(12): 4784-4792.

Emerson D, Rentz J A, Lilburn T G, et al. 2007. A novel lineage of proteobacteria involved in formation of marine Fe-oxidizing microbial mat communities. PLoS One, 2(7): e667.

Firtel M, Henderson G, Sokolov I. 2004. Nanosurgery: observation of peptidoglycan strands in *Lactobacillus helveticus* cell walls. Ultramicroscopy, 101(2/3/4): 105-109.

Gauger T, Byrne J M, Konhauser K O, et al. 2016. Influence of organics and silica on Fe(II) oxidation rates and cell-mineral aggregate formation by the green-sulfur Fe(II)-oxidizing bacterium *Chlorobium ferrooxidans* KoFox - Implications for Fe(II) oxidation in ancient oceans. Earth Planet Sci Lett, 443: 81-89.

Gavrilov S N, Lloyd J R, Kostrikina N A, et al. 2012. Fe(III) oxide reduction by a gram-positive thermophile: physiological mechanisms for dissimilatory reduction of poorly crystalline Fe(III) oxide by a thermophilic gram-positive bacterium *Carboxydothermus ferrireducens*. Geomicrobiol J, 29(9): 804-819.

Ghiorse W C. 1984. Biology of iron- and manganese-depositing bacteria. Annu Rev Microbiol, 38: 515-550.

Ginn B, Meile C, Wilmoth J, et al. 2017. Rapid iron reduction rates are stimulated by high-amplitude redox fluctuations in a tropical forest soil. Environ Sci Technol, 51(6): 3250-3259.

Gold T. 1992. The deep, hot biosphere. Proc Natl Acad Sci USA, 89(13): 6045-6049.

Gorby Y A, Yanina S, McLean J S, et al. 2006. Electrically conductive bacterial nanowires produced by *Shewanella oneidensis* strain MR-1 and other microorganisms. Proc Natl Acad Sci USA, 103(30): 11358-11363.

Gordon E H, Pike A D, Hill A E, et al. 2000. Identification and characterization of a novel Cytochrome c(3) from *Shewanella frigidimarina* that is involved in Fe(III)respiration. Biochem J, 349(Pt 1): 153-158.

Hafenbradl D, Keller M, Dirmeier R, et al. 1996. *Ferroglobus placidus* gen. nov. sp. nov, a novel hyperthermophilic archaeum that oxidizes Fe^{2+} at neutral pH under anoxic conditions. Arch Microbiol, 166(5): 308-314.

Hartshorne R S, Reardon C L, Ross D, et al. 2009. Characterization of an electron conduit between bacteria and the extracellular environment. Proc Natl Acad Sci USA, 106(52): 22169-22174.

He S M, Tominski C, Kappler A, et al. 2016. Metagenomic analyses of the autotrophic Fe(II)- oxidizing, nitrate-reducing enrichment culture KS. Appl Environ Microbiol, 82(9): 2656-2668.

Hegler F, Posth N R, Jiang J, et al. 2008. Physiology of phototrophic iron(II)-oxidizing bacteria: implications for modern and ancient environments. FEMS Microbiol Ecol, 66(2): 250-260.

Hegler F, Schmidt C, Schwarz H, et al. 2010. Does a low-pH microenvironment around phototrophic Fe II -oxidizing bacteria prevent cell encrustation by FeIII minerals? FEMS Microbiol Ecol, 74(3): 592-600.

Heidelberg J F, Paulsen I T, Nelson K E, et al. 2002. Genome sequence of the dissimilatory metal ion-reducing bacterium *Shewanella oneidensis*. Nat Biotechnol, 20(11): 1118-1123.

Heising S, Richter L, Ludwig W, et al. 1999. *Chlorobium ferrooxidans* sp. nov. a phototrophic green sulfur bacterium that oxidizes ferrous iron in coculture with a "*Geospirillum*" sp. strain. Arch Microbiol, 172(2): 116-124.

Heising S, Schink B. 1998. Phototrophic oxidation of ferrous iron by a *Rhodomicrobium vannielii* strain. Microbiology, 144(Pt 8): 2263-2269.

Herndon E, AlBashaireh A, Singer D, et al. 2017. Influence of iron redox cycling on organo-mineral associations in Arctic tundra soil. Geochim Cosmochim Ac, 207: 210-231.

Hong Y G, Wu P, Li W R, et al. 2012. Humic analog AQDS and AQS as an electron mediator can enhance chromate reduction by *Bacillus* sp. strain 3C3. Appl Microbiol Biotechnol, 93(6): 2661-2668.

Jiao Y Q, Kappler A, Croal L R, et al. 2005. Isolation and characterization of a genetically tractable photoautotrophic Fe(II)-oxidizing bacterium, *Rhodopseudomonas palustris* strain TIE-1. Appl Environ Microbiol, 71(8): 4487-4496.

Kappler A, Bryce C, Mansor M, et al. 2021. An evolving view on biogeochemical cycling of iron. Nat Rev Microbiol, 19(6): 360-374.

Kappler A, Newman D K. 2004. Formation of Fe(III)-minerals by Fe(II)-oxidizing photoautotrophic bacteria. Geochim Cosmochim Ac, 68(6): 1217-1226.

Kappler A, Schink B, Newman D K. 2005. Fe(III) mineral formation and cell encrustation by the nitrate-dependent Fe(II)-oxidizer strain BoFeN1. Geobiology, 3(4): 235-245.

Kashefi K, Lovley D R. 2000. Reduction of Fe(III), Mn(IV), and toxic metals at 100 degrees C by *Pyrobaculum islandicum*. Appl Environ Microbiol, 66(3): 1050-1056.

Kashefi K, Lovley D R. 2003. Extending the upper temperature limit for life. Science, 301(5635): 934.

Kodama H, Schnitzer M. 1977. Effect of fulvic acid on the crystallization of Fe(III) oxides. Geoderma, 19(4): 279-291.

Kopf S H, Newman D K. 2012. Photomixotrophic growth of *Rhodobacter capsulatus* SB1003 on ferrous iron. Geobiology, 10(3): 216-222.

Kostka J E, Luther G W. 1994. Partitioning and speciation of solid phase iron in saltmarsh sediments. Geochim Cosmochim Ac, 58(7): 1701-1710.

Kucera S, Wolfe R S. 1957. A selective enrichment method for *Gallionella ferrugine*. J Bacteriol, 74(3): 344-349.

Kumaraswamy R, Sjollema K, Kuenen G, et al. 2006. Nitrate-dependent [Fe(II)EDTA]$^{2-}$ oxidation by *Paracoccus ferrooxidans* sp nov., isolated from a denitrifying bioreactor. Syst Appl Microbiol, 29(4): 276-286.

Laufer K, Niemeyer A, Nikeleit V, et al. 2017. Physiological characterization of a halotolerant anoxygenic phototrophic Fe(II)-oxidizing green-sulfur bacterium isolated from a marine sediment. FEMS Microbiol Ecol, 93(5): fix054.

Laufer K, Nordhoff M, Roy H, et al. 2016. Coexistence of microaerophilic, nitrate-reducing, and phototrophic Fe(II)oxidizers and Fe(III)reducers in coastal marine sediment. Appl Environ Microbiol, 82(5): 1433-1447.

Leang C, Adams L A, Chin K J, et al. 2005. Adaptation to disruption of the electron transfer pathway for Fe(III)reduction in *Geobacter sulfurreducens*. J Bacteriol, 187(17): 5918-5926.

Leang C, Coppi M V, Lovley D R. 2003. OmcB, a c-type polyheme cytochrome, involved in Fe(III)reduction in *Geobacter sulfurreducens*. J Bacteriol, 185(7): 2096-2103.

Li B H, Tian C Y, Zhang D Y, et al. 2014. Anaerobic nitrate-dependent iron(II)oxidation by a novel autotrophic bacterium, *Citrobacter freundii* strain PXL1. Geomicrobiol J, 31(2): 138-144.

Llirós M, García-Armisen T, Darchambeau F, et al. 2015. Pelagic photoferrotrophy and iron cycling in a modern ferruginous basin. Sci Rep, 5: 13803.

Lloyd J R, Leang C, Hodges M A L, et al. 2003. Biochemical and genetic characterization of PpcA, a periplasmic *c*-type cytochrome in *Geobacter sulfurreducens*. Biochem J, 369(Pt 1): 153-161.

Lovley D R. 1987. Organic matter mineralization with the reduction of ferric iron: a review. Geomicrobiol J, 5(3/4): 375-399.

Lovley D R. 1995. Microbial reduction of iron, manganese, and other metals. Adv Agron, 54: 175-231.

Lovley D R. 1997. Microbial Fe(III)reduction in subsurface environments. FEMS Microbiol Rev, 20(3/4): 305-313.

Lovley D R. 2006. Dissimilatory Fe(III)- and Mn(IV)-reducing prokaryotes. *In*: Martin D, Stanley F, Eugene R, et al. The prokaryotes. New York: Springer: 635-658.

Lovley D R, Holmes D E, Nevin K P. 2004. Dissimilatory Fe(III) and Mn(IV) reduction. Adv Microb Physiol, 49: 219-286.

Lovley D R, Phillips E J. 1988. Novel mode of microbial energy metabolism: organic carbon oxidation coupled to dissimilatory reduction of iron or manganese. Appl Environ Microbiol, 54(6): 1472-1480.

Lüdecke C, Reiche M, Eusterhues K, et al. 2010. Acid-tolerant microaerophilic Fe(II)-oxidizing bacteria promote Fe(III)-accumulation in a fen. Environ Microbiol, 12(10): 2814-2825.

Lundgren D G, Dean W. 1979. Chapter 4 Biogeochemistry of iron. *In*: Trudinger P A, Swaine D J. Studies in environmental science. Amsterdam: Elsevier: 211-251.

Maisch M, Lueder U, Laufer K, et al. 2019. Contribution of microaerophilic iron(II)- oxidizers to iron(III)mineral formation. Environ Sci Technol, 53(14): 8197-8204.

Mattes A, Gould D, Taupp M, et al. 2013. A novel autotrophic bacterium isolated from an engineered wetland system links nitrate-coupled iron oxidation to the removal of As, Zn and S. Water Air and Soil Poll, 224(4): 1490.

McAllister S M, Moore R M, Gartman A, et al. 2019. The Fe(II)-oxidizing Zetaproteobacteria: historical, ecological and genomic perspectives. FEMS Microbiol Ecol, 95(4): fiz015.

Methe B A, Nelson K E, Dodson R J, et al. 2003. Genome of *Geobacter sulfurreducens*: metal reduction in subsurface environments. Science, 302(5652): 1967-1969.

Miot J, Benzerara K, Morin G, et al. 2009. Iron biomineralization by anaerobic neutrophilic iron-oxidizing bacteria. Geochim Cosmochim Ac, 73(3): 696-711.

Myers C R, Myers J M. 1997. Cloning and sequence of *cymA*, a gene encoding a tetraheme cytochrome *c* required for reduction of iron(III), fumarate, and nitrate by *Shewanella putrefaciens* MR-1. J Bacteriol, 179(4): 1143-1152.

Myers C R, Myers J M. 2003. Cell surface exposure of the outer membrane cytochromes of *Shewanella oneidensis* MR-1. Lett Appl Microbiol, 37(3): 254-258.

Myers C R, Nealson K H. 1990. Respiration-linked proton translocation coupled to anaerobic reduction of manganese (IV) and iron(III) in *Shewanella putrefaciens* MR-1. J Bacteriol, 172(11): 6232-6238.

Myers J M, Myers C R. 2000. Role of the tetraheme cytochrome CymA in anaerobic electron transport in cells of *Shewanella putrefaciens* MR-1 with normal levels of menaquinone. J Bacteriol, 182(1): 67-75.

Myers J M, Myers C R. 2003. Overlapping role of the outer membrane cytochromes of *Shewanella oneidensis* MR-1 in the reduction of manganese(IV) oxide. Lett Appl Microbiol, 37(1): 21-25.

Nordhoff M, Tominski C, Halama M, et al. 2017. Insights into nitrate-reducing Fe(II) oxidation mechanisms through analysis of cell-mineral associations, cell encrustation, and mineralogy in the chemolithoautotrophic enrichment culture KS. Appl Environ Microbiol, 83(13): e00752-e00717.

Norris P R, Clark D A, Owen J P, et al. 1996. Characteristics of *Sulfobacillus acidophilus* sp. nov. and other moderately thermophilic mineral-sulphide-oxidizing bacteria. Microbiology, 142(Pt 4): 775-783.

Peña A, Busquets A, Gomila M, et al. 2012. Draft genome of *Pseudomonas stutzeri* strain ZoBell(CCUG 16156), a marine isolate and model organism for denitrification studies. J Bacteriol, 194(5): 1277-1278.

Pentráková L, Su K, Pentrák M, et al. 2013. A review of microbial redox interactions with structural Fe in clay minerals. Clay Miner, 48(3): 543-560.

Pham T H, Boon N, Aelterman P, et al. 2008. Metabolites produced by *Pseudomonas* sp. enable a Gram-positive bacterium to achieve extracellular electron transfer. Appl Microbiol Biotechnol, 77(5): 1119-1129.

Picardal F W, Zaybak Z, Chakraborty A, et al. 2011. Microaerophilic, Fe(II)-dependent growth and Fe(II) oxidation by a *Dechlorospirillum* species. FEMS Microbiol Lett, 319(1): 51-57.

Pitts K E, Dobbin P S, Reyes-Ramirez F, et al. 2003. Characterization of the *Shewanella oneidensis* MR-1 decaheme cytochrome MtrA. J Biol Chem, 278(30): 27758-27765.

Poulain A J, Newman D K. 2009. *Rhodobacter capsulatus* catalyzes light-dependent Fe(II) oxidation under anaerobic conditions as a potential detoxification mechanism. Appl Environ Microbiol, 75(21): 6639-6646.

Prowe S G, Antranikian G. 2001. *Anaerobranca gottschalkii* sp. nov., a novel thermoalkaliphilic bacterium that grows anaerobically at high pH and temperature. Int J Syst Evol Micr, 51(Pt 2): 457-465.

Rabaey K, Rodriguez J, Blackall L L, et al. 2007. Microbial ecology meets electrochemistry: electricity-driven and driving communities. ISME J, 1(1): 9-18.

Rabus R, Widdel F. 1995. Anaerobic degradation of ethylbenzene and other aromatic-hydrocarbons by new denitrifying bacteria. Arch Microbiol, 163(2): 96-103.

Reguera G, McCarthy K D, Mehta T, et al. 2005. Extracellular electron transfer via microbial nanowires. Nature, 435(7045): 1098-1101.

Sah R N, Mikkelsen D S, Hafez A A. 1989. Phosphorus behavior in flooded-drained soils. II. Iron transformation and phosphorus sorption. Soil Sci Soc Am J, 53(6): 1723-1729.

Saraiva I H, Newman D K, Louro R O. 2012. Functional characterization of the FoxE iron oxidoreductase from the photoferrotroph *Rhodobacter ferrooxidans* SW2. J Biol Chem, 287(30): 25541-25548.

Schwertmann U. 1966. Inhibitory effect of soil organic matter on the crystallization of amorphous ferric hydroxide. Nature, 212(5062): 645-646.

Schwertmann U. 1979. The influence of aluminium on iron oxides. Soil Sci, 128(4): 195-200.

Schwertmann U, Murad E. 2018. The nature of an iron oxide–organic iron association in a peaty environment. Clay Miner, 23(3): 291-299.

Slobodkin A I, Tourova T P, Kuznetsov B B, et al. 1999. *Thermoanaerobacter siderophilus* sp. nov., a novel dissimilatory Fe(III)-reducing, anaerobic, thermophilic bacterium. Int J Syst Bacteriol, 49(Pt 4): 1471-1478.

Sobolev D, Roden E E. 2004. Characterization of a neutrophilic, chemolithoautotrophic Fe(II)-oxidizing β-Proteobacterium from freshwater wetland sediments. Geomicrobiol J, 21(1): 1-10.

Spring S. 2006. The Genera Leptothrix and Sphaerotilus. *In*: Dworkin M, Falkow S, Rosenberg E. The prokaryotes. Berlin: Springer Verlag: 758-777.

Straub K L, Benz M, Schink B, et al. 1996. Anaerobic, nitrate-dependent microbial oxidation of ferrous iron. Appl Environ Microbiol, 62(4): 1458-1460.

Straub K L, Rainey F A, Widdel F. 1999. *Rhodovulum iodosum* sp. nov, and *Rhodovulum robiginosum* sp. nov., two new marine phototrophic ferrous-iron-oxidizing purple bacteria. Int J Syst Bacteriol, 49(Pt 2): 729-735.

Su J F, Shao S C, Huang T L, et al. 2015. Anaerobic nitrate-dependent iron(II) oxidation by a novel autotrophic bacterium, *Pseudomonas* sp. SZF15. J Environ Chem Eng, 3(3): 2187-2193.

Taillefert M, Bono A B, Luther G W. 2000. Reactivity of freshly formed Fe(III) in synthetic solutions and(pore)waters: voltammetric evidence of an aging process. Environ Sci Technol, 34(11): 2169-2177.

Thompson A, Rancourt D G, Chadwick O A, et al. 2011. Iron solid-phase differentiation along a redox gradient in basaltic soils. Geochim Cosmochim Ac, 75(1): 119-133.

Tominski C, Heyer H, Lösekann-Behrens T, et al. 2018. Growth and population dynamics of the anaerobic Fe(II)-oxidizing and nitrate-reducing enrichment culture KS. Appl Environ Microbiol, 84(9): e02117-e02173.

Tor J M, Kashefi K, Lovley D R. 2001. Acetate oxidation coupled to Fe(III) reduction in hyperthermophilic microorganisms. Appl Environ Microbiol, 67(3): 1363-1365.

Vargas M, Kashefi K, Blunt-Harris E L, et al. 1998. Microbiological evidence for Fe(III) reduction on early Earth. Nature, 395(6697): 65-67.

Walter X A, Picazo A, Miracle M R, et al. 2014. Phototrophic Fe(II)-oxidation in the chemocline of a ferruginous meromictic lake. Front Microbiol, 5: 713.

Wang J. 2011. Ecology of neutrophilic iron-oxidizing bacteria in wetland soils. PhD thesis, Utrecht

University.

Weber K A, Achenbach L A, Coates J D. 2006a. Microorganisms pumping iron: anaerobic microbial iron oxidation and reduction. Nat Rev Microbiol, 4(10): 752-764.

Weber K A, Urrutia M M, Churchill P F, et al. 2006b. Anaerobic redox cycling of iron by freshwater sediment microorganisms. Environ Microbiol, 8(1): 100-113.

Weiss J V, Rentz J A, Plaia T, et al. 2007. Characterization of neutrophilic Fe(II)-oxidizing bacteria isolated from the rhizosphere of wetland plants and description of *Ferritrophicum radicicola* gen. nov. sp. nov., and *Sideroxydans paludicola* sp. nov. Geomicrobiol J, 24(7/8): 559-570.

Widdel F, Schnell S, Heising S, et al. 1993. Ferrous iron oxidation by anoxygenic phototrophic bacteria. Nature, 362(6423): 834-836.

Wrighton K C, Agbo P, Warnecke F, et al. 2008. A novel ecological role of the Firmicutes identified in thermophilic microbial fuel cells. ISME J, 2(11): 1146-1156.

Zavarzina D G, Sokolova T G, Tourova T P, et al. 2007. *Thermincola ferricacetica* sp.nov, a new anaerobic, thermophilic, facultatively chemolithoautotrophic bacterium capable of dissimilatory Fe(III)reduction. Extrenophils, 11(1): 1-7.

Zavarzina D G, Tourova T P, Kuznetsov B B, et al. 2002. *Thermovenabulum ferriorganovorum* gen. nov., sp nov., a novel thermophilic, anaerobic, endospore-forming bacterium. Int J Syst Evol Microbiol, 52(Pt 5): 1737-1743.

Zhang H N, Wang H Y, Yang K, et al. 2015. Nitrate removal by a novel autotrophic denitrifier (*Microbacterium* sp.) using Fe(II) as electron donor. Ann Microbiol, 65(2): 1069-1078.

Zhou E Z, Li H B, Yang C T, et al. 2018. Accelerated corrosion of 2304 duplex stainless steel by marine *Pseudomonas aeruginosa* biofilm. Int Biodeter Biodegr, 127: 1-9.

Zhou J, Wang H Y, Yang K, et al. 2016. Autotrophic denitrification by nitrate-dependent Fe(II) oxidation in a continuous up-flow biofilter. Bioproc Biosyst Eng, 39(2): 277-284.

Zuber B, Haenni M, Ribeiro T, et al. 2006. Granular layer in the periplasmic space of gram-positive bacteria and fine structures of *Enterococcus gallinarum* and *Streptococcus gordonii septa* revealed by cryo-electron microscopy of vitreous sections. J Bacteriol, 188(18): 6652-6660.

第十章　微生物电化学与硫循环

第一节　硫　循　环

硫是蛋白质的重要组分，是地球上所有生命的基本元素之一，对生命起源、进化有着重要贡献，主要参与光合作用、呼吸作用、氮固定、蛋白质和脂类合成等重要生理生化过程（Fike et al.，2015）。自然界中硫的最大储存库在岩石圈，其次是水圈，在土壤圈、大气圈中含量相对较少。硫在地壳中主要以 $CaSO_4 \cdot 2H_2O$、FeS_2 和单质硫等形式存在，岩石风化导致这些含硫化合物进入土壤圈和水圈，参与硫的地球大循环（Jørgensen and Kasten，2006）。

一、硫的存在形态

硫在自然界中有 S^{2-}、S^0、S^{4+}、S^{6+} 等多种价态，不同价态的硫在外力作用下可被氧化还原生成各种含硫化合物（Edwards，1998）。硫的这种氧化还原反应推动着硫的全球循环，如土壤中硫氧化生成硫酸盐，硫酸盐再继续被还原生成各种挥发性含硫化合物，硫化物再经酸沉降返回土壤（Wasmund et al.，2017）。

自然界中硫根据价态主要可以分为（Harnisch and Rabaey，2009）：①单质硫（S^0），零价硫，黄色的晶体，难溶于水，主要存在于火山周围的地域中；②硫化物（S^{2-}），还原性硫，不同条件下可被氧化为单质硫、亚硫酸盐和硫酸盐等；③气态硫（SO_2），还原性气态硫，火山爆发时会喷出，在许多工业过程中会产生；④亚硫酸盐（SO_3^{2-}），硫氧化数为+1，既有氧化性，又有还原性；⑤硫酸盐（SO_4^{2-}），硫的最高价态，具有氧化性。

二、硫循环的基本过程

硫循环过程是由硫的生物地球化学基本特征决定的，是其地球化学与生态化学过程和生物学过程相互作用的结果。硫循环的基本过程是（图 10-1）：陆地和海洋中的硫通过生物分解、火山爆发等进入大气；大气中的硫再通过降水、沉降和表面吸收等作用，回到陆地和海洋；陆地中的硫又随地表径流进入河流，输往海洋，并沉积于海底，进入下一轮硫循环。此外，在人类开采和利用含硫的矿物燃料与金属矿石的过程中，硫被氧化生成二氧化硫（SO_2）或被还原生成硫化氢（H_2S）进入大气，或者随着酸性矿水的排放而进入水体或土壤。硫循环的主要特征是，硫在生物能的催化作用下价态发生改变（Jørgensen and Kasten，2006）。

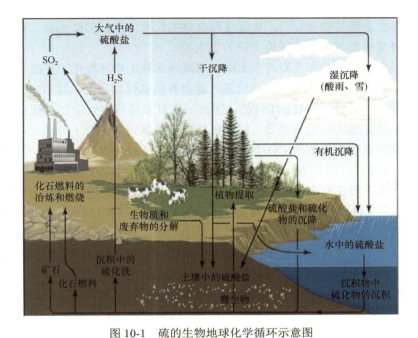

图 10-1　硫的生物地球化学循环示意图

Figure 10-1　Schematic diagram of the biogeochemical cycle of sulfur

生物圈中不同价态硫之间的转化不仅改变了硫的生物地球化学特性，也改变了硫在大气分室、土壤分室和水分室中的分配，促进了硫的自然循环（Fike et al.，2015）。其中，参与硫循环的主要微生物反应是硫化物的氧化以及单质硫和硫酸盐的还原（图 10-2）：硫酸盐还原生成硫化物，将+6 价硫转化成–2 价的硫；硫化物氧化生成单质硫，将–2 价的硫转化成 0 价硫；0 价硫再经歧化反应生成硫化物和硫酸盐，进入下一循环。

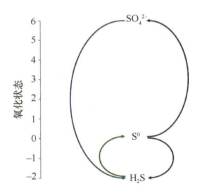

图 10-2　主要的微生物硫循环代谢及其氧化还原转换（Fike et al.，2015）

Figure 10-2　Major microbial sulfur cycling metabolisms and their redox transformations

三、硫循环微生物

自然界中的微生物主要通过氧化还原过程介导硫的生物地球化学循环，可分为硫氧化微生物和硫还原微生物。其中，硫氧化微生物是指将低价态硫（如 S^0 和硫化物 H_2S

等）氧化成高价态硫（如 SO_4^{2-}），从而获取自身生长所需能量的微生物。硫还原微生物则是指能够将高价态硫还原成低价态硫的微生物。

硫氧化微生物广泛分布在海洋、土壤和河流等多种生态环境中，按照是否需要氧气可分为好氧化能自养硫氧化微生物和厌氧光能自养硫氧化微生物。其中，由于大多化能自养硫氧化微生物的最适生长 pH 较低，因此，在好氧环境中化能自养硫氧化微生物要比光能自养硫氧化微生物更为重要。好氧化能自养硫氧化微生物主要通过将硫化物 H_2S 氧化成 S^0，从而获取能量实现 CO_2 固定并维持自身生长（$H_2S + 1/2O_2 \rightarrow S^0 + H_2O$）（李文骥和郑平，2021）。由于硫化物主要存在于缺氧环境，因此在自然生态环境中这些化能自养硫氧化菌主要生存在低氧条件下。厌氧光能自养硫氧化微生物通过利用光能驱动硫化物氧化以及 CO_2 固定以维持自身生长（$CO_2 + 2H_2S \rightarrow [CH_2O] + 2S^0 + H_2O$）。厌氧光能自养硫氧化微生物主要分布在淤泥以及湖泊等硫化物与光同在的环境中，帮助消除环境中的硫化物，在硫循环过程中发挥着重要作用（Frigaard and Dahl，2008）。目前研究较多的硫氧化微生物主要包括绿硫细菌（Green sulfur bacteria）、紫硫细菌（Purple sulfur bacteria）、紫色非硫细菌（Purple nonsulfur bacteria）和无色硫细菌（Colorless sulfur bacteria）等（图 10-3）（刘阳等，2018）。其中，绿硫细菌生长在厌氧环境中，主要分布于 *Chloroherpeton*、*Prosthecochloris*、*Chlorobium* 及 *Chlorobaculum* 属，能够厌氧氧化

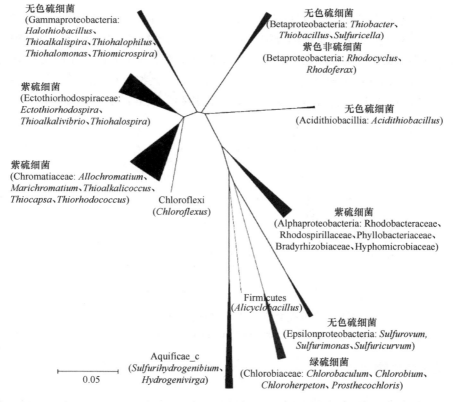

图 10-3　基于硫氧化微生物代表菌株 16S rRNA 基因序列构建的系统发育树（刘阳等，2018）

Figure 10-3　The phylogenetic tree based on 16S rRNA gene sequence of sulfur-oxidizing bacteria

S^0、H_2S 以及 $S_2O_3^{2-}$。紫硫细菌在厌氧光照条件下利用硫化物 H_2S 或硫代硫酸盐 $S_2O_3^{2-}$ 进行 CO_2 固定并获得生长所需能量，主要分布于 *Ectothiorhodospira*、*Thioalkalivibrio* 及 *Thiohalospira* 属。紫色非硫细菌是一类以硫化物 S^{2-} 或硫酸盐 SO_4^{2-} 为电子供体进行光能异养的微生物，大多生存在河流、海洋、稻田等环境，主要隶属于 Alphaproteobacteria 和 Betaproteobacteria 纲。与绿硫细菌和紫硫细菌相比，紫色非硫细菌能够耐受低浓度的硫化物，且能够在好氧和低氧环境中进行硫氧化，因此自然环境中分布更为广泛。无色硫细菌由于缺乏光合色素而呈无色，能够在好氧、微氧甚至厌氧环境下进行硫氧化，主要分布于 Betaproteobacteria、Gammaproteobacteria、Epsilonproteobacteria 和 Alphaproteobacteria 纲。

第二节　硫的微生物电化学氧化

一、硫化物氧化耦合氧还原

硫化物氧化是环境中最重要的过程之一。经过长时间的地质演化，海洋已经是缺氧和含硫的环境（Canfield et al.，2010；Turchyn and Schrag，2006）。海洋中能够进行硫代谢的真核生物开始发挥重要作用（Mentel and Martin，2008；Ursula et al.，2003）。2010 年 Nielsen 等首次发现了自然界中空间隔离的氧化还原反应，即海洋沉积表面的氧还原能够耦合相隔至少 1 cm 远的沉积亚表面硫化物的氧化（Nielsen et al.，2010）。将海洋沉积物进行去动物、上层覆盖海水等处理后避光培养，发现沉积土样出现明显的分层（图 10-4a），且孔隙水化学性质（O_2、pH 和$\sum H_2S$）也发生了相应的变化（图 10-4b）

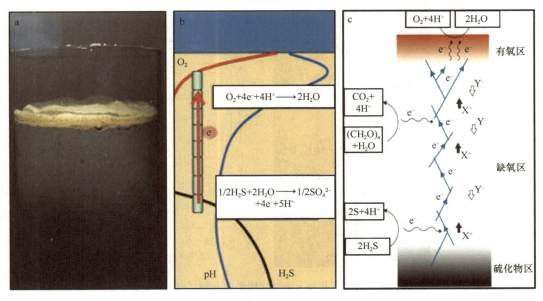

图 10-4　电缆细菌的环境效应和电子传递过程（Meysman et al.，2015；Nielsen et al.，2010；Nielsen，2016）
Figure 10-4　The environmental effects and electron transfer process of cable bacteria
a. 电缆细菌作用下的海洋沉积物分层；b. 孔隙水化学性质（O_2、pH 和$\sum H_2S$）的变化；c. 氧还原和硫化物氧化的长距离电子传递示意图

（Nielsen et al.，2010；Wasmund et al.，2017）。有氧层 pH 的明显变化无法用传统的有氧沉积过程解释，但该变化与沉积表面氧还原（$O_2 + 4e^- + 4H^+ \rightarrow 2H_2O$）和无氧层硫化物氧化（$H_2S \rightarrow S + 2H^+ + 2e^-$）的耦合具有一致性（图 10-4c）（Meysman et al.，2015）。沉积表面氧气含量随着深度的增加而减少，pH 也随之出现了明显的上升，表明了有氧层质子的消耗，体现了氧的电化学还原。

2012 年，Pfeffer 等证实海洋沉积物中电子的跨层传递是由于电缆细菌（cable bacteria）的介导，而非电子穿梭体或导电矿物的辅助。将进行硫化物氧化与氧还原长距离耦合的海洋沉积物清洗之后，发现里面存在很多互相缠绕的丝状菌，即电缆细菌（图 10-5a）（Pfeffer et al.，2012）。进行 16S rRNA 测序分析之后发现，该丝状菌属于 δ 变形菌门的脱硫杆菌科（Desulfobulbaceae）。新发现的电缆细菌能够跨越整个低氧层完成长距离电子传递实现硫氧化。沉积中丝状菌簇的长度密度能够达到 117 m/cm³，贯穿于有氧和缺氧层，为电子的长距离传递提供了可能。为了进一步证明是丝状菌的作用，而非扩散性电子穿梭体或导电材料的介导，0.8 μm 的滤膜被用来隔断电缆细菌对有氧层和缺氧层的连接，发现氧消耗量减少且不存在 pH 变化（图 10-5b），揭示了电缆细菌在长距离电子传递中发挥着重要作用。电缆细菌实现空间隔离的半反应电耦合证据：①在没有铁/锰氧化物的情况下，海洋沉积物中出现了氧和硫的消耗层；②pH 在有氧层明显变化，而在无氧含硫层变化不明显，这一现象与阴极氧还原的质子消耗、阳极硫化物氧化的质子产生一致。以上结果表明：电缆细菌作用下，氧还原与硫化物氧化实现了跨空间的长距离耦合。

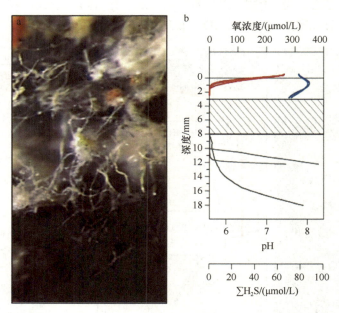

图 10-5　丝状菌的分布及其对土壤理化性质的影响（Pfeffer et al.，2012）

Figure 10-5　Distribution of filamentous bacteria and their effects on soil physicochemical properties

a. 沉积中收集的丝状菌 Desulfobulbaceae；b. O_2、pH 和$\sum H_2S$ 的浓度变化

电缆细菌（cable bacteria）是一种丝状的多细胞微生物，能够将电子由一个细胞传至另一个细胞，实现远距离电子传递。例如，在水体沉积中，电缆细菌能够耦合沉积表

面氧还原和无氧层硫化物氧化，实现厘米范围的长距离电子传递（图 10-6）。电缆细菌直径 0.4～8 μm，由多个细胞首尾相接呈长丝状，每个细胞长约为 3 μm，在水体沉积物中主要以长丝簇的形式生存在低氧层（图 10-6a）。目前发现的丝状菌有：海洋沉积物中的 Desulfobulbaceae（Pfeffer et al., 2012），以及特定刺激下能够形成丝状的 *Escherichia coli* 和 *Lysinibacillus varians* 等（图 10-6b，c）（Zhu et al., 2014；Maki et al., 2000）。迄今为止，已知的电缆细菌属于 *Desulfobulbus* 属的一个单系姐妹进化枝，具有两个拟定的 *Candidatus* Electrothrix 属和 *Candidatus* Electronema 属（Trojan et al., 2016；Kjeldsen et al., 2019）。电缆细菌上所有的细胞共享同一个外膜和周质（图 10-7a），外膜与周质沿长丝呈脊线状附属在细胞表面，单根长丝包含约 15～71 根脊线，每根脊线在周质和外膜之间有一个被填满的 70～100 nm 宽的通道，被认为是进行长距离电子传递的主要路径（Pfeffer

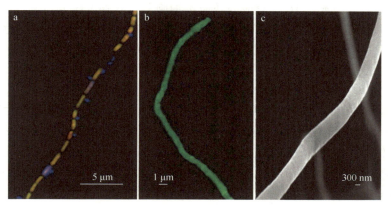

图 10-6 丝状菌电镜图（Zhu et al., 2014；Maki et al., 2000；Pfeffer et al., 2012）

Figure 10-6 Electron microscopic image of filamentous bacteria

a. 丝状菌 Desulfobulbaceae 荧光图；b. 丝状菌 *E. coli*；c. 丝状菌 *Lysinibacillus varians*

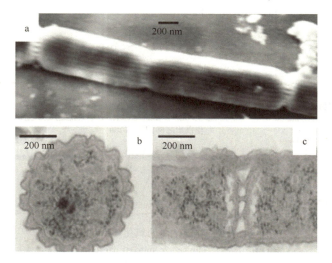

图 10-7 电缆细菌的显微结构图（Pfeffer et al., 2012）

Figure 10-7 The microscopic structure of cable bacteria

a. 4 个细胞扫描电子显微镜图；b. 横向薄切片透射电子显微镜图；c. 细胞连接处纵向切片透射电子显微镜图

et al.，2012）。电缆细菌相邻细胞间 200 nm 宽的缝隙由脊线填充，将相邻细胞连接起来，帮助实现电子的定向移动，外膜则充当着电子与外部环境间的绝缘体（图 10-7b，c）。通过静电力显微镜观察发现，脊线的静电力明显大于两脊线间间隙物的静电力，表明电缆细菌的脊线具有明显的极化性和电荷储存能力，进一步证实了脊线是电缆细菌进行电子传递的主要途径。电缆细菌长丝具有滑行移动的能力，当部分长丝与有氧表面接触时，就会向有氧表面滑行移动，确保了电缆细菌能够选择性地趋向有利环境，加快水体沉积硫化物的氧化。

2018 年，Bjerg 等利用拉曼光谱揭示电缆细菌中细胞色素 c 参与了电子的长距离传送。在沿着氧还原与硫化物氧化的电缆细菌上，细胞色素 c 的氧化还原状态随距离发生改变（图 10-8a）。越靠近含硫沉积，条带 750 对应的氧化性细胞色素 c 光谱强度越大；越靠近有氧层，条带 1637 对应的还原性细胞色素 c 强度越大，表明电缆细菌上细胞色素 c 的氧化还原状态影响硫氧化与氧还原的耦合。电缆细菌的细胞色素 c 氧化还原状态反映了电缆细菌内部的电势梯度，推测电缆细菌长距离电子传递有三种方式（图 10-8b）（Bjerg et al.，2018）：①电子沿着氧化还原梯度再利用细胞色素 c 进行跃迁；②细胞色素 c 与结合菌毛进行电子传递；③电子通过内部导电结构进行上下游细胞色素 c 的电子传递。电缆细菌的这种长距离电子传递能力可以保护微生物免受有毒气体 H_2S 的侵害（图 10-9）。海洋沉积物中厌氧有机物氧化最重要的途径是借助硫酸盐的还原，但硫酸盐还原过程中会产生大量的 H_2S，危害海洋微生物。而电缆细菌能够将沉积物中硫化物氧化与沉积界面的氧还原结合，实现 H_2S 的固定，减少 H_2S 的毒害（Nielsen，2016）。

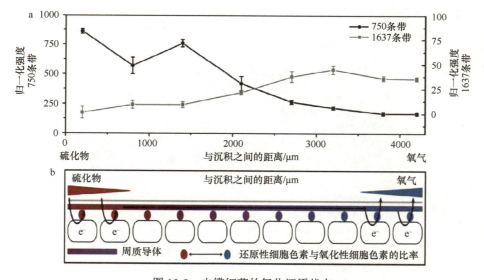

图 10-8　电缆细菌的氧化还原状态

Figure 10-8　The redox state of cable bacteria

a. 电缆细菌沿硫化物层到含氧层的细胞色素的氧化还原梯度；b. 电缆细菌电子传递的概念模型：硫化物层的细胞色素呈还原状态，从硫化物层捕获电子；含氧层细胞细胞色素呈氧化态，将电子传给氧气（Bjerg et al.，2018）

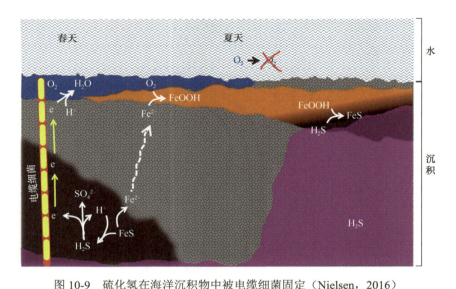

图 10-9 硫化氢在海洋沉积物中被电缆细菌固定（Nielsen，2016）
Figure 10-9 Retention of hydrogen sulfide in coastal marine sediment by means of cable bacteria

二、硫化物氧化耦合硝酸盐还原

除可以将海洋沉积物表面的阴极氧还原与硫化物的阳极氧化耦合距离超过 1 cm 外（Nielsen et al.，2010；Risgaard-Petersen et al.，2012），2014 年 Marzocchi 等发现，电缆细菌 Desulfobulbaceae 也能将硫化物氧化与硝酸盐/亚硝酸盐还原进行长距离耦合（Marzocchi et al.，2014）。将海洋沉积物沉浸在含硝酸盐的海水中会形成一个 4～7 mm 的硝酸盐与硫化物的隔离层，通过检测发现，被空间隔离的硝酸盐层与硫化物之间确实存在电耦合，与阴极硝酸盐还原的质子消耗以及阳极硫化物氧化质子产生相一致（图 10-10）。通过 FISH 探针发现，硝酸盐氧化与硫化物还原是由电缆细菌的长距离电子传递实现耦合的，与前期发现的电缆细菌耦合海洋沉积物表面氧还原与沉积厌氧层硫化物氧化类似。

除了电缆细菌的长距离耦合硫化物氧化与硝酸盐还原外，反硝化硫化物去除的研究（Show et al.，2013）表明：在污泥反应器的反硝化除硫（denitrifying sulfide removal，DSR）工艺中，自养菌和异养菌可通过相互协作去除废水中的氮、硫（图 10-11）（Chen et al.，2018）。在石油化工、造纸和化肥制造等众多行业中，大量产生的含氮和硫化合物的废水需要经过合理处理后才能排放（Fiedler et al.，2014）。反硝化除硫（DSR）工艺能够在单一反应器中同时去除硫化物、硝酸盐（Chen et al.，2008；Liu et al.，2015），有效地避免了硫污染并降低了氮还原成本（Zekker et al.，2015）。一种普遍接受的 DSR 反应是自养反硝化菌和异养反硝化菌之间的合作（Show et al.，2013）：

$$S^{2-} + NO_3^- + H_2O \rightarrow NO_2^- + S^0 + 2OH^-$$
$$NO_2^- + 3/8CH_3COO^- + 1/8H_2O \rightarrow 1/2N_2 + 3/4CO_2 + 11/8OH^-$$

在该体系中，硝酸盐主要由自养生物消耗，硫化物同时部分被氧化成单质硫。反应伴随着亚硝酸盐的积累，然后亚硝酸盐主要由异养生物代谢，将其转化为氮气（Chen et al.，2018）。

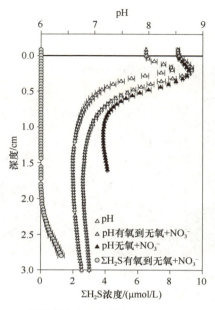

图 10-10　厌氧 235 mmol/L NO₃⁻上覆水培育沉积物 64 天后 pH、∑H₂S 和 NO₃⁻浓度随深度的变化
（Marzocchi et al.，2014）

Figure 10-10　Microprofiles of pH, ∑H₂S and NO₃⁻ measured in sediment incubated for 64 days under anoxic overlying water in the presence of 235 mmol/L NO₃⁻

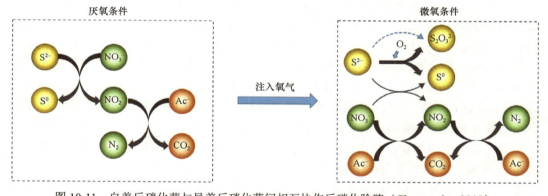

图 10-11　自养反硝化菌与异养反硝化菌间相互协作反硝化除硫（Chen et al.，2018）

Figure 10-11　Denitrifying sulfide removal by the synergistic interaction between autotrophic denitrifiers and heterotrophic denitrifiers

粗线表示综合自养反硝化和异养反硝化过程中的主要生物反应，细线表示生物的次要反应，生物化学反应分别用黑线和蓝线表示

三、硫化物氧化耦合铁还原

铁在地表环境中含量高，在生物地球化学过程中起着重要的作用（Li et al.，2006）。据报道硫酸盐还原菌能够还原三价铁（Coleman et al.，1993；King and Garey 1999；Lovley et al.，1993），但是其对铁的地球化学循环的影响并不清楚。在硫化物沉积和近海盆地中，硫化物是铁氧化物的一种重要还原剂（Krom et al.，2002）。硫化物导致的铁氧化物还原是影响沉积环境中铁-硫循环的重要环节（Canfield，1989）。硫化物与铁氧化物之间的

反应动力学和机制已得到了很好的研究（Poulton，2003；Poulton et al.，2004），但是可能的生物促进铁还原与硫化物氧化的效率还没有得到可靠评估。2004 年，Poulton 等在人工海水中研究了溶解的硫化物和合成的铁（羟基）氧化物矿物，如水铁矿、纤铁矿、针铁矿、磁铁矿以及赤铁矿等之间的反应（图 10-12）（Poulton et al.，2004）。表面络合的硫化物和固相 Fe(III)之间的电子转移导致溶解的硫化物氧化成单质硫，并随后溶解表面还原的 Fe。

2006 年，Li 等研究不同铁氧化物还原与硫化物氧化的微生物耦合时发现（图 10-13）

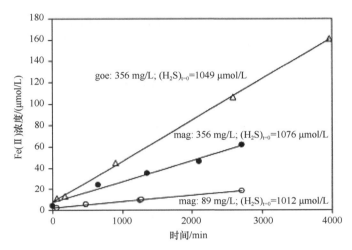

图 10-12　海水中硫化物氧化耦合针铁矿、磁铁矿还原生成的 Fe(II)（Poulton et al.，2004）

Figure 10-12　The production of Fe(II) from sulfide oxidation coupled to the reduction of goethite and magnetite in seawater

goe：针铁矿；mag：磁铁矿

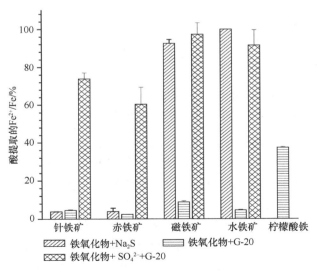

图 10-13　脱硫弧菌 *Desulfovibrio desulfuricans* G-20 介导铁（柠檬酸铁、水铁矿、针铁矿、赤铁矿、磁铁矿）还原与硫化物氧化的耦合（Li et al.，2006）

Figure 10-13　The coupling of Fe(III) (ferric citrate, ferrihydrite, goethite, hematite and magnetite) reduction and sulfide oxidation mediated by *Desulfovibrio desulfuricans* G-20

（Li et al.，2006）：针铁矿和赤铁矿的非生物还原均为 5.4%，明显低于同一时期添加硫酸盐还原菌的处理，表明铁氧化物能够被硫酸盐还原菌还原。没有硫酸盐时，硫酸盐还原菌通过还原磁铁矿或柠檬酸铁中的三价铁获得生长所需的能源。补加硫酸盐后，硫酸盐还原菌还原铁的能力大幅上升，揭示了微生物硫化物还原与铁氧化物还原的耦合。

四、硫化物氧化与电极还原

硫化物是一种有毒、恶臭和腐蚀性的化合物，通常使用苛性碱溶液洗涤气态硫化物去除溶解在废水中的硫化物和来自化学和石化工业中的废气所需成本相当大（Paulino and Carlos，2011）。2016 年，Vaiopoulou 等提出了一种电化学方法处理硫化物（Vaiopoulou et al.，2016）（图 10-14）：在阳极中，硫化物被氧化成单质硫和其他硫氧阴离子，而在阴极中水被还原成氢氧根阴离子。为了保持电中性，来自阳极的钠通过阳离子交换膜（CEM）迁移，阳离子交换膜将两个室分开并允许钠从阳极室到阴极室的选择性迁移。

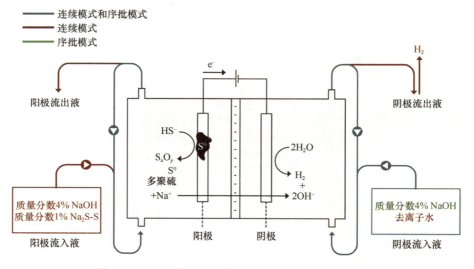

图 10-14　电化学池示意图（Vaiopoulou et al.，2016）
Figure 10-14　Schematic diagram of the electrochemical cell

这种方法的主要优点是（Vaiopoulou et al.，2016）：①可消除硫化物氧化的化学剂量，从而减少潜在危险化学品的操作和运输成本；②可回收钠和氧化硫，进行原位利用或出售；③工艺设计简单；④满足可再生供应的潜在低能需求；⑤具有较低盐度和硫化物浓度。

2019 年，Ni 等利用卤代嗜碱性微生物在微生物电解池中去除硫化物（图 10-15）。在该研究中，硫酸盐是硫化物氧化的优选最终产物，所发现的功能细菌丰富了电化学活性微生物的类型，使得原位去除硫化物的方法能够有效地减少硫化物含量（下降 77% 以上）。此外，该方法与公布的电化学硫化物氧化研究相比，微生物的使用降低了能源成本，促进了 BES 利用，为在更极端和接近工业应用的条件下进行污染修复提供了便利。

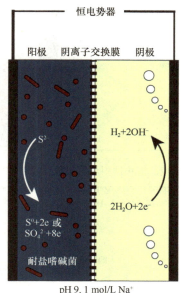

图 10-15 双室微生物电解池反应器构型（Ni et al.，2019）

Figure 10-15 MEC reactor configuration showing the two-chamber design

第三节 硫的微生物电化学还原

一、硫酸盐还原耦合甲烷氧化

1985 年，Alperin 和 Reeburgh 发现在有硫酸盐存在的情况下，沉积物中的甲烷会有所减少，并形成一个甲烷-硫酸盐消耗带。一旦条件合适，消耗带中的甲烷就会与硫酸盐耦合发生氧化还原反应（Alperin and Reeburgh，1985）。2000 年，Boetius 等利用荧光原位杂交技术从生物角度验证了甲烷氧化菌与硫酸盐还原菌间的互营关系。甲烷厌氧氧化菌与硫酸盐还原菌的种间耦合被称为硫酸盐依赖性甲烷厌氧氧化（sulfate-dependent anaerobic oxidation of methane，S-DAOM），是控制海底沉积温室气体甲烷排放的重要环节。S-DAOM 是甲烷厌氧氧化菌（ANME-1、ANME-2 和 ANME-3）和硫酸盐还原菌（*Desulfosarcina/Desulfococcus* 或者 *Desulfobulbus*）相互协作的结果（图 10-16a），是甲烷厌氧氧化的重要方式之一，具体反应式：$CH_4 + SO_4^{2-} \rightarrow HS^- + HCO_3^- + H_2O$。在这一互作体系中，两微生物通常团聚在一起（图 10-16b），前一个微生物氧化甲烷产生电子，电子再经某种方式传递至硫酸盐还原菌，后一个微生物利用传来的电子将硫酸盐还原，实现种间电子互营。

硫酸盐还原菌与甲烷厌氧氧化菌间的种间电子传递方式，目前推测有三种：①种间氢转移，利用分子氢作为电子载体进行电子传递（Cui et al.，2015）；②单质硫的介导，硫酸盐的非完全还原生成单质硫，再将电子传给下一个微生物实现电子互营（Milucka et al.，2012）；③利用纳米导线进行直接电子传递（图 10-17）（Wegener et al.，2015）。2015 年，Wegener 等发现在甲烷厌氧氧化菌 ANME-1 和硫酸盐还原菌 HotSeep-1 的共

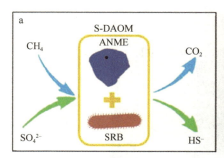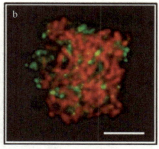

图 10-16　硫酸盐依赖性甲烷厌氧氧化微生物的互营关系

Figure 10-16　The syntrophic relationship of microorganisms for sulfate-dependent anaerobic oxidation of methane

a. 反应产物（Cui et al.，2015）；b. ANME（红色）/HotSeep-1（绿色）团聚体激光共聚焦图。比例尺：10 μm

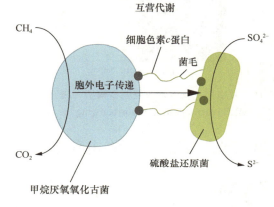

图 10-17　甲烷厌氧氧化古菌 ANME-1 与硫酸盐还原菌 HotSeep-1 之间的直接种间电子传递（Rotaru and Thamdrup，2016）

Figure 10-17　Direct interspecies electron transfer between the anaerobic methanotroph ANME-1 and sulfate reducing bacteria HotSeep-1

培养体系中，ANME-1 产生的氢气无法维持 HotSeep-1 的生长，并且在互营体系中增加氢气含量，会抑制甲烷的氧化，因此排除氢气介导的种间电子传递。另外，在互营体系中，ANME-1 和 HotSeep-1 的细胞色素 c 大量表达，且 HotSeep-1 在互营体系中表达菌毛，单菌培养时不表达菌毛，并且利用荧光原位杂交以及质谱等检测发现 ANME-1 与 HotSeep-1 之间团聚在一起，表明 ANME-1 与 HotSeep-1 之间的电子传递属于种间直接电子传递（Wegener et al.，2015）。

二、硫酸盐还原耦合铁氧化

在缺氧条件下，硫酸盐还原菌（SRB）通常被认为是微生物腐蚀的主要元凶。1910 年，Gaines 提出了铁腐蚀与细菌硫循环有关的假设（Gaines，1910）。1964 年，von Wolzogen 和 van der Vlugt 发现 SRB 是土壤铁管腐蚀的主要原因。20 世纪 60 年代末和 70 年代初的研究发现，微生物铁硫过程会加速铁腐蚀（Booth et al.，1968；King and Miller，1971），并且硫化铁的持续腐蚀需要存在活性 SRB 群（Lee et al.，1995；Smith and Miller，

1975）。SRB 引起的腐蚀没有统一的解释，通常认为存在两种电子传递方式（图 10-18）：①直接电子传递腐蚀铁（EMIC），SRB 直接接触从铁中提取电子；②利用化学物质传递电子腐蚀铁（CMIC），SRB 将电子传给 H_2S，H_2S 再将电子传给铁，发生腐蚀反应。

直接电子传递腐蚀铁（EMIC）机理（图 10-19）：①与金属基体直接接触，电活性细

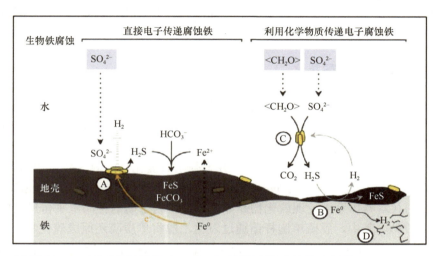

图 10-18　在近中性 pH 下硫酸盐还原菌（SRB）对不同类型铁腐蚀的示意图（Dennis and Julia，2014）
Figure 10-18　Schematic illustration of different types of iron corrosion by sulfate-reducing bacteria (SRB) at circumneutral pH

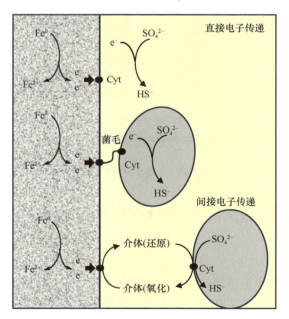

图 10-19　SRB 铁腐蚀的电子传递机理图（管方，2017）
Figure 10-19　Electron transfer mechanisms for iron corrosion by SRB
Cyt 为镶嵌在细胞壁膜中的细胞色素

胞中的活性酶如细胞色素 *c* 在与外界铁的电子传递中起重要作用（Beese-Vasbender et al., 2015）；②通过纳米导线从金属中获得电子，在某些情况下，SRB 可以分泌纳米导线作为 SRB 与金属基体电子运输的途径（Sherar et al., 2011）；③通过电子载体进行电子转移（CMIC），电子通过电子载体（如 H_2、H_2S 等）进入 SRB 细胞膜。2015 年，Zhang 等发现电子传递介质（如核黄素、黄素腺嘌呤二核苷酸）的加入能够明显促进 SRB 对钢铁的腐蚀。2017 年，Li 等证实了电子传递介质在 SRB 菌 *Desulfovibrio vulgaris* 腐蚀中的重要作用。

三、单质硫还原耦合乙醇氧化

1976 年，Pfennig 和 Biebl 发现厌氧乙酸氧化脱硫单胞菌（*Desulfuromonas acetoxidans*）能够以乙酸为电子供体将单质硫还原为硫化氢。在乙酸盐存在的情况下，脱硫单胞菌与绿硫菌能够形成生长稳定的共培养物。在共培养体系中，两微生物之间通过分享代谢产物，为彼此提供了特殊良好的生长条件，并增强了对硫化物的耐受性。1978 年，Biebl 等在脱硫单胞杆菌（*Desulfuromonas acatoxidans*）和江口突柄绿菌（*Prosthecochloris aestuarii*）的共培养体系中发现硫化物介导了两微生物之间的种间电子传递（Biebl and Pfennig, 1978）。其中，脱硫单胞杆菌通过氧化乙醇将单质硫还原成硫化物，江口突柄绿菌接收来自脱硫单胞杆菌的电子通过光合作用固定 CO_2 并将硫化物氧化生成单质硫。脱硫单胞杆菌和江口突柄绿菌通过单质硫与硫化物的氧化还原循环往复实现种间电子传递，维持互营生长（图 10-20）。

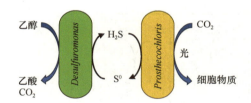

图 10-20　硫化物介导的种间电子传递（Biebl and Pfennig, 1978）
Figure 10-20　Sulfide mediated interspecies electron transfer

第四节　案例分析

一、案例一：种间电子互营作用下的硫酸盐还原-甲烷厌氧氧化（Wegener et al., 2015）

（一）研究目的

硫酸盐还原耦合的甲烷厌氧氧化（即硫酸盐依赖性甲烷厌氧氧化）控制着海洋甲烷的排放。海洋条件下，硫酸盐依赖性甲烷厌氧氧化是由甲烷氧化古菌和硫酸盐还原菌实现的。甲烷厌氧氧化古菌有 ANME-1、ANME-2、ANME-3，与之互营进行硫酸盐还原的有 *Desulfosarcina*、*Desulfococcus* 或 *Desulfobulbus*。前期研究揭示了它们之间存在还原当量，即电子交换，但具体的电子传递机制不明确。

（二）材料与方法

（1）以 0.2 MPa 甲烷为电子供体、28 mmol/L 硫酸盐为电子受体，将甲烷厌氧氧化团聚体放在 60℃进行厌氧培养。

（2）检测硫酸盐还原产物——硫化物的积累，用特定的荧光探针分别标记甲烷厌氧氧化古菌和硫酸盐还原菌，用激光共聚焦显微镜查看两种菌的团聚状态。

（3）提取团聚体 DNA，用特定引物分别扩增甲烷厌氧氧化古菌和硫酸盐还原菌，用 qPCR 分析不同生长条件下的各菌占比。

（4）气相色谱检测甲烷氧化产氢。

（5）转录组分析互营体系基因表达差异。

（6）透射电子显微镜观察团聚体细胞的存在形态。

（三）结果

（1）甲烷厌氧氧化菌 ANME-1 与硫酸盐还原菌 HotSeep-1 团聚在一起（图 10-21a）。

（2）添加氢气会抑制甲烷的厌氧氧化，硫酸盐还原菌占比增加（图 10-21b）。

（3）团聚培养体系补加氢气，与直接电子传递相关的基因，如菌毛（*pilA*）和细胞色素 c 基因表达量下调（图 10-21c）。

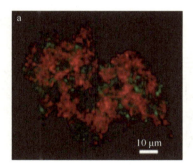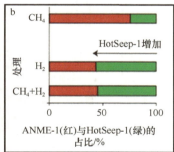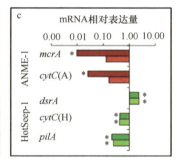

图 10-21　种间互营驱动的硫酸盐还原-甲烷厌氧氧化

Figure 10-21　Sulfate reduction - anaerobic oxidation of methane driven by interspecies syntrophy

a. 甲烷厌氧氧化 ANME-1 和 HotSeep-1 的团聚体照片；b. ANME-1 和 HotSeep-1 的 DNA 占比变化；c. 在氢气或氢气加甲烷环境下，与单独只给甲烷相比，ANME-1 和 HotSeep-1 中与直接种间电子传递相关基因的表达丰度。c 图中深红/绿色：氢气组；浅红/绿色：氢气+甲烷组；*表示 $P < 0.05$

（四）结论

（1）甲烷厌氧氧化古菌 ANME-1 与硫酸盐还原菌 HotSeep-1 团聚在一起，暗示着直接种间电子传递。

（2）氢气会抑制甲烷氧化，不利于甲烷厌氧氧化的互营体系稳定。

（3）甲烷厌氧氧化古菌 ANME-1 与硫酸盐还原菌 HotSeep-1 之间的电子传递机制类似于地杆菌，利用菌毛等纳米导线结构以及外膜上细胞色素 c 进行电子传递。

二、案例二：海洋沉积物中硫化物氧化与硝酸盐还原的耦合（Marzocchi et al., 2014）

（一）研究目的

电缆细菌能够长距离地耦合海洋沉积物表面的氧还原和厌氧层的硫化物氧化。硝酸盐从热力学上与氧一样，是一个较好的电子受体，而且一些微生物能够在厌氧条件下由氧呼吸转换成硝酸盐呼吸。与电缆细菌相近的 *Desulfobulbus propionicus* 能够以硫化物为电子供体还原硝酸盐产亚硝酸。电缆细菌是否能够耦合硫化物氧化与其他电子受体如硝酸盐还原仍不清楚。

（二）材料与方法

（1）从 Aarhus 海湾取完整的海洋沉积样，去除上覆 10～12 cm 的沉积物以减少金属氧化和动物的影响，于 15℃保存待用。

（2）取适量样品培养在可以控制硝酸盐浓度的流过式装置中（图 10-22）。

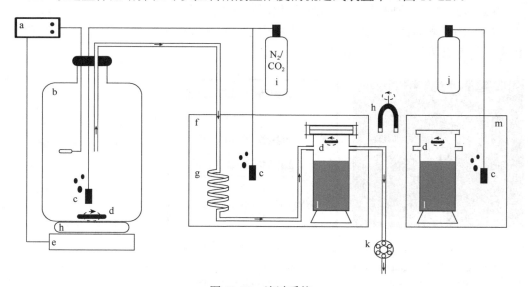

图 10-22 流过系统
Figure 10-22 The flow-through system

箭头表示水流方向。a. 恒温器；b. 水温维持在 30℃的 20 L 蓄水池；c. 气体扩散装置；d. 搅拌子；e. 加热器；f. 13.6℃的厌氧水库；g. 冷却水装置；h. 搅拌器；i. 混合气罐；j. 空气罐；k. 蠕动泵；l. 沉积物；m. 充气罐

（3）用微传感器测量沉积物中 H_2S、O_2 和 pH 变化情况。

（4）比较分别以硝酸盐、氧为电子受体的硫化物氧化效率。

（5）电缆细菌鉴定和密度评估。

（6）原子力显微镜观察。

（三）研究结果

（1）海水中的硝酸盐进入沉积中 4～5 cm，在离沉积表面 9～10 mm 开始能够检测到$\sum H_2S$，在其间存在一个 4～6 mm 的不含硝酸盐和硫化物的夹层（图 10-23）。pH 在 4.2 mm 处达到最大值，在 1 cm 处值最小。pH 最大值和最小值暗示着硝酸盐还原对应的质子消耗与硫化物氧化质子的产生。

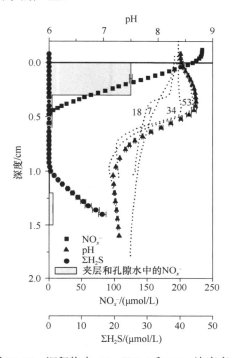

图 10-23　沉积物中 pH、$\sum H_2S$ 和 NO_3^- 浓度变化

Figure 10-23　Microprofiles of pH、$\sum H_2S$ and NO_3^- measured in sediment

虚线：pH 剖面图；灰色柱子：冷冻和解冻沉积物样品中的细胞内硝酸盐和自由的硝酸盐浓度总和

（2）厌氧无硝酸盐条件下，硫化物浓度没有明显变化，pH 一直随深度加深而降低。厌氧硝酸盐条件下，离沉积表面 11 mm 的硫化物含量降低。硝酸盐进入沉积物 3.8 mm，并且出现明显的 pH 变化峰，表明硝酸盐还原质子的消耗（图 10-24）。有氧情况下，硫化物在 21 mm 处检测到，氧气进入沉积物 1.8 mm，形成一个 19 mm 的夹层。pH 相应地在 1.8 mm 处出现明显的峰值。

（3）厌氧硝酸盐条件下，检测到了电缆细菌 Desulfobulbaceae（图 10-25）。沉积 4～6 mm 处电缆细菌的纤毛长度密度达到了（30 ± 7）m/cm^3。

（四）结论

（1）硝酸盐还原能够像氧还原一样维持海洋中硫化物的长距离氧化。

（2）电缆细菌 Desulfobulbaceae 参与了硝酸盐还原与硫化物氧化的长距离耦合。

三、案例三：硫化物氧化耦合电极还原（Vaiopoulou et al.，2016）

（一）研究目的

含酸气体硫化物的碱性洗涤过程中会产生大量含有污染物的废碱液流（SCS）。为了

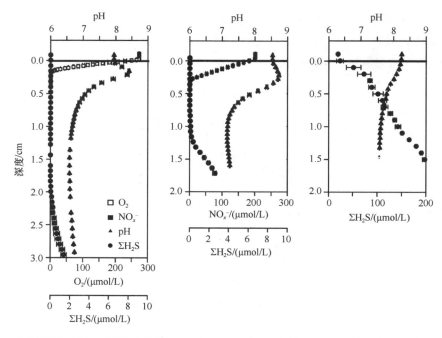

图 10-24　有氧情况（左）、厌氧硝酸盐（200 mmol/L NO₃⁻）条件（中）、厌氧无硝酸盐条件（右）下 pH、∑H₂S、O₂ 和 NOₓ⁻的沉积物微观剖面

Figure 10-24　Sediment microprofiles of pH, ∑H₂S, O₂ and NOₓ⁻ measured in sediment cores incubated under oxic (left panel), anoxic 200 mmol/L NO₃⁻-amended (center panel) and anoxic NO₃⁻-free (left panel) overlying water

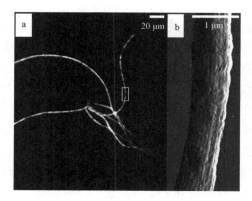

图 10-25　丝状菌电镜照片

Figure 10-25　Electron microscopic image of filamentous bacteria

a. 丝状菌 Desulfobulbaceae 的荧光原位杂交照片；b. 丝状菌 Desulfobulbaceae 电缆结构的原子力显微照片

减少 SCS 对环境的污染与危害作用，传统解决办法是利用化学试剂或能源进行缓解，其中涉及的主要物理化学过程包括：湿空气氧化和焚烧、添加氧化剂进行氧化、沉降和中和/酸化、电化学过程、生物过程和生物电化学过程。尽管已有大量方法处理 SCS，但这些方法成本高、效益有限，并且缺少回收产品。为了解决这一难题，本研究提出了耦合硫化物氧化和产电处理 SCS 的方法。为证实这一方法的可行性，开展了系列研究。

（二）材料与方法

（1）构建三电极体系电池，用 4% NaOH 和 1% Na$_2$S-S 模拟 SCS 装入阳极室，阴极室装入 4% NaOH。参比电极：Ag/AgCl（3mol/L KCl）；阳极：TaO$_2$/IrO$_2$=0.65/0.35 修饰的钛网电极；阴极：不锈钢细网。阳极室与阴极室用阴离子交换膜隔开。

（2）分别进行序批式和连续性培养。

（3）用恒电流器控制阳极与阴极之间的电流密度为 100 A/m^2，并记录电压。

（4）定时取样。

（5）用离子色谱检测硫化物、亚硫酸盐、硫酸盐浓度的变化。

（6）进行动力学分析。

（三）研究结果

（1）硫化物浓度随时间降低，具体如图 10-26 所示。

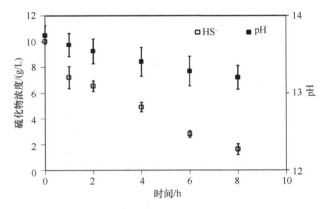

图 10-26　高 pH 下进行 8 小时序批式培养后阳极室硫化物的去除

Figure 10-26　Sulfide removal in the anode at high pH in 8 h batch experiments

（2）硫化物氧化过程中产电情况如图 10-27 所示。

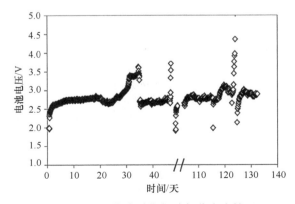

图 10-27　长期实验期间硫氧化产电情况

Figure 10-27　The electricity generation from sulfide oxidation during the long term experiment

（3）硫化物承载率以及电流密度对阳极流出液含硫物浓度的影响如图 10-28 所示。

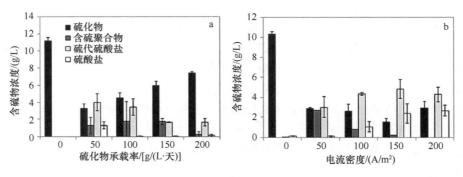

图 10-28 硫化物浓度分析

Figure 10-28 Analysis of sulfide concentration

a. 硫化物承载率对阳极流出液中含硫物浓度的影响；b. 电流密度对阳极流出液中含硫物浓度的影响

（四）结论

（1）电化学耦合的硫化物氧化处理 SCS 是一种经济可行和环境友好的处理方法，可以从废物中回收有价值的产品。

（2）硫化物向单质硫、多硫化物、硫代硫酸盐和硫酸盐的转化取决于电流密度和硫化物的承载率。

（3）除硫外，在高库仑效率下还能回收钠，可降低投资和运行成本。

（4）电化学硫化物氧化和钠回收过程稳定，反应器在操作期间不受影响。

（5）这一概念能够应用于更多的工业应用，但在可持续技术和资源回收的实施之前，需要进行严格的经济评估、工艺优化和现场条件测试。

参 考 文 献

管方. 2017. 阴极保护下硫酸盐还原菌腐蚀机理研究. 北京: 中国科学院大学博士学位论文.

李文骥, 郑平. 2021. 硫氧化细菌源单质硫的生成、转运和回收. 微生物学报, 61(1): 25-40.

刘阳, 姜丽晶, 邵宗泽. 2018. 硫氧化细菌的种类及硫氧化途径的研究进展. 微生物学报, 58(2): 191-201.

Alperin M J, Reeburgh W S. 1985. Inhibition experiments on anaerobic methane oxidation. Appl Environ Microbiol, 50(4): 940-945.

Baumgartner L K, Reid R P, Dupraz C, et al. 2015. Sulfate reducing bacteria in microbial mats: changing paradigms, new discoveries. Sediment Geol, 185(3/4): 131-145.

Beese-Vasbender P F, Nayak S, Erbe A, et al. 2015. Electrochemical characterization of direct electron uptake in electrical microbially influenced corrosion of iron by the lithoautotrophic SRB *Desulfopila corrodens* strain IS4. Electrochim Acta, 167: 321-329.

Biebl H, Pfennig N. 1978. Growth yields of green sulfur bacteria in mixed cultures with sulfur and sulfate reducing bacteria. Arch Microbiol, 117(1): 9-16.

Bjerg J T, Boschker H T S, Larsen S, et al. 2018. Long-distance electron transport in individual, living cable bacteria. Proc Natl Acad Sci USA, 115(22): 5786-5791.

Boetius A, Ravenschlag K, Schubert C J, et al. 2000. A marine microbial consortium apparently mediating anaerobic oxidation of methane. Nature, 407(6804): 623-626.

Booth G H, Elford L, Wakerley D S. 1968. Corrosion of mild steel by sulphate-reducing bacteria: an alternative mechanism. Br Corros J, 3(5): 242-245.

Canfield D E. 1989. Reactive iron in marine sediments. Geochim Cosmochim Ac, 53(3): 619-632.

Canfield D E, Stewart F J, Thamdrup B, et al. 2010. A cryptic sulfur cycle in oxygen-minimum-zone waters off the Chilean coast. Science, 330(6009): 1375-1378.

Chen C, Shao B, Zhang R C, et al. 2018. Mitigating adverse impacts of varying sulfide/nitrate ratios on denitrifying sulfide removal process performance. Bioresour Technol, 267: 782-788.

Chen C, Wang A J, Ren N Q, et al. 2008. Biological breakdown of denitrifying sulfide removal process in high-rate expanded granular bed reactor. Appl Microbiol Biotechnol, 81(4): 765-770.

Clement B G, Luther I, George W, et al. 2009. Rapid, oxygen-dependent microbial Mn(II) oxidation kinetics at sub-micromolar oxygen concentrations in the Black Sea suboxic zone. Geochim Cosmochim Ac, 73(7): 1878-1889.

Coleman M L, Hedrick D B, Lovley D R, et al. 1993. Reduction of Fe(III) in sediments by sulphate-reducing bacteria. Nature, 361(6411): 436-438.

Cui M M, Ma A Z, Qi H Y, et al. 2015. Anaerobic oxidation of methane: an "active" microbial process. MicrobiologyOpen, 4(1): 1-11.

David J, April K L, Shiven P, et al. 2005. Mitochondrial depolarization following hydrogen sulfide exposure in erythrocytes from a sulfide-tolerant marine invertebrate. J Exper Biol, 208(Pt 21): 4109-4122.

Dennis E, Hendrik V, Julia G, et al. 2012. Marine sulfate-reducing bacteria cause serious corrosion of iron under electroconductive biogenic mineral crust. Environ Microbiol, 14(7): 1772-1787.

Dennis E, Julia G. 2014. Corrosion of iron by sulfate-reducing bacteria: new views of an old problem. Appl Environ Microbiol, 80(4): 1226-1236.

Edwards P J. 1998. Sulfur cycling, retention, and mobility in soils: a review. Gen Tech Rep NE-250 Radnor, PA: US Department of Agriculture, Forest Service, Northeastern Research Station.

Eghbal M A, Pennefather P S, O'Brien P J. 2004. H2S cytotoxicity mechanism involves reactive oxygen species formation and mitochondrial depolarisation. Toxicology, 203(1/2/3): 69-76.

Fiedler L, Leverentz H R, Nachimuthu S, et al. 2014. Nitrogen and sulfur compounds in atmospheric aerosols: a new parametrization of polarized molecular orbital model chemistry and its validation against converged CCSD(T) calculations for large clusters. J Chem Theory Comput, 10(8): 3129-3139.

Fike D A, Bradley A S, Rose C V. 2015. Rethinking the ancient sulfur cycle. Ann Rev Earth Planet Sci, 43: 593-622.

Frigaard N U, Dahl C. 2008. Sulfur metabolism in phototrophic sulfur bacteria. Adv Microb Physiol, 54: 103-200.

Gaines R H. 1910. Bacterial activity as a corrosive influence in the soil. Ind Eng Chem, 2(4): 128-130.

Harnisch F, Rabaey K. 2009. Bioelectrochemical systems. London: IWA Publishing.

Holler T, Widdel F, Knittel K, et al. 2011. Thermophilic anaerobic oxidation of methane by marine microbial consortia. ISME J, 5(12): 1946-1956.

Jørgensen B B, Kasten S. 2006. Sulfur cycling and methane oxidation. *In*: Schulz H D, Zabel M. Marine geochemistry. Berlin, Heidelberg: Springer.

King G M, Garey M A. 1999. Ferric iron reduction by bacteria associated with the roots of freshwater and marine macrophytes. Appl Environ Microbiol, 65(10): 4393-4398.

King R A, Miller J D A. 1971. Corrosion by the sulphate-reducing bacteria. Nature, 233(5320): 491-492.

Kjeldsen K U, Schreiber L, Thorup C A, et al. 2019. On the evolution and physiology of cable bacteria. Proc Natl Acad Sci USA, 116(38): 19116-19125.

Krom M D, Mortimer R J G, Poulton S W, et al. 2002. *In-situ* determination of dissolved iron production in recent marine sediments. Aquat Sci, 64(3): 282-291.

Lee W, Lewandowski Z, Nielsen P H, et al. 1995. Role of sulfate-reducing bacteria in corrosion of mild steel: a review. Biofouling, 8(3): 165-194.

Li H, Yang C, Zhou E, et al. 2017. Microbiologically influenced corrosion behavior of S32654 super austenitic stainless steel in the presence of marine *Pseudomonas aeruginosa* biofilm. J Mater Sci Technol, 33(12): 1596-1603.

Li Y L, Vali H, Yang J, et al. 2006. Reduction of iron oxides enhanced by a sulfate-reducing bacterium and biogenic H_2S. Geomicrobiol J, 23(2): 103-117.

Liu C S, Zhao D F, Yan L H, et al. 2015. Elemental sulfur formation and nitrogen removal from wastewaters by autotrophic denitrifiers and anammox bacteria. Bioresour Technol, 191: 332-336.

Lovley D R, Roden E E, Phillips E J P, et al. 1993. Enzymatic iron and uranium reduction by sulfate-reducing bacteria. Mar Geol, 113(1/2): 41-53.

Maki N, Gestwicki J E, Lake E M, et al. 2000. Motility and chemotaxis of filamentous cells of *Escherichia coli*. J Bacteriol, 182(15): 4337-4342.

Marzocchi U, Trojan D, Larsen S, et al. 2014. Electric coupling between distant nitrate reduction and sulfide oxidation in marine sediment. ISME J, 8(8): 1682-1690.

Mentel M, Martin W. 2008. Energy metabolism among eukaryotic anaerobes in light of Proterozoic ocean chemistry. Phil Trans R Soc B, 363(1504): 2717-2729.

Meysman F J R, Risgaard-Petersen N, Malkin S Y, et al. 2015. The geochemical fingerprint of microbial long-distance electron transport in the seafloor. Geochim Cosmochim Ac, 152: 122-142.

Milucka J, Ferdelman T G, Polerecky L, et al. 2012. Zero-valent sulphur is a key intermediate in marine methane oxidation. Nature, 491(7425): 541-546.

Ni G F, Harnawan P, Seidel L, et al. 2019. Haloalkaliphilic microorganisms assist sulfide removal in a microbial electrolysis cell. J Hazard Mater, 363: 197-204.

Nielsen L P. 2016. Ecology: electrical cable bacteria save marine life. Curr Biol, 26(1): R32-R33.

Nielsen L P, Risgaard-Petersen N, Fossing H, et al. 2010. Electric currents couple spatially separated biogeochemical processes in marine sediment. Nature, 463(7284): 1071-1074.

Paulino J, Carlos A J. 2011. New strategies for treatment and reuse of spent sulfidic caustic stream from petroleum industry. Quim Nova, 35(7): 1447-1452.

Pfeffer C, Larsen S, Song J, et al. 2012. Filamentous bacteria transport electrons over centimetre distances. Nature, 491(7423): 218-221.

Pfennig N, Biebl H. 1976. *Desulfuromonas acetoxidans* gen. nov. and sp. nov., a new anaerobic, sulfur-reducing, acetate-oxidizing bacterium. Arch Microbiol, 110(1): 3-12.

Poulton S W. 2003. Sulfide oxidation and iron dissolution kinetics during the reaction of dissolved sulfide with ferrihydrite. Chem Geol, 202(1/2): 79-94.

Poulton S W, Krom M D, Raiswell R. 2004. A revised scheme for the reactivity of iron(oxyhydr)oxide minerals towards dissolved sulfide. Geochim Cosmochim Ac, 68(18): 3703-3715.

Reinartz M, Tschäpe J, Brüser T, et al. 1998. Sulfide oxidation in the phototrophic sulfur bacterium *Chromatium vinosum*. Arch Microbiol, 170(1): 59-68.

Risgaard-Petersen N, Revil A, Meister P, et al. 2012. Sulfur, iron-, and calcium cycling associated with natural electric currents running through marine sediment. Geochim Cosmochim Ac, 92: 1-13.

Rotaru A E, Thamdrup B. 2016. A new diet for methane oxidizers. Science, 351(6274): 658.

Sherar B W A, Power I M, Keech P G, et al. 2011. Characterizing the effect of carbon steel exposure in sulfide containing solutions to microbially induced corrosion. Corros Sci, 53(3): 955-960.

Show K Y, Lee D J, Pan X L. 2013. Simultaneous biological removal of nitrogen-sulfur-carbon: recent advances and challenges. Biotechnol Adv, 31(4): 409-420.

Smith J S, Miller J D A. 1975. Nature of sulphides and their corrosive effect on ferrous metals: a review. Br Corros J, 10(3): 136-143.

Trojan D, Schreiber L, Bjerg J T, et al. 2016. A taxonomic framework for cable bacteria and proposal of the candidate genera *Electrothrix* and *Electronema*. Syst Appl Microbiol, 39(5): 297-306.

Trouwborst R E, Clement B G, Tebo B M, et al. 2006. Soluble Mn(III) in suboxic zones. Science, 313(5795): 1955-1957.

Turchyn A V, Schrag D P. 2006. Cenozoic evolution of the sulfur cycle: insight from oxygen isotopes in marine sulfate. Earth Planet Sci Lett, 241(3/4): 763-779.

Ursula T, Meike H, Manfred G, et al. 2003. Single eubacterial origin of eukaryotic sulfide: quinone oxidoreductase, a mitochondrial enzyme conserved from the early evolution of eukaryotes during anoxic and sulfidic times. Mol Biol Evol, 20(9): 1564-1574.

Vaiopoulou E, Provijn T, Prévoteau A, et al. 2016. Electrochemical sulfide removal and caustic recovery from spent caustic streams. Water Res, 92: 38-43.

Venzlaff H, Enning D, Srinivasan J, et al. 2013. Accelerated cathodic reaction in microbial corrosion of iron due to direct electron uptake by sulfate-reducing bacteria. Corros Sci, 66: 88-96.

von Wolzogen K C A H, van der Vlugt L S. 1964. Graphitization of cast iron as an electrobiochemical process in anaerobic soils. Water, 18: 53.

Wasmund K, Mußmann M, Loy A. 2017. The life sulfuric: microbial ecology of sulfur cycling in marine sediments. Environ Microbiol Rep, 9(4): 323-344.

Wegener G, Krukenberg V, Riedel D, et al. 2015. Intercellular wiring enables electron transfer between methanotrophic archaea and bacteria. Nature, 526(7574): 587-590.

Zekker I, Rikmann E, Mandel A, et al. 2015. Step-wise temperature decreasing cultivates a biofilm with high nitrogen removal rates at 9℃ in short-term anammox biofilm tests. Environ Technol, 37(15): 1933-1946.

Zhang P Y, Xu D K, Li Y C, et al. 2015. Electron mediators accelerate the microbiologically influenced corrosion of 304 stainless steel by the *Desulfovibrio vulgaris* biofilm. Bioelectrochemistry, 101: 14-21.

Zhu C J, Sun G P, Chen X J, et al. 2014. *Lysinibacillus varians* sp. nov., an endospore-forming bacterium with a filament-to-rod cell cycle. Int J Syst Evol Microbiol, 644(Pt 11): 3644-3649.

第十一章　微生物电化学与重金属转化

重金属是指比重大于 4.0 的金属（密度大于 4.5 g/cm³）。在环境污染研究中，重金属多指 Hg、Cd、Pb、Cr 以及类金属 As 等生物毒性显著的元素，其次是指 Zn、Cu、Ni、Co、Sn 等有一定毒性的一般元素。在全球公共健康问题中，重金属对土质、水质和空气的污染会通过重金属的转化与迁移从而危害人类健康、污染人类生存环境。在农业环境中，重金属污染已经严重降低了作物的产量和质量；许多地区的工业化、城市化和农业种植等活动都已经导致大量的重金属释放；释放在环境中的重金属在食物链的生物积累作用下，成千百倍富集，最后进入人体，与人体内的蛋白质发生相互作用，使蛋白质失去活性，造成慢性中毒。重金属中毒会导致基因突变和畸形、酶功能障碍、肾小管功能障碍及其他并发症（Dey et al.，2021）。因此，如何处理重金属对环境和公众健康都是巨大的挑战。

第一节　重金属的迁移与转化

一、重金属的迁移

重金属在自然环境中随着时间的改变而发生的空间位置变化，称为重金属的迁移（Huang et al.，2020；Zhang and Wang，2020）。重金属的迁移包括机械迁移、物理化学迁移和生物迁移。

（1）机械迁移是指重金属离子以溶解态或颗粒态的形式被水力机械搬运，迁移过程遵从水力学原理；根据全国土壤污染状况调查，2014 年的中国，南方重金属浓度较高，降水量多于北方。因此，南方重金属迁移事件很可能是降雨驱动的结果。土壤中重金属在降雨中会发生横向长距离运输，作为第二污染源，可显著扩大污染范围。Qiao 等（2019a）在 SWAT（soil and water assessment tool）模型的基础上，建立了重金属迁移模型。存在重金属迁移的地区，土壤修复不仅要通过植物提取、植物过滤、植物挥发和植物降解等原位修复，还要通过植物稳定来减少重金属的迁移（Hammou et al.，2011）。准确估算土壤重金属迁移量，识别土壤重金属迁移风险较高的区域是土壤修复的必要条件。

（2）物理化学迁移是指重金属以简单离子、络合离子或可溶性分子在环境中通过水解、氧化、还原、沉淀、溶解、络合、螯合和吸附作用等所实现的迁移与转化过程；Jiang 等（2022a）研究发现，造纸厂污泥生物炭具有较强的去除废水中 As 和 Zn 的能力，在该反应器中 Cu、Zn、As 迁移至固相的百分比分别为 12.40%、70.26%和 82.80%，同时降低了污水中 Cu、Zn、As 的生物利用度。Zhang 等（2020）采用热重分析研究了升温速率对污泥热解的影响，采用无模型法研究了污泥热解动力学，并计算了表观活化能。在热解实验系统中考察了温度对污泥热解产物的影响，得到了热解过程中重金属在焦、液、气三种产物中的迁移特征。Jiang 等（2020b）基于生物炭源溶解性有机质（DOM），采用激发-发射矩阵耦合平行因子分析（EEM-PARAFAC）技术，对田间 0～100 cm 土壤剖面 1 年内生物炭迁移进行了追踪，分析了 Pb、Cu、As 的垂直共迁移，皮尔逊相关性研究证实，土壤 DOM 中重金属含量与腐殖质样成分之间具有很强的相关性（$0.568 \leqslant R \leqslant 0.803$），说明生物炭与 Pb、Cu、As 共迁移，应用于土壤金属修复时应充分评价生物炭潜在的环境风险。

（3）生物迁移是指重金属通过生物体的新陈代谢、生长和死亡等过程所进行的迁移：猛禽羽毛是反映环境重金属污染状况的良好指标。根据调查，已发表的关于猛禽羽毛中金属含量的研究中，对 Hg 的研究最多。猛禽羽毛中 Hg 背景值通常在 0.1～5 mg/kg 干重变化，而在水生食物链中，如在鱼鹰和白尾鹰中富集浓度可高达 37 mg/kg 以上。Cooper 等（2017）通过鸟类的血液和羽毛样本对南卡罗来纳州萨凡纳河遗址中的陆地重金属污染的生物迁移进行了调查，结果表明，捕蝇鸟在越冬地（非遗址处）新形成的羽毛中的重金属含量与在繁殖地（遗址处）通过血液样本检测到的重金属含量具有显著相关性。

二、重金属的转化

介质条件的改变造成重金属的存在状态发生变化，称为重金属的转化（臧文超等，2018）。重金属的转化包括溶解/沉淀作用、吸附作用、配合作用以及氧化还原作用。

（1）溶解/沉淀作用：重金属在水中经过水解反应生成氢氧化物，也可与相应的阴离子反应生成硫化物或碳酸盐，这些化合物的溶度积都很小，容易生成沉淀物。

（2）吸附作用：天然水体中的悬浮物和底泥中含有丰富的无机胶体与有机胶体，胶体有巨大的比表面、表面能并带大量的电荷，能够强烈地吸附重金属离子。

（3）配合作用：水土环境中存在许多天然和人工合成的无机与有机配位体，它们能与重金属离子形成稳定度不同的络合物和螯合物。

（4）氧化还原作用：重金属离子的价态发生变化，其活性与毒性也会发生变化，在重金属转化中占重要地位。

微生物电化学介导的重金属转化方式主要包括：①以铁氧化物异化还原和电极还原驱动的氧化还原作用（图 11-1a，c）；②伴随铁氧化物二次成矿的吸附/解吸作用（图 11-1b）；③电极还原驱动的重金属沉淀作用来影响自然环境中重金属的转化（图 11-1d）。接下来将对不同重金属与微生物电化学相关的转化过程进行介绍。

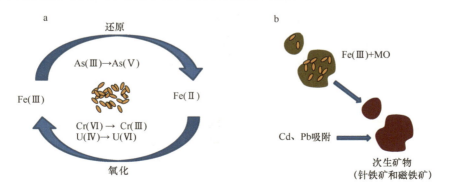

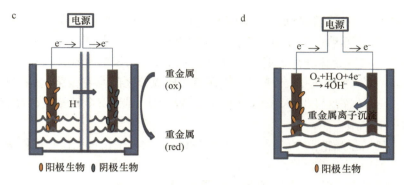

图 11-1　4 种微生物电化学介导的重金属转化

Figure 11-1　Four types of microbioelectrochemistry-mediated heavy metal-conversions

a. 铁氧化物异化还原；b. 伴随铁氧化物二次成矿的吸附/解析作用；c. 电极还原驱动的氧化还原作用；d. 电极还原驱动的
重金属沉淀作用

MO. 微生物

第二节　铬

铬（Cr）是一种广泛应用于电镀、冶金、皮革鞣制和颜料生产等各个行业的金属元素。Cr(VI)在水生系统和饮用水源中具有高毒性、致癌性和致突变性，其毒理学和生物学性质由其化学形式决定。铬的形态主要有 Cr(VI) 和 Cr(III)，Cr(VI) 毒性远比 Cr(III) 大。无论 pH 如何变化，Cr(VI) 均可溶，在水和土壤中极易移动，它可以穿透细胞壁，引起健康问题，如肺部充血、肝损伤、呕吐和严重的腹泻。由于只带一个电荷比两个电荷的阴离子更容易透过生物膜，$HCrO_4^-$ 比 $Cr_2O_7^{2-}$ 和 CrO_4^{2-} 毒性更强。Cr(III) 毒性较小，是人体必需的微量营养素。世界卫生组织规定的饮用水中总铬的最大污染物限值为 50 μg/L。

一、微生物铁还原驱动的铬转化

基于铁还原的修复是降低 Cr(VI) 含量经济且有效的方法。Min 等（2018）利用 *Acidithiobacillus ferrooxidans* 加速黄铁矿的溶解和表面去钝化，将 Cr(VI) 的还原效率提高了 4.42 倍。Ma 等（2018）联合施用 *Bacillus subtilis* BSn5 和赤铁矿提高了 Cr(VI) 的还原效率，其机理涉及吸附、生物还原和化学还原（图 11-2）。He 等（2019）以 *Geobacter sulfurreducens* 修复地下水中的 Cr(VI) 污染，并通过建模计算了不同还原途径在该修复过程中的贡献。该过程包含：①*Geobacter sulfurreducens* 直接生物还原 Cr(VI)；②*Geobacter sulfurreducens* 生物还原 Fe(III) 介导 Cr(VI) 的还原途径。计算结果表明，第一个途径为主要途径，第二个途径贡献率仅占 20%；第一个途径的电子传递速率[5.4 μmol/(L·h)]远高于第二个途径[0.27 μmol/(L·h)]，其中 *Geobacter sulfurreducens* 生物还原赤铁矿是限速步骤。

Meng 等（2018）和 Liu 等（2019）证实，在绿脱石、水铁矿和针铁矿介导的 *Shewanella oneidensis* MR-1 还原 Cr(VI) 过程中，电子穿梭体 AQDS 均具有明显的促进作用。除了使用铁的氧化物外，许多研究也涉及了纳米零价铁耦合的微生物还原 Cr(VI) 过程

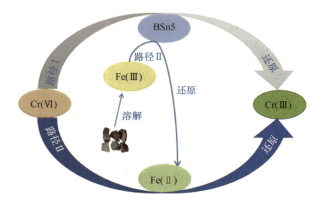

图 11-2 *Bacillus subtilis* BSn5 和赤铁矿加速 Cr(Ⅵ)还原的机制示意图（Ma et al.，2018）
Figure 11-2 The possible mechanism of Cr(Ⅵ) reduction by *Bacillus subtilis* BSn5 and hematite

（Ravikumar et al.，2018；Shi J X et al.，2019a；Shi I J et al.，2019b）。研究表明，与使用有机碳为电子供体造成的高生物量组相比，以纳米零价铁为唯一电子供体能减缓微生物对反应基底造成的堵塞。

Springthorpe 等（2019）报道了金属有机框架 Fe-BTC（BTC = 1,3,5-苯三羧酸盐）、$Fe_3O(BTC)_2(OH) \cdot nH_2O$（MIL-100）和 $Fe_3[C_2H_2(CO_2)_2]_3(OH) \cdot nH_2O$（MIL-88A）可以支持 *Shewanella oneidensis* 的生长，并且发现，*Shewanella oneidensis* 和金属-有机框架协同促进了 Cr(Ⅵ)的还原。框架结合 Fe(Ⅲ)的微生物还原，特别是在 MIL-100 中，产生高水平的 Fe(Ⅱ)，促进了 Cr(Ⅵ)的还原及其在框架上的吸附。在 *Shewanella oneidensis* 的作用下可不断产生 Fe(Ⅱ)，因此 Cr(Ⅵ)的还原可持续进行。MIL-100 可以保护细菌免受 Cr(Ⅵ)的毒性影响，并且可以进行几十个处理循环。Khanal 等（2021）从地下水样品中分离出了铁还原菌株 Cellu-2a、Cellu-5a 和 Cellu-5b，其中菌株 Cellu-2a 具有还原可溶性铁（柠檬酸铁）和固体铁（水合氧化铁，HFO）并还原水相 Cr(Ⅵ)的能力。菌株 Cellu-2a 在厌氧条件下，能以葡萄糖或蔗糖为单一碳源直接还原 Cr(Ⅵ)，也能以糖类为碳源还原 HFO，得到的 Fe(Ⅱ)再间接还原 Cr(Ⅵ)。菌株 Cellu-2a 间接还原 Cr(Ⅵ)的速度比直接还原 Cr(Ⅵ)的速度更快。

Zhu 等（2022）研究了厌氧条件下微生物和铁矿物（黄铁矿和磁铁矿）协同处理 Cr(Ⅵ)污染的方法。单微生物组对 Cr(Ⅵ)的去除率为 54.96%，而在黄铁矿和微生物组、磁铁矿和微生物组中，Cr(Ⅵ)的去除率分别达到 83.06%和 78.23%。在 Cr(Ⅵ)还原过程中，铁矿物表面会形成钝化层阻碍反应的进行，然而细菌的加入可以减少钝化层的负面影响。同时，铁矿物具有较好的电子接受和导电能力，可作为细菌还原 Cr(Ⅵ)的电子载体。此外，铁矿物的还原和 Cr(Ⅵ)的去除会改变细菌群落结构，影响其功能的表达，更有利于还原 Cr(Ⅵ)。Qian 等（2022a）研究了硫酸盐还原菌（SRB）对 Cr(Ⅵ)的生物转化和非酶还原作用，发现 SRB 原位生物合成的硫化铁纳米颗粒（FeS NP）可通过加速电子传递促进 Cr(Ⅵ)的还原。动力学结果表明，合成 FeS NP 后在 7 h 内可完全去除 10 mg/L 的 Cr(Ⅵ)，反应速率常数 $k[Cr(Ⅵ)]$ 为 2.6×10^{-4}/s，比无 FeS NP 合成的对照组提高 1 个量级。

二、电极/光电子驱动的铬转化

电极还原驱动的重金属转化通常发生在生物电化学系统（bioelectrochemical system，BES）的阴极半反应（Wang and Ren，2014；Wang et al.，2021）。BES 是一种利用电活性微生物的氧化还原反应实现化学能与电能相互转换的装置，因其有助于污染修复技术向低投入、低能耗、低污染的方向转型，在环境污染治理方面具有重要的应用前景，也被应用于重金属转化上（Gustave et al.，2021）。BES 的运行原理见第六章。阴极有两种形式：①非生物阴极，高价态的重金属离子直接获得阴极的电子，被还原为低价态的重金属离子（图 11-3a，b）；②生物阴极，微生物以阴极为电子供体，以重金属为电子受体进行重金属还原（图 11-3c，d）。

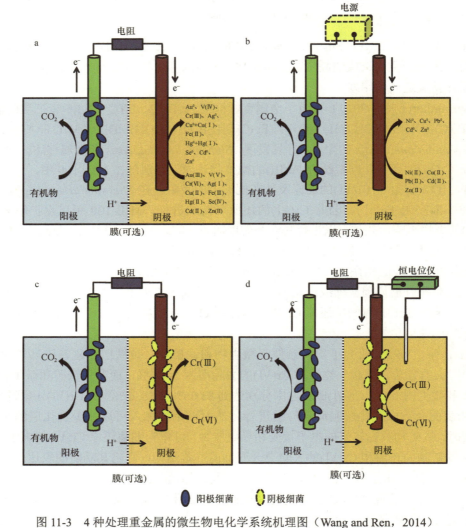

图 11-3　4 种处理重金属的微生物电化学系统机理图（Wang and Ren，2014）

Figure 11-3　Four reported mechanisms of bioelectrochemically assisted metal recovery in bioelectrochemical systems

a. 无外加电源与非生物阴极；b. 外加电源与非生物阴极；c. 无外加电源与生物阴极；d. 外加电源与生物阴极

此外，微生物电化学反应器的阴极附近还可发生 $O_2+2H_2O+4e^- \longrightarrow 4OH^-$ 这一还原反应，产生氢氧根，pH 持续上升，与重金属离子结合生成沉淀，从而实现重金属的转化。电极驱动的铬还原转化已被广泛研究。Wang 等（2017）在微生物燃料电池（MFC）中以 Fe(III) 为电子穿梭体提高阴极室对含有毒重金属 Cr(VI) 废水的还原率。在 Fe(III) 存在下，MFC 中 Cr(VI) 的转化率和阴极库仑效率分别为 65.6% 和 81.7%，分别是无 Fe(III) 时的 1.6 倍和 1.4 倍。Fe(III) 在降低 Cr(VI) 扩散阻力和 Cr(VI) 还原的过电位方面起关键作用。Zhang 等（2015）将以 Cr(VI) 和 Cu(II) 为电子受体的两个 MFC 串联，共同驱动一个以 Cd(II) 为最终电子受体的 MEC，旨在同时实现金属 Cr(VI)、Cu(II) 和 Cd(II) 的还原，这个过程没有消耗外部能量（图 11-4）。More 和 Gupta 联合还原和沉淀机理构建了双室 BES 系统，每个极室体积为 2 L，在阴极去除 Cr(VI) 污染，阴极所发生的反应如下：

$$Cr_2O_7^{2-} + 14 H^+ + 6e^- \longrightarrow 2Cr^{3+} + 7H_2O \tag{11-1}$$
$$2Cr^{3+} + 7H_2O \longrightarrow 2Cr(OH)_3(s) + 6 H^+ + H_2O \quad (6.5<pH<10) \tag{11-2}$$

该系统对 Cr(VI) 的最大去除效率达到 88.36% ± 8.16%，其效率与阳极废水的 COD 值和反应温度呈正相关，与阴极 pH 和初始 Cr(VI) 浓度呈负相关（More and Gupta，2018）。

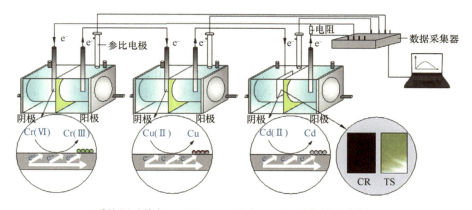

图 11-4　MFC-MEC 系统同时修复 Cr(VI)、Cu(II) 和 Cd(II) 污染的示意图（Zhang et al.，2015）
Figure 11-4　Simultaneous Cr(VI), Cu(II) and Cd(II) reduction on the cathodes of microbial electrolysis cells self-driven by microbial fuel cells
CR. 碳棒；TS. 钛片

此外，Lu 和 Li（2012）提出一种新型装置——光燃料电池（LFC）系统概念，将半导体矿物与能利用光电子的微生物组成一个可自我维持系统（图 11-5）。实验在双室电池中进行，两腔室被质子交换膜（PEM）或阳离子交换膜（CEM）物理分隔开。当以 O_2 作为阴极电子受体时，微生物阳极和可见光照射的金红石阴极 LFC 的体积功率密度为 12.1 W/m³，是非光照条件下（7.5 W/m³）的 1.6 倍，说明微生物与半导体矿物之间存在生物光电化学相互作用途径。该系统在光照条件下 26 h 内可将 97% 的 Cr(VI) 还原（Li et al.，2009）。

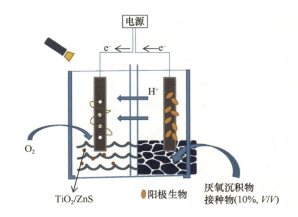

图 11-5　光燃料电池驱动的铬还原系统（Lu and Li，2012）

Figure 11-5　Cr reduction by a light-driven fuel cell system

离子交换膜是双室微生物燃料电池（MFC）中分离阴极 Cr 和阳极细菌以避免毒性的重要组成部分。常用的离子交换膜[如双极膜（BPM）、阳离子交换膜（CEM）、阴离子交换膜（AEM）、PEM]具有不同的离子转移能力，这些能力会影响 MFC 性能和 Cr 的去除。此外，为了区分 MFC 对 Cr 的"去除"和"还原"，Wang 等（2020a）将 Cr 的去除进一步细分为阴极还原、膜上吸附和通过膜渗透到阳极室。结果表明：BPM 的 Cr(Ⅵ)去除率达到 99.4%±0.2%，并且平衡 pH 和电导率方面效果最好，其次是 AEM （97.9%±0.8%）和 CEM （95.6%±0.8%），而 PEM 不能很好地维持 pH 和电导率，阳极性能最差，Cr 去除效率最低。Hidayat 等（2022）对通用 MFC 系统、植物微生物燃料电池（PMFC）系统、土壤微生物燃料电池（SMFC）系统和混合 MFC 系统在废水中降低 Cr(Ⅵ) 的研究进行了全面的综述，并讨论了影响 Cr(Ⅵ)还原效率的因素，即废水的浓度和组成、有机基质、电极的性质、电解质的 pH 和温度、曝气（氧含量）、膜/分离器的稳定性以及微生物。

第三节　镉

镉（Cd）是严重污染元素之一，它不是生物体必需元素。Cd 污染主要来自采矿、金属冶炼、废物焚化处理、磷肥制造、矿物燃料燃烧、电镀等工业生产，在土壤和水体中分布广泛。Cd 进入人体内与血红蛋白结合，一部分与金属硫蛋白中的巯基（—SH）结合，随血液输送到内脏，蓄积在肝脏和肾脏中，对人类的生命健康造成极大威胁。Cd 的常见化学价态有 0、+1 和+2。Cd 进入水体后的迁移转化行为主要决定于水体的 pH 及胶体、悬浮物等颗粒物对 Cd 的吸附。

一、铁还原驱动的镉转化

长期以来人们普遍认为，Cd 与铁氧化物结合的主要形式是表面吸附/络合（Randall et al.，1999；Venema et al.，1996）：①Cd 与有机质络合形成带负电的有机分子，再与铁氧化物结合形成三元络合物；②Cd 直接与铁氧化物表面羟基结合，其吸附稳定性受铁氧化物晶型的影响。

目前，很多研究已证实，Cd 会以内球络合物或者通过带负电荷的有机分子在矿物表面搭建通道的形式吸附在不同铁氧化物表面（Venema et al.，1996）。Francis 和 Dodge（1990）在"针铁矿-Cd-*Clostridium* sp."培养体系中发现，针铁矿的可交换态部分可以检测到少量 Cd 的存在，推测 Cd 和铁氧化物矿物结合的方式主要是 Cd 侵入矿物结晶结构，较少部分吸附在铁矿表面形成共沉淀。李义纯和葛滢（2009）研究了淹水土壤中铁氧化物氧化还原溶解与沉淀对 Cd 活性的影响，他们发现，淹水土壤中 Cd 活性的变化趋势是先升高后降低。淹水土壤中，铁氧化物还原溶解导致吸附在其表面的 Cd 释放到体系中，活性升高；随着铁还原进行，淹水土壤的 pH 升高时，带有可变电荷的铁氧化物表面基团释放出 H^+，从而对溶液中带正电的 Cd 离子或离子团的吸附量增大，Cd 的溶解度降低（Spark et al.，2010）。另有研究表明，由于体系 E_h 降低，铁氧化物发生还原溶解的同时产生次生铁矿物，而次生铁矿微晶形结构能大量吸附溶液中的 Cd 离子或离子团，或与溶液中的 Cd 离子或离子团发生共沉淀，Cd 活性也会降低（Davranche and Bollinger，2000）。Muehe 等（2013a）比较了中性土壤中 *Geobacter* spp. 驱动异化铁还原和碳酸盐固定 Cd 的量，通过能量色散 X 射线探测器（energy dispersive X-ray detector，EDX）检测发现，在还原条件下碳酸盐对固定 Cd 起到的作用是次要的，而通过异化铁还原形成的次生铁矿物是固定 Cd 的主要矿物。因此，次生铁矿物是 Cd 固定的主要贡献者。Li 等（2016a）在"Cd-Fe(III)复合絮凝体 *Shewanella oneidensis* MR-1"纯培养体系中发现 MR-1 可以还原负载 Cd 的 Fe(III)复合絮凝体，原本负载在 Fe(III)絮凝体上的 Cd(II)在 Fe(III)还原过程中逐渐被释放到环境中，Fe(III)还原致使次生矿物——针铁矿和磁铁矿形成，Cd(II)又被次生铁矿吸附，导致环境中 Cd(II)浓度下降。随着培养时间的增加，Cd 与针铁矿和磁铁矿等铁氧化物的结合更为牢固，Cd 的净固定量增加。

近年来，微生物铁还原驱动的 Cd 转化及其对作物吸收 Cd 的影响受到了广泛关注。Han 等研究了嗜镉芽孢杆菌（*Bacillus* sp. N3）和水铁矿（ferrihydrite，Fh）对 Cd 的固定化机制及其对小麦吸收 Cd 和小麦根际土壤细菌群落组成的影响。结果表明，菌株 N3 与 Fh 组合对 Cd 的固定效果优于单菌株和单 Fh 的效果。菌株 N3 提高了土壤的 pH，而 Fh 在 pH 高于 6.5 的土壤中很容易转化为氧化态铁，促进了 Cd 在 Fh 上的吸附固定，因此菌株 N3 与 Fh 协同降低了土壤中及小麦籽粒中 Cd 的浓度。此外，接种菌株 N3 增加了根际土壤细菌群落结构的多样性，增加了有益细菌的丰度，这些有益细菌具有重金属固定、异化铁还原和促进植物生长等多种功能（Han et al.，2022）。Kong 和 Lu（2022）利用微生物有机肥（MOF）对土壤 Cd 进行钝化处理。结果表明，与对照处理相比，添加量为 7.5 t MOF/hm^2 的 MOF 显著提高了水稻产量 7.9%，降低了糙米中 86.4% 的 Cd 含量。MOF 的施用通过增加铁氧化细菌的相对丰度，强化了铁的氧化作用，进一步增加了非晶态/解离性铁氧化物的比例，并使水稻根表面铁膜增厚，铁膜可将 Cd 固定在植物根系表面，因此在阻止 Cd 进入水稻中起关键作用。

二、电极还原驱动的镉转化

Abourached 等（2014）在研究 Cd 和 Zn 对 MFC 的毒性过程中发现，MFC 阴极发生 SO_4^{2-} 还原生成 S^{2-} 的反应，S^{2-} 与 Cd(II) 形成 CdS 沉淀，从而去除 Cd(II)。Modin 等（2012）利用 BES 的阴极来回收城市固体垃圾焚化灰渣渗滤液中的重金属，其中 Cd 的回收是将阴极电位控制在 -0.66 V 令其发生 $Cd^{2+} + 2e^- \longrightarrow Cd$ 反应，Cd 在阴极沉积。Colantonio 和 Kim（2016）利用 MEC 去除 Cd。在阴极电位为 -1.0 V 条件下，实现了 Cd 的快速去除（24 h 内去除 50%～67%）。该结果可以用阴极还原、生成 $Cd(OH)_2$ 沉淀和生成 $CdCO_3$ 沉淀三种去除机制来解释（图 11-6）。但值得注意的是，当电流随着阳极电子供体耗尽而降低时，阴极处局部的 pH 不再升高，因此，$Cd(OH)_2$ 和 $CdCO_3$ 沉淀开始溶解。为防止它们溶解，当用 MEC 以沉淀法去除重金属时，应提供足够的电子供体。

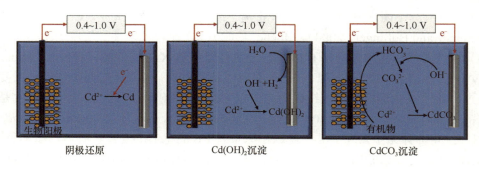

图 11-6　MEC 去除 Cd 的机理（Colantonio and Kim，2016）
Figure 11-6　Cd(II) removal mechanisms in microbial electrolysis cells

Wang 等（2020b）采用双室空气阴极 MFC 对 Cr(VI)、Cd(II)、Cr(VI)/Cd(II) 污染土壤进行修复，探讨对单一重金属和混合重金属污染土壤的修复效果。在 MFC 阴、阳极间电场力作用下，带正电的 Cd(II) 离子向阴极迁移。Cr(VI) 通常以带负电的 $Cr_2O_7^{2-}$ 形式存在，但其也向阴极迁移，原因是阴极还原 Cr(VI) 后造成的浓度扩散力比电场力大。

Gustave 等（2020）证明了土壤微生物燃料电池（SMFC）的应用可以大大降低水稻植物组织中 Cd、Cu、Cr 和 Ni 的积累，处理后水稻籽粒中 Cd、Cu、Cr 和 Ni 的积累量分别比对照组降低了 35.1%、32.8%、56.9% 和 21.3%。SMFC 是通过生物方法和非生物方法共同作用来固定重金属的，生物方法即微生物对重金属的还原与吸收，非生物方法即重金属离子在电场力作用下迁移到阴极附近，在阴极发生氧化还原反应沉淀下来。硫化物（S^{2-}）固定农业土壤中的 Pb 和 Cd 是一种有效的修复策略。Yang 等（2021）将生物电化学硫酸盐还原反应器（SRR）与土壤固定化反应器（SIR）耦合，建立了一种土壤生物电化学固定 Pb 和 Cd 的系统。在 SRR 中，自养硫酸盐还原菌（SRB）以氢气为电子供体，通过电化学水分裂反应，将地下水中的 SO_4^{2-} 有效还原为 S^{2-}，S^{2-} 与 Pb 和 Cd 离子形成沉淀，从而固定了重金属。

第四节　铅

铅有 0、+2 和+4 三种常见价态，Pb(Ⅱ)与人体内多种酶（特别是含巯基）配合，扰乱机体内正常的生化和生理活动。铅在水体中通常以+2 价价态出现，含量和形态受 CO_3^{2-}、SO_4^{2-} 和 OH^- 等含量的影响，与有机物，特别是腐殖质有很强的配合能力。在土壤和沉积物中的溶解度低，不易移动，对环境的影响具有潜伏性和持久性等特点。

一、铁还原驱动的铅转化

铁氧化物有很大的比表面积（10～100 m²/g）和对二价金属强大的化学亲和力（Cornell and Schwertmann，2003），因此是清除 Pb(Ⅱ)最有效的颗粒物（Tessier et al.，1996）。此外，在好氧的中性环境中存在大量稳定的铁氧化物，能显著去除环境中的铅；当氧被耗尽时，铁氧化物又可以当电子受体发生异化铁还原，对 Pb(Ⅱ)起到钝化的作用（Hamilton-Taylor et al.，2005）。

为人熟知的观点是，铁氧化物发生还原反应的同时会引起吸附在其表面的微量重金属释放到环境中。Hamilton-Taylor 等（2005）在田间实验中发现，厌氧环境中含 Pb 铁氧化物发生还原反应时可以释放出金属 Pb。此外，Gallon 等（2004）也通过同位素实验证明了还原溶解沉积物中的铁氧化物颗粒会引起 Pb 的释放。随着更进一步的研究，Smeaton 等（2009）实验发现，*Shewanella putrefaciens* CN32 还原溶解合成的 $PbFe_6(SO_4)_4(OH)_{12}$ 时，Pb 在细胞内发生钝化，形成无机铅磷酸盐结晶。同时，Cooper 等（2006）和 Zachara 等（2001）的研究证明，Fe(Ⅲ)还原对微量 Pb 形态改变还受到铁物质结构组成和周围介质影响。尽管大量的文献研究已经证明，在低氧或厌氧的环境中 Pb 会溶解再钝化，但是生物诱导矿化固定重金属机制还不是很清楚（Roden et al.，2002）。Pb 污染的环境体系中，其对异化铁还原的抑制作用导致有机物降解速率降低，对微生物还原过程中生物矿化途径也会产生影响。Sturm 等（2008）通过 1200 多小时实验观察 *Shewanella putrefaciens* 200R 还原纯铁（氢）氧化物和被 Pb 部分取代 Fe(Ⅱ)的铁（氢）氧化物，发现：①当铁氧化物中 Pb 浓度达到 Fe 浓度的 0.05%时，Fe(Ⅲ)还原被抑制；②Pb 的存在增强了 Fe(Ⅲ)的溶解度而抑制了生物磁铁矿的形成。因此，土壤和沉积物中 Pb 的存在可能是造成许多铁还原环境中磁铁矿明显缺乏的原因。

二、电极还原驱动的铅转化

在 Modin 等（2012）和 Tao 等（2014）用 BES 阴极回收城市固体垃圾焚化灰渣渗滤液中的 Pb，用外加电源控制阴极电势分别为−0.51 V 和−0.24 V，均发生 $Pb^{2+} + 2e^- \longrightarrow Pb$ 反应，Pb 在阴极沉积得以回收。Peiravi 等（2017）用生物阴极法无须外加电源的情况下处理煤矿的酸性矿井排水，对其中初始浓度为 71.06 μg/L 的 Pb 的去除率达 100%。Li 等（2015）构建了共用一个阳极室的 MFC-MEC 杂化系统（图 11-7），对重金属污染进行处理。该系统无外加电源，根据外部开关不同形式的闭合，使 MFC 产生的电能直接施用于 MEC，在 MFC 阴极还原 Cr(VI)，在 MEC 阴极实现 Pb(Ⅱ)和 Ni（Ⅱ）的还原。此外，Kabutey 等（2019）构建了大型植物阴极底泥微生物燃料电池来去除河道中的重金属和有机物污染，除了实现重金属 Pb、As、Cr 等在阴极被还原外，阴极的大型植物还吸收了重金属，使重金属累积到地上部分，从而使水体和底泥中的重金属含量大大减少。

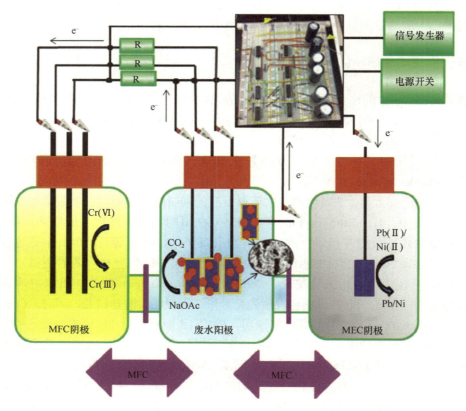

图 11-7　微生物燃料电池-微生物电解池杂化系统结构图（Li et al.，2015）
Figure 11-7　The configuration of the microbial fuel cell-microbial electrolysis cell hybrid system

Yu 等（2022）构建的 MFC 中，Pb 污染土壤中的 Pb(Ⅱ)在阴极被还原为零价 Pb。当在土壤中添加 MgO、Ca(H₂PO4)₂ 和蒙脱土复合修复剂协同处理 Pb 污染时，土壤中 Pb(Ⅱ)浓度降低了 374.62 mg/kg。Yaqoob 等（2022）在 MFC 中以废弃物-食物垃圾作为阳极微生物有机底物，Pb(Ⅱ)的电子从可溶解态转化为不溶态。30 天内，MFC 产电最大功率密度为 41.58 mW/m²，Pb(Ⅱ)去除率为 95%。

第五节　铀

铀（U）是放射性重金属元素，随着核电的快速发展，人们对铀矿的需求量越来越大，在铀矿的开采和铀水治理过程中会产生大量的含铀废水。U 的化学性质很活泼，因此自然界不存在游离态，均以化合状态存在。U 有+3、+4、+5 和+6 四种价态，以+4 价和+6 价为主。通常在处理 U 污染时，是将溶解态的 U(Ⅵ)还原成非溶解态的 U(Ⅳ)。

一、铁还原驱动的铀转化

生物铁矿（磁铁矿、绿锈、菱铁矿等）可以为放射性重金属污染物提供还原环境。厌氧条件下，水铁矿对 U(Ⅵ)还原没有促进作用，而水铁矿被还原成针铁矿后可以促进不完全的 U(Ⅵ)还原。

O'Loughlin 等（2010）通过 *Shewanella putrefaciens* CN32 还原铁氧化物的实验，观察次生铁矿（绿锈、磁铁矿、菱铁矿）形成过程中 U(Ⅵ)被吸收和还原的状况。他们发现，48 h 内次生矿物为绿锈的培养体系中，U(Ⅵ)浓度从 500 μmol/L 降到 1.5 μmol/L；而次生铁矿为磁铁矿和菱铁矿的体系中，U(Ⅵ)浓度仍分别为 392 μmol/L 和 472 μmol/L，说明绿锈可能对 U(Ⅵ)有很强的吸附作用。同时，利用扩展 X 射线吸收精细结构（extended X-ray absorption fine structure，EXAFS）观察发现，在次生矿物绿锈和磁铁矿中有纳米晶质铀矿形成，而次生矿物菱铁矿只有矿物表面吸附了铀。另外，U(Ⅵ)和 U(Ⅳ)取代了菱铁矿物表面的 Fe(Ⅱ)，这也许是次生矿物固定铀的另一种机制。Boland 等（2014）考察了 Fe(Ⅱ)对 Fe(Ⅲ)和 U(Ⅵ)还原的影响效应，证明了 Fe(Ⅱ)起到了提高水铁矿转化成针铁矿速率的作用，同时，Fe(Ⅱ)和针铁矿存在的环境中 U(Ⅵ)才会还原成 U(Ⅴ)（图 11-8）。因此，他们试图找出在 Fe(Ⅱ)加速水铁矿转化和 U(Ⅵ)还原过程之间的关系。从热力学角度上分析发现，存在针铁矿时 Fe(Ⅱ)还原性更强，这是由于针铁矿可以制造一个具有氧化还原功能的微环境。另外，在 Boland 等（2014）的实验中还发现，微生物还原水铁矿转变成针铁矿这一过程比微生物还原纯针铁矿能固定更多的铀。近几年的研究发现 U(Ⅴ)也可以进入到更稳定的铁氧化物中（Ilton et al.，2010，2012）。

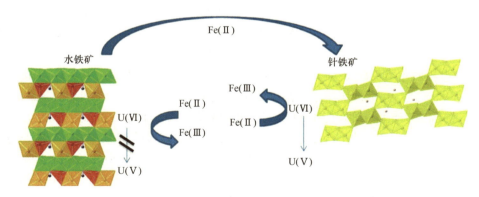

图 11-8　铁化合物介导 U(Ⅵ)还原示意图（Boland et al.，2014）

Figure 11-8　Scheme of U(Ⅵ) reduction mediated by iron compound

图 11-9 为地下水铀污染的原位生物修复技术示意图，污染地下水中含有氧气和溶解态的 U(Ⅵ)，外源添加简单有机物如乙酸后，微生物迅速消耗易还原的电子受体氧气和硝酸根，当氧气和硝酸根耗尽后，微生物开始偶联乙酸氧化和金属还原过程。事实表明，即使在铀污染场地，Fe(Ⅲ)仍然是丰度最高的金属电子受体。微生物在还原 Fe(Ⅲ)的同

时也能将 U(Ⅵ)还原成 U(Ⅳ)，形成 U(Ⅵ)-Fe 氧化物的复合物或晶质铀矿晶体沉淀，从而将铀原位固定（Lovley，2002）。

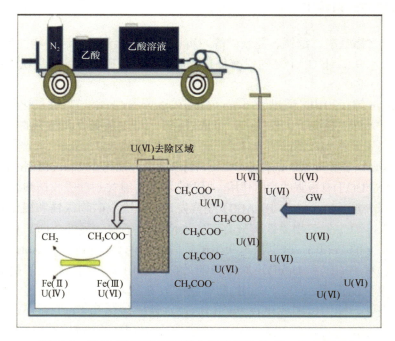

图 11-9　地下水铀污染的原位生物修复技术（Lovley，2002）

Figure 11-9　Strategy for *in situ* bioremediation of uranium contamination in groundwater

Boonchayaanant 等（2009）进行了硫酸盐还原菌富集和铁还原菌富集研究，发现两种菌群都能迅速还原 U(Ⅵ)为 U(Ⅳ)。Sklodowska 等（2018）分离到了 *Raoultella* 菌，这是一种铁还原和铀沉淀菌株，来自科瓦雷（波兰西南部）一个关闭的铀矿的沉积物。分离的菌株 *Raoultella* sp. SM1 能够在柠檬酸盐作为电子供体的情况下异化还原 Fe(Ⅲ)和 U(Ⅵ)，在此过程中，铀可能被固定在类似水磷铀矿的矿物中，以纳米/微米颗粒的形式回收，这些颗粒很容易转化为铀矿。该菌株可作为一种模式微生物，用于 Fe(Ⅲ)和 U(Ⅵ)呼吸过程的研究，并可被应用于铀污染的水和沉积物的生物修复（Sklodowska et al.，2018）。铀在含铁环境中的稳定性受到 UO_2 再氧化的限制，因此 Zhu 等（2022）富集了水稻土中的可使 Fe(Ⅲ)和 U(Ⅵ)发生共沉淀的微生物群落（Fe-U 菌群）。结果表明，在 Fe-U 菌群的存在下，U(Ⅳ)-O-Fe(Ⅱ)沉淀物的铀含量最高为 39.51%。氧化实验表明，U(Ⅳ)-O-Fe(Ⅱ)比 UO_2 更稳定。16S rDNA 高通量测序分析表明，*Acinetobacter* 和 *Stentrophomonas* 负责 Fe 和 U 的沉淀，而 Caulobacteraceae 和 *Aminobacter* 是 U(Ⅵ)- PO_4 化学物质形成的主要原因。Zhu 等（2022）所提出的两步累积法在含铁环境稳定固定铀方面具有非常大的应用潜力。

二、电极/光电子驱动的铀转化

Gregory 和 Lovley（2005）通过在 U 污染区插入电极来提供生物 U(Ⅵ)还原所需的

电子从而原位处理 U 污染，电极在这里代替有机化合物作为生物修复微生物的电子供体。电极附近的 *Geobacter sulfurreducens* 可从石墨电极获得电子并将U(VI)还原为稳定的 U(IV)沉淀物，沉积在电极表面。当从沉积物中取出电极时，U 即可随之被回收。当没有微生物存在时，U(VI)被吸附到电极但没有被还原。与原位处理相比，地上生物反应器提供了更加可控的环境以促进生物 U(VI)还原。在各种生物反应器类型中，基于生物膜的系统最有前景，因为它们促进了水力停留时间与生物质保留时间的解耦联，使高生物量浓度和高反应速率成为可能（Lakaniemi et al.，2019）。

　　光电子协同微生物作用时，一些光电能微生物可通过利用光电子生长代谢，将高氧化还原电势的光电子转化成具有较低氧化还原电势的中间代谢产物，类似于光合作用，并经过胞外电子传递至胞外，从而将重金属离子还原（图 11-10）（Lu et al.，2012；Wang et al.，2014）。其最大的优势是可自我维持、成本运行低和还原效率高。在光电子驱动方面，宗美荣（2016）研究发现，TiO_2 纳米颗粒产生的光电子对 U(VI)的还原率达 58%，光电子利用效率达 82%；在微生物和光催化材料共存体系中，光照下微生物对 U(VI)的还原率平均为 26%，光电子对 U(VI)的还原率平均为 20%，两者共同作用时还原率达到了 56%。

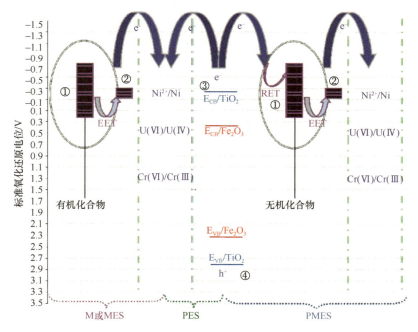

图 11-10　光电子协同微生物电化学还原重金属原理（刘明学等，2017）
Figure 11-10　Electrochemical reduction mechanisms of heavy metal ions mediated by photoelectron-microorganism synergistic effect
M. 微生物细胞；MES. 微生物电化学系统；PMES. 光电子协同微生物电化学系统；PES. 光电化学系统

　　Liu 等（2021）开发了一种以二氧化钛纳米管阵列（TNTA）为阴极的 MFC 系统，该系统可以有效地从含铀水中去除（超过 95%）和回收（超过 97%）铀。其中，U(VI)的去除是通过吸附-还原-沉积机制进行的。U(VI)被 TNTA 阴极吸附，吸附后的 U(VI)

进一步电还原为 UO_2 沉积在 TNTA 阴极表面。吸附 U(Ⅵ)的还原引起了吸附 U(Ⅵ)解吸反应的重平衡，引起了 U(Ⅵ)的再吸附。再吸附的 U(Ⅵ)又被电还原为 UO_2，使 U(Ⅵ)继续被去除。最终，在未观察到容量饱和的情况下，2.95 μmol U(Ⅵ)以 UO_2 的形式还原沉积在 TNTA 表面（1476.22 μmol/m²）。此外，制备的 UO_2 在稀硝酸作用下可以很容易地从 TNTA 阴极中分离出来，TNTA 阴极可以重复使用，性能稳定（Liu et al.，2021）。

Wu 等（2021）将碳刷阴极浸泡在仅由铀与甘氨酸-盐酸缓冲液（GHAB）组成的新型阴极液中，结果表明，GHAB 对 U(Ⅵ)的去除率维持在 99.0%以上，比未添加 GHAB 的对照组提高了 22.0%以上。即使在阴极液中 U(Ⅵ)浓度较低（20.0 mg/L）时，MFC 也能实现较高的 U(Ⅵ)去除效率且性能稳定。溶解性的 U(Ⅵ)还原为析出的 U(Ⅳ)和/或 U(Ⅴ)是铀脱除的主要原因（Wu et al.，2021）。

第六节　砷

砷（As）的常见化学价态有–3、0、+3 和+5，砷的化物毒性在很大程度上取决于其分子结构、形态和价态。在无机砷中，As(Ⅲ)的毒性大大高于 As(Ⅴ)的毒性。对人体来说，As(Ⅲ) O_3^{3-} 的毒性比 As(Ⅴ) O_4^{3-} 大 60 倍，原因是 As(Ⅲ) O_3^{3-} 可以与蛋白质中的巯基反应，而 As(Ⅴ) O_4^{3-} 不能，三甲基胂的毒性比 As(Ⅲ) O_3^{3-} 更大。

一、铁还原驱动的砷转化

大量研究表明，铁氧化物对砷的界面行为和迁移转化过程起到了重要作用。As(Ⅴ)和 As(Ⅲ)都是以内球表面复合物（Manning et al.，2002；Ona-Nguema et al.，2005）或者以氢键表面结合（Davranche and Bollinger，2000）的形式在生物铁氧化物表面形成砷酸盐。早期研究表明，微生物还原溶解结晶度低的铁氧化物，从而使其转化成比表面积更小的矿物，如针铁矿和磁铁矿（Benner et al.，2002；Hansel et al.，2003），提供的吸附位点减少，因此水铁矿的还原会导致砷释放出来。Muehe 等（2013b）通过构建"铁还原菌（*Shewanella oneidensis* MR-1）-铁氧化物（水铁矿、针铁矿）-砷"的纯培养体系，观察了次生铁矿物形成以及砷的移动性。实验结果表明，生物铁氧化物还原过程中 As(Ⅲ)的释放率达 99%，而非生物水铁矿与针铁矿还原释放的 As(Ⅲ)分别为 82%和 50%。与之相反的是，生物铁氧化物比非生物铁氧化物固定了更多的 As(Ⅴ)。含 As(Ⅴ)铁氧化物的还原不仅使 As(Ⅴ)还原为 As(Ⅲ)，而且还会与 As(Ⅲ)发生共沉淀形成次生矿物，导致砷的净固定量增加（图 11-11）。

铁还原菌利用有机物或者氢气作为电子供体还原溶解铁氧化物，释放 As 到环境中，而在次生铁矿形成过程中 As 又会被固定下来（Tufano and Fendorf，2008）。但是，在异化铁还原诱导的次生铁矿形成过程中 As(Ⅲ)的固定只是暂时的，如果次生矿物生成停止或者延长厌氧时间，将会导致 Fe(Ⅲ)还原溶解和 As(Ⅲ)的再次释放。因此，为了减少土壤中 As(Ⅲ)的游离，促进厌氧环境中 As(Ⅲ)氧化成 As(Ⅴ)成为极具实际意义的研究内容。

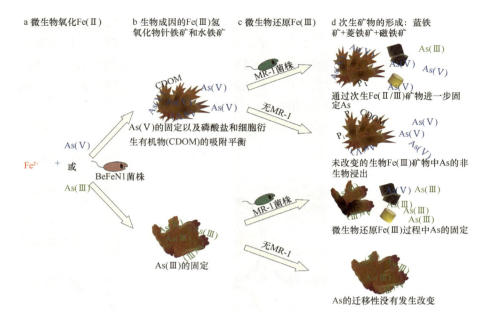

图 11-11　微生物铁还原形成含 As(Ⅴ)和 As(Ⅲ)的生物源铁（氢氧）氧化物过程中 As(Ⅴ)和 As(Ⅲ)的命运示意图（Muehe et al.，2013b）

Figure 11-11　Scheme summarizing the fate of As(Ⅴ) and As(Ⅲ) during the formation of As(Ⅴ)- and As(Ⅲ)-bearing biogenic Fe(Ⅲ)(oxyhydr) oxides followed by microbial Fe(Ⅲ) reduction

　　Dong 等（2014）发现，Fe_2O_3 纳米颗粒和 Fe_3O_4 纳米颗粒影响底泥中微生物转化重金属 As 过程。Fe_2O_3 纳米颗粒和 Fe_3O_4 纳米颗粒的添加形成了 Fe-As 共沉淀，抑制了 As 的释放（图 11-12）。纳米颗粒的添加会改变底泥中微生物群落结构，增加 Fe(Ⅲ)和 As(Ⅴ) 还原菌 *Geobacter*、*Anaeromyxobacter*、*Clostridium* 及 *Alicyclobacillus* 的丰度。

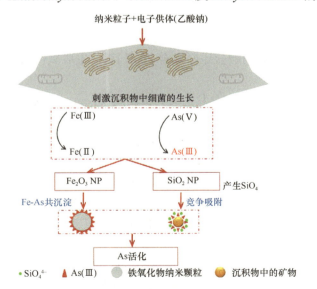

图 11-12　As 转化过程机理示意图（Dong et al.，2014）

Figure 11-12　Schematic illustration of As mobilization mechanisms

稻田土壤环境中，重金属 Cd 和类金属 As 的行为受 pH 和 E_h 的影响强烈，这导致稻田镉砷复合污染治理难度大。李芳柏团队发现，稻田土壤铁循环是连接碳氮养分循环与 Cd/As 行为的枢纽，通过利用这些循环过程，可高效定向同步调控 Cd/As 活性，降低土壤中 Cd/As 向水稻根系迁移的活性，从而减少水稻植株吸收积累 Cd/As（于焕云等，2018）。铁循环同步钝化 Cd 和 As 的原理（图 11-13）如下。

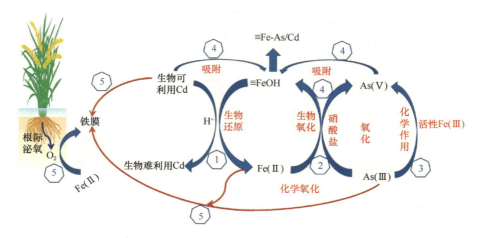

图 11-13　稻田铁循环调控砷/镉行为的原理示意图（于焕云等，2018）
Figure 11-13　The principle of iron cycle regulating arsenic/cadmium behaviors in paddy field

（1）在铁还原等微生物作用下，氧化铁被还原为 Fe(Ⅱ)，同时铁还原过程消耗土壤 H^+，导致 pH 升高，促进镉固定。

（2）砷氧化微生物以硝酸盐为电子受体，将 As(Ⅲ)氧化为 As(Ⅴ)，同时硝酸盐还原产物（亚硝酸盐）化学氧化亚铁为三价铁矿物，促进砷的固定。

（3）吸附于氧化铁表面的亚铁，可催化氧化铁晶相转变产生氧化能力较强的新生态三价铁，然后化学氧化 As(Ⅲ)为 As(Ⅴ)，从而促进砷的固定。

（4）在微生物作用下，硝酸盐还原耦合 Fe(Ⅱ)氧化生成氧化铁，吸附/固定水稻作物的可利用态镉和 As(Ⅴ)。

（5）水稻根际泌氧，与 As(Ⅴ)发生类芬顿反应（Fenton reaction），促进根表铁膜形成，进而吸附/固定水稻作物的可利用态砷和镉。

该团队基于以上原理，研发了铁基生物质炭材料用于同步钝化土壤中 Cd/As，该技术以生物质为原料，通过高温碳化的方法在制备生物质炭的过程中加入含铁化合物，将铁以特定比例掺杂，形成具有特殊结构和功能的铁基生物质炭材料。并在此基础上研发了缓释性铁基生物质炭、铁硅硫多元素复合生物质炭及铁基腐殖质复合材料，实验表明这些材料均可实现 Cd/As 同步钝化（于焕云等，2018；王向琴等，2018）。

Shi 等（2022）的研究基于 *Shewanella putrefaciens* 纯菌实验，建立了微生物介导 As(Ⅴ)还原和 Fe(Ⅲ)氧化物转化的耦合动力学模型，并根据 *arrA* 基因的表达模式特异性量化了 As(Ⅴ)还原率系数。As 对微生物活性有抑制作用，Lee 等（2020）研究了土壤矿物如黏土矿物（膨润土和高岭土）和氧化铁（赤铁矿、针铁矿和磁铁矿）对 As 的生物有效性及对微生物活性的影响。膨润土和赤铁矿能降低 As 对细菌的负面影响，对细菌活性的促进作用分别为 140.5% 和 7.9%，而磁铁矿对细菌活性产生负面影响。黏土矿物和铁氧化物的比表面积和阳离子交换容量（CEC）是影响 As 生物有效性的重要参数（Lee et al.，2020）。Cai 等（2021b）将吸附了砷酸盐的水合铁（Fh）、Fh-聚半乳糖醛酸（PGA）和 Fh-腐殖酸（HA）复合物添加到两种典型的 Fe(III) 和 As(V) 还原细菌中，并跟踪 Fe 和 As 在固体和水相中的分布。结果表明，PGA 和 HA 可促进含砷的 Fh 的还原性溶解，释放量分别是不含 PGA 和 HA 的 Fh 对照组的 0.7~1.6 倍和 0.8~1.9 倍。PGA 存在下微生物细胞数量更多，促进了细胞生长和 As(V) 的还原，而 HA 能作为电子穿梭体通过促进电子传递来还原铁和还原 As(V)。

重力驱动膜（GDM）系统是一种用于饮用水处理的低维护超滤系统。GDM 对病原体的去除率较高，但对可溶性重金属离子的去除率较低。为了克服这一限制，Shi 等（2022）将铁钉引入 GDM 系统（IGDM）中净化含重金属的地下水。铁钉在进水中不断发生腐蚀，产生铁锈颗粒可去除重金属离子。结果表明，IGDM 体系对 As(V)、Pb(II) 和 Cd(II) 的去除率均高于 90%；由于铁钉数量丰富，新铁锈不断形成，因此可保持该去除率。

Qian 等（2022b）研究了铁氧化细菌（FeOB）对水稻土中 As 迁移转化的影响。结果表明，接种 FeOB 促进了水稻土中氧化铁的生成，形成的铁氧化物具有表面活性高、对重金属吸附性能强的特点，As 被铁氧化物结合的比例上升，因此降低了水稻土中 As 的生物有效性，有效地降低了 As 在水稻组织中的积累。此外，FeOB 的接种改变了土壤微生物群落结构和土壤代谢，促进了土壤中 As 的生物转化过程，增强了土壤对 As 污染的抵抗力。

二、电极/光电子驱动的砷转化

由于 As(III) 的毒性大于 As(V) 的毒性，所以通常利用 BES 的阳极氧化反应处理砷污染。Pous 等（2015）首先证实了 As(III) 能在 BES 的阳极被氧化，此时阳极微生物主要由 γ-变形菌组成。Li 等（2016b）研究了单室 MFC 阳极上自发发生的 As(III) 氧化。As(III) 在 7 天内几乎被完全去除，非生物阳极对照组对 As(III) 无去除，排除了 As(III) 被电化学氧化的可能性。

Nguyen 等（2016）证明了 BES 耦联生物阳极 As(III) 氧化和生物阴极 NO_3^- 还原的可行性，证明 As(III) 的厌氧氧化可以为生物阴极反硝化提供电子。施加直流电源（1 V）或使用恒电位仪（阳极电位固定在 +0.5 V）对于实现 As(III) 的完全生物电化学氧化是必要的。与 Pous 等（2015）的报道相比，阳极表面较高密度的微生物量被认为是去除率较高的原因。As(III) 的去除还可以使用 BES 中的另一种技术——微生物脱盐电池来实现：Brastad 和 He（2013）的研究表明，在使用微生物脱盐电池进行水硬度去除过程中，砷也可以在阴、阳极间电场的作用下从进水中被除去，去除率达 89%。

半导体产生的光电子也可还原重金属离子。Chen 等（2019）发现，土壤中微生物对 As(V)和 Fe(III)的还原速度在间歇光照有 ZnS 实验组中分别是暗环境无 ZnS 对照组的 1.3 倍和 1.7 倍；然而在暗环境有 ZnS 的实验组中分别是暗环境无 ZnS 对照组的 0.8 倍和 0.7 倍。分析原因认为，暗环境中 ZnS 的添加降低了几种金属还原菌（如 *Bacillus*、*Geobacter*、*Clostridium* 和 *Desulfitobacterium*）的丰度，导致 As/Fe 的还原速度降低；而在光环境中，ZnS 被激发产生的光电子-空穴对参与了两种重金属的还原，导致 As/Fe 还原速度的升高。

Zhu 等（2019）构建了两个湿地植物-沉积物微生物燃料电池系统（PSM1 和 PSM2）和一个湿地沉积物微生物燃料电池系统（SM），研究了它们的产电性能、沉积物和上覆水体中砷和重金属的同步迁移转化以及植物对砷和重金属的吸收。结果表明，电池和植物的引入影响了 As、Zn 和 Cd 在沉积物中的迁移和转化，有助于提高它们在沉积物中的稳定性，减少了这些金属在上覆水体中的释放，减少了植物对重金属的吸收。Ceballos-Escalera 等（2021）以 33 mg N-NO_3^-/L 和 5 mg As(III)/L 的合成污染地下水为实验对象，在连续流模式下运行生物电化学反应器。在水力停留时间（HRT）为 1.6 h 时，砷的氧化可完全完成，氧化速率达 90 g As(III)m^3（净反应器体积）/d。

第七节　其他重金属

一、铁还原驱动的其他重金属转化

土壤中重金属污染治理主要是通过改变重金属的价态或者在土壤中共沉淀，从而降低重金属的有效性。在微生物作用下 Fe(III)氧化物被还原成 Fe(II)，同时 Ni、Cu、Zn 等高价态的重金属失去电子被氧化，处于动态的形态转化过程中。在这一过程中，Fe(II)不仅可以通过微生物作用失去电子被氧化为 Fe(III)，也能直接被化学氧化为 Fe(III)，形成的 Fe(III)/Fe(II)混合铁氧化物对重金属有吸附或共沉淀的固定作用。另外，许多吸附态的过渡金属可以通过微生物铁还原逐步地被螯合进 0.5 mol/L HCl 不溶相。Cooper 等（2006）设计了 *Shewanella putrefaciens* 200R 还原直径小于 150 μm 的铁氧化物（水铁矿和针铁矿等）实验，通过观察 Zn 被吸附在次生铁矿或天然铁矿上的量，发现从铁还原到铁氧化的过程，次生铁矿比只有微生物铁还原的体系能吸附更多的 Zn。

Cai 等（2021a）将氧化亚铁硫杆菌（*Acidithiobacillus ferrooxidans* ILS-2）投加于消化污泥中，在氧化亚铁硫杆菌作用下，污泥中不断产生 H^+、Fe^{2+} 和 Fe^{3+}，降低了 pH，提取出污泥中的重金属，对 Mn、Ni、Zn 等重金属的去除效果比未进行氧化亚铁硫杆菌处理的对照组显著，尤其是在高亚铁负荷时。在氧化亚铁硫杆菌存在下，亚铁负荷为 21% 时，Ni、Mn 和 Zn 的去除率分别达到 93%、88%和 80%。

二、电极还原驱动的其他重金属转化

Qin 等（2012）在微生物电解池（MEC）阴极生成氢氧根处理含镍离子的废水，初始 Ni^{2+} 浓度为 50～1000 mg/L 时，最大去除效率可达 99%。Luo 等（2015）在 MFC 与

MEC 系统的阴极室中处理含 Cu^{2+} 和 Ni^{2+} 的废水，Cu^{2+} 初始浓度为 250 mg/L、Ni^{2+} 初始浓度为 500 mg/L 时，在 MFC 中 Cu^{2+} 首先被去除 99.1%，随后在 MEC 中 Ni^{2+} 的去除效率达 96.9%，证明了使用 BES 沉淀法从重金属混合废水中选择性回收 Cu^{2+} 和 Ni^2 的可行性。

　　Tao 等（2011）构建了含 5 个阴极的中试无膜 BES（体积为 16 L）来去除废水中的 Cu(Ⅱ)（图 11-14）。该反应器中，Cu(Ⅱ) 被还原并以固态铜沉积物的形式附着在阴极上被回收。当向阴极室中加入 600 mg Cu^{2+} 时，在 480 h 内去除效率为 92%，加入 2000 mg Cu^{2+} 时，在 672 h 内去除效率达到 48%。随着阴极到阳极的距离减小，内部电阻减小并且电压输出增加。沉积在每个阴极上的金属 Cu 晶体和 Cu(Ⅰ) 化合物的质量取决于电流强度。

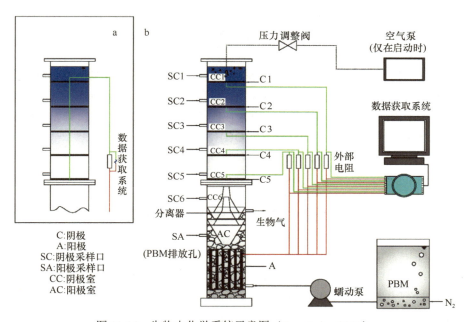

图 11-14　生物电化学系统示意图（Tao et al.，2011）

Figure 11-14　Schematic diagram of the bioelectrochemical system

a. 5 个阴极通过共同的外电阻连接到阳极；b. 5 个阴极通过各自的外电阻连接到阳极。PBM. 磷酸缓冲培养基

　　钒可以两种不同的形式存在于水中：V(Ⅴ) 被认为是毒性较大的形式，V(Ⅳ) 在碱性和中性 pH 下不溶，毒性较低（Nancharaiah et al.，2015）。因此，BES 中钒修复的常见策略是在阴极将 V(Ⅴ) 作为末端电子受体还原为 V(Ⅳ)。Zhang 等（2012）研究了 MFC 阴极中 V(Ⅴ) 和 Cr(Ⅵ) 的同时还原，分别得到 $67.9\% \pm 3.1\%$ 和 $75.4\% \pm 1.9\%$ 的去除率，Cr(Ⅲ) 沉积在电极表面上，而 V(Ⅳ) 通过调节 pH 沉淀。然而由于阴极 pH 需先调整为 2，再调节至 6，该方法难以应用于地下水污染修复。因此，发展在中性 pH 下操作的生物阴极还原是未来应用的必然要求。Qiu 等（2017）设计的反应器可在中性 pH 下运行，并且使用生物阴极，该反应器实现了 7 天内完全去除初始浓度 200 mg/L 的 V(Ⅴ)。最大生物电产量为（529 ± 12）mW/m^2；中性 pH 对于微生物活性是最佳的，并且允许无须调节 pH 实现 V(Ⅳ) 沉淀。阴极上的 *Dysgonomonas* 是引起 V(Ⅴ) 还原的主要微生物。

汞及其化合物被广泛用于生产油漆、纸浆和造纸、彩色制造工业、炼油、电池制造业及制药加工。含 Hg 废水的排放会污染环境，严重损害人体健康。废水中的 Hg 常以二价的无机汞化合物（$HgCl_2$、HgS 等）和有机汞化合物（CH_3Hg^+、$C_6H_5Hg^+$）状态存在。Wang 等（2011）构建的双室 MFC 在阴极通过还原反应处理含 Hg(Ⅱ)废水，将 Hg(Ⅱ)转化为 Hg 单质沉积在阴极表面，转化效率在 99%以上。

硒及其化合物广泛用于各种工业，如玻璃制造和电子工业，这些工业的废水中含有高浓度的 Se。SeO_3^{2-} 和 SeO_4^{2-} 是无机硒的两种主要类型，SeO_3^{2-} 比 SeO_4^{2-} 对水生无脊椎动物和鱼类的毒性更大。Catal 等（2009）构建了单室 MFC 用以处理含 5～75 mg/L Se 的 SeO_3^{2-} 废水，处理完毕后在电池的阳极和阴极均有红色沉积物——元素 Se。

此外，有学者将 BES 技术运用在金、银等贵金属回收方面。Tao 等（2012）及 Choi 和 Cui（2012）构建的 MFC 将银化合物在阴极转化为单质银，回收效率均可达 95%以上。Choi 和 Hu（2013）还构建了 MFC 从阴极室的四氯金酸盐中回收金元素，对于初始浓度为 200 mg/kg 的 Au(Ⅲ)，回收效率达 99%以上。Zhang 等（2021b）构建了三室微生物燃料电池（TC-MFC），左右为阴阳极室，中间为土壤室，三室以阳离子交换膜隔开。铜离子在电场作用下往阴极端迁移，当 O_2 在阴极反应中作为电子受体时，H^+ 被消耗，阴极周围的 pH 升高，形成了 $CuSO_4·3Cu(OH)_2$。

第八节　案例分析

一、案例一：腐殖质和生物炭电子媒介体促进淹水稻田土壤中的砷还原和释放（Qiao et al.，2018，2019b）

稻田砷污染是一个全球性环境问题。在淹水环境下，Fe(Ⅲ)氧化物还原溶解会造成吸附 As(Ⅴ)释放，被还原为 As(Ⅲ)，或者吸附 As(Ⅴ)被微生物直接还原为 As(Ⅲ)，增加砷的移动性和生物可利用性。生物炭及腐殖质作为具有电化学活性的含碳有机质，能够参与并影响砷的还原。目前人们对这些类腐殖质在稻田砷还原中的作用及相关微生物机制了解较少。

（一）研究目的

全面揭示生物炭和腐殖质影响厌氧稻田砷的微生物还原过程与机制，进而为治理稻田砷污染提供新的理论支撑。

（二）材料与方法

以砷污染稻田土壤为接种物，以乳酸作为唯一有机碳源，添加生物炭，以不添加碳源，只添加不同的腐殖质组分[富里酸（FA）、腐殖酸（HA）和胡敏素（Humin）]为对照，对稻田土壤砷的转化进行测定。采用高通量测序或克隆文库技术对生物炭或腐殖质添加后活性微生物群落（16S rRNA）和活性砷还原群落（*arrA* 和 *arsC*）进行解析，用 RT-qPCR 定量分析砷还原功能基因和活性细菌转录表达，并对生物炭或腐殖质与这些理化指标及微生物生理指标之间的联系进行深入分析。

（三）结果

首先，评估人工固体有机质生物炭在稻田砷还原中的作用。乳酸和生物炭显著促进了微生物介导的 As(V) 和 Fe(III) 还原，释放大量 As(III) 进入土壤溶液（图 11-15），其中生物炭的电子穿梭功能促进了从细菌到 As(V) 和 Fe(III) 的电子转移。

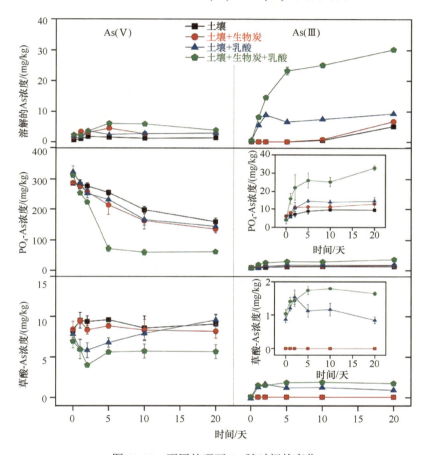

图 11-15　不同处理下 As 随时间的变化

Figure 11-15　Time-dependent concentrations of As in different treatments

测序和系统发育分析表明，*arrA* 与 *Geobacter*（>60%，相同序列数/总序列数）密切相关，*arsC* 与肠杆菌科（>99%）相关。*Geobacter* 属、*Geobacter arrA* 和 *arsC* 基因转录拷贝数在生物炭存在情况下比不添加生物炭的实验组多。溶解性 As(V) 浓度与 *Geobacter* 属和 *Geobacter arrA* 基因转录丰度密切相关。该研究表明，有机碳存在时，生物炭能够激活 *Geobacter* 属及 *Geobacter arrA* 基因转录促进 As(V) 还原，增加水稻对砷的生物利用度（图 11-16）。

其次，该研究提取了土壤腐殖质，对其在稻田砷还原中的作用进行了研究。FA、HA 和 Humin 均显著促进了微生物介导的砷还原（FA > HA > HM）（图 11-17）。同时，

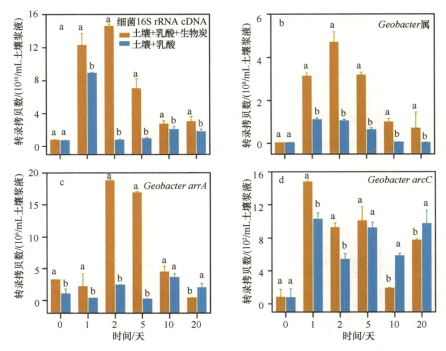

图 11-16　不同处理下 16S rRNA cDNA（a）、*Geobacter* 属（b）、*Geobacter arrA* 基因（c）和 *arsC* 基因（d）转录丰度

Figure 11-16　Transcript copy numbers of bacterial 16S rRNA cDNA(a) *Geobacer* sp., (b)*Geobacter arrA* gene (c), and *arsC* gene (d) in different treatments

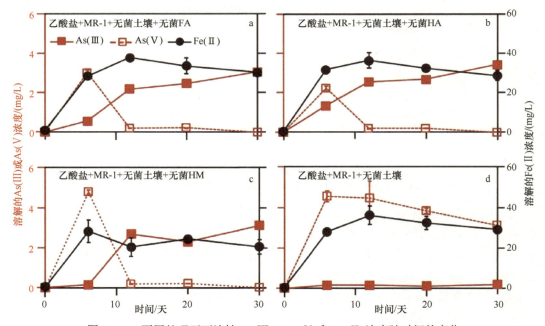

图 11-17　不同处理下可溶性 As(Ⅲ)、As(Ⅴ) 和 Fe(Ⅱ) 浓度随时间的变化

Figure 11-17　Time-dependent concentrations of dissolved As(Ⅲ), As(Ⅴ), and Fe(Ⅱ) in different treatments

HA. 腐殖酸；FA. 富里酸；HM. 胡敏素；MR-1. *S. oneidensis* MR-1

还原态腐殖质（腐殖质非生物作用）还能将 As(V)还原。其中，还原态 FA 释放的砷占相应生物作用释放砷的 50%~70%。

　　腐殖质，尤其是 FA，能提供不稳定的碳来刺激微生物活动并增加 *Azoarcus*、*Anaeromyxobacter* 和 *Pseudomonas* 的相对丰度，这些微生物均可能参与腐殖质、Fe(III)和 As 的还原。腐殖质还增加了 *arrA* 的转录丰度，以及 *Geobacter* 属的整体转录丰度，两种丰度的增加与可溶性 As(V)浓度增加有关（图 11-18）。这些结果有助于阐明淹水稻田土壤中腐殖质存在下砷还原和释放的途径。

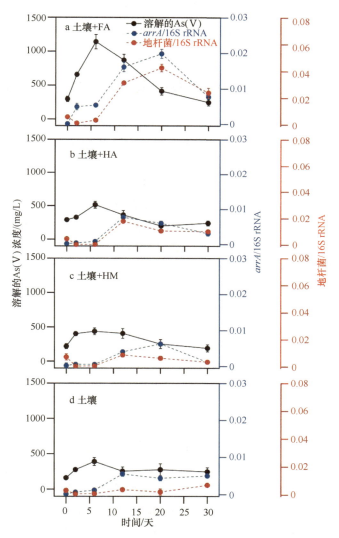

图 11-18　不同处理下可溶性 As(V)、*arrA* 和 *Geobacter* 属标准化至 16S rRNA 基因的转录水平随时间的变化

Figure 11-18　Dissolved As(V) concentrations and transcriptional levels of the *arrA* gene and *Geobacter* normalized to the 16S rRNA gene in different treatments

FA. 富里酸；HA. 腐殖酸；HM. 胡敏素

（四）结论

生物炭可以作为电子穿梭物发挥作用，促进电子从细菌转移到 As(V)和 Fe(III)，生物炭主要上调了 As(V)呼吸相关的 *arrA* 基因和 As(V)耐受菌 *Geobacter* 的转录，从微生物层面为生物炭促进砷还原和释放提供了解释。腐殖质可以通过三种主要途径促进砷的减少和释放：①作为电子穿梭体发挥作用；②提供不稳定的碳作为电子供体，并增加土著土壤细菌的丰度；③刺激 As(V)呼吸相关的 *arrA* 基因和 As(V)耐受菌 *Geobacter* 的转录。其中，FA 是最有效的，因为它具有更多的不稳定碳和更高的溶解度及电子转移能力。这些特征不仅有利于刺激微生物活动，还有助于加速从微生物到溶解和吸附的 As(V)的电子转移。

二、案例二：微生物燃料电池驱动的土壤重金属转化及其研究（Habibul et al., 2016）

有毒金属，如镉（Cd）和铅（Pb），是土壤中分布最广的环境污染物，对生态系统和人类健康构成严重威胁。与有机污染物不同，土壤中的有毒金属不会被微生物降解，并且在引入土壤后会持续很长时间。

电动修复是应用直接电势进行电迁移、电渗和电解来原位去除土壤中的金属污染物的一种环境修复技术。然而，电动修复技术需要大量的能量消耗，这是该技术用于实际土壤修复的局限之一。微生物燃料电池（MFC）是一种新型生物电化学技术，电子在阳极处由微生物降解有机物过程产生，然后通过外部电路转移到阴极。同时，作为末端电子受体的氧被阴极处的电子还原成水。其他阳离子也可以在 MFC 的电场下从阳极迁移到阴极。但到目前为止，尚不清楚 MFC 产生的这种低水平电场能否诱发原位去除土壤中带电荷的重金属离子。

（一）研究目的

通过使用 MFC 中微生物产生的电能，与原位电动修复结合，验证其原位修复有毒重金属污染土壤的可行性。

（二）材料与方法

构建如图 11-19 所示的双室 MFC：阳极为石墨棒，并在阳极室中填充石墨颗粒（直径 2～5 mm），配制 0.13 g/L NH$_4$Cl、0.044 g/L KH$_2$PO$_4$、0.026 g/L K$_2$HPO$_4$ 和 1.36 g/L CH$_3$COONa·3H$_2$O 为阳极培养基，接种已稳定运行的 MFC 阳极出水；阴极为碳毡制成的空气阴极，阴极室尺寸为 5 cm × 5 cm × 10 cm，填充风干后过 2 mm 筛的 Cd 或 Pb 污染土壤，用去离子水浸没；两室以质子交换膜隔开，外阻为 1000 Ω。实验在室温下进行。用电化学工作站监测产电数据，用 ICP-AES 测定修复前后土壤中 Cd 和 Pb 的浓度。

（三）结果

用于 Cd 和 Pb 修复处理的 MFC 产生的电流密度分别在 0.7～1.5 mA/cm^2 和 0.6～1.2 mA/cm^2 波动（图 11-20a）。经过约 27 天的操作，MFC 性能稳定，然后测量它们的

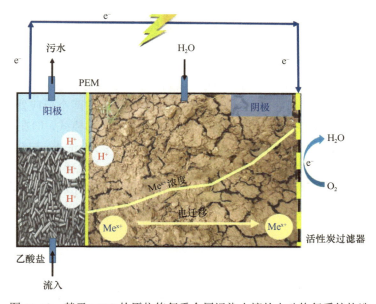

图 11-19　基于 MFC 的原位修复重金属污染土壤的电动修复系统构造

Figure 11-19　Configuration of the MFC-based electrokinetic remediation system for heavy metal contaminated soil

Me^{x+}. 重金属离子

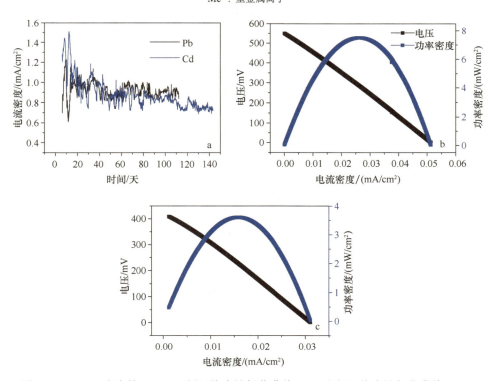

图 11-20　MFC 产电情况（a）、镉污染电池极化曲线（b）和铅污染电池极化曲线（c）

Figure 11-20　Electricity production in the MFC(a), polarization curves of the MFC for the treatment of Cd(b) and Pb(c)

极化曲线。Cd 污染土壤修复系统的最大功率密度为 7.5 mW/cm^2（图 11-20b），Pb 污染土壤修复系统的最大功率密度为 3.6 mW/cm^2（图 11-17c）。相应的内阻分别为 863 Ω 和 1058 Ω。

MFC 处理后土柱不同部位金属的分布（以剩余量与初始存在量之比表示）如图 11-21 所示。结果表明，实验过程中，在 MFC 产生的电场作用下，两个反应器中土壤中的 Cd 和 Pb 从阳极迁移到阴极区域。不同的金属显示出相似的迁移模式，但在各种 MFC 中的去除效率不同。修复前土壤中的初始 Cd 和 Pb 浓度分别为 98 mg/kg 与 910 mg/kg。修复后，阳极区 Cd 和 Pb 浓度分别降至 68 mg/kg 与 509 mg/kg，Cd 去除率约为 31.0%，Pb 约为 44.1%。超过 100 天后，阴极区 Cd 和 Pb 的浓度分别达到 134 mg/kg 和 1218 mg/kg。这两个重金属去除率的差异可能来自它们不同的运动性和不同的处理时间。

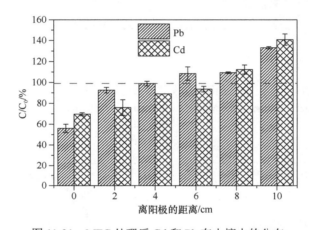

图 11-21　MFC 处理后 Cd 和 Pb 在土壤中的分布

Figure 11-21　Distribution of Cd and Pb in the soils from the anode to cathode

（四）结论

来自 MFC 的产电量足够为电动修复系统提供动力，在该电场作用下，土壤中的重金属 Cd^{2+} 和 Pb^{2+} 从阳极迁移到阴极，阳极氧气与电子结合生成的氢氧根与重金属结合，形成氢氧化镉和氢氧化铅沉淀。经过分别约 143 天和 108 天的运行，Cd 和 Pb 的去除率分别为 31.0% 和 44.1%。MFC 驱动的电动修复技术具有良好的成本效益和环境友好性，在土壤修复中具有广阔的应用前景。

三、案例三：光电子协同微生物电化学系统促进铬转化研究（Li et al.，2009）

（一）研究目的

集成生物催化阳极和半导体光催化阴极的优点，设计新型的光电子协同微生物电化学系统（图 11-22），并验证其处理 Cr(Ⅵ)污染的效果，初步讨论系统中光电子转移的机制。

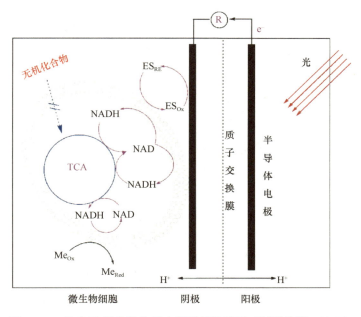

图 11-22 光电子-微生物协同电解系统机理图（刘明学等，2017）

Figure 11-22 Mechanisms of photoelectron-microorganism synergistic electrolysis system

（二）材料与方法

构建双室 MFC：阳极为石墨板，配制 0.1 g/L KCl、0.5 g/L NH$_4$Cl、0.1 g/L MgCl$_2$、0.1 g/L CaCl$_2$、0.3 g/L KH$_2$PO$_4$、2.5 g/L NaHCO$_3$ 和 1.64 g/L CH$_3$COOH 为阳极培养基，接种河流沉积物为菌源；阴极为由天然金红石涂覆的抛光石墨电极，阴极室填充 1 mol/L 的 KCl 直至有稳定的电压输出，加入 K$_2$Cr$_2$O$_7$，pH 用 HCl 调节至 2.0，运行时用氙灯（300 W、光强 12.8 mW/cm^2）模拟太阳光源照射阴极；两室以质子交换膜隔开，外阻为 5000 Ω。用数据采集系统监测产电数据；在酸性溶液中使用 1,5-二苯卡巴肼作为显色剂，用比色法测定 Cr(VI) 的浓度。

（三）结果

在光照下金红石涂层阴极 MFC 的总电压显著高于在黑暗下的电压，表明在 MFC 中光催化增强了 MFC 的产电性能（图 11-23a）。Cr(VI) 的还原效率在光照下（22 h 内为 88%）比在黑暗中高出 1.6 倍（22 h 内为 65%）。26 h 后，在光照的金红石阴极 MFC 中，约 97% 的 Cr(VI) 被还原，而组装石墨阴极的 MFC 中，需要超过 50 h 才能达到这一效率。MFC 的循环伏安图表明，在光照和黑暗的情况下，阴极的电位分别为 0.8 V（vs. SCE）和 0.55 V（vs. SCE），表明可见光诱导的光催化增加了阴极电位，有利于 Cr(VI) 还原。与阳极无菌对照组相比，有微生物的实验组实现了更高的电子转移效率（图 11-23b）。以上研究数据表明，MFC 中生物催化（阳极）和光催化（阴极）之间的协同过程可以带来最高的系统性能。

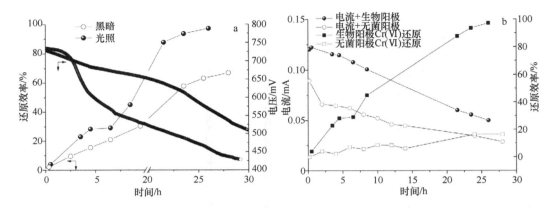

图 11-23　光照和黑暗条件包含金红石涂层阴极的 MFC 中电能产生和 Cr(Ⅵ)还原随时间的变化（a），以及生物阳极和非生物阳极（b）间的对比

Figure 11-23　Electrical generation and Cr(Ⅵ) reduction over time in MFCs containing rutile-coated cathode (a) under visible light and in the dark, and (b) containing live and sterile anode chambers

在照射的金红石涂层阴极上光催化辅助 Cr(Ⅵ)还原的主要机制可以用下面的等式描述（vb 表示价带，cb 表示导带）：

$$光照的金红石阴极 \longrightarrow h_{vb}^+ + e_{cb}^- （电子-空穴对）$$

$$h_{vb}^+ + e_{cb}^- + e^- \longrightarrow e_{cb}^-$$

$$6e_{cb}^- + Cr_2O_7^{2-} + 14H^+ \longrightarrow 2Cr^{3+} + 7H_2O$$

阴极室中还原化合物所需的活化能将导致阴极电位损失，在非光催化阴极 MFC 中阴极活化损失比在光照金红石阴极 MFC 中更明显。根据能量转换定律，金红石涂覆的阴极可以吸收光能来补偿一部分阴极能量损失。以前的研究结果表明，减少阴极活化损失可以提高 MFC 的阴极反应速率和功率输出，因此金红石涂层阴极的光激发可以为 Cr(Ⅵ)污染治理提供解决方案。

（四）结论

本研究构建的新型光电子协同微生物电化学系统，生物催化阳极和金红石涂层阴极之间的协同作用可以促进功率输出和 Cr(Ⅵ)还原。光照条件下，26 h 内可还原 97%的 Cr(Ⅵ)。微生物与天然金红石等无机半导体的耦合可以提供一种新颖且具有成本效益的技术，应用于 MFC 单元中同时进行废物处理和太阳能转换。

参 考 文 献

李义纯, 葛滢. 2009. 淹水还原条件下土壤铁氧化物对镉活性制约机理的研究进展. 土壤, 41(2): 160-164.

刘明学, 董发勤, 聂小琴, 等. 2017. 光电子协同微生物介导的重金属离子还原与电子转移机理. 化学进展, 29(12): 1537-1550.

王向琴, 刘传平, 杜衍红, 等. 2018. 零价铁与腐殖质复合调理剂对稻田镉砷污染钝化的效果研究. 生态环境学报, 27(12): 2329-2336.

于焕云, 崔江虎, 乔江涛, 等. 2018. 稻田镉砷污染阻控原理与技术应用. 农业环境科学学报, 37(7): 1418-1426.

臧文超, 叶旌, 田祎. 2018. 重金属污染及控制. 北京: 化学工业出版社.

宗美荣. 2016. 矿物光生电子介导微生物对铀价态转变的研究. 绵阳: 西南科技大学硕士学位论文.

Abourached C, Catal T, Liu H. 2014. Efficacy of single-chamber microbial fuel cells for removal of cadmium and zinc with simultaneous electricity production. Water Res, 51: 228-233.

Benner S G, Hansel C M, Wielinga B W, et al. 2002. Reductive dissolution and biomineralization of iron hydroxide under dynamic flow conditions. Environ Sci Technol, 36(8): 1705-1711.

Boland D D, Collins R N, Glover C J, et al. 2014. Reduction of U(VI) by Fe(II) during the Fe(II)-accelerated transformation of ferrihydrite. Environ Sci Technol, 48(16): 9086-9093.

Brastad K S, He Z. 2013. Water softening using microbial desalination cell technology. Desalination, 309: 32-37.

Boonchayaanant B, Nayak D, Du X, et al. 2009. Uranium reduction and resistance to reoxidation under iron-reducing and sulfate-reducing conditions. Water Res, 43(18): 4652-4664.

Cai G Q, Ebrahimi M, Zheng G Y, et al. 2021a. Effect of ferrous iron loading on dewaterability, heavy metal removal and bacterial community of digested sludge by *Acidithiobacillus ferrooxidans*. J Environ Manage, 295: 113114.

Cai X, Thomas A L K, Fang X, et al. 2021b. Impact of organic matter on microbially-mediated reduction and mobilization of arsenic and iron in arsenic(V)- bearing ferrihydrite. Environ Sci Technol, 55(2): 1319-1328.

Cooper Z, Bringolf R, Cooper R, et al. 2017. Heavy metal bioaccumulation in two passerines with differing migration strategies. Sci Total Environ, 592: 25-32.

Catal T, Bermek H, Liu H. 2009. Removal of selenite from wastewater using microbial fuel cells. Biotechnol Lett, 31(8): 1211-1216.

Chen Z, Dong G W, Chen Y B, et al. 2019. Impacts of enhanced microbial-photoreductive and suppressed dark microbial reductive dissolution on the mobility of As and Fe in flooded tailing soils with zinc sulfide. Chem Eng J, 372: 118-128.

Choi C, Cui Y F. 2012. Recovery of silver from wastewater coupled with power generation using a microbial fuel cell. Bioresour Technol, 107: 522-525.

Choi C, Hu N X. 2013. The modeling of gold recovery from tetrachloroaurate wastewater using a microbial fuel cell. Bioresour Technol, 133: 589-598.

Ceballos-Escalera A, Pous N, Chiluiza-Ramos P, et al. 2021. Electro-bioremediation of nitrate and arsenite polluted groundwater. Water Res, 190: 116748.

Colantonio N, Kim Y. 2016. Cadmium(II) removal mechanisms in microbial electrolysis cells. J Hazard Mater, 311: 134-141.

Cooper D C, Picardal F F, Coby A J. 2006. Interactions between microbial iron reduction and metal geochemistry: effect of redox cycling on transition metal speciation in iron bearing sediments. Environ Sci Technol, 40(6): 1884-1891.

Cornell R M, Schwertmann U. 2003. The iron oxides: structure, properties, reactions, occurences and uses. 2nd ed. Weinheim: Wiley-VCH.

Davranche M, Bollinger J C. 2000. Release of metals from iron oxyhydroxides under reductive conditions: effect of metal/solid interactions. J Colloid Interf Sci, 232(1): 165-173.

Dey M, Akter A, Islam S, et al. 2021. Assessment of contamination level, pollution risk and source apportionment of heavy metals in the Halda River water, Bangladesh. Heliyon, 7(12): e08625.

Dong G W, Huang Y H, Yu Q Q, et al. 2014. Role of nanoparticles in controlling arsenic mobilization from sediments near a realgar tailing. Environ Sci Technol, 48(13): 7469-7476.

Francis A J, Dodge C J. 1990. Anaerobic microbial remobilization of toxic metals coprecipitated with iron oxide. Environ Sci Technol, 24(3): 373-378.

Gallon C, Tessier A, Gobeil C, et al. 2004. Modeling diagenesis of lead in sediments of a Canadian Shield Lake. Geochim Cosmochim Ac, 68(17): 3531-3545.

Gregory K B, Lovley D R. 2005. Remediation and recovery of uranium from contaminated subsurface environments with electrodes. Environ Sci Technol, 39(22): 8943-8947.

Gustave W, Yuan Z F, Li X J, et al. 2020. Mitigation effects of the microbial fuel cells on heavy metal accumulation in rice(*Oryza sativa* L.). Environ Pollut, 260: 113989.

Gustave W, Yuan Z F, Liu F Y, et al. 2021. Mechanisms and challenges of microbial fuel cells for soil heavy metal(loid)s remediation. Sci Total Environ, 756: 143865.

Habibul N, Hu Y, Sheng G. 2016. Microbial fuel cell driving electrokinetic remediation of toxic metal contaminated soils. J Hazard Mater, 318: 9-14.

Hamilton-Taylor J, Smith E J, Davison W, et al. 2005. Resolving and modeling the effects of Fe and Mn redox cycling on trace metal behavior in a seasonally anoxic lake. Geochim Cosmochim Ac, 69(8): 1947-1960.

Han H, Wu X J, Hui R Q, et al. 2022. Synergistic effects of Cd-loving *Bacillus* sp. N3 and iron oxides on immobilizing Cd and reducing wheat uptake of Cd. Environ Pollut, 305: 119303.

Hansel C M, Benner S G, Neiss J, et al. 2003. Secondary mineralization pathways induced by dissimilatory iron reduction of ferrihydrite under advective flow. Geochim Cosmochim Ac, 67(16): 2977-2992.

He Y X, Gong Y F, Su Y M, et al. 2019. Bioremediation of Cr(Ⅵ) contaminated groundwater by *Geobacter sulfurreducens*: environmental factors and electron transfer flow studies. Chemosphere, 221: 793-801.

Huang B, Yuan Z J, Li D Q, et al. 2020. Effects of soil particle size on the adsorption, distribution, and migration behaviors of heavy metal(loid)s in soil: a review. Environ Sci Proc Imp, 22(8): 1596-1615.

Hammou H, Ginzburg I, Boulerhcha M. 2011. Two-relaxation-times Lattice Boltzmann schemes for solute transport in unsaturated water flow, with a focus on stability. Adv Water Resour, 34(6): 779-793.

Hidayat A R P, Widyanto A R, Asranudin A, et al. 2022. Recent development of double chamber microbial fuel cell for hexavalent chromium waste removal. J Environ Chem Eng, 10(3): 107505.

Ilton E S, Boily J F, Buck E C, et al. 2010. Influence of dynamical conditions on the reduction of U(Ⅵ) at the magnetite-solution interface. Environ Sci Technol, 44(1): 170-176.

Ilton E S, Pacheco J S, Bargar J R, et al. 2012. Reduction of U(Ⅵ) incorporated in the structure of hematite. Environ Sci Technol, 46(17): 9428-9436.

Jiang B N, Tian J, Chen H J, et al. 2022a. Heavy metals migration and antibiotics removal in anaerobic digestion of swine manure with biochar addition. Environ Technol Innov, 27: 102735.

Jiang S, Dai G, Liu Z, et al. 2022b. Field-scale fluorescence fingerprints of biochar-derived dissolved organic matter(DOM)provide an effective way to trace biochar migration and the downward co-migration of Pb, Cu and As in soil. Chemosphere, 301: 134738.

Kabutey F T, Antwi P, Ding J, et al. 2019. Enhanced bioremediation of heavy metals and bioelectricity generation in a macrophyte-integrated cathode sediment microbial fuel cell(mSMFC). Environ Sci Pollut Res, 26(26): 26829-26843.

Kong F, Lu S. 2022. Effects of microbial organic fertilizer(MOF)application on cadmium uptake of rice in acidic paddy soil: regulation of the iron oxides driven by the soil microorganisms. Environ Pollut, 307: 119447.

Khanal A, Hur H G, Fredrickson J K, et al. 2021. Direct and indirect reduction of Cr(Ⅵ) by fermentative Fe(Ⅲ)- reducing *Cellulomonas* sp. strain Cellu-2a. J Microbial Biotechnol, 31(11): 1519-1525.

Lakaniemi A M, Douglas G B, Kaksonen A H. 2019. Engineering and kinetic aspects of bacterial uranium reduction for the remediation of uranium contaminated environments. J Hazard Mater, 371: 198-212.

Lee M, Ahn Y, Pandi K, et al. 2020. Sorption of bioavailable arsenic on clay and iron oxides elevates the soil microbial activity. Water, Air, & Soil Pollution, 231(8): 411.

Li C C, Yi X Y, Dang Z, et al. 2016a. Fate of Fe and Cd upon microbial reduction of Cd-loaded polyferric flocs by *Shewanella oneidensis* MR-1. Chemosphere, 144: 2065-2072.

Li Y, Lu A H , Ding H R, et al. 2009. Cr(Ⅵ) reduction at rutile-catalyzed cathode in microbial fuel cells. Electrochem Commun, 11(7): 1496-1499.

Li Y, Wu Y, Liu B, et al. 2015. Self-sustained reduction of multiple metals in a microbial fuel cell-microbial electrolysis cell hybrid system. Bioresour Technol, 192: 238-246.

Li Y L, Zhang B G, Cheng M, et al. 2016b. Spontaneous arsenic(Ⅲ) oxidation with bioelectricity generation in single-chamber microbial fuel cells. J Hazard Mater, 306: 8-12.

Liu W B, Lin L M, Meng Y, et al. 2021. Recovery and separation of uranium in a microbial fuel cell using a titanium dioxide nanotube array cathode. Environ Sci-Nano, 8(8): 2214-2222.

Liu X H, Chu G, Du Y Y, et al. 2019. The role of electron shuttle enhances Fe(Ⅲ)-mediated reduction of Cr(Ⅵ) by *Shewanella oneidensis* MR-1. World J Microbiol Biotechnol, 35(4): 64.

Lovley D R. 2002. Dissimilatory metal reduction: from early life to bioremediation. ASM News, 68(5): 231-237.

Lu A, Li Y, Jin S. 2012. Interactions between semiconducting minerals and bacteria under light. Elements, 8(2): 125-130.

Lu A H, Li Y. 2012. Light fuel cell(LFC): a novel device for interpretation of microorganisms-involved mineral photochemical process. Geomicrobiol J, 29(3): 236-243.

Luo H P, Qin B Y, Liu G L, et al. 2015. Selective recovery of Cu^{2+} and Ni^{2+} from wastewater using bioelectrochemical system. Front Environ Sci Eng China, 9(3): 522-527.

Ma S, Song C S, Chen Y F, et al. 2018. Hematite enhances the removal of Cr(Ⅵ) by *Bacillus subtilis* BSn5 from aquatic environment. Chemosphere, 208: 579-585.

Manning B A, Fendorf S E, Bostick B C, et al. 2002. Arsenic(Ⅲ) oxidation and arsenic(Ⅴ) adsorption reactions on synthetic birnessite. Environ Sci Technol, 36(5): 976-981.

Meng Y, Zhao Z W, Burgos W D, et al. 2018. Iron(Ⅲ) minerals and anthraquinone-2, 6-disulfonate (AQDS) synergistically enhance bioreduction of hexavalent chromium by *Shewanella oneidensis* MR-1. Sci Total Environ, 640/641: 591-598.

Min G, Li J, Sun S, et al. 2018. The enhanced effect of *Acidithiobacillus ferrooxidans* on pyrite based Cr(Ⅵ) reduction. Chem Eng J, 341: 27-36.

Modin O, Wang X F, Wu X, et al. 2012. Bioelectrochemical recovery of Cu, Pb, Cd, and Zn from dilute solutions. J Hazard Mater, 235/236: 291-297.

More A G, Gupta S K. 2018. Evaluation of chromium removal efficiency at varying operating conditions of a novel bioelectrochemical system. Bioproc Biosys Eng, 41(10): 1547-1554.

Muehe E M, Adaktylou I J, Obst M, et al. 2013a. Organic carbon and reducing conditions lead to cadmium immobilization by secondary Fe mineral formation in a pH-neutral soil. Environ Sci Technol, 47(23): 13430-13439.

Muehe E M, Scheer L, Daus B, et al. 2013b. Fate of arsenic during microbial reduction of biogenic versus abiogenic As-Fe(Ⅲ)-mineral coprecipitates. Environ Sci Technol, 47(15): 8297-8307.

Nancharaiah Y V, Mohan S V, Lens P N L. 2015. Metals removal and recovery in bioelectrochemical systems: areview. Bioresour Technol, 195: 102-114.

Nguyen V K, Park Y, Yu J, et al. 2016. Simultaneous arsenite oxidation and nitrate reduction at the electrodes of bioelectrochemical systems. Environ Sci Pollut Res, 23(19): 19978-19988.

O'Loughlin E J, Kelly S D, Kemner K M. 2010. XAFS investigation of the interactions of U(Ⅵ) with secondary mineralization products from the bioreduction of Fe(Ⅲ) oxides. Environ Sci Technol, 44(5): 1656-1661.

Ona-Nguema G, Morin G, Juillot F, et al. 2005. EXAFS Analysis of arsenite adsorption onto two-line ferrihydrite, hematite, goethite, and lepidocrocite. Environ Sci Technol, 39(23): 9147-9155.

Peiravi M, Mote S R, Mohanty M K, et al. 2017. Bioelectrochemical treatment of acid mine drainage (AMD) from an abandoned coal mine under aerobic condition. J Hazard Mater, 333: 329-338.

Pous N, Casentini B, Rossetti S, et al. 2015. Anaerobic arsenite oxidation with an electrode serving as the sole electron acceptor: a novel approach to the bioremediation of arsenic-polluted groundwater. J Hazard Mater, 283: 617-622.

Qian D S, Liu H M, Hu F, et al. 2022a. Extracellular electron transfer-dependent Cr(VI)/sulfate reduction mediated by iron sulfide nanoparticles. J Biosci Bioeng, 134(2): 153-161.

Qian Z Y, Wu C, Pan W S, et al. 2022b. Arsenic transformation in soil-rice system affected by iron-oxidizing strain(*Ochrobactrum* sp.)and related soil metabolomics analysis. Front Microbiol, 13: 794950.

Qiao J T, Li X M, Hu M, et al. 2018. Transcriptional activity of arsenic-reducing bacteria and genes regulated by lactate and biochar during arsenic transformation in flooded paddy soil. Environ Sci Technol, 52(1): 61-70.

Qiao J T, Li X M, Li F B, et al. 2019b. Humic substances facilitate arsenic reduction and release in flooded paddy soil. Environ Sci Technol, 53(9): 5034-5042.

Qiao P W, Lei M, Yang S C, et al. 2019a. Development of a model to simulate soil heavy metals lateral migration quantity based on SWAT in Huanjiang watershed, China. J Environ Sci, 77: 115-129.

Qin B Y, Luo H P, Liu G L, et al. 2012. Nickel ion removal from wastewater using the microbial electrolysis cell. Bioresour Technol, 121: 458-461.

Qiu R, Zhang B G, Li J X, et al. 2017. Enhanced vanadium(V) reduction and bioelectricity generation in microbial fuel cells with biocathode. J Power Sources, 359: 379-383.

Randall S R, Sherman D M, Ragnarsdottir K V, et al. 1999. The mechanism of cadmium surface complexation on iron oxyhydroxide minerals. Geochim Cosmochim Ac, 63(19/20): 2971-2987.

Ravikumar K V G, Sudakaran S V, Pulimi M, et al. 2018. Removal of hexavalent chromium using nano zero valent iron and bacterial consortium immobilized alginate beads in a continuous flow reactor. Environ Technol Innov, 12: 104-114.

Roden E E, Leonardo M R, Ferris F G. 2002. Immobilization of strontium during iron biomineralization coupled to dissimilatory hydrous ferric oxide reduction. Geochim Cosmochim Ac, 66(16): 2823-2839.

Shi D T, Zeng F X, Gong T J, et al. 2022. Iron amended gravity-driven membrane(IGDM)system for heavy-metal-containing groundwater treatment. J Membr Sci, 643: 120067.

Shi J X, Zhang B G, Qiu R, et al. 2019a. Microbial chromate reduction coupled to anaerobic oxidation of elemental sulfur or zerovalent iron. Environ Sci Technol, 53(6): 3198-3207.

Shi Z J, Shen W J, Yang K, et al. 2019b. Hexavalent chromium removal by a new composite system of dissimilatory iron reduction bacteria *Aeromonas hydrophila* and nanoscale zero-valent iron. Chem Eng J, 362: 63-70.

Singh A, Kaushik A. 2021. Removal of Cd and Ni with enhanced energy generation using biocathode microbial fuel cell: insights from molecular characterization of biofilm communities. J Clean Prod, 315: 127940.

Sklodowska A, Mielnicki S, Drewniak L. 2018. *Raoultella* sp. SM1, a novel iron-reducing and uranium-precipitating strain. Chemosphere, 195: 722-726.

Smeaton C M, Fryer B J, Weisener C G. 2009. Intracellular precipitation of Pb by *Shewanella putrefaciens* CN32 during the reductive dissolution of Pb-jarosite. Environ Sci Technol, 43(21): 8086-8091.

Spark K M, Johnson B B, Wells J D. 2010. Characterizing heavy-metal adsorption on oxides and oxyhydroxides. Europ J Soil Sci, 46(4): 621-631.

Springthorpe S K, Dundas C M, Keitz B K. 2019. Microbial reduction of metal-organic frameworks enables synergistic chromium removal. Nat Commun, 10: 5212.

Sturm A, Crowe S A, Fowle D A. 2008. Trace lead impacts biomineralization pathways during bacterial iron reduction. Chem Geol, 249(3/4): 282-293.

Tao H C, Lei T, Shi G, et al. 2014. Removal of heavy metals from fly ash leachate using combined bioelectrochemical systems and electrolysis. J Hazard Mater, 264: 1-7.

Tao H C, Gao Z Y, Ding H, et al. 2012. Recovery of silver from silver(I)-containing solutions in bioelectrochemical reactors. Bioresour Technol, 111: 92-97.

Tao H C, Zhang L J, Gao Z Y, et al. 2011. Copper reduction in a pilot-scale membrane-free bioelectrochemical reactor. Bioresour Technol, 102(22): 10334-10339.

Tessier A, Fortin D, Belzile N, et al. 1996. Metal sorption to diagenetic iron and manganese oxyhydroxides and associated organic matter: narrowing the gap between field and laboratory measurements. Geochim Cosmochim Ac, 60(3): 387-404.

Tufano K J, Fendorf S. 2008. Confounding impacts of iron reduction on arsenic retention. Environ Sci Technol, 42(13): 4777-4783.

Venema P, Hiemstra T, van Riemsdijk W H. 1996. Multisite adsorption of cadmium on goethite. J Colloid Interf Sci, 183(2): 515-527.

Wang H, Xing L, Zhang H, et al. 2021. Key factors to enhance soil remediation by bioelectrochemical systems. Chem Eng J, 419: 1296600.

Wang H M, Song X Y, Zhang H H, et al. 2020a. Removal of hexavalent chromium in dual-chamber microbial fuel cells separated by different ion exchange membranes. J Hazard Mater, 384: 121459.

Wang H M, Ren Z J. 2014. Bioelectrochemical metal recovery from wastewater: a review. Water Res, 66: 219-232.

Wang H M, Zhang H H, Zhang X F, et al. 2020b. Bioelectrochemical remediation of Cr(VI)/Cd(II)-contaminated soil in bipolar membrane microbial fuel cells. Environ Res, 186: 109582.

Wang H Y, Qian F, Li Y. 2014. Solar-assisted microbial fuel cells for bioelectricity and chemical fuel generation. Nano Energy, 8: 264-273.

Wang Q, Huang L P, Pan Y Z, et al. 2017. Impact of Fe(III) as an effective electron-shuttle mediator for enhanced Cr(VI) reduction in microbial fuel cells: reduction of diffusional resistances and cathode overpotentials. J Hazard Mater, 321: 896-906.

Wang Z J, Lim B, Choi C. 2011. Removal of Hg^{2+} as an electron acceptor coupled with power generation using a microbial fuel cell. Bioresour Technol, 102(10): 6304-6307.

Wu X Y, Lv C X, Ye J, et al. 2021. Glycine-hydrochloric acid buffer promotes simultaneous U(VI) reduction and bioelectricity generation in dual chamber microbial fuel cell. J Taiwan Inst Chem Eng, 127: 236-247.

Yang F, Zhai W W, Li Z J, et al. 2021. Immobilization of lead and cadmium in agricultural soil by bioelectrochemical reduction of sulfate in underground water. Chem Eng J, 422: 130010.

Yaqoob A A, Bin A B M A, Kim H C, et al. 2022. Oxidation of food waste as an organic substrate in a single chamber microbial fuel cell to remove the pollutant with energy generation. Sustain Energy Techol Assess, 52: 102282.

Yu H, Li K Q, Cao Y H, et al. 2022. Synergistic remediation of lead contaminated soil by microbial fuel cell and composite remediation agent. Energy Rep, 8: 388-397.

Yuan C L, Liu T X, Li F B, et al. 2018. Microbial iron reduction as a method for immobilization of a low concentration of dissolved cadmium. J Environ Manage, 217: 747-753.

Zachara J M, Fredrickson J K, Smith S C, et al. 2001. Solubilization of Fe(III) oxide-bound trace metals by a dissimilatory Fe(III) reducing bacterium. Geochim Cosmochim Ac, 65(1): 75-93.

Zhang B G, Feng C P, Ni J R, et al. 2012. Simultaneous reduction of vanadium(V) and chromium(VI) with enhanced energy recovery based on microbial fuel cell technology. J Power Sources, 204: 34-39.

Zhang B G, Liu J, Sheng Y Z, et al. 2021a. Disentangling microbial syntrophic mechanisms for hexavalent chromium reduction inautotrophic biosystems. Environ Sci Technol, 55(9): 6340-6351.

Zhang J R, Liu Y Q, Sun Y L, et al. 2020. Effect of soil type on heavy metals removal in bioelectrochemical system. Bioelectrochemistry, 136: 107596.

Zhang J R, Wang H, Zhou X, et al. 2021b. Simultaneous copper migration and removal from soil and water using a three-chamber microbial fuel cell. Environ Technol, 42(28): 4519-4527.

Zhang Q C, Wang C C. 2020. Natural and human factors affect the distribution of soil heavy metal pollution: a review. Water Air Soil Pollut, 231(7): 350.

Zhang Y, Yu L H, Wu D, et al. 2015. Dependency of simultaneous Cr(VI), Cu(II) and Cd(II) reduction on the cathodes of microbial electrolysis cells self-driven by microbial fuel cells. J Power Sources, 273: 1103-1113.

Zhu J P, Zhang T P, Zhu N W, et al. 2019. Bioelectricity generation by wetland plant-sediment microbial fuel cells(P-SMFC)and effects on the transformation and mobility of arsenic and heavy metals in sediment. Environ Geochem Health, 41(5): 2157-2168.

Zhu Y, Sheng Y, Liu Y, et al. 2022. Stable immobilization of uranium in iron containing environments with microbial consortia enriched via two steps accumulation method. Environ Pollut, 294: 118591.

第十二章 微生物电化学与有机污染物降解

人类活动产生的有机废弃物/废水严重污染了土壤、沉积物、地下水等自然环境，其中，大多数有机污染物具有高毒性、生物累积性及长期残留性等，对人类和环境健康造成了极大威胁。目前，生物修复在有机污染物解毒和环境净化方面展现了优势，在进入21 世纪后得到了快速发展，成为环境领域有机污染物修复技术之一（骆永明，2009）。基于呼吸和代谢多样性，微生物能以多种污染物作为呼吸的电子供体或受体，与周围环境中的生物和非生物因素组成代谢网络耦合有机污染物降解与转化，是有机污染环境修复的重要驱动者（许玫英等，2017）。Lovley 等于 1987 年发现了首株电活性菌（GS-15）能以 Fe_2O_3 为电子受体进行 EET，后来发现其进行 EET 过程能将电子供体甲苯、苯酚和对甲苯酚完全氧化成 CO_2（Lovley and Lonergan，1990）。2018 年，Koch 在综述中描述自然环境中缺少微生物可利用的电子受体时，电活性微生物能将氧化有机物产生的电子储于周质细胞色素中，通过 EET 将电子传递给外部固态电子受体，并评价此类微生物能应对多变的环境，是推动自然界元素地球化学循环的重要力量（Koch et al.，2018）。基于 EET 的特点，电活性微生物有望成为复杂环境中有机污染物定向转化的关键驱动者，其在有机污染环境修复方面的应用越来越受关注。

电活性微生物通过呼吸作用在胞内氧化电子供体，释放出电子，通过呼吸链传递给胞外电子受体（Fe_2O_3、MnO_2 等氧化型化合物），从而生成还原型产物（Daghio et al.，2017）。微生物胞外呼吸过程中需要合适的电子供体或受体来实现有机污染物有效生物降解。例如，苯、甲苯、乙苯和二甲苯（benzene，toluene，ethylbenzene and xylene，BTEX）等的厌氧生物降解依赖电子受体[Mn(Ⅳ)或 Fe(Ⅲ)]进行环裂解反应（Laban et al.，2010；Jahn et al.，2005；Kunapuli et al.，2008；Villatoro-Monzón et al.，2003）；氯酚、氯霉素、硝基苯等需要电子供体（H_2 或乙酸）来将其还原为苯酚、苯胺等产物脱毒（Cao et al.，2004；Kuo and Genthner，1996）。图 12-1 显示了地球表层的几种电子受体的分布，具有较高氧化还原电位的 O_2 在地表被消耗，过渡区与缺氧区的电子受体有限，因此，有机污染物在深层土壤中的降解速率通常很慢。同样，可利用电子供体的缺乏也限制了微生物还原有机污染物，因此，合适的电子供体和可持续的电子受体的缺乏，造成有机污染物的厌氧生物降解速率慢，生物处理周期长。基于电活性微生物的 EET特点，微生物电化学技术（microbial electrochemical technology，MET）产生并展现了其独特的优势，该技术利用微生物电催化作用，以电极作为用之不竭的电子供体或受体，实现或加速有机污染物的降解（Schröder et al.，2015）。本章将从电活性微生物驱动有机污染物的胞外呼吸类型和微生物多样性、胞外电子传递影响因素与强化措施及 MET 应用等方面进行综述，以期对有机污染物的微生物电化学修复提供理论指导。

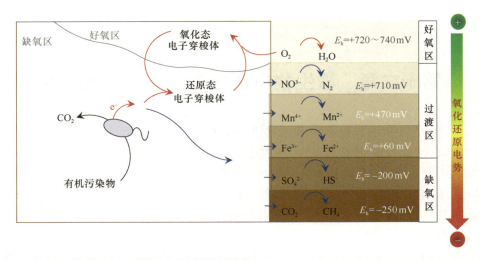

图 12-1　地球表层氧化-还原界面有机物降解示意图（Haritash and Kaushik，2009；Klüpfel et al.，2014）
Figure 12-1　Schematic diagram of organic compounds degradation at oxidation-reduction interface of the earth surface

第一节　微生物电化学有机污染物降解类型

　　电活性微生物广泛存在于土壤、底泥、河流/海洋沉积物及水体等环境介质中，目前发现的电活性微生物主要集中在 Proteobacteria、Acidobacteria 和 Firmicutes 门中，且多数为革兰氏阴性菌，其中，*Shewanella* 和 *Geobacter* 是研究较为深入的典型代表菌属（Koch and Harnisch，2016）。电活性菌在自然环境中广泛存在，并可偶联有机污染物的降解，表 12-1 列举了近五年相关研究中以铁/锰、腐殖质或电极为电子受体驱动的有机污染物降解实例。本节将对不同类型胞外呼吸偶联有机污染物降解过程分别展开论述，为更好地发挥其环境效应提供参考。

表 12-1　微生物胞外呼吸驱动有机污染物降解实例
Table 12-1　Examples of organic pollutants degradation driven by microbial extracellular respiration

接种微生物	电子供体	电子受体	驱动降解的有机污染物	参考文献
Shewanella oneidensis MR-1	乳酸	柠檬酸铁、针铁矿、水铁矿	四溴联苯醚	Dong et al.，2019
Shewanella oneidensis MR-1		水铁矿、针铁矿	多溴二苯醚	Shi et al.，2021
Shewanella oneidensis（无 MR-1）		柠檬酸铁	1,4-二氧六环、三氯乙烯、四氯乙烯	Sekar et al.，2016
Petrimonas、*Shewanella*	苯酚	Fe（OH）₃、柠檬酸铁	苯酚	Li et al.，2019
Aromatoleum aromaticum EbN1、*Georgfuchsia toluolica* G5G、*Azoarcus* DD-Anox1	甲苯、乙苯	硝酸盐、MnO₂、柠檬酸铁	甲苯、乙苯	Dorer et al.，2016
厌氧污泥	咖啡因、萘普生	合成 Fe(III)、Mn(IV) 矿	咖啡因、萘普生	Liu et al.，2020
河沙	豆油、吐温-80、酵母粉	合成 Fe(III)矿	硝基苯	Dong et al.，2017

续表

接种微生物	电子供体	电子受体	驱动降解的有机污染物	参考文献
河流沉积物	乙酸钠	硝酸盐、针铁矿	2,4-二硝基苯酚	Tang et al.，2018
化工厂污染土	甲苯、甘油	针铁矿	DDT、DDD、DDE 和 DDNS[a]	Velasco et al.，2017
人工湿地	二氯苯氧氯酚、COD 和 NH₃-N	MnO₂	二氯苯氧氯酚	Xie et al.，2018
活性污泥	COD	MnO₂	酸性苋菜红	Shoiful et al.，2020
电活性生物膜	葡萄糖、四溴双酚 A	腐殖酸、电极	四溴双酚 A	Chen et al.，2019
厌氧污泥	乳酸	电极	对氯苯酚	Miran et al.，2017
水稻土	无添加	AQDS、Fe(III)	五氯酚	Chen et al.，2016

注：[a] DDT、DDD、DDE 和 DDNS 分别为双对氯苯基三氯乙烷、1,1-二氯-2,2-双（4-氯苯基）乙烷、1,1'-（二氯乙烯基亚基）双（4-氯苯）、2,2-双（4-氯苯基）乙烷

一、微生物铁/锰呼吸介导的有机污染物降解

铁（Fe）是地球上非常丰富的元素，是地壳中第四丰富的元素。土壤中总铁含量约为 3.9%，Fe(III)/Fe(II)平均值为 1.35（Murad and Fischer，1988）。因此，Fe(III)通常是土壤中微生物进行胞外呼吸中最丰富的电子受体。锰（Mn）也是土壤中广泛分布的金属元素，在土壤中含量约为 0.25%，也可以作为微生物呼吸的电子受体。Fe、Mn 还原通常被认为是自然界中微生物介导的关键过程（Lin et al.，2012；Röling et al.，2001）。20 世纪 80 年代末，*Geobacter metallireducens* GS-15 和 *Shewanella oneidensis* MR-1 是最早被发现的两种能进行铁锰呼吸的异化金属还原菌（dissimilatory metal-reducing bacteria，DMRB）（Lovley and Phillips，1988；Myers and Nealson，1988）。之后，许多 DMRB 被分离鉴定，包括兼性厌氧菌 *Pantoea agglomerans* SP1（Francis et al.，2000）、*Shewanella putrefaciens*（Wildung et al.，2000）和 *Thermus* SA-01（Kieft et al.，1999）等；厌氧细菌 *Geobacter metallireducens*（Nevin and Lovley，2000）、*Ferribacterium limneticum*（Cummings et al.，1999）及古菌 *Geoglobus ahangari*（Kashefi et al.，2002）等。DMRB 能将有机污染物的胞内降解和金属离子的胞外氧化还原相结合。纯培养 DMRB 能直接氧化或还原难降解污染物，如 *Geobacter metallireducens* 以 Fe(III)为电子受体，能氧化降解苯、苯酚和其他芳香族污染物（Butler et al.，2007；Schleinitz et al.，2009；Zhang et al.，2013b）；*Geobacter metallireducens*、*Geobacter sulfurreducens*、*Anaeromyxobacter dehalogenans*、*Shewanella putrefaciens* 和 *Desulfitobacterium chlororespirans* 能直接还原硝铵类硝基化合物（Hofstetter et al.，1999；Kwon and Finneran，2008；Zhang and Weber，2009）。

除了 DMRB 直接降解有机污染物外，有些复杂有机污染物不能被微生物直接降解，但能够依靠 DMRB 铁呼吸时产生的 Fe(II)间接被还原，如 *Geobacter metallireducens* 在水铁矿存在下能加速降解六氢-1,3,5-三亚硝基-1,3,5-三嗪（hexahydro-1,3,5-trinitro-1,3,5-triazine，RDX）的速率（Kwon and Finneran，2006，2008），并且在水铁矿存在下才能

还原硝基苯乙酮（Tobler et al.，2007）和氯硝基苯（Heijman et al.，1993）。因此，研究者利用此类 DMRB 铁呼吸过程间接实现了污染物的降解。最近，Lu 等（2021）将含铁污泥烧制成生物炭，极大地促进了硝基苯向苯胺的生物和非生物还原过程（图 12-2），其中，*Geobacter sulfurreducens* 进行铁呼吸产生的 Fe(Ⅱ)是还原硝基苯的主要途径。此外，微生物还原 Fe(Ⅲ)产生的 Fe(Ⅱ)对滴滴涕（dichlorodiphenyltrichloroethane，DDT）和抗生素磺胺甲噁唑（sulfamethoxazole，SMX）也能进行非生物降解（Li et al.，2010；Mohatt et al.，2011）。*Shewanella oneidensis* MR-1 是具有最多样化呼吸功能的 DMRB，除了能以 Fe(Ⅲ)和 Mn(Ⅳ)外，还能以 O_2、NO_3^-、NO_2^-、S^0、$S_2O_3^{2-}$、富马酸、DMSO、氧化三甲胺作为末端电子受体（Jiang et al.，2020；Nealson et al.，2002）。因此，*Shewanella oneidensis* MR-1 通过厌氧-好氧呼吸交替，利用 Fe(Ⅲ)和 O_2 生成 Fe(Ⅱ)和 H_2O_2，驱动 Fenton 反应氧化有机污染物。MR-1 以乳酸作为电子供体，在交替的厌氧和有氧条件下分别以 Fe(Ⅲ)和 O_2 为电子受体，在 53 h 内能完全降解 10 mmol/L 1，4-二氧六环（Sekar and DiChristina，2014）。MR-1 驱动的 Fenton 反应还能降解三氯乙烯和四氯乙烯等（Sekar et al.，2016）。

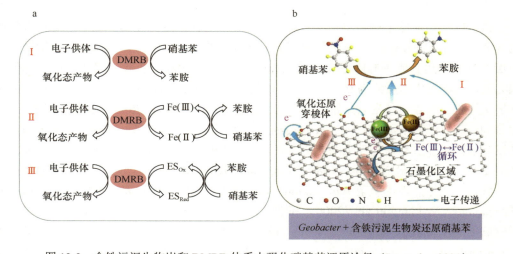

图 12-2　含铁污泥生物炭和 DMRB 体系中强化硝基苯还原途径（Lu et al.，2021）

Figure 12-2　Proposed pathways for the enhancement of nitrobenzene reduction in systems containing DMRB and Fe-bearing biochar derived from sewage sludge

二、微生物腐殖质呼吸介导的有机污染物降解

腐殖质（humic substance，HS）是自然界普遍存在的一类有机大分子物质，主要来源于微生物分解已死的生物体（Zhou et al.，2014）。在厌氧条件下，HS 具有重要的生物学作用。大量研究表明，HS 不仅可以通过络合或钝化重金属，降低重金属的生物有效性和毒性，而且可以直接催化厌氧微生物降解有机污染物（Wang et al.，2009；Wu et al.，2011）。醌被认为是 HS 具备电子转移能力的主要氧化还原活性基团（Hernández-Montoya et al.，2012）。1996 年，Lovley 等发现，腐殖质或腐殖质类似物——蒽醌-2，6-二磺酸盐（anthraquinone-2，6-disulfonate，AQDS）能作为金属还原地杆菌（*Geobacter metallireducens*）

和海藻希瓦氏菌（*Shewanella alga*）氧化有机物或 H_2 的电子受体，并首次提出了腐殖质呼吸的概念（Lovley et al.，1996）。腐殖质呼吸是指电活性微生物以腐殖质作为电子受体进行的厌氧呼吸，同时偶联有机污染物降解的过程（Lovley et al.，1996）。迄今为止，已经在许多环境中发现了具备腐殖质呼吸的微生物，包括富含有机质的沙土、沉积物、土壤及污水处理厂的活性污泥等（Hong and Gu，2009）。腐殖质还原微生物（humic-reducing microorganism，HRM）大多数是铁还原菌或古菌（Bond and Lovley，2002；Fredrickson et al.，2000），也包括反硝化菌、硫酸盐还原菌、脱卤呼吸菌、发酵菌或产甲烷菌等（Blodau and Deppe，2012；Cao et al.，2012；Cervantes et al.，2002；Martinez et al.，2013）。

目前，HRM 的腐殖质呼吸过程将 HS 还原和厌氧氧化难降解有机污染物相结合，如苯、菲、17α-乙炔雌二醇、17β-雌二醇等（Dai et al.，2019；Huang et al.，2019；Ma et al.，2011；Wang et al.，2013；Zhang and Katayama，2012；Zhang et al.，2012a）。腐殖质呼吸也是促进有机污染物还原的重要代谢途径，比如有机氯、偶氮染料等（Chen et al.，2016；Liu et al.，2011）。2016 年，Chen 等采用 HS 类似物——AQDS 对水稻土中的土著微生物群落进行生物刺激并探究了其对 PCP 厌氧转化的影响，他们发现 AQDS 的添加能增加水稻土中 Fe(III) 的还原量，并且提高了 PCP 的转化率；添加 AQDS 后，*Geobacter* sp.丰度增加（Chen et al.，2016）。2013 年，Wu 等研究了碱性条件下（pH = 9.0）不同 HS 和 HS 类似物介导腐殖质还原棒杆菌（*Corynebacterium humireducens*）MFC-5 还原针铁矿（α-FeOOH）和降解 2,4-二氯苯氧乙酸（2,4-dichlorophenoxyacetic acid，2,4-D），结果表明，MFC-5 菌株能以腐殖酸（humic acid，HA）、富里酸（fulvic acid，FA）和 HS 类似物（AQDS、AQS 和 AQC）为电子受体，能显著加速 α-FeOOH 还原和 2,4-D 降解，其中 2,4-D 的降解速率增加了 2～8 倍（Wu et al.，2013）。以上研究充分说明了微生物腐殖质呼吸对环境中 Fe(II)/Fe(III) 生物地球化学循环和有机污染物的降解具有重要作用。HS 结构复杂，与微生物相互作用降解有机污染物的关键组分也受到广泛关注。2019 年，Zhao 等从富含蛋白质、纤维素或木质素的堆肥中提取 HA，发现富含蛋白质的堆肥提取的 HA 对 PCP 的生物脱氯率最高（Zhao et al.，2019a）。然而，目前微生物的腐殖质呼吸促进环境有毒有机物质降解的研究仍局限于生理水平上，对腐殖质还原酶系及呼吸链的电子传递途径还有待研究，如何从分子水平上揭示腐殖质呼吸的本质是未来研究的重点和难点之一。

三、微生物电极呼吸介导的有机污染物降解

近年来，以微生物产电呼吸为核心机制构建而成的生物电化学系统加速难降解有机污染物降解已成为环境领域的研究热点之一。在 BES 中，电化学作用刺激体系中电活性微生物，使微生物代谢活性增强，促进电极-微生物-污染物之间的相互作用，从而提高污染物的降解效率。如图 12-3 所示，BES 驱动的有机污染物降解可能发生以下反应：①多环芳烃可以作为电子供体在 BES 阳极被微生物氧化、矿化；②偶氮染料、有机氯等可以作为电子受体，在 BES 阴极被还原；③复杂有机污染物在阴阳

极共同作用下，被完全降解，如五氯酚在阴极还原脱氯，中间产物在阳极被矿化；④污染物的电降解；⑤实际污染处理过程中可能存在多种污染物，因此可能包含以上多种过程。基于微生物产电呼吸对有机污染物降解的环境应用，将在以下章节详细介绍。

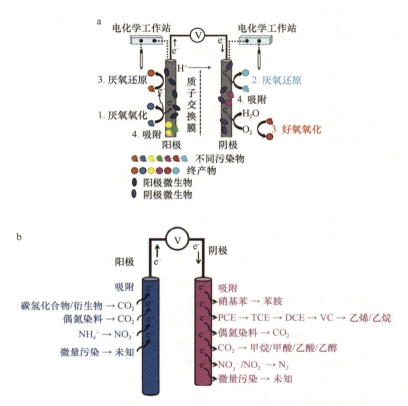

图 12-3　生物电化学系统降解污染物示意图（a）及有机污染物在阴阳极降解举例（b）（Wang et al.，2015）
Figure 12-3　Schematic diagram of pollutants degradation in bioelectrochemical systems (a), and examples of organic pollutants degraded by bioanode or/and biocathode(b)

第二节　微生物电化学降解有机污染物的系统构建及影响因素

利用微生物和电化学的耦合作用，BES 通常包含微生物燃料电池（microbial fuel cell，MFC）和微生物电解池（microbial electrolytic cell，MEC）两类可实现能量转换及产能的装置。BES 以微生物为催化剂降解环境有机污染物，将其中的化学能转化为电能，为人们解决环境有机污染物问题和能源问题提供了新方向。然而，到目前为止，大多数 BES 研究都是在实验室中进行的，将其大规模应用于实际环境有机污染物降解需要考虑以下几个因素：①污染场地的理化性质是否利于电活性菌的生物修复中的 EET 过程；②在传质速率低的污染介质中怎样提高电活性微生物胞外电子传递效率及影响半径，加速污染物降解；③污染场地的电活性菌、污染物降解功能微生物及共生网络是否有利于有机污染物降解；④不同类型污染物通常共存于污染场地，需要寻找综合修复策略。因此，本章节针对以上问题，讨论生物电化学系统的构建及影响其性能的关键因素，并提出有效强化措施。

一、微生物电化学系统构建

微生物降解技术是降解难降解有机污染物成本低、效益高且可持续的污染物生物修复技术之一。目前，基于微生物呼吸降解有机污染物的应用很多，如 Zhao 等（2018）研究了厌氧-缺氧-好氧工艺（Anaerobic-anoxic-oxic process，AAO）去除多环芳烃（polycyclic aromatic hydrocarbons，PAH）（Zhao et al.，2018）；Huang 等（2016）使用厌氧滤池（anaerobic filter，AF）去除菲（phenanthrene，PHE）和芘（pyrene，PYR）等，但结果表明，PAH 在厌氧条件下的可生化性较差。这类 POP 有机污染物通常具有很强的疏水性，容易在沉积物或土壤厌氧环境中被吸附、积累（Li et al.，2009）。在厌氧环境中，通过在污染场地添加电子受体[硝酸盐、硫酸盐或 Fe(III)]、共代谢底物（甲醇或乙酸盐）或营养物质等生物刺激手段加速电活性菌及污染物降解菌对有机物进行降解（Kronenberg et al.，2017；Xu et al.，2014；Zhang and Lo，2015）。然而，外源接种剂的制备耗时、耗力，以及周期性添加过程中微生物活性的降低等限制了此方法在实际污染场地中的应用（Mittal and Rockne，2010），因此需要寻找高效原位厌氧降解有机污染物的技术。

BES 是以电活性微生物为生物催化剂，在电极上进行氧化和/或还原的电化学系统（Zhou et al.，2020）。其工作原理是：在厌氧条件下，电极可以持续接受来自 EAB 氧化有机污染物产生的电子，并将电子通过外电路转移至阴极，与阴极电子受体（如 O_2）反应生成氧化产物（如 H_2O），从而完成整个电子传递过程。此外，在外加电源的辅助下，BES 可实现阴极制氢、产过氧化氢和有机酸等有价值产物的生产。BES 能实现有机污染物处理与同步清洁能源回收，被视为新型有机污染物处理与资源化的生物技术。与传统的有机污染物处理的生物技术相比，BES 技术具有以下优点：①反应器结构简单、操作简便；②微生物及电化学两过程耦合可加速有机污染物降解；③无污染，可实现零排放；④无须能量输入；⑤能将有机污染物的化学能转变为电能，实现污染物的资源化。电极作为用之不竭的电子受体，EAB 具有更高的电化学活性和电子转移率，因此能有效改善生物降解有机污染物效能（Sonawane et al.，2017）。BES 是一种交叉学科的前沿技术，作为一种新型的环保能源技术，可以加速污染物的降解。BES 构型及应用受到了广泛关注，现对几种在不同环境介质（堆肥、污水、土壤、污泥）中的 BES 降解有机污染物的环境应用进行简单介绍。

（一）水体生物电化学系统

1. 常规水体生物电化学系统构型

BES 构型基本上可以分为双室、单室和填充或流化床反应器（图 12-4），均可以在连续模式或分批进料模式下进行。以 MFC 为例，双室 MFC 由两个电极室组成，分为阳极和阴极室。在阳极室中，附着在阳极表面的微生物膜作为催化剂，氧化有机污染物，产生的电子被胞外载体或介导体（铁氰化钾、中性红等）转移至阳极，或者直接通过微生物呼吸酶转移至阳极，经由外部电路转移至阴极。其中，阳极室与阴极室在反应器内部用质子交换膜联通，外部通过导线连接成循环电路。单室 MFC 反应器，即省去了阴极室，有机物在单室阳极处被微生物氧化，电子由阳极传递至外电路到达阴极，质子转移至阴极，阴极暴露在空气中，氧气作为直接电子受体。流化床 MFC 应用固液流化床技术的优点进行有机废水的处理，能在一定程度上缓解 MFC 电能输出功率及库仑效率低的限制。流化床 MFC 将流化床反应器技术与 MFC 技术结合起来，有较大的反应面积、较快的传质速率和较长的水力停留时间；在处理有机废水的同时，还能获取电能，在废水处理方面表现出优良的应用前景。

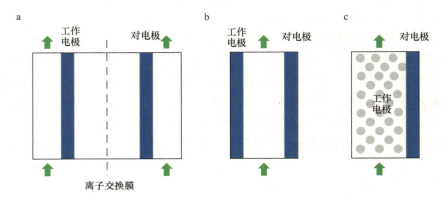

图 12-4   常规生物电化学系统构型——双室（a）、单室（b）、填充或流化床（c）反应器
Figure 12-4   Configuration of conventional bioelectrochemical systems (BESs) divided into two-chambered (a), single-chambered (b), and packed or fluidized bed (c) reactors

2. 水体生物电化学系统应用

在实际的污水处理过程中，为了增加污染物降解通常会增加离子交换、混凝沉淀、膜过滤、生物炭吸附、化学氧化等过程。但这些物化处理增加了污水处理厂污水处理的成本，因此生化处理污水已经成为低成本、高成效的手段。在生物反应器中，若底物浓度低会导致微生物丰度降低，Choi 等（2018）采用升流式厌氧污泥床结合 BES 处理低强度有机废水[图 12-5a（i）]，他们发现 BES 中存在电活性微生物的种间直接电子传递（direct interspecies electron transfer，DIET），提高了废水中有机物的利用率；水力停留时间 1 h 时，出水水质 COD 与氨氮浓度分别为 3.5 mg/L 和 7.46 mg/L 以下；在 BES 增加导电物质后，出水水质更好（COD 1.98 mg/L，氨氮 2.65 mg/L）。对于特殊有机物污染水体，Mohanakrishna 等（2018）在炼油废水的淹水土壤中嵌入阴极和阳极，构建了 BES[图 12-5a(ii)]，运行 7 天后 COD 降解率为 69.2%，对油脂的降解率为 40%，对总石油烃的降解率为 50%，最大功率密度为 725 mW/m²。BES 对难降解有机废水的处理具有显著优势，将 BES 与传统的污水处理工艺耦合，不仅可改善传统污水处理工艺启动时间长、稳定性差等缺陷，又可在高效去除有机污染物同时，兼具产电产能优势。

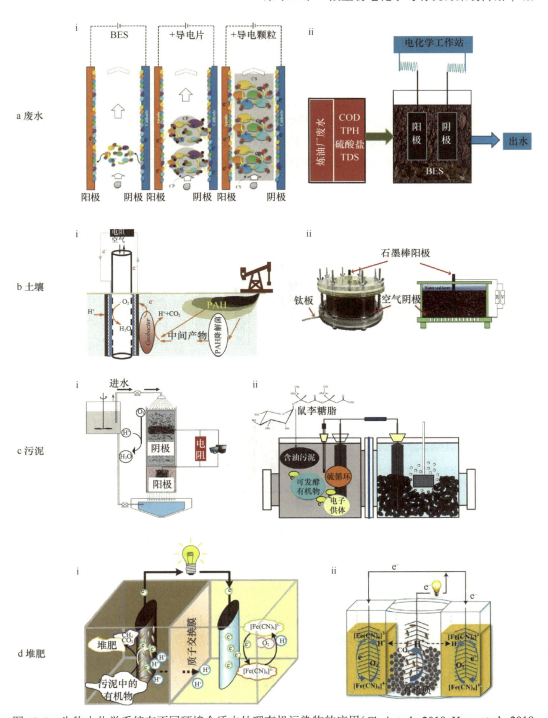

图 12-5 生物电化学系统在不同环境介质中处理有机污染物的应用（Choi et al.，2018；Hang et al.，2018；Wang et al.，2019；Sivasankar et al.，2019；Zhao et al.，2019；Yu et al.，2015；Zhang et al.，2017；Zhong et al.，2019）

Figure 12-5 Application of bioelectrochemical systems in the treatment of organic pollutants in different environmental media

（二）土壤/沉积物生物电化学系统

1. 常规土壤/沉积物生物电化学系统构型

目前，为了解决土壤、沉积物这类固相颗粒含量高的环境下的有机污染问题，研究人员已经提出了构建多种构型的土壤/沉积物生物电化学系统（soil/sediment bioelectrochemical system，SBES）方案，包括：插入式、管状或柱状式、U形、多阳极、石墨棒插入式等（图12-6）。考虑到在实际土壤、沉积物介质中构建的可行性和成本效益等，这些构型均以空气中的分子氧作为最终电子受体（Li et al.，2017）。

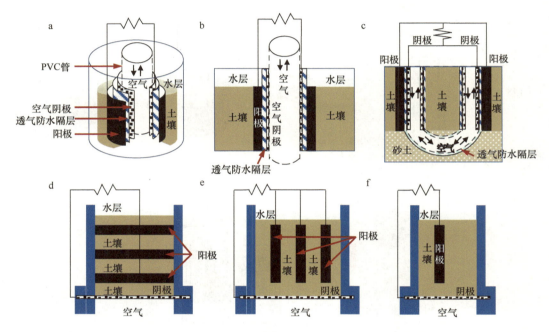

图 12-6　多种土壤/沉积物生物电化学系统反应器构型（Huang et al.，2011；Li et al.，2015，2016a，2016b；Lu et al.，2014a，2014b；Tucci et al.，2021；Wang et al.，2020a；Wang et al.，2019；Wang et al.，2012；Zhang et al.，2015）

Figure 12-6　A variety of bioreactor configurations for soil/sediment bioelectrochemical systems

2011年，Huang等首次开发了插入式MFC修复淹水稻田土壤中苯酚污染（图12-6a），结果显示，在该插入式MFC的修复下，苯酚降解速率常数为0.390/天，是非MFC条件下的23倍。该项开创性工作证实了插入式MFC能有效增强有机污染土壤的生物修复进程，并为土壤BES生物修复研究奠定了基础。随后，管状或柱状式MFC也被设计用于污染土壤或沉积物的生物修复（图12-6b）。类似于插入式MFC，管状或柱状式MFC是将阳极、透气防水隔层及空气阴极组件包裹在管状或柱状PVC周围而建成。2014年，Lu等（2014b）将两个柱状MFC插入50 L的中试规模的柴油污染土壤中，结果显示，在影响半径1~34 cm内，120天总石油烃的降解量为82.1%~89.7%，同时产生了（70.4±0.2）mA/m² 的电流密度。

　　U 形和多阳极反应器也被设计用于土壤/沉积物的有机污染修复（图 12-6c～e），能更有效地增加电极与土壤之间的接触面积，强化污染物降解。2012 年，Wang 等采用 U 形 MFC 修复石油污染土壤，发现靠近阳极 1 cm 范围内的碳氢化合物的降解速率比开路处理提高了一倍，25 天后输出了 125 C 的电荷，获得最大功率密度为 0.85 mW/m^2。但此研究发现，碳氢化合物的有效降解距离仅为靠近阳极 1 cm 之内，并且随着距离的增加降解效果降低。之后，研究者设计了多层阳极，用于扩大阳极强化污染物降解的范围。2015 年，Zhang 等构建了多层碳网阳极的空气阴极 MFC 装置，以增强土壤中石油烃的生物降解，他们比较了两种方式（水平或垂直）排列的多阳极 MFC 的运行情况（图 12-6d，e）；结果显示，在多阳极水平排列和垂直排列的反应器中，分别获得了 833 C 和 762 C 的电荷输出，135 天后总石油烃去除率分别高达 12.5% 和 8.3%，均高于空白对照（6.4%），因此水平排列的阳极 MFC 更具有电荷输出效率和更高的有机污染物去除率（Zhang et al.，2015）。随后，Li 等（2016b）和 Cai 等（2020）提出了简化的土壤或沉积物 MFC，由单阳极组装而成（图 12-6f），在这种 SBES 中，被污染土壤或沉积物与碳纤维或生物炭混合，降低了土壤的电阻，使有机污染物的降解有效范围扩大。

　　在以上构型的 MFC 中，管状或柱状式的 MFC 对土壤或沉积物中的有机物的去除率最高，这可能是由于整个 MFC 中有良好的氧气供应。在 MFC 的实际应用中，远离阳极的土壤或沉积物应增加多孔性，以提高有机污染物的去除率。

2. 土壤/沉积物生物电化学系统应用

　　与有机污染土壤中污染物的自然衰减相比，SBES 能够增强有机污染土壤或沉积物的修复。Wang 等（2019）将电极嵌入石油烃污染的土壤中构建 SBES[图 12-5b（i）]，发现阳极生物膜上有丰富的 *Geobacter*（相对丰度约 27.3%），并证实了阳极生物膜利用烃类污染物转化为生物电流，增强了对污染土壤的修复作用；同时，也发现含水率越高，沙质越多的土壤对 SBES 修复越有积极作用，而黏土或含水率低的土壤对 SBES 传质过程有太大的阻碍，限制了 SBES 的应用。Zhao 等构建了 SBES 来降解土壤中的四环素[图 12-5b（ii）]，降解率为 65%±5%，比空白对照高 10 倍多；同时发现 SBES 对四环素的降解与土壤质地、导电率、pH、溶解性有机碳等有关（Zhao et al.，2019b）。SBES 对污泥中有机物的降解也具有较好的效果（图 12-5c），但将脱水污泥生物质能转化为电能是 SBES 的限速过程。Zhang 等（2017）在脱水污泥中加入鼠李糖，最大电流密度从（3.84±0.37）W/m^3 增至（8.63±0.81）W/m^3，总有机碳和 THP 降解率分别从（24.52±4.30）mg/L、（29.51±3.30）mg/L 增至（36.15±2.79）mg/L、（39.80±2.47）mg/L；鼠李糖的添加更能促进含油污泥中有机物的溶解和水解。

　　SBES 除被应用于土壤或沉积物的有机污染物修复之外，也被应用于堆肥工艺改良。众所周知，好氧或厌氧堆肥是污泥减量化的一种有效手段，堆肥产品又可作为土壤调节剂增加土壤营养物质或有机物，在世界各国得到了广泛应用。厌氧堆肥相较于好氧堆肥，能最大限度保留污泥养分，降低能耗。但其稳定性比较差、堆肥周期长（40～60 天，甚至更长）等限制了其广泛应用。Yu 等（2015a）以脱水污泥为阳极燃料，构建了 SBES 辅助厌氧堆肥工艺[图 12-5d（i）]，加快了脱水污泥堆肥速率；与传统厌氧堆肥工艺相比,提高了堆肥质量,且获得了更多电能;SBES 辅助厌氧堆肥工艺对堆肥中总 COD 的去除率为 19.8%±0.2%,SBES 的最大功率密度为 5.6 W/m³,普通厌氧堆肥对总 COD 的降解率仅为 12.9%±0.1%。虽然上述堆肥微生物燃料电池可以回收堆肥中的有机废物以提高其降解速率和发电效率,但高内阻导致其功率密度低是此应用的技术障碍。Yu 等(2018)构建了三室 SBES 辅助厌氧堆肥工艺[图 12-5d(ii)],最大功率密度达到 7.0~8.6 W/m³,堆肥中总 COD 去除率高达 42.3%±0.5%;在 SBES 运行过程中,溶解态有机碳被大量去除,芳香大分子有机物不断增溶,进而被微生物利用而去除。

二、影响有机污染物生物电化学降解的环境因素

环境条件影响电活性微生物的生理特性,进而影响其呼吸效率和有机污染物的降解能力。环境介质对电活性微生物 EET 过程电子传输距离及污染物降解的有效范围也有重要影响。根据胞外呼吸理论,电活性微生物与胞外电子供受体之间的电子传递机制主要包括直接接触机制(纳米导线机制及膜结合蛋白介导机制)与电子穿梭体机制(内源电子穿梭体或外源电子穿梭体)(Newman and Kolter,2000;Reguera et al.,2005;Shi et al.,2016)。电子穿梭体作为可能的环境介质,对有机污染物生物电化学降解有重要影响。

(一)电子穿梭体对有机污染物生物电化学降解的影响

电子穿梭体(electron shuttle,ES)介导的间接电子传递,可突破膜蛋白直接接触的距离限制,能够使电活性微生物与污染物进行"长距离"的电子传递。ES 是一类具有氧化还原活性的物质,能通过氧化、还原反应穿梭于微生物和污染物之间,循环往复进行电子传递(Clark et al.,1995;Lovley and Phillips,1992)。

1. 内源电子穿梭体介导的污染物降解

内源电子穿梭体是一类微生物自身分泌的小分子物质,又称为内生 ES,如黄素、吩嗪、半胱氨酸、醌类物质等。*Shewanella oneidensis* 的胞外电子传递 75%来自其所分泌的黄素的介导(Kotloski and Gralnick,2013),且被还原的黄素能够促进针铁矿和赤铁矿的溶解,加速了铁素的地球化学循环(Zhi et al.,2013),在生物电化学系统中也能加速偶氮染料的脱色(Sun et al.,2013)。Li 等(2012)认为微生物分泌的核黄素不仅可以作为 ES,同时也可以作为微生物的吸引剂,引导微生物细胞向污染物移动。结果显示,微生物细胞分泌还原性核黄素,核黄素扩散到污染颗粒上被氧化;氧化的核黄素从污染物颗粒上扩散出去,形成一个空间梯度,将细胞吸引到污染颗粒上。

2. 外源电子穿梭体介导的污染物降解

另一类 ES 是天然存在或人工合成的电子介体,又称为外源 ES,如腐殖质、生物炭、铁矿等。腐殖质及其醌型类似物已被认证能够介导一系列有机污染物的脱毒转化,如醇类(Rogeon et al.,2009)、短链脂肪酸(Cervantes et al.,2000;Lovley et al.,1996)、甲苯

（Cervantes et al.，2001）、聚氯乙烯（Bradley et al.，1998）、二氯乙烯（Bradley et al.，1998）、硝基芳香化合物（Wu et al.，2009）、有机卤化物（Fontaine and Piccolo，2012）等。

腐殖质的介导能力与其本身性质关系密切，Yuan 等（2017）认为，土壤或沉积物环境中固体颗粒表面的腐殖质界面性质对电活性微生物的胞外电子传递效率影响很大，主要包括腐殖质的电子接受能力、极性、Zeta 电位等。Zhang 等发现水稻土或沉积物中的胡敏素的电活性基团很少，但其能够介导电活性微生物的胞外电子传递，并偶联五氯酚（pentachlorophenol，PCP）的还原脱氯（Zhang and Katayama，2012）、菲（phenanthrene，PHE）的矿化（Zhang et al.，2012b）、四溴双酚 A（tetrabromobisphenol A，TBBPA）脱溴（Zhang et al.，2013a）。后来，Yuan 等（2018）采用电化学原位红外光谱法测试胡敏素电活性基团，并用二维红外相关光谱分析得出醌类和酚类基团为胡敏素中关键的电活性基团。

生物炭是生物质在无氧或缺氧条件下进行高温裂解得到的一类碳材料（Lehmann et al.，2011），因其结构中含有醌、酚羟基、芳香环等官能团（Alburquerque et al.，2013），使其具备了存储和传递电子的能力，也是一类研究比较多的 ES。*Geobacter sulfurreducens* 在 900℃生物炭（原材料：小麦秸秆）的介导下对 PCP 的降解速率增加了 24 倍，其中有 56%归功于生物炭的介导作用；他们还探究了不同炭烧温度（400～900℃）生物炭对 PCP 降解的贡献，发现炭烧温度越高，PCP 降解率越高，主要是由于炭烧温度越高，生物炭的电子转移能力（electron transfer capacity，ETC）和电导率（electric conductivity，EC）越高（Yu et al.，2015b）。而 Sun 等（2017）发现，炭烧温度与生物炭的 ETC 大致呈负相关，与 EC 呈正相关。生物炭可以降低 PAH 在土壤中的生物有效性和毒性加速 PAH 污染土壤的改良，同时生物炭的添加有利于保持土壤中较高的细菌多样性；投加生物炭的第 12 周，生物炭对土壤细菌群落结构影响显著，且与生物炭的炭烧温度有关：600℃生物炭在固定 PAH 方面优于 300℃生物炭；而 300℃生物炭在提高生物多样性方面优于 600℃生物炭；600℃生物炭的添加，有利于土壤富集 PAH 降解功能微生物（Song et al.，2017）。因此，利用生物炭对有机污染土壤进行改良，是一项环境风险低、生态破坏小的土壤修复方法。

其次，自然界大量存在的半导体铁氧化物，也具备加速电活性微生物 EET 的介导能力。Nakamura 等（2013）将 α-Fe_2O_3 或 α-FeOOH 加入 *Shewanella loihica* PV4 的细胞培养液后，生物电流明显提高（>40 倍）；而加入 Fe_3O_4 或 γ-Fe_2O_3 后，生物电流仅有很小的改善（<4 倍）。这可能是由于 α-Fe_2O_3 和 α-FeOOH 与 *Shewanella* sp.细胞外膜的细胞色素 *c* 的中位电压相近（Nakamura et al.，2009）。在有机污染物污染的沉积物或土壤中有丰富的 *Geobacter* sp.，而且其中大部分具有还原 Fe(III)能力。Tobler 等（2007）的研究表明，*G. metallireducens* 将甲苯完全氧化为 CO_2，从而形成能还原 4-硝基苯乙酮的 Fe(II)，表明微生物还原 Fe(III)氧化物的同时耦合 PAH 的氧化，从而将微生物无法直接利用的共存污染物进行降解。但是，最近研究发现，在针铁矿大量存在的情况下（>1 g/L），针铁矿与脱色希瓦氏菌（*Shewanella decolorationis*）S12 外膜蛋白 MtrC 和 OmcA 的关键位点结合，阻断细菌向外环境转移电子，从而抑制脱色希瓦氏菌 S12 对偶氮染料的脱色（Zhao et al.，2019c）。因此，在添加铁氧化物或探究富铁环境下微生物还原技术的实际应用中，应特别注意可能存在阻碍微生物胞外电子传递效应。

（二）环境因素

原位生物修复过程通常会受到有机污染场地环境因素的影响，如污染场地的 pH、孔隙度和土壤含水率等（Atlas，1995；Wang et al.，2015）。

1. pH

环境 pH 与水体或土壤的理化、生物学特性密切相关，直接影响有机污染物的性质、微生物群落等，进而影响污染物的去除。比如，四环素作为一种两性化合物，其溶解度和存在状态随着环境 pH 的变化而变化（Zhao et al.，2019b）。其次，在 BES 运行期间，有机物在阳极附近被氧化，产生质子和电子；电子通过外电路传递至阴极，质子在环境介质中迁移至阴极；然而，此环境介质，特别是土壤或沉积物，质子的传输阻力大，导致质子传输速率远低于阳极输出速率和阴极消耗速率，因此产生从阳极到阴极的 pH 梯度（Du et al.，2007）。在 U 形 MFC 修复石油污染土壤时，距离阳极 1 cm 范围内的 pH 低于 1～3 cm 处的 pH，表明质子在土壤环境下的阳极小范围内已经有积累（Wang et al.，2012）。再者，包括电活性微生物在内的微生物生存需要在合适的 pH 范围内，因此阳极和阴极之间的酸碱分化会对微生物的代谢和活性产生不利影响（Liang et al.，2013b），如 pH 的变化会导致生物大分子（如蛋白质和核酸）所携带的电荷发生变化，从而影响其生物活性和细胞膜的电荷，从而干扰其营养吸收能力（Rousk et al.，2010）。

2. 孔隙度

土壤孔隙度受土壤质地、土壤结构、土壤压实度、有机质和污染物等因素的影响。例如，石油污染土壤通常由于石油烃的黏附性使土壤颗粒聚集在一起，孔隙率较低（Ndimele et al.，2018），而添加沙质土壤可以直接扩大土壤孔隙率（Cai et al.，2021，Li et al.，2015）。Li 等在土壤 BES 中添加非导电砂砾后，土壤孔隙率从 44.5%增加到 51.3%，内阻降低了 46%，促进了氧气和质子的传输和电荷输出；结果显示，添加砂砾与土壤导电性呈负相关，与石油烃降解速率呈正相关（Li et al.，2015）。其次，生物炭和碳纤维都是良好的导电材料，不仅可以增加土壤孔隙率，还能够极大提高土壤导电性。生物炭具备多孔结构、高的比表面积和丰富的官能团，不仅能为微生物提供更多的附着空间，还能促进"电极-微生物-污染物"之间的长距离电子传递。Cai 等（2021）用生物炭改良石油污染土壤，BES 运行 27 天后，菲和联苯的降解距离增加了 1.9～3 倍，并且生物炭的添加有效富集了石油烃降解功能菌。在土壤中添加导电纤维也是一种提高 BES 降解污染物性能的新方法，这些纤维不仅可以增加土壤孔隙率，还能有效富集有机污染物降解功能微生物群落（Li et al.，2016b）。因此，在 BES 实际应用中，适当调整处理介质中的孔隙率是促进微生物代谢的有效方法。

3. 土壤含水率

土壤水分不仅为微生物的生存提供了湿润的环境，供其新陈代谢，也是物质溶解和传质的必要条件。较低含水率的土壤不仅会抑制微生物的生命活动，而且会导致土壤电阻率升高，这将降低 BES 的性能及其修复污染物的效率。Wang 等（2012）构建了 U 形 MFC 修复石油污染土壤，运行 25 天后，石油污染土壤的含水率从 33% 降低到 28%，结果显示，MFC 的电荷输出量和石油烃的降解率下降，这可能是由于含水率下降致使土壤内阻增加；并且，由于土壤含水率降低，MFC 中观察到有盐分的积累，也在一定程度上抑制了电活性微生物的活性，生物电流也随着含水率降低而消失。

三、有机污染物降解的强化措施

（一）微生物电化学系统优化

在液体 BES 中有机污染物去除效率一般较高，如油田石化废水、机油或柴油污染废水等（Adelaja et al.，2015；Morris et al.，2009；Sabina et al.，2014；Yeruva et al.，2015）。然而，在土壤或沉积物中，BES 的降解效率普遍较低。初始总石油烃（total petroleum hydrocarbon，TPH）废水负荷为 3 g TPH/L 的 MFC 在 17 天内的去除率高达 70%，而在沉积物-MFC 中的降解效率仅为 24%（Morris and Jin，2012）。正如上文所述，SBES 对有机污染物的转化反应主要局限于电极表面，即电极/污染物间的电子转移距离受限制约了土壤生物电化学修复技术的功效。为此，2017 年，Kronenberg 等综述了 SBES 降解 PAH 的优化措施（图 12-7）（Kronenberg et al.，2017），包括：①生物强化，如向污染场地添加高效降解 PAH 菌——*Geobacter* 和 *Ochrobactrum*（Zhou et al.，2016）；②向土壤中添加导电物质增强导电性，如碳纤维（Li et al.，2016b）；③增加土壤孔隙率，如添加沙土（Li et al.，2015）；④增加电极面积，如采用石墨或生物炭颗粒等比表面积大的电极（Lu et al.，2014b）；⑤增加电子受体量，如 O_2，用石墨棒连接沉积物缺氧区与上覆水好氧区（Viggi et al.，2015）；⑥设置厌氧阴极，阴阳极共同参与 PAH 降解（Sherafatmand and Ng，2015）；⑦增加氧化还原电位差，比如沉积物中菖蒲能显著增加沉积物与上覆水的氧化还原电位，使 PAH 在好氧和厌氧微生物协同作用下被加速降解（Yan et al.，2015）。

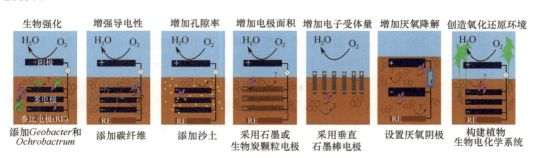

图 12-7　生物电化学系统强化多环芳烃降解的策略（Kronenberg et al.，2017）

Figure 12-7　Strategies of enhancing PAH biodegradation in bioelectrochemical systems

（二）基于长距离电子传递的生物电化学系统构建

电活性微生物的电子传递过程在生命进化和生物地球化学循环中发挥着关键作用，其电子传递距离通常包括微生物周质空间和外膜表层的纳米尺度的电子传递，纳米导线、微生物种间的微米至毫米尺度的电子传递（杨永刚等，2020）。近年来，随着微生物电子传递机制研究的深入，一组新的多细胞微生物被发现，称为电缆细菌（cable bacteria），它能产生电子并介导跨越沉积物中好氧区和厌氧区间厘米尺度的电子传递（Meysman，2018）。电缆细菌能将电子从细胞运输至其他细胞，并收获在此距离空间上广泛存在的电子供体或电子受体，从而使它们在与水生沉积物的生存中保持竞争优势（Yuan et al.，2021）。至此，电活性微生物介导的电子传递距离拓展至厘米级。2010 年，Nielsen 等首次将厘米级距离尺度上诱发的电子传递现象称为长距离电子传递（long-distance electron transport，LDET）。受电缆细菌 LDET 的启发，在水生沉积物中通过电极管连接空间分离的好氧区和缺氧区，将有机污染物厌氧降解产生的电子通过电极传递至好氧区的电子受体——O_2，因此构建 BES 也能实现沉积物中 LDET。环境中微生物可以通过多种 EET 过程相互影响、相互协同，交错形成微生物胞外电子传递网络，并在有机污染物降解和转化中发挥作用。

自然界的沉积物中伴随着沉积物中电缆细菌增殖、硫转化、有机质降解、电活性微生物等功能菌群丰度明显上升并能与电缆细菌构成紧密的互利共生网络，影响沉积物中碳、硫等关键元素的循环过程。尤其是以硫酸盐为电子受体的硫酸盐还原菌丰度显著上升，其硫酸盐呼吸耦合复杂有机质降解活性有效促进了沉积物 6 cm 深度上多环芳烃（PAH）等复杂污染物的原位降解转化，电缆细菌的存在增加了生物可利用硫酸盐的库存量（提高了约 10 倍），PAH 的降解在沉积物顶层、中层和底层分别加快了 7.7%、6.4% 和 1.2%（Liu et al.，2021）。受自然界电缆细菌的 LDET 现象的启示，电极管可以为电子从厌氧区转移至好氧区提供优先途径，使电子在好氧区与 O_2 生成 H_2O；这种电子流也可以在厘米级距离尺度上发生，从而使微生物能以电极作为电子受体，间接与远距离 O_2 发生 LDET，最终提高厌氧区微生物氧化石油烃的速率。在石油烃污染的海洋沉积物中使用电极管，被证实能够加速 H_2S 的氧化，提高 SO_4^{2-} 的生物有效性，进而改善石油烃污染物的微生物降解（Viggi et al.，2015；Müller et al.，2016）。2015 年，Viggi 等采用电极管将受原油污染的沉积物和上覆水建立电化学连接，微生物通过 LDET 过程介导 H_2S 氧化和 O_2 还原，持续产生硫酸盐，作为碳氢化合物生物氧化过程的电子受体，在 200 天后，总石油烃的浓度下降了 21%（Viggi et al.，2015）。同时，电极管也能促进含铁量高的河流沉积物中硫化物氧化耦合铁氧化物还原，也可能加速沉积物有机污染物的去除（Viggi et al.，2017）。2020 年，Marzocchi 等评估了电缆细菌和电极管对丹麦奥尔胡斯湾沉积物中石油烃降解的影响，电缆细菌、电极管和两者结合在 7 周后对石油烃的降解量相较于对照组分别提高了 24%、25% 和 46%。在电极管引入下的 LDET 可以塑造沉积物中的微生物生态，加快构建硫代谢、有机质降解、电活性微生物等功能菌群共生网络，为持续的、经济有效的受污染土壤或沉积物生物修复提供新的解决方法。

（三）强化降解功能微生物及共生网络

自然环境中的电活性微生物普遍存在于微生物共生体系中，有机污染物降解的生物化学过程往往由共生菌群协同完成。而且，电活性菌利用的底物相对单一，在处理复杂结构的有机物时与污染物降解菌协同能发挥出更好的降解效应。因此，电活性菌和非电活性有机污染物降解菌互作是 EAB 降解有机污染物的重要过程。2019 年，Xu 等应用 EAB 强化废水中 p-氟硝基苯（p-fluoronitrobenzene，p-FNB）降解时发现电活性菌并未参与 p-FNB 的降解，猜测这种增强作用是由生物膜中电活性菌与电极之间电子传递过程形成的生物电流刺激了非电活性 p-FNB 降解菌的代谢行为。最近，Hou 等（2020）采用 ^{13}C-DNA 稳定同位素探针（DNA stable isotope probing，DNA-SIP）及稳定同位素辅助代谢组学（stable isotope-assisted metabolomics，SIAM）探究电活性生物膜对双酚 S 降解的促进作用，发现电活性生物膜中存在非电活性双酚 S 降解功能菌——拟杆菌属（Bacteroides）和鲸杆菌属（Cetobacterium），认为电活性菌对难降解有机污染物降解的强化机制为代谢物介导的种间电子转移，并通过生态网络分析确定了典型强化双酚 S 降解的电活性菌与非电活性双酚 S 降解菌之间的协作关系。因此，强化电活性微生物和非电活性污染物功能降解菌互作的共生网络是增强生物电化学系统降解有机污染物的潜在机制。

第三节　微生物电化学有机污染物处理技术研究进展

一、生物阳极有机污染物降解

EAB 在生物阳极被富集，并与阳极周围其他微生物互作，被认为是生物阳极附近的污染物去除效果较好的原因之一（Wang et al.，2019）。在阳极，α-Proteobacteria、β-Proteobacteria 和 γ-Proteobacteria 微生物为优势目（Lu et al.，2014a）。Li 等（2020）用 SBES 处理异丙甲草胺污染土壤，在运行 100 天后，距离生物阳极不同位置（上、中、下）的优势群落组成依次为变形菌门（Proteobacteria）、拟杆菌门（Bacteroidetes）、芽单胞菌门（Gemmatimonadetes）和酸杆菌门（Acidobacteria），且丰度差异很大。Liang 等（2021）在用生物阳极去除土壤苯并[a]芘时发现，生物阳极富集了 EAB 和 PAH 降解菌，两者互作是土壤有机污染物降解的关键。

生物阳极的环境修复 BES 构建需要根据环境条件进行合适的工艺配置。比如，Mohan 和 Chandrasekhar（2011）尝试用污水厌氧处理（anaerobic treatment，AnT）工艺耦合 MFC（AnT-MFC）处理含油污泥（图 12-8a），发现 AnT-MFC 能显著加速石油烃的降解，去除量为 41.08%（厌氧降解仅为 20.72%），且加速了多环芳烃（5～6 环）的降解（厌氧处理仅有 2～3 环的低环芳烃被降解）。Wang 等（2022）利用电活性生物膜胞外聚合物具有光化学活性，将光照与 BES 结合（图 12-8b），以刺激该系统有机污染物的降解；结果显示，光照 BES 可以将无光照的 BES 的库仑效率从 60.8% 提高到 73.0%，双酚 A 的降解速率常数从 $0.030\ \text{h}^{-1}$ 提高至 $0.189\ \text{h}^{-1}$；通过化学萃取和荧光分析测量悬浮液中生物光敏剂特性，发现 BES 运行过程中，电活性生物膜会向反应器中释放许多有机物质，这些物质在光照下能产生羟基自由基，进而促进了双酚 A 的降解（Wang et al.，2022）。该结果显示，集成自产生物光敏剂的 BES 有望集合先进的电化学和生物体系，用于同步生物产电和废水有机污染物的降解。

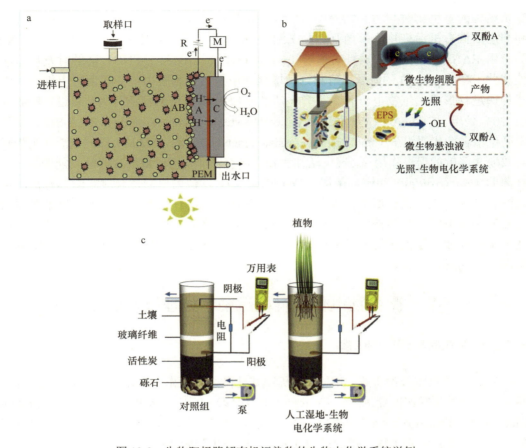

图 12-8　生物阳极降解有机污染物的生物电化学系统举例

Figure 12-8　Samples of bioelectrochemical systems for degradation of organic pollutants using anode biofilms

a. 污水厌氧处理-生物电化学系统（Mohan and Chandrasekhar，2011）；b. 光照-生物电化学系统（Wang et al.，2022）；c. 人工湿地-生物电化学系统（Di et al.，2020）

Yang 等（2016）将人工湿地与 MFC 结合处理油污废水，除油效率高达 95.7%，COD 去除率高达 75%，同时能产生 3868 mW/m³ 的功率密度。Di 等（2020）也采用人工湿地与 MFC 结合反应器修复硝基苯废水（图 12-8c），在低浓度硝基苯（70 mg/L）的存在下，能达到 95% 的去除率，而在 160 mg/L 的高浓度时达到 57%；微生物高通量测序结果表明，湿地植物可以增强电活性微生物（如 *Geobacter*、*Ferruginibacter*）和硝基苯降解功能微生物[如丛毛单胞菌属（*Comamonas*）、假单胞菌属（*Pseudomonas*）]的丰度。

二、生物阴极有机污染物降解

生物阴极以微生物为催化剂，电活性微生物可以在阴极表面获取电子，然后利用自身内部的反应去催化电子受体在阴极的还原反应。电活性微生物阴极能降解多种难降解有机污染物，或改变有机污染物的降解途径，获得无毒或低毒的中间产物或终产物，最终被完全降解。比如，偶氮染料的生物脱色依靠于微生物胞内偶氮还原系统，但细胞膜上存在极性基团（如磺酸基），因此阻止了大多数偶氮染料进入胞内被还原。Brigé 等

（2008）发现，微生物外膜也存在能还原偶氮染料的蛋白质，因此胞外呼吸菌对偶氮染料的脱色具有广阔的应用前景。Liu 等（2017）在 BES 中研究了 *Geobacter sulfurreducens* PCA 对甲基橙（一种偶氮染料）的降解行为（图 12-9a），发现 PCA 对甲基橙的脱色是独特的胞外呼吸过程，能高效去除甲基橙（8 h 内实现 100%去除）；OmcB、OmcC 和 OmcE 被认为是 PCA 胞外还原甲基橙的关键外膜蛋白。除此之外，硝基化合物也能通过生物阴极被还原。Wang 等（2011）在 BES 的阴极上施加–0.5 V 电势（*vs.* SHE），发现在葡萄糖存在的情况下，硝基苯在 24 h 内 88.2% ± 0.60%转化为苯胺，分别比非生物阴极和开路组高 10.25 倍和 2.90 倍（图 12-9b）；当用 NaHCO₃ 取代葡萄糖时，硝基苯的降解率降低了 10%左右；葡萄糖存在与否，BES 对硝基苯的降解始终向低毒苯胺定向转化，降低了 71.6%中间产物的形成效率；对阴极生物膜进行 16S rRNA 分析，发现 *Enterococcus aquimarinus* 是主要的功能菌（降解原理见图 12-9c）。与生物阳极在 SBES 中的应用类似，生物阴极在土壤体系也有传质效率低的问题，Cai 等（2020）用 SBES 处理 PCP 污染

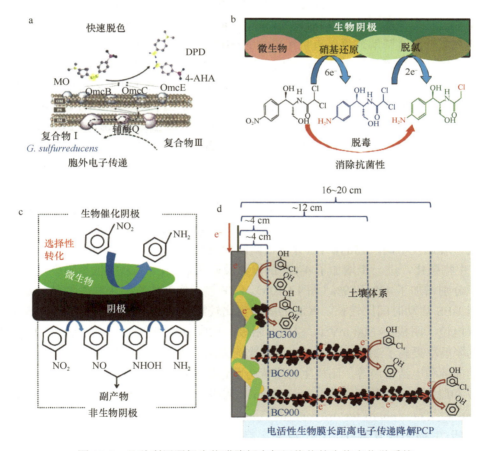

图 12-9　几种利用阴极生物膜降解有机污染物的生物电化学系统

Figure 12-9　Several bioelectrochemical systems for degradation of organic pollutants using cathode biofilms

a. *Geobaceter sulfurreducens* 阴极还原甲基橙（Liu et al., 2017）；b. 混合电活性微生物阴极还原硝基苯至低毒的苯胺（Wang et al., 2011）；c. 混合电活性微生物阴极还原氯霉素脱毒转化（Liang et al., 2013a）；d. 生物炭促进长距离电子传递强化土壤 PCP 生物电化学修复（Cai et al., 2020）

水稻土时发现 PCP 的降解仅发生在电极表面，电子传递的有效距离小于 4 cm；受自然界 LDET 现象的启示，他们向体系中加入 3% 900℃（BC900）裂解的导电生物炭，使 PCP 的降解有效距离增加至 16 cm，并且脱亚硫酸杆菌属（*Desulfitobacterium*）和地杆菌属（*Geobacter*）在施加生物炭的 SBES 中被富集，并呈现随距离生物阴极距离增加而减少的趋势；同时，生物炭的添加增加了脱氯功能菌与其他微生物的联系，使微生物互作网络更趋复杂化（图 12-9d）。

三、生物阳极-阴极联合降解有机污染物

BES 利用 EAB 在阳极或阴极催化氧化或还原反应，驱动有机污染物降解。近几十年来，生物阴极在污染物还原降解方面越来越受到重视（Wang et al.，2015），但在厌氧条件下，阴极生物膜的形成比较难。据统计，还原硝基芳烃的阴极生物膜大概需要 3～4 周时间才能被富集，然后与功能微生物建立联系需要 2～3 周时间，因此实现该污染物降解整个过程大概需要 5～6 周时间（Liang et al.，2013，2014；Wang et al.，2011）。因此，研究者针对难降解或复杂有机污染物的 BES 降解，设计了利用生物阳极转换成生物阴极来增加生物膜量的方法，并利用生物阳极-阴极联合降解抗生素——氯霉素，实现污染物双向电子转移至降解完全（Yun et al.，2016）。Yun 等（2017）通过驯化阳极生物膜，再进行极性倒置，筛选和维持部分 EAB，使阴极生物膜在 12 天内就形成了，加速了硝基苯的还原降解（图 12-10a）。这些 EAB 中有一些电极呼吸菌，如 *Geobacter*，可以以电极作为电子供体来还原污染物（Lovley，2011），这种利用阳极-阴极极性转换的方式，操作简单、适应期短、双向电子传递能力好且具有自我再生能力，在有机废水处理中具有很大的应用潜力。

除了生物阳极和阴极极性转换，还有一种是生物阴阳极同时加速有机污染物的降解。Kong 等（2014b）构建了降解 4-氯酚（4-chlorophenol，4-CP）的 BES，4-CP 在 BES 中实现了脱氯及中间产物的矿化，并且在阴阳极室加入光合细菌（photosynthetic bacteria，PSB）生物强化，进一步增加了 4-CP 的脱氯及矿化进程，4-CP 的生物阴极及生物阳极降解率分别增加了 43% 和 9%（图 12-10b）。PCP 被证实在生物阴极和生物阳极都能被降解，但 BES 启动时间比较长，PCP 的降解也比较慢。Huang 等（2013）给 BES 中阴阳极设置电位（阴极：−300 mV *vs*. SHE；阳极：+200 mV *vs*. SHE），启动 13～18 天后，PCP 的降解率提高了 21.5%～28.5%，生物电流提高了 41.7%～44%；阴阳极上富集了 PCP 降解功能菌和电活性菌等，阳极生物膜优势菌包括脱硫弧菌属（*Desulfovibrio carbinoliphilus*）和脱氯螺旋体属（*Dechlorospirillum*），阴极生物膜优势菌包括 *Desulfovibrio marrakechensis*、*Comamonas testosterone* 和 *Comamonas* sp.。除了以上氯酚类有机污染物外，生物阳极-生物阴极复合 BES 还被证实能强化偶氮染料和金属有机化合物等的降解（Kong et al.，2014a；Shi et al.，2014）。罗沙胂（4-羟基-3-硝基苯胂酸）是一种畜禽饲料有机砷添加剂，能促进畜禽生长，但大部分会通过粪便排泄至环境中。低毒的罗沙胂在厌氧条件下很容易被降解为 4-羟基-3-氨基苯磺酸和无机砷，增加了无机砷进入地表水和低吸水的风险。Shi 等（2014）研究了罗沙胂在 BES 中阴极还原的电化学降解途径，

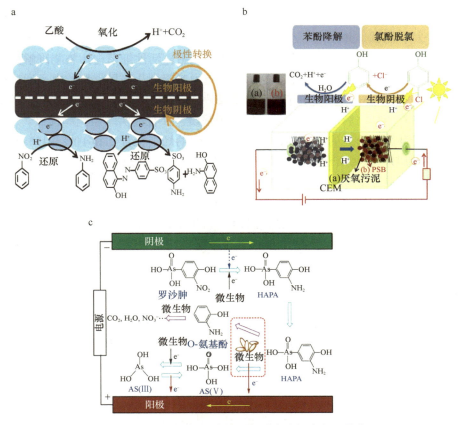

图 12-10　生物阳极和生物阴极联合降解有机污染物

Figure 12-10　The combination of bioanode and biocathode for organic pollutant degradation

a. 生物阴阳极极性转换强化硝基苯降解（Yun et al.，2017）；b. 生物阳极-阴极 BES 降解 4-CP（Kong et al.，2014b）；c. 有机砷化物罗沙胂在阴阳极双膜作用下转化为易于砷去除的砷酸盐（Shi et al.，2014）

发现 BES 的底物碳源耗尽后，罗沙胂在阴极被缓慢降解为亚砷酸盐；亚砷酸盐在阳极被氧化为低毒的砷酸盐，利于水中砷的去除（图 12-10c）。该 BES 中阴阳极的共同作用充分利用了微生物的电化学特性，从而大幅度提高了有机污染物的降解效率。因此，在阳极和阴极分别富集相关的电活性微生物，将生物阳极的氧化/矿化反应与生物阴极的还原反应（如还原脱氯）有效偶联，才能更好地发挥生物电化学降解有机污染物的优势。

第四节　案 例 分 析

一、案例一：原油污染土壤微生物电化学修复（Wang et al.，2020b）

原油性质复杂、难降解，因此其泄漏造成的石油烃污染是灾难性的环境问题之一。石油烃可以通过多种生化途径（如氧化、还原、羟基化或脱氢等）进行降解，但降解速率在很大程度上取决于电子受体[如 O_2、Fe(III)、硝酸盐、硫酸盐等]的利用度。与物理和化学过程相比，原位生物修复具有成本和干扰低的特点，但其过程缓慢，降解产物复杂。近年来，为了加速石油烃化合物的生物降解，在实验室条件下进行了生物电化学修复方法的开发和测试，并在地下水、沉积物和土壤中进行了中试研究，取得了较好的效果。BES 将生物和电化学过程整合在一起，通过利用电活性细菌与污染物降解菌互作氧化石油烃污染物，并将电极作为电子受体进行产电呼吸；从阳极收集的电子通过外电路转移到阴极，在阴极还原终端电子受体（如氧气）。生物电化学修复通过电化学刺激促进微生物提高石油烃降解率，具有不干扰土壤基质，并且能实时监测等优点。

原油是一种高度异质的混合物，由 85%～90% 的烃类化合物和 10%～15% 的极性杂原子（N、S 和 O）等物质组成。不同石油烃对微生物降解的敏感性有很大差异。一般来说，正构烷烃是最易降解的化合物，其次是直链烷烃、单环饱和碳氢化合物、多环芳烃和杂原子物质。研究表明，通过降低饱和烃和芳香烃的相对浓度，增加极性组分，可以强化石油烃污染物的生物降解。然而，新生成的极性氧化中间产物，如环烷酸（naphthenic，NAP），可能比母体污染物更难降解，毒性更大。因此，了解石油烃污染物生物降解过程中成分变化至关重要。

（一）研究目的

本研究旨在探讨生物电化学修复如何促进原油的生物降解：①研究生物电化学降解原油污染土壤的中间产物；②探讨非极性碳氢化合物的生物降解机制；③探讨极性含氧中间产物的分子水平组分随生物降解的变化。

（二）材料和方法

本研究采集美国密歇根州原油污染场地土壤，其中总石油烃（TPH）浓度为 24 085 mg/kg 干土。采用双室 BES 装置，用阳离子交换膜分隔两室，分别在三电极模式下进行实验，其中，阳极室设置恒电位 +0.3 V（$vs.$ Ag/AgCl），阴极室设置恒电位 +0.21 V（$vs.$ SHE）。实验过程中 TPH 降解产物、中间产物采用气相色谱-火焰离子化检测器（gas chromatography-flame ionization detector，GC-FID）和傅里叶变换离子回旋共振质谱（Fourier transform ion cyclotron resonance mass spectrometry，FT-ICR MS）等测试。

（三）结果与讨论

1. BES 强化原油降解情况

首先，本研究比较了 BES 与开路反应器（实验对照）在原油降解、生物电流产生及 CO_2 生成方面的性能。图 12-11a 显示了 BES 时间-电流曲线，在第 5 天达到电流密度最大 [（569 ± 2）mA/cm³]，在第 117 天逐渐下降至（322 ± 6）mA/cm³；之后，由于可生物降解的碳氢化合物或其他营养物质供应有限，电流密度迅速下降。累计电量输出随着时间的推移不断增加，其趋势与 BES 中 CO_2 生成的增加一致（图 12-11d），说明电量输出与原油污染土壤中污染物向 CO_2 的生物电化学转化有关。图 12-11b 显示了 TPH 在 BES 和对照组中的降解情况。第 95 天，BES 中 TPH 的去除率为 29.2%，是对照组（16.8%）的 1.7 倍；第 137 天，BES 中 TPH 的去除率（37.5%）相比于对照组（21.3%）提高了 76%。图 12-11c 采用热图分析了正构烷烃（C_{10}～C_{40}）降解的时间过程，在第 95 天和 137 天，

BES 的总正烷烃去除率为 44%～73%，对照组为 11%～27%。其中，低分子量（C_{10}～C_{20}）烷烃的去除率较高，BES 为 60%～75%，对照组为 44%～73%；在高分子量（C_{21}～C_{40}）分子中，约 15%（第 95 天）和 32%（第 137 天）在 BES 中降解，而对照组中降解的量仅为 8%。对照组中正构烷烃的降解是一个自然衰减的过程，可能是厌氧烷烃降解功能微生物、硫酸盐还原菌或反硝化菌以硫酸盐、硝酸盐、Fe(III) 为电子受体互作降解的结果，而 BES 中电活性菌能以电极作为电子受体，使 TPH 得到更高、更持续的降解。

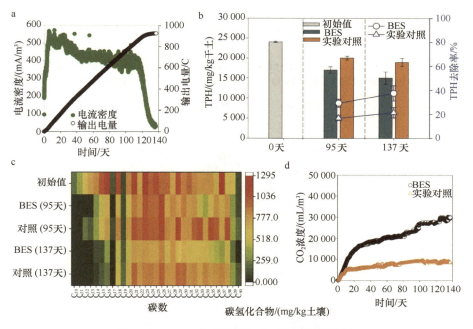

图 12-11　BES 产电性能和总石油烃降解效果

Figure 12-11　The electricity generation performance of BES and TPH degradation effect

a. BES 运行过程中电流密度及电量输出情况；b. 总石油烃（TPH）在 BES 和实验对照中的降解情况；c. 初始土壤、BES 和实验对照样品中碳数从 C_{10} 到 C_{40} 的碳氢化合物浓度变化；d. BES 和实验对照组中阳极室顶空 CO_2 浓度

2. 修复后杂原子化合物分布的变化

图 12-12 显示了初始土壤及 BES 和对照组修复后土壤中杂原子类物质的分布。初始土壤样品中含氧化合物 O_3 和 O_2 对应的羧酸类物质峰数最多，其次是含氧化合物 O_4、O_5、O_6 和 O_1 类；生物降解后，含氧化合物 O_1～O_5 类的峰数量均有增加，说明部分烃类转化为含氧物质。元素分析也证实了这一结果：经过 BES 生物降解后，土壤含氧成分的百分比增加了一倍以上，表明生物降解产生了更多含氧化合物，如醇类、酚类、酮类、醛类和羧酸等。与实验对照组相比，BES 中高阶含氧化合物（O_4～O_6）含量增加更多，而低阶含氧化合物（O_1～O_3）增加较少，是由于小分子的醇类、羧酸等容易被 BES 中的微生物菌群消耗。初始土壤和最终 BES 处理的土壤样品中 O_7 和 O_8 峰数变化不大，说明高氧化物对生物降解具有较强的抗性。图 12-13 显示了 FT-ICR MS 测试中的含氧化合物（O_1～O_4）的双键含量与碳数丰度等值线图。含氧化合物 O_1～O_3 在生物降解后的双键含量略有下降，说明降解后污染物的芳香度降低。

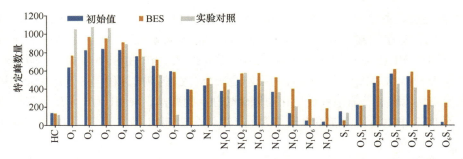

图 12-12 基于初始土壤样品、BES 和对照组土壤提取液的 ESI FT-ICR 质谱的主要含氧化合物杂原子分布的峰数

Figure 12-12 Heteroatom class distribution of major oxygen-containing compounds based on the number of assigned peaks derived from ESI FT-ICR mass spectra of soil extracts from initial samples, BES, and Control

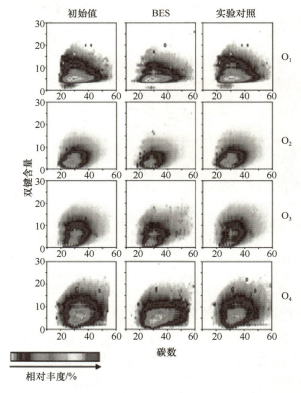

图 12-13 初始土壤样品、BES 和对照组土壤提取液中 $O_1 \sim O_4$ 类物质相对于碳数的双键丰度等高线图

Figure 12-13 Abundance-contoured plots of double-bond equivalents vs carbon number for the O_1–O_4 classes for soil extracts from initial samples, BES, and Control

为了更好地了解 BES 生物降解前后土壤酸性官能团的变化，本研究采用改性氨丙基二氧化硅（modified aminopropyl silica，MAPS）萃取法将样品进一步分离为 MA1～MA9 组分。BES 处理后的原油污染土壤总酸含量从 12.4%增加到 18.4%，其中，MA4 在所有组分中含量最高，分别占初始样品和处理后样品总酸的 38%和 47%；BES 降解后在 MA5 和 MA7 组分中观察到非常显著的变化，其含量分别增加了 7 倍和 9 倍，这说明

新生成的产物可能是高分子量的酸性物质。因此，为了更好地比较初始土壤和 BES 处理后的土壤酸性物质组分，对分馏组分 MA1～MA9 的含氧化合物特定峰数量进行了统计（图 12-14）。BES 中的 MA4 和 MA5 馏分的低阶 NAP 酸（O_1～O_4）含量显著减少，而高阶 NAP 酸（O_5～O_8）含量都增加，说明低阶 NAP 酸进一步转化为高阶 NAP 酸，如多环二羧酸。

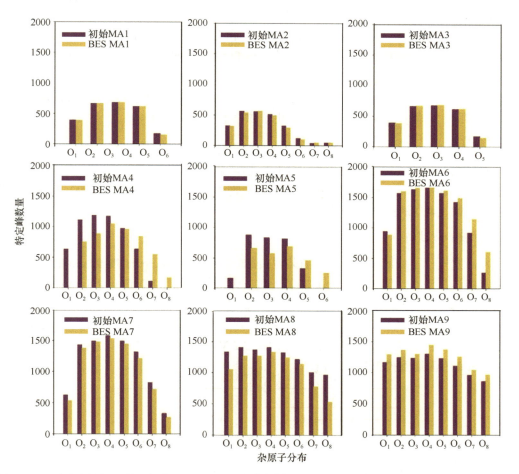

图 12-14　通过改性氨丙基二氧化硅（MAPS）分离初始土壤和 BES 降解后土壤萃取物得到离散组分（MA1～MA9）的 ESI FT-ICR 测试的杂原子分布

Figure 12-14　Heteroatom class distribution for oxygen-containing compounds isolated into discrete fractions (MA1～MA9) by modified aminopropyl silica (MAPS) derived from ESI FT-ICR mass spectra of soil extracts from initial samples and BES

综上，本研究揭示了原油生物电化学降解后产物的分布，揭示了含氧化合物的变化。BES 降解原油污染土壤，降解后的土壤总酸量增加，新生成的 NAP 酸主要来自高阶含氧化合物（O_5～O_6），疏水性增强，表面低阶含氧化合物二次氧化生成更多羧酸的酸性化合物。此外，正构烷烃经 β 氧化转化为低分子量含氧子类产品（如 O_1 类的正构醇），然后转化为 O_2 类的正脂肪酸，并进一步被电活性微生物氧化成 CO_2。

二、案例二：1,4-二氧杂环己烷的微生物电化学降解：设计、过程及可持续性研究（Pica et al.，2021）

1,4-二氧杂环己烷（1,4-dioxane，1,4-D）是一种工业合成化学品，常在地下水和工业废水中被检测到。由于其广泛用作溶剂、稳定剂，常与挥发性氯化有机化合物（chlorinated volatile organic compound，CVOC）共存，如 1,1-二氯乙烯（1,1-dichloroethene，1,1-DCE）、三氯乙烷（trichloroethane，TCA）和三氯乙烯（trichloroethene，TCE）等。美国环境保护署已经将 1,4-D 归类为可能致癌的有机污染物。本研究设计了一种生物电化学流动式反应器，利用食二氯杂环己烷假诺卡氏菌（*Pseudonocardia dioxanivorans*）CB1190 菌（简称 CB1190）进行电化学氧化和生物氧化耦合降解 1,4-D。CB1190 是一种嗜微氧细菌，它能以 1,4-D 作为唯一的电子供体和碳源降解 1,4-D。

（一）研究目的

本研究设计了一种生物电化学流动反应器降解 1,4-D，其目标是：①在与 1,1-DCE 污染物共存条件下，优化降解性能；②了解生物强化（外源接种 CB1190）对生物电化学氧化降解 1,4-D 的影响；③基于电极材料使用和耗能情况，确定该技术的可持续性。

（二）材料和方法

本研究设计了如图 12-15 所示的装置，该装置为直径 10 cm、长度 89 cm 的透明 PVC 管反应器。在进水一侧每隔 15 cm 安装一对三维网状电极（1.0 mm× 2.8 mm×1.0 mm）。网状电极为掺杂氧化铟锡涂层的钛电极（Ti/SnO₂-X）。6 个液体取样口和 5 个固体取样口分布在整个反应装置，同时反应器配备了 7 个排气口，以收集污染物降解过程产生的气体。生物电化学氧化 1,4-D 实验分别在 2.2 V 和 5.0 V 电位差下进行。所有实验均以 43 cm/d 渗流速度模拟地下水流动。

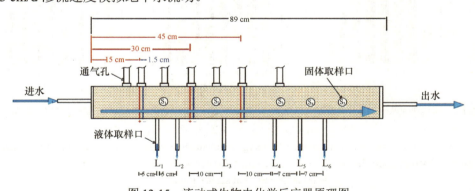

图 12-15　流动式生物电化学反应器原理图
Figure 12-15　Schematic of the flow-through bioelectrochemical reactors
红色和蓝色的垂直线分别表示阳极和阴极

（三）结果与讨论

1. 1,4-D 及 1,1-DCE 去除效果

此反应器中的电化学和生物电化学过程对 1,4-D 的去除情况如图 12-16 所示。在

2.2 V 电位下，只有 4% 的 1,4-D 被去除；在更高电位下（5.0 V），1,4-D 的降解更迅速。在反应器末端（第三对电极处，55 cm 处），1,4-D 的去除率达到 66%；在 89 cm 处，去除率达到 68%，比第三对电极略高，表明电化学氧化仅在电极附近有效。为了评估生物氧化和电化学氧化之间的协同作用，将 BC1190 接种到该反应器中。在 0 V 时，没有观察到 1,4-D 的去除（图 12-16b）；在 2.2 V 时，45% 的 1,4-D 在电化学活性区被去除，在 89 cm 处去除率提高至 57%；采用 5.0 V 电位差的电化学氧化可将进水 100 mg/L 的 1,4-D 降低至 53 μg/L。在施加 5.0 V 电压差条件下，可能致使更容易生物降解的氧化中间体产生，为细菌提供更多的代谢底物，使 1,4-D 的电化学转化量增加。其中，1,4-D 的电化学氧化生成的中间产物有二甘醇、乙二醇二甲酸酯和乙酸盐等，大多支持 CB1190 的生长。

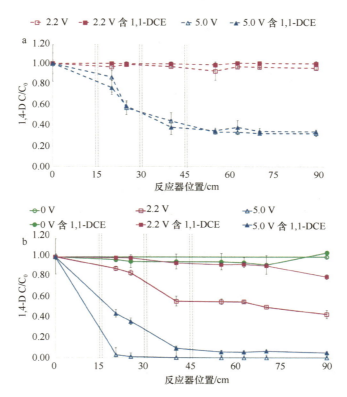

图 12-16　在 1,1-DCE 存在和不存在的情况下电化学（a）和生物电化学（b）去除 1,4-D 的情况
Figure 12-16　1,4-Dioxane removal for electrochemical (a) and bioelectrochemical (b) treatment in the presence and absence of 1, 1-DCE
虚线表示非生物电化学降解，实线表示 CB1190 存在条件下的生物电化学降解

　　CVOC 常与 1,4-D 污染共存，抑制其降解。因此，本研究评估了 1,1-DCE 的存在对 1,4-D 降解的影响。图 12-17 显示了 5 种实验条件下反应器对 1,1-DCE 的去除情况。在 0 V 的生物降解下，1,1-DCE 的浓度略有下降（20%），这可能是由于污染物的吸附和挥发损失；在施加 2.2 V 电压差时，第一对电极对 1,1-DCE 的去除达到 80%；未添加 CB1190 和添加 CB1190 的体系均可降解 1,1-DCE，在第三对电极（55 cm）处降解率都接近 97%，

说明 1,1-DCE 的去除主要是电化学作用的结果。由图 12-16a 可见，5 mg/L 的 1,1-DCE 存在与否并不影响 1,4-D 的电化学氧化。然而，尽管 1,1-DCE 的电化学去除率很高（图 12-17），但这种共存污染物存在对 1,4-D 降解的抑制作用仍然很明显（图 12-16b）。

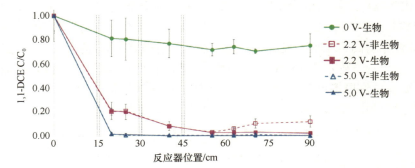

图 12-17 在电位 2.2 V（粉色）和 5.0 V（蓝色）的电压差下电化学（非生物）和生物电化学（生物）处理 1,1-DCE 的去除情况

Figure 12-17 1,1-DCE removal for electrochemical (abiotic) and bioelectrochemical treatment (biotic) at anode potentials of 2.2 V (magenta) and 5.0 V (blue)

绿色为 0 V 条件下的生物降解情况，虚线为非生物电化学氧化，实线代表生物电化学氧化。垂直线表示阳极（前）及阴极（后）的位置

2. 微生物丰度

为了定位和量化整个生物电化学反应器中的细菌分布，采用 qPCR 分析水体和固体样品中微生物丰度。如图 12-18 所示，细菌丰度以 CB1190 为代表进行量化，发现在 5.0 V 时微生物丰度最高，这也是此电位下观察到最高降解的原因；不论是浮游细菌还是生物膜上的细菌量都存在以下趋势：5.0 V＞2.2 V＞0 V，与 1,4-D 的降解情况一致，表明较高的生物活性是生物电化学处理污染物性能提高的原因之一。

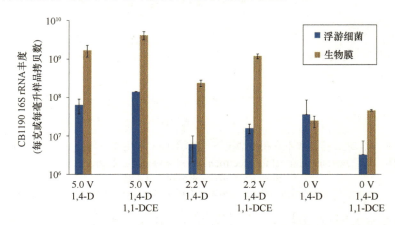

图 12-18 在 0 V、2.2 V 和 5.0 V 电压差下分别定量第一对与第二对电极间（15～30 cm）的浮游（蓝色）和生物膜（棕色）中 CB1190 的 qPCR 结果

Figure 12-18 Planktonic (blue) and sessile (brown) qPCR results between the first and second electrode pairs (15–30 cm) at 5.0 V, 2.2 V, and in the biological control (0 V)

3. 可持续性考量

图 12-19a 比较了不存在 1,1-DCE 时，电化学和生物电化学氧化中去除单位体积 1,4-D 所需的阳极面积（ASA_0）。与施加 2.2 V 相比，施加 5.0 V 时的去除效率更高，电化学氧化所需的电极面积显著降低了 93%，生物电化学氧化所需的电极面积减少了 94%。当生物氧化和电化学氧化相结合时，与电极相关的材料使用和成本进一步减少。与非生物电化学处理相比，生物电化学降解在施加 2.2 V 电压差时 ASA_0 降低了 87%，在 5.0 V 电压差时 ASA_0 降低了 90%。图 12-19b 比较了不存在 1,1-DCE 时，去除单位数量级 1,4-D 所需的电能（E_{E0}）。在电化学氧化过程中，施加 2.2 V 电位差时耗能（1060 kWh/m³）高于施加 5.0 V（737 kWh/m³），是在较低电位差下，系统去除 1,4-D 的效果较差的原因。在施加 2.2 V 和 5.0 V 电压差下，生物电化学氧化显著降低了 94% 和 89% 的 E_{E0}，大大降低了该技术的能耗。本研究还将优化后的工艺与 Ti/SnO₂-X 阳极相结合，能耗降低了 70%，所需电极材料节约了 96%。经技术经济评估表明，在施加更高电位差条件下，生物电化学降解有机污染物的成本更低。

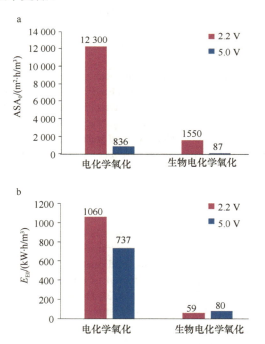

图 12-19　阳极电位为 2.2 V 或 5.0 V 且不存在 1,1-DCE 条件下电化学处理工艺、生物电化学处理工艺去除单位数量级 1,4-D 所需的阳极面积（a）和电量（E_{E0}）（b）

Figure 12-19　Required anode surface area (a) and electric energy (b) per order of magnitude of 1,4-dioxane removed for electrochemical versus bioelectrochemical treatment of 1,4-dioxane in the absence of 1,1-DCE at anode potentials of 2.2 and 5.0 V

综上，电化学氧化作为一种污水处理技术，能够处理难降解有机污染物。然而，电化学驱动的生物修复成本限制了其现场应用规模。在本研究中，电化学氧化和生物强化的协同作用可以在材料使用和能源消耗方面降低 1 个数量级以上。因此，生物电化学处理顽固性有机污染物比单独的电化学污水处理更具成本效益和可持续性。

参 考 文 献

骆永明. 2009. 污染土壤修复技术研究现状与趋势. 化学进展, 21(S1): 558-565.

许玫英, 虞志强, 杨永刚, 等. 2017. 微生物厌氧呼吸与有机污染水体沉积物修复. 微生物学杂志, 37(2): 1-11.

杨永刚, 李道波, 许玫英. 2020. 微生物胞外长距离电子传递网络研究进展. 微生物学报, 60(9): 2072-2083.

Adelaja O, Keshavarz T, Kyazze G. 2015. The effect of salinity, redox mediators and temperature on anaerobic biodegradation of petroleum hydrocarbons in microbial fuel cells. J Hazard Mater, 283: 211-217.

Alburquerque J A, Salazar P, Barrón V, et al. 2013. Enhanced wheat yield by biochar addition under different mineral fertilization levels. Agron Sustain Dev, 33(3): 475-484.

Atlas R M. 1995. Bioremediation of petroleum pollutants. Int Biodeter Biodeg, 35(1/2/3): 317-327.

Blodau C, Deppe M. 2012. Humic acid addition lowers methane release in peats of the Mer Bleue bog, Canada. Soil Biol Biochem, 52: 96-98.

Bond D R, Lovley D R. 2002. Reduction of Fe(III) oxide by methanogens in the presence and absence of extracellular quinones. Environ Microbiol, 4(2): 115-124.

Borole A P, Reguera G, Ringeisen B, et al. 2011. Electroactive biofilms: current status and future research needs. Energ Environ Sci, 4(12): 4813-4834.

Bradley P M, Chapelle F H, Lovley D R. 1998. Humic acids as electron acceptors for anaerobic microbial oxidation of vinyl chloride and dichloroethene. Appl Environ Microbiol, 64(8): 3102-3105.

Brigé A, Motte B, Borloo J, et al. 2008. Bacterial decolorization of textile dyes is an extracellular process requiring a multicomponent electron transfer pathway. Microb Biotechnol, 1(1): 40-52.

Butler J E, He Q, Nevin K P, et al. 2007. Genomic and microarray analysis of aromatics degradation in *Geobacter metallireducens* and comparison to a *Geobacter* isolate from a contaminated field site. BMC Genom, 8: 180.

Cai X X, Luo X S, Yuan Y, et al. 2021. Stimulation of phenanthrene and biphenyl degradation by biochar-conducted long distance electron transfer in soil bioelectrochemical systems. Sci Total Environ, 797: 149124.

Cai X X, Yuan Y, Yu L P, et al. 2020. Biochar enhances bioelectrochemical remediation of pentachloro-phenol-contaminated soils via long-distance electron transfer. J Hazard Mater, 391: 122213.

Cao F, Liu T X, Wu C Y, et al. 2012. Enhanced biotransformation of DDTs by an iron-and humic-reducing bacteria *Aeromonas hydrophila* HS01 upon addition of goethite and anthraquinone-2, 6-disulphonic disodium salt(AQDS). J Agr Food Chem, 60(45): 11238-11244.

Cao H B, Li Y P, Zhang G F, et al. 2004. Reduction of nitrobenzene with H_2 using a microbial consortium. Biotechnol Lett, 26(4): 307-310.

Cervantes F J, Bok F A D, Duong-Dac T, et al. 2002. Reduction of humic substances by halorespiring, sulphate‐reducing and methanogenic microorganisms. Environ Microbiol, 4(1): 51-57.

Cervantes F J, Dijksma W, Duong-Dac T, et al. 2001. Anaerobic mineralization of toluene by enriched sediments with quinones and humus as terminal electron acceptors. Appl Environ Microbiol, 67(10): 4471-4478.

Cervantes F J, Velde S, Lettinga G, et al. 2000. Competition between methanogenesis and quinone respiration for ecologically important substrates in anaerobic consortia. FEMS Microbiol Ecol, 34(2): 161-171.

Chen M J, Tong H, Liu C S, et al. 2016. A humic substance analogue AQDS stimulates *Geobacter* sp. abundance and enhances pentachlorophenol transformation in a paddy soil. Chemosphere, 160: 141-148.

Chen X J, Xu Y, Fan M J, et al. 2019. The stimulatory effect of humic acid on the co-metabolic biodegradation of tetrabromobisphenol A in bioelectrochemical system. J Environ Manage, 235: 350-356.

Choi T S, Song Y C, Joicy A. 2018. Influence of conductive material on the bioelectrochemical removal of organic matter and nitrogen from low strength wastewater. Bioresour Technol, 259: 407-413.

Clark D L, Hobart D E, Neu M P. 1995. Actinide carbonte complexes and their importance in actinide environmental chemistry. Chem Rev, 95(1): 25-48.

Cummings D E, Caccavo Jr F, Spring S, et al. 1999. *Ferribacterium limneticum*, gen. nov., sp. nov., an Fe(III)- reducing microorganism isolated from mining-impacted freshwater lake sediments. Arch Microbiol, 171(3): 183-188.

Daghio M, Aulenta F, Vaiopoulou E, et al. 2017. Electrobioremediation of oil spills. Water Res, 114: 351-370.

Dai H, Gao S M, Lai C C, et al. 2019. Biochar enhanced microbial degradation of 17β-estradiol. Environ Sci-Proc Imp, 21(10): 1736-1744.

Di L Y, Li Y K, Nie L, et al. 2020. Influence of plant radial oxygen loss in constructed wetland combined with microbial fuel cell on nitrobenzene removal from aqueous solution. J Hazard Mater, 394: 122542.

Dong H R, Li L, Lu Y, et al. 2019. Integration of nanoscale zero-valent iron and functional anaerobic bacteria for groundwater remediation: a review. Environ Int, 124: 265-277.

Dong J, Ding L J, Chi Z F, et al. 2017. Kinetics of nitrobenzene degradation coupled to indigenous microorganism dissimilatory iron reduction stimulated by emulsified vegetable oil. J Environ Sci, 54: 206-216.

Dorer C, Vogt C, Neu T R, et al. 2016. Characterization of toluene and ethylbenzene biodegradation under nitrate-, iron(III)-and manganese(IV)-reducing conditions by compound-specific isotope analysis. Environ Pollut, 211: 271-281.

Du Z W, Li H R, , Gu T Y. 2007. A state of the art review on microbial fuel cells: a promising technology for wastewater treatment and bioenergy. Biotechnol Adv, 25(5): 464-482.

Fontaine B, Piccolo A. 2012. Co-polymerization of penta-halogenated phenols in humic substances by catalytic oxidation using biomimetic catalysis. Environ Sci Pollut Res, 19(5): 1485-1493.

Francis C A, Obraztsova A Y, Tebo B M. 2000. Dissimilatory metal reduction by the facultative anaerobe *Pantoea agglomerans* SP1. Appl Environ Microbiol, 66(2): 543-548.

Fredrickson J K, Zachara J M, Kennedy D W, et al. 2000. Reduction of U(VI) in goethite (α-FeOOH) suspensions by a dissimilatory metal-reducing bacterium. Geochim Cosmochim Ac, 64(18): 3085-3098.

Haritash A K, Kaushik C P. 2009. Biodegradation aspects of polycyclic aromatic hydrocarbons (PAHs): a review. J Hazard Mater, 169(1/2/3): 1-15.

Heijman C G, Holliger C, Glaus M A, et al. 1993. Abiotic reduction of 4-chloronitrobenzene to 4-chloroaniline in a dissimilatory iron-reducing enrichment culture. Appl Environ Microbiol, 59(12): 4350-4353.

Hernández-Montoya V, Alvarez L H, Montes-Morán M A, et al. 2012. Reduction of quinone and non-quinone redox functional groups in different humic acid samples by *Geobacter sulfurreducens*. Geoderma, 183/184: 25-31.

Hofstetter T B, Heijman C G, Haderlein S B, et al. 1999. Complete reduction of TNT and other (poly) nitroaromatic compounds under iron-reducing subsurface conditions. Environ Sci Technol, 33(9): 1479-1487.

Hong Y G, Gu J D. 2009. Bacterial anaerobic respiration and electron transfer relevant to the biotrans-formation of pollutants. Int Biodeter Biodegr, 63(8): 973-980.

Hou R, Gan L, Guan F Y, et al.2020. Bioelectrochemically enhanced degradation of bisphenol S: mechanistic insights from stable isotope-assisted investigations. iScience, 24(1): 102014.

Huang B, Lai C C, Dai H, et al. 2019. Microbially reduced humic acid promotes the anaerobic photo-degradation of 17α-ethinylestradiol. Ecotox Environ Safe, 171: 313-320.

Huang D Y, Zhou S G, Chen Q, et al. 2011. Enhanced anaerobic degradation of organic pollutants in a soil microbial fuel cell. Chem Eng J, 172(2/3): 647-653.

Huang L P, Wang Q, Quan X, et al. 2013. Bioanodes/biocathodes formed at optimal potentials enhance subsequent pentachlorophenol degradation and power generation from microbial fuel cells. Bioelectrochemistry, 94: 13-22.

Huang Y, Hou X L, Liu S T, et al. 2016. Correspondence analysis of bio-refractory compounds degradation and microbiological community distribution in anaerobic filter for coking wastewater treatment. Chem Eng J, 304: 864-872.

Jahn M K, Haderlein S B, Meckenstock R U. 2005. Anaerobic degradation of benzene, toluene, ethylbenzene, and o-xylene in sediment-free iron-reducing enrichment cultures. Appl Environ Microbiol, 71(6): 3355-3358.

Jiang Z, Shi M M, Shi L. 2020. Degradation of organic contaminants and steel corrosion by the dissimilatory metal-reducing microorganisms *Shewanella* and *Geobacter* spp. Int Biodeter Biodegr, 147: 104842.

Kashefi K, Tor J M, Holmes D E, et al. 2002. *Geoglobus ahangari* gen. nov., sp. nov., a novel hyperthermophilic archaeon capable of oxidizing organic acids and growing autotrophically on hydrogen with Fe(III) serving as the sole electron acceptor. Int J Syst Evol Microbiol, 52(3): 719-728.

Kieft T L, Fredrickson J K, Onstott T C, et al. 1999. Dissimilatory reduction of Fe(III) and other electron acceptors by a *Thermus* isolate. Appl Environ Microbiol, 65(3): 1214-1221.

Klüpfel L, Piepenbrock A, Kappler A, et al. 2014. Humic substances as fully regenerable electron acceptors in recurrently anoxic environments. Nat Geosci, 7(3): 195-200.

Koch C, Harnisch F. 2016. Is there a specific ecological niche for electroactive microorganisms? ChemElectroChem, 3(9): 1282-1295.

Koch C, Korth B, Harnisch F. 2018. Microbial ecology-based engineering of microbial electrochemical technologies. Microb Biotechnol, 11(1): 22-38.

Kong F Y, Wang A J, Cheng H Y, et al. 2014a. Accelerated decolorization of azo dye Congo red in a combined bioanode-biocathode bioelectrochemical system with modified electrodes deployment. Bioresour Technol, 151: 332-339.

Kong F Y, Wang A J, Ren H Y, et al. 2014b. Improved dechlorination and mineralization of 4-chlorophenol in a sequential biocathode-bioanode bioelectrochemical system with mixed photosynthetic bacteria. Bioresour Technol, 158: 32-38.

Kotloski N J, Gralnick J A. 2013. Flavin electron shuttles dominate extracellular electron transfer by *Shewanella oneidensis*. mBio, 4(1): e00553-e00512.

Kronenberg M, Trably E, Bernet N, et al. 2017. Biodegradation of polycyclic aromatic hydrocarbons: using microbial bioelectrochemical systems to overcome an impasse. Environ Pollut, 231: 509-523.

Kunapuli U, Griebler C, Beller H R, et al. 2008. Identification of intermediates formed during anaerobic benzene degradation by an iron-reducing enrichment culture. Environ Microbiol, 10(7): 1703-1712.

Kuo C, Genthner B. 1996. Effect of added heavy metal ions on biotransformation and biodegradation of 2-chlorophenol and 3-chlorobenzoate in anaerobic bacterial consortia. Appl Environ Microbiol, 62(7): 2317-2323.

Kwon M J, Finneran K T. 2006. Microbially mediated biodegradation of hexahydro-1, 3, 5-trinitro-1, 3, 5-triazine by extracellular electron shuttling compounds. Appl Environ Microbiol, 72(9): 5933-5941.

Kwon M J, Finneran K T. 2008. Hexahydro-1, 3, 5-trinitro-1, 3, 5-triazine(RDX)and octahydro-1, 3, 5, 7-tetranitro-1, 3, 5, 7-tetrazocine(HMX)biodegradation kinetics amongst several Fe(III)-reducing genera. Soil Sediment Contam, 17(2): 189-203.

Laban N A, Selesi D, Rattei T, et al. 2010. Identification of enzymes involved in anaerobic benzene degradation by a strictly anaerobic iron-reducing enrichment culture. Environ Microbiol, 12(10): 2783-2796.

Lehmann J, Rillig M C, Thies J, et al. 2011. Biochar effects on soil biota-a review. Soil Biol Biochem, 43(9): 1812-1836.

Li C H, Zhou H W, Wong Y S, et al. 2009. Vertical distribution and anaerobic biodegradation of polycyclic aromatic hydrocarbons in mangrove sediments in Hong Kong, South China. Sci Total Environ, 407:

5772-5779.

Li F B, Li X M, Zhou S G, et al. 2010. Enhanced reductive dechlorination of DDT in an anaerobic system of dissimilatory iron-reducing bacteria and iron oxide. Environ Pollut, 158(5): 1733-1740.

Li R, Tiedje J M, Chiu C, et al. 2012. Soluble electron shuttles can mediate energy taxis toward insoluble electron acceptors. Environ Sci Technol, 46(5): 2813-2820.

Li X J, Li Y, Zhang X L, et al. 2020. The metolachlor degradation kinetics and bacterial community evolution in the soil bioelectrochemical remediation. Chemosphere, 248: 125915.

Li X J, Wang X, Ren Z J, et al. 2015. Sand amendment enhances bioelectrochemical remediation of petroleum hydrocarbon contaminated soil. Chemosphere, 141: 62-70.

Li X J, Wang X, Wan L L, et al. 2016a. Enhanced biodegradation of aged petroleum hydrocarbons in soils by glucose addition in microbial fuel cells. J Chem Technol Biot, 91(1): 267-275.

Li X J, Wang X, Weng L P, et al. 2017. Microbial fuel cells for organic‐contaminated soil remedial applications: a review. Energy Technol, 5(8): 1156-1164.

Li X J, Wang X, Zhao Q, et al. 2016b. Carbon fiber enhanced bioelectricity generation in soil microbial fuel cells. Biosens Bioelectron, 85: 135-141.

Li Y, Ren C Y, Zhao Z S, et al. 2019. Enhancing anaerobic degradation of phenol to methane via solubilizing Fe(III) oxides for dissimilatory iron reduction with organic chelates. Bioresour Technol, 291: 121858.

Liang B, Cheng H Y, Kong D Y, et al. 2013. Accelerated reduction of chlorinated nitroaromatic antibiotic chloramphenicol by biocathode. Environ Sci Technol, 47(10): 5353-5361.

Liang B, Cheng H, van Nostrand J D, et al. 2014. Microbial community structure and function of Nitrobenzene reduction biocathode in response to carbon source switchover. Water Res, 54: 137-148.

Liang F Y, Xiao Y, Zhao F. 2013. Effect of pH on sulfate removal from wastewater using a bioelectrochemical system. Chem Eng J, 218: 147-153.

Liang Y X, Ji M, Zhai H Y, et al. 2021. Organic matter composition, BaP biodegradation and microbial communities at sites near and far from the bioanode in a soil microbial fuel cell. Sci Total Environ, 772: 144919.

Lin H, Szeinbaum N H, DiChristina T J, et al. 2012. Microbial Mn(IV) reduction requires an initial one-electron reductive solubilization step. Geochim Cosmochim Ac, 99: 179-192.

Liu F F, Wang Z Y, Wu B, et al. 2021. Cable bacteria extend the impacts of elevated dissolved oxygen into anoxic sediments. ISME J, 15(5): 1551-1563.

Liu G F, Zhou J T, Wang J, et al. 2011. Decolorization of azo dyes by *Shewanella oneidensis* MR-1 in the presence of humic acids. Appl Microbiol Biotechnol, 91(2): 417-424.

Liu W B, Sutton N B, Rijnaarts H H M, et al. 2020. Anaerobic biodegradation of pharmaceutical compounds coupled to dissimilatory manganese(IV) or iron(III) reduction. J Hazard Mater, 388: 119361.

Liu Y N, Zhang F, Li J, et al. 2017. Exclusive extracellular bioreduction of methyl orange by azo reductase-free *Geobacter sulfurreducens*. Environ Sci Technol, 51(15): 8616-8623.

Lovley D R. 2011. Powering microbes with electricity: direct electron transfer from electrodes to microbes. Environ Microbiol Rep, 3(1): 27-35.

Lovley D R, Coates J D, Blunt-Harris E L, et al. 1996. Humic substances as electron acceptors for microbial respiration. Nature, 382(6590): 445-448.

Lovley D R, Lonergan D J. 1990. Anaerobic oxidation of toluene, phenol, and p-cresol by the dissimilatory iron-reducing organism, GS-15. Appl Environ Microbiol, 56(6): 1858-1864.

Lovley D R, Phillips E J. 1988. Novel mode of microbial energy metabolism: organic carbon oxidation coupled to dissimilatory reduction of iron or manganese. Appl Environ Microbiol, 54(6): 1472-1480.

Lovley D R, Phillips E J. 1992. Reduction of uranium by *Desulfovibrio desulfuricans*. Appl Environ Microbiol, 58(3): 850-856.

Lovley D R, Stolz J F, Nord G L, et al. 1987. Anaerobic production of magnetite by a dissimilatory iron-reducing microorganism. Nature, 330(6145): 252-254.

Lu L, Huggins T, Jin S, et al. 2014a. Microbial metabolism and community structure in response to bioelectrochemically enhanced remediation of petroleum hydrocarbon-contaminated soil. Environ Sci Technol, 48(7): 4021-4029.

Lu L, Yazdi H, Jin S, et al. 2014b. Enhanced bioremediation of hydrocarbon-contaminated soil using pilot-scale bioelectrochemical systems. J Hazard Mater, 274: 8-15.

Lu Y, Xie Q Q, Tang L, et al. 2021. The reduction of nitrobenzene by extracellular electron transfer facilitated by Fe-bearing biochar derived from sewage sludge. J Hazard Mater, 403: 123682.

Ma C, Wang Y Q, Zhuang L, et al. 2011. Anaerobic degradation of phenanthrene by a newly isolated humus-reducing bacterium, *Pseudomonas aeruginosa* strain PAH-1. J Soil Sediment, 11(6): 923-929.

Martinez C M, Alvarez L H, Celis L B, et al. 2013. Humus-reducing microorganisms and their valuable contribution in environmental processes. Appl Microbiol Biotechnol, 97(24): 10293-10308.

Marzocchi U, Palma E, Rossetti S, et al. 2020. Parallel artificial and biological electric circuits power petroleum decontamination: the case of snorkel and cable bacteria. Water Res, 173: 115520.

Meysman F J R. 2018. Cable bacteria take a new breath using long-distance electricity. Trends Microbiol, 26(5): 411-422.

Miran W, Nawaz M, Jang J, et al. 2017. Chlorinated phenol treatment and in situ hydrogen peroxide production in a sulfate-reducing bacteria enriched bioelectrochemical system. Water Res, 117: 198-206.

Mittal M, Rockne K J. 2010. Diffusional losses of amended anaerobic electron acceptors in sediment field microcosms. Mar Pollut Bull, 60(8): 1217-1225.

Mohan S V, Chandrasekhar K. 2011. Self-induced bio-potential and graphite electron accepting conditions enhances petroleum sludge degradation in bio-electrochemical system with simultaneous power generation. Bioresour Technol, 102(20): 9532-9541.

Mohanakrishna G, Al-Raoush R I, Abu-Reesh I M. 2018. Induced bioelectrochemical metabolism for bioremediation of petroleum refinery wastewater: optimization of applied potential and flow of wastewater. Bioresour Technol, 260: 227-232.

Mohatt J L, Hu L H, Finneran K T, et al. 2011. Microbially mediated abiotic transformation of the antimicrobial agent sulfamethoxazole under iron-reducing soil conditions. Environ Sci Technol, 45(11): 4793-4801.

Morris J M, Jin S, Crimi B, et al. 2009. Microbial fuel cell in enhancing anaerobic biodegradation of diesel. Chem Eng J, 146(2): 161-167.

Morris J M, Jin S. 2012. Enhanced biodegradation of hydrocarbon-contaminated sediments using microbial fuel cells. J Hazard Mater, 213/214: 474-477.

Müller H, Bosch J, Griebler C, et al. 2016. Long-distance electron transfer by cable bacteria in aquifer sediments. ISME J, 10(8): 2010-2019.

Murad E, Fischer W R. 1988. Iron in soils and clay minerals. Dordrecht: Springer: 1-18.

Myers C R, Nealson K H. 1988. Bacterial manganese reduction and growth with manganese oxide as the sole electron acceptor. Science, 240(4857): 1319-1321.

Nakamura R, Kai F, Okamoto A, et al. 2009. Self-constructed electrically conductive bacterial networks. Angew Chem Int Ed Engl, 48(3): 508-511.

Nakamura R, Okamoto A, Kai F, et al. 2013. Mechanisms of long-distance extracellular electron transfer of metal-reducing bacteria mediated by nanocolloidal semiconductive iron oxides. J Mater Chem A, 1(16): 5148-5157.

Ndimele P E, Saba A O, Ojo D O, et al. 2018. The Political Ecology of Oil and Gas Activities in the Nigerian Aquatic Ecosystem. Amsterdam: Elsevier: 369-384.

Nealson K H, Belz A, McKee B. 2002. Breathing metals as a way of life: geobiology in action. Anton Leeuw, 81(1): 215-222.

Nevin K P, Lovley D R. 2000. Lack of production of electron-shuttling compounds or solubilization of Fe(III) during reduction of insoluble Fe(III) oxide by *Geobacter metallireducens*. Appl Environ Microbiol, 66(5): 2248-2251.

Newman D K, Kolter R. 2000. A role for excreted quinones in extracellular electron transfer. Nature,

405(6782): 94-97.

Nielsen L P, Risgaard-Petersen N, Fossing H, et al. 2010. Electric currents couple spatially separated biogeochemical processes in marine sediment. Nature, 463(7284): 1071-1074.

Pica N E, Miao Y, Johnson N W, et al. 2021. Bioelectrochemical treatment of 1, 4-dioxane in the presence of chlorinated solvents: design, process, and sustainability considerations. ACS Sustain Chem Eng, 9(8): 3172-3182.

Reguera G, McCarthy K D, Mehta T, et al. 2005. Extracellular electron transfer via microbial nanowires. Nature, 435(7045): 1098-1101.

Rogeon H, Lemée L, Chabbi A, et al. 2009. Influence of land use on soil organic matter. EGU Assembly Conference: 4361.

Röling W F, van Breukelen B M, Braster M, et al. 2001. Relationships between microbial community structure and hydrochemistry in a landfill leachate-polluted aquifer. Appl Environ Microbiol, 67(10): 4619-4629.

Rousk J, Bååth E, Brookes P C, et al. 2010. Soil bacterial and fungal communities across a pH gradient in an arable soil. ISME J, 4(10): 1340-1351.

Sabina K, Fayidh M A, Archana G, et al. 2014. Microbial desalination cell for enhanced biodegradation of waste engine oil using a novel bacterial strain *Bacillus subtilis* moh3. Environ Technol, 35(17): 2194-2203.

Schleinitz K M, Schmeling S, Jehmlich N, et al. 2009. Phenol degradation in the strictly anaerobic iron-reducing bacterium *Geobacter metallireducens* GS-15. Appl Environ Microbiol, 75(12): 3912-3919.

Schröder U, Harnisch F, Angenent L T. 2015. Microbial electrochemistry and technology: terminology and classification. Energ Environ Sci, 8(2): 513-519.

Sekar R, DiChristina T J. 2014. Microbially driven Fenton reaction for degradation of the widespread environmental contaminant 1, 4-dioxane. Environ Sci Technol, 48(21): 12858-12867.

Sekar R, Taillefert M, DiChristina T J. 2016. Simultaneous transformation of commingled trichloroethylene, tetrachloroethylene, and 1, 4-dioxane by a microbially driven Fenton reaction in batch liquid cultures. Appl Environ Microbiol, 82(21): 6335-6343.

Sherafatmand M, Ng H Y. 2015. Using sediment microbial fuel cells (SMFCs) for bioremediation of polycyclic aromatic hydrocarbons (PAHs). Bioresour Technol, 195: 122-130.

Shi L, Dong H L, Reguera G, et al. 2016. Extracellular electron transfer mechanisms between microorganisms and minerals. Nat Rev Microbiol, 14(10): 651-662.

Shi L, Wang W, Yuan S J, et al. 2014. Electrochemical stimulation of microbial roxarsone degradation under anaerobic conditions. Environ Sci Technol, 48(14): 7951-7958.

Shi M M, Xia K M, Peng Z F, et al. 2021. Differential degradation of BDE-3 and BDE-209 by the *Shewanella oneidensis* MR-1-mediated Fenton reaction. Int Biodeter Biodeg, 158: 105165.

Shoiful A, Kambara H, Cao L T T, et al. 2020. Mn(II) oxidation and manganese-oxide reduction on the decolorization of an azo dye. Int Biodeter Biodeg, 146: 104820.

Sivasankar P, Poongodi S, Seedevi P, et al. 2019. Bioremediation of wastewater through a quorum sensing triggered MFC: a sustainable measure for waste to energy concept. J Environ Manage, 237: 84-93.

Sonawane J M, Yadav A, Ghosh P C, et al. 2017. Recent advances in the development and utilization of modern anode materials for high performance microbial fuel cells. Biosens Bioelectron, 90: 558-576.

Song Y, Bian Y, Wang F, et al. 2017. Dynamic effects of biochar on the bacterial community structure in soil contaminated with polycyclic aromatic hydrocarbons. J Agr Food Chem, 65(32): 6789-6796.

Sun J, Li W J, Li Y M, et al. 2013. Redox mediator enhanced simultaneous decolorization of azo dye and bioelectricity generation in air-cathode microbial fuel cell. Bioresour Technol, 142: 407-414.

Sun T R, Levin B D A, Guzman J J L, et al. 2017. Rapid electron transfer by the carbon matrix in natural pyrogenic carbon. Nat Commun, 8: 14873.

Tang T, Yue Z B, Wang J, et al. 2018. Goethite promoted biodegradation of 2, 4-dinitrophenol under nitrate reduction condition. J Hazard Mater, 343: 176-180.

Tobler N B, Hofstetter T B, Straub K L, et al. 2007. Iron-mediated microbial oxidation and abiotic reduction of organic contaminants under anoxic conditions. Environ Sci Technol, 41(22): 7765-7772.

Tucci M, Viggi C C, Nunez A E, et al. 2021. Empowering electroactive microorganisms for soil remediation: challenges in the bioelectrochemical removal of petroleum hydrocarbons. Chem Eng J, 419: 130008.

Velasco A, Aburto-Medina A, Shahsavari E, et al. 2017. Degradation mechanisms of DDX induced by the addition of toluene and glycerol as cosubstrates in a zero-valent iron pretreated soil. J Hazard Mater, 321: 681-689.

Viggi C C, Matturro B, Frascadore E, et al. 2017. Bridging spatially segregated redox zones with a microbial electrochemical snorkel triggers biogeochemical cycles in oil-contaminated River Tyne(UK) sediments. Water Res, 127: 11-21.

Viggi C C, Presta E, Bellagamba M, et al. 2015. The oil-spill snorkel: an innovative bioelectrochemical approach to accelerate hydrocarbons biodegradation in marine sediments. Front Microbiol, 6: 881.

Villatoro-Monzón W R, Mesta-Howard A M, Razo-Flores E. 2003. Anaerobic biodegradation of BTEX using Mn(IV) and Fe(III) as alternative electron acceptors. Water Sci Technol, 48(6): 125-131.

Wang A J, Cheng H Y, Liang B, et al. 2011. Efficient reduction of nitrobenzene to aniline with a biocatalyzed cathode. Environ Sci Technol, 45(23): 10186-10193.

Wang H M, Luo H P, Fallgren P H, et al. 2015. Bioelectrochemical system platform for sustainable environmental remediation and energy generation. Biotechnol Adv, 33(3/4): 317-334.

Wang H, Cui Y X, Lu L, et al. 2020a. Moisture retention extended enhanced bioelectrochemical remediation of unsaturated soil. Sci Total Environ, 724: 138169.

Wang H, Lu L, Chen H, et al. 2020b. Molecular transformation of crude oil contaminated soil after bioelectrochemical degradation revealed by FT-ICR mass spectrometry. Environ Sci Technol, 54(4): 2500-2509.

Wang H, Lu L, Mao D Q, et al. 2019. Dominance of electroactive microbiomes in bioelectrochemical remediation of hydrocarbon-contaminated soils with different textures. Chemosphere, 235: 776-784.

Wang J, Fu Z Z, Liu G F, et al. 2013. Mediators-assisted reductive biotransformation of tetrabromobisphenol-a by *Shewanella* sp. XB. Bioresour Technol, 142: 192-197.

Wang X, Cai Z, Zhou Q X, et al. 2012. Bioelectrochemical stimulation of petroleum hydrocarbon degradation in saline soil using U-tube microbial fuel cells. Biotechnol Bioeng, 109(2): 426-433.

Wang Y B, Wu C Y, Wang X J, et al. 2009. The role of humic substances in the anaerobic reductive dechlorination of 2, 4-dichlorophenoxyacetic acid by *Comamonas koreensis* strain CY01. J Hazard Mater, 164(2/3): 941-947.

Wang Y, Gan L, Liao Z Y, et al. 2022. Self-produced biophotosensitizers enhance the degradation of organic pollutants in photo-bioelectrochemical systems. J Hazard Mater, 433: 128797.

Wildung R E, Gorby Y A, Krupka K M, et al. 2000. Effect of electron donor and solution chemistry on products of dissimilatory reduction of technetium by *Shewanella putrefaciens*. Appl Environ Microbiol, 66(6): 2451-2460.

Wu C Y, Li F B, Zhou S G. 2009. Humus respiration and its ecological significance. Acta Ecol Sin, 29: 1535-1542.

Wu C Y, Zhuang L, Zhou S G, et al. 2011. *Corynebacterium humireducens* sp. nov., an alkaliphilic, humic acid-reducing bacterium isolated from a microbial fuel cell. Int J Syst Evol Microbiol, 61(Pt 4): 882-887.

Wu C Y, Zhuang L, Zhou S G, et al. 2013. Humic substance-mediated reduction of iron(III) oxides and degradation of 2, 4-D by an alkaliphilic bacterium, *Corynebacterium humireducens* MFC-5. Microb Biotechnol, 6(2): 141-149.

Xie H J, Yang Y X, Liu J H, et al. 2018. Enhanced triclosan and nutrient removal performance in vertical up-flow constructed wetlands with manganese oxides. Water Res, 143: 457-466.

Xu M Y, Zhang Q, Xia C Y, et al. 2014. Elevated nitrate enriches microbial functional genes for potential bioremediation of complexly contaminated sediments. ISME J, 8(9): 1932-1944.

Xu Y F, Ge Z P, Zhang X Q, et al. 2019. Validation of effective roles of non-electroactive microbes on recalcitrant contaminant degradation in bioelectrochemical systems. Environ Pollut, 249: 794-800.

Yan Z S, Jiang H L, Cai H Y, et al. 2015. Complex interactions between the macrophyte *Acorus calamus* and microbial fuel cells during pyrene and benzo[a]pyrene degradation in sediments. Sci Rep, 5: 10709.

Yang Q, Wu Z X, Liu L F, et al. 2016. Treatment of oil wastewater and electricity generation by integrating constructed wetland with microbial fuel cell. Materials, 9(11): 885.

Yeruva D K, Jukuri S, Velvizhi G, et al. 2015. Integrating sequencing batch reactor with bio-electrochemical treatment for augmenting remediation efficiency of complex petrochemical wastewater. Bioresour Technol, 188: 33-42.

Yu H, Jiang J Q, Zhao Q L, et al. 2015a. Bioelectrochemically-assisted anaerobic composting process enhancing compost maturity of dewatered sludge with synchronous electricity generation. Bioresour Technol, 193: 1-7.

Yu H, Jiang J Q, Zhao Q L, et al. 2018. Enhanced electricity generation and organic matter degradation during three-chamber bioelectrochemically assisted anaerobic composting of dewatered sludge. Biochem Eng J, 133: 196-204.

Yu L P, Yuan Y, Tang J, et al. 2015b. Biochar as an electron shuttle for reductive dechlorination of pentachlorophenol by *Geobacter sulfurreducens*. Sci Rep, 5: 16221.

Yuan Y, Cai X X, Tan B, et al. 2018. Molecular insights into reversible redox sites in solid-phase humic substances as examined by electrochemical in situ FTIR and two-dimensional correlation spectroscopy. Chem Geol, 494: 136-143.

Yuan Y, Cai X X, Wang Y Q, et al. 2017. Electron transfer at microbe-humic substances interfaces: electrochemical, microscopic and bacterial community characterizations. Chem Geol, 456: 1-9.

Yuan Y, Zhou L H, Hou R, et al. 2021. Centimeter-long microbial electron transport for bioremediation applications. Trends Biotechnol, 39(2): 181-193.

Yun H, Kong D Y, Liang B, et al. 2016. Response of anodic bacterial community to the polarity inversion for chloramphenicol reduction. Bioresour Technol, 221: 666-670.

Yun H, Liang B, Kong D Y, et al. 2017. Polarity inversion of bioanode for biocathodic reduction of aromatic pollutants. J Hazard Mater, 331: 280-288.

Zhang C F, Katayama A. 2012. Humin as an electron mediator for microbial reductive dehalogenation. Environ Sci Technol, 46(12): 6575-6583.

Zhang C F, Li Z L, Suzuki D, et al. 2013a. A humin-dependent *Dehalobacter* species is involved in reductive debromination of tetrabromobisphenol A. Chemosphere, 92(10): 1343-1348.

Zhang H C, Weber E J. 2009. Elucidating the role of electron shuttles in reductive transformations in anaerobic sediments. Environ Sci Technol, 43(4): 1042-1048.

Zhang T, Bain T S, Nevin K P, et al. 2012a. Anaerobic benzene oxidation by *Geobacter* species. Appl Environ Microbiol, 78(23): 8304-8310.

Zhang T, Tremblay P L, Chaurasia A K, et al. 2013b. Anaerobic benzene oxidation via phenol in *Geobacter metallireducens*. Appl Environ Microbiol, 79(24): 7800-7806.

Zhang Y P, Wang F, Bian Y R, et al. 2012b. Enhanced desorption of humin-bound phenanthrene by attached phenanthrene-degrading bacteria. Bioresour Technol, 123: 92-97.

Zhang Y S, Zhao Q L, Jiang J Q, et al. 2017. Acceleration of organic removal and electricity generation from dewatered oily sludge in a bioelectrochemical system by rhamnolipid addition. Bioresour Technol, 243: 820-827.

Zhang Y Y, Wang X, Li X J, et al. 2015. Horizontal arrangement of anodes of microbial fuel cells enhances remediation of petroleum hydrocarbon-contaminated soil. Environ Sci Pollut Res, 22(3): 2335-2341.

Zhang Z, Lo I M C. 2015. Biostimulation of petroleum-hydrocarbon-contaminated marine sediment with co-substrate: involved metabolic process and microbial community. Appl Microbiol Biotechnol, 99(13): 5683-5696.

Zhao G, Li E Z, Li J J, et al. 2019c. Goethite hinders azo dye bioreduction by blocking terminal reductive sites on the outer membrane of *Shewanella decolorationis* S12. Front Microbiol, 10: 1452.

Zhao W T, Sui Q, Huang X. 2018. Removal and fate of polycyclic aromatic hydrocarbons in a hybrid anaerobic-anoxic-oxic process for highly toxic coke wastewater treatment. Sci Total Environ, 635:

716-724.

Zhao X D, Li X J, Zhang X L, et al. 2019b. Bioelectrochemical removal of tetracycline from four typical soils in China: a performance assessment. Bioelectrochemistry, 129: 26-33.

Zhao X Y, Tan W B, Dang Q L, et al. 2019a. Enhanced biotic contributions to the dechlorination of pentachlorophenol by humus respiration from different compostable environments. Chem Eng J, 361: 1565-1575.

Zhi S, Zachara J M, Wang Z M, et al. 2013. Reductive dissolution of goethite and hematite by reduced flavins. Geochim Cosmochim Ac, 121: 139-154.

Zhong H Y, Liu X, Zhu L, et al. 2019. Bioelectrochemically-assisted vermibiofilter process enhancing stabilization of sewage sludge with synchronous electricity generation. Bioresour Technol, 289: 121740.

Zhou L, Deng D D, Zhang D, et al. 2016. Microbial electricity generation and isolation of exoelectrogenic bacteria based on petroleum hydrocarbon-contaminated soil. Electroanalysis, 28(7): 1510-1516.

Zhou S G, Xu J L, Yang G Q, et al. 2014. Methanogenesis affected by the co-occurrence of iron(III) oxides and humic substances. FEMS Microbiol Ecol, 88(1): 107-120.

Zhou Y K, Zou Q P, Fan M J, et al. 2020. Highly efficient anaerobic co-degradation of complex persistent polycyclic aromatic hydrocarbons by a bioelectrochemical system. J Hazard Mater, 381: 120945.

索　引